中国古代建筑技术史

中国科学院自然科学史研究所 编

下卷

中国建筑工业出版社

目 录

上卷

第十章 建筑防护技术

概　说

　　建筑存在于一定的时间和空间内，直接暴露在大自然环境中，受到风、雨、雪和火、日晒、地震、虫蚁等的侵害。它能否存在下来，取决于它能否适应和防御这些因素的影响。从西安半坡和郑州大河村等新石器时代遗址发掘的资料来看，早在原始社会晚期，人们已认识到"穴而处下"会"润湿伤民"，建筑已从穴居、半穴居向地面建筑发展，而且有烧烤土、涂草泥和"白灰面"等防潮措施。当时已有火塘，供熟食和采暖，并有初步的防火考虑；在通风采光方面，屋顶已有通风采光口的设置；在木材防腐方面，人们已认识到栽柱易下沉，开始采用暗础，并在浅埋柱坑内回填掺有红烧土、碎陶片骨料的石灰质细泥。应该指出，原始社会的生产力非常低下，建筑防护技术仅处于初级阶段，而且每一微小的进步都经历了漫长的岁月。

　　到了奴隶社会，夯土高台增强了地面防潮湿的性能，土坯墙体加强了外墙的防寒、防暑性能，瓦屋顶具有较好的排水、防水和防火作用，木构架结构具有较好的抗震性，建筑空间相应扩大，并且可以较自由地开窗户，采光通风条件因而得到改善，这是我国古代建筑防护技术的重要进步。

　　我国古代劳动人民在长期与自然的斗争中，不断创造和发展了建筑上的各种防护技术，逐步形成了一整套建筑防护技术经验和方法。

　　在通风方面，我国古代匠师善于从总体布局和具体措施上综合地加以考虑。南方地区多选择迎向夏季主导风向的朝向，平面布局中善于开辟天井，利用门窗与天井的结合，组织穿堂风。门窗是室内通风的主要孔道，我国古代创造了多样的门窗，以达到通风的效果，有许多在近代民居上仍在使用。

　　在采光方面，我国古代建筑也很注意从房屋的平剖面设计上为采光创造有利条件，控制适当的进深与面阔的比例、出檐与柱高的比例。在建筑竖向布置上，从采光的角度也有所考虑。窗的采光和通风是紧密联系在一起的，从汉代以前的"牖"发展到明清多样的窗式，逐步改善了窗的采光性能。明清时期南方的城市有许多白墙面的处理方法，用它来增加光线的亮度。

　　在采暖方面，从目前遗物、零星文献记载和考古发掘的资料来看，我国古代建筑大体上采用过火塘、火炉、炙地、火地和火炕等采暖方式。"炙地"一直未被人注意，但看来是曾经流传过的。火地、火炕的历史更为悠久。火炕最晚在唐代已出现。经过宋元明清，世代相继。在北方民间，大多是"炊事采暖一把火"，十分经济、实用，至今在农村还广泛运用。

　　我国是多地震的国家，我国古代劳动人民从长期对地震灾害的斗争中，积累了相当丰富的建筑抗震经验。现存许多古建筑大都经受过相当强烈的地震考验仍完好屹立。通过系统地总结我国古代地震区的木构殿堂、木构楼阁、穿斗式房屋、"一颗印"房屋和多层砖木塔结构等的抗震经验和技术措施，对今天研究现代建筑的抗震问题还是有很重要的借鉴价值的。

　　我国古代建筑结构类型很多，构造方面有着不同的变化，对于防潮、防腐、防蚁、防火、防水、防晒等都是重要的问题，直接关系到建筑的寿命。在这些方面，经过长时期的建筑实践也积累了很丰富的技术经验。

　　应该指出，在我国两千多年的封建社会里，由于广大农民和手工业工人深受封建地主阶级的残酷剥削和压迫，加上封建意识形态的阻碍和束缚，生产力发展非常缓慢，建筑防护技术长期地陷于发展的迟缓状态中，虽然取得了一定的成就，但仍有局限性，有的还披上了一些迷信的色彩。

　　古代文献有关防护技术的记载和论述很少，在古建遗存和考古发掘有关这方面的资料也很不足，本章各节对此只能作一些初步的叙述。

第一节　古代建筑的通风和采光

一、古代建筑的通风

　　我国古代建筑通风可以追溯到原始社会建筑，西安半坡遗址发掘证明，当时房子顶部已有排烟通风口。《礼记·月令》载："古者复穴皆开其上取明。"在原始社会里，建筑的取明不一定是迫切需要，而住房内部火塘篝火产生烟熏的排除和供氧的需要，却使排烟通风成为主要的问题。

殷商甲骨文中就有古文"囱"的象形字。屋架发明以后，两坡顶已经形成，而把通风口放在垂直的山墙上。《说文》云："在屋曰囱，在墙曰牖。"由囱变为牖，是古代通风技术的进步。

我国古代建筑是从总体布局、选择朝向、利用天井和组织各种各样的门、窗、花墙等方式综合地解决通风问题的。

南方气候炎热潮湿，一般朝向都选择南或东南，因为南方夏季主导风向是南和东南，对加强通风是有利的。

明李渔《笠翁偶集·向背》提到："屋以面南为正向，然不可必得，则面北者，宜虚其后，以受南熏。"意思是说，房子应以南为正向，当房子因地形等原因不得不朝北时，朝南的墙面应尽量开窗，以便引导南风入室。南方民间住宅通常都是以这种南北向的门窗和天井相结合，利用主导风向或借助室内与天井上口的高差所产生的压差来加强通风的。

图 10-1-1 是广东揭阳县的一种传统民居类型，因地段所限（或安全原因）四周墙面不能开窗，而通过居室的南北窗与天井相结合来解决通风问题。图 10-1-2 是浙江某民居的剖面图，也采用了前后天井通风措施。

图 10-1-3 是广州小画舫清代建的一组住宅，三排建筑间夹有两个小天井，用门窗相互对开的方法，形成流畅的穿堂风，东南风可以直通各室，所以盛夏季

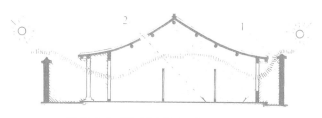

图 10-1-2　浙江民居前后天井通风示意图
1- 反射光；2- 天窗采光

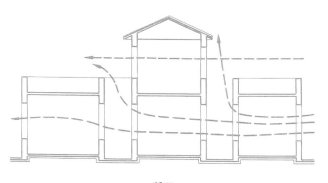

断面

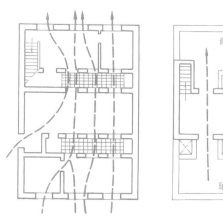

图 10-1-3　广州小画舫住宅通风处理之一

节室内也很凉爽。图 10-1-4 是广州小画舫的另一组建筑，此建筑组织穿堂风也有独特之处，朝南是敞廊，起风斗作用。室内的间墙全用落地花窗和通花门扇组成。出风口除北墙窗洞外，在楼梯上面还设有天窗抽风。据实测，有良好的通风效果。

图 10-1-5 为广东常见的一种传统村落，由三合院（或四合院）住宅组成十分规整的方格巷道，主要巷道迎向夏季的主导风向，村前是田野和池塘，村后是茂密的树林或山丘，住宅沿前低后高的坡地排列。当南风吹来时，凉风就可以沿着巷道引入村内；当无风时，则由于村内屋面受太阳灼晒后温度升高，气流上升，四周田野和山林的低温气流补充入村，形成小气候微风。

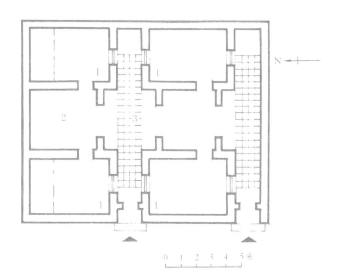

图 10-1-1　广东揭阳民居平面图天井通风
1- 房；2- 厅；3- 天井

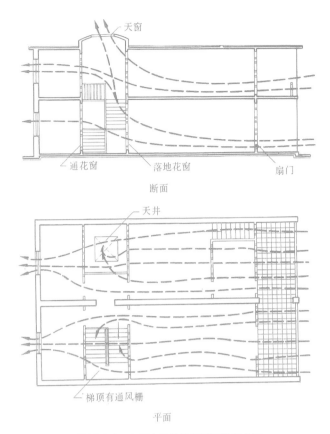

图 10-1-4 广州小画舫住宅通风处理之二

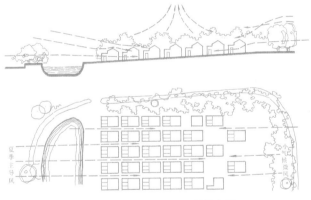

图 10-1-5 广东典型民居村落布置

图 10-1-6 是广东城镇常见的一种传统"竹筒屋"住宅。房间沿南北方向作纵向排列，中间设天井通风采光，所有房间前后隔断和墙壁都处理得比较开敞，以利吹来的南风畅通无阻。东西两侧的高墙和边弄，实际上起导风墙和遮阳的作用。前街、后院间距稍大，也利于进风和出风。

门窗是室内通风的主要孔道，它的形式、位置、大小、高低都直接影响建筑的通风效果。据文献和明器可知，汉代已有多种通风窗的做法。在悬山檐下设通风窗孔最初见于广州出土的汉明器（图 10-1-7），

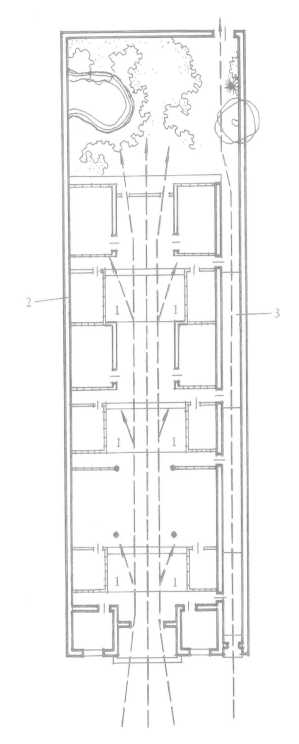

图 10-1-6 广东"竹筒屋"通风处理
1- 天井；2- 引风高侧墙；3- 通风边

实例见于山西大同华严寺海会殿。歇山顶山花有通风窗格，最早见于敦煌北魏壁画，唐宋画中也常见，实例见于山西太原晋祠圣母殿。以上两种窗孔，虽然面积小，但因为其部位高，对通风能起相当作用（图 10-1-8），并因其在屋檐之下，可防止雨水和风压干扰。

图 10-1-7　广州汉墓出土明器上的通风处理
1、2- 两种方式

图 10-1-8　敦煌莫高窟 254 窟北魏明窗

后来一直被当作屋顶通风的方式之一。

秦咸阳宫第一号遗址发掘，有窗用的铜铰链，证明当时已有开关窗扇，已经采用开启窗扇的通风方式。

宋代窗有很大发展，《营造法式》已有破子棂窗、电窗、版棂窗和阑槛钩窗等制作制度，这些窗均用以通风。

明清时代，窗的形式很多，有槛窗、支摘窗、推拉窗、横披窗、中轴转窗、边轴转窗、上悬窗、落地窗等（图 10-1-9），古代工匠创造和利用这些窗式，结合其他功能和艺术处理的要求，因地制宜地解决了通风的要求。如槛窗下的槛墙有的设有透空栏杆，因而增大通风面积；如支摘窗，上可支、下可摘，推拉窗可推、可拉，能随意调节窗洞的通风量；如中轴转窗和边轴转窗可组合成片（图 10-1-10），且开关方便，可灵活调整开口大小，自由组织风的通路，有利于导风和遮阳；又如支摘窗的窗扇可以上下移动，能调剂通风路径和风速流量。

横披窗是我国古代建筑的特殊窗式，汉明器（图 10-1-11）已有反映。门与窗因构造所限不能开得太高，高大的建筑为了要增加墙身上部的通风采光量，故产生了横披窗，这样的门窗，冷空气可以从门窗下部进入，从上部流出，由热压形成空气的流动。

图 10-1-9　苏州住宅落地隔扇

图 10-1-10 浙江湖州民居垂直转动窗

图 10-1-11 汉代明器中的横披窗

古代窑洞住宅只有洞口可以通风采光。为了尽量争取通风采光面积，通常把整个洞口面积几乎都安上门窗。有的在窗的上方还开有通风窗孔，以取得室内空气的对流。石窟的洞口，不安门窗。甘肃天水麦积山石窟西魏135洞，平面为马蹄形，剖面是前高后低。洞门上有三个窗口，窗口向内一面凿成喇叭口状。经观察可以看出，

空气由门进入，回流向上，由窗口排出，证明当时人们已意识到利用洞侧门窗高低差产生的自然热压气流，达到通风排烟的效果。

漏窗或通花墙最早见于汉明器。广州出土的汉明器所见的漏窗，有的用在院围墙，有的用在外檐墙和山墙(图10-1-12、图10-1-13)，花墙则用在前廊的进门两边(图10-1-14)。到了明清，漏窗在住宅和园林中应用更为广泛。我国传统建筑往往用院落来分隔空间，运用花墙和漏窗可以促进各院落间的空气流通，达到隔而不断的通

图 10-1-12 广州汉墓出土明器上的漏窗之一

图 10-1-13 广州汉墓出土明器上的漏窗之二

图 10-1-14　汉明器大门两侧的通风墙

图 10-1-15　江苏民居通风花墙

图 10-1-16　广东民居通风花墙

图 10-1-17　广东潮州木栅条门

风效果。外院墙设有漏窗和通花墙，可以使凉风直入庭院。南方地区通花窗不仅起通风作用，而且还可以遮阳，反映出地方建筑特色（图 10-1-15、图 10-1-16）。

　　门的主要用途是交通，但它的形式和组合位置对室内通风也很有影响。我国古代建筑的门式样很多，而结合通风的需要所设计的门则有：格扇门、帘门、多宝格门、木栅门、罩门、太师门等（图 10-1-17）。格门的上段用玲珑剔透的格扇，夏天可通风，冬天则糊纸，打开是门，关上就是窗；帘门常用在套间的间墙或通向内院的墙上，有竹帘、纱帘、珠帘等，有挡视线而不甚影响通风的好处；多宝格门、木栅门、罩门等，共同特点是通透而又有分隔空间的作用，使气流可以畅通无阻地通过房间。

　　屋顶开窗洞具有较高的通风效率。汉明器的仓库模型已有屋顶气窗的形象（图 10-1-18）。四川彭州市出土的画像砖粮仓也有通风气楼的形象（图 10-1-19）。宋《清明上河图》所反映的建筑物中已有屋顶老虎窗的形式，这些屋顶通风形式直到明清还在民间流传。明代出现的无梁殿，因墙厚而不利于通风，开窗也受到结构的限制，古代工匠则在山墙高处开镂窗（如北京皇史宬）和在屋顶开排气洞（如南京灵谷寺）等来解决通风问题。

　　《西京杂记》卷一有一段风车的记载："长安巧工丁缓，作七轮扇，连七轮，大皆径丈，相连续，一人运之，满堂寒颤"。丁缓是汉代人，所以说汉代已有机械通风的先声了。

图 10-1-18　广州汉墓出土木仓模型中的屋顶

图 10-1-19　四川彭州市出土的汉画像砖上的粮仓

二、古代建筑的采光

古代建筑中采光与通风的措施往往是联系在一起的。室内的自然采光主要是靠开设门和窗。《淮南子·说山训》中有一段论述："受光于隙，照一隅，受光于牖，照北壁，受光于户，照室中无遗物。"又说："十牖毕开，不若一户之明"，说明牖和户曾经是汉代以前主要的采光方式，户的作用比牖更大。

自汉代出现直棂窗以来（见汉明器），窗的采光系数大为增加。但相应地却产生了防止冬季寒风入室的问题。《后汉书·梁冀传》中有："窗牖皆有绮疏青琐"的记载。"绮疏"可能是一种遮阳挡风、具有透光性的织素。纸虽在西汉已经发明，但用在建筑上作糊窗纸则大体在唐代。冯贽《云仙杂记》述："杨炎在中书后阁，

糊窗用桃花纸，涂以冰油，取其明甚。"说明古人在实践中已懂得糊窗纸涂油以后，既增加防水性，又可增加纸的透明度。这种窗纸刷油的做法沿用了很长时间，一直到近代，北方民间窗纸上还刷桐油一度，或喷生油一道。吉林地方窗纸上多喷酥油、大豆油一遍。

《营造法式》有造破子棂窗的制度，破子棂的横截面为三角形，尖端朝外，利于光线入室，里面平的一边，便于糊纸，既节约木料又很实用。

古文献中有"水晶宫"、"水晶帘"的描写。《世说·言语》中记载的"晋武帝坐，北窗作琉璃屏"，推测是一种玻璃物质。明《天工开物》也有"凡琉璃石与中国水精，占城火齐，其类相同，同一精光透明之义"的记载，但建筑上真正使用玻璃，据现在实物为证，直到清乾隆年间才用在故宫窗户上。

天窗应用于采光也很早。汉《鲁灵光殿赋》有"天窗绮疏，发秀吐荣"的词句，说明最晚汉代已有天窗了。高低天窗组合屋顶，常见于新疆、西藏、甘肃、内蒙古等地的喇嘛教寺院的经堂建筑。如甘肃夏河拉卜楞寺闻思学院，为解决大面积房间的采光问题，而把中间三跨的平顶升高一层，有如现代工厂的垂直天窗。

古代有"光厅暗房"的俗语，就是说日常活动的厅堂光线要足，居住寝室光线要暗一些。唐代《无隐子·安处》对居室的采光要求有如下的论述："在乎南向而坐，东首而寝，阴阳适中，明暗相半。屋无高，高则阳盛，而明多。屋无卑，卑则阴盛而暗多……四边皆窗户，遇风即阖，风息即闿。吾所居座前帘后屏，太明即下帘以和其内暗，太暗则卷帘以通其外耀，内以安心，外以安目。"说明古人对房间的采光已有细致的考虑：一是认识到寝室的采光亮度要适宜，不应太亮或太暗；二是认识到房间的高度会影响室内的亮度，因为房子高，门窗也会相应增高，所以光线就增强了；三是考虑到用窗帘和屏障来调节室内光线的亮度。

室内采光除直接与采光面积相关外，还与室内墙面、天花的反射率有关。墙壁和天花板的颜色和质地都影响着室内的采光效果。何晏在《景福殿赋》中谈到天花用色时说："周制白盛，今日维缥"。说明早期宫殿门窗采光受局限，曾从天花板用色上考虑白色、青白色以加强反光作用（一说指窗白盛，而非天花白盛）。

宋范成大《桂海虞衡志》记述："滑石，土人以石灰圬壁及未干时以滑石末拂拭之，光莹如玉。"《笠

翁偶集·居室部》记述："石灰垩壁，磨使极光，上着也；其次则用纸糊，纸糊可使屋柱窗楹共为一色。"又唐白居易《香炉峰下新卜山居草堂初成偶题东壁诗》中，也有用纸糊窗壁的材料，说明古代人们是很注意白灰粉刷和纸糊墙面的反光作用的。南方民居则更进一步把天井和院子周围的外墙面也用石灰粉刷，有利于光线反射入室，增加室内的亮度。

《春秋繁露》说："广室多阴，远天地之映"，按字义理解，面积大的房间，由于得不到阳光的照射，会感到光线不足。我国古代建筑的进深和面宽是有一定比例的，早在《周礼·考工记》中就记载："夏后氏室，堂修（进深）二七，广四修一。"这种比例关系的控制是有利于房间的天然采光的。檐口高度与采光也很有关系，清工部《工程做法》规定：明间面宽为一丈，檐柱高为 7.5 尺，出檐为柱高的三分之一。《营造法原》以歌诀方式规定，"将正八折准檐高"，就是说将正间面阔的八折作檐的高度。北方一般民居的朝南房间的檐高，通常是以冬天的太阳光线能够投射到房间内超过进深的中线为准。

影响室内采光的因素很多，除上面所谈以外，建筑的地坪高低和建筑群之间的竖向标高关系，以及个体建筑的断面设计，都影响房间的明暗。北方把台基的高度叫"台明"，同样位置大小的窗户，当房间地坪抬高以后，窗口受周围环境物的遮挡少了，即使在阴天亦能照射较多天空的漫射光线，采光自然会好些。在建筑群的竖向布置上，南方民间有口诀："地盘进深叠叠高，切勿前高与后低"。在广东潮汕地区对前后建筑的标高关系还有一种叫"露白"的传统法则，即人站在厅堂的后墙位置，要求能看得到白色的天空，使人仰望天空的视线不至于全被前后的围墙顶或前幢房子的屋脊所遮挡住。有些建筑的前后檐高度是不一样的，前檐比后檐要高些，尽量争取前檐多射光线入室。

我国古代有一种特殊的建筑，叫罗汉堂。它的功能是要摆设数百个具有各种形态、各种表情的雕塑罗汉，供人们参观，以达到宗教的目的。因此，要求建筑应有良好的采光条件。现在的明清时代所建北京碧云寺罗汉堂、成都宝光寺罗汉堂、昆明筇竹寺罗汉堂、苏州戒幢寺罗汉堂等都属于这类建筑，它们的共同特点是：①采用田字形平面，上部设有若干天井作采光口，自然光线可以直接从一面或两面照射到每一个罗汉像上；②檐口高低适宜，沿天井周围有成列高窗采光，采光系数约 1/4 ~ 1/3，使室内有足够的亮度；③顶棚为卷棚式，用"彻上露明造"，瓦底全部刷白，室内卷棚就是一个很好的光线反射面。除直接光源外，还有天井地面反射到卷棚底再反射到罗汉像上的间接补助光。所以，大多数罗汉栩栩如生的细部表情都能看得一清二楚。罗汉堂从一个侧面反映出我国古代对某种建筑的特定采光要求已有细致的考虑。

第二节　古代建筑的防腐和防蚁

一、防腐

木材易腐朽，砖石会风化，因此防腐蚀是延长建筑物寿命的重要防护措施之一。

四川民间有一句谚语："柏木从内腐到外，杉木由外腐到内"。从现代科学分析，木材的败腐原因有两种，一种是由于木材表面的腐败菌的侵蚀。杉木的腐败是属于这种现象；另一种是由于钻孔菌虫由内及外地腐蚀，柏木即属此原因腐蚀的。

在古建筑中，凡暴露于室外的木栏杆、木柱、飞椽头、昂嘴、封檐板、木门窗等，由于经常受风吹、雨淋、日晒而表面产生皱纹、隙裂和起翘等现象，久而久之则全部木材逐渐解体，强度消失。这是因为木材的外表面与内层的木质纤维，因受干湿、冷热的影响，产生压缩与伸张应力的交替变化，而遭受重复的尺度变动所致。另外，风沙冰霜的剥蚀，阳光紫外线和氧气所产生的化学变化，也助长了木材的风化。

至于砖石建筑的腐蚀原因，主要是由于水分子冰冻膨胀产生的剥离现象及空气带来的或地下水上升的酸、碱、盐对建筑由表及里、由浅入深的物理破坏和化学作用所致。例如，东南沿海地区的古代砖塔和民居的砖、石、土坯墙体，常常被台风、海风带来的含有盐分的空气、雨水所腐蚀，而表面逐渐风化脱落。

我国古建筑以木结构为主体，木材的防腐处理就成了防腐技术的主要课题。我国古代工匠很早就知道冬天采伐的木材较为干燥、坚实，不易腐蚀。春秋时代的《礼记·月令》就提到："仲冬之月、日短至，则伐木取箭"。汉代崔实云："自正月以终季夏，不可伐木，必生蠹虫。"[1] 这是古人经验的总结。

木材的种类多，自然抗腐蚀能力也各有差异。从晋郭璞所说"楮木似松生江南，可以为船及棺材，难腐也"[2] 的论述证明，在晋以前，人们就注意到选取耐腐的木材。《三农纪》卷七对杉柏耐腐也有如下记载："杉理起罗纹者，入土不坏，可远虫甲。""柏老者入水土，年久难朽。"[3] 云南少数民族至今还按传统选用耐腐的"禾毛树"、"麦干令树"（德宏傣语）、"黑心树"、"毛栗树"（西双版纳）等木料作柱、梁。

建筑北京故宫在选择木材上是经过周密考虑的，如柱子多用楠木、东北松、柚木；梁架多用楠木、黄松；椽檩和望板多用杉木；角梁和门窗台框多用樟木；脊吻下的构件多用柏木。这种因材致用，主要是从防腐防虫出发的。古代工匠在实践中懂得杉木暴露在空气中不易腐蚀。柳木、柏木、红松埋在水土之中是较难败坏的。故南方民间有"水浸千年松，搁起百年杉"的俗语。在广东和云南的少数民族，通常选用一种"黑心木"时，只选取心材，抛弃其边材，说明还认识到同一根木料也有其耐腐和易腐的部分。木材与地面、墙体交接的部位，是最易腐烂的薄弱环节。这方面，古代工匠曾采取了一些相应的防腐措施：

1）采用柱础，从殷商时期的铜榍、石础，一直到后来广泛发展的各种石柱础，都避免了木柱与地面直接接触。甚至在一些地区，连木门槛、木地栿都设法离开地面。

2）搁在外墙上的桁、梁端部，梁与柱的交接处，以及楼梯的最下一级等易腐部位，广西侗族民居和明清北京故宫，通常是采用浇涂桐油的方法来防腐，具有一定的效果。处在阴暗潮湿中的屋角梁檩、中脊栋檩、阴沟水槽、吻下木料、瓦下望板、柱与柱础间的榫窝等，菌类均易于繁殖，而且这些部位的腐败不易发觉，故古代工匠很注意这些构件的防腐处理。据调查，北京故宫常见的措施有：在望板上加护板石灰；上下瓦间的空隙不填灰浆，让其通风排除湿气；中脊和吻下的木料周围放有木炭；柱与础的榫窝空隙填放生石灰或木炭，老角梁和仔角梁常用较耐腐的紫杉或樟木等。

图 10-2-1　北京颐和园大戏台下的通风孔

3）屋顶、阁楼、扶脊木、脊檩等，如通风不良很容易腐烂。从汉明器和汉画像石所反映出的建筑形象可知，最迟东汉以前就已有山墙通风洞、通风气楼、檐下通风口等做法，以加强通风换气。架空的木地板下面，一般都设有通风口。图 10-2-1 所示是北京颐和园大戏台下的通风眼孔。

4）对于土墙、砖墙和木柱的关系，唐佛光寺大殿已经采用了八字门外露柱的方法，使木柱能保持通风。元代永乐宫建筑，埋在墙体中的檐柱周围都裹有芦苇或瓦片防腐。北京明清故宫的埋墙木柱，柱周围裹有瓦片，空隙中填有干石灰，柱门的上下还有砖雕花通风口。江南和西南地区的古代民居，有的木柱与围护墙是分开的，中间相距约 20～40 厘米，使木柱经常保持通风干燥，可减轻腐朽。古代工匠很早就注意到木材在经常交替干湿的部位容易腐败的现象，并对此作了一些处理：

（1）临水建筑的木柱通常用石柱代替，如宋代建的晋祠鱼沼飞梁的桥柱，浸水柱子都是用石柱；上海豫园水榭的水中柱子，也全用石造。南方许多建筑用石柱，北方较少。

（2）水桩通常打入地下水位之下。据《法苑珠林》卷五十一"故塔部"记载，隋建郑州超化寺塔的桩基是"皆下安柏桩，以炭、砂、石灰次而重填"。

（3）尽量使木材少与雨水接触。据文献记载，长安灞桥的木梁上是用灰土压面的。广西三江侗族程阳桥，为了保护木桥不受雨水的侵蚀，整座桥面都加盖桥廊，使木材经常保持干燥。

（4）易受雨水淋涮的飞椽头、廊柱等常用油漆覆盖，挑出山墙的檩、桁条端部，通常加钉封檐板封护，防止雨水从木端浸入。

埋入泥土中的木构件，每在其四周灌满灰浆以求坚固，在北京后英房元代居住遗址得到了证实。据发掘可知，夹门柱（约当清代垂花门的中柱）是插在砖砌的灌满白灰浆的洞穴中，待灰浆凝固后，木柱则与石灰砖体粘结成为整体，就可以使木柱经久不腐。明清现存的木牌坊柱子，一般木柱基础内和夹石中的空隙多围护有木炭，或灌有石灰浆，以起防腐作用。

至于木材本身的防腐处理，我国古代劳动人民经过长期实践积累，创造了药剂法、浸渍法、涂刷和油漆法、烟熏和焦炙表皮法：

1）药剂法：后魏《齐民要术》记述："将青松斫倒支枝，于根上凿取大孔灌入生桐油数斤，待其渗入，则坚久不蛀，他木亦同。"又明周履《群物奇制》也提到："活湿松木段柱顶上凿一窝洞，以桐油注入，搁起一夜，则水自下流，干又不生白蚁。"这种方法，现代科学已得到相似的证实。

2）浸渍法：在公元4世纪（晋）葛洪所著的《抱朴子》中，有"铜青涂木，入水不腐"的记载。铜青即醋酸铜，是一种杀菌药剂。现代科学证明，把木料泡在铜青溶液中处理，确有良好的防腐效果。广东一带民间，也有采用石灰水、海水、盐水、明矾水来浸渍防腐要求高的木材，更有用开水煮沸的方法，当时叫"去性"，即把木材易腐的性质去掉的意思，实际上是灭菌处理。

3）涂刷和油漆法：殷商时期已有采用矿物颜料涂饰木材表面和使用漆器了。矿物颜料有一定的覆盖力和杀菌性，油漆有一定的隔绝空气和水分的性能。春秋战国时的文献中记载有"丹楹（柱）"、"相胶欲朱色"、"漆林"、"山节藻棁"等词句，说明当时油漆技术已进一步发展。从《淮南子·说山训》和《人间训》篇中得知：

（1）木材表面只涂丹（即辰砂、硫化汞之属）可以，而油漆前未涂丹则不能保证油漆质量。

（2）还未干透的木材加表涂会变形和虫蛀。可见汉代油漆和表涂的技术水平已相当高了。据现存的唐宋木构建筑的实物调查，一般木柱、木梁、斗栱等主要构件多用赭石、土黄、白垩、土红等无机颜料加胶水分数次涂刷，少量还采用了朱砂、铅丹、石青、石绿、雄黄等颜料，这些颜料在唐以前的医书中已说明

有含毒防虫的作用。以上涂料如加有动物胶或植物胶后，则增加覆盖黏着力和防水绝缘性，且不致剥落，实践证明有较好的防腐防虫效果。《营造法式》有关油漆彩画等论述，足以反映宋时期防腐技术的成就。到了明清，油漆彩画技术得到进一步的发展，值得注意的是，针对木料的拼镶，出现了地仗、披麻捉灰和抗裂铁箍等做法，油漆的成分和施工质量也有显著的提高，木构件的覆盖层加厚了，防水、抗湿性增强了。

（3）烟熏和焦炙表皮法：经常烟熏房间，在客观上是起控制木材表面菌虫繁殖生长的作用，据对广东、海南黎、苗族建筑的调查，凡是室内经常有火塘烧熏的房子，建筑寿命则较长些。江西有些地方把建房子的木料预先放在地坑中用谷糠、锯末烟熏焗后才使用，据说能稍起防腐作用。在西南和华南民间还流行着一种用烟火熏烧木材表皮的方法，即将埋入土中的柱头部分，经烧烤使其表皮焦黑，形成炭化层，能增加木材的耐腐性。

关于金属材料的防腐措施，战国时就发明了镏金技术。现存的广州光孝寺南汉铁塔，因表面采取镏金防腐，至今还保存完好。焦氏《易林》有"金梁铁柱千年牢固完全不腐"的记载，事实上铁是极易生锈腐蚀的，古建筑中是尽量避免使用铁构件的，但有些建筑由于构造的需要不得不采用铁构件时，工匠们就选用不易生锈的生铁来铸造，或在铁件表面加油漆护面。如北京故宫脊下铁件及其他铁构件亦加油漆，就是例证。

砖石墙体的主要防护措施是抹面。《尚书·梓材》有"若作室家，既勤垣墉，惟其涂塈茨"的记载。自汉、晋、南北朝直至唐宋，外墙面抹塈茨，内墙面涂白灰、蜃灰的防护措施一直在沿用。自砖大量应用后，才出现磨面清水砌墙。

我国琉璃砖瓦出现以后，琉璃砖贴面就成了高质量的砖墙防护措施。北宋建的开封祐国寺铁塔，外壁全用褐色琉璃砖饰面，近千年来塔面旧砖基本上没有风化，可见琉璃面砖防腐蚀的优良效果。

二、古代建筑的防蚁

白蚁对木建筑危害极大。从古代建筑受蚁害的情况调查看，白蚁多栖居在如下几个部位：

（1）与墙体交接处的梁头、托梁；

（2）与地面交接处的柱脚、脚板；

（3）门槛、窗框、梁柱交接的榫卯；

（4）在室外的桥头木、桩木、埋柱等。

危害木构建筑最严重的蚁种是地居性白蚁。古建筑常见的防蚁方法有如下几种：

（1）在木柱下垫砖石础墩，础高在45厘米以上者，可稍少受白蚁侵害。四川成都文殊殿藏经阁防蚁要求特高，是一例，其下层内外柱子全用石柱。有的建筑全用砖墙承重，少用或不用木柱落地，防地居白蚁效果更好。

（2）把接近地面的门槛、门框、地栿、栏杆、托垫木墩等，改用砖石材料，或尽量使木材不与地面直接接触。

（3）古代建筑的台基较高，且常有突出线脚（如须弥座等），这些连续的水平线条，一定程度上有断绝蚁路的作用。另外，古建筑选址注意向阳高爽，排水良好，以及注意清除附近的树根废桩和废材等，都是对防蚁有好处的。

防蚁与选用木材也有很大关系。我国古代工匠很早就发现有些木材对白蚁具有天然的抵抗力。苏东坡《西新桥诗》曾提到："独有石盐木，白蚁不敢蹄"。[4]石盐木别名铁力木，坚硬如铁，出产于云南、广西一带，是一种很好的防蚁木材。清代屈大均《广东新语》也有白蚁"不触铁力木与椇木"的记载。椇木别名东京木，材质坚实，且有特殊气味。云南西双版纳和广东海南地区，除了选用这两种木料外，还选用臭樟、红椿、酸枝、楠木等。据分析，这些木材多有一种特有臭味，或坚硬难咬。杉木也是一种抗蚁木料，据科学分析，其心材中含有一种毒物。对杉木的特性，《农政全书·种植》卷三十八有如下认识："杉木斑纹有如雉尾者，谓之野鸡斑，不生白蚁。"

《造砑》云："木性坚者，秋伐不蚁，木性茱者，夏伐不蚁。凡木叶圆满者冬伐不蚁。"说明我国古代劳动人民很早就已发现，不同季节采伐不同的木材与防止白蚁有关。按科学分析，坚实的木材，在秋天稍干燥的季节采伐是较难生白蚁的，而带有苦味的乔木，因本身有抗蚁性，所以夏季伐之问题也不大。至于一些阔叶林多孔木材，就要求在干燥的冬季采伐为宜。从历史上看，四川、云南东北广大地区还保持着不伐死木的传统。因为死木有可能已有蚁虫滋生，采伐作为建筑用材，有引起其他木材蛀蚀的危险。

古建筑为了使木材表面紧密，虫蚁无空缝可钻入木质内部，外露木材有用灰泥封护和施加籴漆的。此措施见于元王桢《农书》："内外材木露者悉宜灰泥涂饰，木不生虫"，灰泥中有石灰，对防蚁估计是有作用的。

我国古建筑中另一防蚁措施是将木材进行预先处理。明方以智《物理小识》中曾谈及：青矾是一种有毒的化学药品，木材经过青矾溶液蒸煮以后，药剂渗透入木质纤维内部。白蚁是不敢蠹蛀的。此外，在南方民间也有用白灰水或海水浸泡木材的方法，据说可把白蚁喜欢吃的木纤维糖质去掉，并使木材内部渗入一些碱分和盐分，略起防蚁作用。明《本草纲目》有"白蚁畏烊炭、桐油"的记载。在古代寺庙和民间建筑中常见有用桐油涂木材的防蚁方法，也有在扶脊木等易受蚁蛀的部位放置烊炭的情况。明《群物奇制》谈到的木材"顶凿一窝子，用桐油注入"，使桐油顺木纹扩散到内部，而"不生白蚁"的方法，也是利用白蚁畏桐油的原理。

第三节　古代建筑的防火

我国古建筑多属木结构，最易发生火灾，很早就已重视防火，强调"以防为主"。

《墨子》提出了"灶必为屏，必突高出屋四尺，慎无敢失火，失火者斩"的防火法治思想（突，即烟囱，古为排烟道）。

《左传》也记述了襄公九年春，"宋灾，乐喜（子罕）为司城，以为政。使伯氏（宋大夫）司里（里宰）。火所未至，彻小屋，涂大屋，陈畚（簸笼）（土举），具绠（汲索）缶（汲器），备水器（盆缸之属）、量轻重（计人力所任），蓄水潦，积土涂，巡（行也）丈（度也）城，缮（治也）守备，表火道（表明火灾所趋的巷道）"。这些记载已经总结了一整套防火救火经验。为监视、观察火情而专门建置的望火楼，最早见于唐汪元量的《湖州歌》："淮南渐远波声小，犹见扬州望火楼"。有关望火楼的具体情况，宋《东京梦华录》描述很详："又于高处砖砌望火楼，楼上有人卓望，下有官屋数间，屯驻军兵百余人，及有救火家事，谓如大小桶、洒子、麻搭、斧锯、梯子、火杈、大索、铁猫儿之类。每遇有遗火去处，则有马军奔报。"这一类望火楼的具体形象，南宋《静江府城图》、《平江府城图》等碑刻上都有反映。

古代建筑的防火措施，可以从两方面来看：

1）从组群布局来看：火灾的主要原因，据我国古文献记载，很多情况下都是由于"地迫屋狭"、"檐庑相逼"、"邑宇逼侧"、"土居褊狭"、"重屋累居"、"邻舍失火，屋比延烧"等情况引起的。这都是建筑群的总体布局的问题。我国古代劳动人民在不断总结火灾起因的基础上，对建筑群体的规划，逐步考虑到：划分坊里，开辟火道，设置火巷，开扩广场空地，绿化，挖沟渠水面，凿井陂池等防火措施。

《新唐书·杜佑传》中有唐代杜佑因广州"途巷狭陋"，而"为开大衢"来满足防火要求的记载。《宋书·善俊传》也提到："知鄂州，适南市火。善俊亟往视事，弛竹木税，发粟振民，开古沟、创火巷，以绝后患。"这些都是从建筑群的布局着手来防备火灾的例证。

据明田汝成《西湖游览志》记："至元时，两岸民居稍稍侵切，然绰楔（即牌坊）无敢跨街建者"，同书解释原因说："杭城多火，自绰楔跨街，而火益炽，以木则易于燎延，以石则人惮崩摧，莫敢向迩扑救。"说明牌坊跨街，当街一边发生火灾时，会起引火的作用，且在火灾时易于崩塌伤人，有碍救火，所以自元以后杭州就不建牌坊了。

从宋《梦粱录》描述的"塌房"货栈"为屋数千间，四面皆水，不唯可避风烛，亦可免偷盗。"由此可以证明，四周环绕水面确实是有把防火功能考虑在内的。

明清北京故宫总结了前人经验，防火方面考虑很周到，现分析如下：

（1）前三殿、后三宫等主要建筑都独立成院，客观上提供了一定的防火距离，对防火是有利的。

（2）相连过长的廊屋，每相隔一段距离设有一防火间，内全为砖石构筑，使一边失火不至蔓延到另一边。

（3）东西六宫及其他独立建筑群组均有高墙分隔，自成一院，失火不致引烧一大片。

（4）各宫区都有火道，火巷分开，既是防火隔断，又便于火灾时安全疏散及进行抢救。

（5）宫内有水沟、水池、水井，主要建筑前面和主要宫院内多放置有蓄水缸，以备水防火。

（6）宫城外有城池周绕，且城墙和城门楼高耸，以防火攻。

至于一般第宅的平面布局，从汉画像砖、汉明器和唐宋画所见的古代住宅建筑可知，一般易于起火灾的厨房是布置在建筑群一角的，或厨房本身独立分开。至今遗存下来的广东潮州宋府、明府和福建、广东的客家民居，仍然保持着这种遗制，且厨房多用不易起火的土坯，砖石山墙承重，并有火道、火巷与主要建筑相隔，其防火意图是显然易见的。

2）从个体建筑来看：首要措施是用耐火材料取代易燃材料。如从西周初期开始屋面用瓦，比草茨耐火性大为增强。《孔六帖》记载："杨于陵出为岭南节度使，教民陶瓦，易蒲屋以绝火患。"说明瓦的推广是与防火有关的。

用砖石建筑代替木构建筑，是防火技术发展的一种趋势。在汉代，人们已有意识地建造石室用以避火。

到了两晋、南北朝，木造佛塔已逐步被砖石塔所代替，如登封北魏嵩岳寺塔便是其中例证。唐以后，佛塔以砖石为主，木塔日渐稀少。其他砖石制作（如栏杆、平座、墙体等）经验也日益丰富，到了宋《营造法式》已把砖石制作列为一种制度了。随后出现了砖木混合结构形式，如广东潮州宋驸马府，除厅堂用木构架结构外，其他多用山墙承重。明以后还出现了全砖石建筑——无梁殿，如南京灵谷寺、太原永祚寺、中条山万固寺无梁殿、北京斋宫和皇史宬等，这些建筑主要是为满足防火要求而建造的。

作为存放宫廷档案的皇史宬，可以说是这类防火建筑的典型。如图10-3-1所示，外围有高高的围墙与外界隔绝，建筑本身独立建在一个高台上。砖墙前后厚6米，左右厚3.5米，外界火起是无法内燃的。全部建筑用材，不用寸木，连门窗扇都用汉白玉造，建筑本身是无法起燃的。档案则用金匮密封在室内的白玉台座上。另外，所有的通风窗格都是用汉白玉雕成，飘火飞烬不能进入，其他檐口和屋面全用琉璃饰面，保证了整座建筑不会引火和起火。

最迟在明代，建筑中就出现了封火墙、护檐墙和隔火墙，在华南、西南的城乡最为常见。图10-3-2为广州郊区的封火墙，两边山墙通常高出屋面3～5尺。广东潮汕地区的封护檐墙，檐口为砖挑出檐，前后房

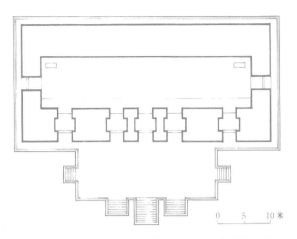

图 10-3-1　北京皇史宬砖构无梁殿（明代）平面图

图 10-3-2　广州郊区民居封火墙

图 10-3-3　四川成都民居封火墙

子起火时，火势就难于从檐口引燃入室。图 10-3-3 为四川成都的封火墙，此墙高出屋面 5～6 尺，当一边房子起火时，亦难于引燃到另一边的房子，这些都是简易而行之有效的防火构造设计。

烟囱易于引起火灾，我国历代很重视烟囱的防火设计处理。《墨子》已有"突高出屋四尺"的规定，宋《营造法式》也规定灶突高要"视屋身出屋外三尺"。东北朝鲜族民居一般都把烟囱独立建在离茅屋 3～4 尺的地方。这些措施的目的是不让带有火星的烟灰飘留到屋面，以免引起火灾。汉桓谭《新论》有"教人曲突远薪"的文句，意思是说烟囱不转弯则易带出火星，引起火灾。周鲁仲连撰《鲁连子》也有"灶五突"的说法。《韩非子》中有"涂突隙"的记载，就是说，烟囱有裂隙时要及时涂墁。这些都反映出对烟囱防火问题的重视。

"土涂"是我国一种古老的重要防火做法。元王桢《农书》有很详细的论述，现摘录如下："常见往年胶襄群，所居瓦屋，则用砖裹杣檐，草屋则用泥圬上下，既防延烧，且易救护。又有别置府庄，外护砖泥，谓之土库，火不能入。窃以此推之，凡农家居屋、厨房、蚕屋、仓屋、牛屋，皆宜以法制泥土为用。先宜选用壮大材木，缔构既成。椽上铺板，板上敷泥，泥上用油灰泥涂饰，待日曝干，坚如瓷石，可以代瓦。凡屋中内外材木露者，与夫门窗壁堵，通用法制灰泥墁之……至若阛阓之市，居民辏集，虽不然尽依此法，其间或有一焉，亦可以间隔火道不至延烧。"

直到现在四川成都有些地方的建筑还保存着"土涂"的防火做法，把一些易以引火的木柱、木梁和木构件等用草筋泥封护起来。南方一些考究的建筑，还有在大门木板门扇上贴面砖的做法，以取得耐火效果。

必须指出，我国古代建筑中的防火技术虽然有一定的成就，但是由于历史条件的局限，还是夹杂着一些迷信的东西，如《风俗通义》说："殿堂象东井形，刻荷藻水物所以厌火也"，《西汉会要》说："太初元年十一月乙酉，未史宫柏梁台灾，后越巫言，海中有鱼尾以鸥激浪即降雨，遂其象以尾，以厌火祥"，《陈留耆旧传》说："刘昆为江陵令，民有火灾，昆向火叩头，即需然下雨。"

第四节 古代建筑的采暖和防寒

我国古代建筑的采暖防寒技术从火塘发展到火地、火炕，自成一个系统，是古代应用科学的一项成就。今天只能从一些零星的文献记载和考古发掘的材料中，勾画出一个大体的轮廓。下面主要讨论采暖，着重于火塘、火炉、炙地、火地、火炕。

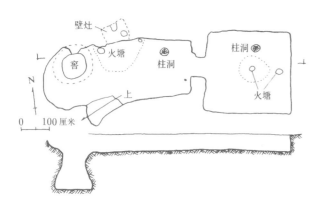

图 10-4-1 陕西客省庄二期 H98 遗址平面、剖面

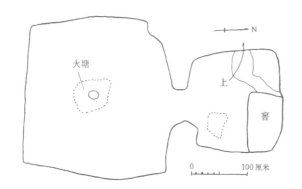

图 10-4-2 陕西客省庄二期 H174 遗址平面

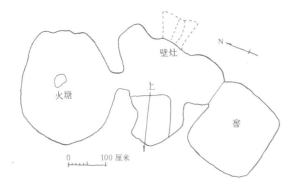

图 10-4-3 陕西客省庄二期 H108 遗址平面

一、火塘、炉灶

火塘是最古老、最简单的采暖方式，在原始社会的居址中是主要的炊事与取暖相结合的方式，近代一些少数民族居住建筑中仍然采用。后来有所发展，采暖的炉灶和炊事的厨灶逐渐有了分工（图 10-4-1～图 10-4-3）。

从多种用途的火塘到采暖专用炉灶的发展过程中，最值得注意的是火塘、炉灶在建筑物中平面位置的变化。这可以分为三个阶段：第一阶段，火塘设在门口附近，是为方便于吸收氧气助燃，并能阻挡冬天从门口往里吹的冷气流。缺点是热源不居中，采暖不均匀，当风向、气压不利时，烟气排不出去，同时火心离墙面或屋顶面距离太近，容易失火。第二阶段，火塘位置向后退，设在房间当中。这时屋顶上一般已经有专门的排烟设施，叫做"囱"。囱古写是个象形字，指屋顶当中开设的专门排烟孔。火塘居中，正对其上设有囱，这种考虑，从采暖通风的角度看，显然是一大进步。第三阶段，火塘再向后退，退居房间的深处角落里。这时采暖用的炉灶和炊事用的厨灶，一般已有所分工。《吕氏春秋·分职》记载卫灵公天寒凿池，苑春谏曰："公衣狐裘，坐熊席，陬隅有灶，是以不寒。"这个故事又见于刘向《新序》。灶与狐裘、熊席并列，无疑是采暖专用的炉灶了。洛阳中州路发现过一处西汉屋基，在东北隅有碎砖数块，间有红烧土痕迹，显然是一处灶址。秦都咸阳一号宫殿建筑遗址的第3、第5和第8室中都设有专门的采暖炉灶（图 10-4-4），也都是在屋角深处。西安西北郊阎家村汉代建筑遗址中发现的炉灶也是设在屋角（图 10-4-5）。这些都是"陬隅有灶"的实例。咸阳和西安阎家村所见的炉灶，构造基本相同，都是用土坯砌成一个房屋形的灶膛，灶前有灰坑，灶外侧有曲尺形平面的矮墙，很可能就是《墨子》一书中所说"灶屏"的一种。因其已退处屋角，所以有的已经设有专门的排烟道。这种排烟道古代文献中称之为"突"，即后来所说的烟囱。于是屋顶上那种专门的排烟口——囱，渐被淘汰，而另在墙上开"牖"，以为通风、采光之用。

《汉书·霍光传》载："封人为徐生上书曰：臣闻客有过主人者，见其灶直突，傍有积薪，客谓主人，更为曲突，远徙其薪，不者且有火患。"这个寓言故事，又见于桓谭《新论》，"曲突徙薪"成为一个著名的典故。

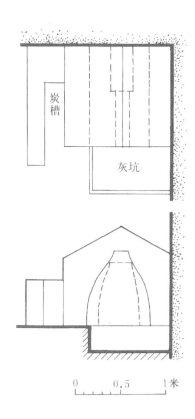

图 10-4-4　秦都咸阳第一号宫殿建筑遗址 8 室炉灶平面、剖面示意

阎家村所见的情况是烟道入于墙内，直上一段以后横折，再直上而达于户外，正是这种典型的"曲突"做法。辉县出土战国刻纹铜鉴上刻画的宴乐场面中有一厨灶，烟道也作曲折的表现，可见战国以来直到秦汉烟道常常做成"曲突"。吉林辑安高句丽建筑遗址曾发现有条形烟火道，贴地面，并沿外墙转折，可以看做是"曲突"的另一种做法。设于墙内折而上的"曲突"，已经接近后世的火墙，而贴地面随外墙转折的另一种"曲突"，又可以看做是火炕的前驱。

二、火盆、火炉

　　咸阳秦宫殿遗址发现十余个房间，使用功能有明确分工，其中只有三个次要房间设有炉灶（其中两间另设地漏，或以为是浴室），起居宴乐的 1 号主要大房间，不见炉灶。这证明当时这样一类主要的、讲究的房间，冬季采暖是采用活动设备即火炉、火盆之类。这种火盆、火炉，可以看做是可以移动的火塘，至迟在春秋时代已经出现室内专用的铜炭炉，现在所知最

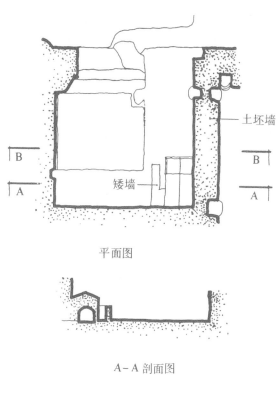

平面图

A-A 剖面图

B-B 剖面图

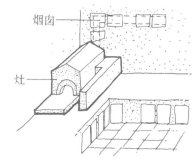

室内透视一角

图 10-4-5　西安西北郊阎家村汉代建筑中的采暖遗迹

早实物，是河南新郑出土的一具，形似长方盘而圆角，平底大口，四旁有环作耳，口内侧铭曰"王子婴次之 庑卢"（图 10-4-6）。湖南长沙徐家湾出土汉代铜炉，亦为长方形，口大底小，四壁倾斜，下有四足，端壁上附有铺首衔环（图 10-4-7）。甘露二年（公元 257 年）

铭款的铜炉，上为长方炉，有四足，底有条状空隙，为通风下灰之用，下为长方盘，据炉体上自铭，下部的盘叫做"承灰"，其功用自明（图10-4-8）。这类铜炉由平底发展到有足，是一大进步，再发展到炉底有条隙，炉下有"承灰"是又一大进步，至此已臻完善。后来的炉有多种多样的形式，材质有铜、铁及陶制的（图10-4-9），造型有方有圆，但其基本构造，大体差不多。

三、炙地

在我国采暖技术的发展史上，可能有过"炙地"的采暖方式。

图10-4-6　河南新郑出土的"王子婴次之庶卢"

图10-4-7　长沙出土的四足大方铜炉

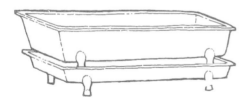

图10-4-8　西安东郊出土的甘露二年铜炉

图10-4-9　河南洛阳烧沟汉墓出土陶炉

"炙"的本意是烤，炙地就是烤地、温地。从热工学的角度来说，是把土地面作为一种介质，经烧烤后使热量贮存于其中，土的热惰性较大，可以保持较长的时间。在还没有火地、火炕以前，采用炙地的办法把地面烤热，坐卧其上以为取暖，是一种很简便的做法。烧烤地面不仅可以采暖防寒，而且可以去湿祛潮，起理疗作用。

炙地一词见于唐代诗人孟郊的诗《寒地百姓吟》，诗开头的几句说："无火炙地眠，半夜皆立号。冷箭向外来，棘针风骚劳。霜吹破四壁，苦痛不可逃。"

全诗描述寒地穷苦百姓冬天没有柴火，不能烤地睡眠，冻得站立嚎哟的凄寒景象。根据孟郊这首诗，我们可以考知，我国古代北方可能盛行过炙地这样一种采暖方式。它的起源甚早，办法也相当简单，但是由于残酷的阶级剥削和阶级压迫，直到中唐时候，这种简易可行的采暖方式，寒地穷苦百姓仍然求之不得。

从一些考古发掘的材料来看，远在原始社会时期，一些居住建筑的居住面常常见到红烧土状的情况，仔细分辨，有的是经过反复烧烤的。过去一直都被认为是初建时的地面处理，目的是为了防潮驱湿。这种看法相沿已久，似成定论，但不一定完全确切。西安半坡6号房址有高起10～17厘米类似炕的居住面，为多层坚硬平滑的红烧土重叠构成，最多可达9层。24号房址居住面敷草泥，最多处有5层，都是经过烧烤的硬面。临潼姜寨的大房子（图10-4-10），西北角、西南角有对称

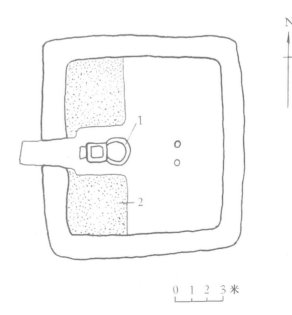

图10-4-10　陕西临潼姜寨大房子平面
1-火塘；2-炙地地块

的两个高出地面9厘米的平台，经火烧烤呈青灰色硬面，下因火候逐次减低而呈红、褐、黄等色，也表明烧烤不止一次。类似半坡和姜寨这样的情况，各地发现得很多，似乎都是经过多次反复烧烤和反复修整所致，都应该是炙地所造成的结果。姜寨大房子里是并联的火塘，在两个平台当中，很可能此火塘是贮存温火，专备炙地所用，两个土台是炙地区域，以供坐卧。

"炙地"一词迄今所知虽仅孟郊诗一见，但先秦文献中也透露出一些有关的记述。《左传》昭公十年："冬十二月，宋平公卒。初，元公恶寺人柳，欲杀之，及丧，柳炽炭于位，将至，则去之。比葬，又有宠。"

寺人是古代宫中供使令的小臣，宋平公死在寒冬十二月，元公在苫守丧，依礼应该"寝苫枕草"，而不能像平常那样"衣狐裘、坐熊席"，寺人柳善于逢迎，先用炭火把元公坐处地面烤热，元公将至再将炭火去掉，元公得到温暖而高兴，柳因又得宠。这"炽炭于位，将至，则去之"数语，表明了炙地这种采暖方式的具体做法。

炙地这一采暖方式，近代仍然偶有采用。我国北方半游牧的蒙古族地区，每当远出放牧或从事农耕，在临时搭起的马架子窝棚中居住时，常常采用炙地的办法取暖防寒。内蒙古一带把这种烧烤热了可睡人的地面或土榻，叫做"霸王炕"。

四、火地

"火地"一词于文献无征，是东北民间的习惯称法，以区别于"火炕"。《红楼梦》中称"火地"为"地炕"，是北京的称法。

火地与炙地一样，都是用火把地烤烧发热。炙地是用火在地面上烤，火地则是在地面下烧。因而地面下要设有烟火道，相应地还要有烧火口和排烟口或烟囱，设备配套，构造复杂。

《水经注·鲍丘水》云："（观鸡寺）寺内起大堂，甚高广，可容千僧。下悉结石为之，上加涂塈，基内疏通，枝经脉散，基侧室外，四出爨火，炎势内流，一堂尽温。盖以此土寒严，霜气肃猛。出家沙门，率皆贫薄，施主虑阙道业，故崇斯构，是以志道者多栖托焉。"

这段记载是迄今所知关于火地采暖的较早史料。据《遵化通志》卷四十七著录的《辽景州陈公山观鸡寺碑铭》（观鸡寺大约在今河北省遵化之南，丰润之北），

可知至迟在北魏时，我国北方较大的公共建筑中已有采暖火地的设置。《水经注》中说："施主虑阙道业，故崇斯构"，可见当地官僚地主们自己家里大半也是有这一类采暖设施的。《水经注》这一条材料，举出了一个采用火地采暖的建筑实例，可以大体考出它的时间、地点，更重要的是还详细地描述了火地的构造做法和热工原理。北魏观鸡寺的火地做法和清代沈阳故宫、北京故宫一些火地的做法基本一样。

火地采暖这一办法，整个地面被加热，散热面积大，因而"一堂尽温"，并且热量均匀温和。又因为是在室外台基上专设烧火口，并另设出烟口，烟和灰都不致污染室内。当起居习惯还是席地而坐的时候，地面烤热，坐卧其上比较舒服。与炙地相比，优点被继承，缺点被克服，火地是炙地的科学发展。

我国的火地，就是世界上最早的地面辐射采暖，是我国古代工匠的一项重要创造。遗憾的是至今国内考古发掘尚未发现过较早的火地实物遗存。不仅北魏及其以前的实例未见，就是清以前的实例也是个空白。汉代我国已有了火地采暖是完全有可能的。火地采暖在清代比较盛行，清代宫廷沈阳故宫、北京故宫采用火地的房间很多，一些标准较高的王公府第和官僚住宅中也常有设置。这反映出乾隆年间北京上层统治阶级的宅第中，火地是相当盛行的。直到现在，我国内蒙古一带半定居的蒙古包中还常有全套火地设备，地面下有盘旋的烟火道，外面地下有烧火口，地上有烟囱（图10-4-11），

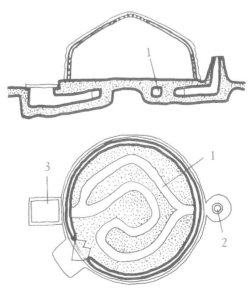

图 10-4-11　有火地采暖的半固定蒙古包
1- 烟火道；2- 烟囱；3- 烧火口

是起源很早的我国北方通用的一种采暖方法。

　　因为较早的实物都已不存，所以要具体了解火地的详细构造，除了蒙古包和朝鲜族住宅（见少数民族一章）之外，只能以沈阳、北京两故宫为例。大致情况是：烧火口一般在台阶上，有设在前檐下者，有分设在前后檐下或两山之处者，也有设在建筑物四周者，视建筑物大小而定（《水经注》记的是一处大堂，"可容千僧"，所以"四出爨火"，烧火口设在四周）。

　　烧火口的做法，北京故宫所见分为二种：一种在台明上开口；一种在台帮上开口。在台明上开口的又分两种，一种口大而方，设木盖，可以下人；一种口小而扁，设方砖盖，似不能下人。以前一种为常见。今以颐和园乐寿堂东廊下的一处为例，略作说明。这个烧火口是一个较深较大的工作坑。长1.91米、宽1.02米、深1.85米，内设木梯可上下，坑内北壁设两小龛，可置灯。灶膛口在坎墙下的位置，设小铁口，膛内平底。这是因为宫廷一律烧木炭。

　　灶膛内部构造，从工作坑内亦无法看清。灶膛及烟火道构造，可以以静怡轩遗址（俗称火场）东侧的一间小屋为例略作说明，那里由于工程施工而被挖开，可以看到一些下部结构。灶膛是砖砌的一个马蹄形的坑。膛顶按一定坡度平行横置方铁条三根，两长一短，以为横梁，梁上盖方铁板四块，灶膛远端接连烟火道。

　　地面以下烟火道的详细构造是在三合土基底上平铺大方砖一行，上设砖码子，以承地面大方砖，砖码子用大砖砍成圆墩。每个码子承担四块地面方砖的各一角（图10-4-12）。这种地面下整个是个空膛，仅仅用一个个独立码子承托地面砖的烟火道做法，民间称为花洞，好烧而且热量比较均匀，是成熟的做法。砖码子也有用方墩的，而圆墩更有利于烟火气流的畅通。烟火道还有其他做法，如蒙古包下常见的是盘旋的火道，《水经注》所说的"基内疏通，枝经脉散"，可能又是一种做法。即有主干与分支，类似清代所谓"蜈蚣腿"的布置方式。因为宫廷王府等都是烧炭，所以不需另设高烟囱，少量余烟的排出和气流交换，一般只在烧火口两侧设有断面不大的孔道通于户外，出口设在台帮上，还常常用石作的盖子盖口，仅在盖子当中做镂空花饰以通烟气。这是因为木炭的余烟不多，并且古代烧炭又有一种传统经验，用前先烧令熟，谓之"炼炭"，炼过的炭几乎无余烟。因为烧火口与排烟口常在一侧，所以烟火道内气流流通路线需加以组织。静怡轩东侧所见的做法，是沿东、西、南墙边用琉璃板瓦斜扣搭成烟道，通向排烟口。蒙古包内的火地常烧牛马粪。

五、火炕

　　火炕的原理与火地基本相同，主要区别是火炕从地面上高起，形如床榻，火地则是不高起的平地。

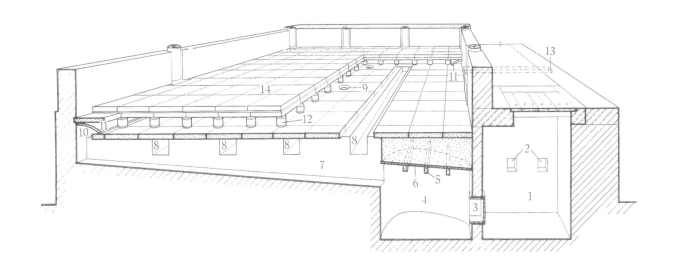

图10-4-12　北京故宫火地局部构造剖视图

1-烧火口；2-灯槽；3-灶膛口；4-灶膛；5-方铁梁；6-铁板；7-主火道；8-次火道（蜈蚣道）；9-火口；10-烟火道；11-琉璃板瓦；12-砖码子；13-出烟口；14-室内砖地面

辽、金时代有关于炕的记载。《辽史拾遗》卷十八引无名氏《北风扬沙录》："女真国环室为土床。炽火其下，而寝食起居其上。"《三朝北盟会编》卷三记女真风俗："环室为土床，积火其下，寝食起居具上，谓之炕，以取其暖。"

从考古发掘的遗存来看，前面说过的那种在地面上沿外墙设置的烟火道，是一种"曲突"的做法，是火炕的前身。吉林辑安高句丽建筑遗址（图10-4-13）

和黑龙江渤海时期F14房址火炕（图10-4-14），就已经看出早期火炕的形制。两处遗址情况基本类似，都是室内沿东山墙及北檐墙设曲尺形烟火道直通室外，烟火道转折以后沿北墙改为双洞，洞较宽大，上面架平可供日常起居坐卧之用。

辽宁宁城辽中京遗址发掘所见的一处火炕，敖汉发现的几起辽代火炕，也都作曲尺形，转折以后分三条火道，都已经成为有三条炕洞的直洞炕了。

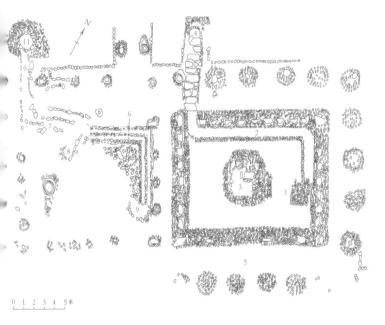

图10-4-13 吉林辑安高句丽建筑遗址平面图
1-灶址；2-烟道；3-方形石座；4-烟筒；5-廊道；6、7-火坑；8、9-灶址；10-烟道；11-烟筒

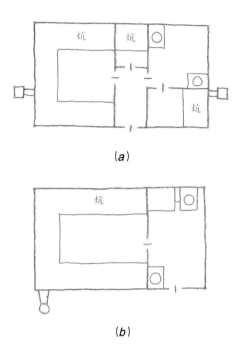

(a)

(b)

图10-4-15 金代火炕
（a）吉林满族住宅火炕布置；（b）黑龙江赫哲族住宅火炕布置

图10-4-14 黑龙江东宁县发掘的渤海时期F14房址火炕

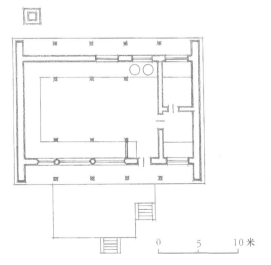

图10-4-16 沈阳故宫清宁宫平面图

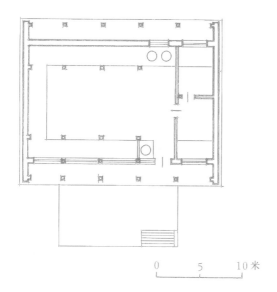

图 10-4-17　北京故宫坤宁宫平面图

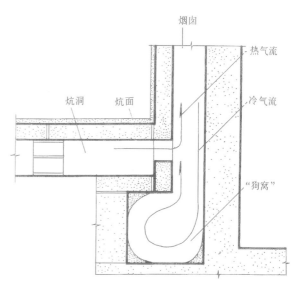

图 10-4-18　火炕烟囱根的"狗窝"（烟脖）构造示意图

金代火炕形成一种特殊的平面布局，即"环室"三面，呈凹字形。这种布置方式后来为女真后裔满族所继承。吉林一带满族住宅中多见，黑龙江一带赫哲人（图 10-4-15）住宅中也盛行。这可能与原始部落的家族聚会与祭祀有关，沈阳故宫清宁宫、北京故宫坤宁宫都是炕头连着锅台（图 10-4-16、图 10-4-17）。至于开口朝东，西山墙万字炕最尊，则又可能与契丹及女真以东向为贵的风俗有关。北方有句谚语叫"炕热屋子暖"，这样环室三面的炕散热面积超过室内面积的一半以上。热工效果是很好的。万字炕的设置，可以使南北两铺炕共用一个烟囱。总之这种凹字形的火炕是包含着多种意图综合考虑的一种创造。

火炕采暖到明清时代，北方已普遍盛行，汉族地区炕的布置多靠近前槛墙，设于南窗下。火炕成为北方城镇和广大农村一种固定的采暖方式以后，必然引起室内装修和家具造型等一系列变化，产生了花门子（连二炕中间分隔的隔扇）、炕屏风、炕桌、炕柜之类的新形式。

北方广大农村和城镇的火炕，多半是炊事采暖一把火。农村多以农作物秧棵和柴草作燃料，所以炕洞要高大，并且必须有烟囱，烟囱多随墙。西北地区有从墙半腰出的，东北地区多高出屋顶，草房则须在墙外另设独立的烟囱，以便防火。独立的烟囱多就地取材，用土垛或土坯砌，也有用木骨夹泥的，用砖的近代才开始多起来。农村砌炕多用土坯，土坯炕热度均匀温和，热量

保持的时间也较长。几年之后便拆除重砌，以利燃烧。农村砌炕多是农民自己动手，常有许多令人赞叹的创造。例如，为防"呛风"，在烟囱根下常设一个回旋冷风的坑，叫"烟脖"（图 10-4-18），可以使烟囱中的冷气流不致渗入炕洞内。为防止抽力过大，炕凉得快，还常在烟囱梢靠近屋顶处设插板，夜间停火以后可将烟囱口插死，使炕洞内的热气流得以长期地保持等。

城市火炕，讲究的烧木炭，靠近产煤区的，常烧煤。宋代朱弁《炕寝》诗曰："西山石为薪"，就是火炕烧煤较早的例证，朱诗作于大同。北京至迟从元大都开始，直到清代，火炕也多有烧煤的。用一种特制的小车，先在外面烧着后，待烟气不大时，将小车推入炕门子，方法和烧炭差不多。所以，北京旧房虽多烧火炕，大半并无烟囱。城市火炕烧柴的也不少，因而烟囱林立。《沈阳百咏》曰："时样烟囱屋上安，炊烟直散入云端；层层望向春风里，误作连山塔势看。"空气污染可以想见。烧炭和无烟煤的可不设烟囱，对环境卫生有利，但容易一氧化碳中毒。清阮葵生《茶余客话》卷九"煤晕"条记有乾隆年间著名文士陈定先中毒后急救乃得生和冯廷中毒致死的情景。城市火炕多由专业工人砌筑，清代流传的《瓦作做法》之类的术书都有高炕的做法。由于城市建筑密度大，高房、高墙互有影响，引起小气候变化，炕、灶和烟囱处理不好，最容易"犯风"，不好烧，城市又多用砖砌炕。老炕多年不改，容易出毛病引起中毒。大约在清代乾

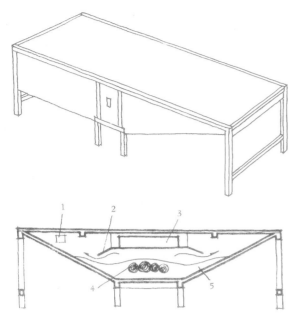

图 10-4-19 甘肃东部火床构造示意之一
1- 排烟口；2- 火镜子；3- 土怔；4- 炭；5- 炭灰

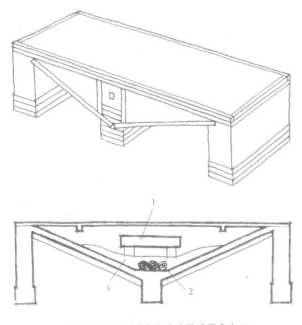

图 10-4-20 甘肃东部火床构造示意之二
1- 土怔；2- 炭；3- 炭灰

隆年间，火炕采暖技术已经成熟。火炕采暖在北方广大地区得到普遍推广。

在甘肃东部庆阳、天水等地区，现在还有一种特殊形式的火炕，当地叫做火床。有两种基本做法：一种从地面上砌起拦火的坎墙，设小门，在里面烧火，上铺木床板；另一种是用一些木料加上砖和土坯，或者全用木料高架起一个密封的空间，纵断面呈倒梯形，

里面生火，上铺木床板（图 10-4-19、图 10-4-20）。因为上面是木床板，所以只能用木炭或烟煤，并且炭也要炼过，煤也要先烧好，还要用炭灰、煤灰培盖起来，当地叫煨火、煨炭。为了保证上边木床板的防火安全，有的在埋炭或煤的地方用土坯搭起一个简单的灶，有的在床板下悬挂一块铁片，铁片上平铺土坯以隔热。为有效地组织热流，有利于热流反射折射。这种火床，可以看做是一种特殊形式的火炕，也可以看做是火塘或炉灶与床的组合。这种做法很可能也是一种古老做法的传留，如唐薛能《嘲赵璘》诗里说到火炉床，宋陆游《老学庵笔记》中说"火炉床家家有之"。

六、建筑防寒措施

建筑物防寒保温方面的技术措施，一般是提高建筑物围护结构的保温性能，以及采取特殊的构造做法和其他措施。

早期建筑多是木骨泥墙、土墙或土坯墙，又多是草顶，保温性能较好。瓦顶做法，南北方有所不同。由于防寒的要求，北方没有冷摊瓦的做法，灰背一般较厚，有些土顶房屋土层亦都较厚。吊灰棚、扎纸棚亦起防寒作用，所以北方较多，南方则多不设。从整个围护结构来看，防寒保温最不利的部位是门窗，所以常常另设帘。也有门窗都设两层的做法，外层称风门、风窗。风窗又称护窗或吊塔，夜间关上，白天支起或摘下。还有在门内外增设门斗的做法。《诗经》有"塞向瑾户"的说法，冬天把北门北窗封孔的做法，至今可见。此外，更有在体量较大的建筑物中，另分隔出小的建筑空间。单独考虑采暖防寒措施，称之为暖阁。这种做法，清代较常见。

还有一些防寒保温措施。特殊的一例就是壁衣。古代的壁衣最初多用纺织品制成。后来或用针织成品，张覆于墙体内表面。起装饰作用，也可起防寒作用。唐岑参《玉门关盖将军歌》："暖屋绣帘红地炉，织成壁衣花氍毹。"诗中的壁衣即现在所说的壁毯。壁衣与绣帘红地炉并列，足见是一种防寒措施。壁衣的起源甚早，据《墨子》所记商代已采用锦绣织物覆壁。咸阳秦宫第一号宫殿遗址中的主要大房间，原供起居宴乐之用，门道中发现有壁画，室内墙面则一律素白，房间内又出土有环钉，应是张挂壁衣用的。汉贾谊《治安策》云："白

縠（绉纱）之表薄纨之里，捷（缝衣）以偏诸美者黼绣，是古天子之服，今富人大贾嘉会召客者以被墙。"用壁衣被墙，秦、汉是较常见的。壁毯现在新疆地区仍有采用，和壁衣类似的还有地衣（即地毯），很早就有。白居易《红绒毯》诗云："地不知寒人要暖，少夺人衣作地衣"；《新唐书·曹确传》："刻画鱼龙地衣，度用缯五千"。可见在唐代仍很盛行。从防寒、保温方面来说，地面热损失很大，铺地毯对保温还是有好处的。北朝及隋唐建筑遗址常常发现一些花纹砖，棱角具在，表面不见磨损，可见地面上都是铺设地衣的。壁衣、地衣是我国古代建筑保温技术与装饰艺术的结合。

第五节　古代建筑的抗震

建筑物的抗震主要是增强建筑物的整体空间刚度。古代匠师和劳动人民在设计和建造建筑物的时候，一般情况下当然不一定都能有意识地考虑抗震、防震，但在其所采用的传统的建筑技法当中，包含着抗震、防震的作用。

我国现存的许多著名古建筑，大都经受过地震考验。著名的赵州桥，一千多年以来，经历过多次地震，至今仍被继续使用。1966 年邢台 7.2 级地震，距震中不到 40 公里，桥亦未损。著名的应县木塔是现存尺度最高、体量最大的木构架多层楼阁建筑，文献记载由金、元到明朝，经历"大震凡七，而塔历屡震屹然壁立"。著名的蓟县独乐寺观音阁，也经历过多次强烈地震，其中康熙十八年三河平谷一次 8 级地震，当时记载蓟县城内"官廨民舍无一存"，观音阁"独不圮"。1976 年唐山 7.8 级地震，独乐寺前辽代白塔震坏，寺内一些明、清小型建筑震害比较严重，观音阁仍无变化。著名的义县奉国寺大殿，为我国现存最大的单层佛殿建筑。据寺内元、明、清碑刻记录，曾"经庚寅地震"（指 1920年武平 6.7 级地震）"无所坏"。1975 年海城地震，义县正处于主震断面线上，奉国寺山门、无量殿等清代小型建筑多受损害，大殿基本无恙。著名的辽阳白塔，为实心十三层密檐砖塔，高 71 米，约建于辽兴宗、道宗年间（1031 ～ 1100 年），也经历过多次地震，1975年海城地震，辽阳烈度属于 7 度，塔附近的建筑多有损

坏，塔则只顶尖震掉些砖瓦。这些例子都是著名的建筑物，又都是尺度较高、体量较大的建筑物，所以重心较高、自重较大，因而地震时产生的地震力都是很大的。就是这样一些建筑物，其抗震能力反而较高，这雄辩地证明了我国古代建筑在防震、抗震技术方面是有着高度的成就和重大的贡献的。不仅这些著名的重要建筑，就是一般的古代建筑和普通的传统民居建筑，也都有较高的抗震能力，如天津宁河天尊阁、云南通海聚奎阁等都是高 17 ～ 18 米的三层楼阁，经受当地 9 度烈度的考验，损害极轻微，桁架完好无损，一些穿斗架二层民居也常常能在 9 度区保存下来。现在各国研究抗震建筑，追求的最高目标是按 9 度设防，我国古代传统木构架建筑，一般都可以基本上达到这个目标，这不能不说是我国古代应用科学方面的一项惊人成就。

也要看到，我国古代建筑抗震方面虽有不少成就和宝贵经验，但是未能上升到理论层面，有些经验未能得到总结和推广，有的早已失传，因而有些建筑物在抗震性能方面存在不足之处，最显著的是一些砖塔。文献记载各地历次地震震倒的砖塔极多，有些砖塔也多半都有震害伤痕，有的倒掉半截，有的各檐震塌，"层级莫辨"，有的劈裂，震裂后有倒掉四分之一，甚至相继倒掉四分之三，仅剩四分之一者。

关于古代建筑抗震技术的研究，近些年来才刚刚开始，有待继续努力，现在只能作些粗浅的分析。

一、我国古代建筑在平面布置、立面造型、结构和构造等方面的特点有利于防震、抗震

国内外对抗震建筑研究的结论是框架式结构较为有利。我国古代传统木构架建筑，是世界建筑史上最古老的框架结构，这种木构架建筑的结构特点是构架承重，墙体仅仅是一种围护结构。我国有句通行的谚语，叫做"墙倒屋不塌"。在发生强烈地震的时候，这种墙倒屋不塌比起墙体承重结构受震后墙倒屋塌，无疑是可以减少损失。地震区的震害调查常常可以见到这样的景象。一些近代墙体承重的砖木结构建筑，倒塌较为严重，而同一地点的古老的木构架民居和寺庙建

筑却完好无损，或者至多是墙体倒塌而构架尚完好。

我国传统木构架结构，所用木材本身具有一定的弹性。传统木构架结构各节点均采用榫卯，结合严实，但又不是死固，遇到强大震动，所有构件的榫卯均可以有活动余地而使整个结构体系处于弹性状态。

国内外对抗震建筑的研究，都强调选用比较规则的建筑和结构布局，使一栋建筑物在体量、刚度和强度各方面均匀协调。因此，最理想的建筑物是形体简单、中心对称，使质量中心与刚度中心重合，以免产生扭矩。我国古代建筑的平面均为单一形体，最常见的有矩形，少数为方形、八角形和圆形，平面简单。使用功能要求复杂的建筑，亦采用若干单一形体的单元进行组合，单体平面复杂者极为少见。

当地震发生时，如果立面轮廓变化较大，突出部分的破坏常较显著，当突出部分的体量较下部体量相差过大时，破坏更加严重。我国古代建筑的体量造型比较简单，很少有局部突出的部位，这方面也是有利的。

一栋建筑物在地震力的作用下，难免存在扭转作用。产生扭转的时候，离中心愈远，产生的附加地震力就愈大，所以应尽量避免将大房间设置在建筑尽端。我国古代木构架建筑柱网布置的原则是明间开间最大，次间次之，梢间最小，进深方向也是如此，如进深三间，则中间一间最大，这种柱网分配对抗震较为有利。设有周围廊者则更为有利。而"金箱斗底槽"那样的布局，加强了周边结构，对抗震最为有利。

我国古代建筑一般在地面上筑成台基，建筑物架立于台基之上。台基是我国古代建筑的一大特点，有悠久的传统。近代建筑的基础以整体浮筏式基础为抗震，我国古代建筑中的台基可视作一种整体浮筏式的基础。近代建筑基础出地面处易受剪切破坏。高台基的做法，则可以避免这个弱点。当地基土壤为砂土层时，地震常常导致砂基液化，这时高台基的作用尤其明显。此外，高台基的做法，还可以对地震时的喷水冒砂起一定的抑制作用。

地震力对建筑物的破坏作用主要是左右摇撼，即水平力的反复作用。蓟县独乐寺观音阁在暗层中设有斜戗柱，应县木塔也在暗层中加戗柱斜撑起抗风作用，也起抗震作用。观音阁和木塔经受大大小小若干次地震而结构无损和这类戗柱斜撑关系极大。《营造法式》规定柱身有侧脚制度，侧脚打破了立柱之间的平行，

图 10-5-1　广西合浦西汉木椁墓出土的铜房子
（三柱落地穿斗架的最早实例）
1- 天枙；2- 穿枋；3- 三柱落地；4- 镯脚

图 10-5-2　五代卫贤《高士图》中的地栿

使各柱间形成的体形成为截锥体，这种体形较为稳定，因而对抗震也是有利的。《营造法式》所定侧脚斜度不大，辽、宋实物有远远超出规定者如应县木塔一层内槽柱身侧脚斜度达3%强，四层平座内槽柱身侧脚斜度达4%，三层平座内槽柱身侧脚斜度接近8%，从抗震角度考虑，倾斜度大些是有利的。

《营造法式》有地栿制度，地栿的做法渊源很早。广西合浦西汉墓出土的铜屋柱下设镯脚，镯脚即是地栿做法之一种（图10-5-1）。五代卫贤《高士图》中的建筑所表示的地栿做法，至今南方山区民居中仍然常见（图10-5-2）。地栿这样一种在柱脚间设置的贴地木材，把各柱柱脚拢成一个整体，对于防止柱脚走动，保证建筑物的整体性起重要作用。云南通海地震峨山大海洽地区一些古庙受震后因木柱错动，柱脚与柱础离位，正是不设地栿的缘故。四川岷江沿岸为历史上的多震地区，当

地民居多设有地栿，峨眉一带山区民居多不用土墙而采用编笆泥墙，柱脚间多设有地栿。一些穿斗架民居各帖柱顶之间，常加一道穿枋，甘肃东部、东南部地区称之为天栿，和地栿一样，也起着保证结构整体性的作用。义县奉国寺土墙下设一段低矮砖墙，土墙、砖墙之间设一道与墙体通厚通长的木枋，是为"隔减"。甘肃东部一些民居，明间设涌长门槛，而在次间窗下设通长的木窗台。地栿、门槛、隔减和木窗台，都起着抗震的作用。

墙体容易倒塌，常是地震伤人的主要因素，所以墙体的抗震也极为重要。墙体抗震处理方面积累的经验尤其多，民居建筑和元代以前的建筑多用土墙。但缺点是厚重，所以墙体的抗震措施通常是降低土墙高度，四川、云南二层民居一般一层用土墙，二层用轻质墙（图10-5-3），更有一层民居墙体也做成两截，下截土墙，上截轻质墙。道光三十年（1850年）西昌地震之后，当地总结建筑抗震经验有"墙筑半"的口诀即是指此。《营造法式》筑土墙之制规定"其上斜收，比厚减半"，即墙顶厚为墙脚厚的二分之一，云南峨山城关镇二层民居的一层土墙，常做成阶梯形，下段厚，上段浅薄，同样是为了使重心降低。实践证明这样的土墙在地震中很少倒掉（图10-5-4）。为了提高土墙的强度和整体性，南方民居的土墙还常在其中夹置树枝、竹篾等物，如云南永善大关一带民居常在土墙中放置竹筋，转角尤其密集，四川炉霍一带民居常在土墙中铺设树枝，大约每隔70～80厘米平铺一层，凡是经过这一类处理的，都收

到了抗震效果。土墙中夹置延性较好的植物材料的做法，起源很早。居延一些汉代烽燧亭障遗址，城堡或房屋的土坯墙中一般都夹有芦苇束。义县奉国寺土坯墙下通常设木骨一层，土坯墙中另设木骨四层，大同华严寺、善化寺等几座辽、金建筑也都有这类做法。北京护国寺明代千佛殿曾发现土墙隔减以上夹有横放、直放或斜放着的木骨（图10-5-5）。这类木骨也应是《营造法式》所谓的红木。《营造法式》卷十三"泥作制度"条说："每用坯墼三重，铺襻竹一重"。襻，古指器物上用来

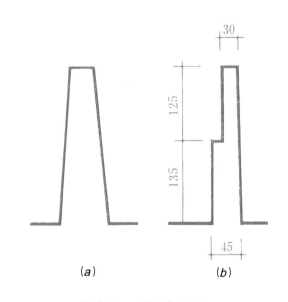

图10-5-4 土墙上收分做法
（a）《营造法式》筑墙之制；（b）峨山城关某宅一层外墙实例
（单位：厘米）

图10-5-3 四川西昌县城临街二层房屋的墙体抗震处理

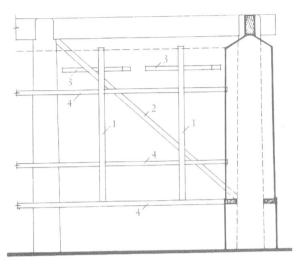

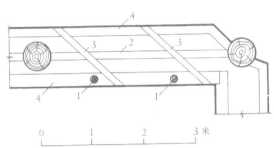

图 10-5-5　北京护国寺千佛殿山墙木骨架
1- 间柱；2- 斜撑；3- 平面 45° 木骨；4- 水平木骨

图 10-5-6　甘肃天水地区土坯山墙的处理

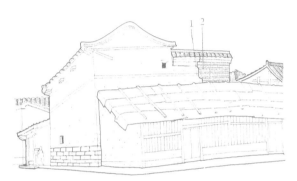

图 10-5-7　云南通海县城北街某宅木圈梁的抗震作用
1- 木圈梁至此止；2- 土坯墙倒后重砌

结系的带子，引申为结系，攀竹应是指用竹篾片或竹棍以为拉结。可见云南、四川民居上墙设竹筋、树枝的做法原是有着悠久传统的。反过来说，《营造法式》的规定和寺庙中的做法，归根到底也还是吸取了民间的经验。一些地震区民居的土墙，还注意墙端与构架的连接，避免墙体在地震时成为弹性地基上的悬臂墙。甘肃东部农村土山墙常筑到大梁下为止，山尖部分改为轻质墙（图10-5-6），这样不仅降低了厚重土墙的高度，还使厚墙顶端挤紧于枋下有了制约，受震时便不易倒塌，清代官式做法悬山五花山墙，正是吸收了民间建筑的这一经验。云南、四川民居的土墙，还常在一定高度设置木圈梁，通海县城北街某宅西墙从西北角开始设木圈梁转到西墙，到西墙南端中途戛然而止。震后圈梁延伸不到的南端土墙全部震倒，有圈梁的部位土墙完好，墙倒与否恰在圈梁端头分界，是圈梁显示出增强土墙抗震作用的最好的例证（图10-5-7）。

斗栱是我国古代建筑特有的构件。对海城地震区寺庙建筑的震害调查表明，有斗栱的建筑震害较轻，无斗栱的建筑震害较重。没有斗栱的建筑梁柱结合等节点构造简单，受震容易脱卯走动。有斗栱的建筑，斗栱各构件分别起垫托、连接和杠杆作用。山西襄汾寿圣寺碑记元大德七年地震"此寺僧房廊房厨房一无所有，唯楼殿幸蒙子存"。佛寺建筑的一般格局是楼殿为主体，多有斗栱，标准较高，僧房廊房厨房等次要建筑，一般无斗栱，受震以后，"一无所有"。而楼殿却能"子存"，说明斗栱能起部分抗震作用。

我国古代建筑屋顶的基本形式分为四种，明清术语依次为庑殿、歇山、悬山和硬山。从抗震角度分析，庑殿顶最好，歇山其次，悬山又次，硬山最差（图10-5-8）。这是因为庑殿和歇山屋顶梁架中有一些斜向戗角梁之类的构件，可以增强屋顶的侧向稳定，减轻水平晃动，悬山、硬山则没有，并且硬山山墙又有一个山尖高起来，最容易震倒。与硬山相比，悬山山墙顶端有伸出墙外的檩头制约着山墙，稳定性要好些。海

图　示	名　称		建筑等级次序	抗震性能比较
	唐、宋	明、清		
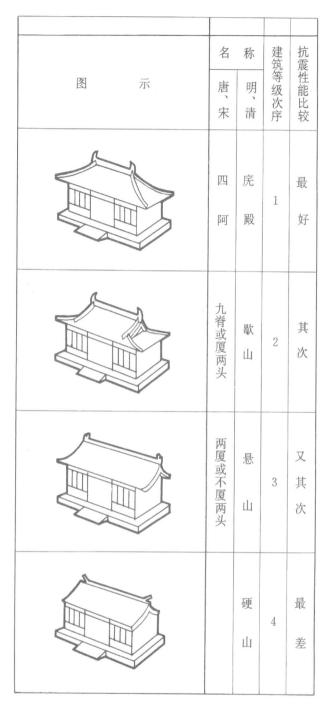	四阿	庑殿	1	最好
	九脊或厦两头	歇山	2	其次
	两厦或不厦两头	悬山	3	又其次
		硬山	4	最差

图 10-5-8　古建筑屋顶不同形式对于抗震性能的比较

二、各种结构类型和建筑类型的抗震性能分析

（一）单层木构架建筑和多层木构架楼阁

木构架建筑是我国古代建筑的主要结构形式，在木构架建筑中，历代实际建造和传留下来的以单层为多，单层木构架建筑的抗震性能从上面关于结构体系及构造特点的分析中，已经可以看得比较清楚。

大约在唐至辽宋间，大型单层木构架和建筑的结构做法，分为殿堂结构和厅堂结构。由宋《营造法式》卷三十一"大木作制度图样"中殿堂侧样与厅堂侧样图上可以看出：殿堂侧样内外柱同高，而用重叠的斗栱结构来解决屋顶的升起。厅堂侧样则内柱已经升高，梁、栿的一端常常直接与柱相结合。现有实物，唐佛光寺大殿属殿堂式，其他如义县奉国寺大殿、大同善化寺大殿等几乎所有辽宋建筑，内柱都有升起，属于厅堂与殿堂的混合式。这种内柱升起的结构形式，一直到明清，成了主流，绝少例外，从抗震的角度来看，这种内柱升起的做法显然是较为有利的。

近年来有关部门对于地震区各类建筑物进行了大量的震害调查，结果表明穿斗架民居二层的比一层的抗震性能要好，多层楼阁式木构架建筑，比单层的要好。这主要是因为二层民居和多层楼阁有各层间的纵横楼板梁和楼板起横向加劲作用，抵抗水平力的能力显著增加了。这是一个很值得注意的问题。关于一、二层穿斗架民居下面另作介绍，这里着重分析介绍多层楼阁。

康熙十八年河北三河－平谷间发生 8 级的强烈地震，独乐寺观音阁"独不圮"，大士阁"独岿然无恙"（康熙五十八年《顺义县志》卷四引黄成章《大士阁记》）。那次地震，蓟县、顺义烈度都是 9 度，在烈度 9 度区，官廨衙署和民舍大都不存，而多层楼阁如观音阁、大士阁却岿然无恙，这一类记载，从近年实际调查材料中也可以得到证实。

云南通海县城十字街心聚奎阁为三层方形大阁，高约 17.5 米（图 10-5-9、图 10-5-10），建成于光绪十一年。1970 年通海 7.8 级地震，县城烈度 9 度，城内砖木结构和混合结构的房屋破坏极其严重，抗震

城地震区民居土坯山墙有不少都未倒，而用砂浆砌筑的砖山墙却倒了许多，究其原因正是由于土坯墙为了防雨，往往把檩头伸出墙外，成为悬山的缘故，而当地砖山墙却一律硬山到顶，辽南民居一律是硬山，地震损失较大。四川、云南多震地区民居，四坡顶、歇山和悬山屋顶较多，受震损失小得多。从这些经验看来，孤立无倚的墙体抗震性能差，反之则强。

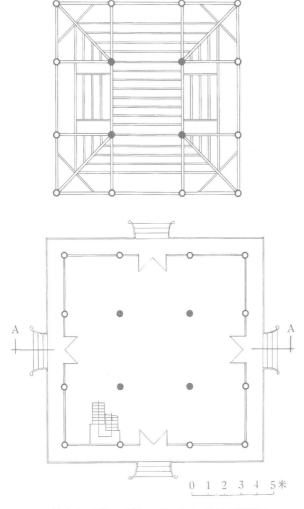

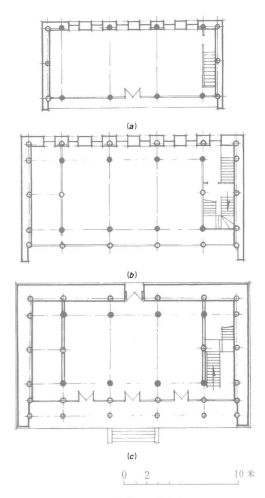

图 10-5-11　天津宁河天尊阁各层平面
(a) 一层；　(b) 二层；　(c) 三层

图 10-5-9　通海聚奎阁一层平面及一层梁架仰视图

图 10-5-10　通海聚奎阁剖面图

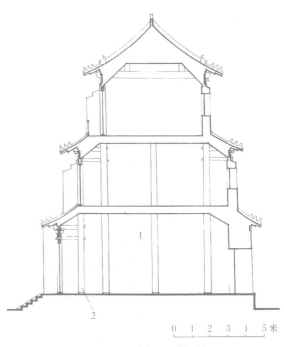

图 10-5-12　天津宁河天尊阁剖面图
1- 近代吊棚；2- 原来前檐装修部位

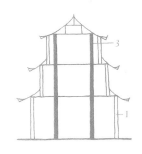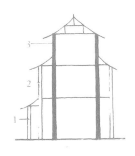

图 10-5-13 云南通海聚奎阁及天津宁河天尊阁通柱结构示意图
1- 一层通柱；2- 二层通柱；3- 三层通柱

性能较好的传统穿斗架民居，破坏也较严重，独有这栋三层大阁震害极轻，仅阁尖琉璃宝顶及二、三层戗脊上的镂空花脊被震落，大木构架完好无损。天津市宁河县丰台镇天尊阁，也是个三层大阁，平面矩形，高约 16.5 米（图 10-5-11、图 10-5-12），建于康熙年间，1976 年 7 月 28 日唐山 7.8 级地震，丰台镇烈度 9 度，镇内各种房屋倒塌五千余间。天尊阁院内的单层房屋也都全被震毁，阁北百余米远的一座新建钢筋混凝土内框架结构的百货商店也完全倒塌，现浇钢筋混凝土主梁次梁全部折断。同年 11 月 15 日，又发生一次 6.9 级强余震，未倒房屋又加重一次破坏。天尊阁经过两次强震的考验，损坏轻微，仅第三层围护砖墙被震倒，大木构架毫无损伤，就连极易震毁的吻兽等亦完好无损。

这两栋三层高阁能够比单层建筑钢筋混凝土内框架结构建筑更为抗震，是很值得注意的。它们在大木结构方面的共同特点是内槽金柱使用通柱三层到顶（图 10-5-13），聚奎阁四根内通柱有两根在第三层地面以上 1 米左右刻半榫墩接，并加铁箍三道。天尊阁八根内通柱全为大木包镶，并加铁箍大约每 90 厘米一道。三层高的通柱加上两层楼面的纵横主梁、次梁及屋顶梁架，在结构的核心部位组成一个整体刚性良好的空间框架结构体系，在这个核心体系周围，辅以一圈逐层内收的下檐柱（聚奎阁）或依次向外排列的二层通柱和一层檐柱（天尊阁）构成外槽"副阶"体系。内外槽共同工作，又主次分明，相辅相成，成为一种具有多道防震线的非静定组合体系，这种组合体系的柱网平面，恰恰如宋《营造法式》中的"金箱斗底槽"。这种处理的结果，使整栋建筑物的形体下大上小，头轻脚重，因而重心降低，稳定性增强。

像聚奎阁、天尊阁这样的三层楼阁建筑能够抵抗 9 度地震，显示出这类设有内通柱的多层木构架楼阁建筑惊人的抗震能力，代表着我国古代木构架建筑抗震技术的最高成就，天尊阁和聚奎阁都不是个别的例子。距通海不远，曲溪县桥头公社有一座桥头阁，六角三层，内槽六根金柱用通柱到顶。桥头一带亦属 9 度区，当地一、二层民居倒塌严重，该阁仅一层围护结构土墼墙震倒，大木构架并无损伤。另有通海太平庄馆驿清真阁，也是六角三层，当地烈度 10 度，周围建筑基本倒平，阁仅略向西北倾斜，外槽檐柱柱脚有错动，内槽柱脚依然未动。

天尊阁和聚奎阁等建筑年代都不算太久，但是这种多层楼阁建筑内设通柱到顶的做法却是有着悠久的传统的，现存实物有宋建河北正定隆兴寺慈氏阁，元建河北定兴慈云阁，明建甘肃嘉峪关城楼、山东聊城光岳楼等，都是著名的使用通柱的实例。

（二）砖石结构

从抗震角度考察，砖石结构比木结构不利，因为砖石材料虽然受压强度较高，而砌体的抗拉、抗剪均有致命弱点。为了克服这种弱点，古代匠师在砖石结构的建筑技术方面，也逐渐摸索出一套经验，尤其是砖塔建造技术方面更为突出。因为塔是一种独立高耸的建筑物，在抗震方面是最不利的，现存许多砖塔身上都留有不同程度的震害伤痕，关于塔的震害记载也最多。从砖塔结构的发展演变上可以很清楚地看出与防震、抗震的关系很大。

现存大型砖塔可分三大类，一类是空筒式塔，盛行于唐；一类是空心楼阁式塔，盛行于辽、宋；一类是实心密檐塔，盛行于辽。

空筒式的塔，可以宁夏银川海宝塔、四川彭州市龙兴寺塔和陕西西安小雁塔为例，对其抗震性能作一个大体分析介绍。现存海宝塔系 1778 年仿原样重建，内部楼板、楼梯均为木制，分为九层。传塔建于夏（与北宋同时）。1709 年地震，银川烈度约 7 ~ 8 度，原塔上部四层震倒。1739 年地震，银川烈度 10 度，余下部分全部倒掉。1778 年仿原样重建。1920 年海原地震，银川烈度 6 ~ 7 度，塔四面均沿门洞中间裂成上下通缝。彭州市龙兴寺塔据记载建于梁大同二年（公元 536 年），推断唐代曾经重建，据嘉庆十八年刊本《彭县志》记载，乾隆丙午年五月初六地震，"塔顶四裂，势将倾圮，卒不坠"。光绪六年刊本《彭县志》记载塔"只存三面，历久如故"，可知嘉庆十八年至光绪六年间，倒掉四分之一。又据当地老人回忆，1933年塔又倒掉一半，现只剩西北角残塔尚矗立着（图10-5-14、图10-5-15）。西安荐福寺塔，又名小雁塔，建于唐景龙元年，方形空筒密檐，现存十三檐。塔南北方向各有券洞，底层北门洞口有明嘉靖三十年（1551年）王鹤题词石刻曰："荐福寺塔肇自唐，历宋元二代，我明成化末长安地震，塔自顶至足中裂尺许，正德末，地再震，塔一夕如故"。

图 10-5-15　四川彭州市龙兴寺残塔外观

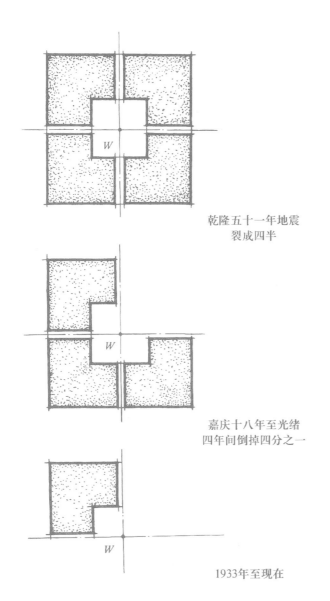

乾隆五十一年地震
裂成四半

嘉庆十八年至光绪
四年间倒掉四分之一

1933年至现在

图 10-5-14　四川彭州市龙兴寺塔破坏过程

这一类空筒式砖塔，内部原设有木梁、木梯、木楼板，可以登临，木梁埋入墙体，起一定拉结作用，年久朽烂，便失去拉结作用，加上门窗洞口的削弱，这类砖塔结构大体上只相当于四个平面为广字形或两个平面为匚形的高高的砖柱，互相之间仅有门窗洞口上下的砖体以为拉结，受震时连接部分的砌体受剪切，是一个薄弱环节，加以砌体灰浆强度低，咬接又不好，所以抗拉强度极低，在主拉应力的作用下极易破坏，破坏的方式常常是沿门窗洞口的断面削弱处产生竖向裂缝，小雁塔两面没有洞口，震裂成两道通缝，海宝塔、龙兴塔四面设有洞口，便裂成四半，裂开之后再遇地震，或受风雨侵蚀，日久就要倒塌。这类砖塔烈度6～7度时就要通体震裂，抗震方面是存在着很大弱点的。

彭州市红岩正觉寺塔，建于宋天圣元年（1023年），外观与彭州市龙兴寺塔相似，也是方形密檐，还保持着唐塔的形象，但内部已发展为全部砖结构，分为五层，抗震能力已有所提高，塔虽然也已四裂，但裂缝不宽，不到底，并无倒塌危险。与正觉寺塔类似的还有彭州市关口镇国寺塔和乐山凌云寺塔等，这类塔四川很多，

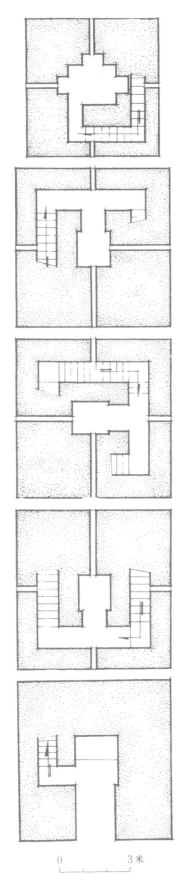

0　　　3米

图 10-5-16　四川彭县关口镇国寺塔各层平面图

这类砖塔不仅内部结构已有改进，而且砖砌体中有的还夹放了扁铁条，以为拉结，如彭县正觉寺塔、镇国寺塔都是。乐山凌云寺塔砖砌体中每隔五至七行砖纵横设置竹篾片，为增强握裹力和防潮，竹篾外面还用棕榈毛缠裹。这样一些措施显然是为增强整体性和砖砌体的抗拉能力，同时也就提高了砖塔的抗震能力。

中原地区的宋代砖塔，平面发展成八角形，为了避免门窗洞口上下层对拉而易于震裂，有的塔还把洞口逐层交错，甘肃环县塔可以作这方面的典型代表，其地地震亦较频繁，塔至今完好，塔刹犹在，从抗震角度分析，是较理想的砖塔。四川几座宋塔，外壳尚存唐貌，内部结构已分层，有的塔（如镇国寺塔），内部门洞开口位置方向也已有逐层交错的趋势（图 10-5-16），代表着典型唐塔的一种中间过渡。

从典型的唐代砖塔到典型的辽代砖塔，也有一个过渡过程。朝阳现存四座方形密檐砖塔，北塔、南塔、凤凰山大塔和王秃子沟小塔。前三座塔仍为空筒式，南、北塔原都有门，北塔塔门重建时封死。凤凰山大塔已不设门，不能登临，这四座塔各檐檐下都不设门洞、窗洞，这样的方形密檐塔比起檐下开洞口的唐塔在抗震能力方面已有显著提高，后来进一步发展成为八角实心密檐塔，成为辽塔的典型，抗震能力就更高了。辽阳白塔高 71 米，海城地震辽阳烈度 7 度，塔受害较轻，同样的裂度下，比它低矮的唐塔震害都已经相当严重了。

砖塔的发展演变，牵涉到许多因素，但是对于防震抗震的考虑和改进，应是重要的因素。我国砖塔的建造技术经历过长期的探索。到辽、宋时期已臻成熟，典型的八角套筒多层楼阁式宋塔和典型的八角实心密檐式辽塔的抗震性能，都是较好的。

拱券结构抗震是否良好，取决于支点是否变形、移位。著名的赵州桥，经受多次地震考验，完好地保存了下来，并在继续使用。1933 年四川叠溪发生 7.5 级地震，震中烈度 10 度，叠溪县城城垣全部塌毁，而城墙南门券洞犹存。明代以来盛行砖拱建筑，拱券本身抗震性能好，但在静力状态下支座水平推力已较大，地震时再有地震力即水平动力与之叠加，因而支座墙最易破坏，1976 年唐山地震，天津市武清县无量阁三层砖拱结构，受震时拱脚水平推力过大，使墙体劈裂，倒塌严重。

（三）住宅建筑

我国地震频度较高地区，常能直接总结正反两方面的经验教训，选择有利的抗震结构类型和构造做法，积累下许多宝贵的经验，常震地区最通行的民居类型，往往都是抗震能力较高的，下面举出几种典型例子：

（1）穿斗架：我国西部甘肃、四川、云南等省地震较为频繁，这一带民居的基本形式是穿斗架。穿斗架又称立帖式屋架，直接于柱上架檩。不用横梁，柱与柱间用纵横的穿枋穿过柱心而形成一种空间构架，穿斗架通行的地域较广，历史也较为悠久，广西合浦西汉木椁墓出土的铜房子就明确地表示出穿斗架结构。穿斗架的整体性良好，节点的榫卯结合也比较牢固，比华北、东北地区的梁柱式结构抗震性能要好。

四川云南一带穿斗架民居二层的居多，一般认为楼房不如平房抗震，因为楼房高，重心高，自重大，对抗震不利，但是实际情况穿斗架民居二层楼房反而比一层抗震。原西南建筑科学研究所1970年对于通海地震区峨山县城关镇某街穿斗架楼房和平房的震害情况作了对比调查，186栋楼房中71%基本完好，22%倾斜较大，7%倒塌。26栋平房中54%基本完好，23%倾斜较大，23%倒塌。对于峨山小街的调查也有类似的结果，824栋楼房中75%基本完好，21%倾斜较大，4%倒塌。66栋平房中，62%基本完好，32%倾斜较大，6%倒塌。穿斗架二层楼房比一层平房抗震能力高，主要是因为楼面层把木架立柱连成一个坚固的整体，使这个整体空间构架中间多了一个加劲层，抵抗水平力的能力显著提高了。二层穿斗架民居墙体增高，是对抗震不利的环节，所以当地多采用一层土墙，二层轻质墙的做法。

（2）"一颗印"：云南"一颗印"住宅是二层或一层穿斗架房屋的院落组合，而将正房厢房连成一体，组成四合院或三合院前加院墙的形式。组合平面呈口字形，像一颗印。

从抗震角度考虑，房屋平面应力求简单，单体矩形当然较好。单栋穿斗架建筑受震易倾斜，主要是东倒西歪，联排式可以减缓东西向倾斜，而不能减缓南北方向的倾斜。一颗印用若干单元组成口字形组合平面，整体刚度增大，各单元的构架形成互相依靠，既可以防止东倒西歪，又可以防止南北倾斜，所以即使

在9度甚至10度区，"一颗印"民居构架倒塌的极少见，常见的只是墙体倒塌，尤其是前墙倒塌而已。

（3）藏族民居——康房：四川西部藏族地区有一种民居叫做康房，基本特征是土墙或木柱承重，二层，围护结构一层多用土墙，二层采用所谓的"棒壳"式，即用圆木、半圆木或方横垒，转角相交作绞井口。当地喇嘛庙一般也多采用这种形式。

二层壁体所谓"棒壳"就是我国古代建筑技术中的井干式结构。井干式建筑渊源极早，至迟在汉代时中原地区已有建造。这种井干式房屋，在吉林林区、云南林区可以就地取材，亦多有建造，它相当于是把一层层木圈梁叠置起来，整体性非常好，因而抗震能力惊人。甚至常有一层结构垮塌，房屋倒塌，而二层"棒壳"翻滚到地上仍旧完好而不散失的情况。1973年炉霍7.9级地震，在10度的炉霍县吉鲁村就有这样的实例。9度区炉霍县赛德龙喇嘛庙，一层西侧承重土墙倒塌，二层"棒壳"西端墙部分悬空，仍然没有垮下（图10-5-17）。

图 10-5-17　四川炉霍民房 1973 年地震后情况

三、地震区建筑的抗震经验

康熙十八年三河地震，北京故宫翊坤宫、承乾宫琉璃砖影壁震毁，震后议修复，有司奏准"停止琉璃砖修建，改为木影壁"。那种砖心琉璃贴面的独立厚重影壁，在地震时成了弹性地基上的悬臂墙，地震力大，最易倒塌，改为木影壁，自重轻，地震力小，不怕震。

道光三十年西昌地震，造成灾害极大，当地发现

十余块寺庙碑记和墓碑，都有地震记载，有些家谱中也有记载。《宁南万氏年庚》中有"地动古云序"曰："道光三十年地动，庙宇房屋一概倒塌，打死者数千人，以后经查，唯有装修架板壁房屋，保全性命者略略多也。"厚重的土墙易倒塌伤人，隔扇装修板壁或其他轻质墙不易倒塌，这在多震地区已是传统的抗震经验和最常见的做法。

这次地震，当地群众总结建筑抗震经验教训，有"枋加栓，墙筑半"的口诀，四川、云南一带多震地区，每当震后建房，这种采用半截土墙半截轻质墙的做法，几乎随处都可以见到。

甘肃礼县群众总结民居建筑的抗震经验，也有一句很好的口诀："台子要高，架子要低，进深要大，开间要窄"。这一口诀，简单明确地概括了穿斗架民居的抗震经验。台基加高使基础牢固，架子降低使重心降低，缩小开间尺寸，有利于抗震，道理很明显。"进深加大"，可能主要是指通进深，即增加进深跨数，五柱落地的穿斗架，要比三柱落地的穿斗架抗震能力高，而进深增大，开间减小，则平面趋近于方形，方形平面比矩形平面抗震性能要好些，道理也是比较清楚的。

第六节　古代建筑的防潮与防碱

防潮是建筑的基本要求之一，我国古代劳动人民在长期建筑实践中积累了丰富的因地制宜的经验。这里，从建筑环境、地面防潮和墙体防潮三个方面略述如下。

一、从建筑环境上考虑防潮

我国古代十分重视从城市的选址、规划和建筑组群的竖向设计来综合地考虑防潮问题。《管子·立国》指出："凡立国都，非于大山之下，必于广川之上。高毋近旱而水用足，下毋近水而沟防省"。又《度地》篇说："乡山左右，经水若泽，内为落渠之泻，

因大川而注焉。"就是说，城市的选址要考虑到供水、排水和防洪水问题，城中的水系渠道要合理地安排，使雨水和污水迅速地排注入大河中去。秦咸阳、汉长安、曹魏邺城、隋唐长安和洛阳的规划基本上都考虑到这一点。这些城市在选址上和规划上都注意到"经水若泽"，开渠凿井来排除积水，通常道路两旁都有明沟设置，或路面下砌涵道，使城内积水顺利地流入干渠、护城河、池泽或河川，以保持城内地面的干爽。北宋因政治、经济和军事原因，建都于地势低洼的汴梁（开封）。据文献记载，"街衢湫溢，入夏有暑湿之苦，雨雪有泥泞之患，每遇炎热相蒸，易生病诊"。后来不得不进行改造，疏通河道以降低地下水位；拓宽和修整街道以排除地面雨水；植树掘井以调节地面湿度。

据秦咸阳宫殿考古发掘，建筑群地面已有系统排水工程设施，地面雨水和生活污水均集中流入类似现今砂井的排水池（长 3.2 米，宽 2.7 米，深 0.7 米），排水池底用草泥土涂抹，以防渗水，池下有漏斗把积水泄入圆形陶制下水管，各路水管均有一定坡度，使污水迅速流入干渠。

晋代嵇康《摄生论》曾论述："居必爽垲，所以避湿毒之害"。抬高地面是防止潮湿的重要措施。西南山区少数民族地带，气候高温潮湿，多建"干阑"式建筑。中原一带则主要采取高台基的做法。据偃师二里头商代宫殿考古发掘，已有高出地面 1 米之多的台基。高台基可以使建筑远离地下水位，使地面较干爽，并有利于纳阳和通风，是防止地面潮湿的简单有效的措施，为历代所沿用，成为我国古代建筑的重要特点之一。

为了减少雨水对台基或墙根的侵蚀，早在陕西岐山台陈的西周遗址就用铺卵石为散水的做法。到战国时代即在台基或外墙根四周用砖或卵石、三合土等材料做成有一定坡度向外排水的斜面，宽度约 60～120 厘米，通常散水外面还有明沟或暗沟，使建筑周围不致有积水。

在竖向设计方面，一般建筑群的地面标高都是前低后高，明清北京故宫就是一个出色的例子。在每一座宫殿院内都考虑了排水问题，都设置有排水支沟，在宫城墙下设有集水干沟，北部的雨水汇集到神武门内的干沟流入西边护城河，南部的雨水分别流入金水

河，然后流向东南角的护城河，宫城全部沟道均有适宜的排水坡度，使70公顷的故宫无积水之患，保证了全宫地坪的干爽。北京的一般四合院住宅也有一种俗称"雨过天晴"的做法，把院子地坪做成向东南角倾斜的约3%的坡度，找坡平整均匀，东南角设有集水口通往地下暗沟，使雨水迅速排除。这些对于建筑防潮都起到很大作用。

二、地面防潮

地面潮湿产生的原因有二：一是地下水通过土壤毛细管现象上升到地面，使地面产生潮湿；二是温度较高的湿气遇到较低温度的地面，当达到零点时而产生凝结水。

仰韶文化的烧烤地面和龙山文化的"白灰面"地面，可以说是最原始的地面防潮措施。三合土地面是古代广泛应用的一种比较经济的防潮地面。李笠翁在《闲情偶寄·骜地》中说："以三合土骜地，筑之极坚，使完好如石，最为丰俭得宜。而又有不便于人者，若和灰和土不用盐卤则燥而易裂，用之发潮又不利于天阴。"说明古人在实践中已认识到，在铺筑三合土地面时，掺加适量盐卤可以增加密实度，防止地面开裂，也有利于地面的隔潮，但不利之处是地面易阴湿发潮。

砖地面是古代最主要的地面做法，为了加强防潮效果，讲究的铺地砖面层下部都做有防潮垫层。秦咸阳宫殿发掘出一种地面，在印纹方砖面层下，垫红烧土瓦砾层。后来大多用砂垫层，厚度少则7～8厘米，多则40多厘米。明清北京故宫内还有一种"架空金砖"的做法，即在地面上先铺砂子，然后用侧砖支承"金砖"地面，砖下有空气层，砖缝间用桐油和白面挤缝，表面再攒桐油一道，称为"响地"，防潮性能相当好。

古代建筑地面有不少因材致用的经验。唐《开元天宝遗事》记载王元宝家"以碔砆石骜地面"。碔砆石的质体较柔松，表面不生凝结水。成都民间建筑至今还当做一种良好的防潮地面。成都郊区后蜀王建墓地面亦用此铺设，石板下还有砖、泥、卵石多层，据观测，具有较好的防潮效果。

至于防潮要求较高的仓室库房地面，据文献所载，有如下特殊的处理：①基址必择高阜之处，避水湿浸，内用厚砖砌底，仍用条石垫搁棂木，从宜铺钉松木、杉木厚板，方苇草席；②大凡建仓择于城中最高之处所，院中地基，务须锅背，院墙水道务须多留，凡邻厦居民不许挑坑聚水，基地先铺煤灰五寸，加铺麦根五寸，上墁大砖一重，糯米汁信浸和石灰稠黏，对合砖缝。

三、墙体防潮防碱

建筑四面墙体，上易受斜雨浸刷，下易受到地下水毛细管现象上升，而影响到室内湿度的增大和墙体的破坏，故古代工匠对墙体的防潮、防水、防碱是很注意的。

先秦以前，墙体多用防水性能差的版筑墙和土坯墙。为了增强防水防潮，《周礼·考工记》中记载有两项措施：一是"白盛"，即用蜃灰（白色蛤灰）调水抹墙面（称垩），起防水护墙的作用；二是"囷窌仓城，逆墙六分"，即墙高六分，收分一分。墙的下半部易于受雨水和地下水的侵蚀，适当增加厚度是对防水有利的。据秦都咸阳一号宫殿的发掘报告，当时壁面做法是：先在土坯墙上涂抹掺有黍（或粟）基的泥层（即瑾），厚3～4厘米，再用麦糠拌细泥抹平，厚1～2厘米，最后用白色石灰质材料粉刷，显然增加了墙面的防水性能。

明代《居家必用事类全集》丁集提到："凡屋外檐广阔为上，不得逼促，斜雨泼壁，家多痢疾。"可见古人是认识到挑檐可以护墙，以达到减少因潮湿生病的目的的。出檐深远一直是我国木构架建筑的一大特点。据盘龙城商代宫殿遗址分析，当时已有回廊和腰檐。广州出土的汉明器证实，当时已有硬山挑檐和排山勾滴。明清建筑中的砖牙拔檐和搏风等墙顶构造也可以说是一种护墙措施。西南多雨地区，民居的土坯墙亦有"披蓑衣"（即在墙内每距一定水平距离夹有茅草披护墙面和砌加瓦片滴水线）的做法。

墙根往往由于地下水逐步上升，使墙面潮湿，因而影响室内湿度，并加速墙的风化破坏，在盐碱地区尤甚。我国古代劳动人民很早就注意到它的危害性，并采取了一定的措施。西北地区的秦汉长城，在城墙中夹若干层约 6 厘米厚的芦苇层，或平铺约 20 厘米厚的柳枝条层，是有防碱水上升作用的。《营造法式》砖作一节中也有"墙下隔碱"的做法。明清时期，民间建筑中墙体防潮常见的有两种方法：一种叫"隔碱"（北方常用），是在离地面约 30 ~ 50 厘米高处，用一层 2 ~ 3 厘米的青灰层，或用一层 5 ~ 7 厘米厚的苇秆（或秫秸、柳条）作隔碱措施；一种叫"隔潮"（南方常见），是在离开地面的墙根用砖砌筑约 5 ~ 10 皮（30 ~ 60 厘米），或采用卵石、块石、三合土作墙裙（图 10-6-1、图 10-6-2）。

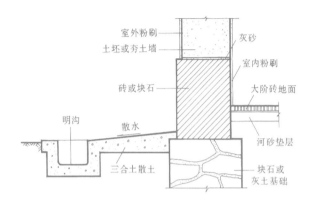

图 10-6-1　南方地区墙下"隔潮"构造示意

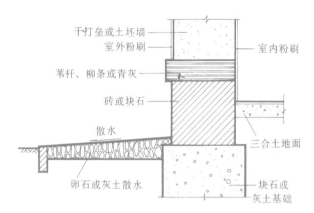

图 10-6-2　北方地区墙下"隔碱"构造示意

参考文献

[1] 崔实《四民月令》。

[2] 郭璞《葬经内篇》。

[3] 清版陶朱公《三农纪》。

[4]《苏东坡文集》。

第十一章　少数民族建筑技术

概　说

我国自古是一个多民族的国家。我国境内各少数民族都对中华民族的历史和文化作出了自己的贡献。今天，中华民族大家庭中，有五十多个少数民族。除了汉族以外，他们的大致分布情况是：

（1）东北地区：分布有满族、蒙古族、朝鲜族、鄂温克族、达斡尔族、赫哲族等。历史上以牧、渔、猎为主，但松花江、辽河平原很早就开始了农业生产。

（2）内蒙古高原地区：以蒙古族为主。历史上以游牧为主，没有固定的城郭庐舍。

（3）新疆地区：分为阿尔泰山与天山之间以准噶尔盆地为中心的北疆和天山与昆仑山之间以塔里木盆地为中心的南疆两部分。山地、沙漠和戈壁占了很大范围，雨水稀少，河源主要是高山融雪。自古就在艰苦条件下创造了相当发达的农业；山地草坡，则以畜牧为主。现在居留的民族以维吾尔族为主，还有蒙古族、哈萨克族、柯尔克孜族、锡伯族、塔吉克族、乌孜别克族、塔塔尔族等。

（4）青藏高原地区：以藏族为主。在西藏地区还有门巴族、珞巴族。青海地区则有土族、撒拉族、回族和蒙古族。青藏高原高寒地区，以牧业为主，河谷地区有农业经济。

（5）甘肃、宁夏地区：是回族比较集中的地区。回族分布很广，除了少数省区（西藏、台湾等）以外，全国均有零星散布，在各处形成小的聚居。本地区还有藏族、蒙古族的一部分和东乡族。

（6）贵州、湘西地区：以苗族为主，还有水族、侗族、布依族、土家族、仡佬族等。基本上以农业为主要生产经济。水族、侗族比较接近；布依族与壮族比较接近。苗族以黔东南地区（凯里、雷山一带）为中心，其他几个大聚居区为湘西北（吉首）、黔西北（威宁）、黔西（兴义）等。

（7）广西地区：以壮族为主，还有仫佬族、毛南族、京族、瑶族和苗族、侗族的一部分。壮族是仅次于汉族的第二个人口最多的民族。历史上即有发达的农业和手工业。

（8）云南地区：民族分布情况最为复杂。有较大聚居程度的民族有：傣族（西双版纳、德宏）、哈尼族（红河）、彝族（楚雄）、白族（大理）、傈僳族（碧江）和壮族、苗族的一部分；其他有拉祜族（澜沧）、佤族（西盟）、纳西族（丽江）、景颇族等；还有布朗族、阿昌族、独龙族、普米族、怒族和少数回族、蒙古族、瑶族等。

此外，还有台湾的高山族、浙江福建一带的畲族、海南岛的黎族、四川的羌族和彝族（大小凉山）等。各少数民族有自己的悠久历史、语言和风俗习惯，有因所在地域自然环境特点而异的生产经济内容。但是，自古以来他们在政治、经济、文化、科学技术方面互相联系、互相交流，逐渐结成为不可分割的整体。

同样，各少数民族在建筑方面也有卓越的成就。例如，壮族和侗族人民创造的形式优美轻盈的廊桥和寨楼；傣族人民建造的具有独特风格、技艺水平很高的佛寺和塔；新疆地区自古即利用土坯造穹隆，一些古代穹隆结构的土坯塔至今屹立在风沙侵袭的沙漠中，而后来这一技术又发展为伊斯兰教寺院的圆顶建筑；藏族以雄伟的石砌高碉著称，藏族建筑之伟大代表作即是举世闻名的拉萨布达拉宫。任何民族，都有自己的创造和特点，同时任何民族之间在正常情况下，科学文化的交流是不可避免的；先进的科学文化总要为其他民族根据自己的要求而引入采用。在我国历史上，汉族固然处于比较先进的地位，但同时也从兄弟民族那里学到许多东西。例如：

干阑式建筑：中国古代早有干阑式建筑存在。最早是浙江余姚河姆渡遗址，距今已七千年了；其次，是云南剑川海门口遗址；再次，则是云南晋宁古滇国铜器上的房屋形象，这两例距今约二至三千年。从史料记载上看，四川、贵州、云南、藏南河谷地区均有干阑式建筑。现在仍然采用干阑式的民族有云南、贵州一带的傣族、佤族、侗族、水族等。这些历史和地域情况都和古代部落的分布有联系，都曾对古代建筑的发展以某种影响。

高架圆仓：广州地区曾出土的汉代明器中，有一种高架圆仓，特殊点是在高架柱的上端有圆石盏，以防老鼠攀缘。这种方式现在见于黔东南水族的粮仓。汉代的珠江三角洲地区，主要是古代南粤族，这种仓无疑当时该地区粤族所用；他们和贵州的水族可能存在某种历史的联系。

穿斗架：盛行于南方的这种构架体系的特点，即是以柱直接承檩，用杉木为结构材料。杉木毋需过多整形加工，剥去树皮（还可用于铺屋面），截去梢枝（还可用作椽料），即可使用。用料的经济，构造的简捷，取材的方便，就是这一构架体系有旺盛生命力的原因。我国盛产杉木的地带，约为四川、贵州、湖南、江西、福建诸省；在古代，这里正是少数民族的先民们聚居之地。今天黔东南和湘西一带的苗族、侗族人民善于使用杉木，他们的穿斗架木工技术非常高明，他们有这样一个技术标准：高手匠人在房架合榫时，只用一柄木槌，不用钉和楔，而要严紧挺直，没有歪闪欹斜。他们善于识别和培育杉木，那里的杉木品种优良，八年就可以成材。从古到今，清水江、湘江等流域的杉木，成排成筏，蔽江而下，运送到缺乏杉木的长江下游地区，供广大汉族人民使用。他们不仅仅提供木材，而且带来使用杉木的技术经验。固然，这并非意味汉族地区的穿斗架技术没有自己的发展，但我们至少应当说，对穿斗架构造技术，兄弟民族曾作了不亚于汉族的贡献。

关于少数民族建筑的研究，是一个庞大复杂的工作。本章的内容，无论从广度上（各民族的相互关系的历史过程）和深度上（具体地搜集原始资料、建立一个完整的体系），都距离很远。我们仅选择了一些有代表性的少数民族建筑，作了专节叙述。

第一节 藏族建筑（附：四川羌族建筑）

藏族是我国历史悠久的民族之一，分布在今西藏自治区和甘肃、青海、四川、云南四省部分地区。

这些地区山岭连绵，雪山重叠，平均海拔高度为4千米，境内有喜马拉雅山、唐古拉山、昆仑山、祁连山、巴颜喀喇山以及南北纵贯的横断山脉等，是世界上最高的高原地区。亚洲著名的雅鲁藏布江、长江、黄河、澜沧江、印度河等也都发源或流经藏族地区。其中，河川峡谷，地势较低，气候比较温和。

大约在公元七世纪，藏族地区由于农牧业生产的发展和分工，即出现了"有城郭"的定居，同时存在"随畜牧而不常厥居"的不定居。牧区建筑为了适应生产和生活的需要，以畜毛覆屋的天幕帐篷为主，如西藏黑河、阿里，青海果洛、玉树，甘肃甘南，四川阿坝、若尔盖等地。在农牧业结合地区，则有冬天的定居基地。在帐篷里过冬，在帐篷外用土块、草石块垒成矮墙，用树枝搭成屋顶。这种"冬房"，至今四川甘孜、阿坝，青海，西藏黑河、安多一带牧区还保留着。在盛产石料地区，取石方便，逐渐为石块所代替，出现"石室"。在陡峭地形时则采用分层的办法修筑楼房，称为"碉"，在西藏、四川等藏族地区尚有不少古老的碉房遗址，如四川的阿坝、马尔康、黑水、松岗、大小金川、孜川一带成群的土碉楼、石碉楼遗存，西藏的林芝土碉楼，青海的诺木洪遗址土坯围墙等，说明藏族的碉房建筑技术具有悠久的历史（图11-1-1～图11-1-3）。

此外，西藏的珞瑜、墨脱、米林、亚东、林芝、波密地区，四川的南坪、平武、阿坝、甘孜、木里藏族地区尚盛行干阑式房屋。四川甘孜等地形成井干式建筑。这种建筑的形成，文献记载最早为南北朝，而考古遗物发现为汉代前后。这种适应温暖、潮湿、多雨地区而产生的形式，是古代藏族建筑的一个分支。

藏族历史上吐蕃王国时期统一了整个青藏高原，社会经济稳定发展，七世纪至八世纪中叶，创造了文字、法律、度量衡等，除了早期信仰的"本波"（黑教），又接受了佛教，丰富了藏族文化的内容，这是西藏奴隶制发展的顶峰，在建筑技术上也是成熟的时期。吐蕃王朝和唐朝皇室间结成了亲密的甥舅关系，汉藏人民在经济、文化方面的交流，也促进了藏族建筑技术的发展。

八世纪中叶到九世纪，藏族奴隶制开始走向崩溃，而走上封建农奴社会。相当于宋代，兴建了著名的昌都热振寺（1056年）、日喀则萨迦寺（1079年）、夏鲁寺（1087年）（图11-1-4）、纳塘寺（1056年）、贡塘寺（1178年）、乌鲁寺（1277年）等。至十三世纪中叶，元朝的统一，结束了藏族三百余年分裂割据的局面，给藏族社会带来了一个长期稳定的时期。藏族的文化艺术、雕塑、绘画、建筑达到蓬勃发展的时期。藏族建筑，经过千百年的演变发展，终于形成了它的独特的技术和风格，如西藏的布达拉宫和哲蚌寺、扎什伦布寺等；四川甘孜寺、德格寺；青海塔尔寺；甘

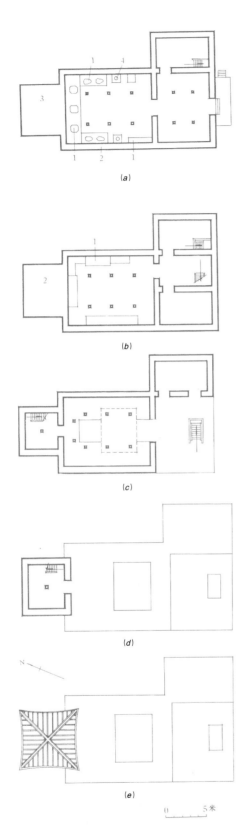

图 11-1-1 西藏"雍布拉康"碉楼平面示意图
(a) 底层平面; (b) 二层平面; (c) 三层平面;
(d) 四层平面; (e) 顶屋平面
1-喇嘛像座; 2-石砌; 3-原有岩石

图 11-1-2 西藏"雍布拉康"碉楼外景

图 11-1-3 江孜古城堡及碉房

肃拉卜楞寺等著名建筑群,并且影响到内蒙古等地区建筑。由于"政教合一"的统治,反映在建筑上分为两大系统:即统治阶级的贵族、领主的庄园宫室和以佛教经殿为中心的寺院;此外就是被统治阶级的住房。前者高大、森严、华丽,有些带有多层碉楼;后者低矮、简陋,人畜同居。在建筑技术上(结构、式样等)趋于程式化,有一定的营造法制。建筑成片毗邻。南向亦出现大窗户及出挑窗台、檐口、平屋顶,重点建筑常冠以汉式铜质镏金屋顶和斗栱、额枋彩画等。建筑装饰和宝塔、倒钟、盘莲、宝轮、金鹿、柱饰和"祭坛式"入口等具有中世纪印度和尼泊尔寺庙的遗风。

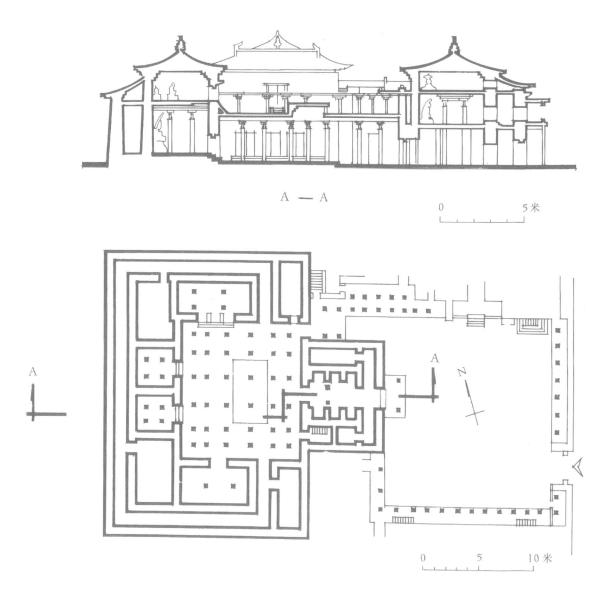

A — A

0   5 米

图 11-1-4　日喀则夏鲁寺平面、剖面示意图

一、城镇建设

（一）藏族城镇建设的一般情况

藏族地区城镇大致可归纳为以下四类：

1）以城镇为主：如西藏的拉萨、昌都、江孜，四川的甘孜等。

（1）拉萨：拉萨古城，海拔3658米，是前藏的首邑，唐代为吐蕃的都城，即逻娑城。以前，历代法王、达赖喇嘛驻此，是西藏的政治、经济、文化的中心。城市位于拉萨河北岸河谷平原，四周环山，寺院建筑群林立；以著名的大昭寺、小昭寺等形成城市的中心区（八角街）。喇嘛住宅、商店集中在八角街的周围，城市的东北角为手工业作坊区、西北角为寺院学院，西向有布达拉山和药王山，其上有布达拉宫和药王庙，是全城最突出的制高点，与大昭寺构成"圣地"中心部分。街坊沿八角街呈放射状发展，形成毗邻的建筑群。

（2）日喀则：日喀则海拔3800米，是后藏的首邑，西藏的第二大城市，亦叫"扎什伦布"，汉语称"须

图 11-1-5　布达拉宫总平面图

1- 布达拉宫落成纪念碑；2- 大阶梯；3- 东大门；4- 西大门；5- 大天井；6- 地下隧道入口；7- 白宫入口；8- 东大殿；9- 天井；
10- 西大殿；11- 五世达赖灵塔；12- 东佛殿；13- 北佛殿；14- 南佛殿；15- 十三世达赖灵塔殿；16- 经堂；17- 宿舍；18- 通道；
19- 带监狱；20- 带马厩；21- 经院；22- 民居；23- 城堡入口及城墙；24- 唐代记功碑；25- 龙王潭

弥福寿"，位于年楚河与雅鲁藏布江的合流处。城市背山面水，形势险要，西南的山凹中有著名的扎什伦布寺，为历代班禅喇嘛所在地。有乱石砌筑的城墙，在遥相对峙的宗山上有城堡式宗政府，成为这个城市的标志。中间平坦地带就是日喀则宽广的市镇，平面不规则，自然形成街道，是西藏西部的政治、经济、文化中心，商品集散地和手工业城市。

（3）江孜：江孜海拔 4040 米，位于日喀则东南年楚河畔，这座古城有六百余年的历史，是前、后藏交通枢纽。城镇傍山修建，在山腰上筑有石砌城墙，高 3～4 米，墙身砌筑在坚实的土质上，用片石、块石砌筑碉楼，坚厚牢固。城市居住区和商业区集中在山下平地一侧，山腰上依山修建有白居寺等，气势雄伟，与城堡碉楼同为江孜县的主要特征。

（4）昌都：昌都海拔 3240 米，是金沙江以西的重镇，建于澜沧江上游二支流的岔口间，背山面水，由二级台地组成。第一级台地（山坡）上建有昌都大寺，外环群山，山下台地为居民的村镇，道路狭窄而不规则。

以上城镇布局的大致方式是：总体选择背山面水，或四面环山的河谷地带宽广平坦的地方；其布置一般由中心区向外延伸，自由发展，无一定的格局和轴线；地势略有倾斜以利于排水。阳光充足，通风良好。

寺院建筑耸峙山巅，筑有城墙为防御外来侵略的屏障。往往先建房屋后修道路，一般有一条主要街道和若干条次要道路相连，通常道路狭窄弯曲、不规则，自由发展。

2）以寺院为主，形成宗教中心的城镇：如拉萨布达拉宫（图11-1-5）、三大寺（噶丹、色拉、哲蚌寺）、日喀则的扎什伦布寺、青海的塔尔寺、夏河的拉卜楞寺和四川的甘孜寺等。

总体布局一般是选择靠山面水的向阳坡地，因地制宜、傍山修建。从地形上可分为缓坡地、靠山平原地、陡坡地三种。建筑群以经堂为中心，结合寺院的行政组织而形成建筑群，进而逐渐发展为村落和城镇。规模庞大，修建时间长达几十年至一二百年。选址特别考虑了争取良好的日照条件，充分利用居高临下，在防御上能控制全局的优越地形。坡地总体布局是从山腰到山脚，再由山脚向河谷平原发展（如哲蚌寺、扎什伦布寺、拉卜楞寺等）。

3）以官寨和庄园为主形成的村镇：如西藏的"溪卡"①、江孜的庄考庄园、山南的凯松溪卡、拉萨的雪康庄园、查隆、东仁庄园等，四川阿坝的松岗官寨、华尔功臣烈官寨，青海甘南的大司官寨等。

官寨四周筑有碉楼，或者官寨本身就是高大的碉楼（"颇章"）。居高临下，地势险要，可监视农奴和奴隶。官寨下方多为交流物资的市场。

4）自然集居的寨子：农区：西藏、青海、甘肃、云南的广大藏族农区，半农半牧区，特别是四川的绝大部分藏族人民耕地多在高山、山腰或台地上，靠近山泉、溪水。为了便于生产和自卫，多在河谷两旁坡地上，背山面水建造分散的个体房屋，进一步发展成为自然村镇或寨子。这种寨子在四川较普遍，大部分建于较陡的坡地上，如马尔康的因波罗寨、黑水的塔子寨等；也有建于山脚和较平坦的河谷地的，如马尔康的俄尔雅寨、枯岗的东波寨、阿坝的洞沟三寨等。

牧区：逐水草而居，以部落为集居单位，成区成片分布，如西藏的黑河、安多、阿里等地；青海的三十九族地区；昌都丁青一带；甘肃南部的甘南、夏河、

图 11-1-6　草地帐房群体鸟瞰

马曲一带；四川的阿坝、若尔盖，甘孜的石渠、色达等。一般较大的部落辖有若干小部落，最小的部落由三十余户组成，部落帐房围成环形叫"帐圈"，是牧区集居的基本单位（图11-1-6）。

布局有沿山及滨河两种，前者沿山坡台地依等高线布置村寨，后者沿河谷平原，成团成组，规模大小不一，由几户至十几户不等。主要靠近耕地和水源。

（二）工程技术设施

（1）道路：主要城镇，如拉萨，有较宽的主干道，约宽3～4米，便于骑马和牲畜通行以及喇嘛传经集会用；与自然形成的次要道路（仅能通行人畜）相连成为交通网。其余寨子和中、小城镇道路无一定格局，一般从实际地形出发，往往先建房屋后修道路，较自由、灵活。山寨道路坎坷不平，狭窄弯曲，多为羊肠小道或石级，主要建筑材料为黄土、泥夹卵石、块石、片石等。

（2）排水：早期的拉萨古城，沿八角街大、小昭寺等建筑群附近，尚残存石砌排水明沟，宽约50～60厘米，周围有规整大石块砌筑的道路，采取自由散水，由明沟排至拉萨河。

其他城镇，绝大部分是依地形自然排水，村镇选择在半山、山脊和台地上，避免冲沟，有利于防洪。

（3）引水：城镇村寨多靠近水源（如河流、山泉、小溪等）或有地下水的河套沼泽地带。当水源远离时，一般多采用半圆木挖槽引水至寨内或寨旁水塘蓄存备

---

① 西藏农奴主的庄园，统称"溪卡"；封建政府的庄园称"雄卡"，寺庙农奴主的庄园称"却溪"；贵族农奴主的庄园称"革溪"。

用。在西藏阿里地区的古格王国遗址，因高居山巅，战争中断绝水源而遭全族覆没，常为后世引以为戒。

（4）防御工程：西藏地区过去有"前藏三十一城，后藏十七城"之称，实为由多座碉房集合而成的城镇、村寨。各寨中碉楼地势高，易守难攻，汉初已见于记载。各地的溪卡和官寨周围亦设有碉楼，或者本身就是碉堡式建筑，高达数十米。明、清以前，典型的如四川大小金川、汶川、丹巴一带，碉楼林立。又如西藏江孜的宗山城堡和古格王国古堡遗址，日喀则的宗政府，喜马拉雅山南麓宝日县城残留城堡遗址等，以及著名的各个大寺院的城墙（如山南的桑鸢寺、日喀则的萨迦寺、江孜的白居寺）等。碉楼主要用于战争防御中控制全城的制高点。基础直接砌筑于坚实的土层或岩层上。石墙是用乱石垒砌的，做到墙身平正、稳固、牢靠。高碉一般砌筑几年，每砌筑一层之后等待几个月甚至一年经粘牢和自然压实后再继续砌筑第二层，亦有用黏土（阿嘎土）加小石块版筑夯实而成的，倾斜有收分。有的经过多次大地震至今尚存，例如四川阿坝若佳寨碉楼等。寺院围墙两侧，常堆积有碉，俨若阵地的交通壕，亦有地道相通，如布达拉宫，为重要的防御工程。

二、藏族居住建筑

（一）帐篷

帐篷是藏族牧区最普遍、古老的一种居住形式，在我国历史文献中早在一千多年前已有它的记载，称"天幕"或"穹庐"。例如，"恒处穹庐，随水草畜牧"（《周书·吐谷浑传》），"织牦牛尾及羖𤞺毛以为屋"（《隋书·党项传》）[①]。又称"其屋织牦牛尾及羖羊毛覆之"（《北史·宕昌羌》）[②]，业游牧者，天幕为家，以兽皮蔽遮，住于陋室者或以牛毛织成渔网形为黑天幕，谓黑帐房（清《西藏新志》）。这些居住形式具有可以随时拆卸、搬运的特点，适应牧民逐水草而居的生活方式。

在牧区中主要有三种放牧方式：定居、半定居、季节性放牧。其建筑形式随放牧方式而有所不同。定居及半定居放牧的居住建筑为帐篷及冬房。季节性放

牧，即夏秋到高地，冬春到低地、谷地放牧；居住形式为帐篷。由于季节不同有冬帐篷、夏帐篷和冬房之分。

（1）冬帐篷：冬帐篷一般是用牦牛毛编织而成，先编织成 20～25 厘米宽，10～12 厘米厚的深棕色或黑色、白色毡条，然后根据需要尺寸缝制而成毡帐篷。帐篷大小不一，通常有 24 幅、32 幅、48 幅（每幅约一市尺宽）。它经暴雨不漏，受风雪不裂，能适应高寒气候。常见有长方形、正方形、六角形、多角形；一般平面尺寸每边约 5～7 米。帐篷架设，前后用两根或四根小木柱为立架，大帐篷用 4～6 或 8 根支柱，室内空间高度约 1.6～2 米，外面有若干短支柱，帐篷两边倾斜下地，帐顶用牛牦绳在四周钉地桩牵牢，并用木桩或牛羊角桩锚定。帐篷顶部留有宽约 10～15 厘米，长约 1.2～1.5 米的缝隙作天窗，便于通风、采光、出烟、透气，雨天可以遮盖。冬帐篷是定居和半定居牧民，每年十月份至次年四月间远牧归来后定居的一种形式，多集聚在背风向阳、水草近便的山洼地带，以便人畜过冬。四周常用草皮或石块垒砌矮墙 1.5 米以下，以御风寒，并在帐篷内四周常堆放盛青稞、酥油的皮袋，空隙处涂牛粪、黏土以避风寒（图 11-1-7）。

（2）夏帐篷：多为半定居的牧民所采用，这是通常每年四五月至十一月间外出游牧时使用的一种轻便帐篷。或者领主、贵族、活佛等夏季游乐时使用，它是用白布、藏布、帆布等制成。多为正方形、长方形。四周饰有黑色、褐色、蓝色边，较大型的帐篷还饰有各种图案花纹，如海螺、法轮、八珍图等，有浓厚的宗教色彩。通常计算帐篷的大小是以一幅布和"庹"作为标准。最大帐篷为六幅又五庹布，相当于内地的三间房子（约 50 平方米左右），文献上称为"百子帐"。过去只有三大领主才能用上。普通 7～8 年更换一次新帐篷。穷苦牧民几十年也换不上一次。最简单的结构形式是两面坡的人字形，用牛牦绳系紧在地下木桩上（图 11-1-8），可容纳 2～3 人；中等可容纳 5～6 人；大的可容纳数十人不等。这种帐篷的特点是构造简单，拆装、运携方便。土司、头人所有的帐篷则由成组的大帐篷组成。选址在利于排水的倾斜地带，按部落形式而群居；多朝南、西南向开门，入口有挡风幕，正中常有一座牛粪灶（用泥土砌成的长灶），采光、照明、炊事全靠晒干的牛粪作燃料，按宗教习惯是男左女右的席次，沿袭至今。

（3）冬房：冬房是牧民定居房屋，实际上是从冬

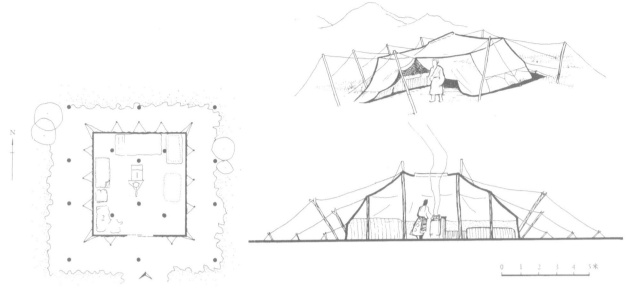

图 11-1-7　藏族牧区帐篷
1- 灶；2- 干牛粪

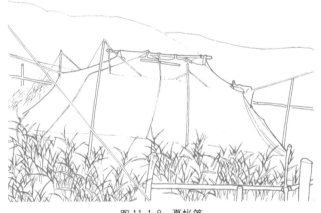

图 11-1-8　夏帐篷

图 11-1-9　四川阿坝土筑碉房住宅

帐篷演变发展而成的。牧民为了避风寒常常在帐篷外面一圈垒兽骨（牛、羊骨等），涂以泥土、牛粪或垒草皮、土、石块做成矮墙，并在顶部上面加盖树枝，填泥土筑成平屋顶，这样便形成"窑洞式"的冬房，它四周不通风，只靠顶部狭窄的采光口透气。

（二）碉房

在藏族定居的城市和以农业为主、农牧业并举的广大藏族地区中，由于传统的生产方式和自然条件，逐渐形成今天藏族独特的碉房建筑。碉房，氐羌《后汉书·西南夷列传》说："冉駹夷者，武帝所开，元鼎六年以为汶山郡……其邑众皆依山居止，累石为室，高者至十余丈，为邛笼。"唐李贤注："今彼土夷人

呼为雕也"，成称碉，《隋书·附国传》有其记载。附国即汉之西南夷，相当于今天的甘孜之西，昌都之东的巴塘一带藏族地区。

据此，可知藏族碉房自东汉以来已经形成。碉房大致可以分为平地和山地建筑两大类：

（1）平地建筑：平地建筑多见于城市或城郊农区、平坦河谷平原等地，以西藏的拉萨、江孜、日喀则、昌都、甘肃甘南等城镇，青海、云南、四川藏族农区村镇民居为代表。一般有独立式、毗邻式和混合式，外形方正厚重，向上倾斜，实墙多，窗少。内部有天井或院子、阴廊。层高矮。并有平房和楼房两种（图 11-1-9 ～图 11-1-13）。

（2）山地建筑：山地碉房建筑多见于藏族山区，特别多见于四川的甘孜、阿坝，甘肃的陇南山地，其中

图 11-1-10　四川甘孜地区土筑碉房住宅

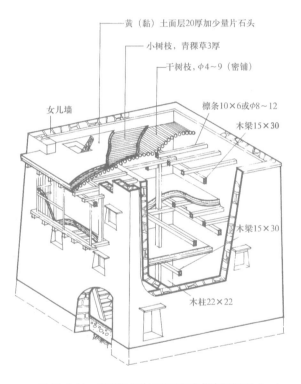

黄（黏）土面层20厚加少量片石头
小树枝，青稞草3厚
干树枝，φ4~9（密铺）
檩条10×6或φ8~12
木梁15×30
女儿墙
木梁15×30
木柱22×22

图 11-1-11　四川黑水地区典型碉房住宅透视图（cm）

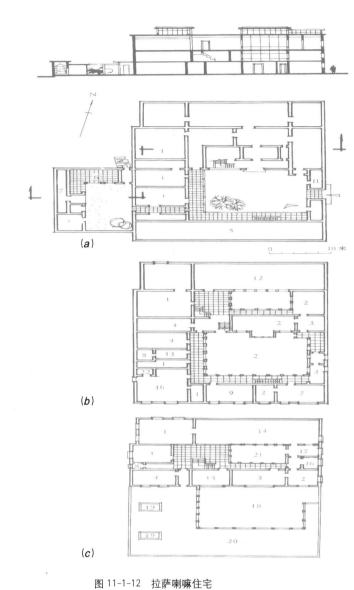

(a)

(b)

(c)

图 11-1-12　拉萨喇嘛住宅
（a）底层平面；（b）二层平面；（c）三层平面
1- 储藏室；2- 卧室；3- 起居；4- 客房；5- 民房；6- 牲畜场；7- 草料；
8- 厕所；9- 仓库；10- 厨房；11- 佣；12- 经堂；13- 过道；14- 拜佛堂；
15- 管家；16- 洗漱；17- 备餐；18- 外天井；19- 采光天楼；20- 平屋顶；
21- 小天井；22- 燃料

西藏、甘肃和青海寺院建筑群的喇嘛住宅亦有不少属这种类型。由于地形的限制，常运用分层、附岩、掉层、悬挑的办法扩大建筑空间，增加使用面积（如主居室、经堂或厕所等），使建筑体形丰富多变（图11-1-14）。藏族山地碉房特点是外形成阶梯形（图11-1-15 ~ 图11-1-17），一般2 ~ 3层，局部4层，底层为牲畜圈及贮藏草料的地方，二层为卧室、灶房之用，小间作贮藏室或楼梯间。大间是藏族人民生活的中心，当中设炕灶（火塘）。三层或四层多为经堂，面东或南，并与晒廊、平台相连。山区的平屋面是藏族劳动人民晾晒谷物的地方。

高层碉楼（高碉）是藏族历史悠久而独特的砌筑技术的典型。在四川西部高原藏族广大地区过去有"无城而多碉"之说。如阿坝地区的马尔康、黑水、大小金川、汶水等地，甘孜地区的康定、丹巴至岷江上游一带，西藏的林芝一带尚遗存大量的石碉楼、土碉楼，有单体碉楼和附属于建筑四角的碉楼，还有成组成群修建的碉楼。这是藏族碉房的古老形制之一。西藏拉萨的布达拉宫、山南的雍布拉康、日喀则的宗山宗政府和古格王国的城堡建筑等都是这种碉楼技术进一步发展的结果。

图 11-1-13　拉萨喇嘛住宅之内院

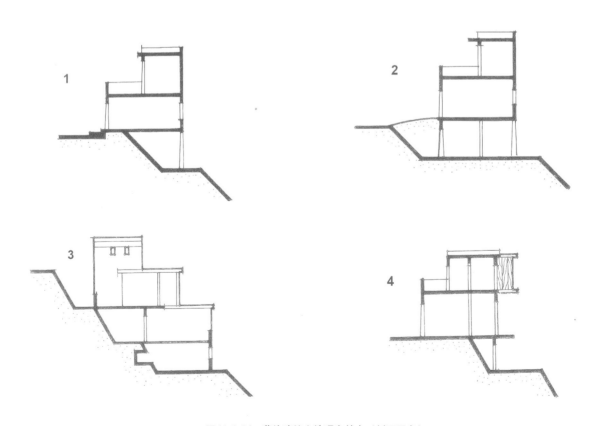

图 11-1-14　藏族建筑山地碉房特点（剖面示意）

1- 掉层（如四川、松岗、黑水一带）；2- 分层（如四川、松岗一带）；3- 附岩（如四川、金川一带）；4- 悬挑（如四川、马尔康、黑水一带）

图 11-1-15　四川阿坝俄尔雅寨碉房住宅外观

图 11-1-17　四川阿坝阿斯卓碉房住宅外观

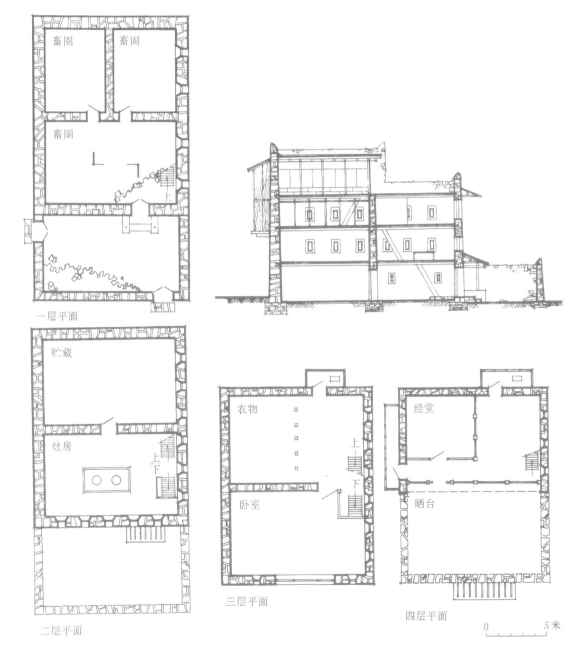

图 11-1-16　四川阿坝俄尔雅寨碉房住宅平面、剖面图

一般碉楼高 5～6 层或 7～8 层，最高达 11～12 层，从十几米至 30～40 米不等（图 11-1-18、图 11-1-19），棱角突出、整齐，墙面有显著的收分。阿坝、黑水的佳山寨旁的碉楼，建于明代万历年间，距今四百余年，虽经历几次大地震至今完整。底面积是 5

图 11-1-18　黑水石筑碉楼

图 11-1-19　阿坝土筑碉楼

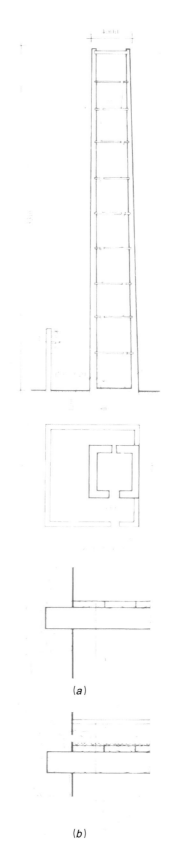

（a）

（b）

图 11-1-20　四川川西佳山寨山地石筑高碉房示意图（单位：毫米）
（a）楼面构造；（b）屋面构造
1-独木梯；2-石砌围墙；3-30 毫米厚毛木板；4-Φ120～150 毫米圆木密铺；5-鸡屎黄土薄层；6-Φ250～300 毫米厚黄土夯实（填片面小树枝）；7-30 毫米厚毛木板（或石板）；8-Φ120～150 毫米圆木密铺

米×5 米，正方形，基部墙厚 80 厘米，内平外向上倾斜收分成 80° 倾角，共分十层，全高 33.08 米，顶部为 4 米×4 米，每层有狭小的长方形箭孔，约 30 厘米×50 厘米。主要外墙全部用石块、黄土砌筑。每层施木板分隔，以独木梯盘旋升降，北面有大窗作为碉楼入口，用梯进碉后，将梯抽入碉内。碉一般多为四角，最坚固者为八角（图 11-1-20）。

三、寺院（邛巴）

（一）佛教寺院建筑概况

西藏的佛教是约从唐初由内地和印度同时传入西藏的。到了西藏以后，加上了本民族"黑教"①的成分，形成了西藏佛教，也就是通称的"喇嘛教"。唐代汉族建筑技术传入西藏，与原有的碉房建筑相融合，并且得到了丰富和发展，形成独特的喇嘛教建筑艺术，据藏族文献记载：七世纪在拉萨兴建大昭寺、小昭寺，八世纪在山南修建桑鸢寺。这些寺院建筑虽然几经毁坏、修复，但仍可以说明这一个时期藏族建筑技术达到的高度水平。

九世纪至十世纪（相当于北宋），西藏进入封建农奴社会，由于教派之争②，社会处于分裂局面，生产力受到破坏，这期间仅建有日喀则的拉孜寺（1079 年）、拉当寺、哲公寺等寺院。

到十三世纪中叶，元世祖忽必烈曾两次召见西藏喇嘛教萨迦派（花教）领袖"帕思巴"，并封以西藏"大元帝师"、"大宝法王"的封号，同时也成为"政教合一"制度的开始，元代的西藏寺院建筑不仅在原有基础上提高了一步而且得到新的发展。

到了元末明初，黄教始祖宗喀巴由青海到西藏萨迦寺并提倡宗教改革，创建新教——格鲁派（黄教），成为当时社会上势力最大的喇嘛教派；先后建立了不少寺院建筑，如拉萨噶丹寺（1401 年）、色拉寺（1419 年）、哲蚌寺（1416 年），江孜的白居寺（1439 年）、班根曲得塔（图 11-1-21）、扎什伦布寺（1447 年），

图 11-1-21　西藏江孜白居寺塔

昌都的昌都寺（1444 年）等。这些大寺院，包括有宏伟华丽的宫殿不下 60 余座和 200 座以上的大经堂，大量的壁画、精美的雕塑，以及各种镏金工艺美术品，是今天研究藏族佛教艺术的宝库。

清朝顺治时，第五世达赖统一西藏，建立了"政教合一"的集权制制度，西藏的生产力进一步发展和恢复，寺院建筑也有很大的发展。如 1645 年重建、扩建拉萨布达拉宫建筑群（历时 50 年之久），培修唐代大、小昭寺，扩建明代三大寺等，并建罗布林卡新宫、药王庙等。此外，在青海、甘肃、四川各地也有所修建，著名的如青海湟中的塔尔寺（1378 ～ 1560 年），甘肃夏河的拉卜楞寺（1708 ～ 1900 年），四川理塘的理塘寺（1578 年）、道孚的灵雀寺、阿坝的刷经寺、格尔登寺（清代）等，这是藏族佛教建筑技术发展的全盛时期。

（二）寺院建筑的特征

西藏喇嘛教在藏族社会生活中形成了巨大的影响，主要由于有完整的组织系统和强有力的经济基础，加上西藏的政教合一制度；因此，寺院建筑不仅是西藏宗教的活动中心，而且是政权和财富的聚集之地。寺院建筑是当时西藏社会中最重要的建筑类型，集中了大量人力、物力、财力来进行修建，往往长达数十年之久。寺院垄断了藏族劳动人民长期工程技术和文化艺术的成果，如雕塑、绘画、刺绣、金属工艺、木工、石工、泥工等，构成综合的建筑艺术来为宗教服务。

---

① 黑教——亦称"钵教"，是藏族地区的一种原始巫教——"本波"，它是西藏最古老的宗教，是崇拜自然物的原始宗教，巫术的成分很大。

② 教派之争，是指当时西藏新、旧教派和各派系之争，当时西藏有旧教宁玛派（红教）和新教中的萨迦派（花教）、噶举派（白教）和噶当派，后来的格鲁派（黄教）还有最原始的本波（黑教）。

平面布局：寺院和殿堂建筑，从现存实物分析，在七世纪已基本定型。个体寺院基本上吸取内地汉族佛寺的布局形式，具有院落式的特点，但没有明显的中轴线。它是以主要建筑"错钦"（大殿）为中心，结合寺院的行政组织"康村"、"扎仑"、"杜康"①而形成一组组建筑，遍布山麓，沿等高线层层向上修建，将处于高处的主体建筑殿堂等衬托出来，使建筑群统一而又富于节奏感。如拉萨的布达拉宫、噶丹寺，日喀则的扎什伦布寺，四川的甘孜寺等。在平地上大致由中心向四周自由发展，以成组低矮的建筑群作衬托，以高大的体量和富丽的色彩装饰，突出主体建筑。如山南的桑鸢寺，拉孜的萨迦南寺，拉萨的大昭寺等。

一般寺院建筑，根据宗教的要求，大致由下列几种类型组成：供佛像的佛寺，供喇嘛研究佛学、讲解佛理的经坛，供教民转经的"嘛尼噶拉廊"（转经廊），活佛的"镶谦"，喇嘛住宅以及宗教象征的喇嘛塔。

典型寺院平面为正方形或长方形平面的四合院。一般在大门口处立有高耸的经旗一对作为标志，门廊常用五或七开间低矮的柱廊，入口多设回廊式院落，中间为集会诵经场所。主体建筑大殿常后退形成广庭，以前廊作为过渡部分。大殿有明显的中轴线。前庭是长方形经堂，为喇嘛聚集念经之处；中部和后部是供佛像及历代活佛灵塔和神龛的"佛殿"；亦有围绕大殿设一圈"嘛尼噶拉"廊的。此外，分别在左右、后侧自由配置各种建筑，如配殿、学院、喇嘛住宅等，形成一组建筑群。

（三）典型实例

（1）大昭寺：位于拉萨八角街上，是藏族佛教中心之一。相传建于唐贞观十五年（641年），为藏王松赞干布时代，由文成公主带来的工匠设计并主持修建的，于657年建成，后经历代修缮。

大昭寺坐东朝西，建筑平面基本上为四合院式的

布局，以二层正方形大殿为中心。寺院入口是四柱式向外出挑五开间建筑。现在的寺门、大殿的三、四层殿房和金殿以及周围的建筑，如原西藏地方噶厦政府办公室、法院、钦差大臣办公室和"资康"（学院）、达赖喇嘛的经房等，则是元、明、清各代陆续增建，共占地约2万平方米。四周除殿门外，有一圈"嘛尼噶拉"廊。从大门至大殿之间有宽阔的庭院和讲经敞廊，两旁环有壁画廊，高约3米、长达600米遍绘宗教色彩的壁画。这组主体建筑有明显的中轴线，是最古老的平面布局（图11-1-22）。后期在大殿的前、后、左、右陆续扩建有狭长毗邻的四合院，平面多不规则，无一定的轴线。经堂内部空间是直通顶层，利用升高的高侧天窗和高差的空隙采光、通风。微弱的光线，投在色彩绚丽的天花上，加上密密排列镶以彩色绒毡的方形柱子和大量绸缎的经幡，显示出经堂神秘、森严而华丽的气氛。室内的藻井和内部装修多用彩画，题材多为西番莲等图案。色彩丰富，喜欢采用朱红、群青、紫等原色（图11-1-23、图11-1-24）。整座寺院建筑群，楼高四层，上有金殿四座，皆是铜质镏金顶，宽敞壮丽。寺院上、下两部分。下部（底层）用花岗石砌墙，下大上小，外墙最厚达2米左右；底层多作仓库，为解决仓库通风，设有狭形箭窗。二层以上设小窗，窗口饰有上小下大梯形的黑色窗框。门窗

图 11-1-23　拉萨大昭寺天花仰视

---

① "康村"，是最基层的一级，建筑上相当于一个大殿（错钦）的形式，规模较小，可容纳几十、上百人。"扎仑"是较高一级的行政组织，由若干康村组成。由一个错钦（大殿）、经堂和若干喇嘛住宅、"镶谦"（活佛办公、住宅）等组成的，可容纳几百人。"杜康"亦称"拉吉"，是最高一级的全寺性组织，规模最大，是由若干个"扎仑"组成的，同时可容纳几百至几千人在此集体念经聚集。

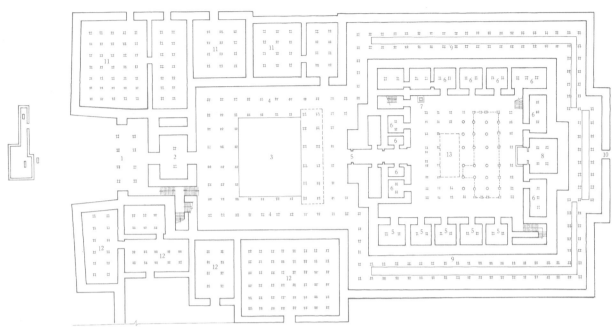

图 11-1-22 拉萨大昭寺平面图
1- 入口大门廊柱；2- 四大金刚；3- 大院；4- 壁画廊；5- 主殿入口；6- 佛堂；7- 白塔；8- 释迦牟尼殿堂；9- 经廊；10- 后大门；11- 底层仓库；
12- 办公生活用房；13- 殿堂

图 11-1-24 拉萨大昭寺藻井仰视

图 11-1-25 拉萨大昭寺廊柱装饰

洞口上方有重叠的小椽木两、三排，挑出小雨篷，起遮阳、挡水和装饰作用。洞口施冷色（粉蓝、粉紫、粉绿等色）彩画。入口左侧和重点处（大经堂）最顶层设有外挑角窗。在檐墙上部，有一圈梢树枝做成的横带，用深紫、赭色涂刷；在这横带中间镶嵌有铜质镀金的浮雕装饰物，收到强烈的对比效果。大殿的殿门、门框、廊柱、梁架、额枋等处雕刻有生动细致的几何图案装饰（图11-1-25）。大殿的中心部分底层和北廊柱头石雕中尚有古代飞仙浮雕，在下檐和重檐间有泥质半圆雕伏兽作为承檐构件，风格极为特殊。寺院内绝大部分木柱断面

为亚字形，柱身有收分，上小下大，无柱础。柱头上有托木、斗栱（图11-1-26、图11-1-27），明显地看出受汉式早期斗栱、替木的影响；并绘有色彩丰富的动植物彩画、浮雕人物及天鹅、大象等飞禽走兽，形体古朴，

刀法简练（图11-1-28）。屋顶上部冠以重檐歇山式金顶；金顶上的瓦当、脊瓦、屋面及檐部饰物雕镂有宗教题材的人物和动、植物图案，造型优美，栩栩如生（图11-1-29），金顶下的结构为多层斗栱，其下有梁枋、人字叉手及阑额，斗栱中尚有栌斗直接坐落在阑额上，也是古老的形式。在平屋转角处和大门上部，有一种狮首坐兽（图11-1-30）和带翼的仙人走兽（图11-1-31），它们吸收了尼泊尔、印度古代建筑艺术造型和雕塑的特征。在金顶屋脊上还有宝盘、宝珠金盘、倒幢、莲座、卧鹿、法轮、金幡等装饰（图11-1-32），这些宗教性的装饰在尼泊尔、印度庙宇中是常见的，从这里我们可以看到中外文化交流的史实。

图 11-1-28   拉萨大昭寺柱上雕饰

图 11-1-26   拉萨大昭寺释迦牟尼殿的斗栱

图 11-1-27   拉萨大昭寺松赞干布文成公主殿的斗栱

图 11-1-31   拉萨大昭寺平座转角的仙人及鳌首

图 11-1-29　拉萨大昭寺金顶一隅

图 11-1-30　拉萨大昭寺大门上部的狮首坐兽

图 11-1-32　拉萨大昭寺金鹿、法轮装饰

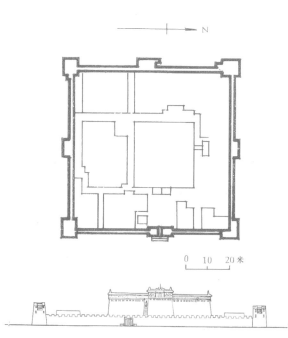

0　10　20 米

　　（2）萨迦寺：在日喀则之西南 170 余公里处，萨
迦寺分南北两寺。萨迦南寺——始建于 1268 年，建筑
在萨迦河南岸的小平原上，整体建筑布置紧凑，总平
面近似正方形，内城面积约 28000 多平方米，有主轴
线。寺院建筑为平地碉房建筑，四周有坚固的城墙，城
墙四角有碉楼八座，高有三四层，均衡对称（图 11-1-
33）。城堡城墙由汉式城墙垛口的形式演变为平台檐口。
城堡有双层城墙，内外城墙间设有护城河及木桥，城门
入口与大经堂联系在一块，设有闸门，利于守御。城内
主要建筑是一座大经堂（"错钦切姆"），为整个城的
中心。大殿前部是佛堂，后部及左、右两侧靠墙壁处全
部是大书架，大经堂后边有长梯可直抵大殿顶层，顶层
有围廊，内保存有早期的壁画（图 11-1-34），大经堂
门外侧有萨迦法王的办公楼，右侧和后部是毗邻的喇嘛
住宅和街道。主体建筑（大经堂）突出于四周的城楼之上，
外墙刷有黑、蓝、红色主调，并在深灰色中涂白色和红
色，使色调对比强烈（图 11-1-35、图 11-1-36）。
　　萨迦北寺——始建于宋元丰二年（1079 年）。主
要建筑位于萨迦河北岸的山麓。它是一组重重叠叠的
建筑群，布满山坡，高低错落，非常壮观。主要建筑有"乌
则拉康"大殿，大殿的二层有配殿三间，称坛城殿，名
"列郎"，是北寺保存最完整的元代建筑。大殿中有大
型坛城三座，其中有两座年代较早，其中一座较多地吸
收了印度的风格。殿中梁枋间，尚绘有简单的彩画，它
和建筑中的圆柱、梁架和斗栱结构都具有古朴、雄壮的
风格（图 11-1-37）。此外，北寺还包括萨迦法王经室、
八思巴灵堂等建筑群，寺周长约 2 公里。

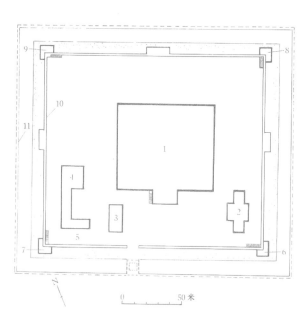

0　　　50 米

图 11-1-33　日喀则萨迦南寺城堡平面示意图
1- 大经堂；2- 则千拉康（第一代法王政府机关）；3- 喇嘛管家处；
4- 喇嘛宿舍；5- 水井 6- 碉楼（东北楼）；7- 碉楼（南楼，接待蒙
古贵族专用城堡）；8- 碉楼（北楼）；9- 碉楼（西楼）；10- 城墙；
11- 城壕

　　（3）扎什伦布寺：创建于明正统十二年（1447 年），
是我国著名黄教六大寺之一，世界上最大的佛寺之一。
它位于日喀则西面向阳的扎什伦布（意即吉祥须弥山）
山坡上。建筑周长东西 1.7 公里，上下半公里，四周有
高大的城垣，建筑群依山而建，层层叠叠，高低错落，
雄伟庄严（图 11-1-38）。

图 11-1-34 日喀则萨迦南寺顶层回廊壁画

图 11-1-35 日喀则萨迦南寺一隅

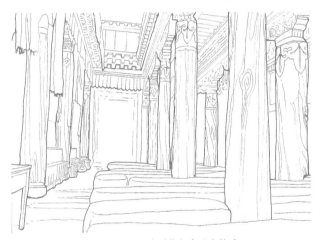

图 11-1-37 日喀则萨迦寺殿内柱式

这座寺院建筑包括著名的错晴大殿、罗赛林（显宗）、露子（显宗）、吉康（显宗）和阿巴扎仑（密宗），尚有 40 个"康春"喇嘛的住房 3000 余间。另有大、小殿堂 10 余处，这些建筑群都是经历数十年而陆续修建的，总面积达 30 多万平方米。建筑特征是：坚厚而带有显著的侧脚收分的碉楼；主要的佛殿建筑如觉干厦殿等。除了本身有庞大的体量和富丽的色彩外，还重点冠以汉式的殿阁，殿阁为歇山重檐式屋顶，屋面用镏金铜版做成瓦形。寺内最古老的建筑是错晴大殿，面阔九间，进深七间，亦为外墙承重与内部木架结构，寺内造像及灵塔极其精美细致。

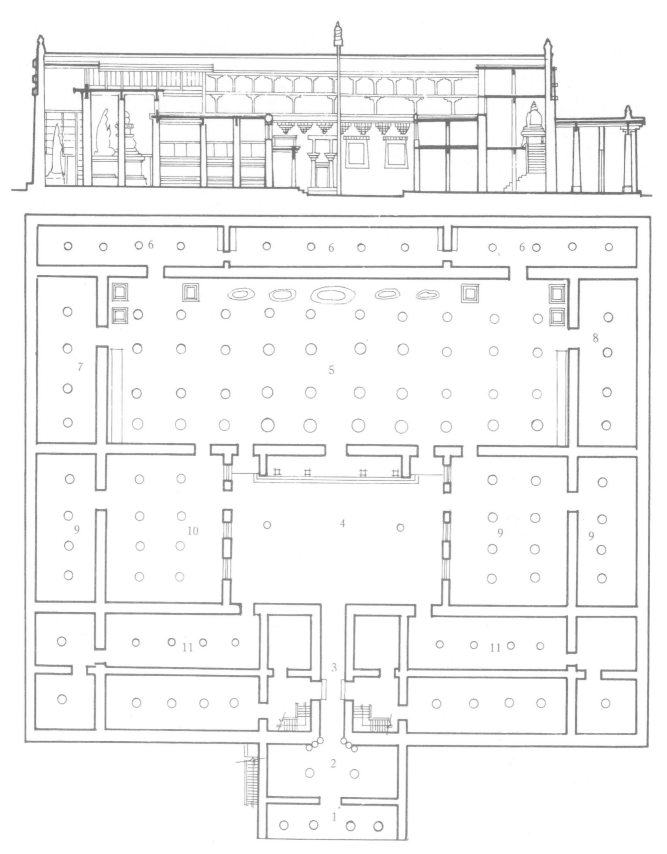

图 11-1-36　日喀则萨迦南寺大经堂平面、剖面示意图

1-大门门廊；2-内大门；3-甬道；4-天井；5-大殿；6-佛殿；7-西佛殿；8-东佛殿；9-灵堂；10-经堂；11-粮仓

图 11-1-38 日喀则扎什伦布寺外景

图 11-1-39 拉萨布达拉宫全景

（4）布达拉宫：布达拉宫藏名"则颇章"，位于拉萨布达拉山（普陀山）上（图11-1-39），由宫殿、寺院、城堡、碉楼等组成建筑群体，是西藏建筑艺术、绘画、雕塑、工艺美术等集中的代表，是藏族建筑的精华（图11-1-40）。

它始建于公元七世纪（藏王松赞干布时代）。到十七世纪中叶，几经兵燹毁坏。现存的布达拉宫是明崇祯十四年起五世达赖喇嘛时陆续重修的。最早是中部"红宫"，其后是两旁的两组"白宫"，修建年代约1644～1711年，历时50余年之久。

布达拉宫按其功能可分为三个方面：一是历世达赖喇嘛生活起居的地方，如寝室、起居室、经室、图书馆、仓库等；二是为达赖喇嘛而设的各种服务人员的用房及住房；三是专门的事务管理机关，如行政、印经院、木工厂、造币厂、马厩、监狱等，宫下有维护地方政府"雪列空"和残酷迫害农奴的蝎子洞及各种刑室。历世达赖喇嘛的灵塔殿和经堂以第五、第十三世达赖的灵塔殿最大，灵塔全身为铜皮描金，个别是纯金皮包制，高十余米，直通三层楼上，并雕有人物、花饰、图案，镶嵌各种珠玉、宝石等，极其精美富丽。

宫内保存了大量的壁画，内容多为宗教题材，亦有建筑，其中表现布达拉宫的壁画最著名，是五世达赖时从1648年经过十余年才绘成的。特别突出的有描绘劳动人民修建布达拉宫的情景，是研究西藏古代施工方法的宝贵资料（图11-1-41～图11-1-43）。壁画中可以看到人们正在砌墙，在远方的森林里，伐木工人在伐木、备料；拉萨河急流中运送石料、砂石的牛皮船等写实景象，是不可多得的历史史料。布达拉宫的建筑平面组合复杂，是由多层的长方形平面毗邻而成，初步统计约有大、小房间600余间，总面积约9万平方米。进入宫时需先经过3米多宽的多层分级"之"字形大石台阶。山后西面、北面有专供骑马的道路，盘旋而上。宫前尚有8世纪藏王赤松德赞主的"藏文纪功碑"，形制古朴；另有琉璃瓦顶的碑亭两座，是清代增建的。并有石砌城郭与碉楼相连，城有东、西、南三个大门，正南门中央有1米多厚的石影壁。入宫前须经过此城，然后进入底层幽暗的阶梯复道和重重的宫门，更显示出布达拉宫的森严和雄伟。入宫途中有四通八达的通道和傍山石壁（死胡同），道路十分

图 11-1-40　拉萨布达拉宫内部柱廊装饰

图 11-1-41　修建布达拉宫的壁画之一

曲折迂回，故有"迷宫"之称。沿途到处是怪兽和神像。拾级而上，是华丽的"红宫"主体建筑，有大殿、灵庙、经堂等，自山下公路路面起至山顶建筑物最高处，计总高115.4米，总宽360米。红宫（主楼）实为9层，白宫为6层，从外观看连假窗共计13层。

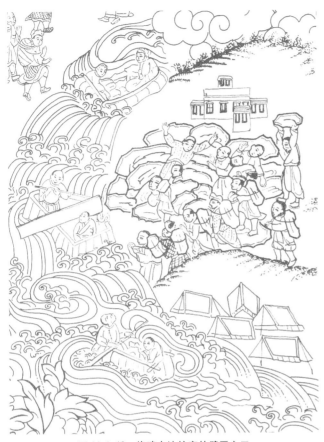

图 11-1-42　修建布达拉宫的壁画之二

图 11-1-43　修建布达拉宫的壁画之三

宫殿有新、旧两处，旧殿内部顶棚低矮，开间柱网狭小，木柱、木梁平铺直放分层承托楼面，柱头漆深红色，梁枋、门额上雕镂着人、龙、凤、鹤、狮等，

并绘满了动植物图案装饰，色彩丰富，四周墙壁以黄色为基调，绘有飞禽走兽和佛教故事画，藻井构造和内地宫殿类同。大门装饰更是富丽堂皇，除门楣、门框等运用多层雕花装饰外，门扇上施以镏金的兽环及叶片、铜钉等饰物。屋内实墙部分约 1 米高墙裙绘有红、黄、蓝三色的横线，一并在黄色上绘有卷草花纹，墙面与顶棚交接处亦绘有彩画，走廊地面是由阿嘎土（黏土）夯筑而成，上层有黑、白、褐三色小石拼砌（有如磨石地坪），并经常用酥油摩擦，光洁明亮。建筑造型则善于利用体形组合，根据自然山势，随地形而自由变化，突出主体，从而加大了建筑的体量和向上的感觉。布达拉宫由若干座大、小的碉楼毗邻相接，从山顶至山下一气呵成、气势磅礴，成为我国古代高层建筑的成功范例。

建筑墙身全部是花岗石砌筑，有显著的收分，底层石墙厚约 3 米左右，红宫石墙厚达 4.72 米。内、外墙全部采用块石咬接，侧脚有大块石拉结，宫殿外墙基础直达岩层。

四、藏族建筑技术

（一）建筑构造与施工技术

1）建筑模数：藏族建筑，以居住和寺院建筑为代表。从西藏和四川等藏族地区的调查中，知道藏族建筑的营造技术像汉族古建筑一样有传统的营造方法；藏族匠师中有一整套设计标准、结构体系、平面布局和施工技术，全凭经验世代相传。藏族建筑的尺度，一般都采用人体的手指、手掌、肘和膝，当做度量的单位，并在人体尺度的基础上进一步创造了柱位的基本模数——藏语称"穿都"。一个"穿都"等于手掌一卡长再加上一个大拇指的距离（约 23 厘米）。四川的藏族地区，则采用"排"（两臂侧平举约 1.7 米左右）、"卡"（一拇指与中指张开约 20 厘米）、"跪"（拇指伸直、其余四指弯曲两节的距离约 12 厘米）为基本单位（图 11-1-44）。

西藏建筑的平面组合，是以"穿都"为单位来决定柱距、进深、面阔、层高的尺度，而柱距大小则受到当地天然材料，如片石、毛石和木材、石梁、木梁等运输和生产工具的限制，不可能采取大跨度的建筑形式。

四川藏族度量尺度——"跪"、"卡"、"掰"

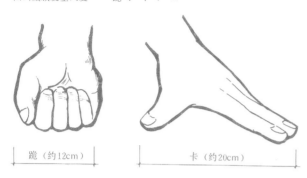

跪（约12cm）　　　卡（约20cm）

西藏藏族度量尺度——"穹都"建筑模数

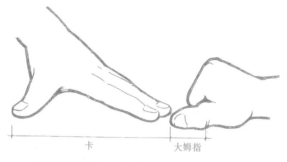

卡　　　大姆指

1"穹都" = 1"卡" + 1"大姆指" = 23cm

掰（排）（约170cm）

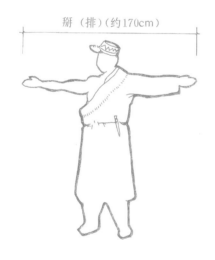

图 11-1-44　藏族建筑度量尺度

通常一般民居和寺院扎仑中的柱距是 8.5、9、10 个"穹都"，相当于 2 ~ 2.3 米。

贵族住宅、会客室、寺院宫殿、经堂的柱距是 11.5、12、12.5 个"穹都"，相当于 2.6 ~ 3 米。平面配制原则上是维持左右均衡的对称布局，但又没有内地汉族建筑明显的中轴线，组合较紧凑、灵活而富于变化。

开间与进深分别采用一柱式、二柱式等，组成单元平面，故一般开间为 2.2 ~ 2.5 米，相当于 8.5 ~ 10 个"穹都"；亦有 2.8 米、3 米不等。特殊的用房如宴会室可达 5 米。经堂习惯用 6 米 ×6 米、9 米 ×6 米柱距，相当于 21 ~ 38 个穹都，进深为 4、4.4、5 米，亦有少量 5.6、6 米，多见于拉萨、日喀则等城市贵族住宅，相当于 15 ~ 26 个"穹都"。使用木料最长不超过 18 个"穹都"（约 4 米）。民居住宅层高一般为 10 ~ 11 个"穹都"，相当于 2.2 ~ 2.4 米；寺院、经堂层高是 10.5 ~ 12 个"穹都"，相当于 2.4 ~ 2.8 米，不少寺院采取升高 1.5 ~ 2 层的办法，形成佛殿。

2）结构体系：藏族建筑主要结构形式按其承重方式不同，大致可以归纳为以下几种类型：

（1）木构架承重：木构架承重是藏族地区常见的一种结构系统，它主要由柱、梁木构架承重为主；外墙多用毛石或土坯、土筑，为围护结构。靠木柱、木梁承托楼面、屋面及出挑部分。通常是梁与外墙平列、木椽横摆，梁柱榫接，不用铁件。各层木构架间皆平铺直放，无连接措施，直接搁承在墙上，靠外墙保证横向刚度，各层柱位层层相叠，由于层高较低故尚能保持房屋的稳定和刚度（图 11-1-45）。

木工工具简单，以锄刀、锤为主。木枋、木板多用锄刀劈，构件大而粗糙。

（2）墙承重：内、外承重墙均用乱石砌筑或用土筑墙等。室内无柱子。木梁、木椽两端伸入墙内，在寺院的端墙，四周常加有侧脚巨石加固，刚度良好。多见于盛产石料的地区如拉萨、江孜、昌都等近郊和山区。

（3）穿斗木架承重：此类结构多见于盛产木材的森林地区，如西藏的山南、林芝、波密、亚东等地，四川的甘孜、炉霍、阿坝和平武一带。主要采取多柱落地穿斗木架、木梁、木柱榫接。

外围结构多用木板墙或半圆木砍槽，互相咬接成井干式架空的干阑建筑，施工方法仍沿用原始的工具砍刀。

3）建筑构造：

（1）基础：传统的地基做法，多采用带形基础，基底断面尺寸与底层墙身断面相同。一般由老匠师视土质的好坏而决定砌筑深度：较好的土质地基深度按人体尺度"一膝深"（相当于 50 ~ 70 厘米），特殊的较差土质地基深度"一膝半至二膝深"（相当于 1 ~ 1.5 米）。

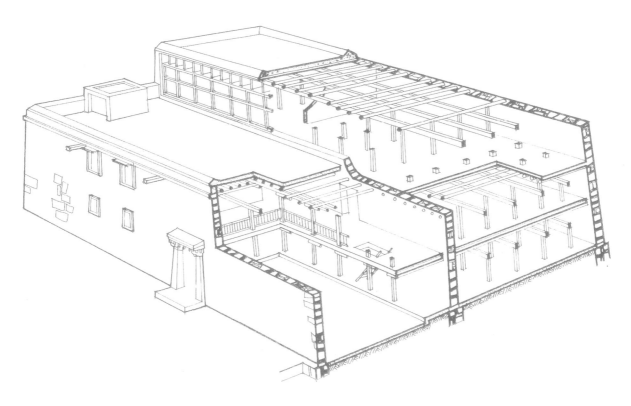

图 11-1-45　木构架承重的石墙剖视示意图

施工挖槽后先将素土夯实,然后立放较大的石块砌基础,灌泥浆。在农区民居不设基础,直接在坚实的土层中开浅槽,两端置巨石,中间填碎石、黏土,加以夯实,然后砌筑墙身(图 11-1-46)。

(2)墙身:

石墙:由于工具较原始,不能进行大型石料的加工。石料有花岗石、玄武石、石灰石开采成毛石、片石等。石墙一般内壁平直,外壁有收分。每层(2.1～3 米)收分一个"穹都"(约 23 厘米)。施工时不挂线、不立杆,而能平整、美观、坚固。调查中所见二至三层居住建筑墙厚度为 2～3 个"穹都"(50～70 厘米)。砌筑时泥浆选择富黏性的黄泥,藏语称"阿噶土",除去石子杂物,合水敲打均匀。砌石前先平好基坑,若遇斜坎则沿坡挖成阶梯状基础,逐层迭砌交错搭缝,小石填空夯实,泥浆胶结。砌墙方法与基础略同,将和好的黄泥盛于泥掌(一种木板做成),用手涂于石片上。先摆一层较规整的方整石,再用 1～2 层小石(片石)与黏土嵌缝填实,四角搭配适宜,连接如齿牙紧咬,如有石片突出,用手锤打平,如此上砌至屋顶。

门窗框子边砌边安装,抬梁楼盖逐层铺设,用内脚手架逐层建造。寺院建筑常在外侧脚加块石与内部石墙咬接,故整体刚度好,墙身棱角方整牢靠、坚实(图 11-1-47)。

夯筑土墙:藏族在长期的施工实践中,对筑墙工程具有丰富的经验和成套的技术(特别是四川的藏民区)。筑墙工具简单,土墙有木夯墙模,再以锄头、刀、绳等农具辅助就能操作,盛行于农区和农牧地区。土墙施工时,泥土多采用含水不多易于夯实者,基槽挖至硬土层约一膝至一膝半深(70～100 厘米),一般住房墙厚 50 厘米左右,立墙模,每对模桩相向等角倾斜,用绳绞牢,其斜度即为土墙的收分。墙模逐段上提,门窗过梁随筑随安,筑至楼面的下一板时,将绳子夯入,并留出绳扣,以便架立上层模桩。藏语称筑土墙为"墙",至今沿用汉语,说明受汉族影响较深。土墙约可连夯九板,一般至一层楼后即中途暂停,待墙稍干后再夯筑,楼面亦相应铺设,借此稳定墙身。以上各层做法相同,直到屋顶为主。墙筋骨料用树枝、砂石及牛、羊骨陆续加入夯实,房屋建好 1～2 年后,墙面再抹草筋泥或牛粪,以保护墙面。使用牛粪墙面隔 1～2 年一换,既做燃料又保护墙身,是一种因地制宜的办法。

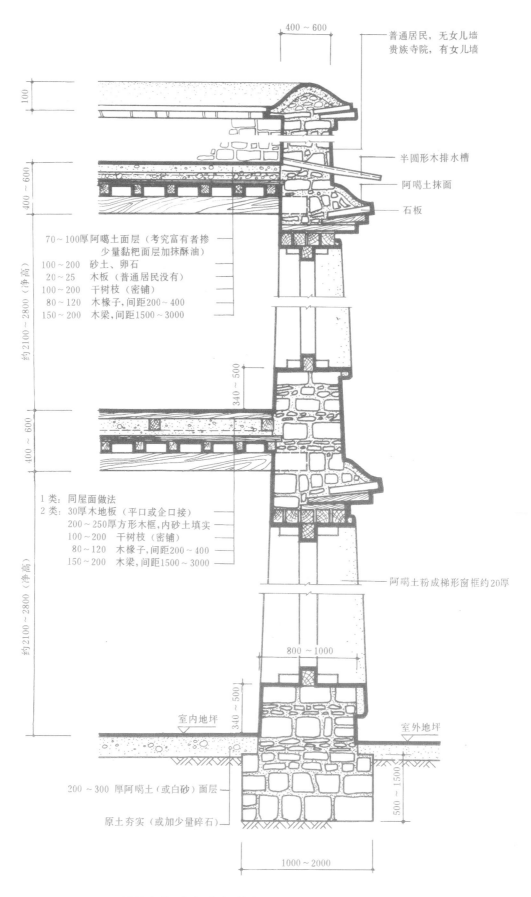

图 11-1-46 基础、墙身、楼地面构造示意图（单位：毫米）

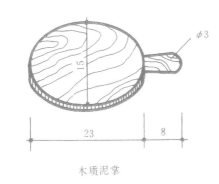

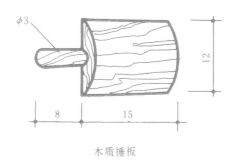

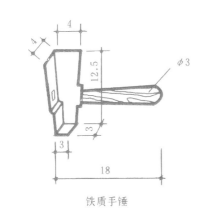

图 11-1-47 藏族砌石墙施工工具（单位：厘米）

（3）楼地面：阿噶土地坪，是藏族地区常用的一种楼、地坪做法。阿噶土是西藏地区特有的一种土质，是岩石风化而成的一种黏土（似火山灰，有水泥性质，其他藏区用黄泥黏土），防水抗渗性好坏全靠施工中打磨、夯实的质量而定。楼地面构造与屋面相同，一般采用三层做法。

基层：地坪为素土夯实（楼层为圆木椽上铺上一层碎木片或小树枝形成承重层）。

垫层：西藏地区多用一种风化石带黏性土质的土壤做垫层，加上小石子和片石分层夯实。

面层：采用"阿噶土"面层，施工时先将阿噶土打碎，再拌匀，夯实。用长形石块与木杆联成打夯工具，

夯时唱歌、舞蹈，按节拍夯实，一般需要 2～5 天才能完成面层操作，起浆打平，再用小砂卵石磨光即成。

（4）屋面：绝大部分藏区采用平屋顶，成为藏族建筑的重要特征之一。平顶构造和施工方法与楼地坪做法相同，总厚度在 40～60 厘米，一般山墙到顶，四周有女儿墙高出屋面 80～100 厘米（图 11-1-48），屋面略作坡度，多采取半有组织的外排水，不设天沟。雨水由女儿墙底部洞口经半圆木制排水槽沟①，挑出墙面 50～60 厘米，直接排出，自由落水。

金顶：是寺院建筑主要殿堂的标志，它采取梁架式结构，檐四周饰有斗栱，内部立柱支承长额，其上构成梁架，用横梁柱托檩，构成金顶的坡度（图 11-1-49）。

（5）门窗：藏族民居的门窗多为长方形，较内地门窗用材小，窗上设小窗户为可开启部分，这种方法能适应藏族地区高寒气候特点，可防风沙。

藏族人民有以黑为贵的习俗。门窗靠外墙处都涂成梯形上小下大黑框，突出墙面。考究的住宅和寺院常在土上掺黑烟、清油或酥油等磨光，使门窗框增加光泽。

门窗上端檐口有多层小椽逐层挑出，承托小檐口，上为石板或阿噶土面层，起着防水保护墙面及遮阳的作用，也有一定的装饰效果。

在西藏的城市住宅和寺院大门，常为装饰重点，门框刻有细致的连续三角形几何图案或卷草、彩画等。有的在平屋顶上冠以金顶（金质铜瓦庑殿和歇山式屋顶）。

明清以前，一般中、上层统治阶级住宅和寺院，大门入口常用 2～4 个"斗栱"，但和汉式斗栱不同，是由华栱（托木）出挑支承大斗，大斗上出令栱承托带奇数（3、5、7）的散斗（升），有一斗三升、一斗五升之别，散斗上承挑檐枋，枋上出挑 1～3 层的小檐椽。亦有雀替式替木，直接承托木梁、额枋、木檐椽，再上出挑阿噶土面层或瓦作的小雨篷。至清代则多直接引用汉族手法（图 11-1-50、图 11-1-51）。

（6）梁柱：梁柱是藏族建筑室内装饰的重要部位。柱为木柱，一般无柱础，断面呈正方形、圆形、八角形以及"亚"字形。亚字形，一般在四方形木柱上四边每面附加一块木料而成，是利用小料的一种经济做法。柱身上小下大，有显著的收分，粗壮稳重。寺院和民居中经堂的柱头、柱身常饰有各种花饰雕镂或彩

---

① 用原木平分砍凿挖槽而成。

1. 平屋顶构造

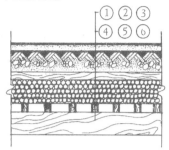

①阿嘎土面层（考究的抹酥油），厚70～100
②砂土、卵石，厚100～200
③木板（150～200宽），厚20～25
④干柴枝（密铺保温层），厚100～200
⑤木椽子（间距200～400），厚80～120
⑥木梁（150～200厚×300宽）

2. 楼地面构造

（1）楼面

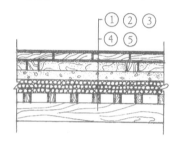

①木地板（平口、企口接30厚，150～200宽）
②木楣栅〔注1〕内填砂土
③干柴枝（密铺、保温层）〔注2〕
④木椽子（间距200～400）〔注3〕
⑤木梁（（150～200）×300）〔注4〕

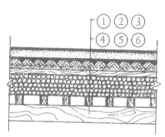

①阿嘎土面层（70～100厚）
②砂土、卵石（100～200厚）
③木板（20～25厚，150×200）
④干柴枝（密铺、保温层）〔注2〕
⑤木椽子（间距200～400）〔注3〕
⑥木梁（（150～200）×300）〔注4〕

（2）地坪

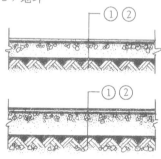

①白砂（或阿嘎土）面层
②素土（加碎石）夯实（厚200～300）

①黄土地坪（厚150～200）
②素土夯实

注1：木楣栅作方形木框，其中填砂土（内
　　　掺少量青稞干草）
　　主框木：180×70压入木柱或墙内，
　　　　　　间距1500～3000
　　次框木：160×70与主框木搭接，
　　　　　　间距800×1500

注2：干柴板：密铺小树枝100～200厚

注3：木椽子：Φ80～120，方
　　　　　　　100×100～120×120

注4：木梁：梁距视不同柱距而定，
　　　　　　一般间距1500～3000

图11-1-48　平屋顶、楼地面构造示意（单位：毫米）

图 11-1-49　布达拉宫金顶

图 11-1-50　色拉寺的住宅大门

画，主要图案有覆莲、仰莲、卷草、云纹、火焰、宝轮等，富有浓厚的宗教色彩。

为了保持木柱本身的稳定和减少梁、枋与柱交接处的剪力，相对地缩短梁枋、长额的净跨长度，柱头常常加替木，通称这类替木为大雀替，由整块木料做成，形式有斜角、直角、圆角，亦有雕刻成花纹曲线的，跨度较大的常在替木之下再加托梁。在藏族营造施工方法中，各构件有一定的尺度关系。一般主梁上放置12、13、14个小椽木，椽木间距相当于20～22厘米，即为梁的常用尺寸；又如雀替和柱梁的关系，其长短视柱距开间而定，一般是梁长度的1/5～1/3，宽度与厚度相同。梁上常施彩画，梁头、雀替则多用高肉木雕或漏空木雕花饰，涂重彩，色彩艳丽、浑厚，与室内木柱等连成整体，收到一定的艺术效果。

（7）檐部及屋顶：建筑外形多为坚厚的石墙（或土筑墙），无台基，墙身有显著的收分，南向常开有大隔扇窗或出挑挑廊、阴廊等扩大空间。个别楼层有大隔扇角窗，底层及北向房间一般不开窗，门窗上檐额枋带有纹饰并出挑小雨篷，周围有梯形黑色边框，上小下大，与倾斜的建筑外墙相适应。檐口有明显的束顶线一圈，在寺院和贵族住宅常在檐口镶一圈"白马"（是高原上富有柔性的小树枝），染成深咖啡色（或紫棕色）作装饰，普通民居多用小木椽上挑石片成小檐口，屋顶四角设有高起翘角式"嘛尼堆"或经幡、玛尼竿等，中部常常略低于两旁，前后设有焚香炉或佛龛等装饰，带有浓厚的宗教色彩，成为藏族"碉房"建筑的顶部特征。

（二）防寒、采光、通风

生活在高寒地区的藏族人民，在和自然的斗争中，积累了许多就地取材、因地制宜的防寒保暖、采光通风的建筑经验（图 11-1-52）。

1）防寒保暖：由于高原气候寒冷，多风干燥，空气稀薄，藏族人民创造了独特的"碉房"形式，它采用平屋顶、厚墙身、低层高、封闭式天井或院落，都利于防风。建筑朝向，向阳、背风，一般在院内朝东南和南向开设大隔扇窗户、落地隔断门等，朝北和东西墙不开窗户。加上四周有高厚的女儿墙，起着挡风作用。由于采用较厚重的材料（石料、土以及多层木板等），具有良好的热惰性，而南向的居室、经堂与敞廊、晒坝相连，可以较多地获得阳光，自然形成了利用太阳能的温室效应作用，对于保暖防寒、防风沙有良好效果。

图 11-1-51　罗布林卡大门

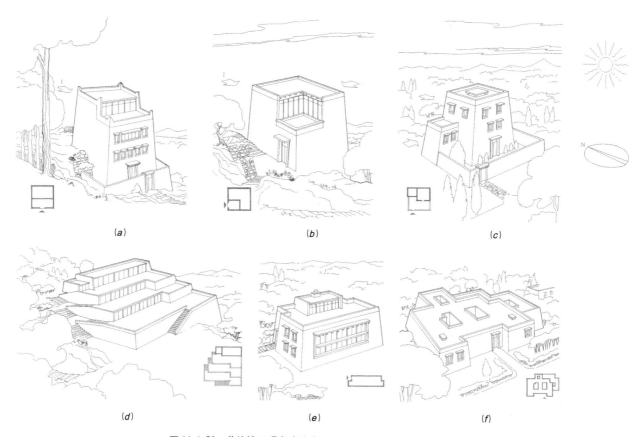

图 11-1-52　藏族地区碉房建筑造型示意图——防寒、保暖、采光措施

（a）山地建筑；　（b）山地建筑碉房；　（c）平地建筑碉房；　（d）山地建筑寺院喇嘛住宅；　（e）平地建筑住宅；　（f）平地建筑毗邻式住宅
1- 风向

2）采光、通风：随着碉房建筑毗邻成群地出现，由于层数逐渐增多，窗洞小，加上厚墙，低空间，致使室内采光、换气、通风困难，藏族人民根据实际需要采用了院落、天井、梯井和室内天井、高侧窗和顶窗，以补充侧窗采光的不足，作为一般采光、通风的方法。

天井：在民居和寺院中运用天井最多，位置在建筑中部或前、后、左、右，常常由底层通顶层（2～4层）。大型住宅和寺院的天井自下而上逐层放大，四周形成内走廊，便于交通与生活使用，又能避风与采光、换气和排水。

梯井：它在民居和寺院中，除了解决上、下交通问题，也达到采光、换气、通风的需要。梯井往往是下层采光、换气的开口，民居中正对梯井的楼面部分常常是通向各室间的半露天活动场所。

天窗：一类是高侧天窗。如佛殿、经堂、灵塔殿以及贵族住宅主室寺，常在主室前升高半层、1层半、2层甚至3、4层，它利用上部的狭长高侧天窗和屋顶下空隙（农牧区民居多采用）以利采光、通风、换气。

一类是屋顶天窗。一般较简便，有直接在屋面上开方形井孔或架设通风气窗以便采光、换气的，多用于农奴和牧民住房或灶房之上；亦有用于通向天井的天棚高窗，来达到排烟、换气目的，这种类型显然是受到帐篷的通风换气方法的影响。

3）镏金技术：藏族的镏金技术是驰名国内外的特种工艺技术，有着悠久的历史。著名的大昭寺和布达拉宫以及藏族广大地区寺院的金顶（图11-1-53），各种镏金饰物，如宝塔、倒钟、宝轮、金盘、金鹿、覆莲、经幢经幡、套兽等，在阳光下光彩夺目（图11-1-54）。

根据西藏地区老匠师传统的施工技术，其主要工艺流程如下：

（1）"独那"，藏语。用一种黑土，混合藏清油制成的油泥，热软冷硬，用来把铜版嵌在木板上固定成型。

（2）泥金：是先将黄金锤打成薄碎片，加进一定量（通常为1：5）的水银，放置在坩埚中在火炉上加热，直至黄金被水银溶解，冷却后制成的赤色熟金，便称"泥金"。

图 11-1-53 工匠们在修缮色拉寺大殿金顶

图 11-1-54 拉萨哲蚌寺经幢及经幡

（3）光油：是用桐油加"陀生"（铅脚子）和"土子"（植物）调合而成。

造型：根据设计的要求放样。先在金属版上绘出实物图样，然后采用各类特殊的加工工具（方、圆等小木槌、小铁锤等铁器）打敲、冲打而成需要的各类造型形象，并打磨光洁，去掉铜锈。

出垢：采用藏族地区的一种植物"菩提子"（如皂角一类植物），洗涤擦垢，去污，并用清水漂洗干净，用软布擦干。

成型：将各种造型形象，加微温用粘贴法将它固定在"独那①"制的一种垫板上，冷却后固定钉铰成型。

出光：成型固定后，用硼砂粉（加热微熔化）在铜版雏形上抛光一道。

锚金：采用酥油灯（或清油灯），用火管（形如小塑料管状）借助火焰的高温，将泥金②熔化成液体，然后吹管喷涂于铜质（或金属）成型构件上，镀金的厚薄、质量视匠师掌握火候和操作技术经验而定。大型镏金件由多块铜版并成，用钉铰法或铜银合金加食盐高温焊接。

抛光：全部镏金完毕后，最后的成品用硬质磨件（玛瑙、小卵石）压磨，并用菩提子水刷洗干净，再用软布擦干使之光洁即成。

4）彩画、壁画技术：藏族彩画技术运用较广。一类多用于内装修木作部分，如额枋、柱头、柱身、雀替、椽头、椽枋以及门窗楣和经堂、佛殿、主居室、会客室等顶棚线脚等；一类用于壁画上，考究者常常采用沥粉贴金，位置多见于殿内或灵堂内，以及天井院落两侧或殿前回廊的壁上。

（1）内容、题材：藏族的壁画、彩画，绝大部分为宗教内容题材。常见的有释迦牟尼和黄教始祖"宗喀巴"传记、故事画，历代藏王、大师的肖像，四大天王、十八罗汉以及礼佛图等；图案如：西番莲、梵文、宝相花、石榴花和八珍宝（海螺、宝伞、双鱼、宝瓶、宝花、吉祥结、万胜幢、法轮）等。它一方面受到尼泊尔和印度犍陀罗波斯等文化风格影响，结合本民族图腾和本波（黑教）的图案发展而成；另一方面深受

---

① "独那"，藏语。用一种黑土，混合藏清油制成的油泥，热软冷硬，用来把铜版嵌在木板上固定成型。
② 泥金：是先将黄金锤打成薄碎片，加进一定量（通常为 1:5）的水银，放在坩埚中在火上加热，直到黄金被水银溶解，冷却后制成赤色熟金，称为熟金。

汉式绘画（礼乐习俗、传记）风格的影响。写实画如人物、树木建筑、山川、花草等，富于真实感。

（2）色彩调合：彩画、壁画技术主要关键在于调色和配色，其经验简略介绍如下：

颜料：一般是采用矿物颜料，经久不褪色。它将各种色粉，用石白擂成蓇粉（有些经过过滤、沉淀而成），使用时加进水及胶，绘成后上光油[①]。

彩画、壁画部位有阴阳之分。凡是阳色（凸出部位）用硬色，即各种纯原色：如红、黄、蓝等。凡是阴色（凹下部位、底板），用软色即各种调和色、复合色为主，例如橙色（藤黄加广丹）等。

其常用的矿物颜料有：铅丹（粉）、广丹（朱砂）、茜绿、银砂、藤黄、松烟等构成主体色，一般称"硬色"；其他各种颜色互相调合可以得到明度较淡的复色，称为"软色"。彩画常配合着建筑色彩运用，由于气候寒冷和藏民族的性格热情奔放，故彩画主要色彩喜欢暖调，如朱红、深红、金黄、橘黄等为底色；衬托以冷调，如青、绿为主色的各种纹样，与内地唐、宋时期建筑色调较接近。相传彩画是在唐代文成公主进藏时所传入，最早的大昭寺和夏鲁寺等所见的唐宋彩画多采用浅底深花、深底浅花、单线平涂等画法，明清以来发展成为浅色叠晕、晕染法和沥粉贴金，彩画与木雕结合。

（3）彩画纹样：柱头、额枋多采用连续十字形、万字形等几何图案，西番莲（覆莲、仰莲等）、如意云纹、火焰纹、宝相花、缠枝卷叶、石榴花，亦有采用梵文"六字真言"、法轮宝珠等彩饰。在平板枋、阑额藻头上常作云头彩画"三层方头披肩"、"箍腰佛珠"、"莲瓣"、"带花圈子"等。

建筑（室内）平顶线脚，使用连续图案、彩画最多。裙多用深红（暗）色和深绿色，间以黄、蓝等色彩；起居室（主室）多用乳黄、粉绿和油绿等色彩；经堂、会议室喜用深黄色和绿、红、群青相间的花边。彩画采用浅色叠晕、沥粉金线勾线，重点缀有橙、红、黄、金、白色，色彩重点突出。木橼子用群青、重绘色彩。柱廊为深红色间以浅色或金、白色线条垂直划分柱身，有纤细而华丽感。门窗外框一般皆为黑色，特殊寺院、宫殿、住宅采用雕花、彩画。

（4）主要技法

单线平涂法：是运用线描勾勒，然后填色（如萨迦寺、白居寺、大昭寺、夏鲁寺的早期壁画、彩画所见），如红底黑色墨线画、绿底黑色墨线画，有如内地汉族国画中白描的技法，最后用熟桐油或清漆罩面一道。

叠晕染法：是在白描的基础上，浅色向外，深色向内，由浅入深顺序相叠排列，2～3次叠晕为多。如云纹则具有凸凹立体感，常运用线描勾勒与晕染相结合，如布达拉宫、扎什伦布寺等壁画。柱头、额枋等采用深红色底，青绿晕染、花纹、浅色勾边间于朱砂，收到色彩绚丽、丰富多彩的效果。

彩画与木雕结合法：在梁柱间的额枋、雀替以及花牙子、橼头间常采用剔地起突的高浮雕、压地隐起的浅浮雕和减地平钑等多种雕镂方法，做到彩画中重点突出雕饰品，较过去平铺彩画又前进了一步，如西藏布达拉宫、大昭寺、哲蚌寺，四川甘孜的大金寺、阿坝的格尔登寺，青海塔尔寺等。

沥粉贴金法：有如内地的沥粉贴金的技术，一般在衬底的基础上先打底子、磨平、刷胶水或桐油使衬底平整，不妨碍设色，然后按勾勒画稿再用铅粉和光油，用羊嗉子接小管将铅粉油挤绘成画稿图样，微微突起。候干后，再用毛笔将一种植物——构胶树的构子胶（或桃胶等）涂在彩画的沥粉线上，最后贴"佛"金（即金箔），用柔软的绸棉按实即成。

壁画技法基本上与彩画技法相同，不同之处在于画底。著名寺院的壁画是在墙面上用糨糊裱白绸一层作画底（如布达拉宫壁画），再涂上酥油，故不易脱落。或在墙上打磨光滑后，涂牛胶调和的白木作底，再施彩绘。如拉萨三大寺，扎什伦布及萨迦寺等处。

附：四川羌族建筑

羌族是我国民族大家庭中具有悠久历史的民族之一。四川西北部阿坝的茂汶一带即为羌族聚居地区。这里地处青藏高原的东北边缘，羌族人民在长期的生活、生产实践中创建了具有民族特点的建筑，羌族建筑自成体系、独具风格，特别是住宅类型丰富多彩，积累了一套较为纯熟的建筑技术经验，在历史上对四川地区的藏族民居建筑有较多的影响。与此同时，羌族建筑也吸取了汉、藏民族的建筑技术经验。羌族人民在岷江上游及

[①] 光油：是用桐油加"陀生"（铅脚子）和"土子"（植物）调合而成。

其支流河谷两岸的高山、半山上，建起一些聚居寨子，其规模大小和分布情况随耕地而定：耕地集中则寨子规模大而密集；耕地分散则寨子小而稀疏。

寨子的建筑多适应山地地形，布置比较自由灵活，一般都顺等高线或垂直等高线排列，均以适应各种复杂地形和考虑生产、生活和减少土石方量为准则，成为山地建筑群布局的良好范例。

在寨子中以往还建有高达数十米的土筑或乱石墙砌筑的碉楼。在位势险要的地方设置寨子入口，并常建有过街楼式的"魁星庙"，起防御的作用。寨内密集的住宅建筑依山重叠，常建于20°～50°的陡坡上，多采用错层、跌落等手法，呈阶梯状，居住房屋主要由牲畜圈、照楼、贮藏室等组成生产用房；由灶房、卧室等组成生活用房。一般均为三层楼房，底层作牲畜圈；二层设正房、灶房、贮藏间、卧室，为家庭生活的中心，顶层靠后处突起一排敞廊，称为"照楼"，它与前面的平屋顶构成农业生产活动的晾晒操作场地（图11-1-55、图11-1-56）。外墙较少设窗，而在屋顶留出小孔用来采光和通风。二层的正房空间高敞，层高达4～5米（图11-1-57、图11-1-58），还有的在正房内设置"火塘"，在墙上设有壁柜和嵌入式床位，灶房设于正房的后面。羌族建筑还吸取了汉、藏民族建筑的优良传统，因地制宜地修建挑廊吊楼、分层进出、组织不同功能的院落和扩大居住空间等，创建了多种多样的民居建筑，有些住宅附岩爬坡修建，将猪圈移出附于一侧，平面紧凑，联系方便（图11-1-59）。有的住宅为了争取空间，在房屋正面排外廊，并利用附坡修建房屋，使之层层跌落，在各层室外不同标高上，组成屋前院坝和屋侧菜园，更为突出的是在某些附岩建造的房屋内，为了适应山陡地窄的情况，就向岩壁争取空间，从岩壁中开挖出联系上下层的隧道，形成罕见的楼梯间。

羌族建筑都是就地取材，当地山区河谷到处都有天然块石、山砂和黏土，加以附近有森林，所以民居建筑的外墙都用具有保温防寒功能的土筑墙或乱石墙，有的土石兼用。石质为花岗岩，质地坚硬。乱石墙用黄泥浆砌，内面平直，外面收分。土墙分层夯筑，不作收分。房屋内部多为木板隔墙，木柱木梁承重，企口木板楼面。平屋顶用树条、竹笆、黄刺（带刺灌木）、黄泥铺筑而成。整个建筑在隔声防寒上取得了良好的效果。

羌族民居外表简朴，在大门上设置垂花雨罩，墙

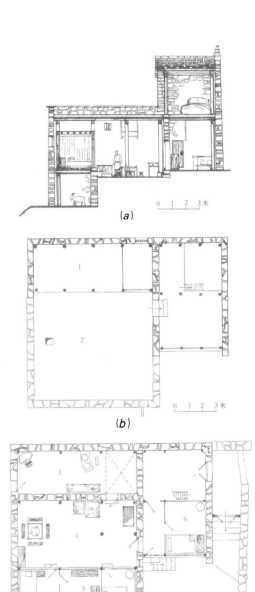

(a)

(b)

(c)

图 11-1-55　四川省汶川县绵虒乡汪宅平面、剖面图

(a) 剖面；(b) 顶层平面；(c) 二层平面

1- 照楼；2- 屋顶晒坝；3- 灶房；4- 正房；5- 贮存；6- 卧室

图 11-1-56　四川省汶川县绵虒乡汪宅外观透视图

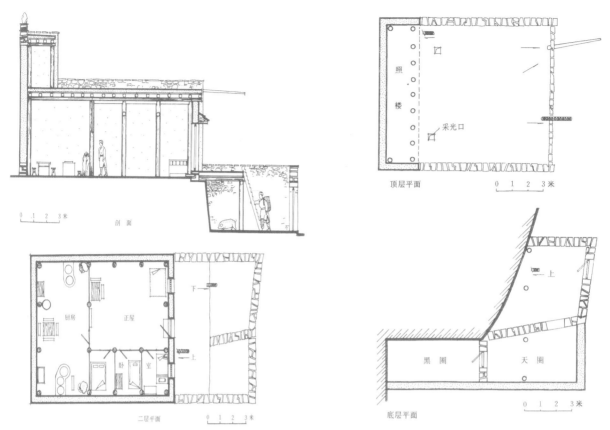

图 11-1-57 四川省汶川县雁门乡袁宅平面、剖面图

图 11-1-58 四川省汶川县雁门乡袁宅外观透视

图 11-1-59 四川省汶川县龙溪乡黄宅外观透视

面为土石本色，檐口用石板覆盖，并挑出少许滴水线脚。厚实稳定的土、石墙面与本色的木质材料相配合，并与周围的山木相映衬，给人以素雅的感觉，加以充分结合地形，错落有致的建筑形体和依山筑室组成院落，陪衬着高耸的碉楼，构成了羌族建筑的独特风格。羌族在乱石砌墙方面技艺精湛，对这个地区的藏族建筑有较多的影响。羌族人民在长期生产劳动中建造的羌族建筑，其建筑技术经验与成果是我国古代建筑优秀传统的一部分。

第二节 蒙古族建筑

内蒙古自治区是一个幅员广大、土地辽阔的地区，阴山山脉横贯其中部，黄河河套流于南境，水草丰美，牛羊驼马都有大量的出产。全区共有十几个少数民族，蒙古族人口最多，自古以来，过着游牧生活。清代蒙古族封建贵族，大兴土木，建造王宫府第，同时提倡喇嘛教，在各旗（相当于县）兴建喇嘛庙。在封建牧主统治下，阶级对比十分鲜明，建筑上有悬殊的差别。喇嘛庙大部分是清朝康熙、乾隆年间建造。蒙古喇嘛庙建筑接受了藏族文化，又吸取汉族文化，将汉、藏建筑风格糅合一起，在建筑造型上有许多创造，在建筑工程技术方面也吸取汉藏的技术做法。

蒙古族的居住建筑，有蒙古包、汉式房屋和王府大宅。蒙古包按特点来分，有适用于游牧生活的移动式蒙古包，还有一种固定式蒙古包。从建筑材料及建筑形制来看，全区大致可分三条建筑地带：

固定式房屋建筑带。沿自治区南部边界分布，这一带大部分是汉族居住，属汉式房屋。在这一建筑带以东，接连辽宁、吉林、黑龙江三省，建筑形式属于东北房屋式样；在中部地区的多伦、集宁、呼和浩特、包头一带接连山西、河北、陕西，建筑形式属于山西式样；在西部阿拉善旗巴彦浩特隔贺兰山与宁夏相接，建筑形式属于宁夏式样。

中部混合式建筑带。这是汉蒙杂居区，也是半农半牧区。自东部通辽经保康、开鲁、林西、大板、多伦、玫瑰营、乌兰花、百灵庙、陕坝至巴彦浩特，连成一条混合建筑带，大多是土平房，夹杂一些蒙古包。这些住宅房屋有蒙古族居住，也有汉族居住。封建统治者的王府大宅，都建筑在城里或者是在旗所在地。其建筑形制大部分都采用汉式。

蒙古包分布带。在阴山山脉以北，东至呼贝尔盟，西迄巴彦诺尔盟的广阔草原牧区。

一、喇嘛庙建筑

喇嘛教是佛教密宗的一派，起源于西藏。元代由西藏传播至青海、甘肃、内蒙古。元世祖忽必烈称帝，奉喇嘛教为国教，清代统治者继续提倡喇嘛教。清代初年，达赖喇嘛来到北京，封为"西天大喜自在佛"，总管喇嘛教。当时章嘉呼图克图第十世在青海，亦请入北京，封为"大国师"，开始创建内蒙古喇嘛庙。据清朝末年统计，在呼和浩特及各盟旗建立喇嘛庙达一千多处。

喇嘛庙建筑大体分为三种形制，一种是西藏式，一种是汉式，一种是汉藏混合式。西藏式喇嘛庙有两种：一种是全组建筑都做成西藏式样；一种是一组庙宇中只有主要建筑做成西藏式，例如大经堂建筑，平面呈方形，殿内柱子排列整齐。贺兰山福因寺大经堂有 95 间，规模相当大（图 11-2-1）。屋顶做平顶，施女儿墙。外墙为承重墙，墙体甚厚，并砌出较大的收分（图11-2-2），墙开藏式方窗，四周涂以黑边，上窄下宽，给人以稳重的感觉，并在女儿墙的周边增加一些棕色和黑色的装饰。如五当召（图 11-2-3）、葛根庙、萨尔沁召、三德庙以及四子王旗喇嘛召小经堂（图 11-2-4）等，均为藏式代表。汉式喇嘛庙，基本上采用汉族庙宇的式样，大经堂和佛殿都做成楼阁式，歇山重檐顶。从建筑外观上看，除法轮等喇嘛教装饰外，和普通汉族庙宇基本相同，以扎萨克召、贝子庙（图 11-2-5）、乌审召、多伦诺尔汇宗寺、善因寺、昆都仑召（图 11-2-6）为代表。

汉藏混合式，基本上以藏式建筑为主，在藏式建筑上做出局部的大屋顶，如采光通风部位，或者是正殿的中间，有的正门处建造汉式建筑，但是正殿的殿

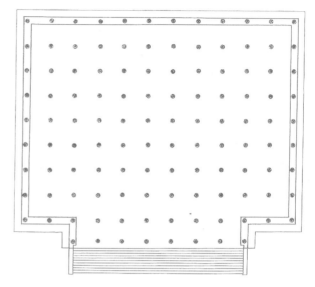

图 11-2-1　贺兰山福因寺大经堂平面示意图

图 11-2-2　包头五当召（广觉寺）外观

图 11-2-3　包头五当召（广觉寺）全景

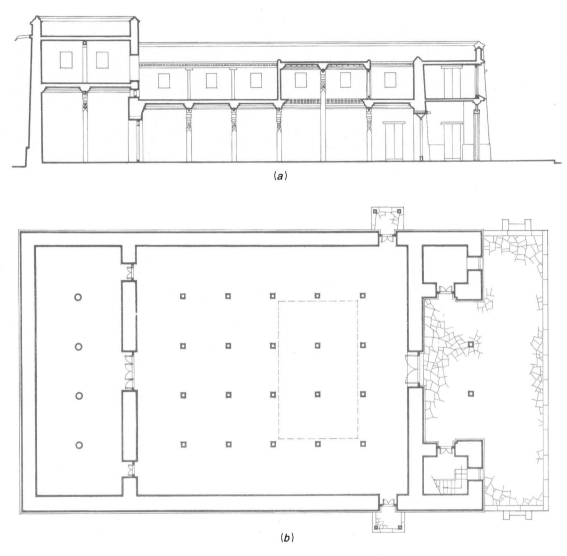

图 11-2-4　四子王旗喇嘛召小经堂平面及纵断面图
（a）纵剖面图；（b）平面图

身仍做藏式，总之在一座建筑之内，两种形式结合在一起。还有一种庙宇，在一庙之内正殿做汉式，其他建筑做藏式，例如贺兰山广宗寺、福因寺（巴彦淖尔）、延福寺（巴彦浩特）、准格尔召（准格尔西旗）、百灵庙（达尔罕茂明安联合旗）、喇嘛召（四子王旗）、莫力庙（通辽）、席力图召（呼和浩特）、乌苏图召（呼和浩特）、额木齐召（呼和浩特）、巧尔齐召（呼和浩特）等都是汉藏混合式的代表（图 11-2-7 ～ 图 11-2-9）。

至于喇嘛庙的总体布局，无论何种式样，都是许多殿宇组合起来构成一组建筑群，多伦诺尔善因寺就是这样（图 11-2-10）。

图 11-2-6　包头昆都仑召山门

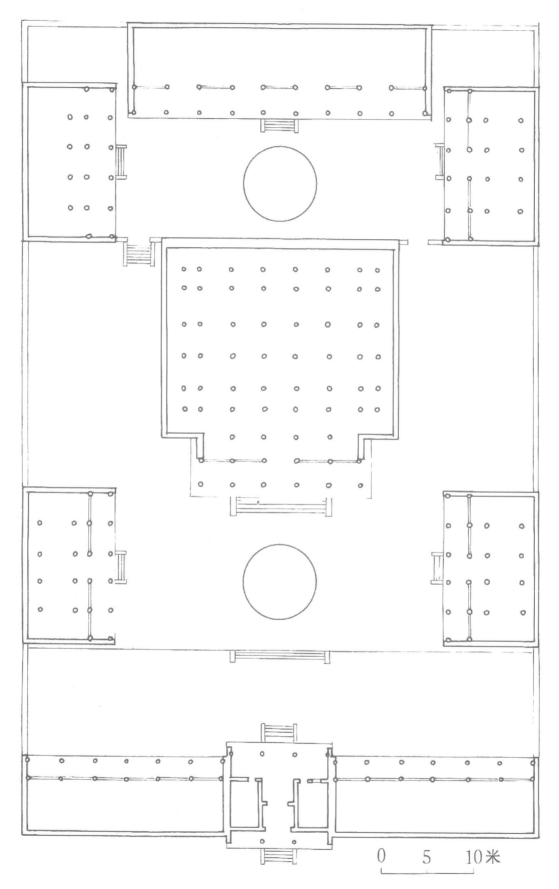

图 11-2-5　锡林浩特贝子庙第二庙平面图

图 11-2-7　四子王旗喇嘛召大经堂外观

图 11-2-8　达尔罕茂明安联合旗百灵庙（广福寺）大经堂总平面及纵断面示意

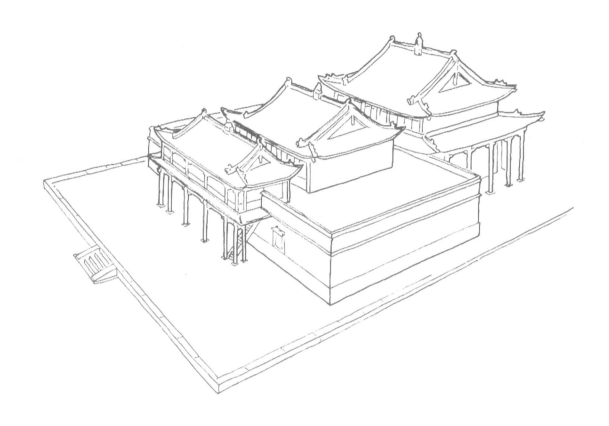

图 11-2-9　达尔罕茂明安联合旗百灵庙（广福寺）大经堂外观透视

内蒙古地区所建造的汉式建筑的构造技术大致如下：

有的做台基，有的不做台基。有台基的均用砖砌，或者边沿部分用石块砌筑。墙壁做法一般用砖墙，个别的用土墙。汉式喇嘛庙前檐都做廊子，后面与两侧砌厚墙，基本上为柱网式结构。做土坯墙时，在壁心抹白灰壁面，或全部抹白灰壁面。木柱用材细小。汉式喇嘛庙木柱用圆柱，柱头采取平板枋、垫板、额枋三大件的构造方法，枋上用斗栱或者不用斗栱。屋顶式样常用歇山顶，单檐与重檐相结合，檐子单薄，个别部位用琉璃瓦。门窗都用清式木隔扇。

藏式喇嘛庙常常不用台基，或做很高的台子。墙壁用砖石砌时，外表抹一层泥土，再刷以白灰面层。墙面局部做细致的雕刻或大幅壁画。殿内木柱多为方柱（图 11-2-11），柱头置宽厚的横替木，层层垫起来，到檐部雕刻横枋，上部承 2～3 层方形椽子和飞子（图

11-2-12）。一般建筑只做平顶，重要建筑做出女儿墙。窗子用方格，窗顶上有披檐（图 11-2-13）。五间殿宇，常以中间三间做外廊（柱廊），两梢间做实墙面，虚实对比，非常鲜明。门廊柱和殿内天花板为重点装饰部位，用色丰富，光彩夺目（图 11-2-14、图 11-2-15）。此外，屋顶上有金幡、金鹿、金羚羊、法轮寺金属饰件（图 11-2-16），这些都代表着喇嘛庙的特点。汉藏混合式喇嘛庙，在一些庙中兼有汉式和藏式式样，甚至还有在一个殿宇中既体现藏式又体现汉式的。如用藏式殿身和汉式大屋顶，也有的构造做法和装饰将汉藏两种形式混合在一起的例子。

在喇嘛庙范围内，建有大量的喇嘛住宅。其位置在喇嘛庙近旁。喇嘛住宅的建筑形式，一般也是采取藏式、汉式，或者汉藏混合式。

藏式喇嘛住宅，是简单的独立式的矩形平面房屋，平顶，由单层到二层、三层不等。入口和门窗做成藏

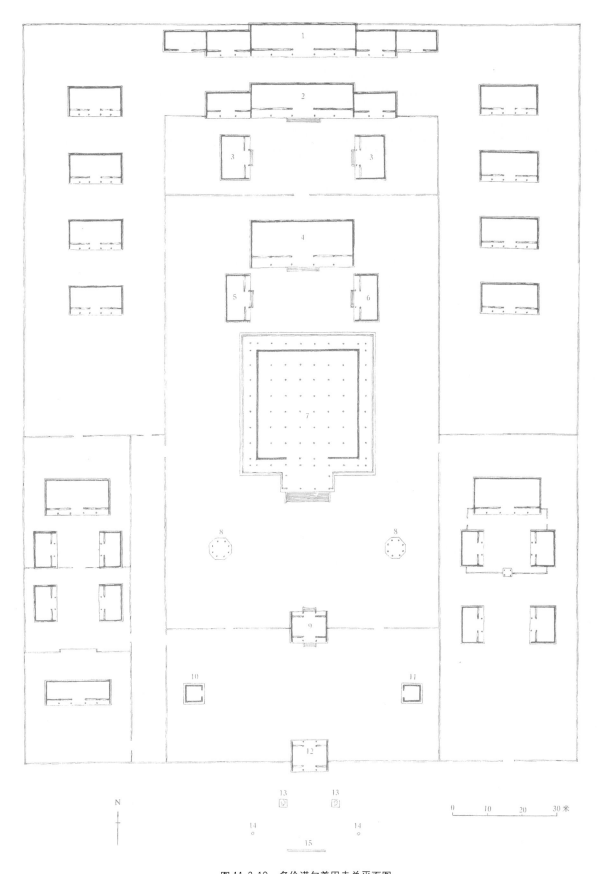

图 11-2-10　多伦诺尔善因寺总平面图

1- 佛经楼；2- 方丈；3- 客堂；4- 后佛殿；5- 西配殿；6- 东配殿；7- 火经堂；8- 碑亭；9- 天王殿；
10- 钟楼；11- 鼓楼；12- 山门；13- 狮子；14- 旗杆；15- 影壁

图 11-2-11　五当召活佛府内景

图 11-2-12　包头五当召大殿檐部

图 11-2-13　呼和浩特席力图召砖墙及披檐

式风格。汉式住宅则采取三合院、四合院形式，每栋以四间为最多，前端有外廊或无外廊，台基用砖石材料砌成，墙壁以土墙为主，间或用砖石材料；墙面涂泥、抹白灰；屋顶有卷棚顶、双坡顶和平顶数种。

喇嘛住宅的样式和做法，往往和邻近地区相同，例如东部近于东北住宅做法；中部近于河北、山西、陕西做法；西部近于宁夏、甘肃做法。

图 11-2-14　包头五当召大殿柱廊装饰

图 11-2-15　包头五当召大殿天花板

图 11-2-16　四子王旗喇嘛召大经堂顶"金鹿听经"及"经幡"

二、蒙古族居住建筑

蒙古族从历史上形成了三种居住建筑：一为蒙古包；二为汉式房屋；三为王府大宅。

（一）蒙古包

蒙古包用毛毡覆盖，故也叫"毡包"，或者叫"毡房"，它是蒙古族固有的居住方式。蒙古包的历史很早，据记载可以推到汉代。它的质量随使用者的经济情况而决定，一般一户只有一个蒙古包，而大牧主最多可达二十至三十个蒙古包。封建统治者的蒙古包宏大、洁白，包上覆着吉祥纹样，进门处建有汉式门屋。

蒙古包的特点首先是结构轻便简单，墙壁用预先编织好的木条方格（"哈那"），包顶用固定支架，天孔周围覆毛毡。蒙古包体积的大小可根据人口多少来决定。它架设简便，一般半小时左右即可架设完毕。蒙古包存在的问题是，包内空气不甚流通，排烟不流畅；冬天采暖仅靠一个火架子，包内寒冷，席地而卧，需垫毛毡，2～3年就得更换，需耗费大量羊毛地毡。

架设蒙古包首先要选择地势。蒙古族居住沙漠和草原，依靠经营牛羊驼马作为主要经济来源，因此必须挑选水草丰富的地区。由于气候的变化和雨量的多少影响牧草生长，牧民们要根据水草情况决定迁移方向。夏秋两季移居次数最多。夏天的迁移多在6月，要选择地势高爽、绿草丛生的地方；秋天的迁移在10月，选择山腰向阳处或者是低洼的避风地带，近湖边，便于越冬。还要考虑躲避风沙。

牧民对住所移动已成为习惯。拆迁的步骤，首先是将毡片卷起，然后将骨架折叠放在驼背或驼车上。往往在一处停留6～9个月，又开始新的迁移。

蒙古包在每处架设的数量，多数是2～3户，也有一处居住10～20户的。冬季聚居程度较高，夏季较分散。

（1）统治阶级的蒙古包（毡包）

"王爷毡包"：王爷是各旗的统治者，占有大量财富，他们一般居住在蒙汉混合地带，学习汉族居住方式，建造固定房屋。他们占有的毡包数量很多，一户一般都有6～7座，多者可达30多座。有的王爷府在四合院内架设大型蒙古包以备冬日居住，这是一种蒙汉混合形式。

蒙古包的尺度，大的有8～12片墙壁，直径7～8米。最大的直径可达30米。王爷所用毡包除面积、体形特大外，毡片洁白，包顶用黑布或黑毡做出各式蒙古花纹图案，入门处门帘也绣图案。

在毡包的位置上用基石垫起，以防潮湿。同时，在入门处加建汉式板屋作为进门的进度空间，如同北方的"门斗"，冬日以防寒风。例如，锡林郭勒盟东乌珠穆沁旗王府的毡包直径达30米，在包内架立通天柱四根，柱上雕饰金龙，可容300人居住。包顶上架起气楼，如圆形重檐式，作采光、通风用，可算内蒙古地区最大的蒙古包之一。西乌珠穆沁旗一个王爷蒙古包，直径20米，构造与上述相仿。在入门处接建梁柱木板房屋，油漆绿色，绘以纹样，包顶饰以蒙古族图案。凡王爷蒙古包都是采用驼毛，白毡棕色图案，包内部壁面都挂上壁毡，天棚亦吊挂毡片，利于保暖（图11-2-17）。

喇嘛毡包：内蒙古各大喇嘛庙除了在其附近建造汉式房屋为住所外，还大量地建造蒙古包，称为喇嘛毡包。大体分两种，一种为独立架设，一种架设在四合院内，基本和草原上的蒙古包相同，特点是包毡采用袈裟的颜色，为红棕色调。喇嘛毡包，因为固定不移动，都有垫基，多数采用石块或砖块做基，以防潮湿，所用材料亦较优良，外墙用泥土筑成（图11-2-18）。

在东三盟各旗庙宇中的喇嘛毡包都没有地炕（图11-2-20），地毡用紫红色，有浓厚的宗教气氛。

（2）广大牧民的毡包

移动式蒙古包：是蒙古包数量最多的一种，全部使用轻体木骨架、毡片、驼绳三种材料构成，可以随时拆移。使用这种蒙古包的地区有乌兰察布市的北半部，锡林郭勒盟的全部，呼伦贝尔市、通辽市、照乌

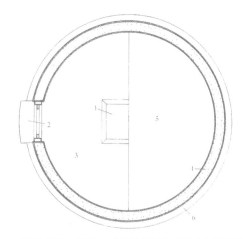

图11-2-18　通辽市扎鲁特旗固定式蒙古包平面图
1- 炉盘；2- 正门；3- 土地面；4- 泥土墙；5- 火炕；6- 防水坡

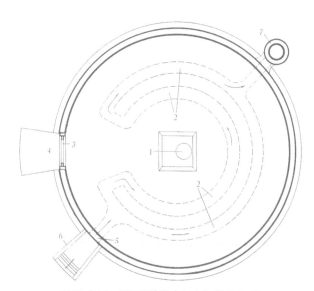

图11-2-19　阿巴嘎旗蒙古包火炕烟道平面图
1- 炉口；2- 火洞；3- 木门；4- 石台阶；5- 焚火口；6- 火炕；7- 烟囱

达盟的西半部，巴彦诺尔盟的北半部。这些地区都是天然牧场，是游牧生活地区（图11-2-20）。

固定式蒙古包：在内蒙古的流沙地区，沙漠泛滥，所以做固定式蒙古包，在包外建设防沙障。主要分布地区为巴彦诺尔以南地区，锡林郭勒盟以南地区，鄂尔多斯市地区。这些地区有很高的沙山、沙岭、沙丘、沙坝、沙滩，草原甚少，住户稀少，百里无人烟，只能采取定居放牧。固定式蒙古包与一般蒙古包相似，唯独墙壁用泥墙、沙柳和苇子做顶，顶上苫草或抹泥，不用毛毡（图11-2-21）。

混合居住带，实际上是半农半牧区，如乌兰浩特、保康、开鲁、林西、锡林浩特、多伦、察右前旗、五原、陕坝、定远营一带全部建造土平房和固定式蒙古包。

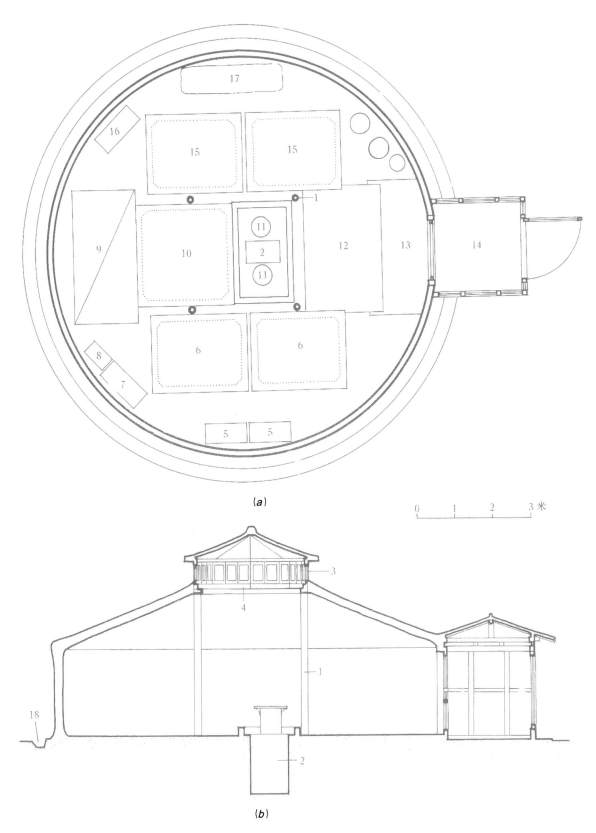

图 11-2-17　西乌珠穆沁旗王盖庙 "王爷" 蒙古包

(a) 平面图；(b) 剖面图

1- 小住；2- 燃料；3- 天窗；4- 天孔；5- 木箱；6- 男人席；7- 佛坛；8- 桌；9- 木床；10- 主人红毡；11- 炉；12- 客人座席；13- 入门毡；14- 门厅；
15- 妇人席；16- 柜；17- 衣被；18- 水沟

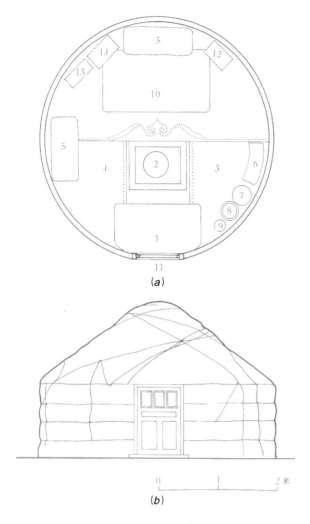

图 11-2-20　锡林浩特移动式蒙古包
(a) 立面图；(b) 平面图

1- 入门毡片；2- 火炉；3- 女人席；4- 男人席；5- 衣被；6- 碗架；7- 水；
8- 米；9- 缸；10- 主人红毡席；11- 包门；12- 柜；13- 箱；14- 佛坛

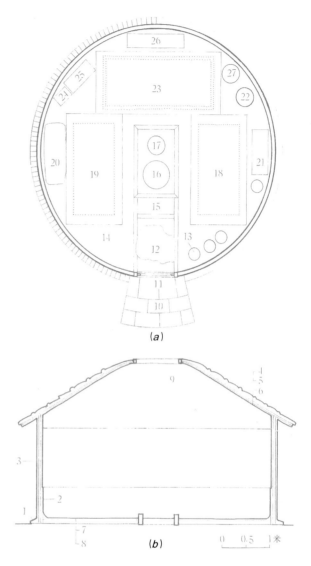

图 11-2-21　乌审旗固定式蒙古包
(a) 平面图；(b) 剖面图

1- 砖砌台阶；2- 毡子；3- 柳条墙内外沙泥抹面；4- 沙蒿苫顶；5-
柳条帘子；6- 羊毡挂顶；7- 羊毛毡；8- 草泥地；9- 天孔；10- 台阶；
11- 包门；12- 兽皮；13- 水；14- 靴子放处；15- 燃料；16- 大火架；
17- 火架；18- 妇人毡席；19- 男子毡席；20- 羊皮；21- 箱子；22- 米；
23- 主人毡席；24- 桌；25- 佛坛；26- 衣箱；27- 缸

（二）蒙古包的建筑材料与构造

　　蒙古包的总体布置根据地势选择，可分三种：一为集合式，二为单体式，三为院心式。

　　集合式：是草原上各户毡包聚居而成，聚居时依东西方向排列，包与包之间相距 2～3 米，行列之间以 3 米为准，包门南向。每处聚居毡包约在 10～30 户。

　　单体式：由一个或两个蒙古包组成，草垛、羊圈放在近旁。

　　院心式：毡包四面设有围墙。

　　蒙古包的平面为正圆形，普通直径 4 米，包内中央设有炉盘，约 80 厘米见方，四周用木框镶砌，当中放置火架子或火炉，其前设灰坑，深度约 60 厘米。在正面墙壁下，安设木箱，铺毛毡，为主人居住位置，左为佛坛；左侧稍后为客人居住席，右侧为妇女居住席。炊事用具放入口旁，靴子、鞭子放在进门左侧。高级的蒙古包在进门处加设一座汉式门屋，为 4 平方米。

　　蒙古包外观，白毡棕绳，远望包群在绿色大草原上，点点白色的毡包十分清晰入目。蒙古包的天窗做方形，门帘为长形，是装饰的重点部位（图 11-2-22）。

基地处理：当架设蒙古包时，先将地面铲平，冬季铺羊粪6厘米（防潮）；架设包的墙壁时，沿外墙的周围挖30厘米深的沟，以排雨水。当外壁固定后，再架设顶盖、天孔框，各部均用驼绳绑扎牢固。先挂外墙毛毡，后挂顶部毛毡，再用驼绳扎牢，安装门框与窗框（图11-2-23），包内地面铺以2～3层羊毛毡。在包外檐部铺防雪板。

全包的外部骨架、顶部骨架，全部以轻质沙柳做成。沙柳直径约2厘米，编成可以收拢、可以张开的活动网片。屋顶以"套脑哥拉"为中心，直径1.2米范围绑扎细椽子，成为活动伞盖式，亦用驼绳绑扎固定（图11-2-24）。

图 11-2-24　蒙古包骨架内景一隅

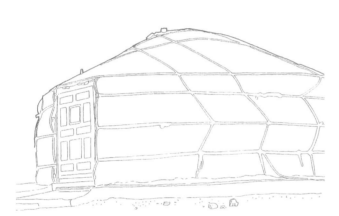

图 11-2-22　蒙古包外观

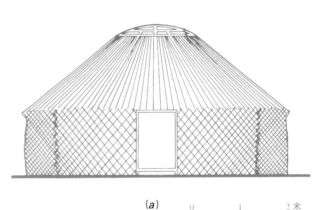

(a)

0　　　　1　　　　2 米

图 11-2-23　蒙古包木门

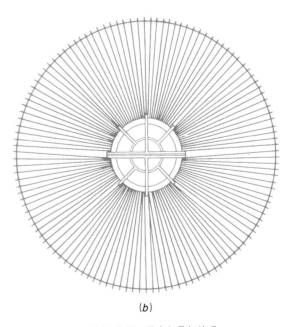

(b)

图 11-2-25　蒙古包骨架外观
(a) 包顶平面；(b) 骨架立面

蒙古包的大小,是根据外壁骨架的网片数量决定,一般的网片数为 4～6 个,大的 10～20 个,网片高度习惯为 2.2 米,这是因为蒙古族仍保持席地而坐的习惯。蒙古包外壁几块,可根据容纳人数而调整(图11-2-25)。

蒙古包的天孔也是预先做好的,尺度也是预先决定,白天它的主要功用是采光和通风;夜里将天布放下,以防风寒,实际上就是一个天窗(11-2-26)。

(三)汉式房屋

汉代时就有大批汉人屯居于黄河后套地方,当时的汉式建筑就转移到此地。汉蒙两族杂居区,与汉族地区接近,建有大量汉式房屋。

在内蒙古地区,汉式房屋的分布形成一条很宽的建筑带。东部以呼伦贝尔市、通辽市、昭乌达盟与黑龙江、吉林、辽宁毗邻,建筑形式近于东北民间建筑。中部以多伦、集宁、呼和浩特、包头、五原、陕坝等地接连河北、山西、陕西,式样近于山西风格。西部以巴彦诺尔盟与宁夏、甘肃相连,建筑采用甘、宁两地式样(图 11-2-27、图 11-2-28)。

(四)王府

各旗的头人叫"王爷","王爷"的住所叫"王府"。还有一种是亲王,就是与清朝皇族结亲的,住所叫"亲王府"。

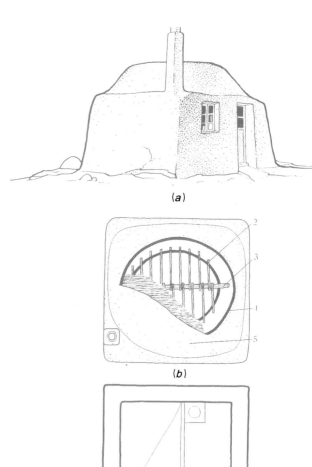

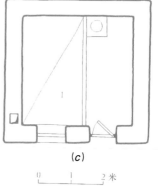

图 11-2-27　蒙古包式土房
(a)外观透视; (b)屋顶构造; (c)平面
1-火炕; 2-橡条; 3-檩条; 4-沙柳; 5-大泥抹面

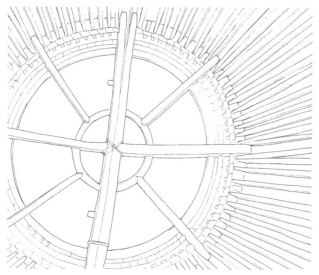

图 11-2-26　蒙古包天孔架

图 11-2-28　蒙古包式土房外观

每旗所建的王府1～10处不等，规模大小和地位有关。如达王府，是清代雍正皇帝时的亲王府，规模甚大。王府占有巴音浩特（定远营）城大半。

凡是王府的建筑都仿照北京大型四合院的基本样式。达王府在府内又划分为东府、老府、西府、中府、马厩、花园等。全部建筑仿照北京的青砖青瓦卷棚屋顶的建筑形式。阿巴嘎旗大王府、东府都做汉式五间房，硬山带前廊的正房，院前屋宇式门楼，用木栅栏做墙壁，并在房前架设蒙古包四座，成为蒙汉混合式。

王府建筑工匠多数是从北京聘请去的。因此，在建筑构造做法以及建筑材料的选用上，和清代北京的做法基本相同。唯一不同之处就是在四合院里架设蒙古包，或者带有某些藏族风格。他们习惯上冬季住蒙古包，夏季住瓦房，利用两种形式的优点（图11-2-29）。

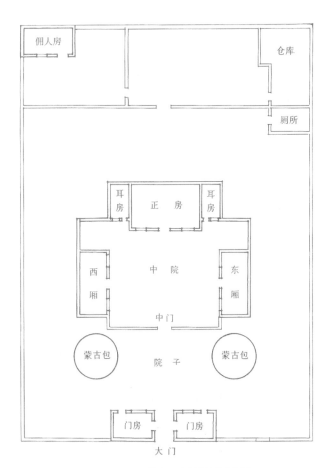

图 11-2-29　蒙古王府总平面示意图

第三节　新疆少数民族建筑

新疆维吾尔族自治区地处祖国的西北边疆，全区面积约占全国总面积的六分之一，是我国最大的一个省区。

新疆境内除汉族外居住着十几个少数民族，以维吾尔族为最多，绝大多数居住在南疆；其次则为哈萨克族，主要居于本区西北部伊犁哈萨克自治州境内；此外还有回、柯尔克孜、蒙古、塔吉克、乌孜别克、塔塔尔、锡伯和达斡尔以及其他兄弟民族等。

天山由西而东横贯本区中部，把全区划为南北两部分：南疆的塔里木盆地，大部分为塔克拉玛干大沙漠，居民散处在盆地周围的水草丰美、土地肥沃的绿洲内，主要经营农业；北疆有准噶尔盆地，盆地周围是草原地带，经济以畜牧为主。

新石器时代遗址差不多在全疆各地都有发现，总的来说，是以游牧和狩猎为生，属于和东北、内蒙古及其他西北各省相同的细石器文化体系。春秋战国时，秦国和西北地区少数民族已有紧密的关系。从西汉开始，新疆正式成为了伟大祖国的一部分，中原地区汉族先进文化不断传入，促进了本地区生产和文化的发展。西汉时，新疆已进入奴隶制社会，魏晋南北朝时，南疆已基本进入了封建社会。

新疆居民开始时主要信奉佛教，元代以后伊斯兰教逐渐在新疆占了统治地位。

新疆古代文化呈现出错综的局面，反映在建筑上，也出现多样的面貌。大量材料证明，新疆少数民族建筑，是根据当地民族的具体条件而产生，并吸取了先进的汉族文化而发展的。新疆建筑也吸收了西亚、中亚的某些特色。新疆少数民族建筑具有自己明显的民族风格。

一、庐帐

新疆地区，汉代已有农业和城郭定居。《汉书·西域传》说："西域诸国（此指狭义的南疆地区）大率土著，有城郭田畜，与匈奴乌孙异俗。"又说："自且末（在鄯善即楼兰之西）以往，皆种五谷，土地、草木、畜产、作兵，略与汉同。"但是，相当多的其他古代民族，特别是北疆地区，如匈奴、乌孙等，以游牧为主，其居住方式则为庐帐。自此以后，迄于今日，新疆地区仍然兼有农牧两大生产经济体系，仍然有以农业定居的和以游牧迁徙的不同生活方式的民族；前者如维吾尔族，后者如哈萨克族、塔吉克族。但是，新疆主要的少数民族维吾尔族的先民，早先也仍是居住庐帐的。南北朝时，游牧于漠北的兄弟民族包括维吾尔人的先祖在内是住在庐帐中。唐代，回纥人仍然是"无君长，居无恒所，随水草流移"的，后来回纥人的一部分在唐文化的影响下开始走向半定居生活，建筑过宫室，但是仍时时游牧，游牧迁移时，往往以毡车为室屋，以载妇孺，据记载，这种毡车，只见于统治阶级所用。一直到宋初王延德出使高昌时，所见回纥人还处于半农半牧状态。

元时，维吾尔人还有住在庐帐里的。《多桑蒙古史》云："当时维吾尔人信仰名曰珊蛮之术士（即萨满教教师）……诸人皆言闻鬼由天窗入帐幕中，与此奉珊蛮共话之事。"大约在宋元以后，维吾尔人才逐渐在南疆经营定居的农业生产。

至于北疆，明代时察合台蒙古人还是游牧的："别失八里（今吉木萨尔）……还建城郭宫室，居无定向，唯顺天时，趁逐水草，牧牛马以度岁月"，住在庐帐中，"所居随处设帐铺毡阛，不避寒暑，坐卧于地"。

古代游牧时期的居所，据以上史料看来，应是图形平面的穹隆顶庐帐，以颤为复，略避寒暑；毡毯铺地，以御潮湿；顶有天窗，作采光、通风、出烟之用。

二、土结构建筑

围绕着南疆塔里木盆地的高山山脚，是宽度几公里到数十公里的砾石带，在它和盆地内部的沙漠之间，分布着许多互相不相连的黏土质冲积层，高山流水经由砾石带的潜流在此又重新出现于地面，就成为适于农作的绿洲。在这些绿洲中，居民多经营农业。建筑技术也有所发展。但由于较少林木，气候干燥，古代在南疆各地及北疆部分地区以黄土作为主要的建筑材料。

（1）古代的土结构建筑：保留到现在的古代遗迹有汉代的烽火台，屯田遗址，各个时代的城址以及佛教寺院、石窟等，从中可以窥见古代土结构建筑技术的概况。

较大较厚的土工建筑都是夯筑的。如汉代长城、烽火台，在夯层内每隔一定距离夹有树枝、红柳条或芦苇作为墙筋。大约建于北魏至初唐（500～640年）并一直延续至明初仍未废弃的高昌故城（今吐鲁番市境），和建于唐武后时期（702年）的北庭故城（今吉木萨尔县境）的城墙也是夯筑。高昌城的外城城基现存厚12米，残高11.5米，夯层8～12厘米，还可看出清楚的插竿洞眼。北庭城墙基残厚5～7米，高3～9米，用圆木为模，这种夯筑方式至今在陕西、甘肃、新疆仍然流行。这两座城的外城都有马面、瓮城，外城内部包着内城。高昌城内城北墙和外城北墙之间又有宫城；宫城和内城的关系相当于唐长安的宫城和皇城的关系。在城内还可看出有着相同于隋唐中原地区盛行的坊里制的布局，坊墙内的建筑都只向着坊内开门。所有这些，都说明这些古城和古代中原城市属于同一体系。

交河城也在今吐鲁番市境，建筑与使用时间和高昌古城约略同时，它位于两条河流所夹峙的台地上。城边临高达30米的崖岸，自然成为很好的防御工事，所以不筑城墙，是古城中巧妙利用地形的佳例。交河城内的坊里布局可看得更明显。

房屋和院落的土墙，除夯筑外，主要是土坯砌筑的。

土坯墙更早的遗迹见于罗布淖尔汉代烽燧和屯田兵士所住房屋中。土坯很不规则，尺寸大约是38厘米×20厘米×10厘米，墙间还杂以拣自碱滩中的天然碱土块，并间以苇草，甚为简陋。其中，土坯较为规整。高昌故城中有土坯所砌高15米的高耸建筑物，俗呼为"可汗之宫"；交河城中有土坯所砌的大寺墙壁和须弥座。

在交河城中还可以看出更多的土墙筑法。一种是生土墙：即预先在土阜上划出墙的位置，然后把须留出空间的土层挖去，剩下的就是生土墙了。这种墙，当然要求原土质坚实，并只用于建筑的底层或半地下室中。在上述罗布淖尔汉代遗址中，也有类似情况，并在吐鲁番住宅中一直沿用至今（图11-3-1）。另一种是垛泥墙，即用湿泥团层层叠起，交河城中所见是事先设的70～80厘米见方的模板，然后垛泥，现仍可看出在泥团之间未曾填实的空隙。这种垛泥墙在今南疆各地仍可见到，但不设模板，都用于围墙。

古代土筑屋顶，都是土坯砌的券顶（筒拱）及穹隆顶。参照石窟窟形，可知券顶出现较早，东汉时期开凿的拜城克孜尔石窟第 17 窟就是券顶：平面长方形，室作纵券顶（图 11-3-2），跨度 3 米以上，后壁凿大龛，龛左右凿甬道，甬道在后部横连成门字形，围成一个中心柱，甬道跨度约 1 米，也作券顶。这种窟形是东汉至宋、元，新疆所有石窟中最通常采用的形制（其券顶多为半圆拱，其次为马蹄拱，也有矢高提高的抛物线拱和矢高降低的弧拱）。而且，地面建筑的寺院中土坯殿堂的平面布局也是与此相同的。如丐耆锡克沁明屋南大寺（两晋，延续至元）大殿与后殿，同期北大寺的两座殿，以及高昌、交河故城中的大寺殿堂等都是，足以证明石窟是仿照地面建筑而开凿的。但这些大殿中心柱前的殿堂跨度都较大，约 10 米以上；交河城大寺殿堂跨度 20 米左右，且四壁距地 5.6 米高处有架梁的缺口，估计大跨度殿堂可能会使用木结构楼面和屋顶。但是，当时小型殿堂或大殿的甬道中曾使用过土坯券顶是确有实例存在，如上述北大寺中就有一连四座并列的室，有中心柱，中心柱前的空间跨约 4 米，都作土坯砌的纵券顶。吐鲁番柏孜克里克石窟（南北朝末至初唐）和较此略晚的胜金口寺院都有在石崖前砌出的横卷顶土坯建筑。交河城中遗留有联排纵长方形平面土坯建筑的墙，跨度约 3 米，在上部有的还能看到土坯筒拱的痕迹。敦煌莫高窟 217 窟（盛唐）南壁法华变"幻城喻品"壁画上，画出一座西域城市，屋顶也都是筒拱形（图 11-3-3）。据此可证，在伊斯兰教传入新疆以前土坯拱顶就已在新疆盛行，由实物可知，拱跨约在 3 ~ 4.5 米之间；土坯尺寸较现用土坯为大，约 12 厘米 ×24 厘米 ×42 厘米；由筒拱横剖面观之，是采用侧顺砌法的并列券，一层土拱即厚 24 厘米，层数视情况为 1 ~ 4 层不等，各层间无联系；施工方法和当地现行土筒拱的贴砌法相同。

中原的筒拱用砖砌，主要使用在墓室中，早在西汉中期就开始盛行了，起初也都是并列券，主要采用侧顺砌与侧丁砌两种排列法，以后，才出现了纵联券。新疆古代土坯拱与中原早期筒拱做法有相似之处。

新疆土坯穹隆顶较拱顶出现为晚，最早的实物见于柏孜克里克唐代的 14 窟和 15 窟，在胜金口寺院和高昌故城西南部也有数处，时代略晚。以上实物，以柏孜克里克第 14 窟较为清楚，它的情况是：墙及顶全

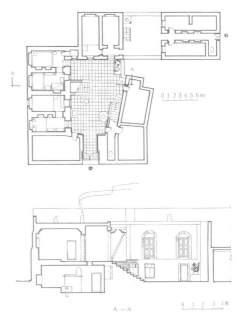

图 11-3-1　吐鲁番土筑住宅平面、剖面透视

图 11-3-2　拜城克孜尔石窟第 17 窟（东汉）窟形示意

用土坯砌筑，方形平面，在墙顶四角用球面拱把方形渐变为圆形平面，再于其上砌穹隆。现穹隆顶塌掉一半，可清楚地见到断面：围绕拱心的平顺砌法，各层泥缝皆依球心作放射状，厚为土坯宽度，内外抹草泥，室内满绘壁画（图11-3-4），看来，新疆土砌穹隆顶与西亚的穹隆顶关系较多。

吐鲁番的额敏塔建筑群建于乾隆四十三年（1778年），其中有几个土坯砌圆窟顶，最大的两个直径近8米，正方形平面，用四角的尖拱龛收成八角，同时弧转为圆形（与后述之砖结构由方变圆的方式相同），再接建半圆穹隆，至今完好。

（2）传统土结构建筑：传统的土建筑技术，以吐鲁番使用最为广泛，维吾尔族土筑住宅较为常见（图11-3-5、图11-3-6），其他南疆各地也有少量使用。

图11-3-3 敦煌莫高窟第217窟（盛唐）壁画中的古代新疆城市

图11-3-4 吐鲁番柏孜克里克石窟第14窟（唐）的土坯砌窟形

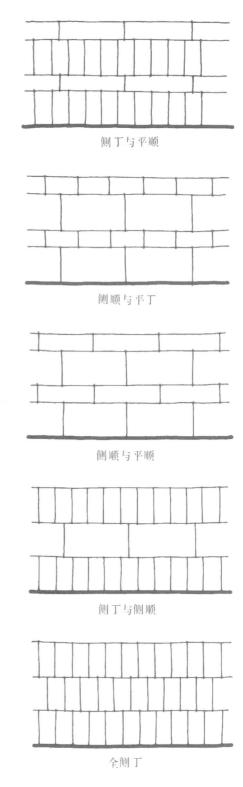

侧丁与平顺

侧顺与平丁

侧顺与平顺

侧丁与侧顺

全侧丁

图11-3-6 土坯墙砌法示意图

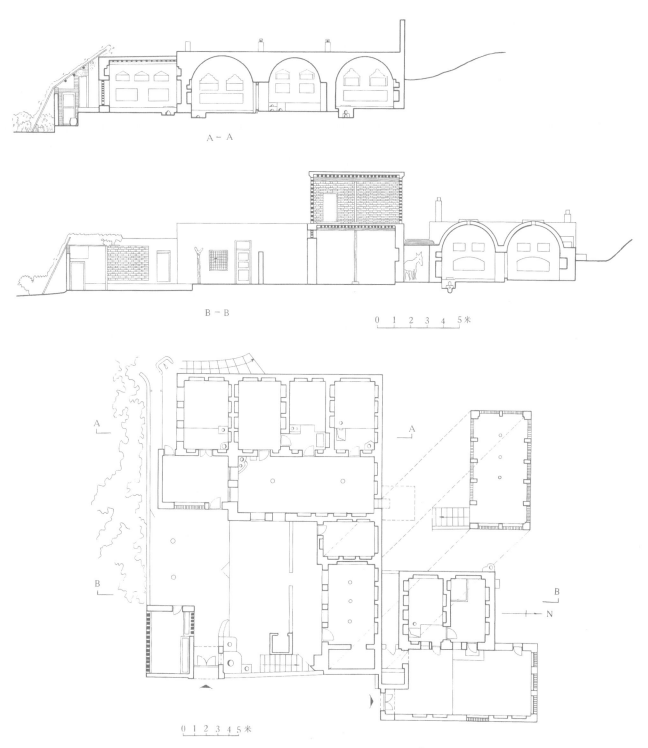

A－A

B－B

0 1 2 3 4 5米

0 1 2 3 4 5米

N

图 11-3-5 吐鲁番维吾尔族住宅平面及剖面示意图

现就吐鲁番的情况，介绍如下：该地缺少木材，但土质坚实，属砂质黏土类土壤，厚达 30 余米，不含碱质。气候干燥，基本无雨雪，利于土结构的存在。

砌筑土墙的土坯尺寸 33 厘米 ×16 厘米 ×8 厘米，主要采用以下砌法：①侧丁与平顺交替；②侧顺与平丁交错；③侧顺与平顺交替；④侧丁和侧顺交替；⑤全侧丁砌。所有平缝皆用厚 1 厘米以上的泥浆坐浆，立缝则不用，力求挤紧。各种砌法的平砌间层都是为了加强土坯间的联系，但不用全平砌的方法。因为土坯遇水变软，平砌土坯上下都接触泥浆，砌筑时影响强度，侧砌速度

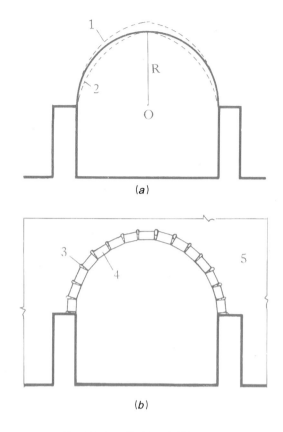

图 11-3-7　无模贴砌土坯筒拱的施工
(a) 拱圈线的确定；(b) 拱顶横剖面图
1- 矢高大于 R 的尖；2- 矢高等于 R 的尖；3- 嵌挤小石子；
4- 土坯；5- 端墙；

也较快，其中全侧丁砌，速度最快，但各层联系差，只用在围墙和无开口的不承重房屋墙壁上。

　　拱顶房屋的墙一般厚度大约 50 厘米左右，墙上留壁龛的加厚到 85 厘米，两面留龛的有厚到 1.7 米的。土坯墙下无基础，也不打夯，仅整平基地而已，多仅在墙内外勒脚处砌数层砖保护，厚半砖。吐鲁番土拱房屋，多是作为半地下室，这时它的墙的下部多为生土墙，就地挖成。

　　拱脚墙一般只高 1.5 米左右，拱跨 3 ~ 3.5 米，几个拱并列时基本等跨，但因新疆土拱砌筑都不需要支模，所以等跨并不要求严格一致。拱的砌筑法可称为"无模贴砌法"（图 11-3-7），是新疆土坯拱技术的最大特点，十分简便迅速。它的具体方法是：先砌好纵墙和端墙，然后开始砌拱：在后端墙拱脚水平线上找出圆心，以跨度的一半为半径在后端墙上画半圆，即是拱圈线。砌墙人站在墙头上的木板上施工，在此线外方贴泥浆，然后由拱脚开始顺序贴砌土坯（砌拱

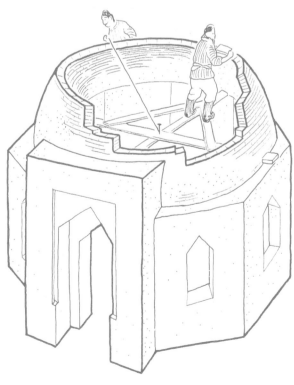

图 11-3-8　库车土坯圆穹隆顶的施工示意图

顶的土坯略小，薄，尺寸30厘米×16厘米×7厘米），至中间一块相邻处为止，再贴另一边，最后嵌砌正中一块。有时拱圈内周长不能恰合整数土坯的尺寸，就需要拱形加以调整使土坯为整数。这样，由半圆的拱成为稍平的弧拱或稍高的尖拱。

待一圈做完，应往拱外侧的土坯缝中挤入泥浆并用扁平小石磋楔紧。同时，还有一些特殊的技术要求：如，要使每个拱圈在平面图上不是一条直线，而是向后凹的一条弧线，要求在贴砌几圈后，凹度达到30～50厘米，并一直保持到最后，同时，从纵剖面上看每个土坯都应向后倾斜一个角度。

如果是平房，拱厚一层（16厘米）就够了，拱上部也可不加处理，但一般都将拱谷填土，上做成平顶，可供使用；也常有在拱谷上砌小弧拱的，可减少荷载，节约土方。

如果是楼房，仅底层用拱，拱厚加至一券一伏或两券（24厘米，33厘米），楼层多带前敞廊。此时，楼上的横墙就压在底层的拱上。

土坯圆穹隆顶的施工也不用支模，是在拱脚平面上置施工用木梁，在木梁上找出球心，钉铁钉，系长等于球形半径之绳，即以此为准，绕圈砌筑，如此层层贴砌即成（图11-3-8）。

三、木结构和混合结构建筑

（1）古代的木结构建筑：在罗布淖尔就有"编芦草为褂；中夹胡桐叶，覆盖其上，下有木梁及柱以支持之"的汉代居住遗址，木梁及柱都是以天然的胡桐树略加斧凿而成。

在塔克拉玛干大沙漠中的尼雅遗址，据称系汉精绝国故地，昔被文化强盗斯坦因肆行盗掘，建筑遗址多被破坏，较完整者极少。其中有一处房址平面9.75米×5.5米，由外间狭长小室转进内间大室，内室三面围筑，室中央有一根木柱，插在整木制成的柱础上。[2]又据其他报告[3]，知该址主要为木结构：沿墙立柱，柱间编笆，表面再敷以泥土；在柱上架梁枋，再做屋面。参照罗布淖尔的情况，大约也是架铺编笆，覆植物枝叶，再敷泥土墁成平顶。

尼雅房屋地面用麦草、羊粪等合泥铺墁。此种传统做法仍见于近代民居中，表面光洁，略有弹性，蓄

热系数比砖大，又可防止虫蚤，据反映较砖地面更受居民欢迎。

西汉时中原汉族高度发展的建筑技术传入新疆地区，如西汉细君公主到乌孙时，就建造过汉式宫室。龟兹（今库车）王绛宾于西汉宣帝时曾入朝，乐汉衣服制度，归其国，治宫室，作缴道周卫，出入传呼，撞钟鼓，如汉家仪。从汉迄唐，龟兹一直是新疆的政治中心，史称龟兹城郭有三重，"中有塔庙千所"，"室屋壮丽，饰以琅玕金玉"，龟兹王宫"焕若神居"，在唐龟兹都城遗址中出土有与唐长安所用铺地砖大致相同的莲纹铺地砖及筒瓦等物。

在北庭和交河也都出土有莲纹瓦当或花砖。新疆维吾尔自治区博物馆陈列有发现于吐鲁番阿斯塔那唐代墓葬的木构建筑模型，是一座台阁建筑的下部，木柱上架斗栱、平座，遍刷红色，形制与敦煌莫高窟217窟（盛唐）壁画中所绘高台建筑的下部一致。又在库车库木吐拉石窟第16窟（唐）也绘有汉式建筑（图11-3-9）。据此，足证新疆汉唐时代木构与中原是属于同一个系统的。

明清以后汉式建筑或汉藏混合式的喇嘛庙建筑在北疆较多，如昭苏圣佑庙、伊宁固尔札庙、霍城伊犁将军府的一些建筑，还有各地的钟鼓楼、清真寺等皆是。除汉人所建外，都是蒙古族、回族的建筑。

（2）维吾尔族民居及礼拜殿建筑：这些建筑都是平屋顶的，其结构做法与汉式颇有不同。

图11-3-9 库车库木吐拉石窟第16窟（唐）壁画中的建筑

前述罗布淖尔和尼雅遗址的简易木构方法，在紧靠大沙漠的边缘一带，如博斯腾湖周围及和田地区，至今仍然采用。这一带，土层瘠薄，含沙量大，硝碱严重，不适于建造土结构房屋。而地多沼泽，盛产芦苇、红柳、白杨、胡桐，居民因地制宜，建造这种简易木构建筑。这种建筑都是平房，木柱框间用编笆或插坯墙，不保暖，质量较差，但施工简易，为旧时劳动人民所居。

自然条件较好的富裕绿洲，有很规整的木结构：为二至三层楼房，用厚的土坯墙（图 11-3-10），墙内有内外双层木柱承重，柱间距约 50～80 厘米，柱下为地梁，上承顶梁，梁承矩形断面的水平檩，檩木上密排圆面向下的半圆断面的椽木。这样的椽木兼起望板的作用。

跨度大的建筑如礼拜殿，三面外墙为承重的砖墙，前廊和室内立露明木柱，断面较大，有木雕装饰，组成约 4 米 ×4 米的柱网，柱头上有雀替，承托井字形布局的矩形木梁。井字木梁上铺水平檩木，其铺放方向在各小间经常是互相垂直的，檩上为椽，也是半圆断面密排的。在廊柱一线的檩子与屋檐垂直并伸出梁外成为挑檐。

民居地面用木地板较多，也有牛、羊粪、草泥地面或铺砖的。为了表示虔诚，礼拜殿地面多数是土的。礼拜殿天花是露明的。互相垂直的檩木和椽子自然成为装饰图案，大多数民居天花有石膏花或贴雕。

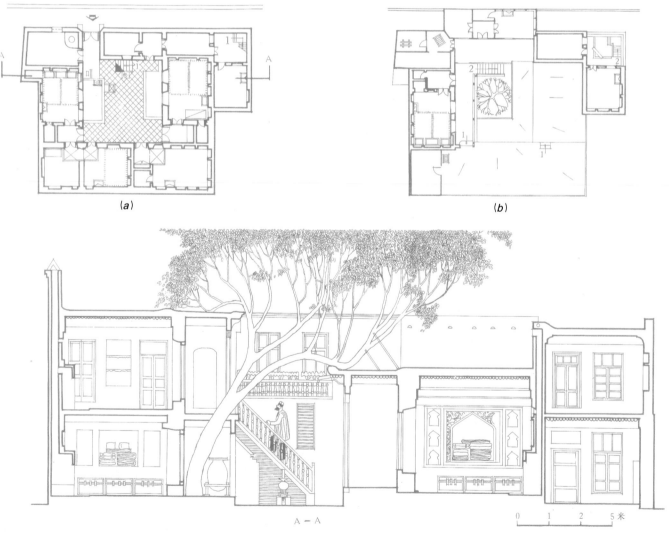

(a)　　　　　　　　　　　　　　(b)

A－A

0　1　2　　5 米

图 11-3-10　喀什土坯筑住宅
(a) 底层平面；(b) 楼层平面
1- 上；2- 下

有的礼拜殿在某几小间的梁上用套方或方木层层叠起,做成藻井装饰。

屋面是在椽上铺苇席、稻草或苞谷秆一层,上抹黄泥浆一层,再铺干黄土一层,面层用草拌泥抹平,总厚约 10 ~ 15 厘米,屋面有排水坡度,有出水口和流水槽。

这种井字梁木结构建筑在石窟中已有所见,如克孜尔石窟 27 窟(南北朝、隋),窟顶就是呈方格平棋状的,檩头排出承屋檐的做法在同期 99 窟中也可以见到。新疆石窟和敦煌莫高窟北朝石窟窟顶都有大量的套方藻井壁画。克孜尔石窟 137 窟(唐)为方形平面,窟顶为凿石刻出的五重套方,可证这种屋顶历史之悠久。

吐鲁番地区民居底层是土拱,楼层用土墙承木构平顶,或在楼层土墙内立木柱,均为土木混合结构。

四、砖结构

在北庭,龟兹古城等唐代城址里,都有铺地花砖出土,但砖结构建筑在新疆的出现,依现存实物,大概是在清初以后,距今约 300 年。

砖结构主要用于各地伊斯兰教礼拜寺及玛札等宗教性建筑中,这些建筑群的入口处建有门厅,平面方形或正八角形,正面为尖拱大龛,龛下设门。门厅上为穹隆。四角建圆形平面的砖塔,塔顶有小圆亭,可登临,维吾尔族语称为"拜西达克",供阿訇呼唤之用。

玛札建筑群的主要玛札也用这种方形平面上覆圆穹顶的建筑。礼拜殿常是砖外墙木内柱的砖木混合结构。有的用连续的小圆穹顶组成长廊作为礼拜殿的一部分。有的礼拜寺中建有供学生居住的群房,群房有用连续砖筒拱的。

上述是砖结构的一般使用情况。现分项介绍具体做法如下:

(1)基础:砖结构基础分卵石基和砖石基两种。例如,库车旧城大礼拜寺大门处基深 3 米,用大卵石在基底密铺一层,再以石灰黄土砂浆灌填,待干固后再铺砌第二层,如此逐层铺砌至地表。砖基用石灰砂浆砌筑,简单地用泥浆砌。

(2)砖墙:砖的尺寸较大,约 30 厘米 ×15 厘米 ×16 厘米,由于土质原因,砖色呈黄灰或淡黄色。

高级砖墙外墙面及某些砖穹隆顶的内面都是清水墙,要求磨砖对缝,以石膏浆勾圆缝。砖墙用石灰砂浆砌筑。砌筑质量一般相当精细,整个墙面平整光洁,棱角清晰。

在清水砖墙的某些部分拼砌各种拼花图案,这些部分的墙面需用石膏浆砌筑以增加强度。

新疆盛产石膏。烧制石膏较石灰简易,快凝高强,洁白细腻,除用以作砌筑浆外,也使用作抹面、石膏花等。石膏的广泛使用,是新疆建筑的特色之一。

(3)砖塔:砖塔平面圆形,内部中空,中心砌通高圆柱,圆柱与外壁间有木制螺旋梯级,可登至塔顶砖圆亭,圆亭平台围砌小砖柱,柱上作尖拱,拱间或空敞,或充以石膏花格,亭顶为砖穹隆(图 11-3-11、图 11-3-12)。

图 11-3-11　吐鲁番额敏塔

图 11-3-12 喀什阿巴和加玛札圆塔上部

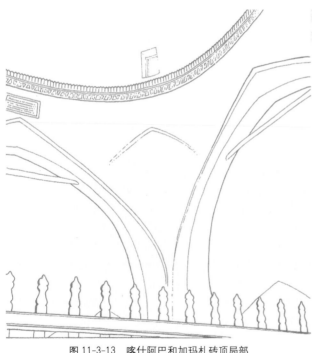

图 11-3-13 喀什阿巴和加玛札砖顶局部

因砖塔圆形，直径不大，故所用砖均需砍制成扇形。砖塔上有砖拼花图案、线脚以及用砖组成的凹凸面，塔身又有收分，因此，各层砖的形状均不相同，事先需把砖砍磨成多种形状。

（4）砖筒拱和砖龛：砖筒拱甚少，均为纵联砌法，跨度约 1～4 米，砖龛跨度略同。砖龛券面是尖拱形，

龛内有的是尖拱，有的是半个圆球穹顶。筒拱和尖拱砌筑时都用模架，石膏浆砌。

（5）砖穹隆顶：穹隆顶为圆形平面，但基座平面一般是方形，由方变圆的方法是在四角砌转角尖拱龛，使平面改成一个正八角形，转角拱龛与直墙之间的墙面由券脚开始层层弧形内收，至券顶为止整个收成圆形（图 11-3-13）。

再上，砌一段直筒，高几十厘米，圆筒壁砌有尖拱龛或尖拱窗，后者可供采光用。这个圆筒可提高整个穹顶高度，在透视上使穹顶比较显露，在室内也是穹顶与正多边形墙面的过渡，为造型所必需。穹隆顶断面多为半圆，也有成尖拱形的，个别有矢高较低成扁拱状的。

砖穹顶施工一般不需支模板；但为了更好地掌握体形，有时需要架设八棱模架：由八条宽度约数厘米的弧形木条拼成，每条之间的平面夹角都是 45°，木条的外缘就是穹顶半断面的内曲线。模架以斜撑钉成整体架在穹脚上。又用几个半径不同的 1/8 圆弧形靠尺，来校正各棱间的穹顶砌筑（图 11-3-14）。

砌筑一律使用石膏浆，石膏浆强度高，尤其是它的凝结速度快，可使砌体很快获得早强。

各层环向及矢向砖缝都以穹脚平面为圆心呈放射状，工人站在内脚手架上施工，一圈一圈上砌直到封顶为止。每砌筑若干层需在穹顶外表面抹石膏浆，目

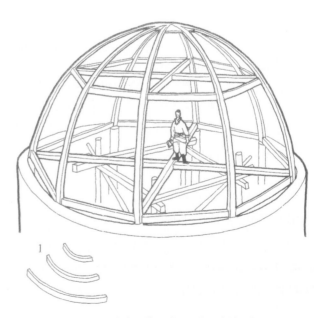

图 11-3-14 穹隆顶施工时所用的八棱模示意图
1-靠尺

的是使砖缝间灌浆更饱满一些，同时也使各层砖通过这层石膏浆联结更牢一些以增加早强。因此，施工时可以不需设满堂模板就可砌成。穹顶的施工体现了维吾尔族工匠的高度技艺水平。

砌穹隆顶的砖每块都要砍制成内小外大、内薄外厚的扇面楔形，内表面若用清水砖面，要预先磨制平整。外表面在全顶砌完后还需抹灰或用琉璃贴面。穹隆顶厚度视跨度大小而定，直径 3 米以下的穹隆，用一砖，长度为 30 厘米；直径 5 米左右的加至 45 厘米，一砖半；10 米左右用 60 厘米，用两砖。

五、装饰技术

建筑装饰的独特技术是形成维吾尔族建筑风格的重要因素。在民居和宗教性建筑中，依据不同的情况使用了多种装饰手段，如砖饰、琉璃饰、抹面、石膏花饰、壁龛、壁炉、木饰及彩画等。其中，有些手段如石膏花饰和壁龛、壁炉等，是汉族建筑所未曾有过的，而其他装饰的使用和技术也和汉族建筑有很大不同，有自己的民族特点。维吾尔族的装饰纹样受伊斯兰教教义的限制只采用几何图案和花草纹样，不用人物、动物、风景或自然界其他现象的纹样。

（1）砖饰：砖饰主要使用在砖结构建筑的墙面、塔身、檐口等处，木结构民居的檐口也常结合木饰使用砖饰。使用砖饰的都是磨砖对缝的清水砖面。砖饰有拼花砖、凹凸砖花、磨砖、砖线脚和模制花砖等多种方式。

为打破大片平直墙面的单调感，在外墙面常砌出尖拱龛，龛外围有方框。这些龛和框一般都较浅，仍保持了建筑的整体感。在内墙面则于窗间墙砌出方形框档，框档内以砍磨好的砖镶砌出各种拼花砖图案，有八字纹、席纹、回纹、万字纹、龟背纹等形。在圆塔塔身等段内也使用这种拼花砖面作为上下段的区别。这种拼花砖墙面仍是平整的。还有一种装饰是使某些方形砖块突出于外，组成表面凹凸有阴影的图案墙面，这种凹凸砖花多用在砖塔的某一段或某一横带，墙面上不大见用（图 11-3-15）。

磨砖是把砖砍磨成各种形状如仿木构檩头的砖牛腿、砖菱角牙子等。磨砖都砌筑呈横带状，突出于墙面以外，与线脚配合使用，在砖塔的分段处以及砖塔

或砖墙的檐口处形成重点装饰。线脚也用在墙面如框档、窗线、龛线等分割处，但起伏较小，只起陪衬装饰的作用。

模制花砖为方形面砖，其花纹都是几何纹或植物纹，使用不多，大都只作墙面的边缘装饰。

（2）琉璃饰：只有高级宗教建筑物才用琉璃，与内地主要用在屋顶上不同，不但穹顶用，更主要的是外墙上用。琉璃都是面砖，尺寸约 28 厘米 × 28 厘米和 14 厘米 × 28 厘米，厚约 3 厘米。有素平的和模制花纹的两种，按色彩分有单色和彩色之别。单色素平面砖用于大片整面镶砌，以绿色为主，也有少数是黄、棕、紫、群青等色。彩色花纹素平面砖用在墙面分割处作边饰，多白底蓝花和白底群青色花，用彩釉绘出。

模制花纹面砖也是单色，较少。

镶贴面砖前在墙面上先划出位置，以石膏浆粘贴。

（3）抹面：民居及宗教建筑的内抹面，简单的只抹草泥浆，较好的普遍用石膏粉刷。草泥浆抹面后趁未干时洒盐水，然后研平收光，盐水干后形成一层又硬又光的薄壳。不仅室内，外墙和屋顶的草墙面也如此。石膏浆抹面做法是先以 1 ~ 1.5 厘米厚的草泥浆找平作底层，中层以 1：2 的石膏黄土浆 0.5 厘米厚抹平，浆中加黄土是为了更好地与底层结合；面层用纯石膏浆抹平压光，厚 0.2 ~ 0.3 厘米。纯石膏浆中必须加一种维吾尔族语称作"斯拉吉"的成分，斯拉吉是由某几种野草的去壳种子所磨成的粉末，起缓凝作用，可使石膏浆在半小时内不凝结，这样才能压平，加入量约在 5%。要求更高的还要加入鸡蛋清，大约一桶石膏要用二三十个鸡蛋，目的是使墙面更加光亮。

石膏浆面层和石膏花饰所用的石膏要求此砌筑浆中的石膏颗粒更细。石膏粉刷面外不再刷浆，外墙抹灰都用草泥浆，原色或刷石灰水。

（4）石膏花饰：绝大多数石膏花饰是直接刻出，少数部位用模制。

直接雕刻的石膏花用在主要入口门贴脸的周边、内墙顶周圈、大龛之内、龛外或龛与龛之间的壁柱、抹灰天花等处。先在整个墙面用石膏粉刷，然后在需要做石膏雕花的地方抹薄层石膏浆作雕花底层，干后再抹石膏浆作面层，面层厚度就是石膏花的深度，约 0.5 ~ 1 厘米。两层的石膏浆中都要加入斯拉吉，但底层内还要加入洋蓝，洋蓝与石膏混合成天蓝色。事先

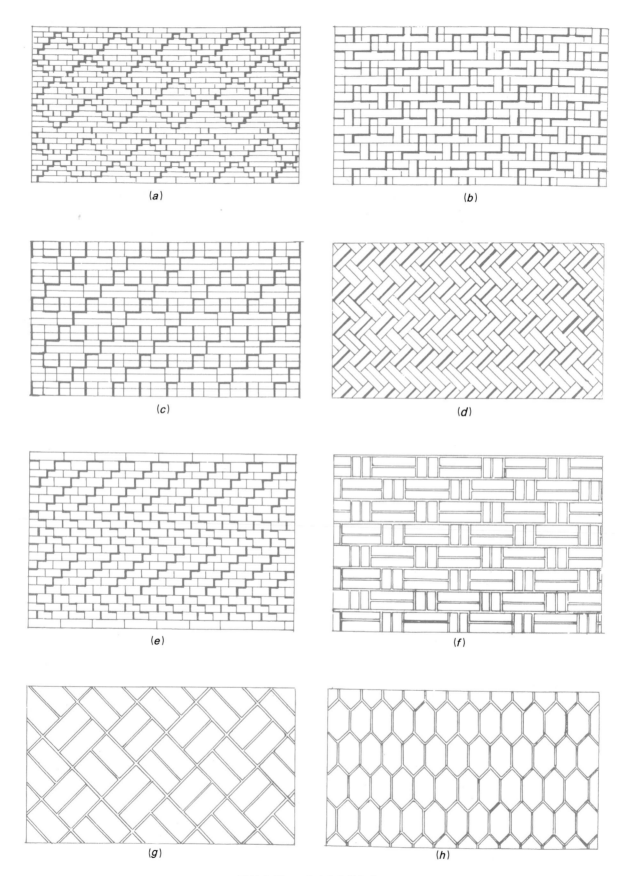

图 11-3-15　凹凸砖花和拼花砖面

（a）喀什阿巴和加玛札凹凸砖花（一）；（b）喀什阿巴和加玛札凹凸砖花（二）；（c）吐鲁番额敏塔凹凸砖花；（d）吐鲁番额敏塔凹凸砖花（一）；（e）吐鲁番额敏塔凹凸砖花（二）；（f）喀什某礼拜寺拼花砖；（g）库车大礼拜寺拼花砖；（h）库车大礼拜寺拼花砖

将图形描在纸上，沿线刺针，覆于面层，以木炭粉色扑打，再依轮廓线切刻，趁面层没有完全干透以前把轮廓线以外的石膏层剥去，露出平整的天蓝底色。一般几何纹的石膏刻花至此就算完成，至于植物纹的石膏花本身一般还有凹凸，在剥出空白后继续加工。

制成的雕花是一块天蓝底色上的白石膏花板，少数空处需用其他颜色时可涂刷色漆（图 11-3-16、图 11-3-17）。

图 11-3-18　喀什阿巴和加玛札圆塔上的石膏装饰

图 11-3-16　喀什艾提卡尔大寺内殿入口的刻制石膏花全景

图 11-3-17　喀什艾提卡尔大寺内殿入口的刻制石膏花细部

石膏雕花比一般模制后再粘贴的石膏花费工一些，但艺术效果比后者要好。它棱角鲜明，没有拼装接缝，故表面及底面都平整光洁，构图完整，底面上有色彩，比完全白的模制花更能突出花纹，加强了装饰性。在有些部位，例如曲面上，要用石膏花时，模制很难掌握，雕制反而容易。

模制石膏花一般用在室外檐口，作连续小龛形；用于室内墙面上部周边，作混面花枝纹，都是白色。模型系用木板直接刻制，模内打磨光洁后涂油或肥皂水翻制石膏即成。还有一种模压泥饰，也用木制阴模，趁泥墙面湿软时用模紧压，干后刷石灰水。漏窗窗格也大多用石膏翻制，成为很好的装饰（图 11-3-18）。

（5）壁龛：外墙面上的浅壁龛主要目的是打破大片墙面的单调感，是一种装饰，已如前述。此处所指为室内用的，简单的只是在土坯墙上留方龛或圭形龛，表面抹灰即可；高级的，则见于喀什一带民居。大型壁龛几乎与整个墙面通高，但较浅，轮廓线也较简单，多呈双圆心尖拱状，龛内作花枝纹石膏刻花，龛外以矩形框线包围，矩形和龛之间的位置作直线组成的几何编织纹石膏饰，与龛内的曲线花枝形成对比；有时在这个部位是素平的，而雕刻石膏饰用到矩形框档内。

室内还经常使用很多小龛，这些小龛轮廓线相当丰富，做各种各样的壶门样，其中较大的放在底层，

图 11-3-19　新疆住宅壁龛之一

图 11-3-21　新疆住宅壁炉示例

图 11-3-20　新疆住宅壁龛之二

龛内可放存被褥；上层是各式更小的龛，可放置小陈设品（图 11-3-19、图 11-3-20）。

　　这种小龛的做法是砌墙时预留大龛，粉刷后，在大龛内以石膏板作纵横隔板分成各种矩形小格，再在隔

板外贴整块龛面石膏板，以木制样板为准，在龛面板上画出各式龛形，将空白处刻去，最后以刻出棱线的石膏板条贴在龛与龛之间作为分隔即成。各种石膏板之间的连接都用石膏浆粘结。壁龛具有很好的装饰性。

　　（6）壁炉：壁炉用于取暖，但也是室内装饰之一，在室内装饰整体设计中就考虑了壁炉的位置。壁炉也作龛形，凹入墙内，另外用石膏板做出平面三角形的炉罩突出在房间内，罩檐有石膏花饰，罩顶有的是平的，有的作穹顶。壁炉或放在转角处（图 11-3-21）。

　　石膏花、壁龛、壁炉花式繁多，配合变化十分丰富，因篇幅所限，此处不过只列举其大略做法而已。

　　（7）木饰：维吾尔族建筑木构装饰也相当丰富。除了木构本身可以做富有装饰的形体外，在木材表面常施加木雕。

　　木框、雀替、木檩头是广泛利用形体本身作装饰的地方。木柱由通长整木做成，下大上小，柱身断面简单的是方形，大多用在民居上；用在宗教建筑中的都是八角形。柱全高约 2/5 以下的部位是轮廓变化的地方，但其凹凸变化都在全柱断面范围以内，即凸轮廓的最高点都不超出八角形以外。到最底部断面都做方形，形如柱础，观感上产生稳定的感觉，木柱下无石础。除最简单的房屋外，上述柱饰是最通行的。

民居建筑柱上部一般无柱头，直接顶在"大雀替"[①]下，但雀替的轮廓则有各式变化，丰富了柱上部的构图；有的柱头部分也略作简单的轮廓变化，但绝大多数宗教建筑的内外木柱都做出复杂柱头，上大下小，轮廓丰富，全部用贴雕法做成。这种柱头上有大雀替，承纵横井字梁，梁上承檩。

上述柱下部及柱头装饰在同一建筑中往往并不统一，甚至一柱一式，几十、上百种式样同聚一堂，生动地体现了建筑装饰程式化阶段以前的活泼面貌。

檐下檩头都刻作牛腿形状，也成为很好的装饰（图11-3-22、图11-3-23）。

木材表面的木雕，使用在木柱下部、柱头、正面木梁的雀替部位、檩木、木檐口、木天花上，少数用在柱身和雀替上。方法有阴线、减地平钑、压地隐起和贴花等几种，少数有用透雕的（图11-3-24～图11-3-29）。

减地平钑：是用刻刀沿花纹轮廓刻出垂直沟纹，再用凿子将花纹以外木材表面凿成斜面即成，花纹以内的木材面与斜面以外的木材面仍是同一平面。有的利用半圆形的凿子代替刻刀依次凿打出由许多半圆组成的花纹轮廓，可以提高施工效率。压地隐起较高级，是将纹饰以外的底面全部刻去，使纹饰突出于底面以外，比较费工。其纹饰本身起伏很小，大多仿雕刻石膏花的断面，少有作曲面的，更不见内地明清木雕花的穿枝过梗、卷叶舒筋等做法，仍属木雕技法的早期阶段。以上二者的纹样都用事先做好的木样板覆于木面上画出。

图11-3-23 木柱头细部

图11-3-22 柱头、雀替、檐口装饰

图11-3-24 雕花柱子

[①] "大雀替"非指雀替形体很大，而是指雀替的一种做法，即左右雀替通长连为一体，柱顶顶在雀替下，习称此种结构法为"大雀替"。

图 11-3-25　柱身木雕细部

图 11-3-26　柱身下部木雕细部

图 11-3-27　柱脚木雕细部

图 11-3-28　室内檩条上的木雕

图 11-3-29　檐口构造

图 11-3-30　喀什小庭院前廊柱透雕

图 11-3-31　木窗格式样之一

条或其他阴角木条钉贴。窗扇形式有由方棂、旋出的圆棂等组成的直棂式，有花板窗，或直棂与花板混合的式样，也有通常和内地一样用木拼成如方格、回文、万字等式，后者用在大窗上，受汉族影响很大（图 11-3-31～图 11-3-33）。同一建筑窗格也不统一，甚至各窗异式。

大门及雨罩装饰在比较高级的住宅中也有很好的处理。

（8）彩画：雕刻石膏花饰有的是彩底白石膏花，有的在墙面上部周圈绘蓝底留白的花样代替石膏刻花。

所有露明半圆木椽及檩，都不加彩画油漆，原色外露或刷白石灰浆。民居中的木材表面也多不施彩画油漆。彩画主要用于宗教建筑的柱子、柱头、雀替、梁和中心部位的藻井上。除藻井外，其他都作单色或分色平涂，无花纹；藻井彩画则繁缛丰富，大部分都分格作彩绘写生折枝花，配合彩色几何图案组成。彩画都是先以水色刷成或绘成，外涂以清油或不涂油（图 11-3-34、图 11-3-35）。彩画受汉族影响较多。

木贴雕内地少见，但维吾尔族建筑中大量采用。大型柱头多用贴雕法做成：将柱头化整为零，事先做出很多小雕刻件，层层钉贴，最后组成一个造型丰富的柱头。这些小构件大多是雕刻成龛形的，也有锯成花板形或其他形状的。贴雕也可用在封檐板上和木天花上。距人眼较远的高处，贴雕也是事先依样板画出轮廓，然后依线锯成花板，钉贴在装饰面上即成，比较省工易行。古时锯曲线花纹系沿线密钻小孔，再用窄锯条锯成。现时已多用钢丝锯制作。透雕是用木板锯出透空纹样，本身无起伏，用在民居廊柱的木圆拱券上的三角形部位（图 11-3-30）。

门窗贴脸筒子板和门扇等的线脚都用各式线刨刨成，在阴角处常用事先制好的 1/4 圆断面的联珠纹木

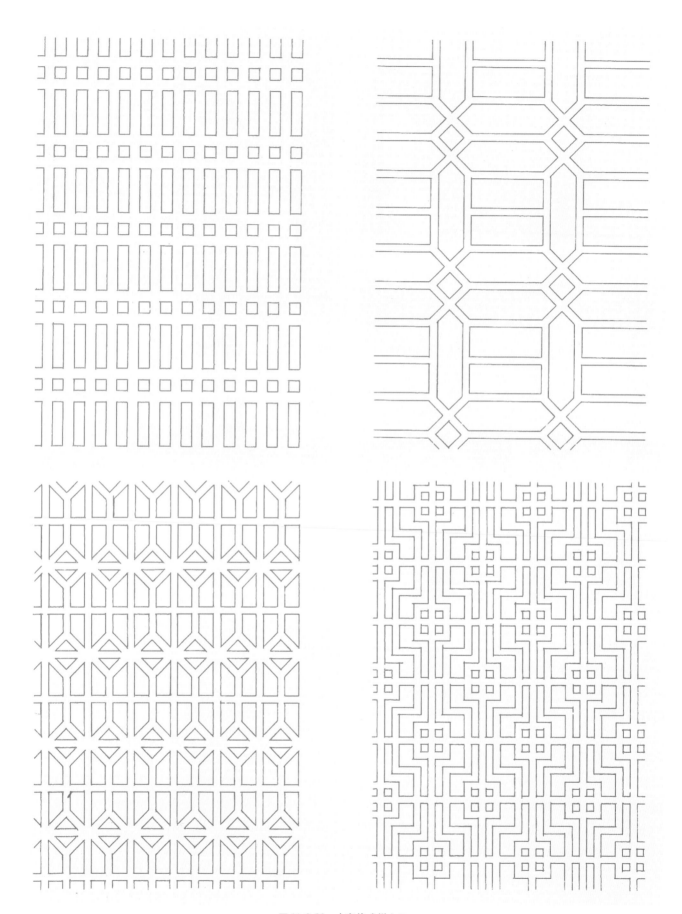

图 11-3-32　木窗格式样之二

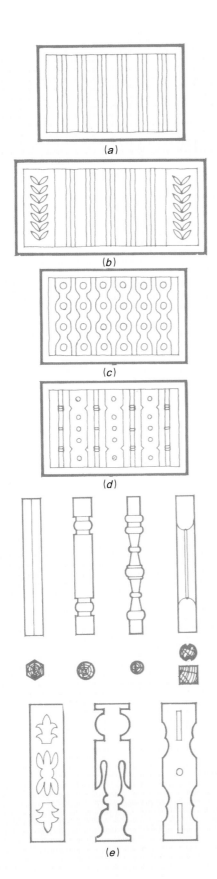

图 11-3-33　直棂窗与花板窗
(a) 直棂窗式；(b) 直棂与花板混合窗式；(c) 花板窗式；(d) 旋出的圆直棂与花板混合窗式；(e) 各种花板和直棂形状

图 11-3-34　藻井彩画之一

图 11-3-35　藻井彩画之二

六、建筑实例介绍

为了对新疆少数民族建筑能有一个完整的印象，并对前文未能包括的内容加以补叙，现介绍几处实例如下：

1）民居：维吾尔族是一个勤劳智慧的民族，有许多良好的民族生活习惯，成了民居建筑中民族风格的重要因素，概括说有以下一些：

爱好庭院生活：只要是气候条件许可，多在庭院中起居生活，如待客、进餐、缝纫、乘凉等，夏天的炊事活动也在户外，并喜露宿，如吐鲁番及和田居民全年露宿时间达半年之久。维吾尔族喜爱歌舞，遇喜庆节日或亲友欢聚，辄弹琴歌舞，庭院是最好的场所。故民居多有庭院，院内设敞廊，廊中有低土台，铺地毯，还有灶坑或夏季厨房。与此相应，非常爱好绿化，院内广植花草树木（同时发展到平屋顶上，在屋顶置盆花），既美化了环境，又调节了小气候。

讲究清洁、整齐，盥洗必用流水，清污分开，不乱泼污水，设渗水井。室内忌物品乱放，所以墙面要有壁龛存被褥及小物件。室内精心布置，尤喜用织物如壁毯、地毯、门帘、窗帘，同时具有装饰及实用价值，因为维吾尔族喜在地毯上坐息甚至用被褥铺在地毯上睡眠。土炕甚低，家具不多，无高家具，故房间层高甚低，约2.8米以下，有2.5米左右甚至更低者。窗台也低。

维吾尔族好客，即使住室简陋，也必以一主要房间为客室，平时作起居室用。

以壁炉、墙和土炕采暖。南疆干燥，广泛喜用顶部采光。

由上述诸事，推测这种习俗可能与古代庐帐居住时期的生活习俗有关，尤其如壁毯、地毯、席地坐卧及天窗采光等均可能是庐帐"以毡为墙"、"地铺毡罽、坐卧于地"，及庐帐顶部天窗等的遗存。

（1）喀什民居：喀什气候干燥而温暖，人口稠密，每户居住地段比较狭小，取封闭外墙的长方形独院式布局，庭院较其他地区为小，房间进深浅，主要房间以长向面向庭院，房间之间布局紧凑。皆为平屋顶。

图11-3-36所示是一种称作"阿以旺"的住宅形式，是比较古老的传统布局，现存的"阿以旺"有早到三四百年的，其特点是以名为"阿以旺"的大厅作中心，这个大厅较高，约3.5～4米以上，面积也较大，内部木柱木檩上架密排的木椽，中心的几个内柱之间敞开作天井。大厅沿边设高度40～50米的矮土台，各室也作天窗采光，除屋顶上小室外，无侧窗。

对"阿以旺"的来源有不同的解释，有人认为是一个房间的名称，作夏季居室用；有人认为是古代部

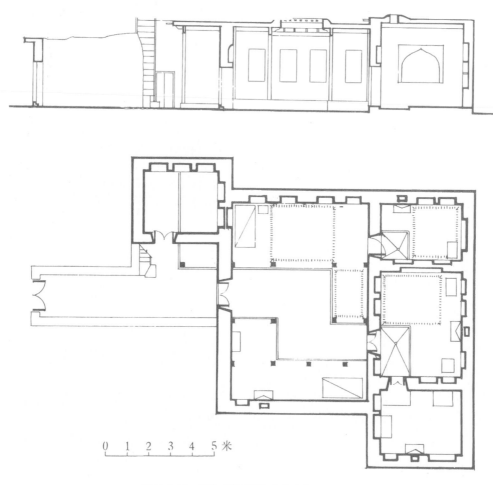

图11-3-36　喀什"阿以旺"住宅示意图

落公共聚会的场所，以后才逐渐演变为一种住宅格局。"阿以旺"在和田更多，库车也有。

图 11-3-10 所示代表喀什一般的小庭院住宅，在长方形地段上围绕中心小庭院建二层平顶楼房。庭院四周上下均有廊，底层廊中设土台，满足户外生活需要。各室均面向庭院开窗，院墙封闭，窗台低。庭院中大树直穿而上与屋顶花草形成一个绿化环境。同时，庭院也起着一个通风天井的作用。南疆重视防晒，小庭院也利于防晒。

喀什民居更多地使用壁龛，有人统计某住宅室内大大小小、各式各样的壁龛竟有上百个之多，除放物品及陈列品外，也起墙面装饰作用。

这种住宅布局，可能是由"阿以旺"式演变而来，小庭院就是"阿以旺"大厅中心天井发展的结果。

（2）吐鲁番民居：吐鲁番盆地，海拔在海平面以下一百余米，周围高山围绕，气候干燥炎热。7～9月平均温度达 30℃ 以上，比广州还高，而且延续时间长，酷热期达一百天，古代称为"火州"。由于少云雾，戈壁反射又强，冬天仍然很冷，1 月平均气温 -7℃。所以，如何隔绝寒暑尤其是防热成为民居的重要课题。这里采取的办法是广泛使用地下室或半地下室，几乎家家如此，甚至将院落也挖成凹坑，效果很好，还广泛使用土拱建筑，利用挖地的土做成土坯，可免运土之劳。同时，地下室、半地下室利用室壁抵抗土拱的外推力，也提高了房屋的稳固性，生土墙又可省却许多劳力，干燥少雨也利于延长土建筑的寿命，这些都是本地区建筑的特点和优点。

这种做法，起源甚早，交河、高昌故城中就有下穴上室，挖地作室留生土等做法，交河城中还有比较完整的凹坑院落和院落周围的窑洞遗存，据明代文献载有"其地有城郭田畜，每盛暑，人皆穴地而居"。[7] 又"房屋覆以白垩"[8]，也是反射烈日降低室温的一个办法。

此外，就是院落和室内的通风，往往用筒拱做成门洞，有良好的穿堂风，夏日常于此起居活动。在居室筒拱顶部留天窗，利于室内通风。

楼房部分带外廊，使主要房间进深浅，长向面向外廊。木结构平顶，覆草泥面，极少用瓦。这和南疆其他地区是一致的，宋时王延德使高昌时，就记载有"架木为屋，土覆其上"的做法，它的原因是土平顶的热稳定性较好。有的民居在大半个院落上空搭防晒棚，

使院落一片荫凉。农村住宅，常在楼层以土坯砌出四面透空花墙的葡萄荫干房，形成此地特有的风光。

（3）伊宁民居：伊宁地处北疆伊犁河谷，地形向西北方向敞开，北冰洋水汽和寒流可以长驱直入，故冬季寒冷，夏季凉爽，湿润多雨雪，木材资源丰富。

适应以上条件，伊宁民居院落多较大以争取阳光。墙厚而防寒，在窗外又普遍加木板窗，晚间关闭，可以保持室温，板窗上的墙面常作三角形木窗楣装饰。为防潮湿，房屋和前廊都建在砖台上，室内多用木地板。也用平顶，但平顶在冬季需经常扫雪，夏季雨水又多，每隔一两年即需修葺，故较好的住宅则用坡顶。

院内亦重视绿化，使伊宁有花园城市之称（图 11-3-37）。

2）宗教建筑：过去，新疆地区由于政教合一，宗教首领也就是地方的掌权者，他们出于统治的需要，大力维护伊斯兰教；因而伊斯兰教建筑就成为旧时新疆各地规模最大、质量最好、装饰最富丽的建筑类型。

伊斯兰教建筑分玛札和礼拜寺两类：玛札即坟墓之意，小型玛札只是土墙围护的一片墓群，聚族而葬。或有在其中的主要玛札，建方形或八角形平面，墙上覆圆穹顶的建筑（维吾尔族语称"拱拜斯"），皆土坯砌（图 11-3-8）；围墙入口处建拱门和土坯圆塔。

大型玛札是宗教首领及其家族的墓地，除在玛札上建大型砖结构拱拜斯外，还一如礼拜寺，增建礼拜殿。

伊斯兰教不设神像，礼拜寺只是信徒祈祷的场所，布局自成一格。

礼拜寺都有带角塔的门楼和礼拜殿（图 11-3-38、图 11-3-39），此外还有水渠或水池供祈祷者净手、净身之用。大的礼拜寺还有群房和向外开门的店铺，群房供学经学生居住；店铺商业收入是寺院收入的一部分。

总平面布局一般只是在一个大院中沿周边布置建筑，要求礼拜殿一定要坐西向东，故总入口在东者，入门迎面就是大殿；总入口在南者，入门左转才能进入大殿；在北，则右转，未见总入口在西面的。除此而外，布局自由活泼，不求规整对称（图 11-3-40）。

门楼系砖结构，礼拜殿为砖木混合结构，分内殿、外殿两部分；内殿四周有墙，对于大殿后部，内殿的前方或左、右前方是外墙。外殿前檐敞开，或有三面都敞开者，仅后部有墙的，面积较内殿为大。

图 11-3-37　伊犁民居院内一隅

图 11-3-38　库车大礼拜寺

图 11-3-39　都木买提礼拜寺

十六面形，十六个龛之间的三角形墙面弧转砌至龛尖标高时成圆形，上面接建圆筒墙再覆跨度9米的半球穹顶。正面入口是矩形门墙，墙平面终结处各有一圆塔。门墙正中为大龛作门洞，门洞外左右及上部的墙面砌浅的小龛。又另在门墙北侧邻近处和南侧较远处建两圆塔，北塔较粗，南塔较细，南塔与门墙之间建带有较深的两个壁龛的墙，两塔同门楼一起形成不对称的均衡构图。

礼拜殿坐西向东，总面阔140米，38间，每间约3.7米。其中部4间总进深约24米，6间，每间约4米，其余进深都只4间。内殿只占面阔中部10间，进深占3间。内殿正面入口门周有极精美的彩底石膏雕花。

院落南北面各建一列土墙土结构平顶裙房，每间裙房又隔为前后两间，向外的是店铺。裙房朝向内院的立面砌作尖拱龛形。裙房的中部又各有一个寺院出入口，院中有水池。

（2）阿巴和加玛札：在喀什东郊。阿巴和加家族从十七世纪末开始曾长期控制南疆地方政教权力，这座陵墓就葬有该家族的五代人，共72个坟墓。阿巴和加陵初建于1826年以前，原来规模并不大，以后曾加以扩建，成了现存的规模。

入口在建筑群的南郊，进入大门北行转向东侧就是坐北朝南的拱拜斯。拱拜斯整体平面为正方形。中央为16米×16米，四面砌大尖拱，拱背四角砌小角拱合成八角形，同时墙面弧转为圆形，由圆筒段接建半球穹顶，穹顶上有小圆亭。

在四个正向大拱处平面又向四方作半圆突出，使内部平面呈十字形，突出部分上覆半穹顶。十字形平面内墙和方形外墙之间的四个空间建筑跨度约1米的纵联砖筒拱甬道通向螺旋梯，可上至夹层和屋顶。

外立面四角建四个圆塔，上部也有装饰华丽的小圆亭。南立面正中处理同于一般入口，有中心大龛，高起的门墙和两端的圆塔、圆亭以及门墙上的小龛等。其余三面都是平直墙面，墙面上砌出七个浅的尖拱龛，龛内有木格作为夹层的采光口。除各龛内为抹灰面外，其他部位及中央穹顶都是琉璃砖饰，以绿色为主贴大面，以白底蓝花砖镶龛线，室内皆抹灰，白色。大穹顶顶脚有一圈蓝底白色石膏雕花，中央穹顶及四向半穹顶都有天窗。

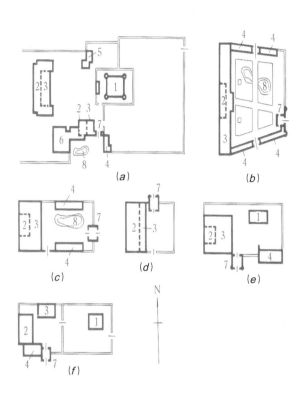

图11-3-40　维吾尔族礼拜寺及玛札建筑总平面示意
（a）喀什阿巴和加玛札；（b）喀什艾提卡尔大寺；
（c）莎车某礼拜寺；（d）洛浦巴额达特玛札；（e）库车大礼拜寺；
（f）库车默拉纳额什丁玛札
1-玛札；2-内殿；3-外殿；4-裙房；5-其他礼拜殿；6-讲经堂；
7-大门；8-水池

图11-3-41　喀什艾提卡尔礼拜寺

（1）喀尔艾提卡尔礼拜寺（图11-3-41）：寺位于喀尔中心广场西端，初建于清嘉庆三年（1798年），曾经多次重修扩建。

门楼在全寺东南部，平面八角，建八个尖拱龛，各龛之间在龛背上又各建一小龛，共十六龛组成正

图 11-3-42 喀什阿巴和加玛札（香妃墓）外观

整座建筑造型稳定均衡，以中央大穹顶为构图中心，以高门墙、深龛阴影、丰富的石膏饰和小龛饰出入口重点；又以各个小圆塔及塔顶上的小圆亭与中央穹顶取得呼应，配合得十分得体完美，色彩陆离（图11-3-42）。

该陵墓建筑群中有三座礼拜殿，其中主要的一座位于总平面最西部，坐西向东。内殿是由一系列小跨度的连续砖穹顶组成的凹字形长廊，每间都开拱门通向外殿；外殿为内殿所围，总面阔 62 米，也是凹字形。

第四节　回族建筑

回族在我国少数民族中，是一个人口较多，分布较广的兄弟民族，它大约在 13 世纪前后融合、发展而成。在 19 世纪中叶以前，陕西、甘肃、云南是回族的主要聚居地；后来以甘肃、宁夏、青海等地较为集中，

同时由于迁徙和经商等原因，而分散居住全国各地。回族人民大多数从事农业、小手工业及商业，他们虽然同汉族杂居，但往往在乡自成村落，在城自成街巷。回族大都信仰伊斯兰教，在聚居区内普遍建立清真寺，以清真寺为中心进行宗教活动。因此，回族古代建筑以清真寺为最著名，它的形式随时代与地区的不同而有变化。

我国伊斯兰教的历史，可追溯至唐代。公元七世纪初，伊斯兰教创兴于阿拉伯，时间相当于隋代末年。唐代时，我国和大食（即阿拉伯）间的通路主要有两条：一条走海路，出广州；一条走陆路，出新疆库车；早在公元七世纪中叶，大食商人就到了我国东南对外贸易港口和西北地区。伊斯兰教最早大概是由大食商人传入的。由于宗教活动的需要，在唐代已开始建造礼拜寺。

伊斯兰教礼拜寺建筑，在总体布局上与汉族建筑坐北朝南的传统不同，礼拜殿均坐西朝东，教徒礼拜时面西，朝向"圣地"麦加的方向。在建筑装饰上，

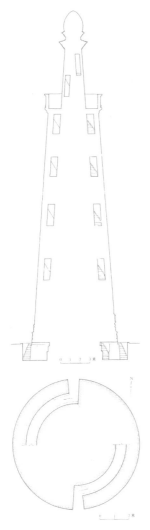

图 11-4-1　广州怀圣寺光塔平面、剖面示意图

图 11-4-2　广州怀圣寺光塔外观

按照伊斯兰教教义，无偶像，反对拜物，因此不做任何生物的写实纹样，而发展了抽象的几何形和阿拉伯文字图案，但到后期并不严格，植物纹样应用很多，因为伊斯兰教在其向外传播过程中已不断加入其他民族文化艺术的成分了。

伊斯兰教建筑技术的成就，突出表现于礼拜殿的建筑。伊斯兰教的宗教活动要求所有教徒都需进礼拜寺做礼拜，因而礼拜殿建筑需要有较大的空间，以便容纳更多的群众，并且殿内要求通风采光，这便带来了伊斯兰教寺院建筑结构和形式上的特点。

一、早期伊斯兰教建筑

我国伊斯兰教建筑的历史早于回族形成的历史。早期的伊斯兰教建筑虽然并非回族所建，但他们影响

到后来的回族宗教建筑。现存唐宋间早期伊斯兰教建筑，平面大多不对称，在材料结构上多为砖石建造，在形式上也极明显地表现出曾受到阿拉伯建筑技术与艺术的影响，以历史上著名的四大寺——广州怀圣寺、泉州麒麟寺、杭州凤凰寺和扬州仙鹤寺为代表。

（1）广州怀圣寺：创建于唐代。现存"光塔"平面为圆形，底径 8.85 米、高 35.46 米，为双层砖壁筒式结构。内壁之中用土填实成为塔心柱，双壁间砌梯级盘旋而上，形成一个刚性较好的结构整体。圆形塔身外表为光面、无装饰，向上逐渐收分，在技术上这是造成稳定的需要，外观具有明显的阿拉伯式寺院"塔楼"的特征。砖壁内外均用灰色灰浆粉面，此因对砖的砌法还不十分了解之故。塔顶原有指示风向的"金鸡"，现也已不存。对于光塔的建造年代仍有待探讨，根据记载及塔的结构方法来看，可能是宋代重修（图11-4-1、图 11-4-2）。

（2）泉州麒麟寺：为北宋大中祥符二年（1009 年）建立，现存寺门及礼拜殿建筑经元代（1310 年）重修。寺门为长方形，宽 4.5 米，高 20 米，用当地绿砂石砌成，琢磨得晶莹光洁。门顶为平台，周围做堞形砖垛，其材料和形式与整体建筑均不尽统一，可能为后加物，台上原有明代建造之木构塔楼亦已毁去。长方形的寺门以及葱头形尖拱构成的门楣、门顶，都类似阿拉伯伊斯兰教寺门建筑形式。礼拜殿在寺门西侧，平面广五间，深四间，四周墙壁用花岗石砌筑，内有 12 根柱子，现仅存柱础残迹。西墙垛上做一排壁龛，以正中为最大，为礼拜时的中心。南墙上开方形窗洞 8 个为采光口，

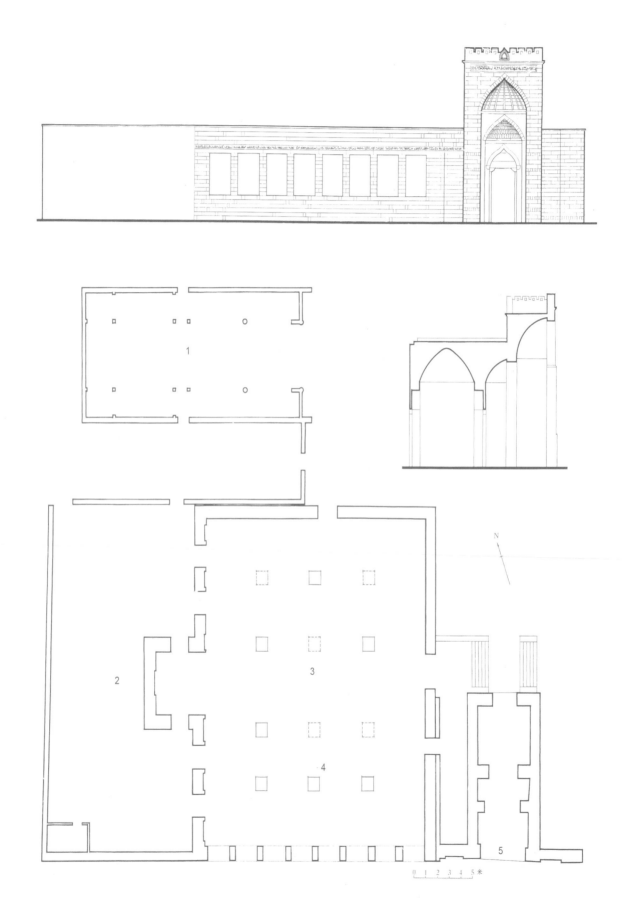

图 11-4-3 泉州清净寺平面、立面示意图
1- 明善堂；2- 内院；3- 奉天堂；4- 柱础；5- 入口大门

但整个礼拜殿的柱子及屋顶早毁，其结构做法和形式已无遗迹可寻。这座建筑具有明显的阿拉伯风格（图11-4-3 ～图 11-4-7）。

（3）杭州凤凰寺（真教寺）：始建于宋代，现存礼拜殿为砖砌"无梁殿"，系元代建筑，这也是古代

图 11-4-6 泉州清净寺"奉天坛"内的石壁龛

图 11-4-4 泉州清净寺外景

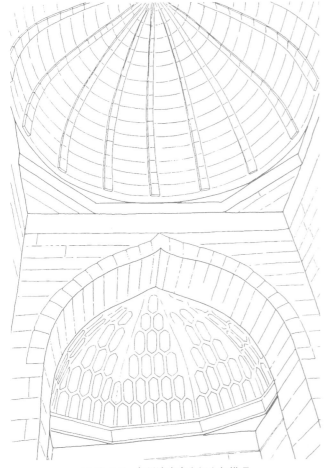

图 11-4-5 泉州清净寺大门上部拱顶

图 11-4-7 泉州清净寺"奉天坛"拱门

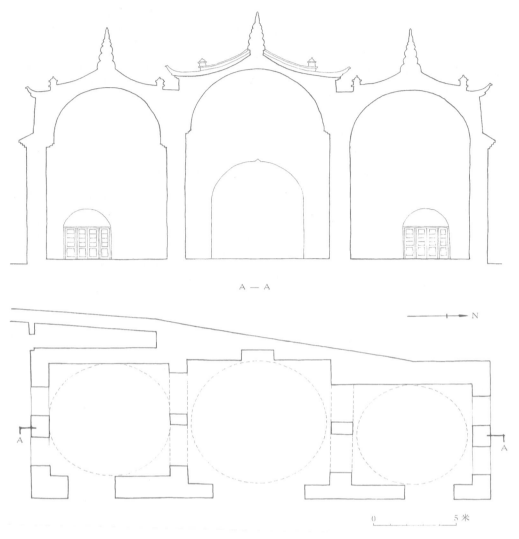

A—A

N

0　　　　5 米

图 11-4-8　杭州凤凰寺礼拜殿平面、剖面示意图

史上穹隆顶结构在殿堂建筑中应用较早的例子。殿面广三间，每间顶部各做一穹隆顶，明间的较大，直径为 8.3 米，其他两间略小，直径为 7.5 米和 6.7 米，可能是施工上的差异。在方形墙体与圆顶之间，以叠涩方法砌出三角形扇面拱，使方形墙角逐渐过渡到圆顶拱脚。在三个穹隆顶之上则冠以八角（中心）和六角（两旁）攒尖顶，在建筑外观上别具特色。可以看出，礼拜殿在内部结构上仍造成阿拉伯式寺院常用的穹隆顶。其细部如门头、壁龛线角亦为阿拉伯式，而屋顶已为汉族传统的形式所代替，成为中国和阿拉伯形式结合的建筑物了（图 11-4-8）。

此外，还有扬州仙鹤寺，始建于宋·德祐年间（1275年），但现存建筑则为清代重建。

二、西北地区回族清真寺院建筑

随着伊斯兰教的传播和发展，我国各民族中，信仰伊斯兰教的渐多。而以西北地区较为集中，除了回族以外，还有撒拉族、保安族、东乡族，他们主要居住地在甘肃、宁夏、青海；还有维吾尔族、哈萨克族、乌孜别克族、柯尔克孜族、塔吉克族、塔塔尔族，主要居住地在新疆。就是说，回族大都信仰伊斯兰教，但信仰伊斯兰教的并不只是回族。由于各民族的建筑历史传统不同，伊斯兰教建筑在技术和形式上也形成两个体系：一是吸取西亚建筑的传统，以维吾尔族为代表；一是接受汉族建筑的传统，以回族为代表。回族清真寺院建筑甚至是由当地或内地汉族工匠所建造。

元代以后，至明清时期，在回族聚居之地，到处分布着大大小小的清真寺如甘肃临夏八大寺（惜今已无存）。由于长期以来接受汉族文化的原因，回族宗教建筑都采用汉族的建筑形式和技术，在总体上亦为对称的布局。礼拜殿为了造成较大的室内空间，采用木结构，在技术上显然比较砖石结构也具有更大的适应性。但采用汉族传统的木结构殿堂，仅仅单座殿堂仍不能满足需要，于是更以两三座殿堂拼连一起，形成进深30～40米的平面空间。由于在结构上，它不可能用一个巨大的屋顶加以覆盖，而造成用料过大，

结构复杂，因此也分别做成两三个屋顶相接，在两个屋顶相接处做成排水天沟。在两个屋顶的相接部分，即天沟位置，也就是两排梁架相接部位的结构，一般有两种做法：一种是双排柱，即两排梁架边柱紧靠而各自独立；一种是单排柱，即两排梁架共用同一排边柱。双排柱为了防止因构架变形，移动而相互脱离，往往加以铁箍拉牢。边柱上梁架搁檩一般为单檩，也有用双檩的，檩上都交叉架椽，椽上铺望板，构成天沟的基层。质量要求高的，在望板上先做"锡背"（镀锌薄钢板），再做灰泥背及抹青灰面，构成排水天沟，

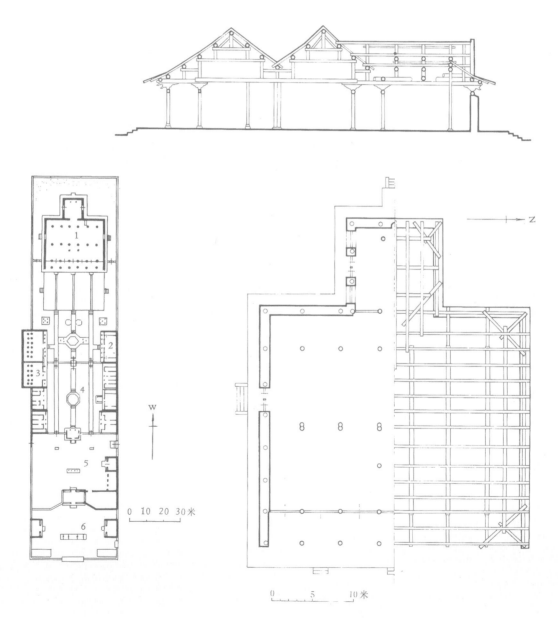

图 11-4-9　西安清真寺平面图
1-礼拜殿；2-客房；3-浴室；4-邦克楼；5-石牌坊；6-木牌坊

图 11-4-10　西安清真寺礼拜殿剖面、梁架、平面示意图

一般的则不做"锡背"。这种屋顶结构也就是汉族传统建筑中的"勾连搭"做法，不过在汉族建筑中只是在园林、住宅等建筑中偶尔见到，在回族清真寺礼拜殿建筑上则应用很广，规模也大得多。这完全是由于礼拜殿实用功能的需要而发展的。

除礼拜殿建筑外，"邦克楼"亦为清真寺的一个特点。按照伊斯兰教规定，当"聚礼"、"会礼"之时，掌教人要在楼上呼唤教徒到礼拜寺来做礼拜，因此这种楼亦为礼拜寺之突出建筑。一般规模较小的清真寺，门楼即为"邦克楼"，高一层或两层；规模较大的也有在寺门两侧或院内独立建造的，其建筑形式和技术无异于汉族传统的亭阁。明清时期回族伊斯兰教寺院建筑很多，除了总体布局有所不同以外，随着明清时期官式建筑做法趋于定型，它们的基本形式和技术做法也大同小异。

（1）西安大清真寺：在化觉巷，为明代建筑。明嘉靖五年（1526年）始建时由两进院落组成，至明万历三十四年（1606年）重修时扩大为四进院落。寺周围东西长245米，南北宽47米。按原来两进院落的布局。入门第一进院内中央即为"邦克楼"，为两层三重檐八角攒尖顶楼阁式建筑。南面为水房，是礼拜前要求进行"大净"（沐浴、洗手）的地方。第二进院内主要建筑为礼拜殿，由三个歇山顶拼连，平面成凸字形，构成面积为1002平方米的大空间，可同时容纳1900人礼拜。寺内砖雕精巧，如照壁、院墙、院门及山墙均作砖雕，皆为植物（莲、荷、松、竹）纹样、几何形纹样及阿拉伯文字纹样。整个建筑仍采用汉族传统木构技术。明万历年间向东延长80米，加建两进院落。第一进主要是由照壁、牌坊组成，第二进也主要是牌坊、门庑等并做寺院主要建筑，增加寺院的规模和气派，使"邦克楼"和礼拜殿退居全寺的后部，更反映了汉族建筑传统布局形式的影响（图11-4-9～图11-4-16）。

图11-4-11　西安清真寺大殿

图 11-4-12　西安清真寺门头砖雕

图 11-4-13　西安清真寺照壁砖雕

图 11-4-14　西安清真寺墙头砖雕

图 11-4-15　西安清真寺照壁壁心砖刻

图 11-4-16　西安清真寺照壁壁心砖刻

　　（2）其他具有特点的回族伊斯兰教寺院：如宁夏同心县北大寺，始建于清乾隆三十六年（1771 年），后经清光绪二十三年（1897 年）重修，整个寺居于高台上，台阶 5.9 米，是利用天然高地加以填土夯实及砖砌而成。

　　门楼亦即"邦克楼"，为亭、阁式建筑，原为三重檐，现存为二重檐。楼立于高台座上，砖砌台座开三个拱门，作为全寺的入口大门。正对拱门与一座长 14.3 米的大照壁起"引导"标志作用，进拱门循阶级而上便达到全寺建筑所在的高台上。礼拜寺由两进院落组成，第一进亦为水房等，供礼拜前要求洗净之用，第二进为礼拜殿。寺高踞于全城建筑之上，远远可以望见。

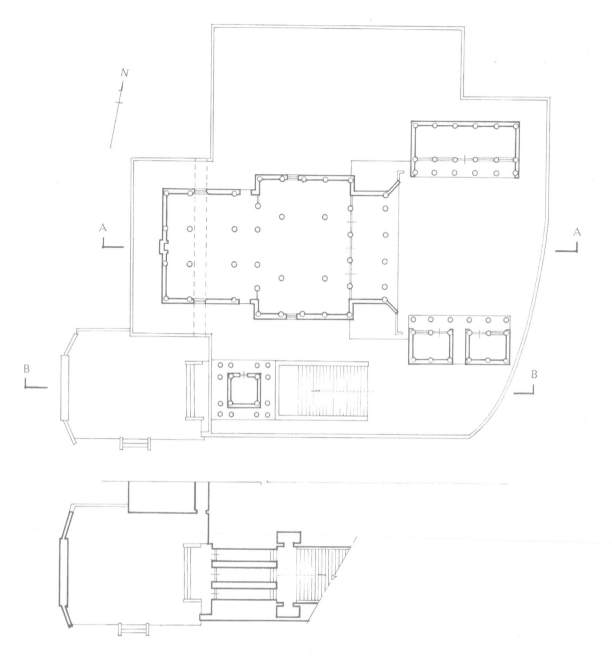

图 11-4-17　宁夏同心县清真寺总平面图

礼拜殿由前、中、后三座殿组成，由一个卷棚顶（前殿）和两个歇山顶（中、后殿）拼连，面广三间，前后殿宽 14.6 米，中殿 19.4 米，总进深为 31.35 米，平面长方形，构成一个总面积为 528.56 平方米的空间，虽属中小规模，也可同时容纳六七百人礼拜。

西北地区回族礼拜寺建筑，多讲究砖雕，普遍用于照壁、入口、山墙、肩墙等，一般用特制的细砖，再加雕刻花纹或线脚。平砖则为磨砖对缝。此寺砖雕及木雕均丰富精致，且木构不施彩画，仅涂以清漆，显露出木料质地，俗称"白木构"，因木质好而显得朴素美观（图 11-4-17 ～图 11-4-24）。

（3）青海西宁东关大寺：为清乾隆年间创建，同治年间大修后又经几次重修。全寺亦居于高台上。此寺入口处有两座独立式"邦克楼"左右对称，并且高达三层，这是少见的做法。

礼拜殿所处地势又比院子高出 2 米多。殿亦由三部分组成，前部为卷棚顶，中部为歇山顶，后部为庑殿顶丁字相交。前、中部面广五间，宽 27 米，进深为 25.9 米，

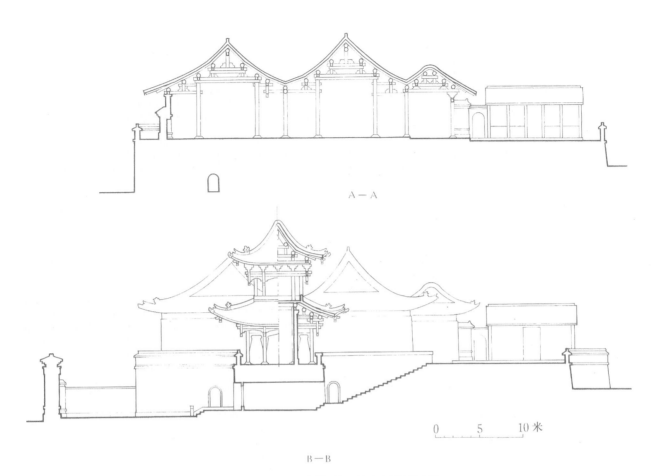

图 11-4-18 宁夏同心县清真寺剖面示意图

图 11-4-19 宁夏同心县清真寺全景

图 11-4-20　宁夏同心县清真寺入口及邦克楼

图 11-4-22　宁夏同心县清真寺砖雕（一）

图 11-4-21　宁夏同心县清真寺梁架

图 11-4-23　宁夏同心县清真寺砖雕（二）

后部面广三间，宽 8.5 米，深 8.4 米，构成凸字形平面，总进深为 34.3 米，形成面积达 770 多平方米的空间。可同时容纳近千人礼拜。礼拜殿结构亦为汉族传统的"勾连搭"做法（图 11-4-25 ～ 图 11-4-27）。

（4）其他：在全国各地许多地方都有回族清真寺建筑，它的形式及工程做法，都与当地汉族建筑传统相同，有"入乡随俗"的现象。例如，吉林清真寺与吉林建筑相同，多伦清真寺与多伦地区及辽宁建筑相同，济宁大寺与山东建筑相同，成都清真寺与四川建筑相同。但也有例外的情况，如青海民和县虽然回汉杂居，但是民和大寺的建筑风格却是西亚形式。这些都是匠师们吸取外来式样而创造的结果。

图 11-4-24　宁夏同心县清真寺木隔扇门

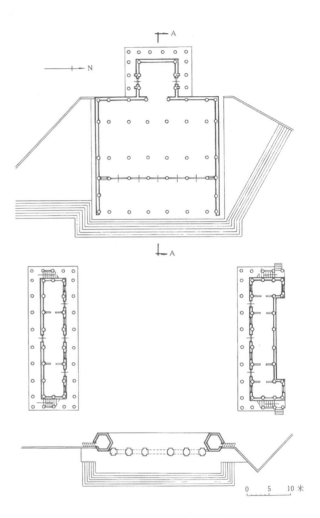

图 11-4-25　西宁清真寺总平面图

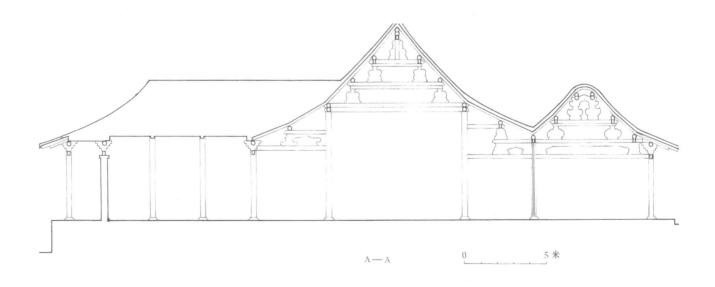

图 11-4-26　西宁清真寺礼拜殿纵剖面示意图

图 11-4-27　西宁清真寺礼拜殿外观

图 11-4-28　呼和浩特清真寺（西向）

　　即如内蒙古地区，也有回族伊斯兰教建筑，例如呼和浩特清真寺，建于清康熙年间（17世纪），后几经重修。该寺礼拜殿由卷棚（前、后殿）及歇山顶（中殿）"勾连搭"构成。其最突出之处是，在每殿顶部中央均坐一八角攒尖亭式天窗，由顶部采光，加以侧窗采光，使殿内礼拜时光线十分明亮；同时，寺前耸立一塔式"邦克楼"，高五层，登楼唤声传及甚远，并为寺之突出标志（图11-4-28～图11-4-33）。

图11-4-29　呼和浩特清真寺（北向）

图11-4-30　呼和浩特清真寺邦克楼

图11-4-31　呼和浩特清真寺礼拜殿内景

自治区传统式的回族住宅建筑为例，整个地区缺少木材资源，北部平原地带，气候干旱多风沙，居住建筑以平顶式房屋为主；中部为半干旱气候，平顶式房屋、土窑洞、土坯拱窑及坡顶房屋兼有；南部为湿润气候，主要是坡顶房及窑洞、土坯拱窑。其中，建筑质量较好的是木结构的坡顶房屋。单体建筑的基本形式是"两明一暗"，其组合形式仍然是院落，而大多是狭长的窄院，一般宽度为 2～4 米左右，甚至仅有 1 米多，主要是防风沙及夏季西晒（图 11-4-34、图 11-4-35）；土窑洞的形式则依地形和土质情况而异，有的在平地向下挖成窑院，有的利用坡地或崖面挖窑，在

图 11-4-32　呼和浩特清真寺礼拜殿顶窗采光

图 11-4-33　呼和浩特清真寺礼拜殿顶窗外观

三、回族民居

回族建筑，除大量的清真寺之外，居住建筑的技术，基本上是反映地方的特点，与当地汉族民居并无多少差别，其民族的特点并不明显。以现今宁夏回族

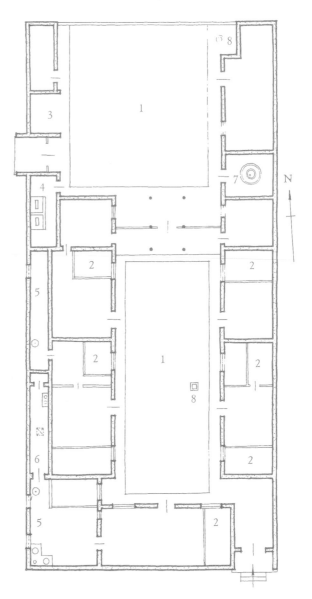

图 11-4-34　宁夏同心县城关某宅院落鸟瞰

1- 院子；2- 炕；3- 柴草；4- 厕所；5- 渗亭；6- 天窗；7- 磨；8- 井

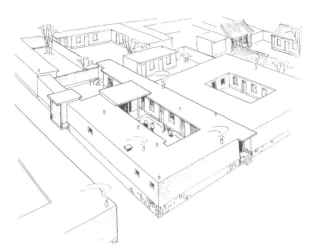

图 11-4-35 宁夏同心县城关某宅院落鸟瞰

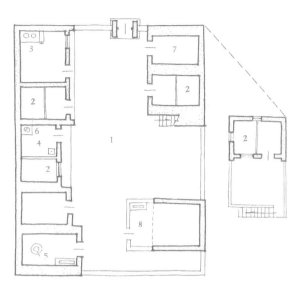

图 11-4-37 西吉县城关"高房式"住宅平面图
1- 院子；2- 炕；3- 风箱；4- 渗亭；5- 磨；6- 水井；7- 菜窖；
8- 羊圈

南面加筑院墙而成（图11-4-36）；还有一种高房式住宅，即在院落一角，在土坯拱窑顶或平顶式房屋面上加盖土木结构小房，既高爽避潮，又有瞭望防御的作用（图11-4-37、图11-4-38）。以上做法亦为当地民居的共同特征。

农村大地主寨子，往往更在四周筑起高厚的土墙，厚3～4米，高6～7米，顶宽2米多，四角突出似碉堡状，有的还有砖砌女儿墙，在院内有坡道通上墙顶，可巡视防守，仅在南墙开门，围墙内后部为居住院落，前部空地为扩谷场及牲畜圈栏（图11-4-39）。

但回族人民比较讲究清洁，还有沐浴的习俗。沐浴本来出于宗教上的要求（"大净"、"小净"），逐渐成为生活上的习惯，在住宅内有简单的沐浴设备，即由地面上的渗井和上部吊水罐组成，讲究的则用木板隔成小间，地面铺砖。为了便于续水，沐浴间常设于水井或灶房近旁（图11-4-40），沐浴设施便成为回族民居的一个特点。

回族民居的材料和结构做法，平顶或坡顶房屋，一种称"立木式"，是由梁柱构架和土坯墙、"垡拉墙"或版筑土墙构成；一种称"海搭式"，即以土坯墙、"垡拉墙"或版筑土墙承重。"垡拉"的做法，是在地里灌水待浸透，后以石碾反复压实两三遍，最后用平锹切成一定规格的土地，铲下晾干即成，是一种类似于土坯的建筑材料而制作更为简便。该地区因地下水位

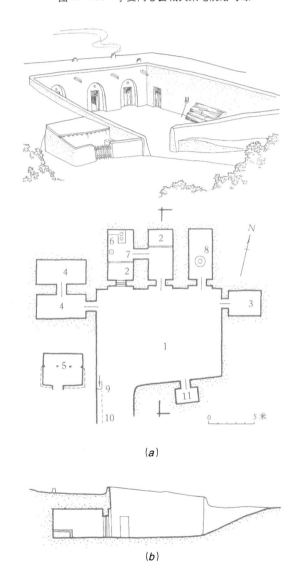

(a)

(b)

图 11-4-36 盐池县城关某宅地下窑院示意图
(a) 平面；(b) 剖面
1- 院子；2- 炕；3- 柴草；4- 库房；5- 畜圈；6- 灶；7- 渗亭；8- 磨；
9- 排水口；10- 引至水窖；11- 家禽

图 11-4-38　西吉县城关"高房式"住宅鸟瞰

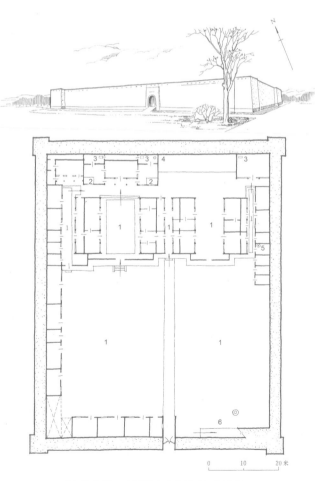

图 11-4-39　宁夏吴忠市东塔寺马冢寨子
1-院子；2-炕；3-天窗；4-渗亭；5-井；6-坡道

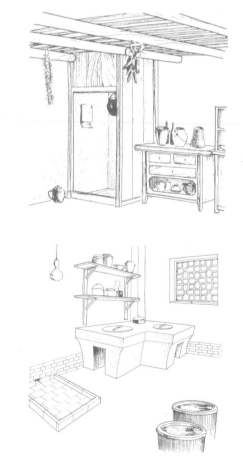

图 11-4-40　回族民居厨房及沐浴设备

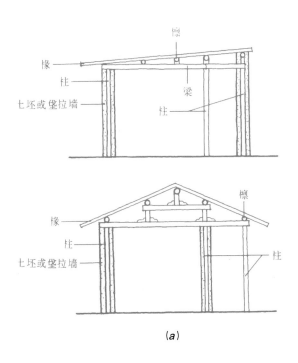

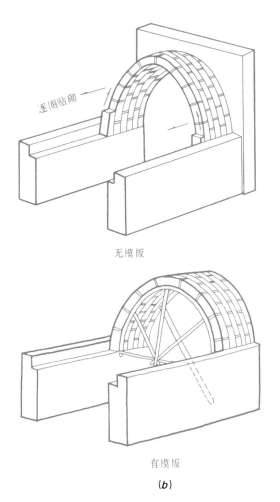

图 11-4-41　立木式结构构架及土坯拱施工示意
(a) 立木式结构构架; (b) 土坯拱施工示意

低，雨水稀少，房屋基础多与原土夯实或砖石砌筑，常用芦苇作墙身防潮层。土木结构房屋面的常用做法是在椽上铺席，席上铺苇帘再垫草、上抹草泥。平屋顶排水都用木滴水，伸出较长，以保护墙脚不受屋面排水的冲刷侵蚀。土坯拱的施工方法，一般是先筑两侧夯土墙，再用土坯做前后墙，不用支模，只在山墙上画出拱形曲线，从山墙开始用泥浆逐圈贴砌拱券，拱圈稍向山墙倾斜以免脱落，先贴砌两边，最后安拱心。拱顶砌成后上面用黏土填平，以石杵夯实，找出排水坡度，以草泥抹光即成，这是地方工匠在长期实践中形成的民间传统的建筑技术（图 11-4-41）。

第五节　朝鲜族建筑

朝鲜族是吉林省境内的一个少数民族，主要居住在接近鸭绿江的延边地区，以耕种水田为生活。

朝鲜族的建筑，主要是住宅，没有寺院庙宇和其他公共建筑。无论是村镇的形成，房屋建筑的平面布置，外观的处理以及各部分的建筑构造技术等，都有不同的做法。

一、村镇的形成

延边地区村镇主要由农民聚居而成。选地大部分在沿山的平川地带。村镇的距离不等，主要根据水田分布的情况而定。选地多为田头、靠山向阳的位置，还要考虑水源和交通方便。

村镇房屋的布局，常常沿路建设，大部分房屋设有院子和院墙，各户分隔独立，院前院后空地相等，形成行列。

因此，大体根据村镇的干道布局房屋，干道有一定的方向，小道又与干道相交，沿路边建设房屋。

二、房屋建筑技术

1）住宅平面：平面布局，以"间"为单位，多取"四间房"、"六间房"，平常习惯以四间房为主。居室内部在间的部位可不设隔墙，必要时全屋通开成为一

个大空间，以利特殊需要。间的宽度相同，但是进深
有长有短，分为带外廊（图 11-5-1）、不带外廊两种，
开间尺度以 3 米 ×6 米为基本尺度，是城市和农村常
用的形式。另外有拐角房，在两端尽间向前伸出 1 米
左右（图 11-5-2），或两端伸出成凹形房屋，中间留
前为外廊。外廊的用途，主要是夏天在此就餐、会客、
乘凉和休息。

2）房屋平面特点：

（1）在一栋房屋中房间多，根据用途划分，用拉
门隔挡，使用比较方便。

（2）室内火炕面积大，没有交通面积，当地流行
一句话"炕大地小"，进屋就是炕。除厨房外，生活
活动都在炕面上进行。

（3）外观，朝鲜族住宅平面均采取长方形。屋身
不高，上四坡草铺屋顶（图 11-5-3）。台基用土、石、
砖、木等材料，在人们经常出入的方位建造架空式木
制廊板，墙壁表面涂饰白灰，各间木制方柱，在外墙
面中露出，不涂油漆，用木材本色（图 11-5-4）。墙
面开落地长窗，都是上下直条式、开单扇，门窗不分。
门窗扇都不装玻璃，以纸裱糊，室内光线显得淡。屋

图 11-5-3　吉林安图县福满乡某宅四坡草铺屋顶外观

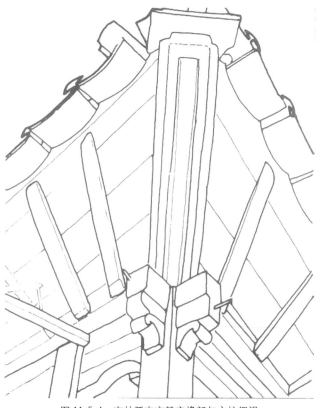

图 11-5-4　吉林延吉市某宅檐部与方柱仰视

顶用草顶和瓦顶，屋顶坡度比较平缓。

3）房屋构造技术：朝鲜族房屋构造技术，用材规
格小，而且梁枋中有一定的比例，采取以土木相结合
的结构，构造方法简单，式样大同小异。

基础：朝鲜族居住房屋的地基很浅，一般没有挖
至冻层，主要原因是墙体轻。用砖基、块石或者用碎
石捣固做成基础就可以了。

台基：均用土垫基，高 20 ～ 30 厘米，用边砌块石，
既整齐又防止土边坍落。基础台基做法，主要是就地
取材。

廊板：凡房屋的外廊，地面全部用木板做，比台

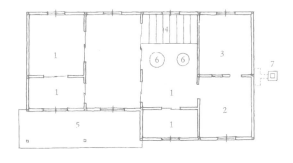

图 11-5-1　左廊式房屋平面图
1-卧室；2-牛棚；3-草房；4-焚火炕木板；5-前廊；6-锅；
7-烟囱

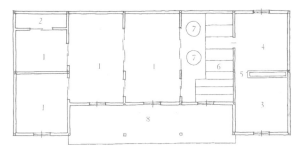

图 11-5-2　中廊式房屋平面图
1-卧室；2-橱；3-牛棚；4-草房；5-牛槽；6-焚火炕木板；
7-锅；8-前廊

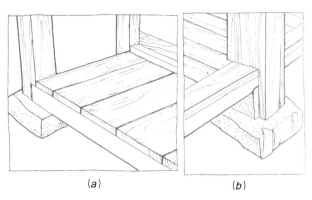

图 11-5-5　吉林延吉县龙井村某宅廊板
(a) 廊板端部；(b) 廊板中部

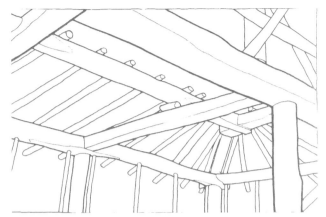

图 11-5-7　吉林安图县福满乡某宅梁架局部

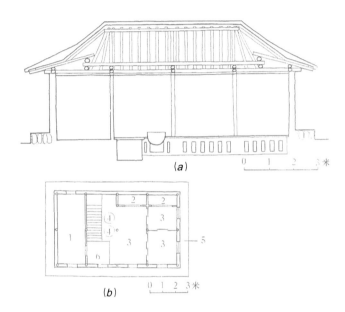

图 11-5-6　吉林延边朝鲜族自治州某宅平面、剖面示意图
(a) 剖面；(b) 平面
1- 草房；2- 厨房；3- 卧室；4- 锅；5- 台基；6- 焚火炕

图 11-5-8　吉林安图县通向村某宅外观

图 11-5-9　吉林辑安县通沟乡某宅外观

基高出 50 厘米左右。板下用石块或用木柱承横梁（图 11-5-5），安装廊板是为了增加廊下的活动面积，如用作休息、出入室内脱鞋的间歇部位等。板面标高和屋内火炕相平，用此段作为进门过渡，以保持室内清洁卫生。廊板这一做法，在我国古代，早在春秋战国以及汉代建筑上也曾使用。

内墙：房屋内的隔墙均用木隔，有的做板条涂泥抹灰，只起到隔挡作用。木拉门糊纸。需要家庭聚会喜庆办事时，则将木拉门全部摘下。

外墙做法只有两种：一为实心墙，二为夹心墙，墙体甚薄，厚度 12 ~ 15 厘米。都接连木柱，以木柱为骨架，其间施板条或柳条编笆，外部抹灰，内部糊纸。

柱、梁做法与汉族不同，分为两种式样：一为梁柱式，二为框架式。梁柱式支承纵横梁，按柱网纵横交叉，在水平梁上立柱，柱头支承脊檩。柱子，均用方形木柱（18 厘米 ×18 厘米），横梁为 18 厘米 ×22 厘米，柱子下有地栿，柱脚均垫石块，梁柱相接处都伸出 25 厘米。框架式按间均立方柱，柱与柱间纵横加横枋，和地栿断面相同。柱头枋也与枋相同。大梁较粗，横在前后檐梁上，中心立柱（瓜柱），上安脊檩。前后梁间檩木加垫枋，垫枋上置檩子即前后中檩。这样便以屋架做曲面，有的梁间用元木与荒料做成，但

图 11-5-10 吉林延吉县龙井村某宅四间式瓦房外观

图 11-5-11 吉林延吉市某宅歇山顶瓦房立面

图 11-5-12 吉林延吉市某宅歇山顶局部

图 11-5-13 吉林和龙县某宅的檐角起翘

图 11-5-14 吉林延吉市某宅瓦顶檐部

图 11-5-15 吉林延吉市某宅筒瓦瓦头

是构造方法相同（图 11-5-6、图 11-5-7）。

屋顶：分为草顶与瓦顶。草顶用稻草，因材料来源多，所以大量使用。草顶大部分用在农村房屋，采用四坡水（图 11-5-8）与硬山顶两种。两年苫一次，每次一间用 200 捆，也有顶山顶草房常用草编织成为帘子把全部屋顶苫上（图 11-5-9）。城市房屋都用瓦顶，瓦顶全部用歇山顶（图 11-5-10、图 11-5-11），椽子上铺柳条，抹泥（黄泥加砂）7～10 厘米厚，瓦顶厚

图 11-5-16　吉林延吉市某宅客厅外门

度 15 厘米左右。凡朝鲜族房屋屋面都呈曲线，檐角起翘（图 11-5-12、图 11-5-13），勾头、瓦当用高粱花瓣，瓦面均用筒瓦与呕瓦相结合（图 11-5-14、图 11-5-15）。

门窗：朝鲜住宅房屋门窗不分，平均每间一樘，每樘门窗大小相等，式样相同，都可以自由开动。而且每窗部做成单扇，个别的地方也做成双扇。直棂，棂格尺度做得很小，分别为三段方格，其他为直棂。门窗扇均糊高丽纸（图 11-5-16），每年糊两次（春秋两季进行）。

火炕：火炕的范围占据屋的全部，有炕而无地，如果三间都是居室，则三间全部做成火炕。他们的习惯是进门脱鞋，直接上火炕，席地而坐。火炕的构造方法：均用砖砌出长洞（顺洞），从一端烧火，全炕都得到加温。炕洞宽度 24 厘米，炕洞间墙为 10 厘米，火炕的高度在 30～40 厘米之间，根据房屋地面与廊板的高度决定。火炕的炕面用砖或石板来承托，炕面上抹泥 8 厘米再贴纸、刷油，表面光滑明亮。烟道做在墙外，用砖砌出基座，钉木板为方筒，每边宽度 25 厘米，烟囱的高度超过房脊。

第六节　云南少数民族建筑（附：贵州苗族建筑）

云南省位于我国的西南边疆，是全国少数民族族别最多的省份，共有 20 多个：彝、白、哈尼、壮、傣、苗、傈僳、回、拉祜、佤、纳西、景颇、瑶、藏、布朗、阿昌、怒、崩龙、独龙、苦聪、基诺及蒙古等。

全省的民族分布情况大致是：西北部高寒山地居住着傈僳、纳西、藏、怒、独龙等族；西部洱海周围聚居着白族，南部边境地带则有傣、拉祜、佤、景颇、布朗、阿昌、崩龙、哈尼等族；彝族人数最多，从川滇边境到元江流域均有分布；哈尼、壮、苗、瑶等族在本省东南。

云南地区古代曾存在过穴居和巢居，这在一些民族传说中有所反映。巢居的原始形态，还可以从文献中找到一些线索，如《北史》和《太平寰宇记》说，西南少数民族建筑"依树积木，以居其上"及"构屋于树"等。

1957 年在剑川海门口挖河工地发现新石器或金石并用时代的建筑遗址，出土有数以百计密集的桩柱，并残存四根横梁。横梁一面较为平整，有的横梁两端还存有卯孔，平整的一面可能向上，在其上铺设楼面。[9] 据此，应是一处使用桩柱和横梁建造的干阑建筑遗址。

井干式结构的出现也很早。1955 年以来，在晋宁石寨山和李家山出土了几批相当于战国至西汉中期的滇族青铜器，其中一件铜鼓形贮贝器（M12：1）的腰部所铸的"上仓图"中有两座井干式建筑（图 11-6-1），该图表现奴隶们往这两座建筑中运送粮食的情形。[10]

仓房建筑楼面的升起，显然是为了防水防潮兼防鼠。现在西南地区的很多仓房，仍然离开地面。

同时，出土的还有四件青铜房屋模型（M12：26，M3：64，M6：22，M13：259）（图 11-6-2、图 11-6-3）：

墙：除 M12：26 外，都是井干式，用方木叠成一间或两间。内隔墙同样也是井干式，与外墙交叉后伸出外墙。M12：26 无墙，屋顶由两根直接从基地中伸出的粗柱支承。

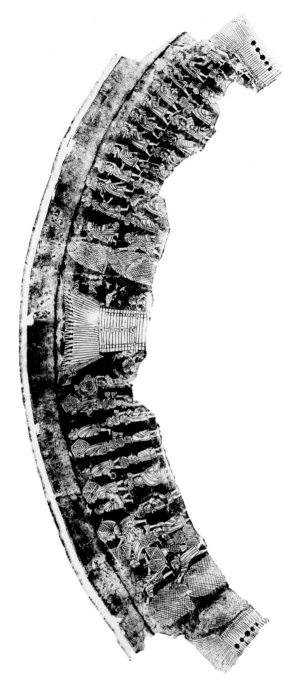

图 11-6-1　云南晋宁石寨山出土铜鼓形双盖铜贮具器腰部拓片

图 11-6-2　云南晋宁石寨山出土铜房子模型正面

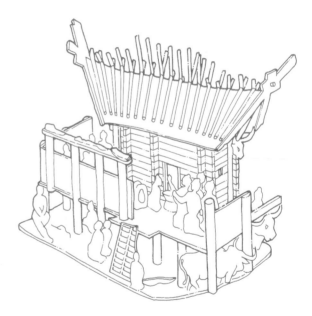

图 11-6-3　云南晋宁石寨山出土铜房子模型

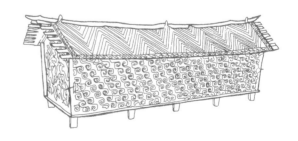

图 11-6-4　云南祥云县大波那村出土铜棺
（长 2 米，边高 0.45 米，顶高 0.64 米，脚高 0.11 米）

　　楼面：室内均有楼面，室外围绕平台，平台面与楼面平。平台由支柱支承，支柱上升又成为栏杆柱。依所铸动物、人物比例，平台离基地面的高度在半人以上，并具体表现了底层畜牛豕的情景。

　　屋顶：悬山式，但与一般习见的悬山不同，正脊向两端伸出很长，成为长脊短檐，伸长的脊檩端部由山墙外正中独立的粗柱支持，中柱上悬一牛头，上部加一斜撑，撑住脊檩尽端。屋脊有明显的升起。

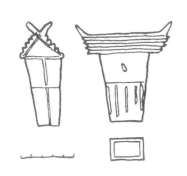

图 11-6-5　同时出土的小铜房模型

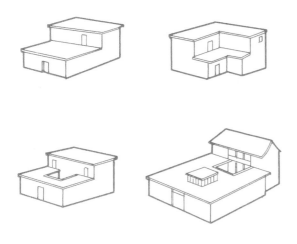

图 11-6-6　土掌房类型示意

　　屋顶很陡峻，但无举折，有的上面阴刻龟背纹，看来似用木板或树皮盖成。屋面上压着较密的顺水方向的木条，在屋脊处交叉，由房屋模型中所见是在交叉点上二木相向开槽嵌接，或加绑扎。M12∶26 在屋面两坡又各压了两根水平向的木条，所有这些木条都并不是椽子，而是用作屋面的压条。

　　M3∶259 为一组建筑呈三合院式，居中的显然是最主要的，它的屋顶依纵向在两头各低下一个搏风的高度，成为阶段形式。

　　梯：由 M12∶26 所示为木板拼制，M6∶22 则由一巨大整木刻成，整木高达屋檐，下部刻出梯级，可上至平台，上部刻图腾形象。

　　以上各器，除 M12∶26 外，建筑本身仍为井干式，而它们周围的平台由框木架起，又具有干阑的特点，可说是井干与干阑的混合。而 M12∶26 则已是完全的干阑了。它们都有架空的楼面；它们的屋顶，也几乎完全一样。这就说明，井干和干阑之间的相互联系。

　　1964 年在祥云县大波那村出土一座木椁铜棺墓[11]，时代相当于西汉中期，其中有一副铜棺和两个简单的小铜房子，都作干阑式（图 11-6-4、图 11-6-5），下层空敞，上层比下层挑出，有外倾的墙；屋顶为悬山式，亦长脊短檐，有生起，但无密集的压条和搏风板，小铜房屋面上有水平向的错落数道，似表示以板状物顺序覆盖屋面的做法。

　　在滇文化时期以后，云南境内没有再发现过更晚的井干和干阑的建筑遗址，但文献说明：一直到宋代，西南地区仍有巢居的存在，但井干、干阑的逐渐推广，终于完全代替了巢居。如"山有毒草及蝮蛇，人并楼居，登梯而上，号为'干阑'（《旧唐书·南蛮传》）"；"濮夷在郡界千里，常居木上作屋"（《旧唐书·泥婆罗传》）；"白窝泥，所居上楼下屋，人住楼，牲畜楼下"（《伯麟图说》）；"獠俗深川穷谷，积木以居，名曰干阑"（《赤雅》）；"（夷）所居皆竹楼，人处其上，畜产居下，苫盖皆茅茨"（《西南夷风土记》）。以上所引，均是对干阑建筑的描写，有的明指为干阑，有的称为栅居。"白窝泥"即哈尼族，现在还使用干阑。"竹楼"一词，也正和现代仍使用的"竹楼"一样，指的也是干阑，还有称为"高栏"（《蛮书》）、"阁楼"（《太平寰宇记》）和"葛栏"的。又如"汉越巂郡西境，名楼头睒，与吐番接"（《元史地理志》）。越巂即今四川南境及云南丽江、宁蒗一带，为纳西族居住地区，"楼头睒"即纳西族。与井干、干阑并存，云南某些兄弟民族，由于和汉族的文化交流，从古以来就使用土掌房和汉式建筑。

　　土掌房主要为彝族所用（图 11-6-6），它的特点是土墙承重，室内有木柱，以木楞构成平顶骨架，上铺柴草，抹草泥为平顶。元谋大墩子新石器时代房屋建筑遗址所见[12]，为矩形平面，四周立间距不等的较密木棍作支柱（室内无柱），柱与柱横向无连系，大概是在纵向列柱上架檩，横向搁椽成单坡或平顶，纵柱间编细树枝或竹片作墙，墙表面抹泥（出土有编笆痕的墙泥块），这种建筑，与中原殷商时代遗址所表现的情况是类似的。

　　云南少数民族中采用汉式建筑的主要是白族。白族从相当于唐代的南诏时代形成，同时也就开始吸收先进的汉文化，通行汉文，并采用了汉式建筑。大理三塔建于唐敬宗宝历元年（825 年），耸立在洱海之滨，最高的佛塔高达 58 米，砖造。平面方形，单层密檐，一如唐代中原塔式。剑川石窟开凿于唐末，其中反映的建筑形象，有斗栱等，也皆中原汉式。这些都是白族人民很早以来就建造汉式建筑的真实记录。在长远的年代中，白族人民也加进了自己的优秀创造，达到了较高的水平。除白族外，其他一些兄弟民族也程度不同地吸收了汉族建筑的技术和特点。

一、纳西族井干建筑

该省西北，奔腾的怒江、澜沧江和金沙江从高峻的高黎贡山、碧罗雪山、怒山和云岭之间的峡谷咆哮穿过，形成世界著名的横断山脉。横断山脉地势起伏很大，交通阻隔，运输不便。本区海拔较高，原始森林密布，木材丰富。这里居住的傈僳、纳西、怒、独龙等族，主要采用了井干式建筑，其中以纳西族井干建筑为典型。

井干又名"木楞房"，一般平面长方形；外墙和内墙均是由去皮圆木或砍成的方木叠成，木料长 3～6 米，小头直径约 20 厘米，若为单间，则每层楞木又接成井字形。在各楞木两端交叉点上下两面都开高为全高四分之一的槽口，互相嵌固，故每层横向木楞与纵向木楞标高相差一个半径，也有两者同在一水平面的。这时纵楞为横楞各在相对的一面开全高二分之一的槽口，而另一面则无嵌固，不如前一种牢固。分间的井平房内墙与外墙出头相交，亦开槽口互相嵌固。

各楞上下相叠，在上楞底面斫成通长的凹石，骑在下层圆木上面，既稳固，又可防止雨水流入，遇有缝隙，用泥涂塞，以防寒风渗入。

屋面为悬山顶，坡度平缓，檩上无椽，直接铺木片。当地有一种沙松，木纹端直，组织疏松，容易劈开。事先锯好约 2 米长的木段，用楔劈法解剖成 1～2 厘米厚，约 2 米长的木片。木片上顺纹自然会有一条条细长的小槽，顺纹按排水坡势自上而下铺在檩上，再压上石头即成。有的压上水平向的木条：木条与檩绑扎，亦可固定木瓦。每年冬天，木瓦必须翻转一次，因为向下一面经室内烟熏火烤，已十分干燥，又可防虫蛀，所以上下两面每年轮换使用。据说这样的木瓦可使用四五十年之久。

纳西族现仍广泛使用木瓦。清《沾益州志》记载说：滇东北，彝族以"茅草，板片，树皮为矮屋，中设火炕。"所指茅草、板片、树皮是指屋顶上之覆盖。现在四川

彝族仍多用木匠的。又《永北厅志》说："伯夷小寨依山多用板房。"永北即今永胜，在滇西北。伯夷即百夷，是傣族的别称。现永胜地方的傣族也是住在木瓦的井干房屋中。此外，现在云南南部也有使用木瓦的。

为了保温，井干房不开窗，门洞也很小，高不到 1 米，下口高、上口低，故傈僳族形容他们的门是"能钻过去、不能跳过去"，门洞左右立两根圆木与左右墙的横木连接。

井干房的施工工具主要是砍刀和斧，也有锯和凿，但很少使用。

现存井干房有楼，上层住人，下层住畜生，仍保留历史的传统；但也有一些为平房，仅仓房为楼。

在一些残存的母系氏族社会遗迹的部族中，如宁蒗县永宁纳西族摩梭人，有母系大家庭宅院。宅院一般是由四幢房屋组成的四合院[13]，正房坐北朝南、单层，中心部分是主室，为井干式，居住女家长、老年妇女和儿童，主室周围外房，以木板为墙，作储藏、磨坊及老年男子居住用，一座两层楼的"喀拉意"，亦以木板为墙，上层是经堂，也可居住本家庭中的喇嘛，楼下堆杂物。另有两座，皆二层，楼下畜牛、猪、鸡，楼上由敞廊通往一个个小间，小间内分别住年轻妇女。居住部分是井干结构，敞廊部分是汉式。井干建筑以纳西族的发展水平较高（图 11-6-7、图 11-6-8）。

二、干阑建筑的一般情况

干阑建筑主要分布于本省西南部澜沧江和怒江下游一带，使用干阑的是傣、拉祜、佤、爱尼、景颇、布朗和崩龙民族。

1）干阑建筑的概况

（1）楼居：楼下层并不高，仅作畜养家畜和放置杂物用，不封闭或部分封闭。上层有墙，住人。楼居的目的主要是避虫兽。南方地区，野生动物甚多，有的为害人类，楼居较为安全。防潮湿：本区属亚热带气候，高湿多雨，相对湿度很大（达 70%～80%），又多雾，楼居避离地面利于通风散湿，较为干燥。避洪水：该地区雨量多，且集中于 5～10 月的雨季，住在江边坝区的居民常遇到洪水，楼居也可以减少危险。利散热：气候炎热，又在室内设火塘炊事，故利于通风散湿的楼居还兼有散热排烟的功能。减少土方：山

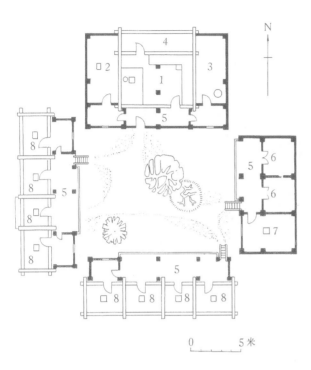

图 11-6-7 云南永宁纳西族井干式民居平面图
1-主室; 2-上室; 3-下室; 4-贮藏; 5-走廊; 6-经堂; 7-喇嘛居室;
8-对偶婚居室

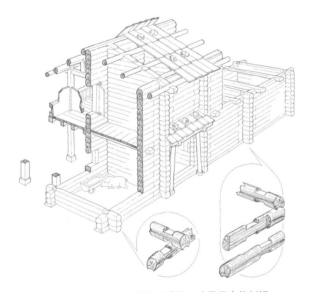

图 11-6-8 云南永宁纳西族井干式民居木构剖视

居民族如佤、景颇等,在坡地上建屋,干阑可不整平地面。此外,也便于对家庭主要财富牛猪等的看管。

(2)建筑材料:此区植被繁茂,资源丰富,原始森林在西双版纳和德宏州都占全部面积的三分之一以上,葱郁的竹林在德宏更是到处都是,为各族提供了取之不尽的建筑材料。

竹子可用于几乎一切的构件如柱、梁、檩、椽以至楼面、墙笆,甚而楼梯、栏杆和其他生活用具和生产工具,此外构件绑扎也广泛使用竹篾。故德宏有谚语说:"吃竹,住竹,烧竹"。建筑也称作为"竹楼"。木材在西双版纳使用较多,用作主要结构构件,有的还用作楼板和板墙。

对于材料,有一定的要求,如竹,若用为划篾子,太老的竹子划不开且易折断,太嫩不牢实。一般刚"丢梢"的嫩竹,较为好用。习惯为"七竹八木",即七月砍竹子,八月砍木材。竹地板是将圆竹砍裂展开即成,用时光面向上。篾片用处很多,如编墙、绑扎和铺在椽子上的"望片"均是竹篾,故景颇族有"一间房子三担篾"之说。篾片事先使其干燥,用时浸水泡软,便可经受弯曲扭转不致破裂。

八月砍木认为可防虫蛀,内地常用的松杉此地虽生长很多,因嫌虫蚁爱吃而不采用。常用的是臭椿、黑心树(学名铁力木)、毛栗及傣语"麦干令"树等硬杂木,既坚固又防虫、防腐;有的在使用前还特经污水浸泡,目的也是使木头具有气味以避虫害。对竹材也有如此处理的。

各族都喜用山茅草覆盖屋顶,认为比稻草经久耐用,丢荒数年的地里长出的山茅草更好,较为整齐、纯净。

(3)施工:兄弟民族的筑房,普遍保留了原始公社制度遗留下来的互助习惯,一家建房,除自备材料外,开工时,全寨各户都派劳力帮助,一般一天就可建成;不付工钱,主人只以酒相待。

各族均没有形成专业技术组织,多由老人指导;仅傣族有专业工匠,称为"赞很"(意为会造房子的人),施工时负指挥之责。由于没有专业化,所以建筑经验的积累和提高,就受到局限,至今掌握水平与垂直,仅凭眼睛观察。傣族则用土法:在基地中央置大锅一口盛水,四面拉线较正水平;立柱时,若四柱间所拉的对角线相等,则四柱的平面位置相成矩形,等等。掌握尺度,则以人体为准,如双手平伸为一"掰",肘到手指尖为一"肘"等。

工具极简单,仅用砍刀一把,进行砍、削、凿等工作,仅在开较小孔眼时才用凿子。傣族多用方木柱,不用锯,只以砍刀和斧斫造。没有严格的划线工作,榫卯不密合,卯眼开得很大,再用粗糙砍削的木楔打进眼孔,往往因房屋年久歪斜过甚而不能居住。

图 11-6-9　云南瑞丽景颇族竹楼

为统治阶级所用的建筑如傣族宣慰府和佛寺则有专业工匠，施工水平较高。

过去少数民族普遍信奉万物有灵的原始宗教，建房时都要进行各种宗教仪式，有许多禁忌迷信。但是有些也是含有一定科学道理的，如选地占卜以碗盛米再以瓮覆之埋基地内，数天后取出若碗中米湿霉则不吉，这实际是对地基干燥程度的测试。又如忌在谷内山坳处建屋，实际是这些地方不通风，瘴雾迷漫，又易受山洪之害。这些都是人们对自然的认识的积累。又建房以后庆贺仪式，歌手们所唱的内容大都与建屋有关，起到了一些传授建筑知识的作用。

干阑建筑在不同的民族地区，还有各种不同的特点，现仅就景颇、德昂族为例介绍。

2）几种类型的干阑

（1）景颇族民居：景颇族居住于德宏傣族景颇族自治州的边沿五县，村寨建在气候属温带的山岳地带，村落户数不多，布置稀疏，房屋不开窗，无朝向要求，总平面布局也无一定格局，景颇族多为山居，房屋又颇纵长，顺纵轴方向沿等高线布置房屋。

民居分低楼、高楼（图 11-6-9）两种，其典型形式是低楼式（图 11-6-10），底层高 60 ～ 100 厘米，楼上檐墙也很底，高 120 ～ 150 厘米。由于檐墙低，出檐也很大，长面不便出入，故入口皆置于山面。楼上是居室，依纵轴分隔为左右两部。入门后是堂屋，平日起居待客在此，在堂屋的后山墙上又开一门，但虽设而常闭，称为"鬼门"，平时和外人禁止由此出入。另半部又横向分隔为几间，作卧室和厨房。室内无桌椅床柜之设，

席地坐卧，故楼高很低。由于屋顶甚高，隔墙又不到顶，空间尚不觉低压。屋顶为悬山式，因多雨，屋坡达 45°。它的正脊在两山特别伸出成为长脊短檐倒梯形顶，外伸的脊檩依靠外移的山面中柱支持，有的头人为炫示财富、权势，将此柱选用特别粗大的木材并悬挂牛头。所有以上特点都与滇文化青铜器所示完全一样，当不是偶然巧合。它们的意图都是为保护山墙面不受雨淋，同时也说明了景颇族干阑建筑与滇文化之间的密切关系。

景颇干阑是纵向列柱式结构体系，即用三列木或竹的纵柱上架脊檩、檐檩组成三个承重架子，没有横向梁架，故结构上横向并不要求柱子成行（只是由于横隔墙的架设构造要求，横向才基本上也是对位的）。柱子栽入地内，不用础石。

檐檩和脊檩间架竹椽，铺"朗片"、草顶。为加强竹椽面的纵向联系，在椽下绑扎几根纵向连杆，位置似檩而并不承重，少数跨度较大的房屋，为使椽子不致受弯而下垂，在中柱上加左右斜撑撑住连杆，此时连杆受力，也就成为檩子了。也有用一个水平横撑撑住两端各一根纵向但并不通长的水平杆，此杆绑在椽下，同样是为了减少椽子的挠度，但其数量位置不定，并经常与中柱并不在一个水平面内，虽为横向构件，却还没有发展成为横梁。

内墙用展开的圆竹做成，直放，两面用竹竿夹紧绑扎在柱上即成，外墙则向外倾斜增加室内面积，而且随外墙增加斜柱顶住檐头亦可以加大出檐，这种倾斜的外墙在傣族的干阑式建筑中也可见到，与祥云大波那古滇文化铜器也相同，说明了古今干阑建筑之间的因袭关系。

低楼式底层不用而增建前廊，位于入口前，作畜圈、存放之用。高楼式底层高 160 ～ 180 厘米，可作畜圈，但不作前廊。

景颇式干阑建筑可代表比较早期的干阑建筑情况。

（2）德昂族民居：德昂族人数甚少，居住分散于德宏州潞西市及其附近的镇康县。崩龙使用的干阑与周围民族的无大区别。但德昂族至近代还保留有一种家庭公社制残余的大房子住宅，居住着有同一血缘关系的几个家庭，可住二三十人，有时长达 40 ～ 50 米，宽达 15 ～ 16 米，面积 600 ～ 700 平方米。这样的大房子的建筑布局和结构有自己的特点。

现就镇康县某宅介绍如下（图 11-6-11）：该宅由

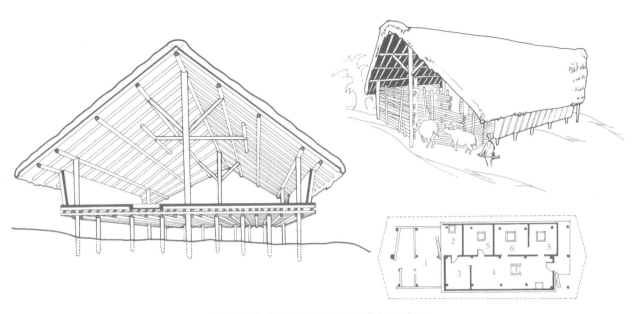

图 11-6-10　云南景颇族民居（低楼式）示意图
1- 牛厩；2- 鸡笼；3- 贮藏；4- 客房；5- 卧室；6- 厨房；7- 火塘

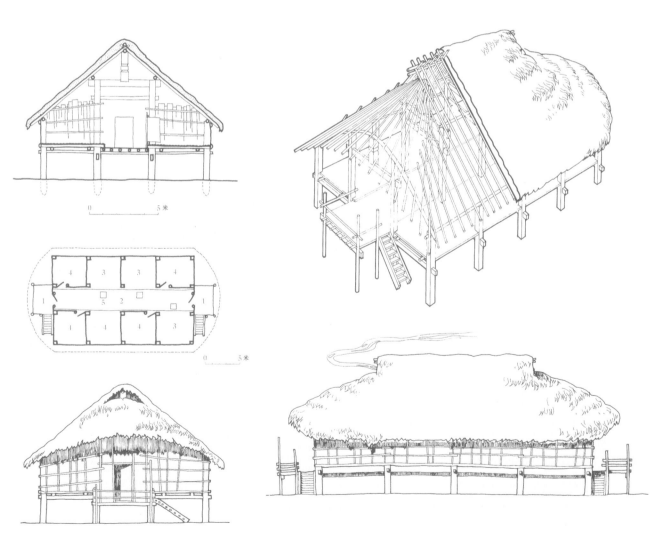

图 11-6-11　云南镇康县德昂族民居 "大房子"
1- 晒台；2- 走廊；3- 客房；4- 卧室；5- 火塘

四排纵向列柱组成柱网，纵向四间，横向三间。由于居住的人较多，故出入口有两个，设在两端山墙的正中，两门之间通以较宽的中间走廊，走廊西侧楼面比走廊高起十几厘米，以竹篾笆作纵横隔墙分出小间。小间内居住一个个小家庭，各小家庭都有自己的独立经济生活，设单独火塘。但小家庭与大家庭之间仍有相当程度的共同经济，未完全脱离家庭公社的窠臼。

内柱已有简单梁架，由柱、梁、随梁枋和梁上的脊瓜柱组成，皆木制，有简单套榫，而檐柱仍只具纵向联系，所以，这种横向结构还是很不完全的；可认为是由纵向列柱式结构体系向横向梁架式结构体系过渡的形态。

檩、椽皆竹，上绑"朗片"，覆草顶。屋顶形式类似歇山，山面屋檐，呈中部向上的凸弧形，平面上则是椭圆形的，是比较特殊的地方。它的优点是有利于山面的出入和出口外晒台的使用。

这种家庭公社残余的大房子，在云南除德昂族外，拉祜族也有部分使用。

三、傣族建筑

(1) 傣族的干阑式住房：傣族分傣泐、傣那两支系，前者居西双版纳傣族自治州和德宏傣族景颇族自治州的瑞丽，后者居于德宏州的潞西一带。傣泐建筑保留了本民族的鲜明特点，通行干阑式；傣那接受汉族经济文化的影响较著，多居土木结构的平房。本节仅介绍傣泐干阑。

傣泐居住地都在江河沿岸平坝和山间小盆地，属亚热带及热带气候，炎热潮湿，终年无霜雪，雨量充沛并集中于雨季。

绝大多数村寨都有佛寺一座，村寨住户密集，各户为占地 20 ~ 30 米见方的小院落，以矮竹篱为院围，院内居中建干阑一座，空地为菜园和果树，环境优美。

西双版纳傣族为小家庭制，人口不多，住房建筑面积不大，典型平面大约是 10 米 ×10 米的方形，底层高 1.8 ~ 2.5 米，为圈畜、置米碓、囤粮之处；楼上居人，由前廊、晒架、堂屋和卧室组成。傣族的前廊是日常生活家庭纺丝的地方，沿边设靠背坐凳栏杆，最富生活气息，为每家不可或缺（图 11-6-12）。

晒架作为曝晒衣物及盥洗之用。室内，分隔为堂屋和卧室，由前廊直接进入堂屋。有火塘，卧室向堂屋开门，按长幼顺序，分帐住宿，无床。

整座房屋构架用木料，有穿榫。歇山顶正脊只占当中三间，四围柱则高至屋檐。屋面陡峻，达 45°～ 50°，铺草或小瓦，小瓦平板带尾钩，如鱼鳞状双层铺叠。楼面用竹排成木板（图 11-6-13）。

楼层四周围护墙也用竹排或木板（图 11-6-14），开小窗。墙面向外倾斜，墙面附着于斜短柱；短柱也就是出挑深远的屋檐作支承用的斜撑。为了扩大底层的使用面积，常常在底层的一侧或多侧加有下檐，另设矮柱支承。这样，就形成重檐。

火塘的支架或用立于地面的独立柱支承，不附于楼面。

整座建筑全部深笼于树木浓荫之下，很好地解决了防晒问题。屋坡陡，除利于排水外，也利于通风降低室温。

总的来说，功能和结构已考虑得较为细致，但施工仍不够精细，榫卯全靠木楔固结，易歪斜走动。

封建领主的等级制对劳动人民的民居强行规定了许多限制，如木柱不许用础，必须直接埋入土内，这在潮湿多雨地区对防腐是特别不利的。

瑞丽傣泐民居与西双版纳的又有许多不同。瑞丽傣泐宅院为浓竹围绕，一片青翠，是本地区傣家村寨的环境特点。

民居为南北纵长方形。由近南端的楼梯上至前廊，前廊又南通晒台，位于整座建筑的最南端。室内的传统布局皆横向分隔，由前廊往北首先进入堂屋，再往北隔成东西两部，东为卧室、西置一梯，下至整座建筑最北端的平房内，此平房作厨房用，由厨房往南通楼下，作畜圈。这样布置，晒台可充分利用阳光，堂屋能前后通风。若左右开窗，通风效果更好。卧室在东北部，可避西晒，又专设厨房免得在堂屋内炊事，使用要求在平面设计上考虑得更为周详（图 11-6-15）。

本区广泛使用竹材，所有构件无一不用竹，节点除竹榫外，都用篾条绑扎。

结构是完整的横向梁架体系，整座长方形干阑由几排横向梁架组成。经常采用的几种梁架形式，其结构与汉式建筑没有什么差别（图 11-6-16）。

屋顶为歇山式草顶，正脊较长，平房部分悬山式草顶，当做独立建筑处理。

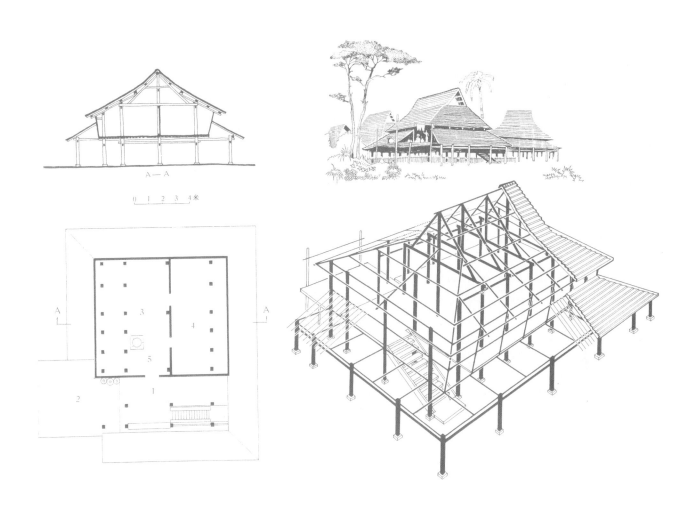

图 11-6-12　云南西双版纳傣族民居
1- 廊；2- 晒台；3- 客房；4- 卧室；5- 火塘

图 11-6-13　云南西双版纳傣族民居屋架

图 11-6-14　云南西双版纳傣族民居外景

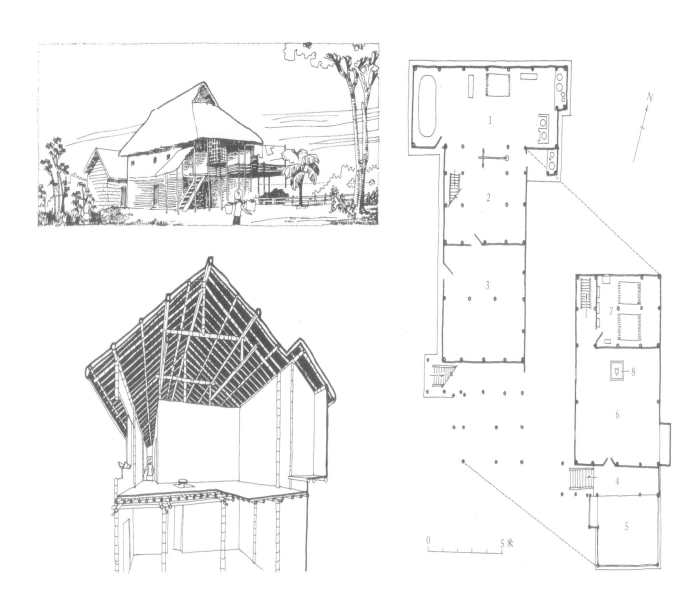

图 11-6-15　云南瑞丽傣泐民居
1- 厨房；2- 储藏；3- 牛厩；4- 敞廊；5- 晒台；6- 客房；7- 卧室；8- 火塘

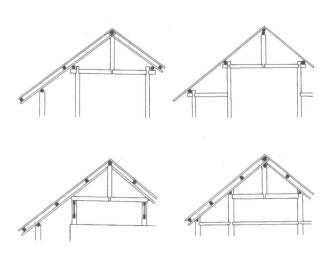

图 11-6-16　云南瑞丽傣族民居屋架形式示意图

楼层较西双版纳的稍高，檐柱约 2 米，所以往往在堂屋东西墙开竹制扯窗。墙面的竹席利用了竹篾正反两面的色泽不同，巧妙地编织成各种图案。下层有的也有竹席墙，编织较粗，上层较细，朴素自然。

瑞丽傣泐民居平面合理，结构完整，制作也较细致，而且利用材质作一定的艺术处理，总的技术水平是较高的。但由于竹材本身不耐久，常须维修更换。

（2）宣慰府：西双版纳傣族从前保存有较完整的封建领主经济，一切土地归最高土司"召片领"所有。元代起，召片领为中央政权封为"宣慰"，统治中心在景洪附近宣慰街，在此建有宣慰府（傣语"和海姆"）。

宣慰府临澜沧江，由四幢主要建筑组成，皆坐东向西，现已毁（图 11-6-17）。

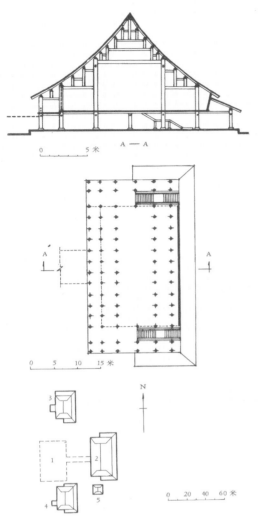

图 11-6-17　云南西双版纳宣慰府
1- 前殿（早废）；2- 宣慰寝殿；3- 宣慰长子住宅；4- 宣慰次子住宅；
5- 厨房

空廊道相接。

宣慰之子居住之殿较小，楼上面阔九间，进深三间，约 20 米 ×9 米，其余做法与宣慰寝殿略同，唯廊为方形。

各殿楼下皆通敞，有米碓粮囤、大圈畜。

（3）傣族佛寺及塔：傣族信奉小乘佛教已有千余年的历史。小乘佛教规定每个男子在成年前都必须到寺院里出家一次，履行一个时期的僧侣生活；又规定，居民必须供应僧侣的衣、食、修造寺、塔、佛像，贡奉经书，乃至僧徒喝茶等费用，成为劳动人民的沉重负担。

由于宗教和世俗社会的关系密切，每一村寨皆设立佛寺，在宣慰所在地和每一版纳的中心还建有更高等级的佛寺。村寨越富足，佛寺等级越高，佛寺的规模和建筑质量也就更大、更好。

现存佛寺，可能以曼广的为最早（1597 年建），其余大多都有一二百年以上的历史。

一般佛寺由主要建筑佛殿、经堂和僧房等组成，各寺原均有塔，总平面布局以主要建筑（佛殿）为中心。寺院多居高地或要街，从很远就能看到。佛塔及其他建筑围绕佛殿左右或后部建造，无固定格局。

佛殿，纵向布局，多取东西向。佛像面东，入口在东端山面，由寺门到佛殿入口之间的通道上常覆廊屋，以避雨淋日晒。

结构为沿纵向布置的一系列横向梁架约 6～8 檩，除端部各一檩有中柱外，余均省去中柱，梁架举折陡峻，为悬山屋顶。在这中心构架的四周又加一周外柱，即檐柱。檐柱与内柱之间连以单坡屋架。中心的悬山顶和四周的单坡顶形成一座歇山式屋顶。傣族佛殿建筑最突出的特点是它的屋顶处理。采用了以下的一些手法：①沿屋脊方向由中部向两端作数段跌落，使上部悬山顶在纵向分为三至五段；②屋面上下也分成两段，上段悬山跌落，下段为四坡；③山花面的三角形颇大，此处再加一重横檐，用斜撑挑；④少数规模更大的大殿，如宣慰街的"洼笼"，再加重檐柱，屋顶为重檐；⑤沿正脊，垂脊和戗脊布置火焰状、塔状和孔雀状的杏黄色玻璃瓦饰，使轮廓更加丰富。

所有以上的处理方法，并没有给结构增加更多的负荷和复杂，只是依靠柱子和檩条位置的高度不同这种异常简单的办法，实现了造型上的丰富多彩的变化（图 11-6-18 ～图 11-6-20）。

正中一幢是前殿，早毁，原状不明，前殿后正中建宣慰寝殿，寝殿左右稍前又对称地建二殿为宣慰长子、次子所分居。

宣慰寝殿为平面长方的大型干阑式建筑。楼层南北面阔 15 间，约 40 米，东西进深 5 间，约 20 米，室内南北端各置一梯，男女分梯登楼。楼上设有巨大鼓架，铺木地板。

结构以占两间进深的矩形梁架为中心，在此左右又各接出一间半屋架，向西即殿身正面又再接出一小间半屋架为前廊。

歇山瓦顶、大跨、陡坡、低檐柱，下层又另立檐柱承下檐，显得屋顶特别庞大。下檐仅设于殿后及两山后半段，其余敞开。楼上由前廊正中向西与前殿架

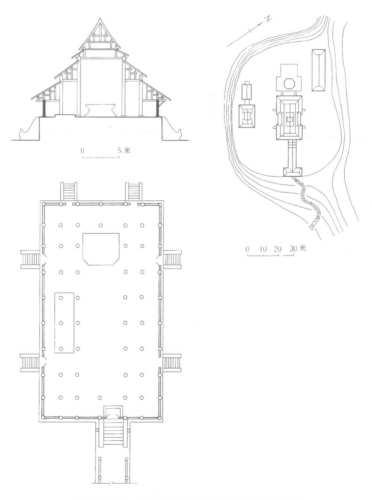

图 11-6-18 云南西双版纳宣慰街洼笼佛寺示意图

图 11-6-19　云南西双版纳橄榄坝曼苏曼寺示意图

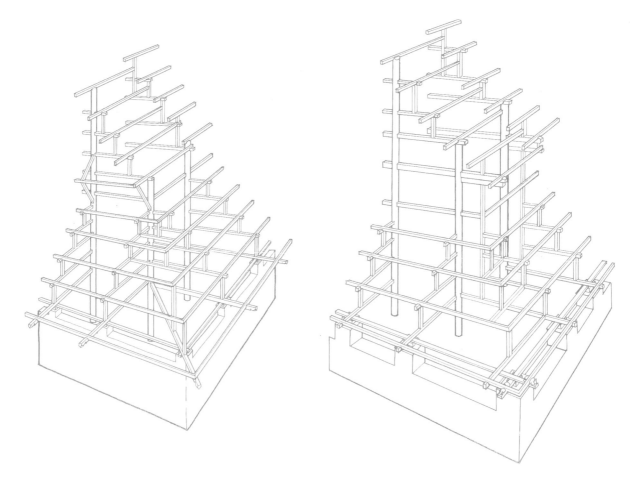

图 11-6-20　傣族佛寺大殿结构示意图

此外，屋顶皆用桷，檐端平直，至角无起翘、斜出，桷上钉挂瓦条，挂双层陶土带釉平瓦，作间绿黄色，闪闪发光。室内，柱、梁、檩表面有彩画，少数在内墙粉刷，表面也有。这些彩画仅用红、金二色，其做法是先在材料表面漆黑漆，次刷暗红色漆作底，再覆贴事先用纸剪刻好的图案，刷调胶水的金粉，刷后将纸揭下即成，称为"金水"。

僧房室内粉壁或佛寺檐下粉墙上常有彩色图画。佛殿四围用砖砌矮墙，下有须弥座线脚，殿内地面平整光洁，因入殿须赤脚。

经堂也是佛寺中比较着重处理的建筑，供藏贝叶经之用，体形小，有外墙，且一定有高起的须弥座承托以避潮湿。屋顶也同大殿一样，甚至华丽更有过之。

僧房居住亦有干阑式建筑，但多为平房。

佛寺中还建塔，或在殿前，或在殿侧，或在殿后，无固定位置的规定。橄榄坝曼听佛寺，塔位于佛殿长向面的正前方中轴线上。大殿内的佛像也移居大殿平面正中，面向塔，是一个特殊的例子。

有的塔并不设在寺内，而在寨中别处，有的更离开村寨，孤立地建立在视野开阔的小山顶上，人们从很远就可望见。

塔皆是舍利塔，塔基内筑有小室，塔为砖砌实心，以石灰砂浆砌筑和抹面，其质量都相当好，灌填坚实、造型准确、轮廓挺秀，具有很高的施工技术和艺术水平。

塔的形制与缅甸、泰国属同一系统，其典型实例如：橄榄坝曼苏曼寺塔（图 11-6-21），为单塔，在大殿左侧、经堂之后。由基台、基座、塔身和塔顶四部分组成，总高约 13 米。基台两层，下层是很低的正方形素平台，上层是正方形须弥座，座上四角各塑蹲兽一座，台四面各有上部为花蕾状的小圆柱。基座由四层逐层内收的素平台叠涩组成，下层平面八角，上三层都是折角亚字平面，塔身由三层逐层收小减低的须弥座叠成，平面亦折角亚字；塔顶似倒置喇叭形，上承仰莲和花蕾，再上为塔刹串珠，刹杆下有金属相轮。整体外廓秀丽挺拔。

图 11-6-22　云南西双版纳大勐笼"塔诺"（群塔）示意图

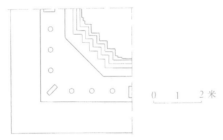

图 11-6-21　云南西双版纳橄榄坝曼苏曼寺之塔

图 11-6-23　云南西双版纳大勐笼"塔诺"（群塔）外观

　　大勐笼"塔诺"（图 11-6-22、图 11-6-23），为群塔，位于曼菲龙寨后紧依小山顶上，小山高约 100 余米，遍植橡胶树。在林荫深处的山顶辟出不大的平地建塔。高 13 余米。

　　基台由两层素平圆台组成，基座颇特殊，分上下两段。下段是一个圆形平面的须弥座，上段是向八个方向做出的八个两坡顶小龛。龛内壁粘贴很多经烧制雕塑的小千佛，涂彩，龛中心另有坐佛。基座上的群塔由八个小塔环绕一个中心大塔组成，小塔其上为尖耸的塔刹。九塔均为圆形平面，大塔本身基座由三个须弥座叠成，九塔风格统一，八个小塔与下面的八个小龛轴线对位，在二者之间作出船首过渡，交代得十分巧妙自然。

　　整体造型玲珑丰富，装饰性很强，诸塔拥立，如雨后春笋，傣族人民名之"塔诺"。"诺"在傣语中是竹、笋的意思，实在是很贴切的比喻。

群塔型的塔最多者为瑞丽姐勒村大金塔，是由三种大小、形制不同的 16 座小塔拥立一个金色大塔组成（图 11-6-24）。

图 11-6-24　云南瑞丽姐勒村大金塔

图 11-6-25　云南西双版纳勐海景真八角亭

勐海景真的"务苏"（讲经处），是一座美丽的八角多檐建筑。它可以看做是傣族建筑造型艺术的典型，但构造很简朴、巧妙（图 11-6-25）。

四、白族汉式建筑

白族在唐代就曾建立南诏国，白语属彝语支系，白族在唐代已进入封建社会。

白族很早建造汉式建筑，同时也加进了自己的创造。现仅就白族建筑的创造性特点，作一简单的介绍。

洱海地区气候温和，农业发达，但多大风，风向常为西或西南，也多地震，自 886～1925 年，就发生过大地震 26 次之多，所以居民对建筑防风、防震是很重视的。

建筑使用木结构梁柱承重体系，夯土或土墼墙围护，屋顶硬山，用苫背泥浆坐瓦。一般都是两层楼，但仅楼下居住，楼上贮藏。

总平面布局以"坊"为单位，所谓"坊"，就是一幢三开间的两层房屋。由坊组成院落，院落的基本形式是"三坊一照壁"即以三坊组成一个三合院，另一边筑院墙，院门开在院落的一隅，实际上和云南汉族通用的"一颗印"式相似（图 11-6-26）。强调正房向东，即使在城市里，甚至不惜背对大街坚持东向。形成上述习惯有它的自然条件的原因。因白族村落都在点苍山东麓，面对洱海，不取四合院式，有利于减少倾斜基地平整场地的土方，充分利用狭窄的地形，同时又多西风，所以大理民谚有"风吹不进屋"之说，西傍山麓，自然以东向为好。白族建筑由于注重抗震、防风，比起云南其他地区汉族建筑来说，施工质量要

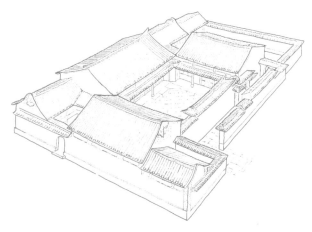

图 11-6-26　云南大理白族宅院鸟瞰

常见的驼峰以求稳固。

注意整座构架连接的整体性，如额枋与柱的连接、檩条与檩条的连接皆用燕尾榫；大梁梁头都嵌固在柱头内；驼峰的各层木块之间加暗木梢（称"啄子"）等。此外，有些建筑还采用所谓"串枋"。按其位置串枋又分"三间箍"、"三间串"和"穿枋"三种，用意是把各个柱头不论纵向和横向都紧密地联系起来。这三种串枋都是一根很长的整木做成，要求很直，尺寸很准，否则穿不过去，或是穿过去而孔卯太松，不起联系作用。同时，在柱脚还有地脚枋（即地栿），地脚枋不用整长木料，但与柱脚的结合也用燕尾榫，在立柱时就同时装好。串枋和地脚枋的共同作用，使构架达到了很高的整体性（图11-6-27）。

白族爱好造型艺术，大理三塔和剑川石窟已经显露了他们的艺术才能。现在遗留的明清建筑，装饰手法很多，如彩画、木雕、石刻、泥塑、镶嵌、铺地等，都给人以突出的印象。

彩画：不仅施于室内，也施于室外；不仅施于木材，也施于抹灰墙面。山墙就是匠师们精心绘饰之处，在朝向院内的走廊墙面，用薄砖砌出各式框档，中心镶嵌有名的点苍山大理石，框内其余部位也施彩画；在天花上，用木支条和薄板做出覆斗凸和框档，同时也作彩画（图11-6-28）。

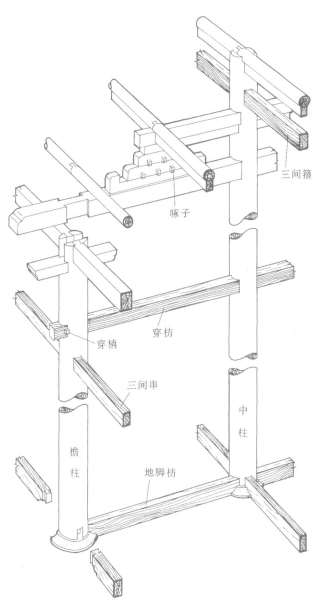

图 11-6-27　云南大理白族木构架抗震构造图

图 11-6-28　云南大理白族建筑天花和墙面装饰

更加考究一些，某些地方还保留了唐宋的一些合理的传统做法。例如：侧脚。柱子在面阔方向每尺高内收一分（即"见尺收分"），当地将侧脚做法称为"收分"。在进深方向每尺内收八厘，这种做法在其他地区已不采用，而大理至今通行，与宋《营造法式》规定的"侧脚之制"完全相符。白族匠师把立柱喻为板凳的四条腿，又喻为一座塔，必须下大上小，这样才能抗震、御风。

生起。当地将柱子的生起称作"起水"，《营造法式》也规定了生起的制度，谓"三间生高二寸"。白族的"起水"则为三寸，所以又称"加三"，比《营造法式》还有超过，屋脊曲线更加显著。

各层梁下皆不用明清通行的瓜柱，而用类似唐宋

木雕除用在梁头、花牙、雀替外，门窗、裙板、隔扇更是精雕细刻的地方，有的匠师可以在一块薄板上雕出四层图形，即在第一层图形的漏空处雕，第二层，如此顺序雕出第三、第四层（第一层人物，其次云霞，再次葡萄纹，最后以卍字纹作地等）。所用的刀具有四十几种，体现出了高超雕刻技术。

白族建筑在云南各少数民族中达到了较高水平。白族匠师在云南享有很高的声誉,尤其以剑川最为著名。

附：贵州苗族建筑

我国苗族居住在贵州省的最多，而主要聚居区又在黔东南。苗族木构建筑技术具有悠久的历史传统，建筑具有代表性的是民间住宅。现简略介绍如下：

苗族聚居点叫寨子，由许多住户组成，多为同性聚居，历史上苗族寨子的选址，大致有以下几个特点：一是多踞于山坡险要或隐蔽之处建寨，具有防御性；二是寨子多处在荒山石岩之上，不占良田；三是常靠近良田和流水附近，以取其近田傍水的便利；四是避开山洪或滑坡之地，注意寨址选在地基稳固和安全的地方，长期实践的结果形成了高坡寨、山腰寨和山脚寨三大类型。寨子中住宅的布局是顺应自然地形的条件而变化的，有平行等高线布置的；也有垂直等高线布置的，既注意争取好朝向，又重视面向开阔，一般以"坐坡朝河"的为多。由于苗族住宅多地处山坡，建筑群的组合形成了多种拼接方式：有成对房屋组成院落（图11-6-29）；单开间

拼联，单幢住宅间用楼梯联成一排（图11-6-30）；各宅平列顺应等高线曲折地势布置（图11-6-31）；组成三合院或四合院式住宅（图11-6-32）；此外，苗族住宅与侗族建筑在梁架及外观形式等方面有类似的特点（图11-6-33～图11-6-35），而多层屋檐则为侗族建筑突出的形式（图11-6-36、图11-6-37）。苗族单体

图 11-6-29　台江某宅平面及外观

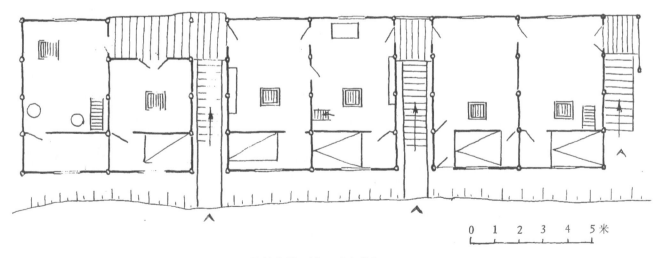

图 11-6-30　剑河乃寿寨某宅平面图

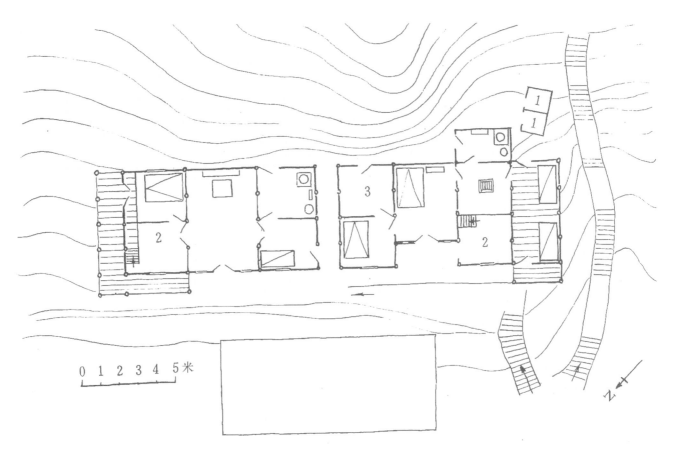

图 11-6-31 凯里青付寨住宅平面布置示意图
1- 猪；2- 杂；3- 贮

图 11-6-32 雷山排山寨四合院式住宅外观透视

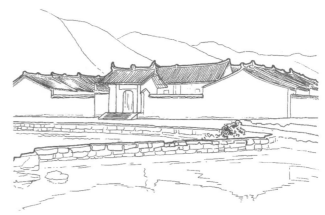

图 11-6-33 榕江县寨子住宅外景

住宅，平面以开间为单元，横向展开，有单开间、双开间、三开间以及四、五开间之分，其中三开间为较普遍的平面类型，外观别具一格（图 11-6-38）。又如距今已有百余年历史的住宅为三开间、二层加阁楼，以堂屋为中心，卧室不大，具有苗族住宅的独特风格（图 11-6-39）。苗族住宅平面尺寸：中间开间 3.6 ~ 4 米；两边 3.3 ~ 3.6 米；进深变化较大，一般为 5 ~ 8.3 米，以 7 ~ 7.5 米的居多。木柱排架间距 1.6 ~ 3.3 米，柱网布置从三柱式到七柱式，五柱式较普遍（图 11-6-40）。住宅按楼层划分，底屋不住人，作畜舍、杂物、厕所、农具贮藏，有的全部敞开（图 11-6-41）。阁楼层主要作贮藏用。住宅组成房间有堂屋。多设有火塘，位置在中间开间，正面墙上设有神龛；卧室：老人房在堂屋之后，堂屋左右为夫妻、子女室，夫妻室居于前，子女室居于后；火塘间：作取暖用，大多居于侧开间前部；廊：为家务、休息、晒太阳以及"对歌"、"坐月"的地方（图11-6-42）；灶房：多设在偏厦中；晒台：布置在房屋尽端，也有设在山墙一端的（图11-6-43）。民间住宅剖面形式有三种（图11-6-44）：地居，也就是平房；半楼半地，是适应地形的一种吊层处理；全楼层，为架空建造的房屋。常见的层高尺寸：底层1.8～2.2米，居住层2～2.4米。黔东南木材丰富，苗族住宅以木结构为主。木构架：承重构架由立柱、横梁、瓜柱等组成横向排架（图11-6-45）。纵向用穿枋拉接形成空间构架，中柱柱径约30厘米；边柱一般同中柱，瓜柱25厘米，格栅10厘米×16厘米，木枋5厘米×23厘米，楼板

厚2.5厘米，宽25～30厘米。挑廊宽1～1.2米，最宽的达1.4～1.5米，做成吊脚楼形式。基础：柱脚直接置于岩石地基上，有时加一个石墩。土墙与砖墙的基础多用毛石、块石、条石干砌。勒脚部分高0.2～0.5米左右，多用乱石或条石。墙身：外墙与隔断多用木板，采用土墙的厚度为40～50厘米。此外，也有乱石、卵石及用砖砌空斗墙的。门窗为木格窗，堂屋大门为双扇，有的还另设有腰门，过梁用木枋或木板。屋面多为双板，个别为单板，出檐0.8～1.2米。屋面用稻草的坡度"七分水"；小青瓦屋面坡度为"五分水"和"六分水"，杉树皮屋面坡度多为"七分水"，屋脊用瓦作装饰，檐口利用木质作局部装饰处理。

图11-6-34　锦屏县兴合寨住宅建筑群

图11-6-36　从江县侗族寨子住宅

图11-6-35　锦屏县兴合寨房屋外观

图11-6-37　从江县侗族鼓楼

图 11-6-38　雷山县鸡勇寨住宅外观

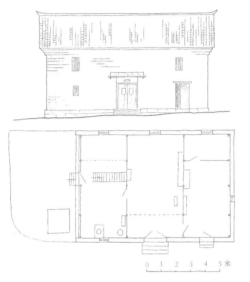

图 11-6-39　台江施洞口巴拉河寨某宅平面及立面图

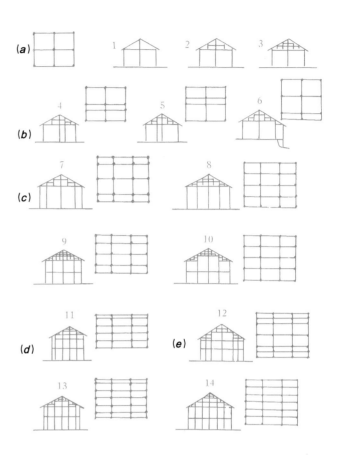

图 11-6-40　木架剖面及柱分布示意图
（a）三柱式；　（b）四柱式；　（c）五柱式；
（d）六柱式；　（e）七柱式
1- 三柱；2- 三柱二抓；3- 三柱四抓；4- 四柱二抓；5- 四柱三抓；6-
四柱四抓；7- 五柱二抓；8- 五柱四抓；9- 五柱六抓；10- 五柱八抓；
11- 六柱四抓；12- 七柱二抓；13- 七柱四抓；14- 七柱六抓

图 11-6-42　凯里青付寨外廊式房屋透视

图 11-6-41　剑河乃寿寨某宅外观透视

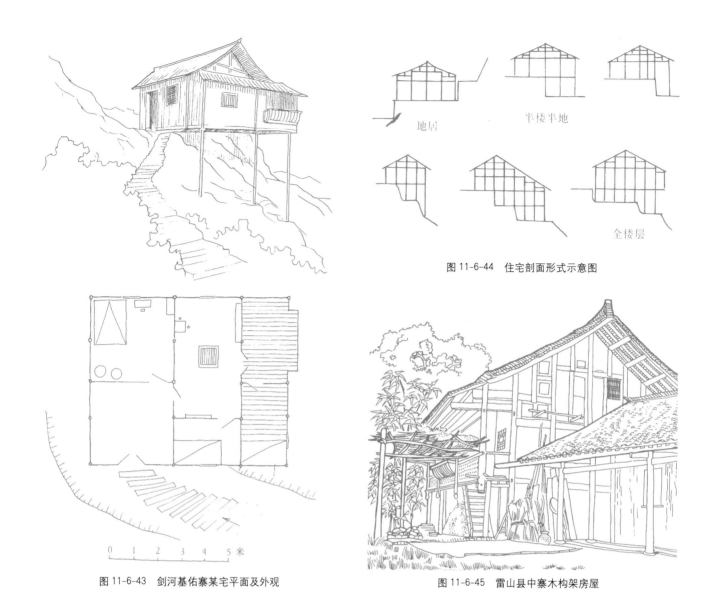

图 11-6-44　住宅剖面形式示意图

地居　半楼半地　全楼层

图 11-6-43　剑河基佑寨某宅平面及外观

图 11-6-45　雷山县中寨木构架房屋

参考文献

[1] 明陈诚《西域番国志》。

[2] 新疆维吾尔自治区博物馆考古队：《新疆民丰大沙漠中的古代遗址》、《考古》1961 年第 3 期第 119 页。

[3] 史树青：《谈新疆民丰尼雅遗址》、《文物》1962 年第 7、8 期第 20 页。

[4] 《汉书·西域传》渠犁条。

[5] 《晋书·四夷传》。

[6] 黄文弼：《略述龟兹都城问题》、《文物》1962 年第 7、8 期第 16 页。

[7] 《裔乘·西北夷》卷 8。

[8] 《四夷广记》。

[9] 云南省博物馆筹备处：《剑川海门口古文化遗址清理简报》、《考古通讯》1958 年第 6 期第 5 页。

[10] 冯汉骥：《云南晋宁石寨山出土铜器研究》、《考古》1963 年第 6 期第 319 页。

[11] 云南省文物工作队：《云南祥云大波那木椁铜棺墓清理报告》、《考古》1964 年第 12 期第 607 页。

[12] 云南省博物馆：《元谋大墩子新石器时代遗址》、《考古学报》1977 年第 1 期。

[13] 宋兆麟：《云南永宁纳西族的住俗》、《考古》1964 年第 8 期第 409 页。

第十一章 城市建设工程

概　说

城市，是随着社会分工的发展和阶级对立而出现的。我国封建时代的城市，是统治阶级的据点。统治阶级不但掌握着政治统治权，还控制着手工业和商业。对于城市的规划，除了经济发展的要求和地理环境的影响以外，同时也受到统治阶级的政治统治和思想意识的制约，服从军事防御和阶级斗争的需要。

我国封建社会的城市，尤其是都城的建设，综合反映了封建社会经济、政治、军事和思想意识的要求，逐步形成自己特有的一套布局方法。

早在战国时代，就出现了一些关于城市规划的理论。如齐国管仲提出"凡立国都，非于大山之下必于广川之上。高毋近旱而水用足，下毋近水而沟防省。因天材，就地利，故城郭不必中规矩，道路不必中准绳"（见《管子》卷一《乘马·立国》）。这些原则反映了当时从实际出发的城市选址经验，是比较合理的。但统治阶级也曾提出一些反映其政治需要和思想意识的规划理论，具有代表性的如《周礼·考工记》所述"匠人营国，方九里，旁三门，国中九经九纬，经涂九轨，左祖右社，面朝后市"的王城布局设想，《吴越春秋》所说的"筑城以卫君，造郭以守民"、管仲提出的"凡士者近宫，不士与耕者近门，工贾近市"的城市分区思想。这些论点反映出的规划方针，在许多城市规划中均得到证实。

一、城市规划特点

（1）城市选址，善于利用自然条件的特点进行规划和建设。在历代的都城建设过程中，不但要选择经济发达，交通便利的地区，而且在军事上也是战略地位优越的地点。从秦汉到隋唐的八九百年间，在关中平原上建都的时间最长，这里在秦统一六国前后，便得到开发经营，土地肥沃，经济富庶，且四面有险可守，军事上非常有利。但从秦咸阳到汉长安，到隋唐长安，三易其位，原因则是对自然条件认识的逐渐加深。唐以后，全国的经济中心向东南移动，都城的地址也向东移。北宋选择汴梁定都，就是因为汴梁地处中原，交通发达，便于集中东南财富。但汴梁在军事设防上，条件不利，驻防军队庞大，成为北宋经济的沉重负担。

从辽代起，金、元、明、清几个王朝，均选择北京地区定都。因为北京是南北大运河的终点，通过运河与经济富庶的长江下游沟通，同时，地位适中，是中原和北方联结的枢纽。所以自金中都开始，四个朝代均建都北京地区，而具体位置也有变迁，其主要原因是为了更好地利用水源条件。这就说明，都城位置的选择，首先从全局着眼，同时，也须顾及具体的地理条件（运输、河道、水源、关隘等）。元大都改造了原有的供水系统，弥补了金中都水源不足的缺点，明清的北京则基本在元大都的基础上进行发展。

在地方城市中，利用自然条件，有着更为突出的特点。我国北方地理环境多为平原，在平原上建城，大多数都是方整对称的平面布局，城内设十字或井字交叉的道路。而南方地区多山地丘陵，便依山傍水建城，山城随地形布置，以军事、交通和水源为主要着眼点；城市随河流自由伸展，城内街道与河网纵横交叉，河道作为物资供应的运输线和生活用水的来源，成为城市布局的主要根据。

（2）城市规划中认真考虑军事设防。封建统治者把城市作为据点，"筑城以卫君"，所以，历代都城都要周密地考虑城市的防卫体系；对各级地方城市也都严加设防。此外还大量修筑关、塞、边城，建立全国性的防卫体系。城市设防在规划中从考虑选址，占据有利地形，采取技术措施如筑城、挖壕等，发展到布置上的措施，如出现了宋东京城那样三重城墙的处理（宫城位于中心，宫城之外又有内城与外城，其间的距离增加了防御进深），这种规划手法沿用到封建社会后期。历代还重视对军事性城镇的修建，如汉代曾普遍修筑营垒和关塞，在内蒙古呼和浩特东郊和福建崇安，都曾发现汉代营垒遗址，城中主要建有官署、兵营和民居，城外周围还有屯田或军事训练场所。又如明代在沿海大量建造卫、所、烽、燧，以抵御海盗的侵犯。明初在山东、浙江、福建、广东沿海设立几十处卫所。这种沿海卫城规划很有特点。山东蓬莱水城，就是一例。

（3）封建统治阶级思想意识在都城规划中有所反映。历代都城均以统治阶级的利益为最高原则进行规划，集中表现在宫廷建筑的规划布局上。早期的都城、皇城和苑囿、衙署，就占据大部分城市用地。汉代以前的城市已分划若干"闾里"，每个闾里设有"里监门"的官吏进行看管，用以控制平民百姓。到隋朝规划大兴城时，又提出"自西汉以后直至晋齐梁陈,并有人家在宫阙之间,隋文帝以为不便于民,于是皇城之内,惟列府寺,不使杂居止,公私有便,风俗齐肃"(见《长安志》),就是进一步把居民区与皇宫府署加以区隔,以利于统治阶级的防卫和对庶民的统治管理。实际上,早在三国邺城和晋魏洛阳的布局,已经出现这种方式。隋大兴城是典型的坊里制城市,把全城分为110个坊,坊门启闭有时,鸣鼓为号,有严格的制度(见《唐律疏议》),实际上仍然保持了战国、汉以来的闾里制度,只不过更为规整有序。隋大兴城(唐长安)并且采用了严格对称的布局,使宫城处于全城中轴线上。以后元大都(明清北京)的规划,承袭了这一特点。北京长达8公里的中轴线上(从永定门到钟、鼓楼),布置了一系列最主要的建筑。这一宏伟规模,在世界上独树一帜。然而,为了突出这一以帝王为中心的要求,同时也就牺牲了大多数居民的居住生活和交通来往的便利。这些都是为了满足统治阶级的要求而采取的城市规划形式。

(4)随着经济的发展,给里坊制的城市规划体制带来不小的冲击。唐代以后城市经济的发展,商业、手工业的繁荣,以里坊制为基础的城市规划已经很难适应时代的发展。到了宋代,便突破了里坊制,城市主要街道上出现了商业街道。宋代东京城的规划就是这个背景的产物。《清明上河图》是当时汴梁虹桥一带商业街道繁华情况的真实写照。当时,有些商业街道发展到城外,出现了关厢商市。唐代长安的东西市,已经出现商业、手工业的行会组织。宋代以后私营手工业有更大发展,手工业者,按行业居住相对集中。很多城市发展成著名的商业、手工业城市。随着对外贸易的发展,沿海城市发展成重要的对外贸易港口。这种基于经济原因而发展起来的城市与一般的州、府、县城不同,城内手工业作坊占了很大的比重。例如,北宋景德年间以制瓷出名的城市景德镇,到了明代全城有瓷窑3000所。这时,里坊制城市结构完全被打破,手工业工人、商人就居住在繁华的商业街背后,或是城内官僚贵族住宅的隙地上,并无明显的分区。这种局面的出现,是不以封建统治阶级的意志为转移的。到了元、明、清,尽管封建统治阶级幻想着在都城的规划中恢复传统的制度,尽管元大都(明北京)在行政管理上还保留有"坊"的称呼,但都城中封闭的坊里再也无法恢复了。

二、城市建设工程技术的发展

(1)筑城工程技术:我国封建社会的城市,普遍兴筑城墙,挖掘壕堑。当时战争的目标是争夺城池。从秦汉到隋唐,虽有少量用石头砌筑之城,但多数采用夯土城墙,有些夯土城墙遗迹历经一二千年,一直保存至今,反映了古代劳动人民对夯土技术纯熟的掌握。针对当时的攻城手段,把城墙筑得很厚,例如汉长安城下部基址厚16米,唐长安城下部基址厚12米。城墙从直线形发展成带马面的形式。对于马面的使用效果,沈括《梦溪笔谈》中记载了4世纪西夏赫连城的情况:"若马面长则可反射城下攻者,兼密则矢石相及,敌人至城下,则四面矢石临之。需使敌人不能至城下,乃为良法。若敌人可到城下,则城虽厚终为危道"。

随着武器的进步,夯土城墙已不能适应防守的要求。自从宋代发明了火药,战争中便开始使用火器,城墙则需要进一步加固,发展成土城包砖的做法。明代城墙普遍包砖,正如恩格斯所说:"筑城艺术中的彻底变革,是火炮改进的最初结果之一。"我国南方多雨,土城易毁,维修频繁,早在唐代以前,就出现了砖石城垣,但规模不大。随着筑城工程的发展,不断总结,技术更新。北宋编写了《修城法式条约》,南宋初陈规的《德阳守城录》中也记载了筑城工程技术,清代还颁布了《城工事宜》作为筑城施工技术规范。

城门,是城市的咽喉,又是防御较为薄弱的环节,为了加强城门的防御,城门本身的构造也在不断改进。早在春秋时代,墨翟就提出设悬吊式的城门,用绞车启闭;为了防火,在门上钉木栈,然后涂泥,门上留有向敌人射箭的孔洞。城门防火一直受到重视,五代时钱塘城的城门,曾采用包铁叶的办法。南宋《德阳守城录》中提出每处城门设三道门扇,还提出城门作上、下两层,"上层施弓弩,可以远射,"、"下层施刀枪"。城楼处设暗板,揭去暗板,可以向下投以巨木、石块等。明清北京的城门,如正阳门箭楼的门,设有铁闸门,用两层厚0.5厘米的铁板包镶。铁闸门则用绞车提升。

此外,加筑瓮城和羊马城,以增强城门的防御。汉代已有瓮城做法,北宋东京城的全部城门均有半圆形或方形瓮城,城门多开在两侧,或直对城门。瓮城的做法一直沿用到明清。羊马城的实例不多,见于静口府城图。宋代《武经总要》一书，对城垣城门的防御手段，有详尽描述。城墙上部不仅设有女儿墙、战棚、敌楼等防御设施，还有较大的建筑——城楼、箭楼、角楼等，作为瞭望站和指挥所。北京城是最有代表性的实例。正阳门瓮城设了三座箭楼，其余各门均设一座箭楼，箭楼三面均开射孔，墙壁厚达 2 米以上。

（2）城市的市政工程：中国封建时代的城市中，市政工程主要是给水、排水、涵闸和道路桥梁工程等项目。经过历代的改革，在明清的城市中已有一定的规模。

地下排水管道至少东周时期便已存在。鲁城的东周殿基下曾发现陶水管，后来燕下都曾出土陶制排水管作虎头形。在秦始皇陵出土了秦代陶制和石制排水道（图 12-0-1）。陕西兴平茂陵地区发现汉代的拐角形陶水道管（图 12-0-2），可能是西汉茂陵县城内高台殿基上用的排水道。咸阳也出土过一些汉代的陶水道管（图 12-0-3）。鲁城的西汉殿基下曾发掘出小砖发券的下水道，这些水道直径较小，排水量不大，应该是重要建筑物周围的排水设施。在汉长安的发掘中，可以看到规模更大的排水系统；城市道路两侧有排水沟，在宫殿附近的水沟特别加设了铁闸门。唐长安城的发掘说明当时已出现了明沟与暗沟相结合的城市排水系统。北宋汴梁在城市主干道御街的两侧"有砖石甃砌御水沟两道，宣和间尽植莲荷……"，这种沟渠和绿化结合的方法北魏洛阳，隋东都均已采用。明代北京城在元大都已有的明渠、暗沟基础上，修筑了完整的城市排水网，全城中除几条主要干沟采用明沟外，几乎每条胡同都有与街道平行的排水暗沟，沟的埋深为 1 米左右，最大埋深达 2 米。据统计，北京城内的

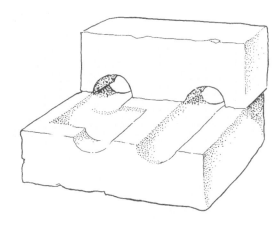

图 12-0-1 (2)　陕西秦始皇陵出土石制排水道

图 12-0-2　陕西兴平豆马村出土汉拐角形陶制水道管

图 12-0-1 (1)　陕西秦始皇陵出土陶水道管

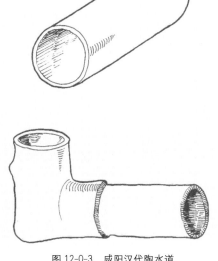

图 12-0-3　咸阳汉代陶水道

明清旧沟全长达 287.3 公里[1]，可见其规模的庞大。排水支沟一般用砖砌筑，用条石作顶盖，干沟则采用砖拱，沟的高宽均在 2 米以上。

城市的供水。生活用水，除天然河流、湖泊、泉水外，主要是井。历代都城规划中所考虑的供水，主要是为了解决城内用水和交通航运问题。汉长安曾经开凿了通往渭河的渠道，并修筑人工蓄水池昆明池。

唐长安开凿了永安渠、清明渠、龙首渠和专为漕运使用的"漕渠"，将南山的木材、薪炭等运入城内。北宋汴梁号称汴、蔡、金水、五文"四水贯都"。汴水为大运河的一段，是当时东京城的经济命脉。当时的漕运非常发达，使用之频繁远超过陆运。

元大都的规划中成功地改造了河湖水系，引白浮泉，开通惠河、金水河，很好地解决了北京城内园林用水和漕运问题。对北京城市的发展起了重要的作用。

道路的规划布局和修筑。西汉长安的街道"修广平直，列树甚多，行车升降有上下之别"，"衢路平正，可并列车轨"。东汉洛阳城，曾经使用"翻车渴乌，施于平门外桥西，用洒南北郊路"。[2] 唐长安的道路等级分明，主干道宽 150 米，坊之间的道路宽 35～65 米，坊内十字街宽 15 米左右。南宋临安街道采用砖、石铺砌，干道两边铺砖或石、宽 10 步，中间填砾石，路面非常整洁。随着生产的发展和交通的发达，明清两代的城市道路因多雨防泥泞，已广泛采用卵石、块石、砖铺装路面，尤以南方城市普遍。还有一些林区的城市，用枕木铺路以防止冰雪路滑。

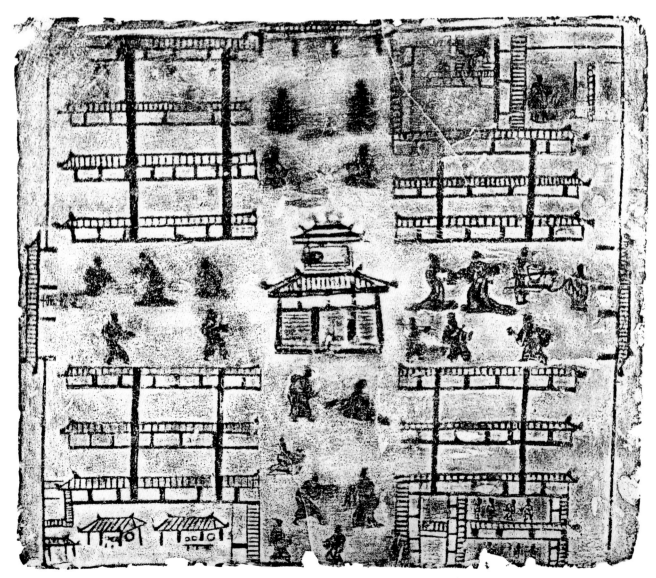

图 12-0-4 市井画像砖拓片

古代城市还有一些专用建筑，如钟鼓楼和望楼等。前者除了晨暮报时之外，还兼有监视、瞭望作用；根据考古资料，城市十字街口设置望楼自汉代以来便已存在（图 12-0-4），元代以后，几乎成为定制。城市交通设施，如港口、码头、灯标；防火设施如望火楼，等等；都有丰富的建设经验。大体上，从宋代开始，城市面貌得到改变较大，城市建设的技术措施发展较快。许多古代城市，保持到现在，有些设施（水面、河道、码头、道路、桥梁、井、渠等）仍在发挥作用，成为现代城市的有机组成部分。

第一节　封建早期城市

一、鲁城

鲁城是周代鲁国的国都。据文献记载，西周初年，分封周公旦之子伯禽于鲁，建都曲阜，自此而后至战国末年鲁灭亡，未曾徙都，是我国先秦时期连续使用时间最长的城市之一。楚灭鲁后，改为鲁县。今曲阜县城建于明正德年间，占据了鲁城的西南隅。

鲁承商代的奄国，疆土以泰山之南的汶泗流域为中心。这一地域，平原丘陵交错，河流纵横，土地肥沃。鲁城即建于这一地区中部的泗（河）、沂（河）之间，泗河绕其西、北，小沂河流经城南。城坐落在鲁中南丘陵地带与鲁西平原的结合部，城东和东南面，山峦起伏，逶迤不绝；城西和西南面是辽阔的沃野。这一带有着良好的地质水文条件。城东防山余脉，蜿蜒向西，地面隆起，即所谓"曲阜"；在鲁城的中部，尚有它的一片高出地表的岩石，为宫室等大建筑提供了理想的天然基础。城以南则有峄山断层，泉水涌出，池沼沟渠密布，又加小沂河河水常年不枯，从而为城市提供了丰富的水源。这种自然条件，可能成为选定城址和规划城市时所考虑的一个重要因素。

鲁城的平面大致呈长方形（图 12-1-1），东西 3.5 公里，南北 2.5 公里，周长近 12 公里。发掘资料证明，鲁城的这个平面最早形成于西周前期，经西周、春秋和战国各个时期，并无变化，后期不过是在前期的城墙上进行了修筑，使城墙不断增高加宽。城墙四角成弧形，城墙弯曲，以南城墙较直，北墙中部有一小段显著外鼓。此处既非城门，也没有发现其他遗迹，只有城内的一处沙堆，如断城一般，高出地面，而且周围地下全是沙层，没有发现文化遗迹，估计古时这里可能有大沙丘。城墙之所以向外突出，大概是要把沙丘围入城内。

鲁城共有十一座城门，其中东、西、北向各三座城门，南门两座[①]，不仅四面城门的数目不一致，而且城门的位置也不是对称的。由此可见，鲁城设计城门的数目、位置是按照实际需要来确定的。鲁城的东南部水位很高，城外也是一片沼泽，不是居民聚住之处[②]，所以南墙东部将近三里没有城门。相反，鲁城在东北部有三座城门，城门与城门、城门与城拐角之间的距离仅一里左右。西北部也有三座城门，这显然是根据城市生产生活的需要进行设计的，因为这些地方是手工业和居民集中之区。上述情况说明，鲁城的修建并不存在所谓制度化的建城原则。

在鲁城各门中，南门比较高大。古文献中常常提到的南门、稷门和雉门即此门。据《左传》记载，鲁僖公二十年（公元前 640 年）曾把此门拓大加高，因改名高门。在发掘此门门道东侧的城墙时，发现了春秋时期城墙外皮以南 5 米左右有类似台基的遗迹，联系《左传》鲁定公二年（公元前 508 年）"雉门及两观灾"及后来"新作雉门及两观"的记载，值得注意。观者阙也，春秋时此门前面可能已有双阙的设计。大约至战国时期，其形制不但异于鲁城其他各门，且在同时期另外的都城城门中也属少见，它似乎成了瓮城的先驱。现城门两侧向南凸出的部分地面上已无痕迹，魏晋时可能还较完整，杜预在《左传》注中曾注意到此门与其他各门的不同。

目前，关于鲁城城墙结构和夯筑技术方面的情况，了解不多。从发掘出的西、南、北三墙所提供的资料分析，最早的约属西周前期的城墙，宽约 5 米左右，直接筑在当时的地面上，并未挖地槽。夯层厚薄并不很一致，厚者 10 厘米，薄者仅 2～3 厘米，一般厚约 7 厘米。使用棍夯，夯窝圆形弧底，即所谓"馒头夯"，

---

① 南墙经过三遍钻探，最后探眼的距离小至 2 米，没有发现第三座城门，因此《太平寰记》关于鲁城十二门，每面三门的记载是不符合实际情况的。
② 鲁城东南部一带，地下岩石浅，旱季水位不到 1 米，雨季则常积水，地层几乎没有什么遗迹，不是一般居民集中之区。

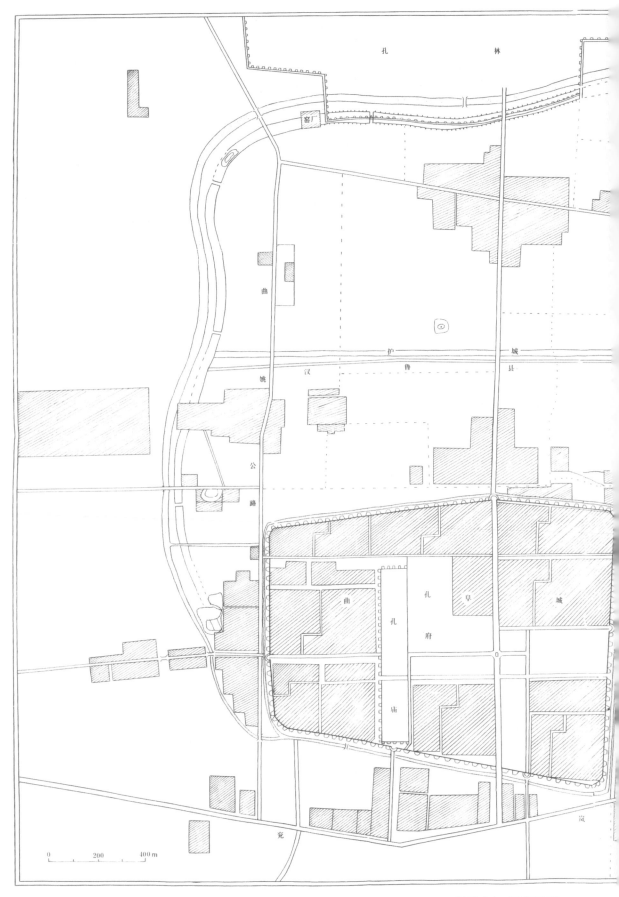

图 12-1-1 鲁城平面图

图　例

地面上的古城墙
地面下的古城墙
复原的古城墙
古护城河古河道
现代河流水库
古城门
现代桥梁
公路
生产路
现代村庄、城市、工厂

拖拉机站

墙

路

公

水库

N

直径以三四厘米者居多；另有一种小夯窝，直径仅 2.5 厘米左右，夯面的夯窝密密麻麻，可以联系西周时期《诗经·小雅斯干》上所描绘的"约之阁阁，椓之橐橐"的情景。偶尔发现夹板的痕迹，宽 20 厘米左右，没有发现洞眼。后来修筑的城墙基本上都沿着前期城墙的里皮或外皮进行，大都有地槽。最常见的是一种口大底小，弧底或近平底的锅形地槽。这些地槽的大小深浅并不一致，大者口宽三四米，深约 2 米；小者口宽 2 米左右，深 1 米多，槽内没有整齐的夯层，偶尔有小面积的夯面，上有夯窝，可能槽内采取了边填土边打夯的方法，所以只有小面积的夯面而无整齐的夯层。这种地槽多在修补或加厚城墙时使用，春秋以前还没有发现别的地槽。以后的城墙有的不挖地槽，仅将原先城根的坡形堆积略加清理，即在其上筑墙。总之，鲁城属于春秋以前的城墙，对城基的处理是比较简单的。大约西周晚期，出现了夹杆，在一属于西周晚期、春秋早期的城墙中，发现了两个洞眼，直径 8 厘米。残长分别为 1.2 米、1.25 米，东边的一根成西北东南方向，西边的成东北西南方向，两者在北端的距离为 1.2 米。

鲁城春秋期城墙的夯层比西周期的略厚，也较整齐，一般为八九厘米，夯窝仍是"馒头夯"。春秋早期的夯窝直径 4 厘米左右，晚期的五六厘米。在鲁城第一、二号春秋末期的大墓中，这种夯窝有七个成一组的，其排列为中间一个，周围六个，可知当时的棍夯是由若干根棍子绑在一起使用的。

鲁城战国期城墙的宽度在南墙东门东侧达 40 米左右，夯土坚硬，夯层厚十一二厘米，南北联成一气，十分整齐，可知尽管城墙很宽，也是一版筑成的。使用金属夯具，夯窝圆形平底直径 7 厘米（图 12-1-2）。战国初期，不仅夯具发生了变化，而且地槽的形式也不同了，由斜壁弧底的锅形地槽变成了直壁平底的方形地槽。不过，这种地槽只挖在部分新筑城墙的下面，用以加固墙皮基础。墙皮部分以里的城墙是在地面上筑起来的，因此，地槽与原先的墙皮之间就包有一段未经夯打的文化层。这是一种较为省工的办法。这种地槽较小，宽深都不过 1 米多，槽内夯层清晰。

这对鲁城春秋战国时期大型墓葬的发掘，提供了版筑技术的另一种情况。这些大墓的墓圹都在 10 余米见方，中部有五六米见方，深达 3 米左右的椁室。椁室全是夯筑而成。其四壁与墓圹之间几米宽的地方，

同时逐层进行打夯，夯土坚硬，四周夯层整齐，并不交错（图 12-1-3）。因此，四面必须同时安置挡板。挡板不用夹棍固定，而是由四角竖立的方木承接。这种方法就好像用一个长方形的木框，安在墓圹中，然后在四处同时逐层夯筑，四角立木的高度至少要超过椁室的深度，挡板的长度则同椁室长宽度基本一致。

关于鲁城城内的布局情况（参见图 12-1-1），目前还只有大概的了解。宫室、宗庙区位于城市中部偏向东北，此处地形隆起，东西约 1 公里，南北半公里许，地下大型夯土墓址连绵不绝，而在城内其他地方，只有零星的夯土墓址。自周公庙以东，在该区东部，地形最高，

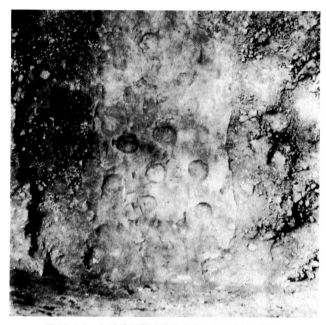

图 12-1-2 鲁城战国期城墙的夯窝（金属夯具所筑）

图 12-1-3 鲁城二号大墓（春秋战国之际夯筑椁室）北壁的夹板痕

传为汉灵光殿遗址，新中国成立前曾作过发掘，发现汉代宫殿基址。现已证明这里有两层殿基，上层为汉殿基，下层为东周殿基。上层有小砖发券的地下排水道，下层有断面成五边形的陶制水管道。该处殿基前对南、东门，自南、东门向北的干道直达殿基的前面。在北部大道两侧都有大型夯筑基址，但目前还不知道它们属于何时的遗迹。该区西部即曲吴公路以西的大建筑基址，可分南北两组，南面的一组与周公庙东西相望，北面一组的面积东西长 240 米，南北宽 100 米，两组建筑遗迹相距三四百米，正处北半城的正中。从整个鲁城的平面布局考察，这些大建筑遗迹的年代可能更早。在宫殿区的东西北三面，分布着冶铜、冶铁、制陶、制骨等各种手工业遗址和居住区，在古城西部分布着自商至战国时期的五处墓地。墓区集于西部，这是鲁城布局上的一个特点。

鲁城没有发现宫城。在城的南部和西部探出一座小城，东西 2.5 公里，南北 1.5 公里，其西南墙利用了鲁城的西南墙，东墙、北墙筑于汉代，可能是汉鲁县县城或两汉时期的诸侯王都，与鲁城并无关系。鲁城不设置宫城，而是把宫室放在城市正中的布局，不同于东周列国各都城，保持了西周城市的遗制。

二、薛城

薛城在山东省藤县境内，北距藤县县城约 15 公里（图 12-1-4）。城址坐落于鲁中丘陵和鲁西平原之间，东依沂蒙余脉，西临昭阳湖，南濒微山湖，薛河小苏河分别自城的东、西两侧流过，经南运河向南流入微

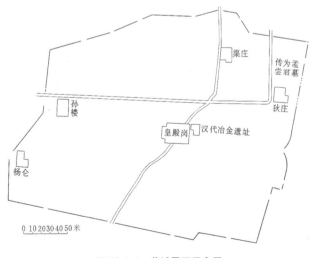

图 12-1-4　薛城平面示意图

山湖。薛城依山面水，居于平原沃野之上，交通方便，水源富足，自然条件优越，适宜农牧业生产，为薛的都城的建立和发展提供了有利条件。

薛在周时为子男国。战国时被齐所灭，齐封田婴于此，嗣后，田文又袭父封薛，号孟尝君。其时，薛城已发展到了有"六万余家"的繁华城市[1]。公元前221 年，秦灭齐，置薛县；汉因之，属鲁国；晋属薛郡。薛城作为薛国的都城和历史名城，时达千余年之久。

薛城筑于何时，尚无记载。据文献和近年来薛城出土的文物[2]分析表明，薛城之建立，当在西周，最晚不过春秋早期。战国时，曾作过两次较大规模的修筑[3]。从城墙暴露的遗物看，现在的薛城似为东周时所筑。据地面调查，薛城呈不规则形。城周长约 10615 米，面积 6.8平方公里左右。城墙保存基本完好。现存城墙高度 4～7米，底厚 20～30 米不等，城墙系用土夯筑而成。城墙遗有夯筑时承托夹板所用的插杆洞眼。眼距 0.95～2.05米不等，洞径 12～14 厘米。夯层厚 12～22 厘米，夯窝呈圆形，径 6～7 厘米。

南城墙有明显的二次修筑痕迹，这和薛城曾作过大规模修筑的记载相吻合（图 12-1-5）。内侧城墙宽

图 12-1-5　薛城南城墙

---

① 《史记·孟尝君列传》太史公语："孟尝君招致天下任侠，奸人入薛中，盖六万余家。"
② 近年在城东出土春秋早期铜簠皿合，铭刻"薛子仲安"、"走马薛仲赤"。
③ 《孟子》梁惠王章句下："齐人将筑薛"。注："齐人并得薛，筑其城"。其筑城时期，据《史记索引·孟尝君列传》："梁惠王后元十三年十月，齐城薛"。

10 米，土质较纯，质地坚硬，外侧城墙宽 11 米，夯土含杂质较多，质地较为疏松。

薛城共有 13 处拐角。世传薛城有四门，今薛城城墙有 22 处缺口，不知孰是。南墙西部有一缺口，俗称"水城门"，宽约 31 米，底部用石构筑而成，口呈喇叭状，当为下水道，用于排除城内积水。

薛城城内，地势平坦，仅皇殿岗一带地势略高，文化层堆积也较厚，此外，这里曾出土过战国时期的瓦当及用石料铺砌的地面，皇殿岗可能是薛贵族的宫殿建筑区。

三、临淄城

齐临淄城在今山东省淄博市临淄区境内，是我国古代一座著名的城市。据《史记·齐太公世家》记载，献公元年（约公元前 858 年），齐自蒲姑迁都于临淄，是为临淄建都之始。自此之后，至公元前 221 年秦始皇灭齐止，临淄作为齐国的都城长达六个半世纪。秦统一六国之后设齐郡郡治于此。汉代为诸侯王国的王都，又是齐郡，青州刺史部的治所所在。魏晋以后，该城逐渐被废弃，只有少部分，即宫城的南半部被沿用到宋代，元初在小城的东面另建新城，即旧临淄县城。

战国时期，临淄已经是相当大的城市。《战国策·齐策》描绘齐宣王（公元前 320～前 302 年在位）时此城的情况说："临淄之中七万户……户三男子，三七二十一万，不待发于道县，而临淄之卒固已二十一万矣。临淄甚富而实……临淄之途，车毂击，人肩摩，连衽成帷，举袂成幕，挥汗成雨，家敦而富"。这段描述虽属夸张，但所说当时临淄的户数，大致可信。当时该城不仅人口众多，而且手工业和商业十分发达，是我国古代一个重要的政治、经济和文化中心，在我国古代城市建设史上占有重要地位。

临淄位于淄河的中游。同其他一些古代重要的都城一样，对于城址的选择，同样周密地考虑了水源、排水、交通、生产和军事等各种因素。临淄城建在系水源头与淄水之间一个广袤约四五公里的狭长地带上。城的东西两面紧依淄、系两河，南去泰沂山脉北麓 10 余公里，北距渤海 70 公里左右，周围有广阔的沃野，既有农桑之饶，又有渔盐之利，自然条件优越。在交通方面，临淄西通燕赵，东达东莱、海滨，东南经穆陵关至莒可抵吴越，西南经夹谷至鲁卫而达河洛，可说是四通八达。西周初年齐鲁之封，旨在镇抚东方，为周王朝"藩屏"。西周和春秋时期雄踞东方的莱国，构成对齐国的威胁，临淄地处国境前哨，负山冠海，后方辽阔，进可攻，退可守，是军事战略要地。公元前 567 年灭莱以后，齐国疆域扩大，临淄地处中心，控制全国，战略地位更显重要。临淄之所以在建都以后的六个多世纪中，始终不变其国都的地位，并在战国时期发展成最为繁华的一座城市，是同上述这种优越的自然条件和重要的战略地位分不开的。

临淄由大城和小城两部分组成（图 12-1-6）。大城南北约 4.5 公里，东西约 3.5 公里。小城在大城的西南方，东西约 1.5 公里，南北约 2 公里。从郦道元《水经注》开始，人们往往称小城为"营卫"，认为是周初齐太公所封之处，其实它是官城，而大城则是郭城。《管子·度地》说："内为之城，城外为之郭"，《吴越春秋》说："筑城以卫君，造郭以守民"，说明当时的都城已分为"城"和"郭"两部分。城是保卫国君的，郭是供老百姓居住的。临淄大、小城的平面布局，反映了当时都城的城郭关系。

临淄城的布局：宫室，作为都城的重要组成部分，被安排在小城的西北部，现在保存下来的宫室基址，包括一个夯土台及其周围的十余座夯土殿基。台俗名"桓公台"，高 14 米、南北 86 米、三层，南面坡度较缓，东、西、北三面较陡峭，显然是宫室建筑群中一座高台建筑的台基。1976 年春，对台东北向水道北岸的殿基作过部分发掘，挖掘出西汉前期的一个殿基及其周围的五个院子。殿基以下 30 厘米，便是东周殿基。在小城东北部也有一处较小的夯筑台基，台的四面以巨石块垒砌，俗名"金銮殿"，与"桓公台"遥遥相望。

在小城西门外，有"歇马台"。小城西北约 9 公里处，又有"梧公台"，均保留有夯土台基，这些都是齐君离宫别馆的遗迹。古文献记载，城西一带，竹木繁茂，泉出成池，春秋时名曰"申池"，为系水之源。1964 年普探该城时，西门外至"歇马台"一带，仍是一片沼泽。估计从小城向西到"梧公台"一带是齐国统治集团游乐攻猎苑囿区。

小城除宫室基址以外，还有冶铁、冶铜的作坊址，城南还有铸币遗址。宫城内这些手工业作坊的存在，

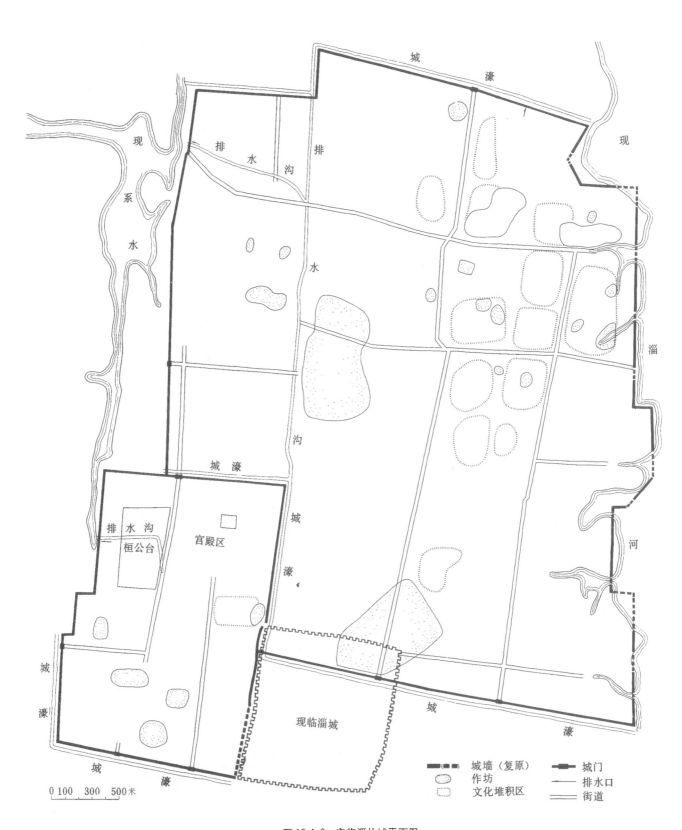

城
濠
现
系
水
排 水 沟 排
现
水
淄
沟
城
濠
城
濠
排 水 沟
宫殿区
桓公台
河
城
濠
现临淄城
城
濠
城
濠

0 100 300 500米

城墙（复原）		城门
作坊		排水口
文化堆积区		街道

图 12-1-6 齐临淄故城平面图

可能是"工商食官"、"处工必就官府"在城市规划上的反映。战国中期，城南部还有著名的"稷下学宫"，是齐国的学术文化中心。因宫城只是一座堡垒，所以小城的文化层堆积和遗迹不很丰富。

关于居住区的划分：从大城内的地貌上可隐约看出有较为规整的区域划分。当时的地面起伏不平，因长期居住而形成的高地，一个接着一个，颇有规律。高低之间的低洼处往往就是道路和河沟。这种区域划分，很可能同管仲对该城的规划有关系。据《管子·小匡》记载，管仲为了革新政治、军事，曾把国都临淄划分为二十一个乡，按社会分工的不同，分区集中居住。其中工商六乡，工、农十五乡。并采取"伍家为轨，十轨为里，四里为连，十连为乡"的军政合一组织。每家出士兵一人，每乡为二千人，十五乡共三万人（工商不当兵）。由齐桓公和另外两个最大的奴隶主贵族高氏和国氏各率一万人，即所谓"三军"。这是管仲"作内政寓军令"的著名措施，是对齐国政治、军事所作的重大改革之一。

目前所知，东周时期的铸铜、冶铁、制骨、制石遗址，主要分布在大城的东部。在西部则有私工商业的集中区——"市"。临淄的市至少在春秋晚期已经存在。据《管子·轻重甲》记载，大城的北部，大部分住着农民。这一带除西北部以外，文化层堆积颇为丰富，但大的建筑基址不多，是一般百姓的居住区。居民中大量农业人口的存在，很大程度上反映了临淄的城市经济包括农业和手工业、商业相结合的性质，这也是春秋战国时期城市经济的一个特征。另外，在居住区还发现了为数不少的筒瓦和半瓦当。

大城内还分布着若干墓地，城内有墓葬，似乎也是春秋城市的一个特点。

古代的城市建设，尤其是都城的建设，是国家的一件大事，同一个国家的政治、经济和国防有着密切的关系，因此非常受到重视。《管子》还提出了一系列关于城市建设方面的主张，其主要内容可分为两个方面：一是关于城址的选择和城市建设方面因地制宜的原则。在《乘马·立国》中指出："凡立国都，非于大山之下必于广川之上。高毋近旱而水用足，下毋近水而沟防省。因天材，就地利，故城郭不必中规矩，道路不必中准绳"。另一方面是强调城市与国防、生产和人口的关系，指出城市必须为"农战"服务，城市

的规模取决于生产和人民的多寡。故在《权修篇》中说："地之守在城，城之守在兵，兵之守在人，人之守在粟。故地不辟则城不固"。在《八观篇》中更进一步指出，如果城池大，而耕地狭窄，生产的粮食就不能满足人民的需要；城池大而人民少，则城池就防守不住。以上这些主张，代表了古代城市建设方面的进步思想，也是古代城市建设实践经验的总结。这些思想在齐国国都临淄城的规划上，均有着明显的反映。

临淄的城市建设工程：

城墙周长约21.5公里，其中大城周长14公里多，小城周长7公里多。城墙，有的成直线，有的弯曲，尤其是小城的西墙和大城的东墙，依水就势，蜿蜒曲折，极不规整。

由于城圈很不规整，以致城墙的拐角竟达24处之多。拐角有弧形、方形、内弧外方和内方外弧等形式。凡拐角向城内伸进的，内角呈方形，向城外突出的，内角呈弧形，这说明城墙拐角筑成以后，在夹角上采取了辅助夯墙的加固措施。在所有城墙拐角中，以小城东北部的拐角形制较为特殊，此拐角伸进大城以内，外方内弧，夹角上的辅助夯墙特别宽厚。沿夯墙的里边有一条宽五六米的碎石道路。可能在这个拐角上曾有角楼之类的建筑。

临淄的城墙全系夯筑而成。从小城西墙的情况看，城墙的修筑时间，其上限当在春秋以前。城墙系采用版筑法构筑。夹板的承托不是靠插杆，而是用绳索牵引，以承受夯筑时产生的外张力。夹板两三块为一组，板宽8～15厘米不等。夹板上下相叠，两端用绳索缠绕，然后将绳索引进城墙中，捆绑在木桩上。城墙的外壁遗有明显的夹板和绳索的痕迹。夯层厚一般10～17厘米左右，层次清晰。夯筑时，使用木棍作为夯筑工具，4～5根为一组，夯窝呈馒头形，径5～6厘米。

临淄城墙有明显的后期增筑和修补现象。在增筑或修补时，为了便于衔接，先将早期城墙的立面或平面铲平，然后再填土夯筑。同一夯层往往不是一次夯筑成，而是分成几次填土夯筑。另外，有些夯层，在夯筑时还采取了特别的措施：（1）在夯层中铺设未经任何加工的圆"枕木"，棍长3米左右，径12～17厘米。枕木多横向排列铺设，近城外皮而又不伸出城墙，棍距宽窄不齐，一般在1.2～1.3米（图12-1-7），

个别地方，还在横向枕木下眈置竖向枕木；（2）除在夯层中放置枕木外，在枕木上下铺设有数道绳索，然后用小木桩将上下两股绳索绞紧，小木桩的长度大体与夯层厚度相当；（3）在夯层中铺设纵横交错的方格绳网，方格边长0.8米，两绳交接处，往往有小木桩加固（图12-1-8）。采取上述各种措施，主要是为了加固城墙，使之不易坍塌。今临淄地面上仍有不少齐城残垣。

齐临淄城的城门在普探中曾发现了十一座。其中小城城门五座，东、西、北门各一座，南门两座。大城城门六座，东、西门各一座，南、北门各两座，东门的位置偏北，自此门至城的东南角，直线距离尚有

图 12-1-7　临淄城城墙夯层中的圆枕木

图 12-1-8　临淄城夯土层加固示意图

3000米，中间至少还应有一座城门。四面的城门，不仅数量不等，位置也远非对称，门道的宽度很不一致，一般宽度在10米左右，其中小城的东门、北门形制较特殊，后者门道两侧的城墙不成直线，西侧的城墙靠北，成曲尺形，东侧的城墙靠南，小城东门和北门的门道则比较长，其外口两侧的城墙向前凸出，与城门相对的城壕也相应地有个拐弯。此两门都通向大城，联系到与大城衔接的小城相交接的部分，加强了防范，反映了小城作为官城所具有的保卫国君的堡垒性质。

临淄城内道路比较规整，已发现的十条交通干道（小城三条，大城七条），大多与城门连接，有的贯穿于全城，走向与城墙的方向基本一致，路宽6、8、10、15、17、20米不等。以大城内连接城门的南北干道为最宽，都是20米，至少可供五车并行。从大城看，这些纵横城内的干道，将整个大城分割为许多区。

临淄城对水源和排水问题也给予了应有的重视。主要的水源是城西和西南一带源源涌出地面的泉水，其次是淄河河水，但如何引入城内尚不清楚。已发现的水道似乎都是排水工程，总计有四处排水道口和三个排水系统。四处排水道口分布于大、小城的西墙和大城的北墙下，宽15米左右，用未加修整的青石块砌成。每个排水口有若干层，每层砌成许多排水孔，孔宽30多厘米，高约0.5米，上下层的位置交错排列。三个排水系统，一个在小城的西北部，起自"桓公台"的东南方，沿着台的东部和北部，经小城西墙排水口流入泥河。一个在大城西部，南起小城东北角，与小城东墙、北墙的护城壕相接，向北流至大城东北部分为二支：一支继续北流，经大城北部的排水口流入北墙城壕；另一支略偏西北，通向大城西墙排水口，流入泥河。一个排水系统，在大城的东北部，由南向北流，南部起于何处，还不清楚，北部也一分为二：向北者流入北墙城壕，向东者流入淄河。后两个排水系统之所以有分支，是因为临淄的地形，南部高，北部低，尤以大城西北部为最低洼，如遇山洪暴雨，一个排水口显然不能迅速地排出大量的积水。临淄城的排水系统将河流、城壕（护城河）和城内水道紧密地联系在一起，构成了一个有效的排水网。可见，当时对排水工程已经有了一个比较科学的规划。

四、燕下都

　　燕下都是战国时期有名的都城之一，位于河北省易县城东南，介于北易水和中易水之间。

　　燕下都所处的地理位置是很重要的，它的北、西、西南有山峦环抱，东南面向华北大平原，正处在从上都（蓟县）到齐赵等地的咽喉地带，是当时燕国在南方的一个重要门户和屏障。城址选择对于防卫、交通、解决水源等方面的问题，也都非常适宜。

　　再从燕下都东城城内的建筑布局、手工业作坊的分布以及出土的大量的建筑材料、大批的铁制生产工具和上百件带铭文的铜兵器来看，也充分反映出燕下都是一个政治、经济、文化的中心和军事重镇。

（一）形制和规模

　　燕下都的平面布局略呈长方形，东西约 8 公里，南北约 4 公里，中部有南北纵贯的 1 号古河道（运粮河），河东岸有与它平行的一道城墙，因而这条古河道把燕下都故城分为东城和西城两城（图 12-1-9）。

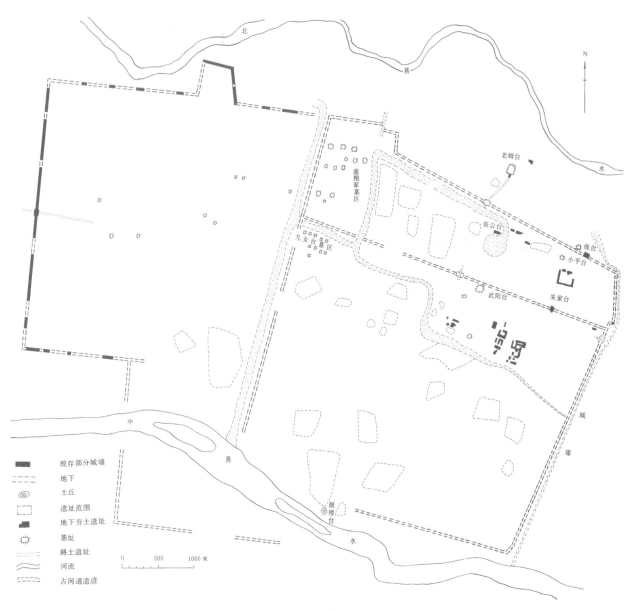

图 12-1-9　易县燕下都遗址平面图

图 12-1-10　燕下都西城南城墙西段绳眼和绳痕

东城位于 1 号古河道以东，平面近似方形。在城中间偏北处有一道东西横贯的"隔墙"，把城北分成南北两部分。东城内的文化遗存异常丰富，布局也比较清楚。但城墙有部分淹没于地面以下，地面上仅可以看到一些隆起的残迹。城墙墙基的宽度，除"隔墙"宽约 20 米外，其余均在 40 米左右（图 12-1-10）。

"隔墙"紧贴 1 号建筑基址（武阳台）的北部，自西至东横亘于东城，两端并与东西城墙相接。全长 4460 米，残存在地面以上的一段"隔墙"位于"虚粮冢"墓区的南部，长 80 米、高 3 米。从这道"隔墙"的位置和布局来看，它对中心建筑起着保护作用。

在东城的城墙上还有附属建筑，共三座：

7 号建筑基址（朱家台），位于"隔墙"的东段，东距 2 号城门约 750 米。这一建筑基址的夯土遗迹，南北突出于城墙墙基之外。南北长 80 米，东西宽 65 米。地面上残高约 4 米。其上散布有碎瓦片和红烧土。

9 号建筑基址，位于东城墙北段的转折处，南侧不远是 2 号城门。建筑基址的底部夯土范围，东西长 80 米，南北宽 30 米，突出于城墙以外。残存地上部分高约 3 米，呈圆丘形，上部散布有绳纹碎瓦片，并暴露有红烧土等。

10 号建筑基址（炼台），位于北城墙自东西行 500 米处。台高约 11 米。台基向北突出于北城墙墙基 20 米（加城墙宽度共 40 米），东西 60 米，与城墙没

有叠压现象。在土台四周，有大量战国时期的绳纹瓦碎片及红烧土等。

这三座建筑基址，经钻探了解，是由城墙和突出于城墙的夯土部分构成的。同时，在基址四周或其上部均有瓦的碎片散布。这说明，在当时的基址上有建筑物的存在，以便驻扎戍卒，守卫都城。9 号建筑基址紧靠城门，显然是为了加强城门和中心建筑的防卫而设的。9 号和 10 号建筑基址，又分别在东城墙的北部和北城墙的东部，在它们的东面是从上都通往齐、赵等地的交通要道，因此，它们也具有瞭望、报警、防卫都城的作用。

东城的城门仅发现三座（即 2 号城门、3 号城门、4 号城门）。

2 号城门（东门），位于东城墙自南而北约 170 米处。1958 年曾发现有路土、石块、石条等遗迹、遗物。在城门里 75 米处，有 10 号夯土遗迹，东西长 70 米，南北宽 35 米左右，这一遗迹可能与城门建筑有密切联系。

3 号城门（北门），位于北城墙自东向西 1800 米处。宽约 20 米，中间有路土。

4 号城门，位于"隔墙"中段，在武阳台西北 280 米处。城门宽约 15 米，中间有路土，路土向北延伸约 150 米（图 12-1-9）。

西城（即运粮河以西部分），由南、北、西三道城墙及运粮河构成。南城墙西起至中易水北岸消失。涉中易水，在中易水南岸发现一道南北向城墙，方向与中易水北岸的城墙方向一致，长 960 米，一直断断续续延伸到中易水南岸消失，长 2341 米。此段南城墙因中易水改道，遭到破坏（图 12-1-9）。

北城墙西起固村西南约 200 米处，东行至西斗城西，折向东北 471 米，又东拐 417 米，再折向南 450 米，曲折成一个斗形，全长 4452 米。

西城墙与南北城墙衔接，交角为直角，全长 3717 米。西城城墙保存于地面以上的颇多，淹没于地下的城墙，仍可在 0.5 米以下找到墙基，宽约 40 米。保存于地面以上的城墙，最高处仍在 6 米以上（图 12-1-10）。

西城城门仅发现一座，即 1 号城门（西门）。它位于西城墙的中部，阙口宽约 30 米，中间有路土。

图 12-1-11　燕下都 1 号建筑基址（"武阳台"西向）

图 12-1-12　燕下都 4 号建筑基址（"老姆台"南向）

（二）城市的规划和布局

从整个燕下都的建筑基址、建筑遗迹、手工业作坊区、居民区、古河道、防御设施的分布来看，燕下都在营建之时，是以东城为重点作为一个整体，经过详细规划而建造的。西城，则是为了加强东城的安全而建造，是具有防御性质的附城。

整个东城四周都筑以高厚的城墙，构成了一个周长约 37 里近乎方形的城址。它的南面有中易水，北面有北易水，东、西有沟通北易水和中易水的古河道，这样使整个东城成为一个河水环绕、形势险要的城堡。

燕下都东城的整个规划是以宫殿区内的 1 号大型主体建筑（武阳台）为中心来进行设计和布局的。

燕下都的宫殿建筑：

1. 夯土高台建筑

（1）"武阳台"是宫殿区的中心建筑，也是夯土高台建筑最南端的一座。它是燕下都所有土台基址中最大的一个，东西最长处 140 米，南北最宽处 110 米。高出地面 12 米（图 12-1-11）。下部高约 8.6 米，是原来的建筑遗存，基本上呈方形，基址北侧与"隔墙"夯土相连。

（2）"老姆台"是城北唯一的一座夯土高台建筑遗存，高出地面约 12 米（图 12-1-12）。平面呈方形，南北长 110 米，东西宽 90 米。下部高约 7 米，是原来的建筑遗存，以上部分是后代的建筑遗存。台基南侧中部地面以下，有南北长 50 米，东西宽 30 米的夯土遗迹。接近台基北端夯土深 2 米，南端深仅 1 米，夯土遗迹作斜坡状，并与 3 号道路相连，是当时人们登高的道路遗存。

（3）"望景台"在武阳台北 220 米处，因遭多年破坏，夯土残存很少。地下夯土范围东西长 40 米，南北宽 26 米。

（4）"张公台"在望景台以北约 450 米处，平面方形，长、宽各 40 米，高约 3 米。

张公台和老姆台周围，都有附属建筑。张公台以东 13 米以外有 11 号夯土建筑遗迹，东西长 80 米，南北宽 40 米。张公台和 11 号夯土建筑遗迹之间，有红烧土和瓦砾堆积。因此，11 号夯土建筑遗迹应是 3 号建筑基址的附属建筑遗存（图 12-1-9）。

老姆台的东北 160 米处，有 12 号夯土建筑遗迹，西南 3 号道路西部，有 28 号居住遗址。从 12 号夯土建筑遗迹和 28 号居住遗址的方位来看，它们是老姆台的附属建筑遗存（图 12-1-9）。

2. 宫殿建筑组群

分布在武阳台东北、东南和西南三处，它们都围绕着中心建筑武阳台的。每个建筑组群都是由主次分明的若干幢夯土建筑遗迹组成。

（1）路家台群组：以武阳台东南的 6 号建筑基址（路家台）为最重要的主体建筑（图 12-1-13），在这一宫殿建筑组群内的 4、7、8 号夯土建筑遗迹，即整体组合上西北角都留有缺口。反映了以武阳台为中心进行设计的设计意图。

（2）老爷庙台群组：在武阳台西南，由 5、6 号夯土建筑遗迹和 25、26、27 号遗址组成。从其位置来看，在布局上占有重要位置。但绝大部分因取土破坏保存面积较小。

这两处宫殿建筑组群，应是燕下都内宫殿区的主要部分。它的周围北侧有东西横贯的"隔墙"与官办的军事手工业作坊区隔开，西侧和南侧有 3 号古河道与南部、西部的官办的手工业作坊区和"九女台"墓区隔开，东有城墙、4 号古河道为屏障，并有 2 号城门以及加强防卫的一系列军事设施，构成了一个严密而坚固的城中之堡。

（3）小平台群组：位于"隔墙"北部，由 1、2、3 号夯土建筑遗迹组成。

图 12-1-13　燕下都 6 号建筑基址（"路家台"北向）

这组建筑组群的 1 号夯土遗迹为 凵 形平面，是一种比较少见的建筑形式。

燕下都的宫殿建筑布局主次分明，排列有序，可想见当时的宫殿建筑是相当壮观的。

燕下都的手工业作坊的布局也是有特点的，为了宫殿区的安全，把官办军事手工业作坊（18、21、22、23 号遗址），设在宫殿区的西北部，由东西横贯的"隔墙"将其与宫殿区隔开，而其他的非军事的官办手工业作坊（2、4、5 和 11 号遗址等），则设立在 3 号古河道以南，由 3 号古河道将其与宫殿区隔开。

市民居住区（6、7、8、9、12、14、15 号遗址等），则规划在离宫殿区稍远的西南部。

10 号遗址，也是居住址。但根据近年来发掘出土的文物和与它相隔古河道与宫殿区相毗邻的位置来看，10 号遗址不是一般市民居住之地。

燕下都故城内的道路，已遭到严重破坏。考古部门在下都勘察时，仅发现有断续不连贯的几条，即 1、2、3、4 号道路。

1 号道路，位于西城墙中部，穿过 1 号城门，向西延伸 425 米，向城里延长 750 米。它最宽处约 7 米，最窄处仅 4 米。1 号道路是西城通往城外的一条主要道路。

2 号道路，在 1 号夯土建筑遗迹里。长 247 米、宽 85 米，其北部跨出夯土遗迹约 50 米。

3 号道路，通过 3 号城门（北门），宽 10 米左右，断断续续直通老姆台。

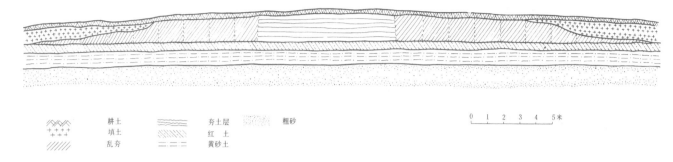

耕土　　　夯土层　　粗砂
填土　　　红　土
乱夯　　　黄砂土

0 1 2 3 4 5米

图 12-1-14　燕下都西城墙墙基断面图

4号道路，通过"隔墙"中段的4号城门，向北延伸约50米。从走向观察，4号道路可能与通过3号城门的3号道路相接。是当时由城北的唯一大型建筑"老姆台"通向中心建筑区的一条主要的街道。

燕下都故城在选址之时，也周密地考虑了水源问题，并充分地利用了河道作为一种防御措施。因此，将城址选择在易水和中易水之间。同时，开凿了1号古河道和4号古河道（即城濠），沟通北易水和中易水，使下都的东城形成一个四周环水的形势，以捍卫东城的安全（图12-1-9）。

2号和3号古河道的开凿，首先对中心建筑区起防卫作用。同时解决了靠近古河道的手工业作坊用水的水源问题。还用于漕运，方便了城市交通，并用作于城市的排水干道。

因此，1、2、3、4号古河道的开凿，在城市规划上，占有相当重要的地位。

像燕下都这样规模宏大的、有条理的规划的城市，充分反映了战国中期以后，封建政治的强盛。

（三）城墙的夯土技术

燕下都故城的东城，绝大部分淹没于地下。西城城墙部分保存较好。1957年冬，对西城城墙基作过发掘，城墙宽约40米，中部8.5米宽的一道夯土，其夯土层非常清楚，夯层厚10～25厘米。两侧的夯土则较乱，为分段版筑，每段宽1.6米，交接痕迹清晰可辨（图12-1-14）。

城墙的筑法，系采用插杆和夹板夯筑。夯层厚一般在8～12厘米，最厚达17～23厘米。从南墙墙西段城墙的夯土平面观察，夯窝痕迹比较清楚，残存深

图 12-1-15　燕下都城墙纵断面图

度约2厘米。排列较密，且有叠压现象，部分夯层之间有铺平痕迹，这是为了夯打时避免湿泥土沾在夯具上的做法。

插杆和夹板夯筑痕迹，以西城墙南段和南城墙西段最明显。西城墙南段穿棍痕迹仅见于城墙上部，穿绳痕迹则上下都有，洞眼直径7～10厘米，最大的16厘米，它们的左右距离是0.8～1.10米，上下两行交错排列，间距约0.50米。保存绳眼痕迹最清楚的是一段南城墙，绳眼直径约4厘米左右，每4个为一组。这些绳眼的上下距离等于夯土层的厚度。在两端交接处，绳眼比较密集，间距为6～10厘米。

根据上述现象推测，由于城墙太厚，不可能一次筑成，需要由里向外，或由外向里，逐段加宽夯筑。在城墙的纵断面上形成由并列紧密的几道夯土墙合成（图12-1-15）。每一道城墙的筑法，可能是由两块上下排列的木板用绳从两端揽紧，绳的两头压于填土里边，然后打夯。夯完一层之后，把缆绳砍断，取下夹板，

这样缆绳的两头便留在夯土里边。因此，现在有些绳眼里仍然能够看到禾草绳的残迹。另一个新的夯层开始，又把取下的木板向上移动，重新用绳揽紧，继而填土打夯。正是由于这样层层加夯和夹板逐层向上推移的结果，就使得城墙的侧面显现出夯层的凹凸不平洞眼的痕迹，一般都是在城墙的上部发现，它可能是用来固定夹板的。

五、邯郸城

赵都邯郸故城，是春秋战国时期兴起的城邑。公元前386年，赵都由中牟（一说由晋阳）迁入邯郸，到公元前228年为秦所并，计159年，这里一直是赵国政治、经济、军事的中心，也是我国春秋战国以至汉代的繁荣都市。

（一）赵王城遗址及其周围的地形

邯郸位于太行山的东麓，东面是举目无际的大平原，西部为丘陵起伏的半山区。滏阳河自西向东而北，穿过市东，北流至献县与滹沱河汇流。另外，在太行山东坡沁河自西向东，流经邯郸城，东注滏阳河。沁河即《水经注》中的牛首水。"白渠水又东又有牛首水入焉，水出县西渚山……其水东入邯郸城，经温明殿南……又经丛台南"。市西南又有一条小河——渚河，自西南向东北流经赵王城又转向东南，也注入滏阳河。邯郸的整个地形是西南高，东北低，西南一般海拔高度为96米，东北为52米，市内为54米。宫城遗址在现在市区的西南，距市中心约4公里，东距滏阳河约2公里。地处西南丘陵的东麓，遗址内也是西南高，东北低，其海拔高度西南93米，东北67米。

遗址内土层很薄，大部分地方在0.3～0.4米的耕土层以下，便是第三纪末第四纪初的红土层（俗称"老红土"），由于土层薄，尤其是西城土层更薄，故遗址内一般地区遗迹、遗物保存得较差，但由于基址坚硬，城墙、土台等建筑却保存较好，经历两千多年的漫长岁月，仍然显示出当年的宏伟规模。

赵国统治者选择居高临下的地理位置作为宫殿基地，既便于统治，又可以防御外敌进犯，尤其可以避免水攻，这对赵国来说，是有历史缘由的。《史记·赵世家》载："三国攻晋阳（赵都）岁余，引汾水灌其城，城不浸者三版（当时八尺为版），城中悬釜而炊，易子而食"。即公元453年，智伯率韩、魏攻赵，用水攻打晋阳，在危急关头，赵串通韩、魏在前线倒戈，共灭智伯，赵得以幸存。赵统治者接受祖先遭受水攻的教训，迁入新都便选择较高的地势，作为宫殿基地。此外，西城的北部有一条沟，称"水泉沟"，沟中有一股长年流淌的清泉。在丘陵地带，有如此之泉水，也是建设宫城的理想条件。

（二）赵王宫城的布局

赵王城是赵都宫城遗址，它是由三个山城组成，平面似品字形。城内总面积为512万平方米。东城，东西最宽处935米，南北最宽处1434米。西城比较规整，近正方形，东西1373米，南北1396米。北城也近方形，东西宽约1326米，南北长约1557米。赵王城所存的十处地面夯土台及十多处地下夯土基址，其规模之大，保存之完整，实乃国内古址中之罕见（图12-1-16）。

（1）在西城内规模最大的1号台——"龙台"为主体建筑，由龙台往北经2号台至3号台成一条中轴线，在这一中轴线的东北和西北，分别有5号台和4号台，在中轴线的两侧地下还残存着数处大型的夯土基址，即地下夯土基址6、7、8、9号，这是一组主要的宫殿群基址。

（2）城内在通往东西城的大门阙附近，南北对峙着13号和14号夯土基台，靠北的称北将台，靠南的称南将台，在这两台之间有16号地下夯土台，在南将台的南面有15号地面夯土台和17号与18号地下夯土台。这又构成了一组南北中轴线的大型宫殿群遗址。

（3）以北城的19号夯土台为主，与北城西墙以西的20号夯土台东西对峙。

遗址内大小土台和地下夯土遗址的表层及其周围都散布着大量的板瓦、筒瓦、筒瓦残片。土台及地下夯土基址，都经过认真的夯筑，夯层厚度为7～12厘米，与城墙夯层厚度及筑法基本相同。龙台以北的2号土台原系两层，下层上半部的东西两侧各有两行南北相对的柱础石及砖，础石间存有版筑的夯土墙址。北将台也发现了柱石础，直径为0.58，厚0.2米（图12-1-17），这些都是当时高大建筑的基址。

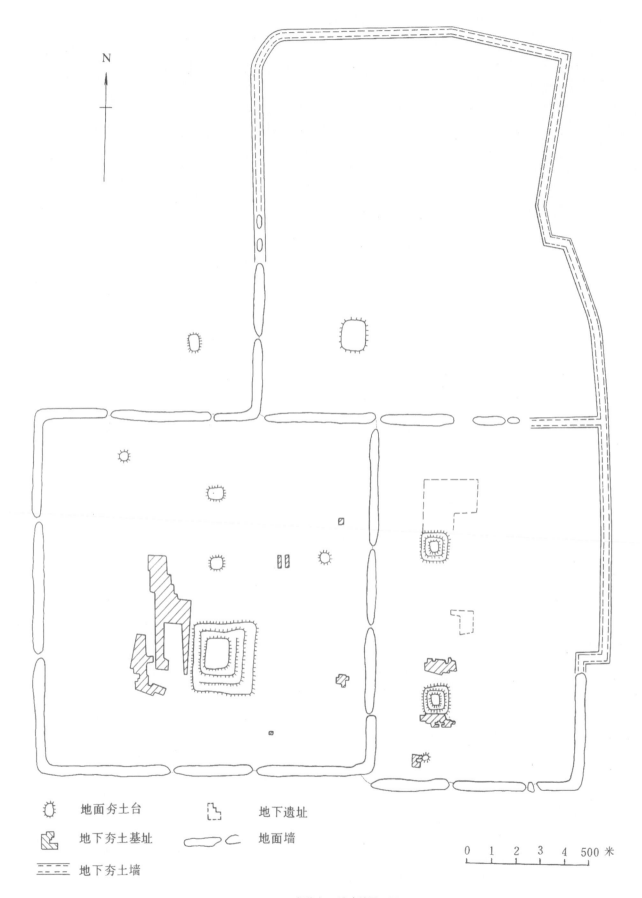

⊙	地面夯土台	⌐	地下遗址
▨	地下夯土基址	⌒ ⊂	地面墙
▦	地下夯土墙		

0　1　2　3　4　500 米

图 12-1-16　邯郸赵王城遗址平面图

图 12-1-17　邯郸赵王城 7 号台北将台石柱础

现存夯土台面积与高度　　　　表 12-1-1

号数	俗称	长度（米）				面积（平方米）	高（米）	备注
		东	南	西	北			
1	龙台	305	265	265	260	74803	19	
2	茶棚	50	50	50	48	2450	6.4	
3	龟盖	43	60	53	65	3000	8.5	
4	张家冢	40	33	40	30	1260	6	
5	瞎子冢	45	43	45	43	1935	7.5	
6	北将台	117	117	120	117	13865	11.3	
7	南将台	113	102	110	105	11504	12	
8	沙冢	31	25	31	25	775	4.4	
9	王家冢	60	53	60	55	3240	9.5	
10	牛家冢	125	112	127	100	13356	8	

（三）赵王城与大北城的关系

邯郸在战国时代已是我国的繁华城市之一，邯郸之名史不绝书，但对这座名城的具体情况，却缺乏详细的记述，即使在赵都迁入后直至汉代，关于邯郸的建设，史书上仍然不见记载。

现在的赵王城遗址，在传说中都认为是邯郸古城，它随着赵国兴衰存亡，赵亡后邯郸中心便逐渐北移而发展为现在的邯郸城。旧日的地理著作及地方志书也误认为"赵王城"就是邯郸古城。如《嘉靖广平府志》载"邯郸故城在邯郸县西南八里，昔赵王所筑，呼为赵王城。"其他如《读史方舆纪要》等都有类似的记载。

新中国建立后对邯郸古城做了多次调查，获得了部分资料，尤其是 1970 年对市区地下进行了大面积的考查，发现在现在市区的地表以下，4 ~ 10 米的土层中，存在战国至汉代丰富的文化遗物、遗址。其中有炼铁、烧窑遗迹及石器、骨器作坊遗迹。汉代文化层以上除宋元时代城址——"城里"及其他部分地方外，大面积地区都是淤水层，很少见到遗物，证明了邯郸自汉以后逐渐衰落缩小。这处遗址为春秋战国到汉代的邯郸古城，毫无疑义。为了弄清这座古城的范围，专家于 1973 年在市内地下进行了大面积的钻探，寻出了地下夯土墙址长度九千余米。邯郸古城（以下称大北城）西壁与南壁的交角点，距"赵王城"东壁约 80 米，由这交角点往东为南壁，全长 3000 米，往北为西壁，西壁北半段向东偏斜。这座古城为不规整的长方形，南北约 4525 米，东西约 3000 米（图 12-1-18）。

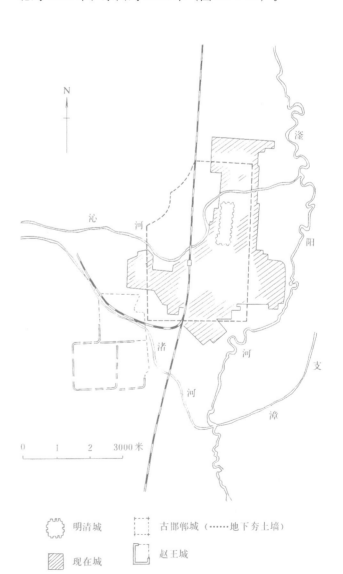

图例	
明清城	古邯郸城（……地下夯土墙）
现在城	赵王城

图 12-1-18　邯郸古城遗址（大北城）

图 12-1-19　城墙夯土

"大北城"的发现,证明了赵都迁入邯郸前,这里已经是一座具有相当规模的城邑了。此城战国时代曾有"五里之城,七里之郭"的说法。邯郸的大北城与"赵王城"两者在地理位置的布局上与齐都临淄极为近似,"赵王城"应该是赵都迁入邯郸前后所建设的宫城,而大北城应是邯郸古城,并成为赵都的一般手工业、商业区。这正符合传统的前者为"城"后者为"郭"之布局。

(四) 建筑技术

赵王城遗址,经过两千多年的漫长岁月,绵亘起伏的城垣,巍峨挺立的土台,仍然显示出雄伟壮观的景象,这座古城能保存得如此好,除地处高阜、基址坚硬外,与选择用土和夯筑技术有着密切的关系。

遗址内城墙、土台,夯层都非常平整,大部厚度为 6～8 厘米,最厚的不超过 12 厘米(图 12-1-19)。翻开夯层可清楚地见到密密麻麻的圆夯窝,夯窝直径 4～5 厘米,由于密夯,夯土的密度很大,坚硬结实。城墙筑好脱板以后,墙壁的两面再经过认真的拍打,拍打时垫着麻布。这可能是由于避免拍子粘了墙土,影响墙面平整,故墙的两边壁面留下轻微的锤窝及明显的麻布纹。墙的壁面陡直,斜度为 5°,即在 2.85 米的高度中,墙一边的上下宽度只差 0.25 米。墙顶、城门的结构及防雨设备已无法考查,但城墙附近地表及夯土层外的土层中有大量的绳纹板瓦残片及部分筒瓦残片、钉稳等。应为墙上附属建筑或城墙防

图 12-1-20　排水槽一件

雨之遗物,尤其在门阙附近瓦片特多,墙址也特别宽大,证明城门处的墙上是有高大的建筑物。墙上及两面都有排水设置,在北城西墙中段的内侧发现了陶质排水槽,排水槽断面为"⌴"形,每节长 0.45 米,宽 0.5 米,厚 0.03 米。在略大的一头内面距 5 厘米处,有两顶鼻(图 12-1-20),排水槽嵌镶在靠墙面的上下坑道内。上一节套在下一节内的顶鼻上,层层套合,成为自上而下的流水槽,有了这样的排水槽,可以避免城墙被冲刷而损坏。排水槽残片在城墙附近经常发现。

土台、古墙大部分是黄黑土夯筑的,只有部分地方混杂着红、白土。黄黑土黏性大,经夯筑干固后,坚实耐冲刷,红、白土,质松怕水,可见当时对于用土选择是非常讲究的。由于周围黄黑土层很薄,故墙、台所用之土,大部分并非取之于附近。

城墙的底部宽度 16.40～20 米(西城墙),最宽处达 30 米(门阙),就以赵王城的城墙来计算,三个小城夯土墙的总长度为 13200 米,平均高度以 10 米,宽度以 16.4 米来计算,总夯土量达 198 万立方米,在当时的条件下,能完成这项大的工程,说明了劳动人民艰巨劳动和伟大力量。

第二节 汉长安城与洛阳城

一、汉长安城

长安是西汉王朝的都城。西汉王朝在秦代的基础上巩固和发展了统一的中央集权制。在我国封建社会初期，西汉是一个疆域广大、经济发展、文化发达的强盛王朝。当时的长安是全国政治和文化中心，也是全国最大的城市。秦代都城咸阳因秦朝短促，未及规划建设，汉长安是封建统一时期第一个大都城。

汉长安城的遗址在今西安市区西北约10公里处。根据现在的实测，城的总面积约为35.8平方公里（图12-2-1）。汉长安城不是一次计划建成的，而是逐步发展形成的。

西汉初，公元前200年（汉高祖七年），修建以"未央宫"为主体的"宫城"。公元前192～189年（汉惠帝三年至六年）兴建并完成长安城垣工程。一说始于公元前194年（汉惠帝元年）。现据《史记》记载："汉惠帝三年，方筑长安城，四年就半，五年六年城就。"

西汉如同其他封建王朝一样，重视都城的选址。从政治上、经济上、军事上选择建，都要求选择最好的地点，须考虑到优越的地理条件和可资利用的原来城市建设的物质基础。

关中自周秦以来，农业生产较为发达，这是秦在关中平原中部开拓耕地和兴修水利的结果，建立了可供最大的封建消费城市给养的条件。从地理条件看，长安北临渭河，并有秦筑之长城，南面有秦岭山脉，西部为陇西高原，东部为函谷关，几面都有险可守。因此，古代文献把经济上、军事上的有利条件概括为："因秦之故，资甚美，膏腴之地"；"阻山带河，四塞以为固"。

秦代"咸阳"原建于渭北，后来逐步向南发展，跨渭河两岸，汉初仍一度统称为"咸阳"。汉长安城内的"长乐宫"宫殿群，即在秦代的一区宫殿的范围内扩建起来的，它成为城始建的基础。

"未央宫"修建之初，进行数年的楚汉战争仍在继续，成败之局未定。"未央前殿"系与北阙、东阙、武库、太仓同时兴建。

汉初，社会经济由衰退走向繁荣，生产力由停滞走向发展，时间大约经历了70年。等到各方面都得到恢复发展，宫室苑囿更超秦愈甚，营造日广。

公元前138年（汉武帝建元三年），"开上林苑……濒渭水而东，方三百里"。苑中物产丰美，以此来供给皇室一部分的资用需求。

至西汉中期，长安城内有几区规模宏大包罗各类型建筑的"宫城"（长乐宫、未央宫、明光宫、桂宫等）和城外的"建章宫"都仍然在修建和扩建，同时长安城市的建设也次第完成。

（一）汉长安城内各宫城

现经考古勘查清楚的有长乐宫、未央宫和桂宫。长乐宫位于长安城的东南部，宫城的形状近方形，除南墙有一处曲折外，各墙都作直线。宫墙也是版筑的夯土墙，宽度超过城墙，达20多米。宫城的东墙距离城墙只有50米左右。长乐宫是汉初在秦"兴乐宫"的基础上扩建的，比未央宫稍大，周长为10600多米。

未央宫位于城的西南部，宫城的形状亦近方形，其西墙距西城墙仅30米。宫城周长8560米。其中宫殿的建筑轮廓，现在，从地面上已经很难看出它们的痕迹，能看到的只有未央宫的前殿（在今马家寨村北）以及相传为"石渠阁"、"天禄阁"（在今柯家寨和小刘寨）等数处台基遗迹。其中的未央宫前殿台基南北长200多米，东西宽为100多米，北端最高处达20余米。武库的遗址即在未央宫的东边，安门大街以西90米处，今大刘寨村东高阜处即是。

桂宫在未央宫之北，宫城为长方形，南北长1800米，东西宽880米。此外"北宫"、"明光宫"尚未勘查清楚，但它们的位置大约都在未央宫和长乐宫之北。

整个城市的布局，现在还没有完全了解。不过，从近几年的考古发现看，似可作出概括的认识。城内中部和南部，布满着宫殿、官署和官僚的"府第"，占据面积约达全城的2/3以上。这些大型建筑群的本来面目现已不得而知。但可以肯定，当时的建筑技术，已经达到了相当成熟的阶段；我国整个封建社会时代的巨型建筑组群，其布局形式也已经在这一时期奠定了基础，城内的排水设施——如发现的五角形陶质管道的分布，似乎也已经具有全城性的规模。

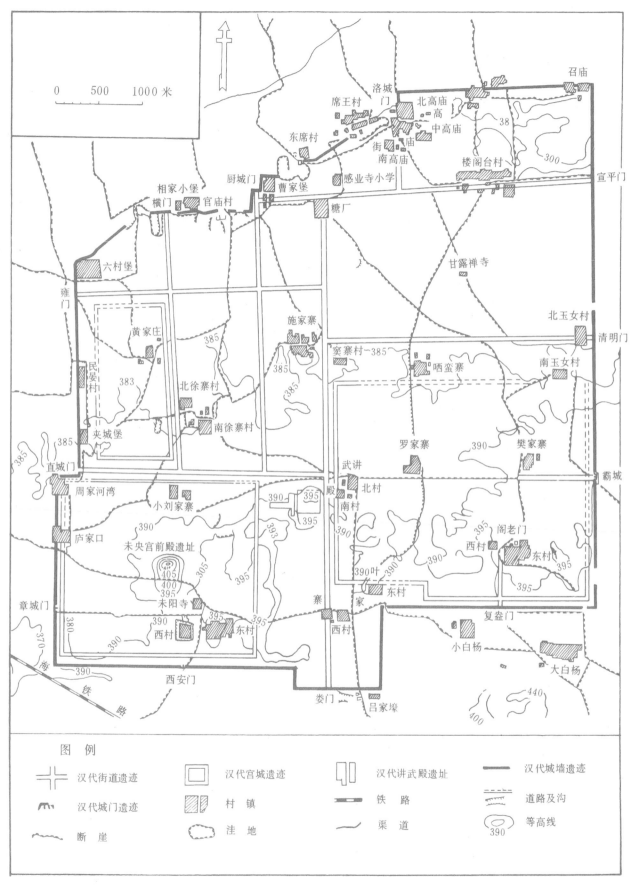

0　　500　　1000 米

召庙
席王村
洛城门
北高庙
高
东席村
中高庙
街
庙
南高庙
楼阁台村
宣平门
相家小堡
厨城门
曹家堡
横门
官庙村
感业寺小学
糖厂
六村堡
甘露禅寺
雍门
北玉女村
黄家庄
施家寨
清明门
385
突寨村-385
北徐寨村
385
晒蛮寨
南玉女村
夹城堡
385
南徐寨村
385
383
民晏村
罗家寨
390
樊家寨
直城门
385
武讲
385
周家河湾
殿
北村
霸城
小刘家寨
390
395
南村
390
阁老门
庐家口
393
395
395
西村
东村
未央宫前殿遗址
405
305
寨
390
400
395
390叶
东村
390
章城门
寨家
复盎门
未阳寺
390
395
395
家
380
西村
东村
西村
小白杨
390
370海
440
西安门
铁路
娄门
吕家堡
400
大白杨

图　例

汉代街道遗迹　　　汉代宫城遗址　　　汉代讲武殿遗址　　　汉代城墙遗迹

汉代城门遗迹　　　村　镇　　　铁　路　　　道路及沟

断　崖　　　洼　地　　　渠　道　　　等高线 390

图 12-2-1　汉长安城遗址探测范围及地形图

城内西北部地势较低，是当时官府手工业区。六村堡、杨家巷一带发现有规模很大的制陶、铸钱作坊等遗迹。

大规模的官府手工业作坊和巨大的宫殿区，使长安城主要成为帝王与贵族官僚的专用城市。一般居民只能集居于北部，特别是集中在东北一隅。所谓居民，可能多是官工家属或从各地迁来的豪富，真正的劳动人民恐怕不多。文献上经常提到长安九市，一百六十闾里（如《两都赋》例），　看来是值得怀疑的。

汉长安的规划布局有以下一些特点：

城址的地势南面较高，东南最高而西北低平，向渭河之滨倾斜。

"未央宫"主体建筑，作为封建政治统治中心，放在城内西南部全城最高的位置上。利用天然地形加以人工培修，将宫南丘陵低洼处，挖成壕堑更进一步加高了"未央宫"的地势，使之利于俯瞰全城动态，便于防守。此即文献所述："因龙首山以制前殿。"

古代文献称汉长安"城形似北斗"，指出这个城市的外形是不规整的。

因为建立之前先建的未央宫，它的宫城非常庞大，占全城面积的 1/5 以上，受到上述现状的影响又限于地形及水系，故城垣曲折呈不规则的轮廓。

现在实测汉长安城遗址，城墙曲折的情况，以北面城垣为最甚，曲折向东斜行，基本上可以确定是随着当时河道的走向。西汉长安原来规划和主持修建工程的阳城延是军匠出身，他从实际出发结合地形，比较全面地考虑了这个城市的建设问题，给以合理的解决。

由于庞大的"宫城"位于城区的中心，使原来对直的城门（东面的霸城门原来正对西面的直城门）中间不能直通道路，城市内部道路交通不可避免地受到阻塞。这样以大宫殿群为中心，依朝宫之次而定位的布局，正是汉长安以及后代封建都城规划上很大的特点。古代文献所强调的内部组织联系，如"兼市中区"或"街衢洞达"，是有很大的局限性，只能在较小和局部的范围内加以实现。

在城市规划中，"街衢相径"是中国古代行之已久的布局形式。文献所列，"三条广路"与"十二通门"相连，既说明城门与道路相连的关系，又反映了都城布局的宏伟。

（二）汉长安的筑城工程及市政设施

据实测的结果，汉长安城的平面，大致为方形。其四面城墙若全线拉直其周长为 25100 米（相当于汉代的里 60 里强）。可以确定这个轮廓上不甚规整的城，其大部分城墙的方向都接近于磁针的正方向。其中东面的城墙全长约 6 公里成一条直线。汉长安的城墙全部是版筑的土墙，当时"尽凿龙首山土为城"。因土质良好，夯打结实，残存部分非常坚实。城基底宽为 16 米左右，里外均与地面成 79°角向上斜收，因上部已经倾毁，无法测出城墙高度。

汉长安城对外共开十二门，每面三门，现经勘查已全部确定其位置。

城门的名称，参考《三辅黄图》已经全部落实。东面的城门，由北而南是宣平门、清明门和霸城门。南面的城门，由东而西是覆盎门、安门和西安门。西安门北对未央宫，安门北对武库，覆盎门北对长乐宫。西面的城门，由南而北是章城门、直城门和雍门。北面的城门，由西而东是横门、厨城门和洛城门。

东汉晚期城门的形制见于画像石"函谷关东门图"，表现了城楼和我们的造型与结构。其下部结构不像明清的城门那样还没有由砖券构成的半圆形门洞。考古发掘证实了这一点。

总结汉代城门的做法，是在夯土的门道两侧沿边密排几对柱础，在其上立"排叉柱"然后上梁（现在已发现有很多柱础仍保留在原来的位置上），木梁据推断也是密布的，再在其上修建木结构的门楼。

1957 年，先后发掘的霸城门、西安门、直城门和宣平门，这四个城门都是"一门三道"，门洞的宽度约为 8 米，除去列柱结构所占位置，净宽为 6 米。

在霸城门内发现当时的车轨，宽度为 1.5 米，每个门洞的净宽为车轨的四倍即 6 米；每座城门有三个门洞，合为车轨的十二倍。以车轨定城门宽度，这是科学的设计依据。以上说明城制与道路交通的关系（图 12-2-2）。

在宣平门和直城门两处，并列的三个门洞中间各相隔 4 米，在西安门和霸城门两处，门洞的间隔为 14 米。间隔愈大则整个城门就愈显得雄伟。西安门和霸城门可能是正对着通向未央宫和长乐宫的宫前大道上，所以在形制上有所着重。

图 12-2-2　汉长安城霸城门及其附近的城墙

汉长安城的街道，如果我们留心观察一下长安城遗址内的地形，便会发现当时通往各城门的街道还保留着笔直正平、泾渭分明的痕迹，经过勘探，这些街道已被证实。西安门以北的大街，是一条贯穿南北的中心轴线。它恰好把长安城划分为东西两半。在南城东边的是长乐宫，西边的就是未央宫，两宫相去一里。

（三）关于"市、里"的地位和位置

虽然"市"和"里"在汉长安城规划中均不占重要地位，但还是依分区规划修建的，各有固定的区域，两者合占全城面积的1/3（皇宫、贵族府第合占2/3）。

汉长安的设市，主要是容纳已经发达的商业和安排官府手工业作坊，而进行集中管理，所以在市中有"市楼"、"令署"（管理机关）之设。据考证，"市"的位置在长安城内西北区，那里地势略低，接近渡口，对外交通便利。

汉长安城内居民区，建筑密集，"室居栉比"。划分为"里"，"门巷修直"，有里门朝夕定时启闭。这样的"里"，据记载当时在长安共有一百六十个，

分布于城内东北区，后来可能扩展到城区以外。

市区和民居不相掺杂，反映了我国古代有计划的建城中功能分区的关系。

城市对外通漕运和向城市供水是封建大都城规划建设的重要问题，汉长安已给以较好的解决。

1. 开漕渠：这个封建消费城市给养的主要来源是靠漕运，因此必须使"通漕之流"畅通无阻。

公元前129年（汉武帝元光六年）确定了一个"穿槽渠通渭"的计划，由水工徐伯测量定线。新线"起长安至河三百余里"，用人工"数万……三岁而通"[3]。

新渠工程完成后，不仅扩大了运输量并缩短了运距，而且还可以引水灌溉河渠下游的万余顷农田使之受益。

2. 开凿"昆明池"：由于渭河流量变化不定，因此需要在漕渠的上游开辟水源，贮水以补充河运所需的水量。便开凿了最早的人工湖——"昆明池"。

此外，"昆明池"还向城市供水，成为给水工程建设的一个组成部分。汉长安城内用水原来只靠流经城西的小河滴水供给，后来城市发展需要开辟新水源。

公元前120年（汉武帝元狩三年）在城的西南开凿"昆明池"，周围10公里，组织包括滴水在内的水源，

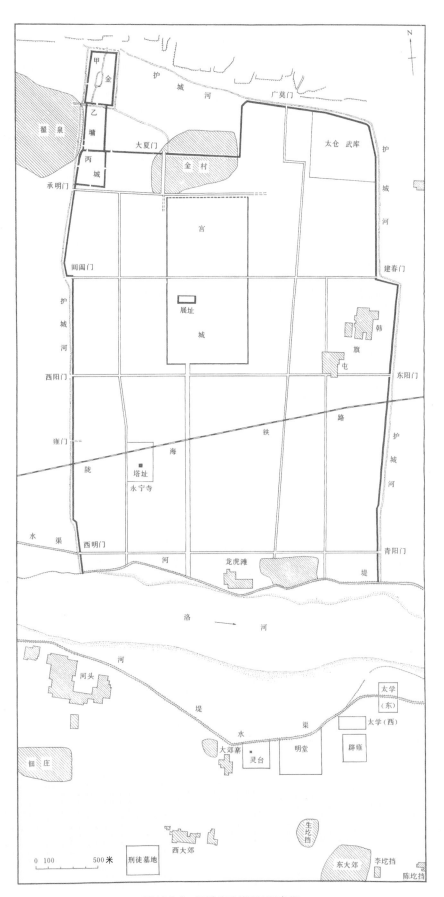

图 12-2-3　汉魏洛阳城平面示意图

修坝阻洨河水使之改流入昆明池以为贮备，然后由其他渠道引水入城。由于长安外围水系的复杂，水源地的确定也同样是繁难的工作。用水库为城市供水在城市建设中具有重要的作用。

二、东汉洛阳城

洛阳是东汉王朝的都城（图 12-2-3）。当西汉王朝建立之始拟议建都时，曾将洛阳与长安的综合条件加以比较，以后便舍弃了洛阳而定都长安。后来在整个西汉时期，洛阳发展为手工业、商业发达，道路河渠四通的全国有数的大城市之一。在西汉末年农民大起义中间，东汉王朝建立起来，这时因为全国政治和经济形势的变迁，便定都洛阳，从此洛阳成为当时全国政治和经济的中心。

东汉洛阳城的遗址在今洛阳市区以东约 15 公里处。东汉所建的城（考古界称之为"大城"）位于邙山与洛水之间。在一片微向洛河倾斜的坡地上，地面的天然坡度有助于城市向洛河之滨排水。这一带山川形势优越：南对伊水、洛水平川，背山面水。东汉洛阳城平面略成矩形但不甚规整，经实测其周长约 14 公里。

洛阳的地理位置，为周代成周城的位置。古代文献指出："周代'洛邑'，为中国之中，四方道里适均"。以洛阳为中心进而可以控引华北平原与江淮流域广大地区。

若从军事地理形势来观察，则洛阳是得失互见：它处于"天下之中，当秦陇之襟喉，狭殽黾之阻"（意即处于由关中至中原的通路上，又有险可守）。又因其处于冲要的地方，不可避免地成为"四战之地"，每当天下有事，"洛阳必先受兵"。

都城规划最重要问题在于"选址"，以东汉洛阳为例，设都建城时必须满足以下要求：

1. 作为全国最大的封建消费城市，它拥有大量的消费人口，因此谋求供给成为重要问题。为了就近自给，则城址必须选在农业发达的地区。为了取得全国的供应以求资用富足，必须位于水陆交通的中心，漕运易集的地方。

2. 作为封建统治的中心和设防城市，它必须"依山川、凭险阻"以为固。洛阳的军事地理形势是：外有山河关塞之阻，城址所在"南系于洛水，北因于邙山"，其地势也有利于防守。

东汉洛阳城在我国古代城市建设史上占有重要地位。它的形制可能是取法于周代王城之制，它为后代封建都城规划提供了经验。

最早的文献记述汉洛阳，如同长安一样，城内的主要道路"四向通达（通向四面的城门），以相经纬"。这就基本确定了这个城市的轮廓与整体结构。

经考古发掘，现在只有南面城垣，因洛河北移没入河床之中，受河水的冲刷而淹没外，其他三面城垣都有明显可见的残存，其中北垣东段和东面城墙都保存较好，残垣高达 5 ~ 7 米不等。

据《续汉书》记载，洛阳有主要街道二十四条，现在已找到其中的八条。关于城门的状况，除南面的城门因没入洛河中，已无法勘测外，其他原属于东汉故城的东、西、北三面的城门的位置都已经找到。东、西、北三面各有汉代遗存的城门——北面有二门，东面和西面各三门。

城门名称以东汉名称为准；西面由南而北为广阳门、雍门和上西门。北门由西而东为夏门和谷门。东面由北而南为上东门、中东门和望京门。东西两面城门互相对直的情况，比汉长安城尤为明显。

东汉洛阳的宫城（即北宫）大致位于城的北半部，而偏于纵轴线的西边。全城东西直通的主干道有一条横贯宫城；另一条由中东门至雍门的干道则横越宫城的南面，在这里又与纵轴中心干道相交，自然形成一个"宫前广场"。这种宏大的布局手法与基本规格，对于后代封建都城的规划与建设均有直接的影响。

据考古勘测钻探的结果，东西向和南北行的主干道，其宽度都达到 40 米以上。《太平御览》记载："宫门及城中大道皆分作三，中央御道"。考古实测出的道路宽度，符合于"广路之设"的标准。《三辅决录》对"分道而行"作这样的解释："左右出入为往来之径，行者升降有上下之别"。说明了中国古代都城规划中对城市交通的要求，"三线"是有分工的。从已勘查到的纵横各四条的干道走向判断，"棋盘式"的街道系统已经形成。东西向的干道有三条直通东西两面六个城门，道路互相平行。可以设想汉代"两都"的街道系统属于相同的形制，都是以"广路"与"通门"相连属。若把城中"三线"并行的大道引向所通的城门，

图 12-2-4（1） 汉魏洛阳城北垣墙东段

图 12-2-4（2） 汉魏洛阳城西垣墙北段

则洛阳城门的制形也必定是"一门三道"。

由于我国长期处于封建社会，对于都城规划的要求历代并无根本的改变，因此上述的"选址"经验是有普遍意义的。现经勘查东汉洛阳城垣全部为土城，因土质细密，夯打结实、经久，显得十分坚固，反映了当时的施工质量与技术水平。现在在已经剥落的城墙表面上留下很多清晰可辨层位的版筑施工痕迹——有"竖缝"、"夯层"和插杆的洞眼（图 12-2-4）。现存的残垣，夯层厚薄不均，由 7 ~ 12 厘米，根据初步钻探的结果，发现其墙厚在各面城垣也不一致。北垣最厚（约 25 ~ 30 米），西垣次之，东垣最薄（大约只有北垣之半）。其厚薄差别如此之大，在一般筑城规范中（总是要求各面城垣有同等的强度）是不容许的，至于城土来源，运土远近和土方平衡的某些原

则也许对设计尺寸有一定的影响，但也不容许所筑之城各面城墙厚度有过大的差别。唯一的可能是因为城垣在历史上形成的特点总是前后相因的，洛阳汉城厚度不均的情况可能由于部分地利用原来成周旧城的基础所致。

第三节　隋唐大兴城（长安城）与洛阳城

一、大兴城（长安城）

（一）大兴城（长安城）的创建和布局

隋文帝开皇二年（582 年）六月命高颖、宇文恺等人在汉长安城东南的龙首原设计新京城，谓之大兴城（图 12-3-1）。

大兴城规模浩大，规划整齐，面积达 83 平方公里。大兴城分郭城、宫城和皇城。宫城先筑，皇城次之，最后建外郭城。郭城内由若干条东西、南北走向的街道划分为若干坊。郭城内遍布官府、王宅、寺院和道观，东西各置一市，还开凿了三条水渠。宫城、皇城位于郭城北部正中。再北为大兴苑。

大兴郭城东西广 9721 米，南北长 8651 米，周长约 35.5 公里。郭城内有南北向大街十一条，东西向大街十四条。其中通南面三门和东西六门的六条大街，是大兴城内的主干大街。这南北十一条、东西十四条的街道，除宫城、皇城和两市外，把郭城分为一〇八坊。这一〇八坊以中央的南北向大街朱雀大街为界，东属大兴县，西属长安县。各坊面积大小不一：靠近朱雀大街西侧的四列坊最小，南北 500 ~ 590 米；东西宽 558 ~ 700 米；位上列四列坊之外迄顺城街的六列坊次之，南北长度同前，东西宽则达 1020 ~ 1125 米；皇城两侧的六列坊最大，南北长 660 ~ 838 米，东西宽 1020 ~ 1125 米。城内诸坊除靠朱雀大街两侧的四街坊，因北向皇城，每坊仅开一条东西向街道外，其余各坊都设十字街，有东西、南北向街道各一条，街宽 15 米左右，两端开坊门。此十字街据《两京新记》可按位

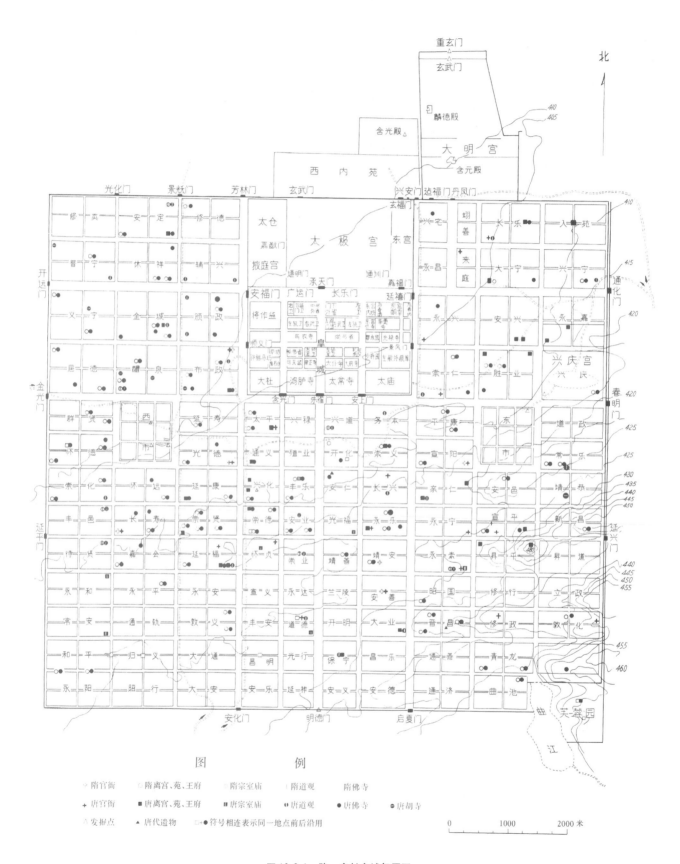

图 12-3-1　隋、唐长安城复原图

置分称东街、西街、南街、北街。坊四周筑夯土墙。墙基宽 2.5～3 米[4]。

《两京新记》和《长安志》记录坊内分布的府、宅、寺、观方位的用词，分四类情况：第一，□□隅；第二，北（南）门之东（西）；第三，西（东）门之南（北）；第四，中字街东（西）之南（北）。据此似可估计每坊内各又划为十六区①。

各区间除十字街外，还有"巷"相隔。大约在唐天宝年间以后，区内发展了"曲"，曲有"北曲"、"中曲"、"南曲"（《北里志》）"小曲"（《太平广记》卷四八四引《异闻集》）、"短曲"（《剧谈录》卷上）之称，也有按顺序的叫法，如"永昌坊入北门西回第一曲"（《入唐求法巡礼行记》卷四），有的曲还有了俗称，如靖恭坊的毡曲（《酉阳杂俎》续集卷五）、胜业坊的古寺曲（《太平广记》卷四十八引《蒋坊霍王小传》）等。

城内各坊基本是居住区，全部面积占全城 7/8。和汉代都城相比，隋大兴城居住区明显扩大，这当然与其经济、文化发展有关，但从其设计意图推测，大约主要还是承袭曹魏以来的都城，为了直接控制大量人口的需要而规划的。大兴城修建于开皇二年（582年），当时全国还未统一，隋统治者力图直接控制大量人口，开皇九年（589年）全国统一后这种作法意义就不大了，所以一直到盛唐，郭城南部四列坊仍"率无居人第宅"，"虽时有居者，烟火不接，耕垦种植，阡陌相连"（《长安志》卷七）。中唐以后，永达里还有园林深僻处（《旧唐书·王龟传》）。

大兴城两市，东曰都会，西曰利人，对称地置于皇城外东南和西南。各占两坊之地，周建夯土围墙，开八门，内设井字街道和沿墙街道。管理市场的市署和平准署位于井字街当中[5]。

两市内"四面立邸，四方珍奇，皆所积集"（《长安志》卷八）。两市是大兴城内手工业的集中地区，从其位于城内中部以北，接近宫城和衙署，可以推知两市的工商业主要是为贵族官僚集团服务的。

---

① 《长安志》卷九："朱雀街东第五街即皇城东第三街，街东从北第一坊，尽坊之地筑入苑，十六宅"。按此入苑的第一坊为什么建十六宅？据《长安志》的解释是，先为十王宅，后又增入六王，故名。其实一坊之地，分划成十六小区，也正与当时各坊的规划相一致。

（二）从大兴城的布局看全城的防卫措施

隋王朝为了巩固自己已经取得的权力，维护自己的安全，又极力加强皇室居住区的卫护，京城大兴城内宫城、皇城的安排和郭城内五府、官署、寺观的布局，很明显地表现了这一点。

大兴城的宫城位于郭城北部正中，前是皇城，后靠郭城之北的大兴苑，南北长 1492 米，东西宽 2820 米。宫城南壁正中的广阳门和北壁正中偏西的玄武门门址均已探得。宫城中部为宫殿区，东面宽 1967 米，正殿大兴殿位于北区的南部。宫殿区东为太子宫——东宫，宫殿区西为宫人居处的掖庭官和曾出土太仓窑砖的太仓所在。

皇城是官署区，位置紧靠在宫城的南侧，中隔横街，无北墙，东西两墙与宫城东西墙相接，是同一城墙的延长，南城墙为今西安城南墙所压。皇城南北长 1843 米，东西宽同宫城。皇城南壁有三个城门，东西两壁各有两个城门。其中南壁正中的皇城正门朱雀门，北和宫城正门广阳门相对，南经朱雀大街与外郭城南壁明德门相通。文献记载，皇城内有东西向街道七条，南北向街道五条，其间立中央衙署及其附属机构。

自曹魏邺城开始，诸代王朝都城内的中央衙署便开始集中，比如晋魏洛阳，其中央衙署便集中在宫城南出大街铜驼街的两侧。但在衙署外围另筑一城，即皇城，则是隋以前所未有。《长安志》卷七载："自两汉以后至于晋齐梁陈，并有人家在宫阙之间，隋文帝以为不便于民，于是皇城之内，惟列府寺不使杂居止，公私有便，风俗齐肃，实隋文新意也"。这个"隋文新意"，既把一般居民和宫城隔得更远，又把宫城和其他大小统治者的宅第严格分开以使宫城的卫护更为加强。

宫城之北为大兴苑。大兴苑东靠浐，西枕渭，东西二十七里，南北三十三里（《长安志》卷六），为皇帝游猎禁区，当然也起着宫城北边的防卫作用。

大兴城郭城内，绝大部分是居住区。隋王朝为了加强对城内居民的控制，除每坊置里司、"坊角有武侯铺"（《新唐书百官志》四上）极力强化里坊制度之外，又使城内四隅和主要街道两侧的各坊遍布王宅、官府和寺观。大兴地势东南高，西北低，相差 30 余米，其间陡起约 4 ~ 6 米的高坡共六条，即所谓"帝城东西横亘六岗"（《长安志》卷七）。这六岗的坡头，除第二岗坡头"置宫殿"，第三岗坡头"立百司"（《长安志》卷九）外，郭城内各坊坡头之处，皆为官府、王宅和寺观所据。

大兴郭城内官府位于冲要之地的有东西市附近宜阳坊和长寿坊内的大兴县廨和长安县廨，还有位于布政坊东北隅紧靠皇城右侧顺义门的右武侯府等。王宅多在城的南部，文献记载："隋文帝以京城南面阔远，恐竟虚耗，乃使诸子并于南部立第"（《两京新记》卷三）。其实蜀王、汉王、秦王、蔡王分别在归义、昌明、道德、敦化四坊立宅之处，正是横亘大兴郭城南部岗坡之地。其中敦化坊、蔡王宅更控制了大兴东南隅的北部。开化坊的炀帝藩邸紧接皇城外的朱雀大街东侧，北距皇城正门朱雀门仅隔一坊之地，其位置之重要最明显。另外，在郭城地势最高的东南隅"宇之恺营建京城，以罗城东南地高不便，故缺此隅一坊之地，穿入芙蓉池以虚之"（《太平御览》卷一九七引《天文赤集》），不久又在这里兴建了离宫。后来又把郭城的另一隅东北隅的一坊之地也划归了禁苑。

佛教自汉代传入我国，在魏晋南北朝时期广泛流行，寺院建筑迅速发展。大兴城内寺院林立，多达百余座，其中崇贤一坊竟立八寺。隋王朝除利用佛教外，也利用道教，大兴城内立道观十处。寺观多占主要街道两侧，岗坡高地和城隅处。

综观全城，宫城、皇城住在北部正中。各坊内部区划整齐，外围门、墙，并置里司。主街两侧、城内四隅和城内岗坡之地遍布官府、王宅、寺观，这种布局反映了对劳动人民的严密控制和监视。

（三）唐长安的宫廷建筑

隋大兴城唐名长安城，或曰京师城。唐初大兴城的变革，主要是新创建的大明宫取代了以太极殿（即隋的大兴殿）为中心的旧的宫殿区。

大明宫南宽北窄，西墙长 2256 米，北墙长 1135 米，东墙由东北角起向南（偏东）1260 米，东折 30 米，然后再南折 1050 米与南墙相接。南墙是郭城的北墙，在大明宫范围内的部分长 1674 米。宫城全周长 7628 米。北墙之北 160 米处和东、西墙外侧约 50 米处，发现了与城墙平行的夹城。宫城四壁和北面夹城皆设门，其位置除南墙东部两门被今市区所压外，其他均已探得，各门只有南墙正中的丹凤门设三个门道，其余均为一个门道。

大明宫北部有太液池，南部有三道平行的东西向的宫墙。宫内已探得殿亭遗址三十余处，绝大部分在宫城北部。现经发掘的有大明宫正衙含元殿遗址和宴会群臣的麟德殿的遗址。

含元殿建于龙朔二年（662 年）。遗址位于丹凤门正北 610 米处的龙首原南沿上，其地高出平地 15.6 米。据现存遗址可知，殿台基东西宽 75.9 米，南北长 41.3 米；殿面阔十一间，进深四间，间各广 5.3 米，殿外四周有宽 5 米余的副阶；殿左、右、后三面夯筑厚 1.3 米的土墙，台基前设长约 70 余米的南出的三条平行的阶梯和斜坡相间的砖石踏道，中间一道宽 25.5 米，两侧各宽 4.5 米，中间与两侧的踏道间距约 8 米，当时称之为"龙尾道"。殿北两侧各有向外延伸并向南折出的廊址，此殿两侧的廊址各与殿东南、西南的翔鸾阁、栖凤阁台基相连。两阁台基高出地面 15 米，周围并包砌 60 厘米厚的砖壁，含元殿遗址出黑色陶瓦，还有少量的绿琉璃瓦片。另外，从台基四周出土的残石柱和螭首等石刻残件，得知台基周围原安有石栏和螭首等装饰。

麟德殿的兴建略迟于含元殿，遗址位于太液池西隆起的高地上，西距宫城西墙仅 90 米。夯土台基南北长 130.4 米，东西宽 77.5 米，分上下两层，共高 5.7 米，台基南面设东西两踏道，台基周围砌砖壁，其下绕敷散水砖。台基上三座殿址前后毗连。前殿面阔约 58 米，十一间，进深四间，前有副阶。中殿面阔同前殿，进深五间，以墙隔为中、左、右三室。前中两殿和其间的过道地面原铺有对缝严密的磨光矩形石块。后殿面阔同中殿，进深三间。右殿之后另附面阔九间、进深三间的建筑物；后殿与所附建筑地面原铺方砖。全部建筑通长约 85 米，中殿左右各有方形台基一处，其上建东西二亭。后殿左右有矩形楼阁台基一处（《雍录》卷四："麟德殿东廊有郁仪楼，西廊有结麟楼"）。左右矩形楼阁台基各有向南延伸的廊址。"大历三年（768 年）……宴剑陈郑神策军将士三千五百人"于三殿（《册府元龟》卷一一〇）。三殿即指麟德殿的前、中、后三殿，麟德殿容纳这样众多的人数，即使把回廊和殿前庭院的空间都安排在内，也是空前的巨构。

含元、麟德两座殿堂遗迹，不仅规模宏大，其布局更引人注目。高耸的正衙含元殿前列两高阁，并设有漫长的龙尾道。麟德三殿连建，翼以两楼两亭，并围绕回廊。两殿这种壮观的设计，表明了初唐时期的建筑技术进入到迅速发展的阶段。

武则天执政之初，为什么坚决放弃原来的太极宫，而把一代朝会正衙传移到长安城东北郊禁苑范围之内呢？究其主要原因：第一是因为太极宫地势低，不利于防御，大明宫高踞岗阜，所以开元十年（722 年）韦述著《两京新记》中说："命司农少卿梁孝仁充使制造此宫（大明宫），北据高岗，南望爽垲，终南如指掌，坊市俯而可窥"（《太平御览》卷一七三引），显然，这里既适于警卫宫廷内部，又可以掌控京城全局；第二，可以根据新形势的需要，设计修建新的殿堂。总之，主要是出于当时政治斗争的需要。

自开元以后的皇室建筑，规模最大的是兴庆宫。该宫傍城东壁，东西宽 1080 米，南北长 1250 米，呈长方形。宫四面皆设门，正门兴庆门在西壁北部。宫城内以隔墙隔为南北两部，北为宫殿区，南为园林区。考古试掘和钻探多在南区。南区正中为一东西 915

米，南北 214 米，面积达 18.2 万平方米的椭圆形大水池——龙池。龙池西南共发掘十七处建筑遗址。

开元十四年（728 年）外傍郭城东壁建兴庆宫北通大明宫的复壁，开元二十年（732 年）又外傍郭城东壁建兴庆宫南通曲江芙蓉园的复壁。此即所谓"筑夹城至芙蓉园"（《唐会要》卷三十）的夹城。复壁东距郭城壁 23 米，与郭城东壁南北平行，但近城门处则向东斜，复壁与郭壁的间距缩小到 10 米左右，春明门南侧的夹城址还存有登城楼出入口的建筑物遗址。此傍郭城东壁的复壁全长达 7970 米，版筑坚实，夯土的硬度比郭城还要高。

（四）城市建筑工程技术

隋唐大兴、长安，规划中分区布置宫城、皇城、市、坊，并设立里坊制度，于是便出现了大大小小的隔墙围成各个区域的划分状况。从外郭城到宫城、皇城，直到里坊，都采用夯土版筑的围墙，以宫城最为坚实，不但宽度大，而且在转角和城门附近都包了砖，坊墙则是最薄的。它们的尺寸详见下表。

外郭城的城门以南壁正中的明德门最大，有五个门道，各宽 5 米，深 18.5 米，其余各门均开三个门

隋唐城墙宫墙尺寸一览表　　　　　　　　　　表 12-3-1

	墙基宽度（米）	上部墙宽（米）	城高（米）	附注
大兴外郭城	9～12		6	每版夯土厚为 9 厘米
宫城	18			城门附近及拐角皆包砖
宫城东墙	14			
大明宫	13.5	10.5		拐角处在 15 米的范围外侧加厚 2 米
大明宫外之夹城	4			拐角处包青砖
兴庆宫	5～6			
兴庆宫南壁 20 米之外复壁	3.5			
利人市围墙	4			
都会市围墙	6～8			
坊墙	2.5～3		3	此为推测数字

道。宫城南壁正中的广阳门亦开三个门道，东西残长41.7米，进深19米，门基铺有条石或石板，这是其他城门所未出现的设置。全城街道宽窄有明显的差别，通向各城门的六条道路为主干道，其中五条的宽度均为100米以上，只有全城最南面在延平门和延兴门之间的东西干道宽度为55米，因其两旁居住的人口较少。明德门内，位于全城南北中轴线的朱雀大街，宽达150～155米。不通城门的大街，宽度在35～65米之间。顺城街宽20～25米。两市内井字街宽10～16米，市内顺城街宽14米，市内小巷宽1米。里坊内十字街宽15米。考古发掘的路面工程以西市内一处保存较好，底下填石子，后经夯打，极坚硬，路面宽16～18米，其中车马道占据当中14米，两侧排水明沟之外还有1米宽的人行道。

各大街两侧都有明沟排泄雨水，例如，朱雀大街的排水沟宽3.3米，深2.1米；西市主要街道两旁的排水沟有土筑和砖筑两种。土筑水沟沿早期路面两侧，沟口略低于地面，剖面呈半圆形，沟宽0.3米。晚期路面两侧的排水沟加大了宽度，并增筑砖壁和砖底，宽1.15米，深0.65米。这种晚期的水沟还和街内小巷中的砖砌暗水道连接。

全城的给水系统主要为了解决宫苑环境用水、改善小气候和航运交通等问题，居民饮用水由水井解决。

大兴城内，隋初开凿了龙首、清明、永安三条水渠。三渠分别从城东、城南引浐水和汶水、潏水进城，北入宫苑，其用途大概主要为解决宫苑的环境用水。

龙首渠南支自东壁通化门北兴宁坊入城，南折经永嘉坊，一支西去，一支南入兴庆坊。

永安渠自今南三门口村东南角以30°斜度进城，经大安坊后北流，自怀远坊经西市东侧北去，出城入苑再自北流注入渭河。

明清渠在今北三门口村以东200米处，东侧紧靠安化门西侧往北流入城，向北引入皇城，再入宫城里注为三海。其中经兴化坊西墙内侧的一段，探得宽为9.6米[6]。

唐初龙朔年间以后，西市的繁荣超过了东市，为了解决运输问题，便开渠潴池。首先，将流经西市东侧的永安渠引入西市，后沿西市南大街北侧向西延伸出长约140米，宽约34米，深约6米的支渠，横贯市内。天宝元年（742年）又分潏水开漕渠以解决漕运。《唐会要》卷八七曾记载："分渭水入自金光门，置潭于

西市之西街，以贮林木。"永泰二年（766年）以京城薪炭不给，又自西市引渠，"自京兆府，东至荐福寺东街，至北国子监正东至于城东街正北，又过景风门延喜门入于苑，阔八尺，深一丈。"航运问题的解决使西市更加繁荣，在唐后期达到了极盛。

二、东都洛阳城

（一）隋东都洛阳城的创造和布局

隋统一后，全国经济迅速恢复，隋炀帝为了进一步控制关东和江南，即位的第二年（公元605年）即发诏令杨素、宇文恺等人营造东都（洛阳）。

洛阳宫城东西壁各长约1270米，北壁长约1400米。南壁正中有南向凸出部分，长约1710米。城壁内外砌砖，其中夯筑部分的宽度一般在15～16米之间，西南隅厚达20米。仪、圆壁两城紧接宫城之北，为宫城北面隅城。

皇城围绕在宫城的东、西、南三面，夯筑城壁，内外砌砖。西壁保存较好，长约1670米。

东城紧邻皇城之东并相连，东西长约330米，南北长约1000米。东城之北的含嘉仓城，东面长约600余米，南北长700余米，城内粮窖分布密集，东西成行，南北成列。

郭郭（即罗城）夯筑。东壁长7312米，南壁长7290米，北壁长6138米，西壁纡曲，长6776米。南壁三门各开三门道。正中的定鼎门址宽28米，东西两门道各宽7米，中门道宽约8米。定鼎门内大街是洛阳城的主干道，据保存较好的路段，测得其最宽处为121米。南壁的西门厚载门内大街最宽处为45米。东壁三门，正中的建春门也是三门道。

郭郭南面五列坊和东北隅三列坊，保存遗迹较多，知东都洛阳城坊里都大致呈方形。据定鼎门东的第一坊（明教坊）的普探情况，得知坊内十字街宽约14米[7]。

通过皇城右掖门的发掘，可知东都洛阳城门的一般结构样式。右掖门宽42米，当中以两堵平行的夯土墙将整个城门分隔为三个门道，隔墙厚约3米，每个门道宽6米，门道深17.5米。在东、西门道发现沿墙均布置有石柱础，1米见方，当中有圆洞径16～17厘米，内填塞木炭碎硝，柱础间被砖壁压着。据此可知，门道的结构是用排叉柱子支撑上部的门过

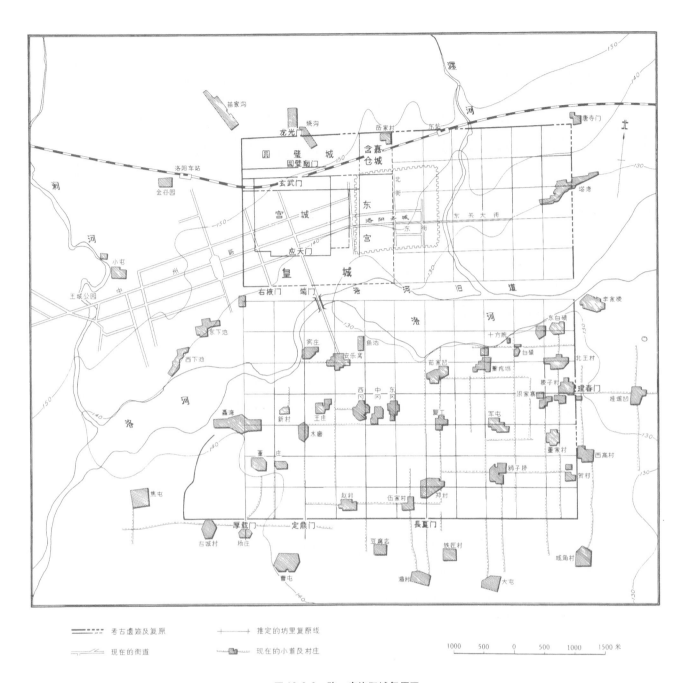

图 12-3-2　隋、唐洛阳城复原图

梁，柱间用砖墙填塞。东门道东座共有十三方柱础石，在第七方处有一套保存完整的门砧石、门枢石及门槛下铺的石板等。据此可知，门扉是安在门道正中向内开启的。从已烧毁的残木门扇测得当时版门的单扇尺寸为 3.75 米 ×1.75 米。

根据以上考古工作的成果和文献记录，大致可复原隋东都洛阳城布局（图 12-3-2）。

从复原图可以看到和隋大兴设计显著不同之处有以下四点：

（1）东都洛阳城的宫城、皇城位于都城的西北隅。洛阳西北隅适占洛阳城地势最高的位置，在这处负隅高地上建宫城、皇城，显然比大兴的宫城、皇城更有利于防御。

（2）宫城除南置皇城外，北建重城，西面连苑。宫城、皇城本身又都内外砌砖。皇城之南并界以洛河。洛阳戒备的严密，又远在京城大兴之上。

（3）缩小里坊面积，划一方三百步（一里）的里坊规格，这是洛阳故都（北魏洛阳城）旧制的恢复[①]，对里坊居民的控制，也比京城大兴更加强化。

（4）洛阳小于大兴［《元河南志》卷一（洛阳）罗郭城……"周回五十二里"。《长安志》卷七："唐京城外郭城……周六十七里"］，却设了三个市（京城长安只二市），并且都靠近可以行船的河渠（通远市南沿洛河，北旁漕渠。丰都市通运渠。大同市通通济、通津两渠），可以推知洛阳的设计比大兴更多地考虑到繁荣工商业的问题。

（二）唐代洛阳的变革和工商业的繁荣

隋设计兴建的东都，唐武德四年（621年）废。贞观六年（630年）号洛阳宫，显庆二年（659年）恢复东都。唐恢复东都，宫城、皇城如故，缩小了苑（周一百二十六里），重建了罗城，里坊大都仍旧。三市有了变化：丰都市缩小了半坊，唐名南市；迁通远市于临德坊，唐名北市；迁大同市于固本坊，唐名西市[8]。洛阳总的布局没有大的改变。较为重要的改革和长安相同，是在宫庭建筑方面。

乾封二年（667年）在东都苑东部，修建了上阳宫，其"东面即皇城右掖门之南"（《元河南志》卷四），"南临洛水，西拒穀水"（《太平御览》卷一七三引《两京新记》）。上阳宫成为东都的主要宫殿，它和长安的大明宫一样，避开了洛阳原来宫城的布局。更值得注意的是，上阳宫的"正门正殿皆东向，正门曰提象，正殿曰观风"（《旧唐书·地理志》一）。上阳宫选地旁是皇城，开门的方向又以东为上，很明显，这是为了继续使用洛阳皇城的设备，刻意想和皇城组成一体。

文献记载和考古发现都表明了洛阳含嘉仓存储租粮最多的时期是在武则天和玄宗时期。据仓内所出的窖砖上所刻铭可知，窖粮多从江淮运来[9]。唐王朝经济来源逐渐依赖江淮，这是唐前期即已重视洛阳，武则天掌权以后，更长期在洛阳执政的主要原因。

随着农业生产的恢复和发展，东都洛阳的工商业迅速地繁荣起来。隋通辽市（北市）和大同市（西市）都迁移到邻近城门且更加方便的地方。长安中（701-704年），在北市的西北，引漕渠，开新潭，以通诸州之船。在这一带漕渠上，"天下之舟船所集，常万余艘，填满河路，商贩贸易车马填塞"（《元河南志》卷四）。北市及其附近，成为洛阳最繁盛所在，所以文献所记洛阳的旅馆、酒家大都集中在这里[10]。

（三）隋唐长安、洛阳布局对其他城市的影响

隋唐是我国封建社会的鼎盛时期，大兴—长安是当时的京城，洛阳是仅次于京城的东都。由于隋唐中央集权的逐步强化和中外文化交流的日益昌盛，故而这两座都市的设计规划，不仅影响了当时国内新建和改建的地方都市，还影响着邻近国家都城的兴建。

这两座都市虽然在内城（宫城和皇城）的布置上，有显著的差别，但在居民区——坊里的设计上，却有着两项极为鲜明的共同点，即坊内十字街的设置和十六小区的划分。根据现在了解的资料看，唐州城大多是根据长安坊内十字街的设计和布局以及洛阳方正的坊里制度进行布置的，如南方的益州城和北方的幽州城、云州城。

唐代，我国东北地区的渤海，曾仿唐制设五京，其上京龙泉府城遗址即今黑龙江省宁安市的东京城。经考古发掘，知该城设计大体摹自长安城[②]。中京显德府城遗址即今吉林省和龙县的西古城子。东京龙原府城遗址即今吉林省珲春县的半拉城。经调查，两城的宫城均在城北部正中，其布局同长安城，但方整的坊里则仿自洛阳。

隋唐时代中日文化交流频繁，日本从7世纪后半到8世纪后半，陆续兴建了许多处宫和京，其中藤原、难波、平城、长冈、平安五座京城，经过近年的考古和古文献的研究工作，都已进行了程度不同的复原。复原的成果表明，仿效隋唐时代长安和洛阳的制度，是它们的共同点。其他情况如下表：

① 据《洛阳伽蓝记》卷五谓京师东西二十里，南北十五里（方三百步为一里），里开四门。

② 龙泉府城遗址问题，日本人曾研究，参看原田淑人、驹井和爱所著《东京城——渤海国上京龙泉府址四发掘调查》，东京1939出版。

日本早期京城与隋唐城郭制度对照表 表 12-3-2

各京的具体情况	京城面积南北长、东西窄	宫城位于京城的北部正中	置朱雀大路于都城正中的南北中轴线上	京城左右对称建置东、西两市	方形坊里或大部是方形坊里	每坊置东西两坊门	每坊内划分十六小区	朱雀大路两端（即罗成门内）两侧坊各置宗教建筑一所
藤原京[11]	✓	✓	✓		✓			
难波京[12]	✓	✓	✓		✓			
平城京[13]	✓	✓	✓	✓	✓	✓	✓	
长冈京[14]	✓	✓	✓		✓			
平安京[15]	✓	✓	✓	✓	✓		✓	✓
形制渊源		长安制度	长安制度	长安制度	洛阳制度	长安宫城南面四行坊的制度	长安洛阳（？）制度	洛阳制度

日本都城的布局在日本古文献中有"东京"、"西京"之称。这个"东京"、"西京"，系指都城之东半部和西半部而言。日僧永祐于 14 世纪初所撰《帝王编年纪》卷十三记："（延历）十二年癸酉唐贞元九年（793年）正月十五日始建平安城。东京又谓左京，唐名洛阳。西京又名右京，唐名长安"。可知日本各都城的设计，确实是参考了长安、洛阳两城的部署，并非单纯模仿长安城。

第四节　宋东京城与临安城

一、东京城

北宋东京城（今河南开封）是 10 ～ 12 世纪我国政治及工商业的首要城市。北宋王朝在东京建都长达 167 年（960 ～ 1127 年）之久，其规划上承隋唐长安城，下启金中都，元大都和明、清北京城，特别是当时已经发展起来的城市商品经济，给这个城市的面貌打下了明显的烙印，因此，在我国封建城市发展史上占有重要的地位。

（一）北宋东京城建立前的发展概况

1. 开封地理条件及城垣的兴筑

开封位于今河南省中部偏东，北距黄河 9 ～ 10 公里，地势平坦，平均海拔约 70 米，因地处黄河冲积层上，估计有史初期，海拔应当较低，其气候特点是大陆性强，雨量集中在夏季而变率大，上古开封附近因河湖四布，水旱灾害没有中古以后严重，森林茂繁而盐碱不甚。

关于开封城垣营建的开始，据《北道勘误志》转引《城冢记》大梁城系毕公——周文王姬昌之子所筑，即西周初期，约公元前 20 世纪末～公元前 21 世纪初，这是最早的记载。但据《太平寰宇记》说是春秋时即公元前 400 年左右郑庄公命郑邴在此筑城，取开拓封疆之意而名开封，其位置在今城南古城村的西北距朱仙镇东约 6 公里处。但比较确实可据的记载，它是起源于战国时魏惠王由安邑徒都的大梁城，距今 2300 年左右，魏国凿运河，将开封的汴河与北面的黄河、济水沟通起来，开封就成了华北平原西端水道的中心。

2. 唐时置宣武军及五代时梁、晋、汉三代的营造

唐德宗时，在开封设宣武军，建中二年（781年），宣武军节度使李勉重筑城垣，其范围相当于今日的开封城，唐书《李勉传》称："汴州水陆一都会"，明确了这一城市的地位。

五代时，梁、晋、汉、周都建都开封，梁朱全忠于907年称之东都，升汴州为开封府。这是开封府成为首都之始。晋、汉、周三代都称之为东京，四代共建都于此26年。

3. 后周在东京的建设

后周太祖郭威即位后，于广顺二年（952年）正月，下令修补京城罗城，派畿内丁夫五万五千人进行版筑，世宗紫荣即位以后，又对都城东京进行了扩建，显德二年（955年）四月，下令拓宽街巷，增筑外城，疏通汴河，外城相当于今开封的外土城，奠定了北宋东京城的规模，柴荣在诏书中说：东京"华夷辐辏、水陆会通"，但都城依旧，城内"屋宇交连，街衢秋溢，入夏有暑湿之苦，居常多烟火之忧"，因此加以拓宽，于京城四面，"别筑罗城"。

以后又拓宽道路，规定京城之内街道阔五十步的，允许两边人户，各在五步之内听便种树掘井、修盖凉棚，至于三十步以下到二十五步的，只能在三步以内，按照这一比例，依次减少。

（二）北宋东京城的建立及其规划

1. 城关结构与陆路交通的规划

宋太祖赵匡胤即位后本不想建都开封，因开封无山川之阻，为四战之地，故赵匡胤以重丘为营卫，畿内常用兵十四万人，他曾说"不出百年，天下民为殚矣"。就战略观点看来，开封的地理位置是不利的，后世范仲淹也说过："洛阳险固，汴为四战之地，太平宜居汴，即有事必居洛阳"，明知战略上不利，但还是建都开封，主要是由于开封有维护封建政权经济命脉的漕运供应的关系，在司马光的《涑水记闻》中曾有一段关于赵匡胤想迁都洛阳时，他的大臣李怀忠对他讲的话："东京有汴渠（即汴河）之漕，坐致江淮之粟四五千万，以赡百万之军，陛下居此，将安取之？"这就明白地指

出了北宋定都东京的主要原因。

北宋定都开封后，为了进一步巩固中央集权，在后周扩建的基础上，对开封城的城关结构在设防上给予进一步加强，在水陆运输交通方面又做了进一步的修浚。

北宋东京同后周显德年间情形一样，有城三重：外城又称"罗城"，周48里223步，政和六年（1116年）扩展到50里165步。城作长方形，南北长而东西窄，约当今日开封四周的土城遗址。内城即里城，又称阙城，在外城的中央，周20里150步，也作长方形，约等于今日的开封城，但南北略短，皇城在里城内北部，周围9里18步（一作5里），大约是根据唐宣武军节度使署的位置而扩大，作正方形，位置在今龙亭及其附近。

外城在后周柴荣时建造的基础上经过北宋真宗、神宗两朝的重修和徽宗时对南面的城垣的扩大，城外有护城河，阔十余丈，外城辟十三门，另有水门七。为了加强防御"新城每百步设马面、战棚、密置女头，旦暮修整，望之耸然。城里牙道，各植榆树成荫，每二百步置一防城库，贮守御之器，有广固兵士二十，指挥每日修造泥饰，专有京城所提总其事"[16]。由此可见，外城建筑的坚实和防御的严密。

由于开封周围地势低，防守不利，为了加强防卫，先后在周围选定大名府（北京）、河南府（西京）、应天府（南京）等三个军事重镇作陪都，成为东京开封的屏幛。

东京城四周辟有十门，南北各三，东西各二，从北经东南转到西北各面的主要城门为酸枣、封丘、曹、宋、陈州、郑门等，其中曹门、宋门的名称，是沿袭了唐李勉所筑汴州七门的旧名，经过这些城门所散射出来的各条大道，分别通向黄河渡口并各个陪都及其它重要城镇，这是具有战略意义的。

2. "四水贯都"解决漕运

宋代开封河道四达：汴河（通济渠），蔡河（惠民河）、金水河（天源河）、五丈河（广济渠）。称为四渠，后又以黄河代金水河，称作"四河"，为漕运要道，四河的漕运以汴河为多，据《宋史·食货志》："太平兴国六年（981年），汴河岁运江淮米300万石，菽100万石；黄河粟50万石，菽30万石；惠民河粟

40 万石，菽 20 万石；广济河粟 12 万石，凡 2 万石"。到至道元年（995 年）汴河运米 580 万石，大中祥符元年（1008 年），又上升到 700 万石了。

四河运输的范围："江南、淮南、两浙荆湖诸路租籴，干真、杨、楚、泗州置仓受纳，分调舟船，溯流入汴，以达京师"。"陕西诸州菽粟，自黄河三门沿流入汴，以达京师"。"粟帛自广济河而达京师者，京东三十七州"。"由惠民河而至京师者，陈、颖、许、蔡、光、寿六州"[17]。从上述情况看，汴河的运输范围为最广。

实际上汴河吸收的商品，不仅以江、淮两浙荆湖诸路为限，南、川、蜀的货物到京师的，大都也经过汴河。

熙宁六年（1073 年），应天府知府张方平更具体地说明了汴河漕运对开封的关系："京师士庶，以亿万数，大半饱食于军食之余，故国家漕事，至急至重"。"汴河之于京师乃建国之本，非可与区区沟洫水利同言也"。

流经开封的四条渠道，都是人工运河，它们解决漕运和农田灌溉，对城市生产用水和居民生活用水的供应，均起到很大的作用，这四条渠道的水网是五代到北宋初才形成的，并经过北宋早期历代的修浚。

关于汴河工程，"汴河旧底有石板、石人，以记其地里，每岁兴夫开导至石板、石人以为止，岁有常役。民未尝病之，而水行地中，京师内外有入水口，泄水入汴，故京师虽大雨无复水害"[18]。

从开封城区交通干道的规划以及分设陪都的区域规划，都可以看出四方栱卫京城的军事意图。由于开封无险可守，只有驻重兵来加强防卫。在宋仁宗、英宗时代，禁军达到 140 万人，在东京城一地就驻有半数，且多在外城。宋王朝盛时东京有军民共 120 万人以上。其食粮必赖漕运供给，因此，对上述四个人工渠道的修浚，北宋王朝是异常重视的。特别是汴河，自隋开通济渠后，引河入汴，增加了汴河的泥沙沉淀量，必须时常加以疏浚。宋初役民夫每天修浚一次，后来汴河二十年不修，年年湮淀，沈括《梦溪笔谈》里就说过："自汴流湮淀，京城东水门下至雍丘、襄邑，河底皆高出堤外平地 12 尺余，自汴堤下瞰民居，如在深谷。"说明，到了北宋晚期东京的人工渠道，已经逐渐被破坏了。

东京城这些高墙、深壕重兵，广粮的城防设施，都是北宋王朝为加强中央集权和防御需要在城市规划方面的必然措施。

（三）北宋东京城规划上几项重要措施

宋代结束了五代十国的分裂割据局面，进一步加强了中央集权，这在东京城的建设上是有所反映的，例如在御路两侧修建御廊，加强中轴线，突出皇权尊严。汴梁"大内"宫殿，正朝的大庆殿、文德殿和紫宸殿及正宫的福宁宫，都在中央的南北轴线上，保持一定的纵深布置，大庆殿前的两庑分设两楼，这样以东西配楼来加强中轴线的设计手法，也是后代宫廷建筑中常见的。除此之外，在经济发展和军事需要上，又有以下的重要措施：

1. 商品经济的发展与城市坊里制的变化

东京城由于在政治、经济上的重要地位，商业和手工业特别繁盛，人口不断增加，引起了城市结构的很大变化，除了封建统治阶级的奢侈生活消费品需要从市场获得供应外，一般市民也和商品市场发生着越来越密切的联系。商业活动是早晚不息，出现了经常的日夜贸易。这样，城区比较集中的市场，已经不能适应商业发展的需要。东京城出现了大量的商业建筑和商业街道。从文献看，宋代依旧保存坊里制度，宋初开封府也设有街鼓，但由于商业发达，坊门启闭，已无什么重要意义，坊里制度已是徒有其名而已。

城内主要的职能分区有：行政区即皇城（中央的政权机构）；商业区（在里城东南部，外城东南部，东部及西部，最繁荣的地区是宣德门东潘楼、土市子及州桥东的相国寺附近）；住宅区（包括里外城的大部分，除商业中心外，一般与商业区相交错）；码头区（在城外运河沿岸，如城东的虹桥、陈州门和城北五丈河共有仓库五十多所，专门运卸漕米）；风景区在四郊和里城东北隅艮岳。

从城市结构看，依旧是宫阙居中，左祖右社，城市建筑及街道的布局形式，一切也都从封建统治阶级的利益出发。但由于北宋商业的发达，破坏了传统的坊里制，城市职能分区，已经不能采取集中配列市场的形式和居住的整齐划一，这显然是经济发展所决定的。

北宋东京城商业经济的发展，城市市民生活变化，出现了沿街布列店铺的商业街道。正对宫城大门的中轴大道和宫城前东西干道竟成了繁华的商业大街。由于城内人烟稠密，房屋高度以二、三层的为多，所谓"三楼相高，五楼相向"，促使多层建筑的发展，特别是大酒店等，临街修楼，后面建"露台"（金银彩帛交易之所），"屋宇雄壮，门面广阔"，还有热闹的公共娱乐场所称为"瓦子"（又称"瓦市"）。据记载，东京城里的大酒楼有七十二家，有的大到由五座三层楼房组成。"瓦子"里包括带棚子的商贩和文艺演出的"勾栏"（戏台），大型的瓦子里，有勾栏五十多个，大棚子可容数千人，城内还有带有浴室的茶馆。

开封坊里制度的破坏，使城市管理发生了新的变化，早在乾德三年（965年），宋太祖诏令开封府三鼓以后的夜市不禁，开封府的街鼓制，到仁宗时就已废去。由于坊里制有名无实，所以宋真宗时期另外施行厢制，坊名还是照旧保存着。大中祥符中，东京分为八厢，下设八十余坊，厢设厢吏，归开封府管理。街巷每二百步立屯署，置兵二十人夜间巡逻，负责巡防火灾和维持治安。

当时工商业及运输发展，商业区分散与住宅区相错杂。因此，管理官营手工业及仓库等政府机构不得不分设于各处，行政区也不是完全集中。

由于商业在东京城市内的不断发展，以致进入寺庙。唐时所留下的大相国寺六十余院，庭院两庑可容纳万人。宋时每月开放五次，供四方商旅汇集交易，成为东京城内的最大商业市场。

东京是全国的政治中心，是皇族、官僚聚居的人口百万以上的大型消费城市。商业是以此为基础发展起来的，商品种类繁多，来自全国各地，在城市管理上取消宵禁以后，出现了"夜市"，还有十字大街，每五更点灯，天明即散。由于人烟稠密，房屋拥挤，治安和防火的任务都加重了，城中出现了"望火楼"建筑，建置了"军巡辅屋"。手工业者和其他劳动人口，多居住在繁华街道的背后，在一些大宅的隙地上"团转盖屋，向背聚居"。

2．宽广的"御路"与绿化设施

东京城内街道分布的形式和城门相配合，其主要干道称为"御路"，共有以下四条：自大内宣德门向

南经朱雀门到南薰门；自宣德门外向东经旧宋门到新宋门；自宣德门外南面御路上的州桥向西经郑门到新郑门；自宣德门外东面御路上的土市子向北经旧封丘门到新封丘门。其中自大内宣德门向南经朱雀门的御路两侧所建的御廊，加强了中轴线的作用，保持一定的纵深布置，是建筑群规划上的巨大进步。

再有就是这四条御路延伸出去与东京城对外的陆路交通有着密切的联系，东出新宋门的御路可以东经南京应天府（商丘）、徐州、楚州通两淮、两浙；西出新郑门的御路可以西经河南府（洛阳）再至长安，远通西夏吐蕃；北出封丘门的御路可以通北京大名府、保州（保定），远通辽金；而南路也能经襄阳、江陵，通荆、湖、广南诸路。

由此可以看出，这四条御路不仅从整个城市交通规划上看是主要的干道，从它延伸到四面八方以联系全国重要地区和城镇，更说明它在国家政治、经济、军事上的重要地位。

此外，东京城道路的绿化，在文献上也有记载，自宣德门南去的御路，约宽200余步，两边是御廊，"安立黑漆权子，路心又安朱漆权子两行，中心御道不得人马行往，权子里砖石 砌沟水两道"，沟中"尽植莲荷，近岸植桃、李、梨、杏、杂花相间，春夏之间，望之如绣"。

东京城中的许多河道，常作为交通要道。修在主干道的桥梁，常做成石桥，桥形低平，便于行人车马的往来。一些石桥的工程和形式、装饰处理都很讲究，如位于中轴线"御街"上的州桥（正名天汉桥），"其柱皆青石为之，石梁石笋檐栏，近桥两岸，皆石壁，雕镌海马、水兽、飞云之状"。修在河埠上的桥梁，如"虹桥"成拱形高耸，是为了行船便利。

3．在战守的要求下，城防工程渐趋严密

北宋时期，受少数民族奴隶主的侵扰日渐严重，劳动人民的反抗斗争此起彼伏，对于东京城防，不得不十分重视，宋神宗时（1075～1078年）重修外城，"周围展至五十里一百六十五步，城墙高四丈，广五丈九尺"[19]。根据《东京梦华录》的记载，外城壕阔十余丈，"城门皆三层，屈曲开门"，跨门有铁裹栅门，遇夜加闸，垂下水面。城每百步设马面向外伸出，上面的守兵可以从侧面向逼进的敌兵射击，由于马面突出城墙，可以保护城墙免遭敌人挖掘。马面本身也是城墙的支撑

物，能增强城墙的坚固性。

东京城门除上述屈曲开门者外，惟南壁南薰门，西壁顺天门，北壁景阳门，皆为直门两重，因为这都是正门，皆留御路，相传北宋东京里外城皆系土筑，但城门是用砖石砌造的，这从《清明上河图》所绘的城门以及《事林广记》所载砖砌城门的样式中可以得到证明。

北宋政权设有专门负责营建修缮城垣的修建司。宋神宗时，沈括曾掌管军器监，研究城防兵器，并著有《修城法式条约》。在官方颁发的《营造法式》一书中，也有"筑城制度"和筑城功限的规定，这使东京城的建造工程进一步走向制度化，可见当时的政权对城防工程的重视。

北宋东京城是 10～12 世纪间世界上最大城市之一，由于它在政治、经济上的重要地位，在城市规划上为了适应商业和手工业的发展与繁荣，为了适应人口不断增加的需要，基本布局不再沿袭汉唐长安城那样以封闭的坊里为主的规划结构，出现了政治中心和工商业城市结合的新型。它表明了封建社会内部发展起来的商品经济和由此引起的城市生活的变化，已经开始冲击沿袭已久的封建都城的旧秩序（图 12-4-1）。

二、南宋临安城

临安即现今的杭州。地处富庶的长江下游平原边缘，西面群山环抱，中有西湖，湖光山色风景如画。基此原因，在历史上很早就是一座著名的风景城市。南宋绍兴八年（公元 1138 年）由于战事关系，统治集团迁都杭州，表面上叫它"行在"①以示不忘恢复失地还都汴梁的决心。但自绍兴和议成功，划定淮水中流为宋、金两国边界后，一直没有还都。

在我国建筑史上，除了元大都等少数例子外，一般城市，特别是作为政治中心的首都，绝大部分是在历史基础上扩建而成的。考之临安在秦汉时代只是一个依山为城的小县称钱塘，属会稽郡，故城在今灵隐山下[20]。今日杭州东北部分几全为平原，东濒钱塘江，西为西湖，自吴山以南向西发展为凤凰、玉皇诸山区，西湖的北边面靠宝石山，山北又是平原。当日，何以不将钱塘县设在平原而建在山区？这是因为远古时代，现在的杭州城区还是江流所经，很少陆地，今日城内

吴山的东北是一片汪洋。所以城市的发展除历史基础外与当地地形的演变也有很大关系。

吴山一称胥山在杭州城内，秦汉之前此山是面临大海的，山的东北凿石为栈道，谓之"石栈"。宋人周密在元至元二十四年（1287 年）游览吴山曾见到一枯池，石壁间皆细小水波纹不禁叹道："不知何年水直至此处？然则今之城市皆当深在水底数十丈矣[21]"。迄今山上月波池壁面水波纹遗迹犹存，这是因为石壁受江潮冲击日积月深所致。

西湖原来是和海相通的一个港湾，东至沙河塘，南向皆大江边，后来由于钱塘江和杭州周围山上冲刷下来的泥沙，受到海潮影响，逐渐沉淀而把湾口塞住，形成了一个"潟湖"。其冲击而成的平原即现在的杭州广大城区，依照近年工程钻探所得到的资料分析，其在拱宸桥附近厚约 30～50 米的第四纪松散沉积层底部，就有厚约 3～5 米的沙砾层，中间含有海滨生物的贝壳。这就证实了这里在不久以前的地质年代曾是滨海地带。汉代时华信在今清波门云居山麓至钱塘门一带筑塘以捍潮汐，这塘就是今日河滨路的前身。自塘筑成后西湖遂形成。同时，把钱塘县从灵隐山麓迁到了西湖以北宝石山的东面，时在东汉初期直到隋开皇年间建置州治为止，达五百余年之久。

南宋临安城是在隋唐州城和吴越国都城的基础上形成的：

（1）隋唐州城：隋文帝开皇九年（589 年）废郡置州治余杭称杭州，这是杭州一名的来源。杭州城垣的建造则在开皇十一年（591 年）把州治从西湖北面迁到凤凰山时才开始。其规模淳祐《临安志》卷五引《九域志》称："周三十六里九十步"。《临安志》所述周三十六里九十步，依照宋代地志记载州城中的子城面积没有超过十里之例②，此应指杭州外城即罗城而言。当时隋城界址东部临盐桥河，南部在凤凰山麓，西部近西湖东岸，城基即汉时华信所筑之塘（今湖滨路）。

---

① 皇帝临时驻地称"行在"。
② 如越州（今浙江绍兴县）罗城周二十四里二百五十步，子城周十里，见嘉泰《会稽志》卷一。常州罗城周二十七里三十七步，子城周七里三十步，见咸淳《毗陵志》卷三。台州（今浙江临海县）罗城周一十八里，子城周四里，见嘉定《赤城志》卷二。严州（今浙江建德市）罗城周十二里二步，子城周三里，见淳熙《严州图经》卷一等。

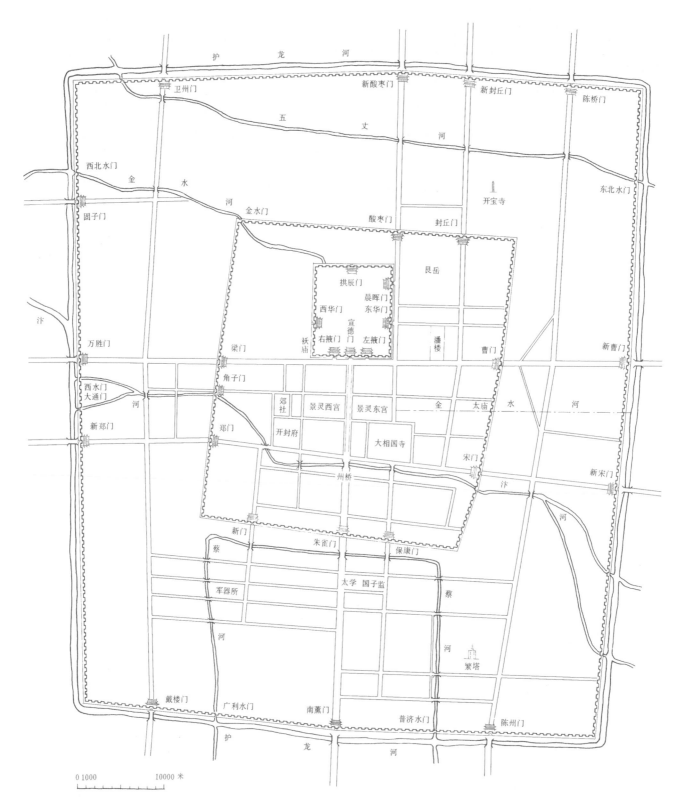

护 龙 河

卫州门   新酸枣门   新封丘门   陈桥门

五   丈   河

西北水门   金   水
固子门   河   金水门   酸枣门   封丘门   开宝寺   东北水门

汴

万胜门   梁门   拱辰门   艮岳   新曹门
妖庙   晨晖门
西华门   东华门
西水门   角子门   右掖门   宣德门   左掖门   潘楼   曹门
大通门   河
新郑门   郊社   景灵西宫   景灵东宫   金   太庙   水   河
开封府   大相国寺   宋门
州桥   汴   新宋门
河

新门   朱雀门   保康门
蔡   太学 国子监
军器所   蔡
河   河
繁塔

戴楼门   广利水门   南薰门   普济水门   陈州门

护
龙
河

0 1000   10000 米

图 12-4-1   宋东京城复原平面图

北部是平原直到虎林山为止。城有盐桥、凤凰、钱塘等门。至于今日城内的吴山，隋代时尚在城外而包金地山（今云居山）、万松岭在城中，虎林山今已成平地。

唐州城循隋之旧，界址无甚改变，但在城的南部稍有不同。因为自从隋筑城历经百余年到唐中宗景龙四年（710 年）沙岸北涨，地面逐渐平坦，李珣乃拓城，于城外开辟了沙河。所以唐城的南部要比隋时偏东些，规模也大些，州治则还在凤凰山，江沙所涨成的大平原辟为居民区。

（2）吴越都城：杭州城垣吴越时代设子城、内城和罗城三重。

罗城工程较大，共建造了三次。第一次在唐昭宗大顺元年（890 年）但并不称罗城而名新夹城，这是因为依附旧城的缘故，计全长三十余里。"新夹城环包家山，泊秦望山而回皆穿林架险而版筑。"[22] 可知，这一次主要是在经营城市南部。当时杭州城南部多属人迹罕至的山区，因此必须"穿林架险"，这样也就奠定了后来南宋临安城的基础。第二次是在景福二年（893 年），同书载："新筑罗城，自秦望山由夹城东亘江干，泊钱塘湖、霍山、范浦凡七十里。"罗城大体上是在南部新夹城的基础上向旧城东北包围，将内城包在里面。第三次是在后梁开平四年，即吴越天宝三年（910 年）系对城的东南濒江部分作了扩展。除筑城外还造捍海石塘。罗城计门八，即龙山、竹车、南土、北土、保德、北关、涵水、涌金。

在三次筑城过程中，值得一提的是捍海石塘的营造。塘的工程非常艰巨，计自江干六和塔开始一直向北直抵艮山门为止长达十余里。据《吴越备史》说："（开平）四年……八月，始筑捍海塘，王（钱镠）因江涛冲激……，乃命运巨石，盛以竹笼植巨材捍之，城基始定。其重壕、累堑、通衢广陌亦由是而成。"所谓巨材即椆木。在沈括《梦溪笔谈》上也谈到此事，卷十一说钱塘江钱氏为石堤，堤外植以大木十余行谓之"柱"，当宋宝元、康定年间（1038～1041 年）把柱全部取出后皆朽败不可用，堤复为洪涛激毁云云。可知石堤外植柱的目的系在捍卫浪潮的冲击。

（3）北宋杭城：城的范围大致仍以吴越之旧无所更改，惟内城已拆，仅剩下了朝天门（今留有西壁遗迹）。罗城南门称利涉，遗址在今包家山下，东门称保安即就吴越竹车改名，也叫小堰门，另有大堰门位于今武林门

外半道红地，见淳祐《临安志》引苏轼《请开河奏状》。保安门旁另设水门，这是茅山河自南入城的水口。至于城北的门有二：一称天宗水门，是茅山河向北出城的水口；一称余杭水门，临近余杭门，是盐桥河向北出城的水口。茅山河和盐桥河都是当时城中主要的两条运河，到南宋时茅山河淤塞，盐桥河一直保留到今天。当时的杭州是重要的对外贸易港口，为全国四大商港之一（其他三个是广州、泉州、宁波）。宋杭州的人口数，据欧阳修《杭州有美堂记》称："邑屋华丽，盖十余万家"，则人口应有数十万。由于商业繁盛，货运众多，车舆频繁，街道易于损坏，道路路面修筑质量提高，据清宣统二年（1910 年）板儿巷修筑道路时，曾掘得宋大中祥符三年（1010 年）冯宪等"砌街记石"一方，上刻：

"维大中祥符三年岁次庚戌四月十八日都会首冯宪徐翊严君赞高承霸高仁福同过法济院僧省欢院内大师奉圆等各舍金帛遍募近远四众信人各舍净财甃砌大街孔道至当年八月初三日备人工兴砌西头桥兔当月二十七日备砖灰人匠从崇新门下手甃砌至法济院东迄又见崇新门里砌街未就备砖灰人匠至□□高桥材毕同成胜事永为标记砌街都料王霸。"[23]

砌街记石 53 厘米见方，13 厘米厚（石现藏杭州西泠印社）。刻文中所谓 砌大街孔道备砖灰人匠，显系当时是砖砌的道路，并且已具有下水道。其他筑路起讫地点、桥名等都是宋代筑路史上的宝贵资料。如西头桥兔，即宋螺蛳桥今江东桥。从崇新门砌至法济院东首，崇新门即荐桥门，遗址在今头巷北口。法济院为后晋高祖天福三年（938 年）吴越王建，初名观音后改长寿，遗址在今江东桥东。高桥原在今高桥巷，宋茅山河故址，河于南宋时代扩建德寿宫而告填塞，是当时修筑的道路，就是清泰街今名立新路的西段。以上参阅杭州历代城郭变迁图（图 12-4-2）。

南宋绍兴八年（1138 年）定都临安时，本选地在西湖北山之阴的西溪地方，后来才改在凤凰山麓。故由宝石山背陆行绕秦亭山，沿山十八里至今尚有宋时辇路遗迹，当时对临安城的建设，除利用自然风景注意园林方面的种种点缀外，在建筑上、在城市规划上，又模仿东京汴梁制度。张奕光《南宋杂事诗》序说："杭地襟江带海，即禹贡扬州之域，至唐以来始称佳丽。有宋绍兴肇建行都，依凤凰山为大内，而以西湖为游观之地，一时制画规模悉与东京相埒。"

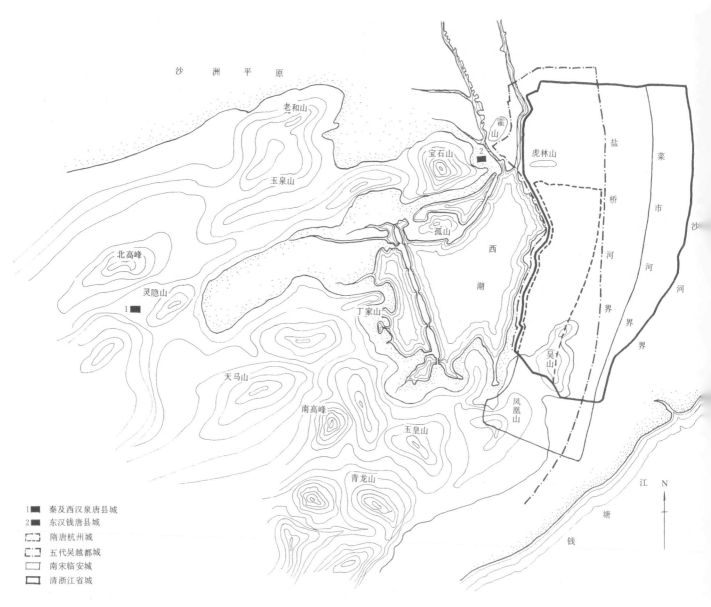

1 ■ 秦及西汉泉唐县城
2 ■ 东汉钱唐县城
▢ 隋唐杭州城
▢ 五代吴越都城
▢ 南宋临安城
▢ 清浙江省城

图 12-4-2　杭州历代城郭位置变迁图图

图 12-4-5　明刻《西湖游览志》中的"宋朝西湖图"

12-4-3 宋志临安城位置示意图

图12-4-4 杭州西湖景色（雷峰塔未倒前）

南宋是北宋的继续，在临安的总体规划虽然"一时制画规模悉与东京相埒"，但也有它的局限性。如南宋以前都城每采用"面市后朝"的方式，北宋汴梁虽皇城略偏前，但城郭作内、中、外三层套方形式，大体上还是保存旧制。至临安，据咸淳《临安志》"九县山川总图"所示，全城呈狭长形，即东西狭而南北长（图12-4-3）。皇宫所在的大内位于城的最南端，所有官舍、府第、街坊、市场等全在其北，这无疑是《考工记》王城制度"面朝后市"的恢复。发展结果，非但南面城垣没有扩大，相反的到元代时却予以收缩，而向东面方向拓宽，子城所在日渐荒芜。

大内原为唐州治所在，宋南渡后改作行宫而略偏东南，其地在凤凰山，大内在山的左掖，后有山包之。第二包即相府，第三包即太庙，第四包即执政府，包尽处为朝天门。郊祀用的行殿即端诚殿在山的右掖，后有山包之，第二包即郊坛，第三包即易安斋，第四包即马院[24]，这种布局完全基于杭州地理环境而成，是一种形势不规则的山城布局。

临安城由于商旅发达，除固定户口外，还有许多流动人口。如逢科举考试，"诸路士人比之寻常十倍，都在都州北权歇"[25]，当时连大寺院内也住满了人。加之不少外地客商致富后也寄寓在此。这样使得城市内的消费性行业特别繁盛，进而影响它的设计规模。城内人烟稠密，房屋全为瓦屋以其中多层建筑尤以酒店为多，故临街酒店特称之"市楼"。为此"望楼"等新型建筑，也因城市防火的要求而产生了。宋人周必大曾在《二老堂杂志》卷四中写当时谚云："东门菜、西门水、南门柴、北门米。"盖东门绝无民居，弥望皆菜园，西门则引湖水注城中以小舟散给坊市，严州、富阳之柴聚于江下由南门入河；米则来自北关。

根据文献记载，南宋临安不似隋唐两京（长安、洛阳）之预为布置，公私建筑每有随环境任意拓致使河道填塞之事发生，如茅山河例。

临安园林甚多，其中尤以西湖号为绝景（图12-4-4）。湖以自然风光取胜在汉时已有之，以金牛、明圣为湖名，当时湖的三面皆际山，而西北一隅，直至灵隐山麓，即《水经注》所说的江水东经灵隐山下，山麓有泉唐县治。到南宋时代舟楫犹可通至冷泉亭南的灵隐浦，水之深度可知。自元以后河道才荒废，不通舟楫。

西湖面积旧说四十里，南宋时犹有三十余里，到后来逐渐缩小。湖除自然风光外，配合以园林建筑。明刻《西湖游览志》中有"宋朝京城图"、"宋朝西湖图"及"宋朝浙江图"。现将上海图书馆所藏的明初刻本中之"西湖图"翻印作为临安园林之参考（图12-4-5）。

（4）城市结构：可以从城郭、宫室、街坊、河桥四方面来分析。

城郭：临安最外的罗城，虽当时是南宋的行都，但它的范围除城的东南部分系后来扩建者外，其他一如吴越之旧计周回七十里。至西北角较旧城要缩进，划霍山（即九曲城址）于外。城只二重，因为吴越内城在北宋时已拆去。大内所在的子城是否是吴越子城界限已无考，盖所谓子城周九里，仍为绍兴二十八年（1158年）扩展后的面积，建都初期还没有这样大。外城门共十三，据咸淳《临安志》所载，计城东七门：便门、候潮门、保安门（旧名小堰门）、新门、崇新门（一称荐桥门）、东青门（一称菜市门）、艮山门。城西四门：钱湖门、清波门（俗称暗门）、丰豫门（旧名涌金门）、钱塘门。城南一门：嘉会门。城北一门：余杭门（俗称北关门），以上为陆门即旱门，其旁尚有水门之设。内城门共三，即南面丽正门，北面和宁门，东面东华门。《武林旧事》卷四又载有西华门，其位置经近人考证谓在栖云山北近桃花关处。至水门、内外城都有，外城计五，为：保安水门、南水门、北水门、天宗水门、余杭水门。内城计二：一在城东，一在和宁门，开辟的目的主要是排泄禁中水，盖当日该二处均为水池所在地，惟门址无考。

门的形制。内城的较为华丽，因系大内所在。《梦粱录》卷八说："大内正门曰丽正，其门有三，皆金钉朱户，画栋雕甍，复以铜瓦，镌镂龙凤飞骧之状，巍峨壮丽，光耀溢目……内后门名和宁，在孝仁、登平坊巷之中，亦列三门，金碧辉映与丽正同。"

城的高厚比及附属建筑，《梦粱录》说城壁高三丈余，横阔丈余。如果同宋《营造法式》筑城之制"每高四十尺则厚加高一十尺"相比，似略过之，城的东面三门即便门、东青门、艮山门，《梦粱录》说都附设瓮城，这是南宋瓮城见于记载之始。瓮门除正门因为要通"御道"乃与城门开在同一中轴线上外，其他偏左或偏右开，"屈曲开门"，目的是为了防御敌人不使其轻易侵入城内之故。南宋瓮城实物今虽不存，但仍旧可以见

宋东京城瓮城
摹自宋《事林广记》

宋代城瓮城
摹自宋《武经总要》

景定健康志"府城之图"瓮城

图 12-4-6　宋代瓮城样式

之文献图示（图 12-4-6），瓮城和方城本来是有分别的，但自从北宋末年或至少南宋景定元年（1260 年）起，这种区别就开始混同起来，可以叫瓮城也可以叫方城，所以《梦粱录》就混称做"其诸门内便门、东青、艮山皆瓮城。"究竟临安城所用的是什么形制很难分别①。

杭州城墙吴越时代无论在山区或平地的，全以版筑为主，北宋以后由于火药、火炮已经被应用到攻城战术，破坏杀伤力较大，因而有些城墙加砌砖石，增筑瓮城。临安城的添加砖墙大多经营于南宋初期即绍兴、乾道年间。《宋会要辑稿》方域二说："绍兴三十一年（1161 年）四月九日，知临安府赵子潚言，

---

① 《玉海》卷一百七十四城下，元丰修都城条："元祐三年（1088 年）十月庚子，命将作监丞李士京修京城。绍圣元年（1094 年）正月八日。增筑功毕、外门（按即外城之门），正门为方城，偏门为瓮城。"又据近年文物工作调查，也曾发现建于南宋宝祐四年（元宪宗六年，1256 年）内蒙古滦河北岸的元上都内、外城、瓮城与方城并用制，见《文物》1977 年第 5 期贾洲杰"元上都调查报告"一文。

驻跸之地，所系甚重，比年以来，城壁摧倒，尝委官检视，凡一百四十一段共一千八百余丈。仍于三司各差三百人，分头修筑。"

又在同书修城记录中，每见有"候农隙和买砖石用壮城兵相兼人夫修筑"（绍兴十二年十月三日条），"见在砖土打筑入皇城门"（绍兴二十四年二月一日条），"用砖灰木植物料工食钱九万五千余贯"（乾道九年十二月二十一日条），证以实物如雷峰塔西关砖（宋开宝八年，975 年），涌金门城砖（南宋景定元年，1260 年）的出现，当系砖砌城壁无疑。又在记录中所云砖灰，此灰殆指白灰。是南方之应用白灰依前述北宋砌大街孔道及南未修城例，似亦同时期。又《梦粱录》卷七说："水门皆平屋，其余旱门皆造楼阁。"平屋之制不详，至楼阁当指外城的敌楼。

城墙遗迹由于后世平筑马路多已不存，尚存一段城基。城基宽 17 米，但高度已无从查考。

宫室：南宋迁都初期，受到人力、物力、财力的限制，没有宏大的建筑出现，绍兴十五年（1145 年）将李诫编修的《营造法式》重刊于平江（今江苏苏州），从而使建筑技术起到南北交流作用。

宋代在北宋时本设有修造司和东西八作司，承担皇家宫室的建造和修缮事宜。修造司后称修内司，隶将作监。到南宋时修内司已领有兵士一千人，经常掌管皇城工程设计和施工任务。绍兴十二年（1142 年）首先建造南内，因大内宫殿有两组建筑，位于子城内的"东沿河（钱塘江）西至山冈（凤凰山），自平陆至山冈，随其上下以为宫殿"[26] 称南内。在子城和宁门外望仙桥东北就秦桧旧宅改建的德寿宫称北内。南内虽系正衙（即最主要的宫殿），但较之北宋汴梁的规模却要小得多，并且还创一殿轮番易名使用的制度，这也是其他朝代所没有的。《宋史》卷八十五《地理志》说：

"建炎三年闰八月，高宗自建康如临安，以州治为行宫，宫室制度皆从简省不尚华饰，垂拱、大庆、文德、紫宸、祥曦、集英六殿随事易名实一殿。重华、慈福、寿慈、寿康四宫、重寿、宁福二殿随时异额实德寿一宫。延和、崇政、复古、选德四殿本射殿……天章、龙图、宝文、显猷、徽猷、敷文、焕章、华文、宝漠九阁实天章一阁"。

据此，南内宫殿似只垂拱殿、射殿、天章阁等数座而已。德寿宫在北内，除宫室、亭、台、楼阁外，

并凿大池，续竹笕数里引西湖水注之，池上垒石为山象飞来峰，有"小西湖"的称号。布置精雅，花木泉流，是赵构引退以后居住之所，故以园林胜。

临安是当时的首都，又是一座商业消费性的城市，整个统治阶级从建国到亡国，一直在杭州过着腐朽的生活。商业建筑中有酒楼、货栈等，其中货栈属之"湖房"尤为特色。

临安大街上的酒楼是高层建，当时酒、醋都是实行官卖政策，城里醋库很多，酒肆也盛。《梦粱录》卷十六述中瓦前的一家酒楼说：

"中瓦子前武林园，向是三元楼康、沈家在此开沽。店门首彩画欢门，设红绿杈子，绯绿帘幕，贴金红纱栀子灯，装饰厅院廊庑，花木森茂，酒座潇洒。但此店入其内，一直主廊约一二十步，分南北两廊，皆济楚阁儿，稳便座席。向晚灯烛辉煌，上下相照。"

此与《东京梦华录》卷二酒楼条记载相同。又"清明上河图"所示汴梁酒楼为二层高楼，"平江图"碑上也刻有巍然临街耸立着的二层酒楼，在《事林广记》乙集卷一的"东京城图"中，白矾酒楼则作三层式，想临安亦如此。又当时酒楼还有用木叠构架成如井字形式的称"井字楼"。

"湖房"就是临水建筑，当时西湖旁边的孤山是风景区，《遂昌杂录》的作者元中叶时代人郑元祐曾见到这类代表作品，书中写道："余童时尚记孤山之阴一山亭在高阜上曰岁寒，绕亭皆古梅。亭下临水曰挹翠阁，上下皆斗砌成，极为宏丽。"所谓上下皆斗砌成，亦即木构建筑。此阁并施以黑漆，为此《武林旧事》称它旧时名"黑漆堂"。无论称阁、称堂，因为它系临水而造，事实上就是水榭一类建筑物。此阁造于宋淳祐十二年（1252年）为孤山西太乙宫的同时期作品。

"湖房"用之于商业上的大型作品是"塌房"。所谓塌房即货栈、堆栈之类房舍，塌房的名称起自南宋，但直到明代还一直沿用[1]。临安城在南宋时是海外的贸易港口，从国内外来此的货船甚多，如自平江、湖州甚远至淮、广等地运来的米，严州、婺州、衢州、徽州等地运来的柴、炭、果子，明州、越州、温州、台州等地运来的海鲜鲝、腊等货物，以至砖瓦、食盐、灰泥等船只云集，因此"塌房"的出现自非偶然。《梦粱录》卷十九说：

"城郭内北关水门里，有水路周回数里，自梅家桥至白洋湖、方家桥直到法物库市舶前，有慈元殿及富豪内侍诸司等人家于水次起造塌房数十所，为屋数千间，专以假赁与市廓间铺席宅舍，及客旅寄藏物货，并动具等物。四面皆水，不惟可避风烛，亦可免偷盗，极为利便"。可知当时塌房多造于城北白洋湖四周一带地方，不仅临水且四面皆水，是名副其实的湖房。所用建筑材料，从《马可波罗游记》中称它为"石头货栈"来看，显系是石结构的房屋。由于当时塌房造得很多"为屋数千间"，故附近的桥梁也因此有取名塌坊桥的，如咸淳《临安志》"宋朝京城图"茅山河上一桥即此名。

街坊：城市道路宽的称街，狭的称巷，坊则起源于汉唐时代城市区划之坊里制度。自宋以后由于商业发达，在街上设立了许多商店、酒楼、茶肆等，商业活动早晚不息，也出现了经常性的"夜市"。这样封闭式的坊里已经不能适应商业发展的需要，进而废弃，改变了汉唐以来的城市结构，除杭州外，汴梁、扬州等都如此。但由于习惯相沿，南宋临安城虽坊的形制已经没有，但街道地名还是叫坊，如太平坊、里仁坊……，可是它的含义已和宋以前不同，即不是指一个住宅区域而是指一条街道。

"御街"是临安的主要道路，位于子城（凤凰山）的北面，街的两旁有许多"市"。并且它又把全城划成东西两大部分，临安如此，汴梁、建康也莫不如此。咸淳《临安志》卷二十一记述了御街的位置和长度：

"自和宁门外至景灵宫前为乘舆所经之路，岁久弗治。咸淳九年（1271年）安抚潜说友奉朝命缮修内六部桥路口至太庙北，遇大礼别除治外，袤一万三千五百尺有奇。旧铺以石，衡为幅三万五千三百有奇，易以阙坏者凡两石。跸道坦平，走毂结辇，若流水行地上。"

御街不称坊，这是沿用汴京旧制。它的起讫点自城南和宁门开始，一直向北经众安桥，观桥在近天水院桥处望西迄余杭门内的斜桥止，全长一万三千五百尺全铺以石。临安街道除用石板铺筑外，还有采用砖

---

[1] 《明史·食货志》谓命于三山诸门外，濒水为屋名塌房，以贮商货。又《图书集成·考工典》库藏部汇考引《明会典》谓洪武二十四年，令三山门外塌房许停积各处客商货物，分定各坊厢长看守（三山门即南京水西门）。

砌的。意大利人马可波罗元初到中国时曾到过杭州，并也见到了南宋时代许多遗迹，关于街道工程方面他曾在游记中写道：

"首先应该注意到行在（杭州）的所有街道都是用砖与石铺砌的……但是皇帝的信差却不能骑在马上疾驰人行道上，所以道路的一边，为了他们之故，没有铺上砖石。城内主要街道，从一端到另一端，所铺的砖石每边有十步开阔。中间部分填满了小的砾石，并筑有拱形的明沟，宣泄雨水到附近河渠中去。故街道经常是干的"[27]。

马可波罗在至元二十八年（1291年）离开了中国，距宋亡不远，所见当属昔日陈迹。游记中又提到了当时的下水道设备已很齐全。

南宋地势，城内较城外低，因此街道地面也低于西湖。时至今日，由于尘土与杂物的堆积，日积月累，原来的旧城街道早已被埋于今城地下，如1973年在清河坊劳动路口地面下3米处发现过砖砌街道的遗迹。经鉴定砖系为南宋物品。又民国间竹杆巷（今笔杆巷）某宅后池掘地约丈许，乃有过去居宅的地平砖出现。坊，本来是指方形四周有墙壁围绕的一个区划地面，待北宋坊里制度废弃之后，坊又变为街道上面所立的坊表，即牌坊之类的建筑，刻于南宋绍定二年（1229年）的平江图，碑上很明显地显示出坊名的坊表图样。同时代的平江府，城街上有坊表，但是作为首都的临安京城却没有。《西湖游览志》卷二十说：

"御街，归铺石板，经涂九轨，砥平矢直。至元时，两岸民居稍稍侵占。然绰楔无敢跨街建者。皇明正德以前犹然，至嘉靖元年（1522年）御史何钺始为多贡士建坊于吴山坊北，自是题名绰楔并肩而立矣。"

根据这一资料可知，在明代嘉靖年前，杭州还没有街上建立坊表（绰楔、即坊表）之例，其原因是："杭城多火，自绰楔跨街，而火益炽，以木则易于燎延，以石则人惮崩摧，莫敢向迩扑救。"

这一点与《梦粱录》卷十所说的："临安城郭广阔，户口繁伙，民居屋宇高森，接栋连檐，寸尺无空，巷陌壅塞，街道狭小，不堪其行，多为风烛之患"相一致。为此当时牌坊无论是木为石，都不准建造。

河桥：宋时城内河道大体上仍袭五代吴越之旧，但北宋时代犹存的茅山河，到南宋时已大部填塞，仅留下了北面的一小段。其填塞原因，河南部系因建德

寿宫拓宽地基，河中部则为居民用作筑宅，而大部系皇城修内司营盖房屋所致。其他盐桥河、清湖河、市河仍保存完好都作南北向。另有若干条俗称横河的都作东西向，虽然横河起讫地段很短，但是对于城内外的水路却起到了很大联络作用。城外河道比城内更多，如南宋临安城复原图所示（图12-4-7）。

城外河道因水运发达形成了码头市，其中以城北、城南二处最为繁盛。城北的在北关，即咸淳《临安志》"宋朝西湖图"中的秀州船步。"北关夜市"曾被列为杭州八景之一。这个地区最热闹，各种时新珍异的货物都在这里出售。城南的则以龙山河起点的江儿码头最重要。再向南直至钱塘江边的六和塔，塔的地位特别突出。当入晚时，海船夜泊者，每"视塔中灯光以为指南"[28]。

自六和塔起一直向东北到东清门（菜市门）为止，蜿蜒长达十二里，北宋时犹为土塘，庆历年间（1041年顷）始改筑石堤（《神州古史考》谓即隋唐城基）。

南宋桥梁当时叫桥道，《梦粱录》卷七所记桥道计分大河、小河、西河、小西河、倚郭城南、倚郭城北六大类。大河桥道即指与御街平行的盐桥河桥梁。盐桥河系南北方向，故此河之桥多为东西向，计有登平桥、六部桥、黑桥等三十二座。小河桥道即指与盐桥河平行的市河桥梁。自宗阳桥转西钟公桥起为清冷桥、熙春桥、灌肺岭桥等三十三座。其中，出御街投北之众安桥和怀远坊出御街投北之观桥是"梁式桥"，即平桥，因为桥位于御街上系皇帝进香景灵宫时车辇所经，故必平坦一如汴京的"州桥"式样。其他的桥则多为"拱式桥"，这样便于舟船往来。西河桥道即指与盐桥河、市河南半部平行的清湖河桥梁，自旱河头直北到众安桥为止，计普济桥、施家桥、侍郎桥等十五座。如临安志"京城图"及本节复原图所示。

临安拱式桥形制较大，这里以盐桥河上的盐桥为例。嘉靖《仁和县志》卷七引元胡长孺"广福庙传"说：

"虎林城东北陬，巍然石梁驾大河为盐桥。民间食盐由江来舟载，至是携去，以是得名，桥颠，北横栅木其下，而立屋其上，为广福庙十七楹，门南向，士女祠者争道出入常拥溢。桥东西四十余丈不得行。"

古代拱式桥梁在它的顶部每造亭、建屋，前者作为行人休息及饮茶之用，故也称茶亭。后者有的作酒楼，如同河上的丰乐桥酒楼（丰乐楼）例，有的则作寺庙，

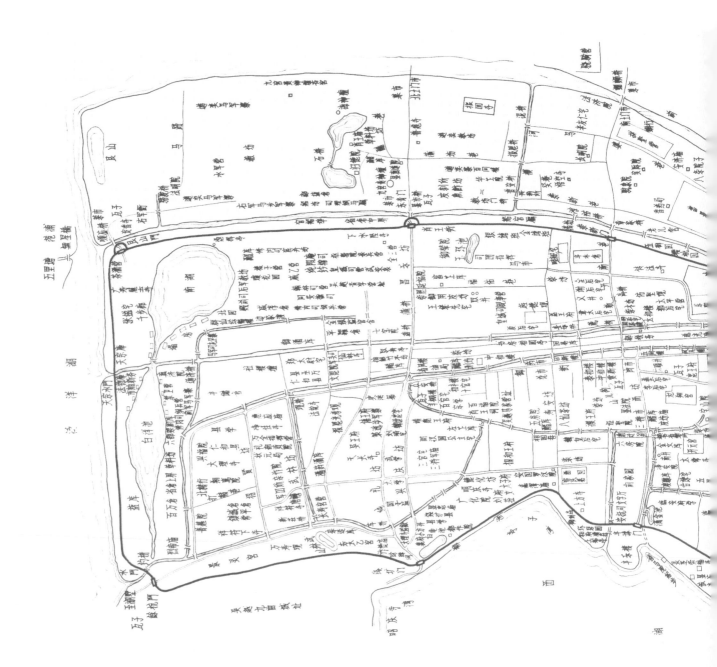

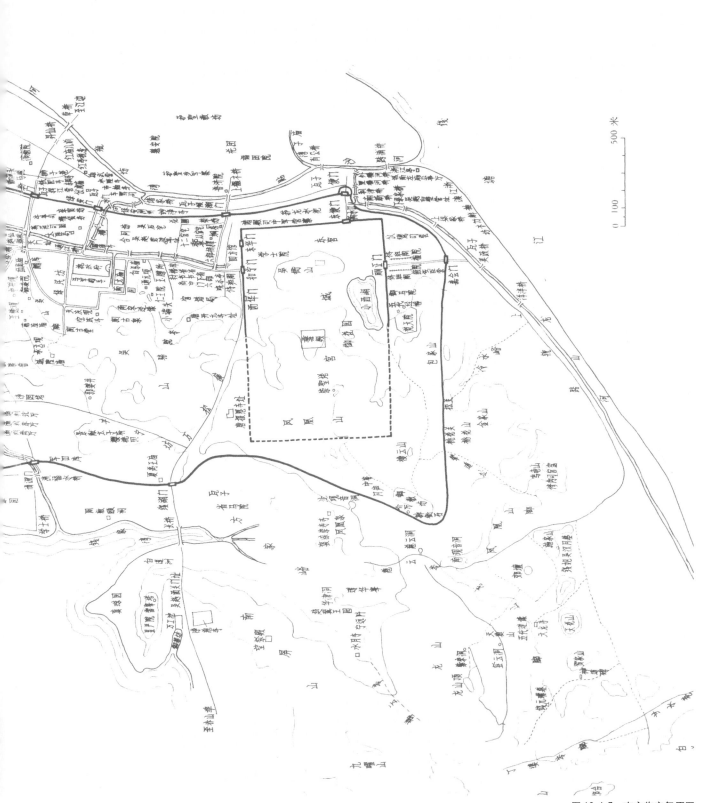

图 12-4-7　南宋临安复原图

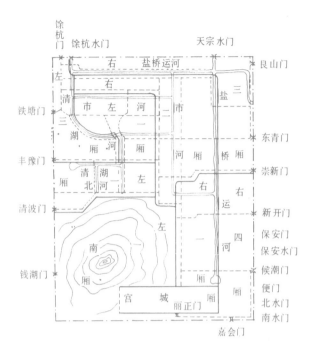

图 12-4-8　南宋临安厢区示意图

如上引盐桥广福庙例。盐桥河南宋时东西广达四十余丈故称"大河"，但到后来逐渐狭隘，明时只有十余丈，清时更小①。盐桥又称联桥，因桥上有庙，石板加阔，联两桥为一，故名。

临安用石板铺砌的梁式桥有很多，据文献记载如贡院桥即是，嘉靖《仁和县志》十一说："钱明宫，其前有桥曰贡院桥，小石碣尚存。"钱明宫建于吴越宝正六年（931 年），建宫同时也建桥，又以形制俗称阔板桥，县志述其构造以桥心但用丈许大紫石一块，两头跨街处亦然。桥柱上到南宋时加刻"贡院"两字，故名。

以上城郭、宫室、街坊、河桥是南宋临安城市结构的四个重要组成部分。历代建设都城为了巩固政权又必然将全城内外分成若干区域以便统治。南宋时也是如此，并将每个区划称做"厢"。凤凰山一带多是外郡富室寄居致有"客山"之称[29]。从而形成郊区即城外人口拥挤现象，为此绍兴十一年（1141 年）乃置城外南北两厢以致管理，此为临安设厢之始。一直到淳祐时期（1241 年）

在城内也先后共设九厢，计宫城厢、左一北厢、左一南厢、左二厢、左三厢、右一至右四厢（图 12-4-8）。

临安，在历代的都城中是一座比较有特色的城市。整个城市规划布局并不追求宏伟的气魄，这样也就出现了广泛利用原有城市基础的特点，城市平面成为窄长条形。同时，由于商业经济的发达，使它带有当时一般商业城市的特点，沿街布满市肆店铺，城市河网密集，水陆交通发达，城市市政工程也较过去的都城更为完善，临安成为南宋时代全国的政治、经济、文化中心。

第五节　宋平江府城与静江府城

一、平江府城

平江是南宋时代的府城，也是春秋吴国的都城，今江苏省苏州市的城厢范围，就是它的故址。此城位于长江下游南岸，东通吴淞江，南临太湖，北近阳城湖；西部有灵岩、天平、邓尉、穹隆、尧峰、七子、上方等山。常年主导风向是东南风，受海洋性气候影响属潮湿温暖地区。境内河道纵横，四通八达，拥有优越的地理条件，故在农业生产方面非常富裕，鱼米丝茶大量输出，商业、手工业也很发达。因此，从春秋吴国建都到宋设立府治，除了在隋代曾改州、置郡，并一度把郡邑西迁横山重建新城外，在一千六百余年中（公元前 514 年～公元 1113 年）未曾废弃过，并且城的位置从未移动，这在建城史上是很罕见的例子。

根据《史记》卷三十一记载，周太王时（公元前 12 世纪），他的长子泰伯及泰伯之弟仲雍曾循汉水南下，统治了长江下游。到武王克商分封仲雍的重孙周章建立吴国，拥有今江苏省及浙江省一部分地区。当时，这一带还是人口稀少，所谓"夷蛮"之区，直到寿梦执政，吴始益大，称王。传至阖闾，平江城的基础基本完成。隋开皇九年（589 年）设州，因城有姑苏山始称苏州。历唐至宋，苏州逐渐繁荣，当时东南沿海一带舟舶往事，可由吴淞江直达苏州城下。宋开宝八年（975 年）称平江军，因为那时苏州这个地方还是归吴越王所管，后属宋统治于政和三年（1113 年）升为平江府。宋绍兴

---

① 《西湖游览志》卷十六谓广福桥存盐桥上，桥东西十余丈。康熙《仁和志》谓盐桥河即宋运河，宋时为米、轮运孔道，修广倍于今时。

八年（1138 年）从东京汴梁（开封）迁都临安（杭州），因平江介于建康（今南京）与临安之间，形势更为重要，是当日南宋王朝在江南的一个封建据点。由于地理条件，它已具备了古代水网化城市的典型，而且在建筑技术上也有它一定的成就。

（1）城址选择：平江城不受《周礼》的约束，自成设计体系，对后世影响很大。当建城之始，吴王阖闾问计子胥："吾国在东南僻远之地，险阻润湿有江海之害，内无守御，民无所依，仓库不设，田畴不垦，为之奈何？"子胥说必须"立城郭，设守备，实仓廪、治兵库"。阖闾乃委子胥使相土尝水，象天法地，以筑吴城[30]。当城址选择时，必先"相土尝水"，也就是汉晁错所说的把城市建立在要害之处，通川之道外，还要"尝其水泉之味，审其土地之宜"[31]，即注意自然条件和经济资源，并结合军事部署作全局性的战略安排。由于该地处险阻、润湿有江海之害，子胥就从"治水"这一点出发，除首开运河环绕城周外，又在城中开凿许多小河，纵横交错，造成了一座水网化的城市，这样不但便于水上交通运输，而且对居民用水、消防和排水等来说都很方便，故地虽低卑，自唐宋以来还没有发生过重大的水灾。

城的西部以阳山为主山，屹然独高，立三十里外。其余岗阜累累皆其支陇。并盛产花岗岩，蕴藏量极大，当地统称金山石。石质坚硬，结晶美观，可作高级建筑材料。还有洞庭西山和光福邓尉山，产石灰岩。石灰岩除烧制石灰外，还可以作一般建筑材料。而阳山本身又产"白垩"，可用垩墁，洁白如粉，唐时岁以供进[32]。此外，洞庭西山还出产湖石，尧峰山出产黄石，都可用作园林叠山之用。这些材料为城市建设提供了便利的条件。由于选地好，隋开皇十一年（591 年）将城址迁至横山后，到唐武德九年（626 年）终认为"地势不可迁，"复还归旧城。

（2）平面形制：平江城的平面形制来源于吴城，宋朱长文《吴郡图经续记》及明王鏊《姑苏志》均称城为亚字形。这就是说，城的平面春秋时代吴始建都城时，不取《周礼·考工记》规定的方形而采用亚字形。其实，平江城一直沿用此平面是有道理的。据刻于南宋绍定二年（1229 年）的平江图碑所示，城的平面与附近地形、护城河以及附近河流有关。宋刻平江图碑是研究我国古代城建史的一份重要资料，也是评述宋平江规划意图的

图 12-5-1　宋平江图碑拓片

重要依据。它将城的轮廓、道路、河桥的分布以及重要建筑物的位置均采用古代传统画法，即在整个平面原来建筑物的位置上画出立体图（图 12-5-1），城分内外两重，大城的东北和西北角都抹角，而西南角略向外凸出呈弧形，东南角又是工整的直角形。如果城墙转角是直角，护城河就要随城墙转弯成直角，而护城河河深面阔，水急，流量大，90°转弯角度太小，抹角后可以将直角改成钝角。角度大了水流就比较畅通，对排水和行船都较为有利，洪水到时，亦可以避免将河堤冲毁。所以，大城的东北和西北角都抹角。

大城的西南角不抹角，略向外凸出呈弧形，而盘门又朝东南向。因盘门水陆两门规模较大，西南多山，地势较高，又接近太湖。山洪发水，水大流急，所以将城西南角略向外凸出，使护城河的水绕过城的弧形转角，不进盘门而入运河，盘门单纯作为出水门。这样不仅可以避免洪水冲灌城内，同时也利于防御。城西胥门只开一座陆门，没有设置水门，后来陆门也封闭了，可能为了这一缘故。城东南角就不同，在护城河转弯处有一"赤门湾"，湾的水面较宽阔，有一条河与它连接，因水的流向是由北向南，由西向东，这样城东和城南护城河的水不必再转弯，可直接由"赤门湾"流入另一条河入湖，城东南角护城河角度小也无关紧要，故东南角城墙没有抹角。说明当时在设计城的平面时，综合考虑了各种因素，特别是水的问题更为注意。

（3）城垣、宫室：吴城有内外两重，范成大《吴郡志》称："大城周回四十七里，陆门八，水门八小

城周十里。门之名皆伍子胥所制，东面娄、匠二门，西面阊、胥二门，南石盘、蛇二门，北面齐、平二门。唐时八门悉启。今（宋）惟启五门。"城的面积，文献记载每不相同①。这大约是历代尺度不同，或城址周界互有变迁，特别是从春秋战国以来，城址不知经过多少次的修改和拆毁后又重筑②。城门之名，历代基本不变，据图碑所刻宋时五门计：东面娄门、葑门，西面阊门（原胥门已闭塞，门楼址改作姑苏台），南面盘门，北面齐门。

城垣情况根据新中国成立后城内钻探的资料，地下的瓦砾有六七层之多，厚达三四米，同时在几处城墙上发现过六朝墓葬群，证明到六朝时代平江还是一座土城，并且城市的地平面比现在的城要低得多。春秋到六朝，城墙一直都是土筑的，但表示在图碑上的城墙，则已完全用砖所砌了。南宋时代的平江城已经在原来土城的外面包了一层砖。依照文献所说，是在五代梁龙德年间用原土城包砖，卢熊《苏州府志》引《图经》（按即《吴郡图经》，已佚）云："（唐）乾符三年（876 年）刺史张搏重筑，梁龙德二年（922 年）四月砖，高二丈四尺，厚二丈五尺，里外有濠。"1955年苏州市园林管理处在清理虎丘山唐陆羽井的时候，曾经发现井底两壁的砖与苏州城墙内出土的砖系同一形制，即一种狭长形式的砖，砖长约 30 厘米，宽约 8 厘米，厚约 2.5 厘米。据此说明，至少在唐时代已加砖砌，以后的五代时吴越王钱镠重加陶甓砖质特坚。至于平江图碑所刻依照府志记载是南宋嘉定十七年（1224 年）重修城墙后的全貌。大城内外设双重护城河，这也是古代城市少见之例。史称平江城"壕堑深阔"，其外城河阔约四十丈，本系运河。至内城河的成因，殆因土城年久失修，后来重筑时乃就地取土，故成为濠。

据图碑所示，城墙每相隔一定距离便向外凸出马面一个，底部很宽向上逐渐收小，上宽只相当于底宽的 2/3。因为随着军事技术的进步，需要不断改进城防技术。依照实践证明，马面必须长且密，这是由于利于防守的缘故，使敌人不能近城，如果马面很短且

分布稀疏，一旦敌人到达城脚，那么即使城墙很厚，也还是很危险的[33]。南宋平江城的马面共有六十余座，一到作战时上面就搭置战棚，城墙顶部排列着整齐的雉碟，所以城墙的建筑技术也是配合军事需要而来的。

外城门有五座，计北面偏东齐门，南面偏西盘门，东面偏北娄门，偏西葑门，西南偏北阊门，门皆水陆两门。城西偏南原有胥门，宋时已闭塞，在原门楼处改建为姑苏台、五门中盘门上面有闸楼，平时除驻有许多士卒外，复储存大量武器和物资以为防御用，至于其他诸门不详。盘门规模较大，水陆两门并列，门朝向东南。两门皆梯形，用木柱和横梁做成支架，木柱上横梁两端各有一根小柱斜撑着一个比横梁略短的横木，里面用砖填砌，横梁下即门洞。水门内有两道闸门，外高内低，以控制水位。其他水陆城门的结构和盘门相似。南宋"平江图碑"有其形制，可供参考（图 12-5-2）。

平江大城内有小城，亦称子城，始建年代与大城同，故城墙构造也相似，惟马面仅在城门二侧及城墙的转角处（角台）。小城位置虽在大城的中央，但略偏东南，这也与古制相违。城作长方形平面，长与宽约为 3∶2，其四边与大城四边互相平行，全长十里左右，设计颇有规律。城的四周有泄水沟（代城濠），建自唐僖宗乾符二年（875 年），明初在谯楼西的小石桥是其遗迹，石上并有建制年代及勾当料匠等姓名铭刻可证。城的高度，据文献记载高二丈五尺五寸，底部厚二丈三尺。

小城城门《吴郡志》载有三，但碑刻所示只见南门及西门，另一门依设计惯例疑在北城墙的齐云楼下面，因为这样才能与南门在同一中轴线上。依位置论，南门是正门，北门是后门，西门则是侧门，东面所以不开门，殆因府治中轴线偏东临近城墙，过道太狭短，门址不能采取对称方式之故（图 12-5-3）。

此外，城复附建小城门三，依照《越绝书》上的记载，其二是水门，三是柴路。但此之所谓水门，与前述大城八门之水门不同，因为子城之内并没有大的河道，故不需辟水门。依照"柴路"名称来推测，则水门殆即运水之门，而柴路亦即运柴之门，盖水和柴都是生活上的必需品，若从正门运进诸多不便，故而另辟便门为之，惟位置无考。

城门之上都有楼，南面正门门楼面阔五间，屋顶单檐九脊，下有高台，四周栏杆。正门原来拟作宫门，故门楼规制较大，但两旁挟楼迄未建起。改府门后，

---

① 如《吴地记》谓大城四十二里三十步，小城八里二百六十步，《吴郡图经续记》谓太城四十里，小城十里……

② 根据新旧《元史》及江浙诸志城池门记载，元初曾下过统一诏令，命令各地把城垣一律拆掉，平江也不例外。

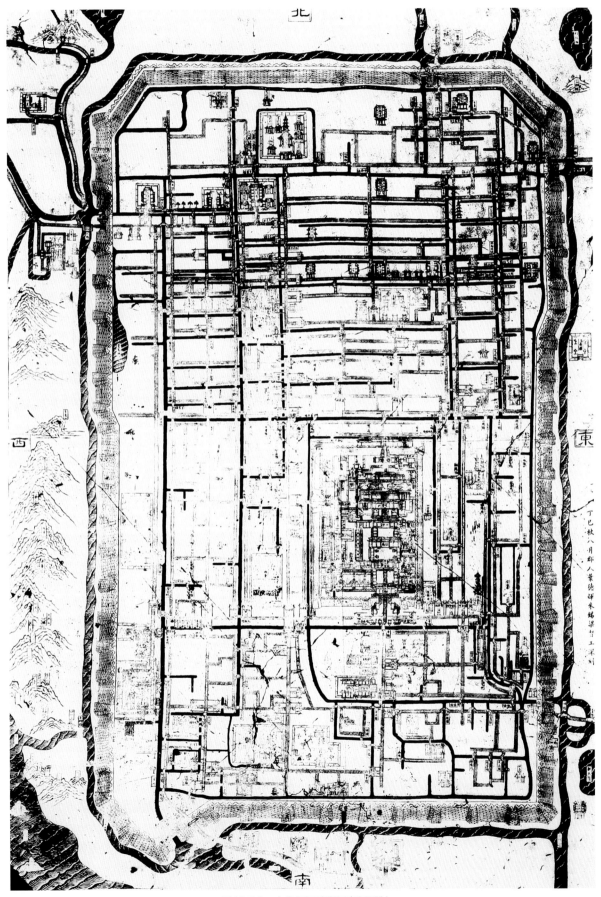

图 12-5-2　宋平江图碑所示盘门形制

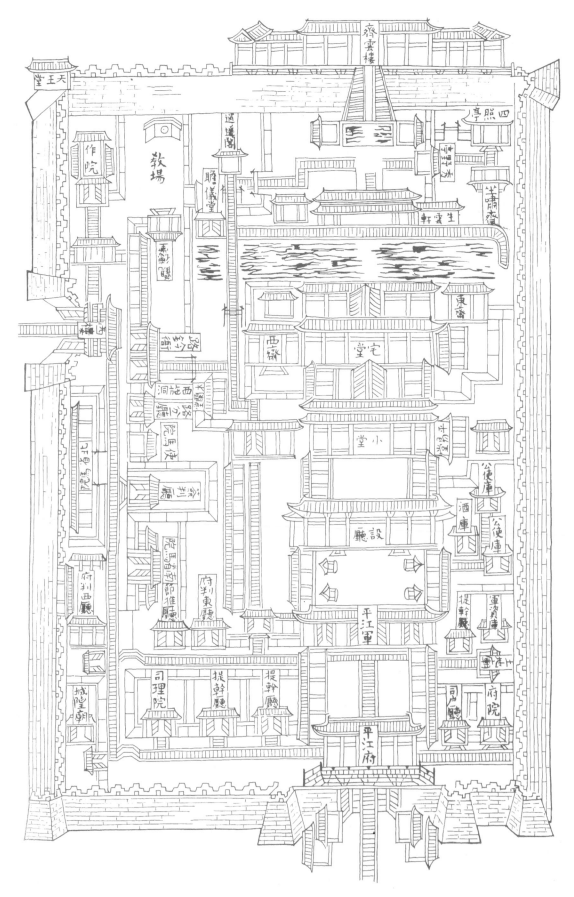

图 12-5-3　宋平江图碑所示府治（子城）

上为谯楼，作报时、报警之用。偏门城楼称西楼，因位在城的西面，面阔三间，屋顶单檐五脊，平台四周设栏杆。此楼在北宋时代一度取名为观风楼，可能是当时观察风向的地方。城上除西北角单独一座天王堂外，北面还有一组建筑，主楼叫齐云楼，位于府门中轴线上，面阔五间，屋顶单檐五脊，西侧有庭堂连接，楼南城下筑高台踏步，由此登楼。此楼建筑华丽，本系古代月华楼的旧址，南宋时代扩大。此楼之名曾见白居易《香山集》，所以自唐以来就成为吴中名迹。

小城内的建筑物有府院、厅司、兵营、教场、住宅、园林、库房、庙宇等。在布局上因大门不在正中，没有采用对称方式，但主要建筑如平江军戟门、燕犒将吏的设厅，还有郡守办公和居住的小堂、宅堂以及宅后花园内的大厅和齐云楼，都在正门的中轴线上。由于正门偏东，东边面积小，规模稍大一点的建筑如教场、兵营、作院、城隍庙和一些厅司都集中在西边，把偏门开在西边也是这个缘故。城内道路仅西南角有一条很短的小河，河上两座小桥，但花园内池塘较大。

综观平江府城建筑，整个布局除了把统治平江两个军政机关设在小城即城的中心外，城南和小城正门附近多为府属的一些机构。还有府文庙、贡院、都税务、姑苏馆和韩园，占地都很大。谷市、鱼行、丝行、茶馆、酒楼，等等，大都集中在小城附近西北角的乐桥和利市桥一带。县署都在城北；吴县署在西，长洲县署在东。县署以北是居民密集的地区。城内寺庙规模较大的有天庆观（即今玄妙观），在长洲县署前。报恩寺、能仁寺在西北角。定慧寺万寿院在城东。开元寺、瑞光寺在盘门附近。小一点的寺庙则大多建在居民区内，总计全城共有寺庙五十余处。从城内整个建筑的分布来看，显然已经将一般居民、市区、官府和上层阶级的住宅划分开来，城内最优越的地方都为统治阶级所占有。

（4）河道、桥梁：平江向有"泽国"江南水乡之称，盖"地势倾于东南，而吴之为境居东南最卑处，故宜多水"[34]。平江位居太湖的下游，当胥口及鲇鱼口的出口，太湖东北流出的水都经过平江，东由至和塘（娄江）以达浏河，东北由阳城湖以达七浦塘。北由元和塘以达白茆塘而总归于长江，入于东海。平江城郊的水道，不但多且均是活水。平江水就是利用原来的水道作为界限，此水道即吴淞口（俗称苏州河）、娄江、运河和胥江的一部分。其中运河由西而东，绕过平江，

又自北而南经过吴江，直达浙江嘉兴，它环绕着平江城的四周，是其主要水道之一，并且同时又成了天然的护城河，即城濠（图12-5-4）。不但四郊四乡如此，就是城里的大河小流也与陆上的大街小巷齐观，其分布之形几如棋盘，而城北居住区的河道尤为密集，因此往往住宅前面临街，后门即临河（图12-5-5）。这样，在古代城市中对用水、消防、排水等各方面都提供了有利条件。

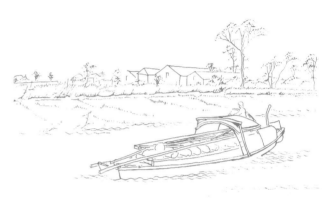

图 12-5-4　苏州护城河

图 12-5-5　苏州城内沿河民居

平江城内河道一般多呈南北或东西向的直线状，很少弯曲。南宋时代大小河道计有纵六条，横十四条。在西城根还有一个"夏驾湖"，面积虽不大，但它通向附近河道，实际上是一个大活水塘。城内河道绝大部分是人工有计划地进行开凿的。

河的宽度平均二至四丈，深约一至二丈。河道少的地方河身宽，多的地方较狭，一般河岸很陡，几乎呈垂直线，这是因为城内河道多，这样既可达到原设计宽度而又不多占城市的用地面积。由于河岸陡直，土筑容易坍塌，故多用石构。至基础则均匀木桩，上面覆盖二至三层大块石，外墙用侧塘石（大条石）丁顺干砌，墙里叠以连石（即近似圆形大石块）。河上码头很多，亦都用石筑，根据不同的地形和需要，有的是直坡下来的，有的是一面侧坡下来的，有的是两面侧坡下来的，有的上面两边侧坡而下面直坡，还有顺着驳岸悬挑斜坡下来的。

根据当时情况分析，平江城开凿河道主要是为了交通，使城内的河与近郊的河构成四通八达的水上航线，利用大小船只来代替步行和车马运输。在功能上，它还可以排水、蓄水。河道的蓄水除消防外，部分地供应城市用水，同时还可以调节城市的气候，美化城市。

由于河道多，城内桥梁也多。平江桥多为石构，主要是因为当地盛产石料，同时气候潮湿，桥梁也不适宜用木构。拱式桥的跨径长，桥洞高，在城内建造比平桥实用，所以拱式桥又比平桥多。桥梁分布情况试以城中心的乐桥为准，则在它东北者有百口桥、临顿桥、苑桥等八十五座，在它西北者计有皋桥、三太尉桥、都亭桥等八十座；在它东南者计有乘鱼桥、乌鹊桥、竹隔桥等六十四座；在它的西南者计有孙老桥、西馆桥、太平桥等四十七座。城内桥梁结构和样式，因历代河身宽狭没有什么改变，所以与现在苏州保存下来的明清时代的石桥大致相同。但有一点不同之处，就是宋代石桥多雕刻和题记，上载建桥年月、建造人姓名以及造桥缘起等。过去在城的东南隅有百狮子桥，桥作拱形，石质为赤褐色（紫石），桥栏上有狻猊雕刻，每二头成一组，表现出戏逗、跳踉、跳跃、伏卧等姿态，极为生动（图12-5-6）。此桥名称虽不见于《吴郡志》等宋代文献记载及碑刻，但从石刻作风观察，当亦为明代利用南宋旧物修建的桥梁。

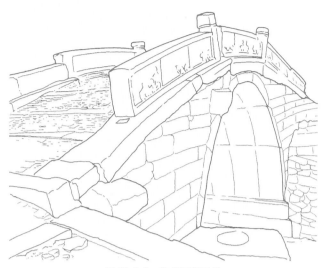

图12-5-6　苏州百狮子桥

（5）街坊、市井：平江街巷极为整齐，在城内都作东西对称式。主要街道延伸较长，有很多垂直的小巷与它连接。有些道路直对某一建筑物，如府治的正门和报恩寺山门前面的道路。府治的南面，因为大的建筑物多，街巷就布置得比较稀朗。由于道路是东西、南北互相垂直的，在其交错中便形成了若干个大小不同的方格，居民区称做"坊"。街巷因与河流平行，故巷出现三种情况，其一，两巷沿河；其二，一巷沿河；其三，巷前后均无河流。在前两种情况下，当然柴米等运输可在前门或后门出入，但在后者情况下，则是利用街巷二头南北向的河流。此外，街巷中还有小弄，作为两巷间的联系通道，便于居民到邻巷去时不必绕道而行。

街巷一般都用石板路，即用长条石铺成一横二直，中间横石，两侧直石，宽的也有铺两条横石的，一般称为石坊路，两侧路边宽度不一，有的用砖竖砌成，也有用乱石铺的。路基亦多石块叠砌，中间做成⌐⌐形下水道。路边略高，檐口滴水从石缝和阴沟流入下水道。

所有大街都经过绿化，如观前街的旧名碎锦街[①]以及城西隅有称桃花坞的均由此而来。大街口不但植树，而且还立牌坊，即一种跨街而建的牌坊，据图碑所示共有坊表五十七座。

坊的建立大多集中在报恩寺前至韩园（即今人民

---

① 卢熊：《苏州府志》："观前旧名碎锦街，《云烟过眼录》载宋赵伯骕桃源图，即玄妙观，当日观中多桃花，故有是名。"

路的中段）向北的大街上，这是当时城内商业最繁盛的地方。至天庆观以北居民区和城东南角则很少，仅一两座。南宋时代这些坊表不像唐代那样坊门造在坊的四面（或者两面）进口处，而是跨街而立，显示它是在坊制崩溃以后独立的新建的东西。可以说，坊是街路的标识和点缀街景的建筑物。

平江城内建筑物已有少量楼房。《吴郡志》卷六关于市楼共举行了五座即：清风楼、跨街楼、花月楼、丽景楼、黄鹤楼。花月、丽景楼皆淳熙十二年（1185 年）建。所谓市楼，就是酒楼。上述五楼中，有跨街、花月、丽景三楼见于平江图碑，都是巍然临街耸立的建筑，但只是两层，即便是其他建筑也没有三层的。证以《东京梦华录》中特别写明，白矾楼是宣和年间（1119–1125 年）更修三层楼例，则建造三层楼阁的事情差不多是从北宋末年的酒楼开始的，而到南宋末期也还没有普及到各个城市。

关于市的制度，《吴郡志》卷六在"乐桥东南"条中有"绣锦坊，大市"，说明绣锦坊的坊表在大市。又在"乐桥东北"条中有"干将坊，东市门"，说明干将坊的坊表在东市口。又在"乐桥西北"条中有"西市坊，铁瓶巷"，说明西市坊的坊表在铁瓶巷。这就告诉我们，乐桥的东北有东市，西北有西市，东南有大市，但在平江图碑上却没有看出有像长安（唐代首都）东、西市那样的限定区域；证以同书所载果子行、米行、药行等都设在东市、西市、大市等的外面，可知在南宋时代平江城内可以在任何地方开设商店，专门划定设市的区域制度已经被破坏，这种情形和汴梁、临安相同。

井是当时城市中重要的供水水源。平江水井很多，苏州有关部门在 1959 年曾统计过全市的水井，约为二万余口，而其中有些就是属于宋代的。如原北禅寺门左就有绍兴三十年（1160 年）的水井一口，石井栏上有宋代铭刻可证。从基建工程地质钻探的资料看，大致在地面下三四米处发现的土井和砖井，从地层及井内出土的文物判断，有的也是属于宋或宋以前的。宋元丰三年（1080 年）户口数为 199892 人，如果平均十户合用一井，城内水井总数已接近上列统计数字。

南宋时代水井的结构可以分为土井和砖井两类，根据近年考古发掘的材料看，这两类水井的平面都呈圆形，惟前者直径较大，约在 1 米左右，井壁笔直。

后者内径约 50 厘米，用子母榫砖和长条楔形砖砌成。井下部用子母榫砖横立镶砌。砖长 23 厘米，宽 12 厘米，厚 3 厘米，每层 8 块砖，再在上面用长条楔形砖竖立砌，砖长 23.5 厘米，宽 6.2 厘米，窄面厚 4.1 厘米，宽面厚 4.4 厘米。井壁较直，井底作环底[35]。

（6）住宅、园林：平江自古以来就是消费城市，由于封建政府和大批官僚地主南移之后，城内住宅骤增，私家园林建筑繁多，成为平江的一个特点。住宅、园林建造得异常豪华，同时住宅的造价也在不断地提高，如南宋初年绍兴年间江淮营田农民居住的草房一间，只费钱三贯；而到了淳熙年间，官僚史发运在平江带城桥建造住宅，费钱达一百五十万缗，为绍兴时期江淮营田农民的五十万倍[36]，所建官府私第规模宏大。大型宅第虽仍用四合院，但院子周围往往用廊屋代替过去简单的回廊，因而房屋的功能和结构及四合院的形式都发生了变化，如与唐代比较，是一种较大的改变。此外宋代衙署中的住宅，在两座或三座横列的房屋中间每联以穿堂，构成工字形、王字形平面及其他变体，也是唐代的前所没有的。园林布局在唐代传统的基础上与居住部分更加紧密的结合，南宋时期，园林建筑更加别出心裁，以曲折为胜，元人徐大焯《烬余录》乙编云："朱家本虎邱用事，后构屋盘门内名渌水园，中有双节堂、御客殿、御赐阁、迷香楼、九曲桥、十八曲水、八宝亭，园中多辟歧路，往往迷不得出"但是，平江是封建时代的城市，也就是官僚、地主和富商结合的根据地，所以这些带有园林的住宅也只能是极少数人在享受。

二、静江府城

南宋静江府城（图 12-5-7），今广西桂林，最早从唐代开始，就已经建设了当时的子城，南宋以来陆续增修扩大，到南宋中期扩展到像石刻府城图上的规模。全城选择在山水之间比较平坦的位置，东滨东江（漓江），江水自北向南流，直达阳朔，江面宽广，水流甚急，可以通航。城的四周都是挺拔秀丽的山峰，西与北两面山峰，紧临城边，城墙便沿山构筑，并有意将几座山峰围入城内，其余地势平坦；南面紧逼南阳江畔。全城西与北倚山；南与东临水，这些天然屏障，使之成为西南的战略要地。

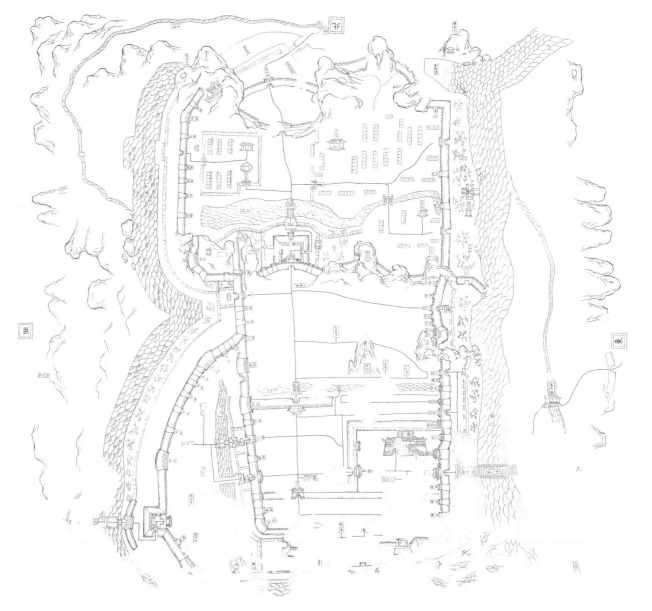

图 12-5-7 静江府城全图

静江府城利用水来做为城防设施，易于守卫与防护，除利用东江、南阳江防卫东与南两方面以外，另在内城、夹城、新城的西与北两面都围城筑有护城河，分水河、干河两种。静江府城还利用山来做为城防设施，夹城的北城，新城的北墙建在山间与山顶，构成半山城的气势，出现了"山城"与平地城结合的形式。城内有山，做为制高点，可以纵观城外，城西利用山峰修建烽烟台。总之，全城背山面水，旁山侧水，城在山水之间，进可攻，退可守，它是南宋一个重要的军事防卫性城池。

（一）城防规划布局

由于静江府城具有军事防卫的性质，它的规划布局在军事防卫方面的特点尤为突出。全城为南北方向的矩形，分为子城、内城、夹城、新城、外城以及南外城。子城为方形，静江府建置在这里，内城是矩形，建子城时东南角占去一块，成为拐棒形。夹城接在内城之外，新城接在最北端，西面展出旧城外20米左右，外城是旧城西南角的一座外包城，南外城是旧城的防御城，因而呈一个窄条状；新城、外城、南外城均为加强对子城的防御而建。城的修筑主要是从军事考虑。

根据防御需要而产生，因此，新城与外城不规整。

旧城共有城门12座。西部城墙有定贤门、平秩门、尊义门、□□门、便门。东城墙五门，有东江门、行春门、癸水门、就日门、□□门。南门为顺庆门、北门为镇岭门。新城共四门：东为二门、西为一门，北为一门，北门两重是利用旧城的月城开辟的。南外城与西外城各开一门。全城东西防御较强，道路通达，所以东西两个方面开门为多，南北为主要干道，各开一门。凡城门均建在主要的交通通道位置上，对于用兵、运输、交通都很方便。

在城门的部位采取了加强防御性的措施，例如在重要的城门口，城市外部对着城门加建一座建筑，以利防御，在东南西北四个主要城门，都加了一座月城，以利于城门部位的防守或进攻。对于重要部位还建设了瓮城，以增加防御纵深。全城的外城壕在东南两面利用江水形成天然的城壕，西部城壕为新挖的城壕，其引南阳江水，所以叫新壕。北城外的城壕也是人工挖掘引东江之水，在图中尚可找到引水接头。图中所示城壕是挖掘后还未引水的样子，所以叫新乾壕。全城的内城壕有三条：内城外的城壕，从东江引水，夹城外的城壕，在新城内，亦从东江引水，内城的西城壕在西外城内，从南阳江引水。

在静江府城与城壕之间加建一道阳马城，实际是一道防卫外城，城墙比府城墙低下，亦用砖石砌筑，这样便增强了全城的防御性，阳马城包围全城的四周，仅在新城东北角未设，在内城与夹城的西与北两个方向亦有建设。凡在主要的城门部位，阳马城的城墙围绕城门来建设，构成一个大瓮城，对城门处，阳马城都做出城门，同时还做出虎蹲门三座，以利于防守。从过去发掘的古城看，羊马城的实例还是不多的，南宋静江府城图中反映的阳马城可以说是我国筑城史上的一项重要例证。

表 12-5-1

桥名	性质及用途	位置部位	数量
船浮桥	临时性战争用	在东江上，东江桥	1
拖板桥	临时性经常用	大瓮城桥，重要交通道	3
亭桥	游览用	嘉熙桥	1
板桥	临时行人	东城墙豁口用	1
木扶手桥	安全行人	太平桥、木栏杆	1
拱券桥	便桥	城外古河用	1

静江府城的街道规划也是从城防建设意义上着眼的，贯穿全城的是一条南北大干道，自北向南从镇岭门至朝宗门进至顺庆门，成为全城的中轴线。从这条中心大道的东西两个方向引伸东西向道路，东西向贯穿全城的道路只有两条，一为东江门至平秩门，一为就日门至定贤门，其余道路全部为穿半城的丁字路，共八条，都不是直通的，全城并有小型斜路三条。全城道的路规划是很有特点的，丁头路最多，拐角路多，路端对着一座建筑物、弯曲的路、路端不通城外等。这些手法都是从汉代开始就有，到宋代大为发展。规划这种道路的想法主要是从军事设防考虑，当敌人攻入城内时找不到通路的方向，不能很快占领全城，更不能直接穿过全城。

静江府城图展示出的桥梁很多，但静江府城不建固定的桥梁，而是架设浮桥（临时性的桥），必要时将浮桥拆除，敌人无法过河。城市之内建设浮桥是我国古代城防工程的一个特殊例子。

城内衙署的分布情况是根据军事防御考虑的。全城的中心是府城。府城即子城，为府治，静江军所在地，设有提刑司，是为静江府的核心。内城设有"转运司"及官僚住宅，在内城居民较多的夹城内主要设立大的服务机关，如"桂林驿"等，其他部位都是驻军的兵营（例如"右军寨"等）。新城实际上是一座军城，为驻重兵地区，例如"军衙门"、"南定寨"、"戍军寨"、"武台"等都设在这里，南外城是后增加的防御性的外城，其中设一些衙署。西外城也是从防御性着眼的规划，如"亲兵寨"在这里，并有小教场作为练兵的要地，及临桂县府等。在城外正西还设有"烽烟楼"，东边有漓塔，北边有舜庙等。城内建筑分布主要是以子城、内城为中心的布置方式，一切中心建筑都布置在子城内，偏于东南方向，因为东南方向安全。中部、北部与西部全部为驻兵与兵营地，是全城加强防守的方面，所以西北西面皆为军事设施。

（二）城防建筑工程

静江府全城建筑均从防御着眼，现对城工建筑、瞭望建筑、游观建筑、军寨建筑作如下分析。

1．城工建筑

城墙工程：全城的城墙全部为石块基础砖城墙，

内部为夯土土心，这是宋代以来的基本做法。城墙的刮面基本上成方形，宽与高的比例为2：2，墙顶设砖做女头墙（城墙垛口），女头墙设两个折角中间为一墙眼，每个距离约2米。

城墙与门洞：全城共计有20个城门，城门上建楼是城门的标志，城楼建筑在图刻上反映出四种：单楼单檐顶、重楼顶单檐、三顶单檐、平顶等。门垛的砌筑方法，基本上都是与城墙平行的；另一种是门垛突出城墙面，城门洞口普遍采用圆形券门，过去有人认为宋代城门洞口只是方形或圭角形，元代以后才出现圆形券门门洞。由静江府城的图刻证明，圆形券门在宋代城门中已经应用。在静江府城中只有阳马城的门洞为圭角形。

城墙的暗门，有三处，在东城墙与城墙均设在城楼角边部的隐蔽地方。这是一种军事设施。

（1）瓮城（万人敌）工程：在静江府城中有两座瓮城，一为夹城北门瓮城，右边进入；另一处为西外城西门瓮城，左边进入。两座瓮城都是在全城的重要防御部位进行建设的。

瓮城最早可朔到汉代，保留到今天的实例有汉长城玉门关的瓮城，平面方形，四壁用夯土墙。在甘肃省颜济纳旗的北城墙部位也留下一个瓮城，从中可以得知汉代瓮城的式样。唐代瓮城以安西县的锁阳城为代表，北城两个，西城一个，瓮城开口左右不等。西夏的显城（额济纳旗）东城墙一个，西城墙一个，到宋代城的瓮城继续建设，元明清各时期的城墙瓮城就更多了。

静江府城门楼门洞分析表   表 12-5-2

城门名	间数	式样	门洞式样	总位置
□□门	3	单楼单檐顶	券门	内城正西
平秋门	3	单楼单檐顶	券门	
顺庆门	3	单楼单檐顶	券门	
静江军门	3	单楼单檐顶	券门	
朝宗门	5	单楼单檐顶	券门	
东江门	3	重楼单檐顶	券门	
就日门		平顶	券门	
□□门		平顶	券门	木尤渡附近
□□门		平顶	券门	武台附近
古旧城门		平顶	券门	
行寿门		平顶	券门	
尊义门		平顶	券门	
宝贤门		平顶	券门	
癸水门		平顶	券门	
暗门		无顶	券门	
暗门		无顶	券门	
镇岭门	5	三楼单檐顶	券门	
北门	5	三楼单檐顶	券门	

（2）团楼（即是圆形的角楼）：全城的团城共有7座，计有南外城西南角一座、内城西北角一座、夹城西墙一座、新城西南角一座、西外城三座，全部设在西城的城墙上。团楼是圆形的角楼也叫转楼，一般将它建在全城的转角处，也可以说是角楼的复体，它可以防御三个方向的敌人。

硬楼：静江府城的硬楼，实际就是马面楼，也叫马面。沿城墙建设，平面方形，有两种式样，一种是突出于墙面，全城有28个；一种是与墙面平行，全城有10个。建设硬楼在城上，可以从三面窥视与攻击敌人，如果沿墙的马面多，则对全城的防御性会增强。一般马面硬楼会在全城挑选最重要的部位进行建设，静江府城西边城墙建设得多，东墙次之。静江府城的硬楼，即在马面上建设固定楼层，开窗，上为平顶，是固定的建筑物。同时，利用子城城墙硬楼的平顶，建设一些游览观赏的建筑，也是硬楼的一种变体。例如云水乡逍遥楼、雪观楼、癸水亭等，目的是为统治阶级登楼观看东江风光。同时，全城只有在东江之滨子城附近为安全区，也是全城防卫的中心，故而将观赏风景的建筑均集中在这里。

武台：在城东北角的城墙上建立起来的，目的是在其附近练兵时作为指挥的地方。

2. 瞭望建筑

在全城除各城楼及城墙上瞭望防御性建筑外，还建立三顶独立的专门的瞭望建筑。用以进一步加强安全防卫设施。

三面亭——建在寿星山下，位于全城的西北角，亦是一种防御性的建筑。亭子平面矩形，建在5米高的石台基上，上覆歇山顶，亭子正面栏杆还设计出南方建筑特有的美人靠，从中可知一方面瞭望警备；一方面游览之用。

望火楼——建在夹城西墙尽端之山顶，居高临下，从山坡踏道可以登临。楼建在山顶的一个大平台上，楼的式样是二层，第一层是空柱式，楼上建房，平顶可以远观。其目的一方面为了防备全城失火之用，同时还可以窥知敌人的动向。

烽烟楼——图刻上无形象，只知它的位置在夹城正面西山的高烽上，这是全城外围防御的重要设施，当敌人远来时，烧起烽烟，使全城各楼的守卫兵将即时知晓。

3. 军寨建筑

静江府城是一座军事性防御城，因此在各城之内均有大量的驻军，设有许多军寨建筑。

驻在夹城之内独秀山东西两侧是各军寨所在地。

驻在朝宗门里右侧是马队，居住马军寨，情况紧急，可以从朝宗门出击。

在新城东半部，是全城最大的一处兵营。当进入古旧城时，向左一转，即是戍军寨。

新城西半部，正衙，这是南兵寨驻军总办公地。其余房屋都是兵营，紧靠北门及西城门。

在西外城里瓮城的两侧是亲兵寨驻地，在正西方向，保卫府城。

小教场——在西外城正对尊义门，这是各军练兵用地。

三、静江府城与平江府城的比较

静江府城与平江府城同是南宋时代修建的，同一个时期的城在规划布局与建筑上有共同性，但根据不同的功能要求，也有很大的差异性。

两座城的平面都作长方形，大小相似；两个城都是以子城为中心，并都用很深的护城河包围；且街道的规划都出现丁字街，都有90°角的拐角街；两座城都是东西街道多，南北街道少，干道不贯通；两座城都做马面（硬楼），平江府城50多个，静江府城20多个；两个城的城墙都有女头墙，都以城名为府名，都有教场及逍遥楼。两城做法都是相同的，平江府城以水为城，构成水网城市；静江府城以水为主，形成水城。平江府有子城、外城共二城；静江府有子城、内城、新城、西外城、南外城共六城。平江府是手工业城市，交通发达，各桥都做固定桥；静江府以军事为主，所以凡是桥梁均做临时性桥梁。平江府城都做方形门洞；静江府却用券门门洞。

两座城池修筑的情况也不同。在静江府城有阳马城，月城、瓮城、马道、城楼，但平江府城没有。另外，平江府城子城建设角楼，而静江府城没有。

通过以上分析，在平江府城图刻之外，又发现静江府城图刻，从中可以说明当时城池的选地手法、城池规划、城防工程、军事设防工程、城工建筑等方面的状况。这对研究中国建筑史、筑城工程史、军事工程史都有一定的意义。

第六节　元大都城

元大都城是今日北京城的前身，城址的选择和城市的平面设计，直接影响了后来北京城的城市建设。因此，它在城市建筑史上占有重要的地位，也是我国封建社会后期都城建设的一个典型。

一、大都城城址的选择

（一）从金中都城到元大都城

元大都城兴建之前，在北京城原始聚落的旧址上，经历了长期的发展，已经有一个大城兴建起来，这就是金朝的中都城。

金中都城周三十七里余[37]，近正方形，故址略当今北京市西城区西部的大半。只是北城垣在今西城区的南界以内，北距复兴门大街约一里。皇城偏在大城内的西部，故址在今广安门以南。皇城之内又有宫城。自金大德三年（1151年）建都于此，至贞祐二年（1214年）为逃避蒙古族的威胁而迁都汴梁（今开封），其间中都城作为金朝的国都共历六十余年，这也是北京城在历史上作为封建王朝统治中心的开始。

金朝迁都汴梁的第二年（1215年），中都城即为蒙古兵所破，改称燕京。当时蒙古统治者无意在此建都，城内宫阙，尽遭焚毁。此后又四十五年，元世祖忽必烈初到燕京（中统元年，1260年），虽有意驻守，而旧日宫殿已成废墟①。其后四年（中统五年，又改至元元年，1264年），从刘秉忠议，决定建都燕京，仍称中都，并计划营建城池宫室。但是，过了三年，却又做出放弃中都旧城的决定，并于东北郊外，另建新城，仍称中都。又四年（至元八年，1271年），正式以"元"为国号，并改中都为大都[38]，从此中都旧城渐趋荒废（图12-6-1）。

---

① 《元史·王磐传》称元世祖忽必烈初到中都，"时宫阙未建、朝仪未立，凡遇称贺，臣庶杂至帐殿前，执法者患其谊扰，不能禁。"

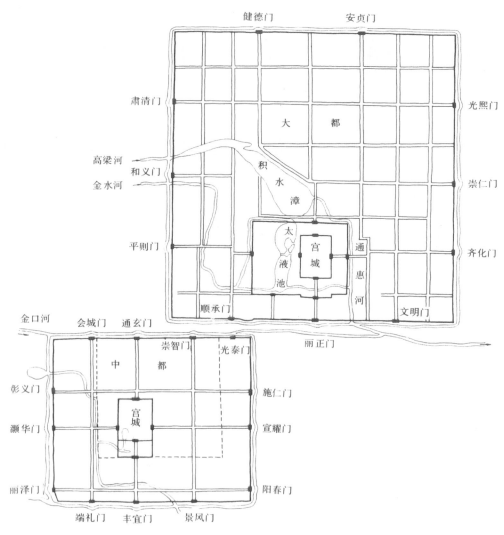

图 12-6-1　金中都城及元大都城城址位置略图

（二）元大都城城址的选择

从中都旧址的放弃到大都新址的选择，前后数年之间，踌躇不决，其间必然经过反复的考虑。最后还是放弃旧址，另建新城。从一些间接而零散的记事中，可以断定，当时选择大都城的新址是因为这里有比较丰沛的水源，包括了大面积的湖泊与清澈的泉流，既为新宫的优美的环境提供了建设保证，又为新城的水运提供了有利条件，这些都是中都旧城难以比拟的。这里举两事，作为证明。

第一，中都旧城东北郊外，原有一带湖泊沼泽，经过长期经营，逐渐开辟为一个富有生产价值的风景区。金朝统治者在中都城建立了行政中心之后，又把东北郊外这片风景区攫为己有，并进一步开浚湖泊，

在靠近湖泊的东岸，积土为岛，命名琼华岛①。又以琼华岛为中心，兴建离宫，叫做大宁宫②。13 世纪初，蒙古兵破中都，焚毁城内宫室，地处郊外的大宁宫幸得保全③。至元四年决定另建新都，正是选择了大宁宫的湖泊为中心，在湖泊的东西两岸，分别布置了三组宫殿。宫殿位置确定之后，才开始规划大都城。

---

① 元时地方故老相传，琼华岛为金人所筑。传说中虽夹杂一些神话，但浚治湖泊，堆筑岛屿的事是可信的。详见陶宗仪《辍耕录》卷1，"万岁山"条。

② 大宁宫的兴建在金世宗大定十九年（1179 年），见《日下旧闻考》卷 29。大宁宫后又曾改称为寿安宫、万宁宫。

③ 琼华岛上堆土成山，山上有仁智殿广寒殿等建筑。中统三年初修琼华岛，见《辍耕录》"万岁山"条。至元元年再修。

第二，中都旧城作为金王朝的统治中心，始终未能圆满解决的一个问题就是漕运。金朝的统治范围，限于淮河秦岭以北的部分地区，漕粮主要来自华北平原，经由今卫河、滏阳、漳沱、子牙、大清诸河，汇集到今天津附近，然后再由白河（当时称潞水）逆流而上至通州[39]。当时漕粮的运输，每年少则数十万石，多则百余万石，不靠水运，很难完成。但是从通州西至中都约五十里，并无天然河流可以通航，只能开凿人工运河，却又遇到极大困难。因为中都城平均海拔高出通州约 20 米，白河之水不能西引，必须在中都一端寻找水源。金朝初年只是利用中都东北郊外的高梁河，从中游开渠引水东至通州，沿渠筑闸节水，以济漕运，叫做闸河。但是高梁河也是一条小河，发源于今天的紫竹院公园，水量有限。大约在此时，开始凿

通了从今昆明湖通向紫竹院公园的渠道。昆明湖在当时也是一个小湖，名叫瓮山泊，或称七里泊，供水也十分有限。总之，金朝一代，中都漕运，始终未能顺利解决[40]。在忽必烈初到中都后的第三年，亦即中统三年，当时一位卓越的水利工程专家郭守敬提出了改造中都旧闸河，引玉泉山水以通漕的计划[41]。现在根据地形判断，当时导引玉泉山水济漕，也只有通过瓮山泊和高梁河，下接闸河。其故道所经，正在大宁宫附近。因此，至元四年决定选择以大宁宫的湖泊为中心而规划新都时，必然要考虑同时解决水上运输的问题。根据水道源流来看，从中都旧城迁移到大都新城，实际上也就是把城址从莲花池水系迁移到高梁河水系上来。这一点，是在揭示大都城城址的选择和城市建设的特点时，所必须充分注意的（图 12-6-2）。

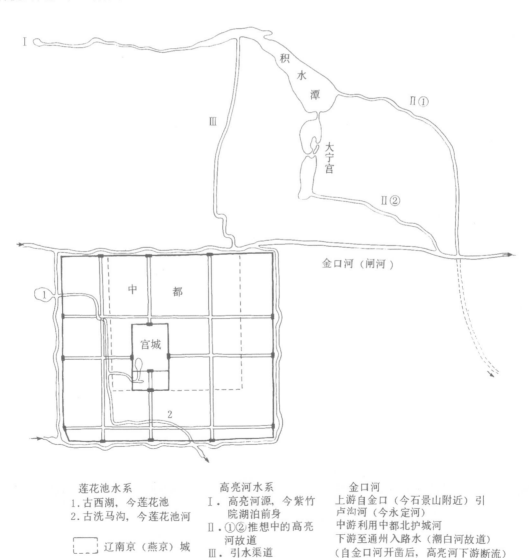

图 12-6-2　金中都城及大宁官附近河湖水道意想图

二、大都城的平面规划

（一）皇城的中心区规划

元大都城的平面规划（图 12-6-3），是密切结合地理特点进行的。如上所述，大都城城址的选择，首先是考虑以湖泊为中心的宫殿建筑的布局，在湖泊的东岸兴建官城，也叫"大内"。湖泊的西岸，另建南北两组宫殿，南为隆福宫，北为兴圣宫，分别为皇室所居。三宫鼎立，中间的湖泊按照传统被命名为太液池。太液池中的琼华岛，改称万岁山。万岁山以南，另有一个小岛叫做圆坻，也叫瀛洲，有长二百尺的白玉石桥直通万岁山。小岛上建有仪天殿，这就是现在北海团城的前身。从圆坻建木桥接连太液池的东西两岸，从而在三组宫殿之间，建立了联系的中心。并以此为出发点，环绕三宫修建皇城，或称萧墙，也叫红门阑马墙。皇城之外再建大城（即外郭城）[42]。

（二）大城中心区的规划

这里，值得注意的是皇城的中心，并不是大城规划布局的中心，因为皇城位置偏向大城南部的西边，而大城的设计，从城市平面图上加以分析，则显然是以太液池东岸的宫城为中心的。宫城中心恰好位于全城的中轴线上，从而十分有力地突出了宫城的位置，显示了这个封建王朝统治中心的重要地位。宫城的位置既已确定，然后沿宫城的中心线向北延伸，在太液池上游另一处一个叫积水潭的大湖东北岸，选定了全城平高布局的中心。在这个中心点上树立了一个石刻的测量标志，题为"中心之台"，在台东十五步，约合 23 米处，又建立了一座中心阁。其位置相当于现在北京城内鼓楼所在的地方。在进行城市设计的同时，把实测的全城中心作了明确的标志，这在历代城市规划中，还没有先例，这也反映了当时对测量技术用在城市建设上的极大重视。

从中心台向南，采取了恰好包括皇城在内的一段距离作为半径，以确定大城南北两面城墙的位置。同时，又从中心台向西恰好包括了积水潭在内的一段距离作为半径，来确定大城东西两面城墙的位置，只是由于东墙位置上遇有低洼地带，不宜筑城，这才向内稍加收缩作为东墙墙址。因此，大都城的东墙去中心台的距离较西墙为近，这一点除非经过仔细比较，否则是不容易觉察的。

由于上述布局的结果，大都城的宫城虽然是建立在全城的中轴线上，却又偏向大城的南部。这在我国历代封建都城的设计中，别具一格，其中重要原因之一，就是为了充分利用当地的湖泊与河流。这也说明了统治者对于城市水源的重视，关于这一点，下文中还要结合城内渠道与运河的开凿再作进一步的阐述。

（三）城市街道坊巷的布局

大都城的中心点与外郭城四至的确定，对于整个城市街道坊巷的布局，起到决定性的作用。经过勘测，外郭城周长 2.86 万米，南北略长，呈长方形。南墙在今北京城东西长安街的南侧，北墙在今德胜门与安定门以北五里，尚有残余的遗迹可见。东墙与西墙分别和今东直门与西直门各在南北一条垂直线上。北面城门两座，东曰安贞、西曰健德。其余三面各有三门。东面三门自北而南曰光熙、崇仁（相当于今东直门）、齐化（相当于今朝阳门），西面三门自北而南曰肃清、和义（相当于今西直门），平则（相当于今阜成门）。南面三门，正中曰丽正，东曰文明、西曰顺承。

每座城门以内都有一条笔直的干道，两座城门之间，除少数例外，也都加辟干道一条。这些干道纵横交错，连同顺城街在内，全城共有南北和东西干道各九条。其中丽正门内的干道，越过宫城中央，向北直抵中心台前，正是沿着全城的中轴线开辟出来的。从中心台向西，沿着积水潭的东北岸，又顺势开辟了全城唯一的一条斜街。

上述纵横交错的干道，在城市的坊巷结构中起着不同的作用。其中占主导地位的是南北向的干道。因为全城的次要街道或称胡同，基本上都是沿着南北干道的东西两侧平行排列的。干道宽约 25 米，胡同宽只有 6～7 米[43]。今天北京城内有些街道和胡同，仍然保持着元代的旧迹，例如从东四一条到四十二条平行排列的胡同，就是最典型的一例。城市居民的住宅，集中分布在各条胡同的南北两侧，这样就使得每家住宅都可以建立起坐北朝南的主要住房。这一设计，显然是考虑到了北京气候的特点。北京地居中纬，又是

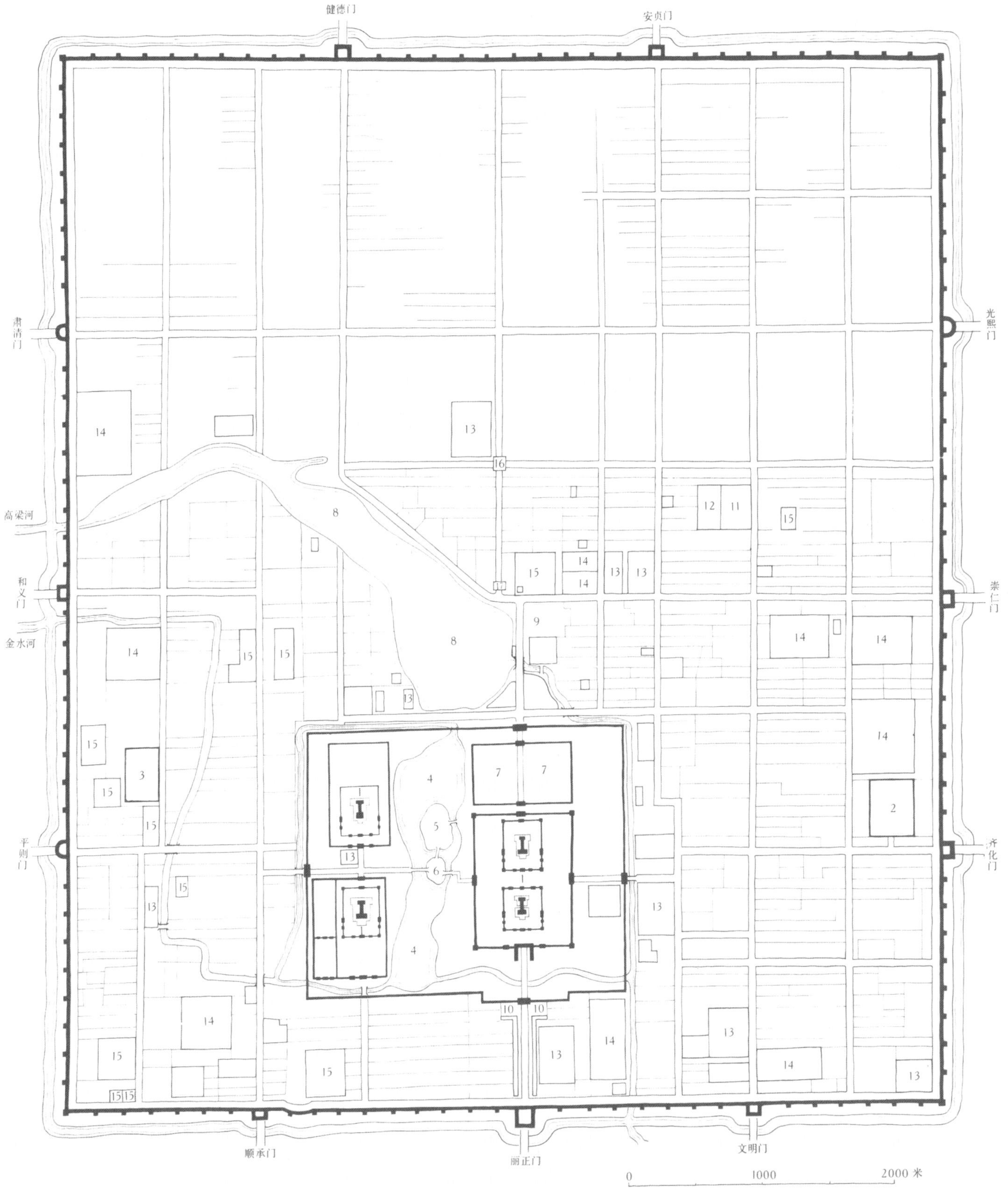

图 12-6-3　元大都平面复原示意图

1- 宫殿；2- 太庙；3- 社稷坛；4- 太液池；5- 琼华岛（万寿山、万岁山）；6- 园坻（瀛洲）；7- 御园；8- 积水潭；9- 中心阁；10- 千步廊；11- 文庙；12- 国子监；13- 衙门；14- 仓库；15- 寺观、庙宇；16- 钟楼；17- 鼓楼

受季风影响十分显著的地方。这里冬季严寒干燥，多西北风。夏季炎热多雨，又以东南风为主。因此，无论是为了冬季防寒并利用日照取暖，还是夏季便于通风和采光，都以坐北朝南的住房为最相宜。所以从这一点来看，大都城城市街巷的布局，根据当时的生活条件来说是合理的、科学的。

在全城的南北干道中，只有一条由于位置特殊，有着不同于一般干道的作用，这就是丽正门内沿着全城中轴线开辟的那条中心干道。关于这条干道，下文中另作叙述。

大都城内萧墙（皇城）以外的居民区，又被划分为五十坊，坊各有门，门上署有坊名[①]。这些坊的划分并不是建筑设计上的分区单位，而是行政管理上的地段名称，因此是直属左右警巡院管辖的。这与唐以前的坊制名同实异。例如，隋唐长安城内的110坊，每坊各有围墙封闭，等于是大城之内又套筑了若干小城。大都城内不建坊墙，而是以街道作为主要界限，是开敞的布置。

各坊占地面积大小不一，与住宅用地的分配关系不大。当时直接关系住宅用地分配的，还是坊内的胡同。大都初建成时，凡是从中都旧城迁新城的住户，用地大小是有严格规定的，而且富户和有官职的人家可以优先迁入。《元史·世祖本纪》就是这样记载的："至元二十二年二月，壬戌，诏旧城居民之迁京城者，以赀高及居职者为先，仍定制以地八亩为一份。其或地过八亩及力不能作室者，皆不得冒据，听民作室。"这一规定的目的，显然是为了要保持新城的市容。八亩一份的住宅用地，根据两条标准胡同之间的面积来计算，可以大致求得其分布情况。例如，自东四三条胡同与四条胡同之间，从西口到东口正好占地八十亩[②]，适可分配住户十家。

（四）市场的分布

大都城内的市场，分布于全城，这也主要是决定于街道的布局和交通条件，与坊制没有关系[44]。但是主要市肆集中在三处：一处在积水潭东北岸的斜街，正当中心台以西地区，就叫做斜街市，属日中坊，是全城商业最繁华的地方。坊名"日中"，即是取"日中为市"的意思[③]。一处在今西四牌楼附近，名为羊角市，是羊市、

马市、牛市、骆驼市、驴骡市集中分布的地方。还有一处在东四的西南处，叫做旧枢密院角市，在明照坊内。这三处主要商业中心，一处在东城市中的地方，一处在西城市中的地方，都是街道的要冲。第三处在北城，由于紧靠积水潭，而积水潭又是当时新开凿的南北大运河的终点，水运便利，因此成为商业荟萃的一大中心。

三、大都城的宫城与宫阙布局

（一）宫城和主要宫殿

在元大都城的平高设计中，宫阙的布局占有最重要的地位（图12-6-4）。宫阙的主体是太液池东岸的宫城（大内），这是封建王朝的统治中心。至于太液池西岸的隆福宫和兴圣宫，相当于离宫的性质，只能算是宫城的附属部分。

根据《辍耕录》的记载，宫城阙门以及四隅角楼的规格形制，和今日所见明清紫禁城极相近似，只是有些局部差异[④]。

元宫城的故址，也和后日的紫禁城在南北界限上稍有不同。根据实地勘查，元宫城南门（崇天门）相当于今太和殿的位置，北门（厚载门）在今景山公园少年宫南侧。东华门与西华门则和现在同一名称的两门各在南北一条垂直线上，只是具体位置不同。现在的东西华门偏宫城南部，而元代的东西华门则是在当中，略与太液池中的圆坻东西相值[⑤]。复原后的元宫城四至，南北长约1000米，东西宽约740米，与《辍耕录》

---

① 取《易经》"大衍五十"之义，全城定为五十坊，坊名是由翰林学士虞集拟定的。
② 元代一尺约合0.308米，五尺为一步，一步合1.54米。元大都城市设计所用长度，皆以步为单位。胡同与胡同之间的距离为五十步，合77米，但这是根据从第一条胡同的路中心到次一条胡同的路中心来计算的。如果去掉胡同本身六步的宽度，则两条胡同之间实际占用的距离为四十四步，合63.36米，这与北京内城现存的平行胡同之间的距离是符合的。如以两条胡同之间实占距离四十四步为准，宽亦截为四十四步，那么这一方块中，约占地八亩。
③ 《元一统志》："日中坊地当市中"。
④ 例如崇天门的形制应该是模仿唐宋宫城的"五凤楼"，晚清紫禁城的午门则是保留到现在的一种典型。
⑤ 详见《元大都城的勘查和发掘》。勘查中还发现了厚载门故址的夯土基础，因而可以确定其位置。

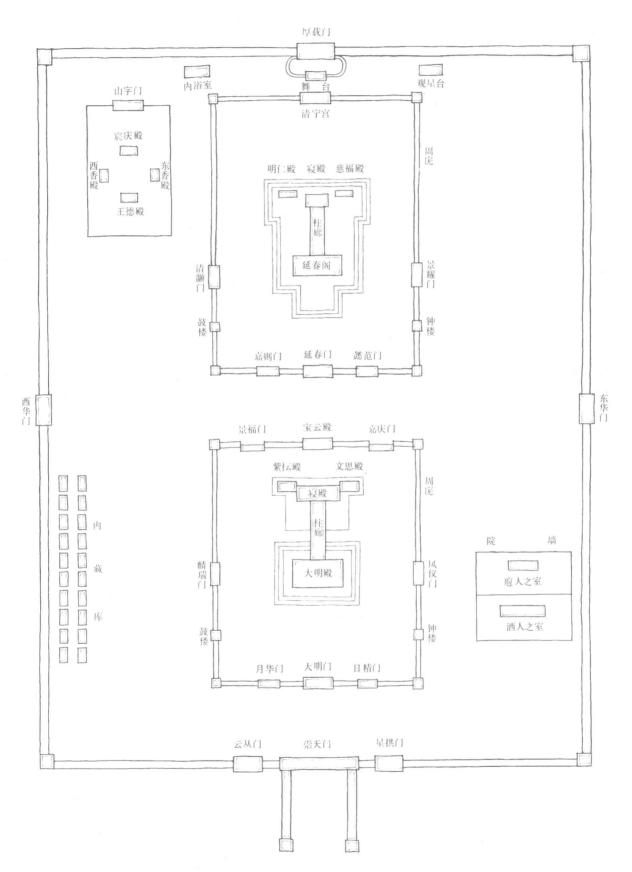

图 12-6-4　元大都宫城平面示意图

所记步数，经过折算，基本相符①。如果与大都城内标准胡同的尺度相比较，宫城南北的长度，约为十二条胡同的距离，东西的宽度，约为十条胡同的距离②。从这里也可以看到，大都城在平高设计中是以精密的测量为基础的。

元宫城内的主要建筑，分作南北两组。南组以大明殿为主体。大明殿"乃登极、正旦、春节朝会之正衙"，[45]殿址正好选建在宫城的中心线——也就是全城的中轴线上。殿后有柱廊，直通寝殿。寝殿东西，又有两殿左右对称，与大明殿合呈"工"字形。大明殿四面绕以周庑，共一百二十间，南北狭长，略呈长方形。四隅有角楼。东西庑中间偏南各建有钟楼（又称文楼）与鼓楼（又称武楼）。北庑正中又有一殿，是在寝宫之后。周庑共开七门，南面三门，正中大明门，为南区宫殿的正门。北面二门，东西各一门。"凡诸宫周庑，并用丹楹彤壁藻绘，琉璃瓦饰檐脊"。[46]

北组宫殿以延春阁作主体，为后廷。整个后廷的平面设计以及建筑形制与前朝基本一致。只是周庑一百七十二间，较前朝周庑多出二十五间，应该是增长了东西两庑，形成更为明显的长方形。北庑不设门，也与前朝有别。

大明殿和延春阁这两组主要宫殿，都是在殿与宫之间，加筑一道柱廊，构成"工"字形。殿内布置富有蒙古族"毡帐"的色彩，凡属木构露明部分都用织造物加以遮盖，壁衣、地毯也被广泛使用，这些都是元代宫廷建筑中比较明显的特点。[47]

在前朝与后廷的两组宫殿之间，有横贯宫城的街道，东出东华门直通皇城东门朝阳桥（即枢密院桥）。西出西华门，稍向北折，然后西转，过木桥至圆坻仪天殿。

整个宫城的平面布局，在前后周庑以内，严格遵循轴线对称的原则，着重突出的是奠址在高大白石台基上的大明殿和延春阁。规模宏伟，布局谨严。这种宫殿建筑的形制，虽然有模仿宋金两朝宫阙制度的明显迹象，但也有进一步的发展，特别值得注意的是宫城前面宫廷广场的新变化。

（二）宫廷广场——传统位置的迁移

在我国封建都城的规划设计中，宫廷广场已经以比较规整的形式，出现在隋唐长安城和洛阳城的宫城前方。其后，在宋汴梁城和金中都城的宫城前方，也都布置了宫廷广场。不过在形式上又有了新发展，逐步从单纯平行于宫城的横街（如长安、洛阳）[48]，或是垂直于宫门的纵街（如汴梁）[49]，演变为宫城正前方一个"T"字形广场，并在广场的左右两侧，增建了两列千步廊[50]。宫廷前的广场往往用来显示帝王宫阙的庄严与壮丽，从而给人以"九天阊阖"的感觉。同时，也是企图借此限制庶民百姓接近宫城，使宫城门禁显得更加森严。可是在大都城的规划中，却把宫廷广场的位置，从传统的宫城正门前方，迁移到皇城正门的前方来。这不能不说是一个极大的变化。而这一迁移的结果，又进一步加强了从大城正门到宫城正门之间在空间上的层次和序列，从而使宫阙的位置更加突出，门禁也更加森严。元大都的宫廷广场在位置上的这一变化，确实是突破了唐宋以来的旧传统，开创了一个新格局。

（三）宫城以外的御苑和宫殿

宫城之北有御苑，南起厚载门以北，北至今地安门内，西临太液池，御苑四面筑有垣墙，共开十五个门。太液池东岸宫阙御苑的分布，大体如此。至于太液池西岸两宫的分布，略述如下：

出宫城西华门，北折西转至木桥，桥长一百二十尺，阔二十二尺，过桥为仪天殿，建在圆坻上。圆坻西又一木桥，桥长四百七十尺，阔如东桥[51]。直临通衢之北，紧傍太液池西岸为兴圣宫，附有后苑。通衢之南为隆福宫，附有前苑。兴圣宫正殿兴圣殿与隆福宫正殿光天殿，都有柱廊寝殿，寝殿左右也各有东西燠殿，形制与宫城正殿近似，而尺度较为狭小。只是光天殿的周庑一百七十二间，与宫城延春阁周庑同大，四隅亦有角楼。兴圣宫则只有夹垣，内垣相当于周庑，但无角楼[52]。

隆福宫原有太子宫，后为太后所居，另筑太子宫于西偏。

元代最重要的一处宫苑，即太液池中的万岁山。万岁山，即金代大宁宫的琼华岛。大都城未建之前，即已着手修建琼华岛，至元八年正式更名万岁山，而琼华一名始终不废。岛南岸有白玉石桥，长二百余尺，正南直抵圆坻仪天殿。东岸又一石桥，长七十六尺，而桥面之宽竟达四十一尺半，因为桥上半为石渠，作为东岸金水河的渡槽，引水至岛上，然后"转机运斗"，吸水至万岁山顶，喷出石龙口，最后仍流注太液池。山顶旧有广寒殿，重加修缮。山上又有仁智殿、荷叶殿、方壶亭、瀛洲亭等。"山皆叠玲珑石为之，峰峦隐映，松桧隆郁，秀若天成。"[53]登上万岁山顶，可以俯瞰大都全城。这里是全城的制高点，也是自然风景的中心，在整个宫殿区的布局中，是占有重要地位的。

四、大都城河湖水系的利用与改造

（一）大都城的平面规划与河湖水系的利用

大都城宫殿位置的选择既与太液池有密切关系，同时全城的平面规划也是根据河湖水系的调整而进行的。大都城的主要设计者是刘秉忠[54]。早在决定兴建大都城的前五年，郭守敬①曾建议将玉泉山水引入高梁河下注旧闸河以通漕运，实际上这件事也是与大都城址的选择有直接关系。

第一，大都城创建之时，在中心台正南，积水潭东岸表示全城中轴线的南北大道上，建有万宁桥（也就是现在地安门外大街上的石桥），桥下有新开的渠道，引水自积水潭东出南转，傍皇城（萧墙）东墙南下，流出大都城，这就是后来被命名为"通惠河"的一段。在这条渠道未开之前，原始的高梁河故道，当自积水潭东出，然后转向东南，注入金朝的旧闸河。以后由于大都城的兴建，有意把高梁河的故道填塞②，并以万宁桥以下新开的渠道，代替高梁河的故道。

第二，在大都城内的西部开凿金水河，直接从玉泉山下引水，自和义门（今西直门）南水关入城③，曲折南下，转至皇城西南隅外，分为两支。一支北流，傍皇城西墙，绕过西北城角，转至皇城北墙外，折而向南，入皇城，注太液池。另一支正东入皇城，经隆福宫前，注太液池。然后又从太液池对岸东引，经灵星门内周桥下，又东出皇城东墙，与东墙外新开渠道

相汇。由此可见，大都城内金水河的开凿，是与宫阙的规划密切联系在一起的。

当时济漕用水如何解决，史无明文，估计当时继续引用瓮山泊水，下注高梁河，经和义门北水关流入城内积水潭。因此，新开的金水河与瓮山泊以下济运的旧渠道，在大都城外，各有固定河槽④，并分别从和义门南北两个水关入城。金水河完全是为宫廷苑林用水而开凿的，老百姓不得汲用，因此在元初"金水河濯手有禁，"⑤是悬为明令的。

这些事实均说明，在大都城初建之时，更多考虑到当地湖水系的分布，从而进行了有计划地利用与改造，这是值得注意的。

大都城从至元四年（1267年）开始兴建，到二十二年（1285年）全部建成⑥，历时十八年。

（二）白浮泉的导引与通惠河的开凿

在大都城的修建期间，为了便于把长江下游的漕粮北运，已经着手沟通南北运道。首先开凿了济州河（至元二十年）⑦，大都全部建成四年（至元二十六年）后，又开凿会通河⑧，初步沟通了南北河运，使江

---

① 郭守敬专长水利工程和天文历算，精于测量，又自幼从学于刘秉忠。见《元史·郭守敬传》。
② 原始高梁河的这一段故道，湮埋在今日北京东城的地下，大约从地安门外大街的石桥附近，经过东四附近一带，从北京站所在处，流向东南。确切位置，有待勘查。
③ 和义门南水关旧址，在今西直门南约120多米处，是近年拆除西城墙时发现的。见考古研究所元大都考古队《元大都的勘查和发掘》，《考古》1972年第1期第19页。
④ 金水河有与其他水道相遇外，皆用"跨河跳槽"，横越其他水道之上。《元史·河渠志》"金水河"节有如下一段，可以为证："至元二十九年二月，中书右丞相马速忽等言金水河所经运石大河及高梁河西河，俱有跨河跳槽，今已损坏，清新之。是年六月兴工，明年二月工毕。"按：至元二十九年正是郭守敬动工开凿通惠河之时，而金水河道已有损坏，可见金水河是早在兴建大都城时开凿的。
⑤ 《元史·河渠志》"隆福宫前河"节："英宗至治二年五月奉敕云：昔在世祖时，金水河濯手有禁。"
⑥ 至元四年正月决定定都大都，八年二月筑宫城，九年五月建东西华门，左右掖门。十年十月建正殿寝殿周庑等。十一年正月宫阙告成。二十二年六月修建大都城。以上均见《元史·世祖本纪》。
⑦ 济州河即利用古泗水运道加以改进，使漕船由淮入泗，由泗入汶，然后经大清河至利津入海，沿海到至沽（今天津），入白河（今北运河）到通州，转运大都。
⑧ 会通河系由汶水开渠北引，经东平至临清接御河（今卫河）过直沽北上，这样就避免了绕行海道。

南漕船可以直达通州，转入大都。但是大都城自兴建以来，用水量大增，专靠玉泉山及瓮山泊两处水源，已感不足。特别是为接济日益增加的漕运，必须设法开辟新的水源。为此，郭守敬亲自踏勘了大都城西北沿山地区的泉流水道，进行了地形测量，发现大都城西北六十里外的神山（今凤凰山）下有白浮泉，出水甚旺，其地稍高于大都，可开渠导引至大都城中，只是中间隔有沙河与清河河谷，地势低于大都。于是郭守敬决定首先引白浮泉水西行，从上游绕过两河谷地，然后循西山山麓转而东南，沿着平缓的坡降，并汇集傍山泉流，开渠筑堰，名曰白浮堰，导水入瓮山泊。又从瓮山泊浚治旧渠道，从和义门北水关入大都城，汇入积水潭，从而为大都城开辟了前所未有的新水源。其下游从积水潭出万宁桥，沿皇城东墙南下出丽正门东水关，转而东南至文明门外，与旧闸河相接。这城内一段河道，是兴建大都城时开凿的，已见上文。可能这时又浚深加宽。据实地勘查，皇城东北角外的河道宽约 27.5 米[55]。郭守敬为了节制流水还沿河建立了新闸。在计划分水或坡度较大的河段上，设置上下双闸，交替启闭，以调剂水量，便于漕船通行，其作

---

① 各闸名称和位置如下：
（1）广源闸
在城西瓮山泊引水渠下游。今紫竹院公园西北，万寿寺前有水闸，即建在广源闸旧址上。
（2）西城闸（后改称会川闸），有上下二闸。
上闸在义和门外西北一里，相当于今西直门外高梁桥所在之处。下闸在和义门西三步。
这对上下闸，不为通航，而是为了分水入城和分水入护城河。
（3）朝宗闸（或曰河门闸，后改称广利闸），有上下二闸。上闸在万亿库南百步。万亿库在和义门北水门以内、高梁河北岸，靠近大都城西城墙。下闸去上闸百步。
（4）海子闸（后改称澄清闸），在城内万宁桥下。
（5）文明闸，有上下二闸。
上闸在丽正门水关东南，相当于今正义路北口稍东。下闸在文明门西南一里，遗址在今台基厂二条胡同中间，深埋地下，已被发现。
（6）魏村闸（后改称惠和闸），有上下闸。
上闸在文明门东南一里。下闸在上闸东一里。
（7）籍东闸（后改称庆丰闸），有上下二闸。
在大都城东南王家庄。
（8）郊亭闸（后改称平津闸），有上下二闸。
在大都城东南二十五里银王庄。
（9）通州闸（后改称通流闸），有上下二闸。
上闸在通州西门外。下闸在通州南门外。
（10）杨尹闸（后改称溥济闸），有上下二闸。
在大都城东南三十里。今通州区西八里桥附近有杨宅（闸）村，村西南有地名"普济"，这里应即杨尹闸故址所在。

用和现代船闸是一样的①。新闸河从白浮泉引水处算起，下至通州高丽庄入白河（今北运河）处，当时实测总长一百六十四里一百四十步。至元二十九年春动工，转年秋全部完工[56]。河运畅通，南来船舶，结队停泊在积水潭上，忽必烈遂命名曰通惠河[57]。

通惠河的开凿成功，关键在于取得了白浮泉的新水源。这是大都城中利用和改造河湖水系的一个创举，在北京城的城市建设史上也是一件大事。

（三）大都城内的排水沟渠

在大都城的建设中，不仅充分利用了地表水源开渠引水，还修建了明渠暗沟以便泄洪和排污。这些排水沟渠的分布，已经深埋地下，难以复原其全貌，只是在个别地点有局部的发现。例如，现在旧鼓楼大街北段、大石桥胡同东口，新中国成立前尚有长约六尺的石材数块，半埋于路面之下。相传其处旧有石栏，可以确证为元代旧物，下有沟渠，早已湮废，不复有遗迹可见。又如，在今西四附近的地下，发现了当时南北主干大街西侧的排水明渠，用条石砌筑而成，渠宽1米，深1.65米，在通过平则门大街（今阜内大街）时，顶部覆盖了条石。渠内的石壁上还留有当时工匠凿刻的字迹："致和元年五月日，石匠刘三。"[58]"致和"为元泰定帝年号，元年为1328年，时在大都城修完已经三十余年，可能是重修时凿刻的。由此推测，大都城内沿主要南北大街，都应有排水干渠。干渠两旁，还应有与之相垂直的暗沟。干渠的排水方向，与大都城内自北而南的地形坡度完全一致。这些明渠暗沟的铺设，应该是与大都城的平面设计同时规划的。

五、大都城的城墙建筑
（一）土筑城墙与城门的木构门洞

大都城的北面城墙以及东西两面城墙的北段，在新中国成立后尚有残余的地面遗迹可见。足以证明大都城墙全部用夯土筑成，经实地勘测，城墙基部宽达24米。为了加固城墙在夯土中使用了"永定柱"（竖柱）和"纤木"（横木）。城墙因系土筑，收分很大。根据发掘部分的实测推算，它的基宽高和顶宽的比例为3∶2∶1。城墙

顶部中心顺城墙方向，设有半圆形瓦管，这是新中国成立后拆除北京西城墙时，在明清城顶三合土之下发现的。这样设置的瓦管显然是排泄雨水的措施，是避免城墙顶部雨水冲刷城壁的一种方法。土城城壁蓑以芦苇①，《析津志》有记载说："世祖筑城已周，乃于文明门外向东五里立苇场，收苇以蓑城，每岁收百万，以苇排编，自下砌上，恐致摧塌。"[59] 这不但证明了大都城墙确实是蓑以苇衣的，而且记载了蓑城的做法。尽管有预防雨水冲刷的这些措施，土城本身还是要经常修葺的。据《元史》诸帝本纪，从世祖至元九年到顺帝至正十年，前后八十年间，有关都城修缮的记录，多至十五六次，役军数目，动以万计。足见劳费是很大的[60]。

大都城的四隅都建有巨大的角楼。城墙的外侧建有"马面"，也就是日后所说的墩台。城墙之外又绕以护城河保护起来。

大都城十一个城门，各有城门一重，门外有木制吊桥跨在护城河上。到元朝末年，才在各城门外加筑瓮城[61]。根据对大都城北部东西两座城门，即光熙门与健德门的基址进行钻探的结果，表明城门地基夯筑坚固，并有大量木炭屑和烧土的堆积层，是城门建筑被火焚烧的残余。由此可以推断，城门建筑仍是唐宋以来的"过梁式"木构门洞进行修筑的。

（二）元末加筑瓮城和创建砖券门洞

元朝末年，农民起义，时局风起云涌，至正十八年（1358年），有一支农民起义军直捣大都城郊，封建统治者惊慌失措，遂下令赶筑大都十一个城门的瓮城，以加强防御，妄图负隅顽抗。最近在1969年夏拆除的西直门箭楼中，发现了包筑在明初加筑的瓮城和箭楼内的元末瓮城城门遗址（图12-6-5）。城门的残存高度约22米，门洞长9.92米，宽4.62米，内券高6.68米，外券高4.56米。木质板门和门额、立颊（门框）等部分，在明初填筑时均已拆除，只留下两侧的门砧石，门砧石上的铁"鹅台"（即承门轴的半圆形铁球）

① 《元文类》经世大典政殿总叙工役节称在兴建大都城时，"军之役土木者，率以筑都城、皇城、建郊庙、社稷、宫殿……余则建佛寺，砍苇被城上。"

还保存完整。这和宋李诫《营造法式》所记大型板门的铁"鹅台"形制相同。这座城门的建筑，是从唐宋以来过梁式木构式门发展到明清砖券城门的过渡形式。砖券只用四层券而不用伏（券为竖砖、伏为丁砖），四层券中仅一个半券的券脚落在砖墩台上，城楼两侧各有小耳室，是进入城楼的梯道。城楼面阔三间，进深三间，除当心间四柱为明柱外，其他各柱都是暗柱。暗柱有很大的"侧脚"（下部向外倾斜），柱下安地栿，柱间用斜撑。四周墙壁收分显著。城楼地面铺砖，当心间靠近西壁的台阶下有并列的水窝两个。每个水窝用有五个水眼的石箅子做成，其下为一砖砌水池，水池外又砌有流水沟，这是为防御用火攻城门时的一种灭火设备，提供了我国建筑史上前所未见的一例。当时以砖券门洞代替木构"过梁式"门洞。也显然是为了防御火攻的。

（三）城墙的排水涵洞

大都城城墙初建之时，就已经考虑到城内的排水问题，这和城内下水道网的铺设，都应该是预先经过测量并与街道的布局同时设计的。经实地勘查，曾在大都城东墙中段和西墙北段的夯土墙基下，发现了两处残存的石砌排水涵洞，从底部尚可见涵洞的结构情况。涵洞的底和两壁都用石板铺砌，顶部用砖起券。洞身宽2.5米，长20米左右，石壁高1.22米。涵洞内外侧各用石铺砌出6.5米长的出入水口。整个涵洞的石底略向外作倾斜。涵洞的中心部位装有一排断面呈菱形的铁栅棍，栅棍间的距离为10～15厘米。石板接缝处勾抹白灰，并平打了很多"铁锭"。涵洞的地基满打"地钉"（木橛），在"地钉"的镶卯上横铺数条"衬石枋"（横木），然后即将地钉镶卯间掺用碎砖石块夯实，并灌以泥浆。在此基础之上，铺砌涵洞底石及两壁。整个涵洞作法，与《营造法式》所记"卷辇水窗"的做法完全一致。特别是满用"铁锭"、满打"地钉"和横铺"衬石枋"等做法。是宋元以来常见的形式。

大都城是作为一个统一的、多民族的中央集权封建国家的政治军事中心而建造的。在城市的规划和建筑上，采用"汉法"。当时负责建筑工事的，虽然也有来自域外的匠师如大食人也黑迭儿，[62] 并引进了个别域

图 12-6-5　元大都和义门瓮城城门遗址

外的建筑技巧和形式①，但城市的总体规划和宫殿建筑的一般工程做法，还都是继承了北宋以来的传统而有所发展。其中在总体规划上最为突出的一点，即大都城的平面布局，力求体现古代《考工记》一书中所描述的"前朝后市，左祖右社"的原则，又结合地方特点，作了进一步的发挥。在大都城南部的中央。利用湖泊为中心，布置了三足鼎立的宫殿群，然后绕以皇城。皇城以北，积水潭的对面，置以商业集中而命名的"日中坊"。太庙和社稷坛，则分别布置于皇城左右两侧，接近于东西两面大城城墙。但是这一布局的结果，竟使大都城的南半部，截然分割为东西两城，两城之间的联系，必须绕道皇城的南北两端，来往极为不便。

---

① 如建筑史上的盝顶殿、棕毛殿、维吾尔殿等。元代设有宫廷制造局，部分工匠来自当时亚洲一些国家，因此建筑装饰和器物色彩大为丰富，详见《中国建筑简史》第一册，第107页。

第七节　明南京城

南京地处长江下游，周围水抱山环，有龙盘虎踞之势。土地肥沃、物产丰富，为东南富庶之区。正是由于它的自然条件十分优越，远在公元 3 ～ 6 世纪便已经成为吴、东晋、宋、齐、梁、陈六朝的建都所在。也是古时统治阶级争夺的中心地区之一。奴隶主阶级和封建统治阶级，在南京先后筑有越城（春秋）、金陵邑城（秦汉）、建业城（三国孙吴）、建康城（东晋、宋、齐、梁、陈）和金陵府城（南唐）等。其中，同明南京城直接有关的，主要是南唐的金陵府城（图 12-7-1）。

扬吴时，筑金陵府城。公元 932 年（扬吴太和四年），重行将金陵府城加以扩大，西至石头，南接长干，东至白下桥，北以玄武桥为限，周长二十五里。

据《明纪·太祖纪》所载，明南京城是在 1357 年（元至正十七年）休宁人朱升"高筑墙、广积粮、缓称王"的建议下，作为"吴国"的根据地而开始兴修的。它北控玄武湖、东傍钟山、南凭秦淮、西据石头，周长 30.5 公里。不但利用了南唐金陵府城南面和西面的旧城墙，而且将石头、马鞍、四望、卢龙、鸡笼、覆舟、龙广诸山全部包括在城内，气势雄伟、规模宏大（图 12-7-2），不仅是我国历史上最大的城垣，在世界城垣建筑史上也具有重要的地位。为了封建统治阶级的需要和京师的安全，又筑有宫城和长达 90 公里的外郭城。

一、宫城

宫城又称"紫禁城"，位于都城的东南隅。《明史》和《江宁府志》载，自 1366 年（元至正二十六年即吴元年）"明太祖（当时称吴王）拓金陵城，命刘基卜新宫于钟山之阳"开始，于 1367 年建成。城作四方形，辟承天、东安、西安、北安诸门，外以护城河绕其四周，

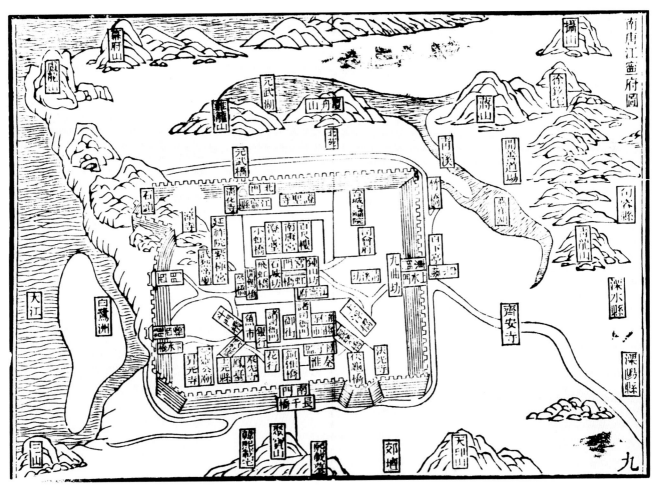

图 12-7-1　南唐府城图

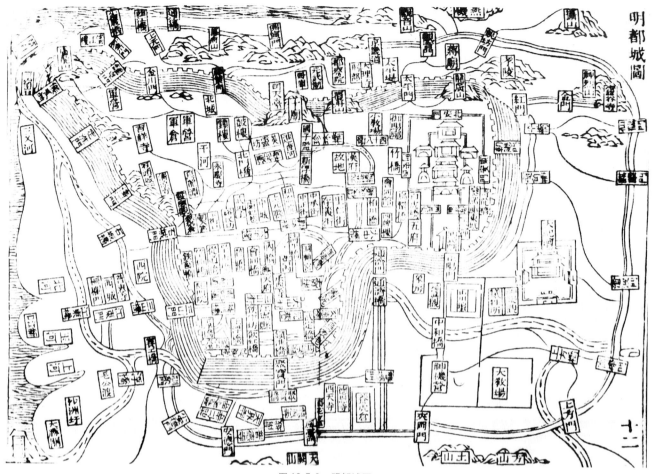

图 12-7-2　明都城图

内建奉天、华盖、谨身等殿和乾清、坤宁诸宫。宫城之外复设洪武门、长安左门、长安右门。其中洪武门较晚，始建于 1386 年（洪武十九年）。当时的礼、吏、兵、工、户五部（刑部、大理寺、都察院设于今太平门外玄武湖之北）和宗人府、翰林院、詹事府、太医院以及社稷、太庙等均设在午门外的左右两侧。

现存的宫城建筑除午门、东西华门、内外五龙桥外，尚存有奉天殿残基。1970 年 8 月，与外五龙桥南 350 余米的东城墙相接处，发现石砌墙基一段，残长 20 余米，其走向由东向西，可能是通向洪武门的墙基。从午门上部现存的石刻柱础来看，当初城门的上部均建有重楼。根据午门砖座的高度和部分残存的城基判断，宫城高约 11.5 米，下宽约 6 米余，除部分城门为石基外，一般则为砖建。最主要的是 1962 年起在开挖大清河（接金水河）的工程中，距现存地面以下 1.5 米左右处，发现了成排的木桩（图 12-7-3），木桩直径 16 ～ 28 厘米，其中最粗者达 36 厘米。长度一般 3 ～ 6 米，下

图 12-7-3　明故宫地下出土木桩

部削成三角形，每根木桩相距 8 ～ 12 厘米，最密者 2 ～ 4 厘米。如距午门右（西）300 米的城基和主要建筑的下面，在一平方米的范围内，挖出木桩 9 ～ 11 根，在长约 15 米的一段城基下部，所挖木桩达 1700 余根。在这些木

图 12-7-4　明洪武十年城砖

桩的上面，有的还刻有文字，如 1972 年初某工厂在基建工程中发现的木桩，上面刻有"一丈五尺"、"后宫"等文字。这就说明了当初修建宫城时，在主要建筑物的下面，经过打桩夯实等程序，而后使用砖石砌建。运用这些木桩的原因应该与当时这一地区的地理情况有关。据《秣棱集》记载，明以前这里是沟通清溪和秦淮的燕雀湖（即前湖）所在处，宫城系填塞燕雀湖而建。从现在明故宫南高北低的地形和周围的环境，以及木桩出现的位置观察，原来湖区仅占宫城南面、西面和西北面的一部分。1954 年在靠近明故宫东部修建工程中和 1958 年拆除光华门的工程中，均发现有汉和六朝时代的墓葬及遗物出土；而于东华门内挖掘出的一条长约 200 米的河道时，仅在南端发现一小部分木桩，且较上述木桩为细，直径均在 12 厘米之内，这就证明：明故宫的东面和南面，原为起伏的土丘，据此推测燕雀湖的中心约当午门前后和它的西北部，而后来土丘不存的原因，当与兴建宫城时填塞燕雀湖挖取的土方有关。

二、都城

（一）都城规制和兴建时间

　　明都城的兴建，自 1366 年（元至正二十六年）秋八月"改筑应天府城"起，至 1386 年（明洪武十九年）冬十二月"新筑后湖城"止，前后达二十一年之久，其兴建的工程大致可以分为前后两个阶段。前一阶段自 1366～1370 年以改筑"应天府城"为主。改筑部分包括对南唐遗留的旧城进行整修、拓宽和加高。而在改筑应天府城的同时，并"作新宫于钟山之阳"，而所有庙、社等也是这一时期所兴建的。后一阶段自 1371（洪武四年）～1386 年（洪武十九年）以新筑为主，即把原有部分和新筑部分联接起来，形成一座规模宏大的都城。其中"后湖城"一般兴建的时间较其他各段为晚，如 1973 年在抢修鸡鸣寺西北约 300 余米处的一段城墙时，发现了大量的白色城砖，其中不少砖印有文字，属于"江西袁州府"所烧制，大部印有"洪武十年"的年号（图 12-7-4），说明这段城墙属于第二期工程，其建筑时间当在 1377 年之后。正是因为这座都城存在着改筑部分和新建部分、前一阶段与后一阶段的区别，所以在每段城墙的用料和结构方面，也出现了石砌、砖砌或砖石合砌等各种不同的情况。在后一阶段中，利用前代（主要是南宋）江防要塞城垣培高加厚并沿大小起伏的丘陵山地扩建都城。《江宁府志》记载："明初都城皆据岗垅之脊"说明了这座都城为什么不采取方整周边而是曲折缓回的主要原因，是要利用自然地形。

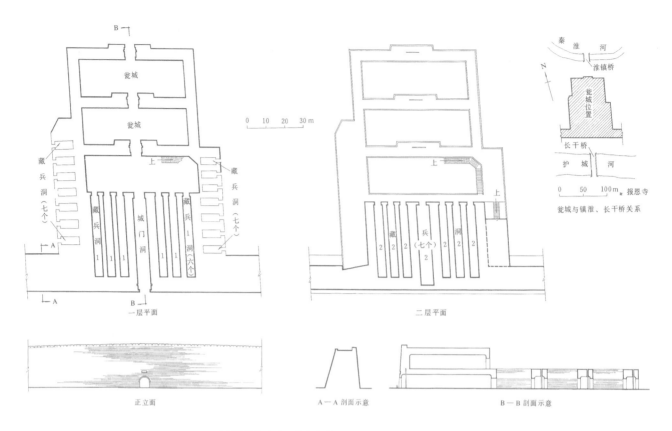

图 12-7-5（1） 明南京城聚宝门平面、剖面及立面图

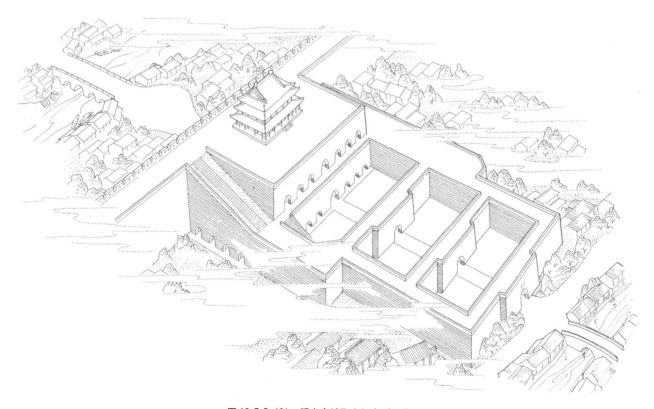

图 12-7-5（2） 明南京城聚宝门鸟瞰示意图

图 12-7-5 （3）　明南京城聚宝门藏兵洞外观

（二）城门

据《首都志》引刘良佐疏载，都城"周长五十七里五分，垛口一万三千六百一十六个，窝铺二百座"。实测垛长 2.75 米，每垛相距 0.44 米。城门十三，即聚宝（今中华）、三山（今水西）、石城（今汉西）、清凉、定淮、仪凤（今兴中）、钟阜（今小东）、金川、神策（今和平）、太平、朝阳（今中山）、正阳（今光华）、通济诸门。在这十三座城门中，以聚宝、通济、三山三门最为雄伟。这三座城门均为 1386 年（洪武十九年）重建，各有四道砖石合砌的拱式门券，每门均设有可以上下启闭的千斤闸。所不同的是聚宝门前面一道城门上下共有三层，其他各门均为两层。最上一层木结

构城楼建筑已经无存，其余两层均为砖石砌建券洞，第二层共有"藏兵洞"七个，中间一个最大，长 44.94 米、宽 6.84 米，两边小洞各长 38.8 米、宽 3.90 米、高度约 6 米左右。最下面的一层有"藏兵洞"六个，长约 43.1 米、宽 3.62 米、高 6 米左右，这些"藏兵洞"是准备用作战争期间储备物资的和兵员休息存身之所（图 12-7-5）。

（三）城墙

（1）利用南唐旧城部分：城墙高 14 ～ 21 米之间，宽度除靠近丘陵地段外，上宽 4 ～ 9 米，下宽 14.5 米左右。所使用的材料均系长 1.39 ～ 0.8 米，宽 0.7 米，

厚 0.26 ~ 0.33 米左右的条石和长 0.40 米，宽 0.20 米，厚 0.10 米左右的长方砖。在条石中有花岗岩和石灰岩两种，石灰岩与南京附近青龙山一带的石质相同，当系采自该地。而由于这座都城建筑工程的浩大，每段城墙建筑和其所使用的材料也有所不同。以通济门至聚宝门一带的城墙为例，内外两壁自下至上除一部分城垛外均用条石砌建。墙的内部填以大量砾石碎砖和黄土，并用夯层层夯打，每层厚约 19 ~ 34 厘米，接近城墙的上半部则用石灰秫米等的混合浆浇灌，墙上用砖砌铺路面，并有花岗石制成明沟式的排水槽，每槽相距 60 米左右，水槽伸出墙外（城墙内侧）0.50 米。所以整个城墙特别坚固。石城门以西至清凉门左（南）相距 200 米处，有一段城墙的外皮全部用条石砌建，长约 160 米，但这段城墙的两端却未用砖砌造，因而在结构上显得特别突出。史籍记载，通济门右（西）至石头城一带原为南唐金陵城的故址。《金陵古今图考》："知诰篡吴……国号唐，复姓李、更名昪，城周二十五里，西据石头……南接长干、即今聚宝门东以白下桥为限"。《至正金陵新志》："建康旧府城周二十五里四十四步，上阔两丈五尺，下阔三丈五尺，高二丈五尺，内卧羊城阔四丈一尺，皆扬吴顺义中所筑也。"陆游《老学庵笔记》："建康城李景所作，其高三丈，因江山为险固……而濠堑重复，皆可坚守，至绍兴间已二百余年，所损不及十之一"。到了元末明初朱元璋改筑应天府城时，除了对严重损毁的部分加以修补外，主要利用原有材料，在旧城基础上进行改筑扩建。明《肇域志》："南都城高坚甲于海内，自通济门起至三山门止一段，尤为屹然，聚宝门左右皆巨石砌至顶，高数丈"的情况正反映了这段城墙的面貌。

（2）东侧新筑部分：通济门自东转北经正阳、朝阳、太平直到定淮门一带的城墙，除低洼地段用条石作基础外，仅在下部加以平整后即使用砖砌建，砖与砖之间亦使用石灰等的混合浆。依山地段则经开凿后以山石为基。由于这一段城墙所经多系丘陵地区，在平整城基时有不少前代墓葬遭到破坏。虽然文献记载这一带城墙为新筑，其实也利用了不少前代建筑，如覆舟山至神策门的一段，即为六朝时期的北堤。南京市文物保管委员会在调查南京城时，又在狮子山至金川门附近的一段明代城墙内部，发现六朝至南宋时的古城

墙，其中南宋城砖，还印有驻军番号。由此可以推知，明初建城时也利用了一部分古代要塞城垒，把它压在城下或原封不动地包在城墙内部。

（3）向北发展部分：主要是指覆舟山至神策门沿玄武湖南岸和西岸的一段。它应该是在原有湖堤的基础上进行修建的。后湖本桑泊。吴赤乌四年凿清溪泄后湖水。晋大兴三年筑长堤以壅北山之水，东自覆舟山，西至宣武城。刘宋元嘉二十三年再筑北堤等，都说明这一段是有湖堤的，1386 年朱元璋筑后湖城时就利用了这段湖堤。这段城墙除后湖小门向西约 300 余米的一段外，直至神策门止，城的内侧全为土埂，高与城墙大致相平。神策门至金川门之间也利用了一些土丘和湖堤，只在外侧砌砖面。城墙采取这一走向的直接原因，除获得防御方面更加险要的地形外，交通运输和水面的使用也是十分重要的。由晋至元玄武湖一直是沟通长江的，仅宋时废湖为田。因此，大量的砖石等建筑材料通过河道和湖泊水面直接运往工地，这在时间和劳动力的节省方面都是非常有利和显著的。同时，由于城墙的内侧有长堤和土丘作为依靠，外侧又有宽阔的水面相隔作为屏障，在战争防御方面十分有利。

台城位于玄武湖南岸的鸡鸣寺后，处于明都城之内，东部与明都城相接，西端为一断壁。这段城全长 353.15 米、外高 20.16 米，西端稍窄，宽 9.18 米、东郊较宽达 10.3 米。下以条石为基，高 7.36 米，石质与聚宝门一带城墙所用的条石相同。基石之上用砖砌建，高 12.8 米。砌砖大致可分两种，一种砖长 45 ~ 51.5 厘米，宽 21 ~ 22.5 厘米，厚 11.5 ~ 13 厘米，火候不高，质地松软，呈红色，这种砖的时间较早，其时代当在明前。其中也有六朝时代的花纹砖。另一种砖长 38 ~ 45 厘米，宽 21 ~ 22 厘米，厚 10 ~ 11.5 厘米，砖质坚实，火候较高，为明初筑城用砖。1957 年在这段城墙的东端近后湖小门处，拆除一段城墙所看见的内部情况，发现前一种砖多用在城墙的内部，砌铺也不太规律，砖与砖之间用黄泥浆，而后一种砖多用在城墙的外表，均为平铺，其厚度 1.11 米左右，砖与砖之间施以石灰等的混合浆。从这两种砖的质地、尺寸以及砌建结构和用浆方面分析，显系不同时代所修建，推测自六朝直至明前，可能属于保卫建康城的要塞营垒，大约在朱元璋改

图 12-7-6 南京第三段古城墙结构及砖侧纹饰

筑应天府城时，打算由此地往西，经鼓楼岗高地向西，与清凉山石头城相接，而由于防御的需要和计划的改变，城垣选址走向往北发展，到 1386 年新筑后湖城时此段遂废弃之。

1958 年拆除城北狮子山南侧一段城墙时，拆去外部的明代砖砌部分，因内部砌砖埋没在明城砖和大量积土之下，得以保存下来。至 1963 年发现这段埋没的古城垣，是六朝至南宋的江防营垒。这段古城自狮子山起经钟阜门至金川门西止，长 1.5 公里左右，除狮子山至钟阜门的一段长约 300 余米较为完整外，其余均残缺不全，最高的地方达 6 米余，虽然都是明代以前所建，但从砌砖的形制、纹饰以及城垣本身的结构观察，此处经过多次修补。以第三段为例，长约 30 米，分上中下三层。上层高 1.8 米，为明代城砖部分，突出古城墙外侧 0.26 米，中层以下为古城垣。中层高 1.9～2.3 米，其砌法为一平一横或三平一横，下层为一平一横。所用砖绝大多数长 29 厘米，宽 16 厘米，厚 4 厘米，砖的侧面印有几何、莲瓣等纹饰，有的并印有"官录""王口田"等字样。个别砖较厚（7～8 厘米），一端印"北闺"或"南"字。字体具有汉隶遗风，这种砖已往很少见，估计年代当在隋唐以前（图 12-7-6）。

距这段古城墙之南直至钟阜门长约 200 米的范围内，砌砖仍以长 29～32 厘米，宽 16 厘米，厚 4.5～5 厘米，平面印有绳纹或一端印有莲瓣纹的六朝砖为主，也有时代较晚的印有"靖安塘湾水军"和"池司前军"

文字的宋砖，当为南宋江防驻军修补城垣所用。根据以上情况来看，明初建城时，仅在原有城垒上加宽加高而已。文献记载，狮子山一带自古为扼守南京北面的门户。孙权时徐盛作城"自石头至江乘"，晋元帝"初渡江见此山岭绵延远接石头"称为"江上要塞"，徐州刺史蔡谟"扼险置八镇城垒十一……东至土山，西至江乘"，宋"岳忠武于此败金虏"，明太祖"伏兵大破陈友谅于山下"等，都反映了这一带地形的险要和战争的频繁，这里是秦—六朝江乘县治的所在，唐时白下城的故址，也是南京靖安塘湾水军寨的驻地。而从绝大多数砖的平面、侧面和两端所印的纹饰来看，因砖砌的形制、纹饰、砌建结构与六朝齐梁时的砌墓用砖和砌建形式完全相同，这座古城的始建年代当在六朝齐梁之际。齐梁之前，可能原为土城。六朝之后又为历代所使用和修补，到了明初修建都城时，又把它原封不动地置于城墙的内部。由此，我们可以推知当时城垣选址的意图之一是把零散的险隘要塞联成整体，所选线路，全依地形要求，不求方整，这是实事求是的合理方案。

（4）城砖：在明南京城砌砖中，除一部分江西袁州府和临江府烧制的白瓷砖外，绝大部分系一般黏土烧制的青灰砖，砖侧印有府、县监造官员及造砖者的姓名。其中也有当时"横海卫"、"飞熊卫"、"豹韬卫"等水军和陆军以及幕府的"朱所"，"邵所"烧造的城砖。当时应天府地方也烧造不少，烧造地在今中华门外长干桥附近的集合村一带，所以这里又称窑湾。已收集的明代城砖，据不完全统计，造砖单位有一部（即工部）、三卫、二十八府（其中包括州）、一百一十八县、三镇。从统计表（见后）中，各府州县的地理位置来看，绝大部分都分布于长江中下游河道水路附近，这对解决大量的城砖运输问题是十分重要的，同时也可看出修建这座都城时，所动用的人力、物力和财力也是空前的。

从城砖模印的文字分析，最初是按地亩派工烧造，即有地百亩出工夫一名，这是洪武元年所规定的一种工役制度，"洪武四年均工夫"的城砖就是这种制度的反映（图 12-7-7）。或按人按户摊派，由窑户烧造，按人按户担负工价。如有些砖上所印的"烧砖人杨信、人户郁达才洪武十年四日"、"窑匠汤丙周保"等都说明这一问题。砖的印记是为了检查城砖的质量和数

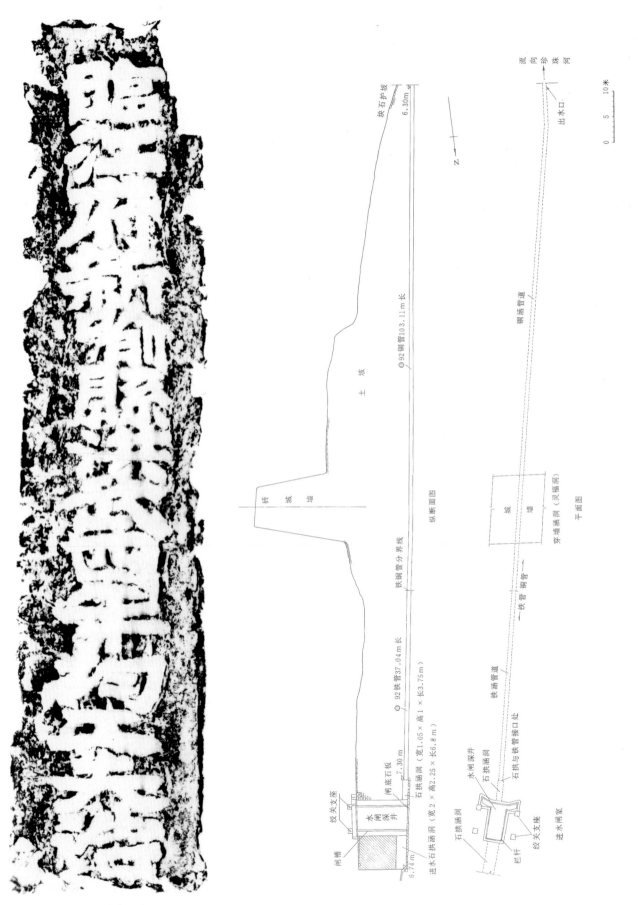

图 12-7-7　南京城砖拓片

图 12-7-8（1）　武庙闸涵洞平面及纵断面示意图

(2) 武庙闸出土铜管

(3) 武庙闸铜水闸上合（盖）

(4) 武庙闸铜水闸下合（底盘）

量，自上而下建立了一套完整的责任制度；砖上所印府县提调官、司吏等的姓名、地方上总甲、甲首、小甲以及窑匠被摊派人户的姓名等，都是为了便于工程部门的进行检验。

三、都城排水概况

在明代都城之内，有许多河道如秦淮、运渎、扬吴城濠、御河、珍珠河等，彼此相互贯通。其中秦淮河分内外两支，外河由通济经聚宝、三山、石城诸门至石头城西流入江，外埠商船可以驶抵上述诸门码头。内秦淮自通济水门入城，流经大中桥与扬吴城濠汇合，西接运渎经淮清、清平、会同、羊市、望仙诸桥至铁窗棂出城。又分南支经武定、镇淮、饮虹、上下浮桥至三山水门出城。为了调节城内水位，在新建城墙的下面，还备有通水沟管。1971 年疏通玄武湖通往城内的武庙闸时，先后发现了铜制水闸两套及穿过城墙下的铜铁涵管。两套铜水闸左右（东西）相对，置于石砌涵洞之上，每套铜水闸分上下两合，均作正方形，重 5.5 吨左右，下合用条石在周围固定，上合有穿绳索的纽和铜榫五枚，下合相对有五个卯眼，启动上合则湖水由五个卯眼流入涵管，可视需要调剂进水量。两个水闸亦可单独或同时启动，这是调节城内水位的重要设施。铜铁涵管均设在石砌涵洞的下部，共 150 节，其中铜管 107 节（每节长 1.04～1.07 米，直径 0.95 米，厚 0.015 米，重 333～351 公斤），铁管 43 节（长 0.81 米，直径 0.98 米，厚 0.055 米），每节两端均有互相咬合的子母卯榫。涵管穿城基（即湖堤）与玄武湖进水闸相通。进水闸没有绞车启闭闸门。1958 年，在明故宫外五龙桥通往东城濠的涵洞上面，也发现有这种铜制水闸两套，但均无上合，这种可以节制水量的设施，是六百多年前制造的，说明当时城市工程技术已达高度水平（图 12-7-8）。

南京城的规划，分为城内市区、宫城区和西北沿江军事区三大部分。市区约占全城的 3/5，相当于南唐旧城一带，除居住建筑外，它的南部和西部因秦淮河的水运而成为繁盛的商业区和全城的物资集散地。宫城约占全城的 1/5，建筑制度沿袭古代"左祖右社"的制度，宫城内主要宫殿也取法唐宋以来"三朝五门"之制。整个建筑宏伟壮丽，为北京故宫体制的蓝本。

西北地区山岭连绵，是扼守都城的屯兵要地，这三个区域的交接处也是全城的中央高地，建有高大雄伟的钟楼和鼓楼，作为早晚报时之用。南京城的规划，根据当时的军事、政治、经济的需要，恰当地利用旧城基础，是比较合理的。

明南京城是我国历史上规模宏伟、规划水平和工程质量很高的伟大都城之一。

附：明南京城砖烧造府（州）县统计表

府（部、军）	县（卫所）	城砖尺寸（厘米）		
		长	宽	厚
1. 应天府	上元县	43	20.5	11.5
	江宁县	43	21.5	12
	句容县	42	21	14
	溧水县	40	21	13
	溧阳县	40.5	21	12
2. 扬州府	通州	44	21.5	12
	泰州	43	20	12
	高邮州	42	20.5	12
	如皋县	37	18	13
	兴化县	43	20	12
	泰兴县	44	20	12.5
3. 常州府	宜兴县	41	21.5	11.5
	武进县	42	21	11.5
	江阴县	41.5	20.5	11.5
	无锡县	41	20	11.5
4. 镇江府	金坛县	42.5	19.5	12.5
	丹刚县	42	20.5	12
	丹徒县	41	20.5	12
5. 庐州府	合肥县	43	19	12
	舒城县	41	20	12.5
	庐江县	42	20	12.5
	无为州	42	21	12
6. 安庆府	怀宁县	46.5	21.5	13.5
	桐城县	44.5	22.5	14.5
	潜山县	44	20	12
	太湖县	42	20.5	12
	望江县	46	21	14
	缩松县	40	21	11
7. 太平府	当涂县	42	21.5	11.5
	繁昌县	41	20	12
	芜湖县	19.5	21	11.5
8. 池州府	石埭县	41	19	10.5
	青阳县	41.5	20	11.5
	贵池县	40.5	19	11
	东流县	42	19.5	13
	建德县	43	21	12.5
	铜陵县	44	22	11
9. 宁国府	宣城县	42.5	21.5	11
	南陵县	44.5	21.5	13
	泾县	41	21	12
	宁国县	42	21.5	12.5
	旌德县	43.5	22	13.5
	太平县	44	22	12
10. 南昌府	南昌县	42	19	11
	新建县	44	21	11.5
	丰城县	44	20	12.5
	进贤县	40	19	10
	奉新县	45	21.5	12
	靖安县	43	21	11
	武宁县	43.5	21	11.5
11. 瑞州府	高安县	40	21.5	13
	新昌县	42.5	19.5	13
	上高县	（残缺不全）		
12. 九江府	湖口县	40	18	11
	德化县	40	21.5	12.5
	瑞昌县	40	20.5	11
	彭泽县	43	20	12
13. 南康府	星子县	46	12.5	12
	建昌县	25	19	11
	都昌县	39	19	10
14. 饶州府	鄱阳县	29.5	19	8.5
	余干县	44	21	11.5
	德兴县	44	21	11
15. 广信府	上饶县	42	20.5	12
	永丰县	40	19.5	11.5
	玉山县	43.5	20	12
16. 建昌府	南城县	45	23.5	14
	南丰县	43.5	21.5	13
	新城县	42	21	12.5

	广昌县	41	19.5	11.5		蒲圻县	16	21	12.5
17．抚州府	宜黄县	40	19	9.5		通城县	45	22	12
	崇仁县	41	19	11		武昌县	43	22	12.5
	金县	41	21	11		通山县	44	21	12.5
	临川县	41	21	11.5		大冶县	44	22	12
	乐安县	41	20	11		随县	44.5	22	12.5
18．吉安府	庐陵县	39.5	19	11.5		金子县	44.5	22	12.5
	吉水县	41	20	9	28．长沙府	醴陵县	43	20	12
	永新县	42	20.5	12		浏阳县	43	21	9.5
	泰和县	41.5	19	10		金口镇	41	20	11
	万安县	41	21	10		浒黄州镇	41	20	11
	安福县	42	20	10		鲇鱼口镇	39	20	10.5
	永宁县	42	20	12	工部	工部前窑	30.5	19	9.5
	永丰县	42	19.5	11		工部左窑	38	18	9.5
	龙泉县	15	21	12.5		工部右窑	38	17	9
19．临江府	清江县	40	18.5	10.5		工部关防	36	19	9
	新喻县	40	19	10	军统	横海卫	38	19	10
	新金县	42	20	11	水军	右卫前所	38	19	11
20．袁州府	萍乡县	43	20.5	11.5		右卫后所	38	19	10
	万载县	40	20	11.5		右卫左所	38	19	10.5
	分宜县	11	20	9.5		右卫右所	38	19	11
	宜春县	40	20	10		右卫中所	38.5	19	10
21．赣州府	石城县	40	20	11	陆军	飞熊卫右所	38	19	10
	安远县	43	21	12		飞熊卫左所	39.5	20	11
	赣县	41.5	19	12		飞熊卫前所	39.5	20	11
	会昌县	40.5	20	11.5		飞熊卫后所	39	19	10
	宁都县	40.5	20	13		飞熊卫中所	38	19	10
	兴国县	44	21.5	13		豹卫前所	38	19	10
22．	黄岗县	41	20.5	12		豹卫中所	38	19	10
	浠水县	43.5	22	12		豹卫后所	38	19	10
	麻城县	42	20.5	12		豹卫左所	38	19	10
	广济县	40	21	11		豹卫右所	21	19	11
	新州县	45	23	13	幕府	邵所	36	18	10.5
23．蕲州府	黄梅县	42	19.5	11		朱所	35.5	18	10.5
24．岳州府	华容县								
25．永天府	景陵县	41.5	20	11					
26．安陆府	应山县	45.5	21	12					
27．武昌府	江夏县	44.5	22	12.5					
	汗阳县	44	22	11					
	嘉鱼县	45	23	13					

第八节　明清北京城

　　明北京城是在元大都城的基础上加以改造和扩建而成，后为清朝所占用。不同的是，城内宫阙与河湖水道经历了较大变化，与元时情况大不相同。

一、从元大都城到明清北京城城址的变迁

（一）大都旧城南北城墙的迁建

　　明初建都南京，洪武元年（1368年）大举北伐，攻下元大都，改称北平。

　　明朝为了防备元朝残余势力的袭扰，遂将大都城内比较空旷的北部放弃，并在北墙以南五里另筑新墙（图12-8-1），仍然只设两个北门，东曰安定，西曰德胜。同时又分别改称东墙的崇仁门与西墙的和义门为东直门与西直门。

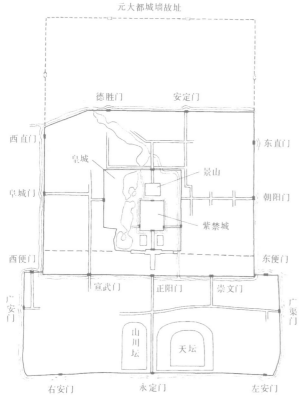

图 12-8-1　明北京城城址略图

　　到了永乐元年（1403年），改北平为北京，四年着手营建北京宫殿城池。十八年（1420年），宫阙告成，正式迁都北京。在此前一年，又把北京的南城墙向南移了一里，仍开三门，名称如旧。正统元年（1436年）开始修建九门城楼，四年完工，遂改称丽正门为正阳门、文明门为崇文门、顺承门为宣武门。同时又把东西城墙的齐化门与平则门分别改称为朝阳门与阜成门[63]。九门名称保留至今，这就是旧日所说的北京内城。

（二）外城的修建

　　到了明朝中叶，由于蒙古族的骑兵多次南下，甚至迫近北京城郊，遂屡有加筑外郭城的建议[64]。直到嘉靖四十三年（1564年），终于筑成了包围南郊一带的外罗城，也就是旧日所说的北京外城。原议环绕京城四面，一律加筑外垣，如图12-8-1所示，月北京城城址由于物力所限，只修了正南一面[65]，因为正南一面不仅有永乐迁都时已经建成的天坛和山川坛（先农坛），而且也是居民稠密的地区。特别是正阳门和宣武门外的关厢，接近中都旧城，当初中都旧城中未能迁入大都新城的居民，后来逐渐向大都南门外移动，集中居住在丽正门与顺承门关厢一带。永乐间展拓北京南墙，遂将南郊一部分居民圈入城中。但仍有大部分居民仍被隔在了新筑的南墙之外。嘉靖间增建外垣时，既无力大兴土木，就只好先把环抱南郊的城墙修建起来。结果就使得北京城在平面图上构成了一个特有的"凸"字形轮廓。只是这被围进去的居民区，多是曲折狭小的街巷，有的成为通向正阳门外的一些斜街，都是逐渐发展起来的，从未经过规划，与内城比较，是有明显差别的。其中只有一条东西向的干道，即现在的广安门内大街，这条大街原是旧中都城内贯穿东西的通衢，所以还显得比较宽阔。至于内城街道，较元时情况并无太大变化。只是在一些街巷胡同的内部，出现了逐步分割的现象，因而形成了一些不规则的小街、小巷和小胡同。

　　这里可以附带提到北京城内坊的变化。

　　明初迁都北京之前，城内共分三十三坊。迁都以后又加筑外城，或称南城。内城二十九坊，外城七坊，合计三十六坊。分属东、西、南（即外城）、北、中五城管辖。到了清朝，内外城共分十坊[66]，实际上已逐渐失去最初设坊的意义了。

（三）砖砌城墙

明朝初期，逐步把北京内城的土城墙全部用砖包砌[①]，因而使城墙断面上下宽度的比例大为缩小[②]。城门洞也完全改为砖砌拱券，又城门外面护城河上的木桥，在正统初年修建城楼时也都改建为石桥。两石桥间各有水闸，护城河水自城西北隅分水环城，历九桥九闸，从城东南隅入通惠河。此后城墙城门等曾屡经修葺，并多次加砖包砌。

明中叶加筑外罗城，开始即用砖砌，环绕外城，并开挖护城河。

二、北京紫禁城的兴筑和皇城的扩建

（一）紫禁城和皇城城址的移动

明初攻占元大都，在缩减北城的同时，又平毁了元宫城。永乐四年（1406年）开始兴筑北京宫殿，十八年（1420年）基本竣工，此后仍续有修建。当时，首先完成的是紫禁城。紫禁城沿用元朝大内的旧址而稍向南移，周围加凿护城河，一律用条石砌岸，俗称筒子河。随后又展拓了旧皇城的南、北、东三面，从而扩大了紫禁城与皇城之间的间距。

明代整个宫阙虽然利用了元朝大内的旧址，但它的规划设计却是以南京宫殿为蓝本而进行的[67]，不过它的规模更加宏伟，布局更加严整。清朝继续沿用明朝宫阙，对建筑物大都进行了重修或改建，增建的只是一小部分。

（二）紫禁城和主要宫殿

紫禁城南北长960米，东西宽760米，东西两墙的位置，仍同元大内旧址，只是南北两墙分别向南推移了近400米和近500米。紫禁城正南面的午门，正当元皇城灵星门的旧址（图12-8-2）。午门内金水桥，也就是元代的周桥。金水桥北新建皇极门（原称奉天门）（图12-8-3）。皇极门内，在元大内崇天门直到大明门的旧址上，先建成的皇极殿（原称奉天殿），后又建成中极殿和建极殿，是为外朝三大殿。后经屡次重修，至清初始改名为太和殿、中和殿和保和殿（图12-

8-4）。外朝三大殿之后为内廷后三殿，奠基在元大明殿的旧址上，叫做乾清宫，交泰殿，坤宁宫，这三殿名称，清朝沿用不变。

这前后六座大殿，一如元朝大明殿和延春阁一样，正好建在了全城的中轴线上，占据了最重要的位置，后三殿实际上相当于元朝大内的延春阁。不同的是，前后六座大殿虽然分成南北两组，但距离却很近。因此，两组宫殿的周庑乃是紧相连接的，这和元时的情况已大不相同。元时前朝大明殿和后宫延春阁两处周庑之间，有横贯东华门与西华门的御道相隔，前朝后廷之间布局分散。紫禁城在平面设计上，显然做了改进，整个布局更为严整，在空间联系上更为紧凑。城墙的东西两面，虽仍然设有东华门与西华门，不过其位置已南移到东西两墙的南端，这也使得宫城在守卫上更加严密。

（三）宫阙设计的特点

紫禁城北面的门叫玄武门，清乾隆时改称为神武门。出玄武门正北，有人工堆筑的土山，命名为万岁山[③]，俗称煤山，清初改称景山。山上五峰并峙，峰顶各建一亭。正中主峰所在处，正是元朝延春阁的故址，故址之上又堆筑土山，意在压胜前朝，所以又叫做"镇山"。还须指出，土山中峰位置的选择，既在全城的中轴线上，又是内城南北两墙的正中间。标志了改建以后北京全城的中心。登临山上，足以俯瞰全城。

和元朝的宫阙设计相比较，另一个更重要的变化，还在紫禁城的前方。

元朝大内的前方空间有限，除去一般衙署如拱辰堂和留守司分列左右外，并无其他重要建筑物。明初展拓南城，紫禁城、皇城和大城的南墙，依次南移，遂使彼此相隔的空间大为开拓。利用这个开拓了的空间，在紫禁城城南面午门的前方、中心御道的左右两侧，布置了太庙和社稷坛两组对称排列的建筑群。在社稷坛以西、元太液池南端，又开凿了南海。这就使得午门与皇城南

---

① 洪武初首先用砖包砌城墙外面，正统间又包砌了城墙内侧。
② 清代城垣做法规定城墙断面上下宽度约为三与二的比例。见《大清会典》及《城垣做法册式》。
③ 《明宫殿额名》："崇祯七年九月，量万岁山，自山顶至山根斜量二十一丈，折高一十四丈七尺。"《顺天府志》卷三《明故宫考》。

图 12-8-2　北京故宫由太和门看午门

图 12-8-3　北京故宫皇极门及金水桥

面承天门之间的整个地段，被纳入到宫阙建筑的总体规划之中，从而使中心御道更加显明，更加突出。

承天门清初改称天安门，门前开辟了一个完整的"T"字形的宫廷广场，这是继承元大都的旧制又做了进一步的发展，即沿广场的东、西、南三面，修建宫墙，把"T"字形的广场完全封闭起来，东西两翼以及南端凸出的一面，各开一门，东曰长安左门，西曰长安右门，正南曰大明门，清初又改称大清门。自大明门内沿东西宫墙的内侧，修建千步廊。千步廊北端，又沿宫墙分别转向东西。千步廊中间衬托出砥平如矢的中心御

道，从大明门向北直达承天门（图 12-8-5）。

广场两侧的宫墙以外，集中布置了直接为封建王朝服务的衙署。在东侧有宗人府、吏部、户部、礼部、兵部、工部以及鸿胪寺钦天监等，基本上为清朝所沿用，无太大变化。西侧的四军都督府到了清朝，由于兵制的变化，逐渐废弃。

这里应该提到的是清朝乾隆年间，又把天安门前宫廷广场的东西两翼，继续向外延伸，增筑了与皇城南墙平行的宫墙，把长安左右门外大街的各一段，分别包入广场两翼。东西两端增设新门，进一步加强了

图 12-8-4 (1)　北京故宫外朝三大殿俯视

(2)　北京故宫太和殿

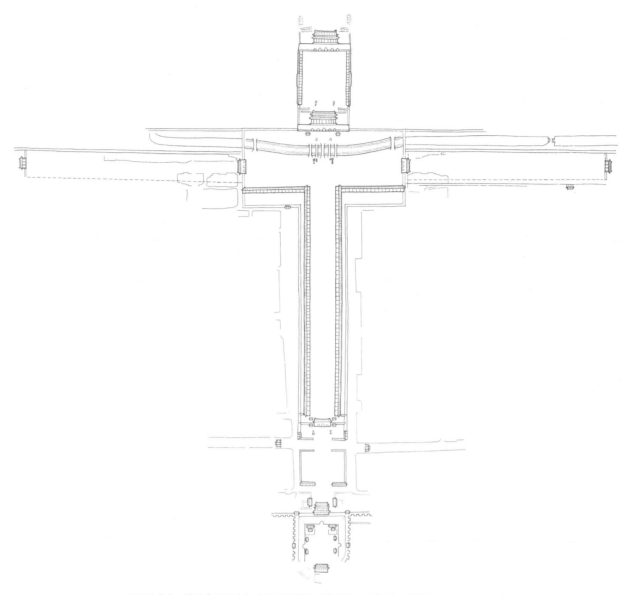

图 12-8-5　清北京城天安门广场（据乾隆《京城全图》复绘，增补东、西三座门部分）

广场的封闭程度，实际上这已是唐宋以来宫廷广场逐步发展的最后形式。

广场南端保留了一段横街，作为东西城来往的孔道，叫做棋盘街，这里也是商贾荟萃的地方，一直到清朝末年，情况均无大的变化。

宫殿，是封建王朝权力机构的代表，从设计指导思想上看，必然要求表现出封建皇帝的"唯我独尊"和皇权的绝对威严。对于这样的要求，由于当时建筑技术发展特点的制约，并没有以个体建筑的体重和高大来表现，而是通过一个庞大的建筑群来完成。这个建筑群的特点是布局严格对称，有明确的中轴线，并且与全城的中轴线相重合，以显示其重要性。在整个

建筑群中，不但个体建筑的尺度和形式随着使用者的身份高低而有所变化，还通过对室外空间的组织进行区分建筑的主次尊卑。最重要的前朝和后廷六座大殿布置在中轴线上，为了突出前朝三大殿——太和殿、中和殿、保和殿，便在三大殿前，组织了变化多端的空间序列，充分利用紫禁城以南到整个大城南门（永定门）这段将近 5 公里的距离。从永定门入城起，一条笔直的大道直通正阳门。从正阳门到太和殿，必须穿过五座大门（即大明门，清改称大清门；承天门，清改称天安门；以及端门、午门、太和门）。这五座大门虽是防卫上所需要的，却也与建筑的艺术的结合。每座门前都辟为广场，这就形成了五个形状和尺度各

不相同的封闭空间。大明门和天安门之间是两侧配有千步廊的 T 字形广场。天安门与端门之间则是尺度大大缩小了的正方形广场。端门和午门之间出现的是比前者纵深加长而宽度却无变化的竖长形广场。到了午门与太和门之间，又突然变成了扁方形广场。太和门内则是一个四周有建筑物拱卫的大院落，中间有三层汉白玉栏杆环绕的高大台基，台基上建筑了三大殿。这些大小不同的空间结合功能使用的要求，采用了收放参差的手法，使每幢建筑物都与广场配合得体。同时，在这些建筑群中还通过竖向设计和色彩装饰来突出主体建筑。从午门开始，地平逐渐抬高，到太和殿前，又突然抬高 8.13 米（台基高度），以显示象征皇权的三大殿乃是"至高无上"的。整个宫殿建筑群，色彩浓重，红墙、黄瓦、雕饰精致的白玉栏杆，在全城尽是灰砖、灰瓦的民房当中，显得格外突出。

三、北京城水源的枯竭和补救的措施

（一）原有水道系统的破坏

明初改建北京城，虽然在全城的平面设计和宫阙的总体规划上进一步发挥了为封建帝王服务的主题思想，并取得了理想的效果，但是另一方面却也严重地破坏了原有的水道系统，完全截断了城内的水上交通，以致每年平均四百万石的漕粮和随船北运的江南百货，无法直接运入城中，造成这一情况的直接原因是皇城的北墙和东墙向外推移的结果，把原来在墙外的一段通惠河故道包入城中。同时，由于扩展的大城南墙的结果，又把元大都城文明门外的一段通惠河故道，也包入北京内城之中。这样相当于把通惠河的最上游完全截断，从此江南的船只就再也无法停泊在积水潭上，故此积水潭东北岸上的斜街一带（日中坊），本是元朝最繁华的商业区，到了明朝已不复当年的盛况。积水潭本身日益淤垫，湖面也逐渐缩小①。

---

① 积水潭的主要部分，明时称为海子，又叫什刹海，不仅湖面已大为缩小，而且开始有水稻的种植，说明淤垫日长。只是德胜门内大街以西的部分，仍叫积水潭；因北岸有净业寺，所以又叫净业湖。见清光绪《顺天府志·京师志》水道部分。

其次，元朝大都城内通惠河的上源，从和义门北水关引水入城，宫廷御苑专用的金水河，从和义门南水关引水入城，两者分流，各不相干。直到皇城东南隅外，金水河才与通惠河合流。明初改建大城北墙，从西直门以北斜向东北，穿过积水潭上游水面最窄的一处，转向正东，新建了德胜门与安定门，并在德胜门西修建水关，作为引水入城的唯一孔道。金沙河上游从此断流，只是在积水潭南端开沟通太液池（北海）的渠道。因此明代的金水河，只剩下太液池下游的一小段，即从太液池南端新凿的南海，引水东下，绕过皇城门前，注入通惠河，别称外金水河。另外，又从太液池北端（北海）东岸开渠引水，经景山西墙外，南入紫禁城，下游与金水河合流，叫做内金水河。

（二）白浮泉水源的断绝

元初筑堰导引白浮泉水，流注大都城内的积水潭以济漕运，这是北京自建城以来解决水源问题的一大创举，已如上述。其次，由于开辟了白浮泉的新水源，才有可能另凿金水河，把玉泉山的泉水直接引入大都城内，专供宫廷园林用水的需要。但是到了明朝初年，因为建都南京，已无转漕北上的必要，以致运道年久失修，白浮断流，积水潭的大量淤积，也就是从这个时候开始的。

至永乐年间迁都北京，漕运问题又重新提上日程。最初为了转运江南木材，曾有重浚白浮故道的建议，但是后来由于昌平城北兴建皇陵，白浮泉水的导引必须流经陵城的前方才能自流入城，而堪舆家以为与地脉不利，以致重引白浮泉水以济漕运的计划，终未能见诸实行[68]。结果，终明一代，只是专靠玉泉山水流经瓮山泊，下注城内积水潭，然后分流，一支入太液池，又引出为内外金水河，以供应宫廷及园林点缀的用水。一支进入皇城，沿东墙内侧径直南下，出正阳门以东水关，入内城南护城河，然后流出东便门，汇入通惠河故道以接济漕运。因水量有限，济漕无效，通惠河故道也逐渐淤塞。后经屡次开浚，仍然不能通漕，主要原因还是由于通惠河河床比降较大，只从疏浚下游用力，不从开源着想，其不能奏效，原是理所当然的。因此明代漕粮，仍是先由水运集中到通州，然后再从通州陆运到北京，等于又回到通惠河未开以前的情况，这不得不说是一种倒退。

（三）昆明湖的开凿

清初稍有改进，康熙年间（1662～1722 年）仍利用通惠河加以疏导，并开浚内城东护城河，接引部分小型粮船从东直门外大通桥下，直达朝阳门与东直门外交纳入仓。不过水泥问题仍旧没有解决。这时，西郊海淀一带，自明朝中叶以来，纷纷辟治园林，利用有利地形，导引流泉，浚治湖泊，水量的消耗与日俱增[69]。其中如畅春园（在明朝为清华园）、圆明园都是规模宏大、水面开阔的名园，至于用水的来源，除去海淀附近万泉庄一些细小的平地泉流之外，主要还是依赖玉泉山与瓮山泊的水源。因此，通惠河的上游已不只是来源未辟，还是日益分流。直到乾隆年间（1736～1795 年），为了进一步辟治园林，同时解决济漕用水的问题，这才在北京西郊山麓一带，进行了一系列整理水源的工作。首先是利用瓮山地形，建置园林。其次为增添园林景色，又把瓮山前的小湖瓮山泊，大加开浚，加筑东堤，拦蓄玉泉山东流之水，形成一片水面汪洋。瓮山由此改名万寿山，扩大了的湖泊也改名叫做昆明湖。这样，就形成了北京近郊一个兼有湖山之胜的风景中心。同时，这个湖泊经过改造之后，坚固高峻的东堤，起了拦水大坝的作用，使玉泉山东流之水，逐渐储满昆明湖中，从而提高了湖水水位，并在湖的南端引水入城的渠道口上修建水闸，调节流量，有效地保证了通惠河上游的供水源源不绝。另外，还可分出一部分流水为海淀附近增辟园林之用。经过这番调整之后，昆明湖表面上形成了一个优美的风景中心，而实际上也起了作为北京城水库的作用。在北京城市发展的过程里，为了解决水源问题而进行的长期修建中，人工水库的设计这还是第一次，其规模虽然不大，却是值得重视的。正是有了这样一个规模不大的小水库，西山山麓的若干细小泉流，才得以汇聚到昆明湖中。当时曾用长达十里的石凿水槽，把西山卧佛寺与碧云寺附近的几处山泉，导引至玉泉山下，同注昆明湖，使涓滴之水，都能为济漕通运和点缀园林之用，可谓用心之苦，这也反映出水源枯竭的严重情况。明清两朝对于北京近郊水源的开发和利用，至此达到极点。

四、北京城的排水系统和道路工程

（一）主要的排水渠道和街道沟渠

明清北京城内的排水系统，同样是在元大都的基础上发展起来。对于大都城内以排水为主的明渠暗沟，记载不多。到了明朝，有关的记载增多起来，《明史·河渠志》六称：正统四年（1439 年）"设正阳门外减水河。并疏城内沟渠"，可见城内沟渠已早有铺设。护城壕的作用，不仅是一种防御工事，也是城内上游供水和下游排洪泄污的干道。德胜门西水关是从护城壕供水入城的上游，前三门外的护城濠则是城内主要渠排洪泄污的下游。城内主要沟渠，见于记载者有下列数条：

（1）大明濠或称河漕：从西直门大街上的横桥（或称虹桥、红桥、洪桥）南下，直到南城墙下的象房桥，经宣武门西水关入南护城壕。

（2）东沟与西沟：分别从西长安街南下，然后汇合为一，继续向南至化石桥，经宣武门东水关入南护城壕。

（3）东长安街御河桥下沟渠：上接积水潭，为通惠河故道，下经正阳门东水关入南护城壕。这些沟渠都是顺自然地势自北而南的明沟，其中尤以大明濠与通惠河故道为最重要。此外，全城大小街道大都有相与平行的支沟。《明会典》卷 200 有记载说：成化六年（1470 年）"令皇城周围及东西长安街，并京城内外大小街道沟渠，不许官民人等作践掘坑及侵占。"可是街道沟渠的分布，是很普遍的。

这里所谓"京城内外大小街道沟渠"，当然是包括前三门外的一带地方。这一带地方早在外城修筑之前已有民居，大小街道多系逐渐发展起来的，事先未经规划，因此所有沟渠的分布，当不如前三门以内的普遍。外城跨越街道之间主要的排水渠道，也有三条：

（1）龙须沟：从山川坛（先农坛）西北隅外的一大苇塘东流，穿过正阳门大街的天桥和天坛的北侧。又绕至天坛东面，蜿蜒曲折，经右安门西水关入外城南护城壕。这大约是在永乐年间兴建天坛与山川坛时利用原有的低洼地带疏导而成，龙须沟一名是后来才见于记载的。

（2）虎房桥明沟：从宣武门以东护城壕南岸的响闸开始，经虎房桥至山川坛西北隅外的苇塘。

（3）正阳门东南三里河：正统初年修浚护城壕时，从正阳门以东护城壕南岸开渠，东南经三里河，下游入龙须沟。

外城这三条主要沟渠，都直接或间接起着排泄前三门护城壕余涨的作用，实际上是内城排水系统的一部分。

到了清朝，北京内外城的沟渠又有增加。

根据清光绪《会典事例》所记乾隆五十二年（1787年）北京内城"大沟三万五百三十三丈"，"小巷名沟九万八千一百余丈"，其中绝大部分当为埋设地下的暗沟网。至于外城则缺乏统计数字，难以比较。总之，外城沟渠必少于内城，分布情况亦不如内城之普遍。

新中国成立后对北京市城区旧沟普查的资料，证实了北京城内外大小街道确实都有排水暗沟。其一般作法是，沟底用砖铺砌，约厚20厘米，沟帮用砖砌成厚度为50厘米左右，上部盖石板[70]。此外，从清代的工程档案中也可看到一般明沟的作法。如在崇文门迤东至城墙下开挖的一段明沟所见，大略如下："刨挖沟漕落深八尺，宽九尺五寸，沟底灰土二步"；"沟帮二面灰砌，大新样砖各三进，沟底平墁大新样砖二层，沟帮背后筑打灰土各宽三尺"。[71]

（二）紫禁城的排水系统

紫禁城内的沟渠自成一独立系统，除埋设在地下的暗沟网外，还有明渠一条，即内金水河。

内金水河从紫禁城北筒子河西端涵洞引水入城，沿西墙内侧向南，曲折东转，经武英殿前，穿过午门内金水桥下，绕至文华殿后，又折南转，经东华门内，出紫禁城东南涵洞，注入南筒子河。其下游从筒子河东南闸口流经太庙东墙外南流，汇入外金水河，这条内金水河在紫禁城内蜿蜒曲折的形势，与明初着手兴建但未完工即行中止的凤阳中都城如出一辙，这就提供了一个重要线索，说明永乐初年改建北京城，除去南京城的宫阙制度外，还另有一个蓝本，这就是凤阳的中都城。这条金水河的开凿，不仅为了点缀宫廷，更重要的是它的实际用途，其一是为了给紫禁城内消防火灾提供水源，其二是为了在暴雨之后得以排泄紫

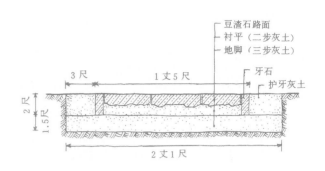

图 12-8-6　北京天桥至南坛门道路作法图

禁城内的洪涝。实际上后一项作用更为重要。因为整个紫禁城内不仅建筑物十分密集，且所有大小庭院都是普遍用砖墁地，如果没有排泄雨涝的设备，必将引起水患。历史事实说明，自紫禁城建城以来的五百多年间，因雨涝致灾的记录并不一见。这就说明内金水河以及环绕紫禁城的筒子河，确实起了防洪排涝的作用。从工程设计上说，考虑得十分周密。

（三）明清北京城的道路工程

明清北京城的道路工程，根据其重要性进行区分，采取了不同的作法。最讲究的铺石板路面，其次用卵石铺砌，最小的巷子为土路。据清代工程档案记载，当时最讲究的御路天桥至南坛门一段道路的作法如下："天桥经南至南坛门止，石路一级凑长350丈，均宽一丈五尺"，"豆渣石横铺计一千七百五十路，每路均计三块，凑长一丈三尺四寸，宽二尺，厚一尺……每块底面作糙，五面作细，其余苗尺截头夹肋面俱露明占斧。两边牙石二道，计一千四百块，凑长七百丈，宽八寸，高二尺……"。"地脚长三百五十丈，宽二丈一尺，创筑灰土三步"，"石路上衬平长三百五十丈，宽一丈三尺四寸，创筑灰土二步，两边牙口外口凑长七百丈，宽三尺，筑打护牙灰土四步"[72]（图12-8-6）。

五、明清北京的筑城工程技术

明清北京城的筑城工程技术，比元筑大都时有了很大的发展，它综合了历代国都筑城工程的特点，并加以完善，城防设施达到了与当时攻城兵器相适应的新水平。

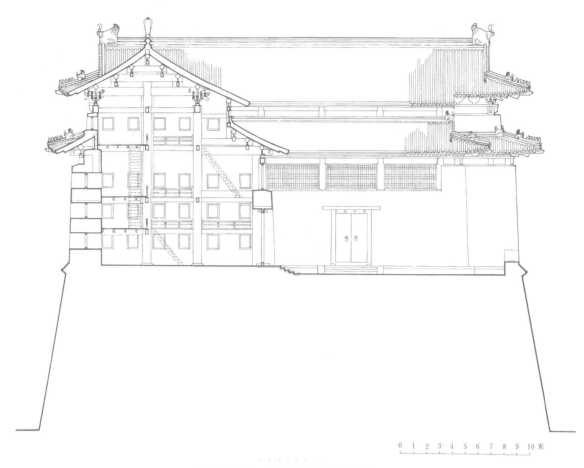

0 1 2 3 4 5 6 7 8 9 10 米

图 12-8-7（1） 北京城东南角楼立面图

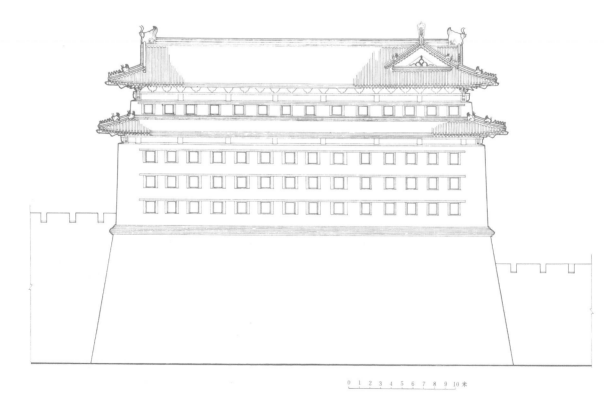

0 1 2 3 4 5 6 7 8 9 10 米

（2） 北京城东南角楼剖面图

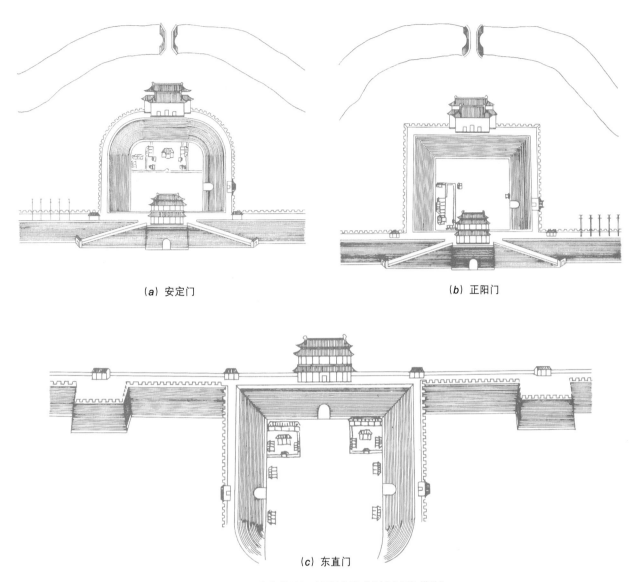

(a) 安定门　　　　　　　　　　　　(b) 正阳门

(c) 东直门

图 12-8-8　北京瓮城局部（根据乾隆《京城全图》描绘）

从总体规划上看，明初构筑的是一个三套城，即紫禁城（宫城）、皇城和内城。到了明中业，为了获得更大的防御纵深，又企图再加一道外城，从而变成四套城。但是由于经济力量所限，外城只包筑了正南一面，于嘉靖二十三年（1553年）完工。

内城是当时设防的重点，城墙修筑牢固，墙高11.5米，墙脚厚19.5米，顶面宽16米。这样大的高厚比，是前所未有的。城墙里外都包了砖，厚为1.0～1.8米，下部改为包砌2米厚的条石。这样的构造，强度大，不用反复维修。

城墙防御体系的构成有城门、城楼、箭楼、闸楼、角楼、敌台和护城河。

城门是出入城市的交通咽喉，又是战斗中出击敌人的孔道，还是受敌袭击时的薄弱环节。这几种功能，如何统一于一座城门的建筑工程，并给予恰当的处理，值得研究。北京城采取构筑瓮城、箭楼、闸楼的办法（图12-8-7），使城门成为能够独立进行战斗的坚固支撑点。九座城门都构筑了瓮城，一般瓮城只偏开一门，使攻城者不能直冲入城，只能曲折前进。同时，又考虑到各城门之间互相支援比较方便，就把相邻两门的瓮城城门遥相对开。例如，达城东面的两门，东直门的瓮城城门向南，朝阳门瓮城的城门则向北。至于正阳门的瓮城在东、西、南三面各开一门，但正南一门只供皇帝出入（图12-8-8）。

瓮城上设有箭楼或闸楼，箭楼每面墙壁上下有四排射孔，可以对敌人进行大面积的射击，使城门处在强有力的火力控制之下。一般箭楼下无城门洞，只有正阳门箭楼例外，因此在正阳门箭楼的门洞中，除城门之外，还在门前3米处增设一道铁闸门，平时上部可以用绞车升起，战时靠重力放下，铁闸门用0.5厘米厚的铁板包木，总厚10厘米。在一般瓮城的城门洞上都设有闸楼，敌人迫近时，从闸楼上可以一面放闸关门，一面从射孔射击。

角楼是修筑在城墙四隅上的防御据点，既可供瞭望，又有射孔可以射击。由于角楼突出城墙之外，故而能够侧射迫近城墙下部的敌人。

内城城墙上设有敌台172座，有大、小两种，每座小台夹一座大台，敌台与城墙同高，间距在武器的射程之内（100～60米），便于在敌人攻城时互相支援。

城墙垮水道处做了水关，墙上开券洞，洞内设置铁栅栏，防止敌人从水道潜入城内。有的水关设有可以启闭的铁栅栏门，以便在必要时出入。护城河是修筑城墙时取土后所留下的大沟，引水注入便形成一道天然屏障。护城河宽约30米，深约5米，距城墙约50米，在各城门外设有石桥，石桥外设置能开关的铁栅栏，有敌情时即行关闭。

明清的北京城可以说是封建时代设备最周全、构筑最坚固的城防体系。

明初改建北京城，从城市的平面设计到宫阙的布局，都进一步反映了封建统治者的政治意图，目的在于通过城市建筑显示封建帝王的"尊严"及其独裁统治的"权威"。实际上，这个时期的封建统治，已走向最后阶段，并日益暴露其腐朽没落的反动本质。这种情况，在北京城的营建中也充分反映出来。例如，永乐十九年北京宫阙基本建成的时候，翰林侍讲邹缉就曾上疏给永乐皇帝说："陛下肇建北京……几二十年，工大费繁，调度甚广……工作之夫，动以百万，终岁供役，不得躬亲田亩"。又讲到滥行征敛宫殿建筑用材的情况，说："官吏横征，日甚一日，如前岁买办颜料，本非土产，动科千百，民相率敛钞购之他所。大青一斤，价五万六千贯。进纳，又多留难，往复辗转，当须二万贯，而不足供一柱之用"。这真是骇人听闻的数字。又如，万历三十七年（1609年）重修三大殿，《明史·食货志》六记载说："三殿工兴，采楠杉诸木于湖广四川贵州，费银九百三十余

万两，征诸民间"。只这一项用材耗费，就约合当时八百多万贫苦农民一年的口粮。

到了清朝，滥制于建筑的费用、数目更大。清朝统治者虽然已经继承了前明的全部宫殿，却又在西郊大兴土木，营建离宫别馆。从畅春园、圆明园开始，一直到玉泉山静明园、香山静宜园，最后又在被帝国主义侵略者焚毁的万寿山清漪园的废墟上修建颐和园。前后历时二百余年，工程之浩繁，费用之巨大，远在紫禁城之上。

第九节　嘉峪关城

一、万里长城的雄关

嘉峪关是明代万里长城西头的一座关城，它是我国古城中一种重要的类型，属于防御性的城堡建筑。像这样的城堡建筑，在长城沿线的重要关隘处都有，如秦皇岛市的山海关（图12-9-1），北京的居庸关、八达岭关城，平型关及雁门关等不下数十处。除了长城沿线的关隘之外，如山东蓬莱水城，北京卢沟桥渡口的拱极城（即宛平城）都是属于这一类防御性的城堡建筑。

嘉峪关是万里长城的一个重要关口，关城本身即是长城的一个重要组成部分。

万里长城是我国古代劳动人民创造的一项伟大工程，由于它规模之大，修建历史的悠久，在很久以前就被列为世界建筑史的奇迹之一。公元前7～前4世纪，正值我国的春秋战国时期，秦、楚、齐、燕、韩、赵、魏、中山等诸侯国家之间为了互相防御，都在自己的领土上修筑了长城。不仅有东西向的，也有南北向的，互不相连，自成起讫，这些长城在秦始皇统一中国后失去了原来的防御作用，且有碍国家的统一，秦始皇便下令将其拆除。

公元前211年，秦始皇统一六国，为了防止我国北部的匈奴族奴隶主贵族的骚扰劫略，下令以原来燕、赵、秦北方的长城为基础，又重新增建修筑了一道东西向的长城。据《史记》记载，在大将蒙恬的主持下，"将三十万众，北逐戎狄，收河南，筑长城，因地形，用险制塞，起临洮，止辽东，延袤万余里"。之后的汉、北魏、北齐、北周、隋、金、元、明等朝代都对长城

图 12-9-1　河北秦皇岛山海关"天下第一关"城楼

继续修筑并加以使用。尤其是汉朝和明朝修筑的工程更大，汉朝把秦长城西头延长了数千里，到达甘肃、新疆境内，还在秦长城以北很远的地方修筑了一道外长城和许多列亭、城障、烽燧。明朝则把大部分重要地段的长城均改用砖石合筑，在工程技术上有了很大的改进。明长城总长一万二千七百多里，现在所看到的河北山海关、北京居庸关、甘肃嘉峪关等地段的长城即是明代所修筑的。

二、嘉峪关修建的历史

嘉峪关在甘肃省的西部，河西走廊的西头，明代万里长城西端的起点，是现存长城关城中最完整的一处。

嘉峪关关城的修筑经过，据乾隆时《肃州新志》记载："嘉峪关，在州西七十里嘉峪山西麓，明初置，洪武五年，冯胜下河西……筑土城，周二百二十丈，

弘治七年闭嘉峪关……嘉靖十八年，尚书翟銮行边言嘉峪关……为河西第一隘口，墙濠淤损，宜加修茸……每五里设墩台一座，以为保障。因使兵备道李涵监筑，起于卯来泉之南，讫于野麻湾之东北，版筑甚坚。"

到了清代，嘉峪关已逐渐由原来的关防，变为检查的关卡。《肃州新志》记载："自康熙五十四年，嘉峪关外古酒泉西鄙之地，敦煌全郡之地，渐次经营，开设卫所，雍正三年，河西卫所均改郡县，至哈密古伊吾郡，设兵驻防，迄为重镇。"

三、嘉峪关的形势

从现在的酒泉西行，穿过数十里的戈壁滩，直达嘉峪关下，在古大道的两旁，隔不多远就有一座烽火墩台（烟墩）耸立道旁，有五里一小墩，十里一大墩的说法。在很远的地方就可看见嘉峪关关城雄峙在嘉峪塬上。

正关门向西一片戈壁平塬，离关八里以外有三道自然遗留的地面沙梁，形成了三道屏障，左侧塬下为沙滩古河床和沼泽地围抱此塬，右侧突有起伏大小高低的山尖，起到了塬上环壁的作用。以势设防选择了离城五里之外的山尖上设有五个墩的墩台为五墩山，十里又设有三墩，十五里处又为头墩子山，即成此关的前方哨所。

关城的南北伸展了两臂，关南为明墙，直抵终年积雪的祁连山下，途中穿过北大河冰沟，河两岸设有两墩台，距离河面80米，两壁如刀切挺竖。

关城的北面为暗壁，沿嘉峪塬下九沟十八坡延伸直入榆树沟山（即黑山）半山之中，高于关城200米，关城又高于现在嘉峪关市区地面近200米，中途利用榆树沟口设有一营盘命名为"黄草营"，一靠山近水，二易隐蔽背风，依沟为道又能直通关西城外二十余里，此为关屯兵养马军营。使关城与关城和兵营成犄角之势，互相呼应，便于防守。

嘉峪前有一条清清的泉水，在数百年以前就已称作"峪泉活水"，并作为肃州的胜景。据《肃州八景》上说："峪泉乃嘉峪关坡下之九眼泉也，冬夏澄清，碧波不竭，以极关西。有此涌泉不惟民资为生，且又沃地数顷"。其实，这一片水草的重要性不单是丰富了关城的景色，而更重要的是它成了关城的命脉。如果没有这一脉清泉，守兵没有水喝和用水，牛羊马匹没有饮水，更不会生长草木田禾，这座关城也难以维系。嘉峪关之所以修建在这里，除了山形地势之外，泉水起着重要的决定作用。这反映出，我国古代任何城市在选址之初均必须考虑水源条件。

四、嘉峪关城的布局与建筑

嘉峪关属于明长城九个防守重镇中的甘肃镇肃州卫，与整个长城、烟墩等联成一体，关城即是整个长

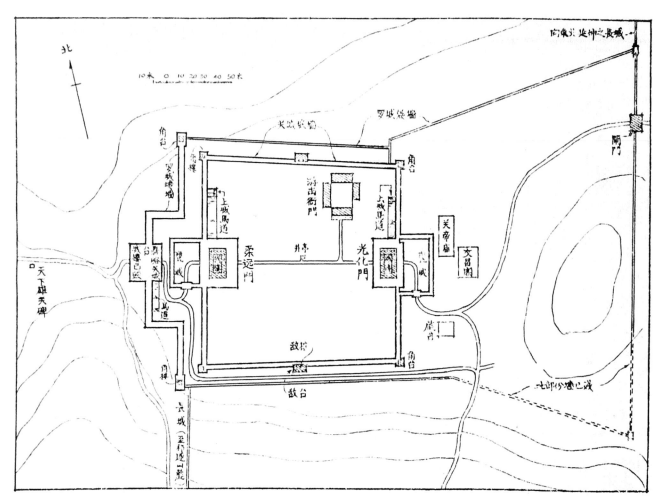

图12-9-2　甘肃嘉峪关平面图

图 12-9-3　甘肃嘉峪关西门城楼

城防线上的一个重要据点。

　　关城的平面布局为，周长 733.3 米，面积为 3.35 万平方米，即当时的 50 亩，城东段各有一道城门，两城门外都有瓮城围护，充分反映出以防御为目的的特点。它是一个西头大、东头小的梯形平面。东面城墙长 154 米，西面城墙长 166 米，南北城墙各长 160 米。在西头城墙外侧又加筑了一道高大的石条筑底、内外包砖的城墙，东南北三面有黄土筑起的围墙，形成了四面掩护之势，使迎敌的一面的防御工事更为坚固，构成一个外罗城，使整个关城成了双重城墙的布局。在关城的东面是一个宽大的广场，广场的平面也为梯形，但方向相反，宽的一面向东，为关内的瓮城（图 12-9-2）。

　　从关城东面的有闸门进入罗城，闸门上有闸楼，单檐歇山顶。居高临下，面向关内村镇，是古代出入关城的必经之门。靠近关城的东门有戏台、关帝庙和

文昌阁等建筑物。关城只有东西两门，南北不开门。东门叫光化门，西门叫柔远门（图 12-9-3）。柔远门外面的罗城亦有门，也就是嘉峪关的大门，原来"天下第一雄关"的匾额即悬挂在此门上。此门楼在新中国成立前已被破坏（图 12-9-4）。光化门与柔远门外都筑有瓮城，瓮城只在南侧辟门，与城门不相直通，其目的是为了防守更严。光化门与柔远门上均有城楼，面宽三间，周围廊，三层单檐歇山顶，高 17 米，耸立在高大城门之上，气势壮观。在关城内东西两门的北侧设有宽阔的马道可以登上城墙，便于守卫、士卒上下。

　　关城的四角有角台，角台上有角楼，高两层，全部用砖砌成，形如碉堡。南北两侧城墙的正中，有敌台，台上建敌楼，面宽三间带前廊。罗城西头城墙的南北两端亦建角台，台上建角楼。整个关城之上，远远望去城楼高峙，碉堡林立，显示出万里长城一处雄关的气势。

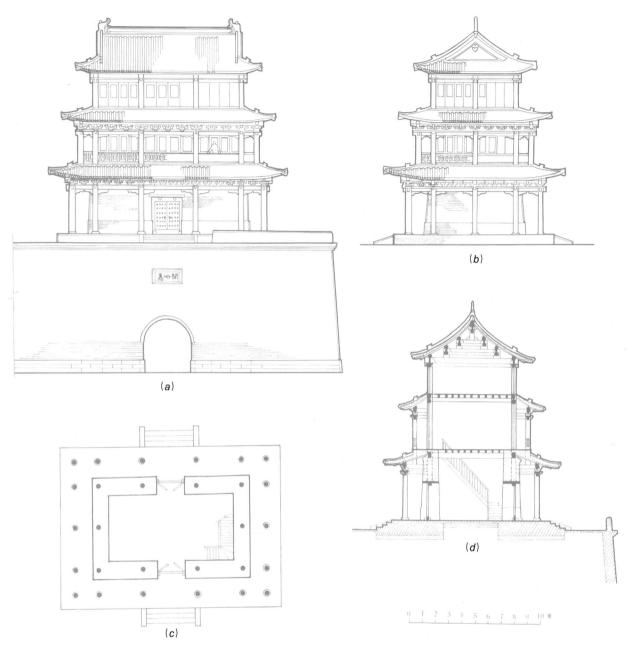

图 12-9-4　甘肃嘉峪关城楼复原示意图（此楼已于 1936 年塌毁，现在仅存基址）
（a）正立面图；（b）侧立面图；（c）平面图；（d）剖面图

关城城墙的结构大部为土筑，只是城门、角楼包砖。城墙高 10.6 米，下基厚 3 米余，墙顶宽 2 米，有显著的收分。城墙顶上外侧设砖砌垛口，内侧设宇墙。城墙用就地取材的黄土分层夯实，夯层 14 厘米左右。夯打极为坚实。罗城的西墙，因为是迎敌的一面，所以全部用砖砌，增加了关城的坚固程度。

关城之内的建筑物，现在仅存的是清代所建的游击衙门一处，井亭一座，其他的官兵住房和粮秣、武器库房在新中国成立前已经不存了。

五、嘉峪关附近的长城和烟墩

嘉峪关城是明代万里长城关线上的一个据点，长城和烟墩与它是有机的组成部分。

嘉峪关附近的长城大部是土筑，高 4～5 米。长城城墙根据防卫的需要和地势情况采用了多种不同的形式。据《肃州新志》记载，有四种不同的形式：一种是无垛口的城墙，用在比较不容易受到敌人攻击的地方；第二种是有垛口的城墙，同时还有墙台即敌台，以便士卒巡逻守卫，这种城墙是用在险要坚守的地方；第三种叫崖榨，据记载上说高三丈，阔二丈，应是依着陡峭山崖而设立的木制短墙；第四种叫边濠，其形式与建筑方法，据记载上说濠口阔三丈，浚至见水为止，底阔一丈，两岸筑土堰各一道，底阔四尺，顶阔一尺五寸，高五尺。

从以上几种形式的修筑方法可以看出，在修筑长城的时候，采用了按照防御的需要、因地制宜的原则来进行修筑的。如像边濠这种形式，位于苦水界牌的地方，这里是低洼多水之地，若修建高墙非常困难，但修壕沟作为防御攻事却可以既省力又达到防御目的。

烟墩即烽火台，也称墩台、堡子，是长城沿线守卫、联络和传递消息的据点，是万里长城不可分割的重要组成部分。在汉朝叫做烽燧，每个燧有五六人至三十人不等，他们的任务一是防守本燧的安全，瞭望敌情，传递消息；二是保卫屯田；三是检查和保护来往的客商使旅；四是支援附近的防务。

报道敌情所用的方法分白天、黑夜两种，白天燃烟，夜间用炬火。根据来犯敌人的多少和军情缓急，可用燃烟（燔薪）和炬火的次数来区别。这一方法一直沿用到明朝，沿袭了将近两千年。明朝在其基础上又有所改进，除白天燃烟、夜间举火的次数之外还加用放炮的数目，使传递军情更加准确。

烟墩的建筑在山冈或险处以 3 米左右的墙围成一个方形院落，在院落的正中或是角上砌筑十数米的高台，台上修建瞭望用的房屋，以及燃烟的炉灶、放火的竿木。在台下周围院落之中，修建住房、仓储和马厩等房屋。院墙和墩台在明代以前多为土筑，明代在重要的地区改用砖石砌筑，在防卫工程上更加坚固了。

根据文献记载，嘉峪关共管理墩台 39 座。在嘉峪关附近的一处墩堡，平面为一个四方形的围墙，南面开门，可容数十人居住。烽火台为土筑，高 6 米余，在台子的侧面有梯道可登上台顶，台顶上还有高 2 米多的残墙，是瞭望戍卒居住之处。

明代长城烟墩的形式很多，据明朝陈棐所撰的碑文上说："今各筑大墩，中建实台，台用悬洞天桥，

而大墩外筑城，垣面暗砌铁门，放将军火炮，多安放火枪孔，名曰铁城迅击台……名曰轰电却胡台。复广前墩之式，中建一台，即安火炮铁门券洞于台下，通出四面，以大将军炮诸火器向外击贼。台上有房屋，多储器粮，台中之底多凿井，以防攻困，名曰玉空飞震台。复广前墩之式，中建墩台，四隅筑二实台，二虚台，虚台中设火洞炮眼，悬空安门置梯，从此以上下，名曰风雷太极台……"。

从碑文所记各种墩台的构造形式与设防可以看出，明长城墩台的结构是非常多样的，按照不同的情况和险要程度分别设置。特别在嘉峪关城关南面明墙一道，不仅以五里一小墩，十里一大墩，而且在二里半又增设一墩，简称半路墩，以示重防。

嘉峪关的建筑布局与建筑技术充分反映了作为古城的一种类型：它的选址、规划、平面布局以及建筑物的结构与形式充分满足了防御功能的需要，从设计到施工，也都符合建筑和工程技术的原理。

第十节　真定府城

明清真定府城在今河北正定县，战国燕赵间地，汉初地属常山郡，汉高帝十一年改名真定，后分常山郡置真定国，真定得名由来于此。隋唐为恒州或恒山郡。唐贞元初，分天下为十道，恒州属河北道，置成德军，为北方军事重镇，后改名镇州。北宋因之，置军如故。元代置总管府，直隶中书省。明清两代为真定府治。明代，巡抚驻节真定，升为省会。清代，移省会于保定府（今保定市），改真定府为正定府，辖州县十四，正定为首县，县治附于府城，今县所辖即归真定县县城范围。

真定，自古以来号称河北重镇，"面临滹水，背依恒山，左接沧海，右抵太行"，形势险要，为南北交通要冲，历史上每为兵家相争之地（图 12-10-1）。

一、城市建置简史

真定城市建置，根据文献记载，自汉代的东垣城始有迹象可寻。东垣故城在今县城南八里古城村，地当

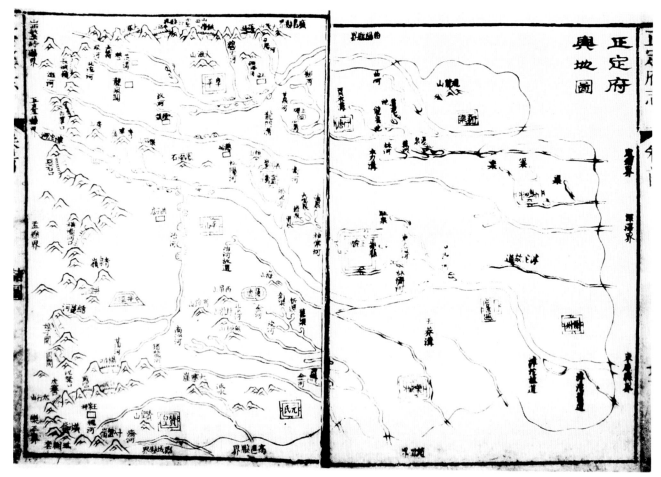

图 12-10-1　正定府舆地图

滹沱河以南，与今城隔河相望，即汉真定国旧治，晚至清代，废城渠流犹可辨认。晋代常山郡置赵国，移建置真定县，是为后来（唐宋元明清以来）的府城址，与东垣故城已非一地。城池建制，据明清时代编修的府县志称，汉晋时所筑均为石城。唐宝应年间，成德军节度使李宝臣因滹水灌城，又扩而大之。宋元时代并因旧城修葺，然非石垣。唐以前究竟是石垣还是土筑，已无从证实，从明朝包修砖垣推测，宋元时期的城仍为土筑。真定府城包修砖垣，大规模的工程是在明中叶以后，从隆庆五年（1571年）开始，延续到万历四年（1576年）才完工。工程浩大，由府属各州县征派大量民工、卫军，计算丈尺，分段包修。先是宣德三年（1428年）即有修葺北门城楼之役，正统十四年（1449年）又增筑城址、疏浚城濠，以为固守之计。后来崇祯二年（1629年）又于北门月城连接，十二年（1639年）又补城西南隅。终明一代，城工屡屡不断，是和当时的政治、军事形势有着直接的关系。自正统间土木之变，蒙古贵族残余势力屡屡南袭，企图恢复旧日局面，给明代的封建统治造成很大的威胁，河北一带府州县城先后改为砖甓。至于明末年的葺理增补工程，不过是对当时声势浩大的农民起义运动所采取的一时应变措施而已。这座古代城市，到了清朝仍然屡有修补，并沿承明代兵卫旧制在太行山龙泉、固关各处隘口驻军设防，作为封建城垒的外围守卫。

二、城市平面布局与城垣构筑制度

明清真定府城是在唐宋以来旧土城的基础上进一步发展起来的。府县志称：城周二十四里，高三丈余，上宽二丈。门四，各有瓮城，月城，城上建楼，东曰迎旭（后称环翠），南曰长乐，西曰镇远，北曰永安（县志作永乐）。四隅各建角楼，南城外楼曰看花，额曰襟山带河。垛口旧五千五十有奇，崇祯十二年并为二千五百四十八。四门月城原来各有甬道，与里城

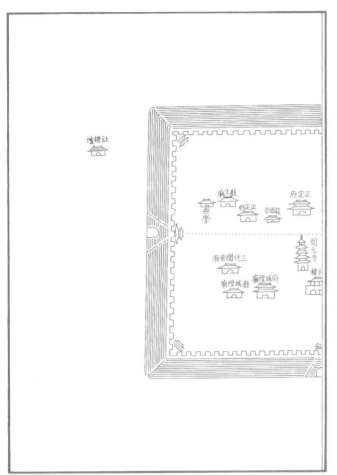

图 12-10-2　正定府城图

不相连属，崇祯十年废甬道接筑为一。护城河二十五里，阔十余丈，深二丈左右，堤高丈余，厚如之（图12-10-2）。城平面东西略长于南北，独缺东南一隅。城内街坊布置，随四门方位各有主干通衢，东西门相对，通衢直贯两门之间，南北门错位相向，不在城池南北中轴线，北门偏东，南门偏西。两门内主干大道分别交在东西通衢之处，形成两个十字街口，对北门的名小十字街，对南门的名大十字街，两者之间相距里许，城市中心成为一个双十字形的干道体系。志书形容"城内街市，星罗棋布，分三十二地方"。所开街坊名称，基本是按四门统系划分的，半数以上属于主干通衢间的十字街或丁字街道口名称。历史上由于兵革变迁，户口变动很大，城市繁华集于闹市通衢，余外都改为田园。特别是城隅一带更多空旷，所以俗有"空城"传说，说明当时地方经济、文化的发展远远落后于都会中心。

封建社会郡县城池的设置，一般说来，在规划布局上，除少数由于山川形势的限制外，大都受着《考工记·匠人》中王城建制的传统思想影响，总以方整为主。无论城市平面布局，还是城垣构筑方法及其内容的设施，往往均是封建都会中心的缩影。府县官衙是封建政权的地方机关，常放在城市中心，文庙学校并居要冲，社稷城隍、军卫仓储各有一定位置。至于佛道寺观，往往遍布坊里各处。真定府城也不例外，府衙坐落在大十字街以西偏北，朝向正南，府前街南接东西通衢，形成城内最大的丁字街。前街后宅，衙前鼓楼、牙门、照壁，局面宏敞，至清朝末年犹拥有大小房舍二百余间。衙署后面山池台榭，早在唐代即有"北潭"园林之胜，与城东海子园齐名，屡见于唐宋人诗歌吟咏。县署在其西，前临两街通衢，规模略小于府署。城内文庙（孔庙）两处，府文庙当城中正北，县文庙在县署西，府县学校分设文庙旁侧，是专门培养封建官吏人才的地方。卫军驻防设有镇署，门前大街即为卫前街。城东南、西南两隅设有操练教场，

图 12-10-3 (1) 正定南城门

(2) 正定南门瓮城门

城北另有大教场，占地数百亩。明建社稷坛在城外西北，清建先农坛设在东门外偏北，都是列在封建祀典的郡县设置。街道名称不少就是当年的官府寺宇旧地，这些官修设施分布全城要冲地方，大小机构总不下数十处，占全城地积十之二三。

明代牧养军马于真定，定额常在数千余匹，太仆寺街即由当日官署所在得名，南门外沿滹沱北岸木厂村，旧为明代木材抽分场址。修北京宫殿采大木于山西，

由滹沱河至真定交卸。

城市地形，大体据有两道高岗，自城西北通向城内偏北侧一道，由西北经府衙延至龙兴寺，府文庙所在旧称金粟岗。南面一道，即东西通衢一带，地势最高，与城隅四角凹下处高差丈余。官食民坊，集中主干街道两侧者，与自然地形也有一定关系。过去城隅一带多属芦苇坑地，城下有水门流向护城河。生活灌溉用水，依赖街坊、田间水井，地下水位浅，凿井很便利。城外水道，西北来源于西北乡大小鸣诸泉水，流向护城河；城东北另有旺泉水；城东南又有猺河水泉，都与护城河汇通，东南流向滹沱大河。城西南滹沱河水，沙泥浊流，素有小黄河之称。城西南修筑两道土堤，作为护城防备，但遇有山洪暴涨，水患仍然难免，历史上河工堤防屡屡修治。

明万历年间砖壁城工早已颓废，原有城身筑土，四面围势，断断续续犹宛然可辨，规模一如文献记载。四门城楼、四角楼、城上沿外侧砖砌垛口等，均已无存。现在仅南门墩台、券门，包括瓮城、月城和局部城身基本保留原来的砌瓮形制（图 12-10-3）。西北两门上存门墩台。城垣原有炮台设置，相隔五六炮台宽一座，即《营造法式》所说"马面"做法，随城垣外侧凸出一部分。真定城东南面所见，炮台多有随城身、里外面都凸出的，台面加大，旧置铁炮火器，更有利于攻守。另有大型炮台数座，横宽两倍于一般炮台。这种构造形制，在其他城制颇少见。现存城心筑土较为完整部分，上顶宽度约 9.56 米，大于文献记载数字，如连外面砌砖厚度合计（约 1.2 米）当更为广阔。炮台外凸部上顶长约 6.45 米，横宽 12 米左右，墙身里外都有收分，上半截坍毁积土堆在城脚，已难准确测出。城墙外侧砌砖从残迹部分看，原做法表面使用城砖一进（城砖规格 10 厘米 × 23 厘米 × 46 厘米），统统采取丁顺成砌方法（梅花丁）。背后砖使用城砖或用小砖（规格 6 厘米 × 17 厘米 × 33 厘米），一般城砖厚四进满用丁砖粗砌，小砖五六进不等。砌砖大体厚度在 1～1.2 米，城砖纯白灰砌。城里身随城高镶筑灰土一周，如外侧砌砖，灰土层厚 26～27 厘米。城心夯筑素土，一般层厚 20 厘米上下，个别也有 10 厘米左右的，间有碎砖瓦隔层，似属明以前做法。城上海墁地面筑灰土二步，层厚 25 厘米上下。里外城脚灰土散水二步，宽 1 米多，层厚 20～25 厘米，城

外墙脚镶砌青条石两层，层厚约30厘米。这些设施在城身个别地方和城门、墩台、券门两侧、地脚都还有保留（图12-10-4）。城门洞发砖券、城门、瓮城门都是五券五伏做法，月城三券三伏，都是三心券，如北京城门发券方法。券洞分里外券，靠外券里口安装城门扇，原制门扇包锭铁叶（门扇已无存），券内砌有石拴眼和上顶安门轴石眼仍完整。砖券自平水墙以上用小砖圈砌，长身通顺细砌（十字缝），如清代所谓"瓶白细缝"做法。纯白灰浆砌，砖工很精致，墩台、城身表面砖都是用"缩蹬"，砌法，随城垣收分自下而上逐层缩进不足半厘米。真定城工本于工部统一规定，绝不是地方手法，可能是明代土工通行的做法。就现状所见，万历间改修加固工程与当时京城内外城垣具体做法基本一致。所不同的是，在城制结构设计上最明显的是四门各设三重城垣，里城外面不但环绕有瓮城如一般城池制度，而且瓮城外面又环绕月城一道，瓮城高厚与里城相同，月城高厚仅及里城之半；里外城门三重，里城、月城门随方位正向开门，瓮城门偏左或偏右向开口，东北两瓮城门都偏在正门的右方，西南两门的则偏在左方。四门之间虽然位序不顺，但各个门都是向着日出或正南方向，这样四门出入孔道，由于瓮城的错向位置，很自然地构成了曲折、迂回的形势，既保持了城池门阙正面严正巍峨的外观状貌，层间设防掩而不露，又可以避免敌人长驱直入，利于攻守，正是出于军事深堑层垒设险为固的意图而设计的。月城的设施，颇类似南宋淮阳城下卧羊墙（羊马城，环大城外短墙）做法[73]，卧羊墙围大城以外，此则仅在四城门外重点设防，方法略有不同。真定城这种建置当有历史的来源。

图12-10-4（1） 城外侧包砖及下面散水灰土残迹

第十一节 蓬莱水城

蓬莱水城，在今山东省蓬莱市海滨，是我国明清两代的军事要塞。水城东连画河，西靠丹崖山，北对庙岛群岛，负山控海，形势险要（图12-11-1）。

水城的兴建和盛衰是与明清两代登州地区的政治、经济和军事形势密切相连的。

登州（即今蓬莱、长岛两县），地踞胶东半岛北

（2） 墙身夯土层

图 12-11-1 (1)　蓬莱县志水城图

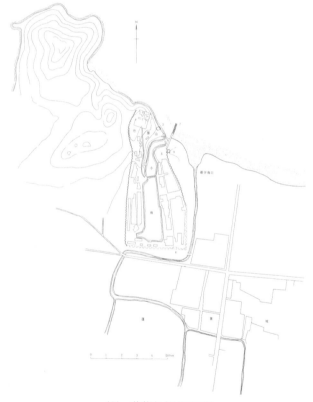

(2)　蓬莱市水城平面图

部海滨，北与旅顺口遥遥相对，庙岛群岛屏障于前，地势险要，"东扼岛夷，北控辽左，南通吴会，西翼燕云，艘运之所达，可以济济咽喉，备倭之所据，可以崇保障。"[74] 可见登州一地，不仅是海上交通的要冲，而且也是军事战略要地。从明朝初年起，倭寇就不断侵扰山东沿海州县，登州亦常遭劫掠。明政府为了增强防卫，于洪武九年（1376 年）将登州升格为府，并且修筑水城，以抵御倭寇的侵扰。此后，明清两朝

都在水城驻扎水师，拥有船舰，巡防着东自荣城县城山头，西至武定营大沽河，北至北隍城东北九十里的辽阔洋面[75]，以保卫祖国海疆的安全和海运的畅通。

1858 年第二次鸦片战争以后，由于帝国主义的侵略和清朝政府的腐败无能，被迫辟登州为通商口岸，后因登州水浅，转辟烟台，登州地区的政治、经济和军事中心随之转移，水城遂失去其原有重要地位。但它作为海运港口，仍一直沿用。

水城的建筑可以分为两大部分：一是海港建筑，包括以小海为中心的水门、防波堤、平浪台、码头、灯楼；二是防御性建筑，有城墙、敌台（炮楼）、水闸、护城河以及有关的地面设施。这两部分构成了一个严密的海上防御据点，成为当时驻扎水师、停泊船舰、操演、出哨巡洋的军事基地。

港址的选择，对海港建筑有着极为重要的意义。蓬莱的海岸线，虽然长达一百二十余里，但多沙岸、滩头宽，间有岩岸，亦少弯曲。少数适于建港的海湾，因面积大，非当时的物质技术条件所能办到。唯有丹崖山下的刀鱼寨一处小海湾最为合适。首先是岸形好，这里系岩岸，退潮时，仍能保持一定的水深，不影响船舰的出入；其次，此处除需防范北风外，其他三面的风都不会对海港造成损害，海港的使用率较高；三是由于西北有丹崖山阻隔，海流到此产生回旋，能使港内免于泥沙淤塞；四是紧靠府城，陆路交通比较便利，作为商港，吞吐量较大，作为军港，则无后顾之忧；五是丹崖山是水城一带的制高点，既便于船只隐蔽，又便于控制海面情况，有利于防守；六是港湾跨度较小，易于兴建。

水城的小海（图 12-11-2）位于画河的入海处，发源于黑石山、密神山的黑水、密水、密分水，流经登州府城后，汇流为画河，沿丹崖山脚注入大海。宋庆历二年（1042 年），曾在此设置刀鱼巡检，有水兵三百，戍守沙门岛（即庙岛），备御契丹，以防不虞。画河入海处，系当时停泊刀鱼战棹之所，故有刀鱼寨之称[76]。未筑水城之前，船舶多停泊在画河入海口的小小天然港湾内。明初修筑水城时，一方面巧妙地利用了这个小小的港湾，并将画河河道扩大挖深，扩建成停泊船舰的港湾——小海；另一方面，沿城南、城东开凿新河道，引画河水东流，作护城河，绕城半周，而后流入海中，为水城增加了一道防线。

图 12-11-2　蓬莱水城小海全景

图 12-11-3　蓬莱水城永门

小海是水城的主要部分，居于水城正中，用于停泊船舰和操演水师。小海呈窄长形，南北长 655 米，将水城分为东西两半。南端距南墙 25 米左右，北端折转向东，经水门通向大海。小海南宽北窄，为 175 米，北部弯曲部分较窄，仅有 35 米，一般宽度为 100 米，周长 1000 米左右，约占水城总面积的 1/3。为方便东西两岸往来，在小海北半部横跨东西岸筑有一条通路，路中留有水道，上架活动桥板，便于船舰通行。

小海北端并不直通水门，而是折转向东近似 90°，形成一个东西长 100 米、南北宽 50 米的弯曲迂回缓冲地带。海浪进入水门后，受到南岸码头的阻挡，被迫折转西流，徐徐进入小海。这样，尽管水门外波涛汹涌，小海海面却十分平静。由于海水的回旋，流速的减缓，随流进入水门的泥沙便沉积在水门西侧，便于疏通排除。

小海的原来深度，县府志无记载。据有关部门推算，当初小海在退潮时水深仍能保持在 3 米以上，载重 300 吨左右的船只也无须候潮出入。

水门（图 12-11-3），又名天桥口，俗称"关门口"，位于水城东北隅，距东城垣仅 13 米，系小海通往大海的唯一通道，东西两侧筑有高大的门垛与城垣衔接。水门朝北，敞口，底宽 9.4 米，顶宽 11.4 米，深 11.4 米，东西门垛长分别为 13 米、15 米，底厚 11.4 米，顶宽 10.4 米，高 9.4 米，下部砌石，上部砌砖。门垛的建筑，先清除基部的淤沙，直至岩层，而后用条形巨石块在岩层上开始垒砌，石缝用白沙灰填塞、粘结。

图 12-11-4　蓬莱水城防坡堤

门垛上宽下窄，以 10∶1 的坡度向上砌筑。水门门垛至今得以完整保存，是与清基和砌石构筑分不开的。

防波堤（图 12-11-4），俗称"码头尖"，在水门口外，沿东炮台向北伸出，南北长约 80 米，东西宽 15 米，高约 2 米，系由天然巨石堆积而成，涨潮时为海水淹没，退潮时部分露出海面。防波堤是一般海港建筑必具的设施，其宽度、高度和安设位置，系根据波高、波长及所需防范风向而定。水城东北部缺乏天然屏障，建筑防波堤，是为了减弱来自东北方向海浪袭击的强度，并且阻挡泥沙进入港内。

平浪台，在小海北端缓冲湾的南岸，迎水门而立，北距水门 51 米，东与城垣衔接。平浪台系用挖掘小海所得的泥沙堆成，顶平，外皮安砌石块，西北角呈弧形，南北长 100 米，东西宽 50 米，高与城齐，东北紧靠城垣，外有一宽 5 米的斜坡道通向码头，东侧有一敌台。平浪台系用小海北端的迂回缓冲地带南岸空地砌筑的建筑台基。上面原有建筑物是水师的驻地，以便加强水门一带的设防。平浪台的作用在于阻挡北风对小海的袭击，它和水门垛、防波堤一起彻底地解决了水城受北风袭击的缺陷，并可遮挡来自水门外的视线，保守港内秘密。

码头，是沿小海岸用石块砌起的平台，供船只停靠。小海码头宽 5 ~ 10 米不等，码头上设有缆绳石柱和通向小海的砌石台阶通道。这种通道宽达 3 米，仅北小海就有四处，用于退潮时货物的装卸和人员的上下。确定码头的标高必须超过最大潮位线，使其在最大潮位时也不致影响使用。水城码头的标高为 3.2 米左右，这一尺寸至今仍有借鉴价值，它是我国古代劳动人民在与大自然的斗争实践中所得出的科学数据。

灯楼，在丹崖山巅，临崖修建，六角形，高达十数米，中建扶梯，可曲折盘旋而上。楼上有灯亭，作用与灯塔同。灯楼始建于清同治七年（1868 年）。今灯楼为新中国成立后重修。

水城城墙是为了保护海港的安全而修筑的，城墙环绕小海，充分利用自然地形。北临悬崖，西沿丹崖山脊，仅东、南两面修筑在平地上。水城南宽北窄，呈不规则长方形，城墙各边长度不一，东城 720 米，西城 850 米，南城 370 米，北城 300 米，比府志所载长约 1/3。底厚 12 米，顶宽 8 米，高度因地势相差悬殊。北城临崖修建，城外便是数十米高的峭壁，可据险以守，无须高大城墙，因此只建矮小的城垛墙。西城虽较东、南两城为矮，因建在山脊，同样显得峻险。仅东、南两城较高，平均高度 7 米左右。城墙用土分层夯打，夯层厚 30 ~ 40 厘米不等，内外皮均用砖石包砌，由于后世修补等原因，砖石的安砌很不规律。一般是下部砌石，上部砌砖，砖石高度在 1.7 米左右。城顶上有女儿墙，厚 56 厘米，下端每隔 1.35 米有一方孔，孔宽 20 厘米，高 15 厘米；上端每隔 1.55 米有凹形垛口，口宽 55 厘米，高 60 厘米；垛口下方每隔 1.47 米也有一方孔，孔宽 15 厘米，高 20 厘米。城顶近女儿墙处有宽 2 米的用砖铺砌的所谓"海墁"，所用明砖长 40 厘米，宽 20 厘米，厚 9 厘米。

水城仅有两座城门，北为水门，南为振扬门，一通海上，一通陆地，用途不一。振扬门系用砖石筑成，距城东南角仅 50 米，拱券顶，立砖券顶，两券两伏，

门洞宽 3 米，深 13.75 米，高 5.3 米。城门少，是水城的特点之一，这是因为水城主要是作为军事要地，无须多设城门。城内道路稀少，仅有从城门直通平浪台的一条南北干道和横贯小海向通蓬莱阁的一条小路。

敌台为万历二十四年（1596 年）增筑，除南城一面不设敌台外，东、西、北三面各有三座，现仅存三座，形制不尽相同。西城一座，伸出城外 5.5 米，宽 6.2 米，高与城齐，台顶仅有垛墙而无敌楼。敌台后侧有伸向城内 6.2 米、宽 7.4 米、与城同高的建筑台基。

炮台共两座，分列在水门的东北和西北面。东炮台沿东墙向北伸出 36.2 米，呈长方形，东西长 11 米，南北宽 10 米，高出城墙 2.5 米，上筑垛墙，南面有宽 1.5 米、长 9 米的台阶以供上下，酷似一只打向海面的拳头。炮台的砌法和材料与门垛同。西炮台位于水门西北向 100 米处，建于城外丹崖山东侧的陡坡上，伸出城外 12 米，宽 12 米，城墙开有小门道，以供进出。东西两炮台相距 85 米，呈犄角之势，封锁着海面，是护卫水门的两座重要设施，它和水门门垛一起构成了一个严密的防御体系。

水闸，建于清顺治年间，今已不存。从徐可先《增置天桥铁栅记》中可以知道，它是一种"外包铁叶的栅栏式水闸"，这种栅"疏其罅"，潮汐可以往还如常。水闸安设在水道两侧门垛的凹槽中，并能沿槽升降，"无事则悬之，有事则下之"[77]，今水门仍遗有当时开凿的宽 33 厘米、深 25 厘米的凹槽。

水门内的地面建筑，除了水师营地和部分市井外，庙宇甚多，它的占地面积约为水城陆面的 1/5。蓬莱阁是主要建筑，规模最大，左右有飞桥式的梯路，状如两翼，颇为壮观。

水城的修筑，迄今已有六百余年，它是我国建筑较早、保存较好的海港，在我国海港建筑史上占有重要的地位。无论是港址的选择，还是港湾的开辟，无不反映出我国古代劳动人民高超的智慧和才能。

第十二节　古格王国宫城

在我国西藏自治区的喜马拉雅山上，至今保存着一座一千多年前的古格王国的宫城遗址（图 12-12-1）。这个宫城在城堡建筑和建筑艺术方面有着特殊的风格。

图 12-12-1　古格王国宫城遗址

一、宫城建筑的历史和王国覆灭的经过

公元 7 世纪唐朝的藏王松赞干布时代，位于现今西藏自治区札达县泽布兰村象泉河畔，有一支部族在这里放牧并从事农业生产，建立了一个古格王国，臣属于松赞干布之下，最后一个国王名叫觉达波。那时，由于社会安定，生产发展，王国开始扩建城堡、修建寺院，从各地请来建筑工匠，运来建筑材料，在山头上修建王国宫城。宫城建成后，举行盛大的庆祝活动，宫城和附近各地有几万人歌舞喧天，通宵达旦。但是，由于沉湎于升平欢乐，放松了警惕，给西南方向的生巴人以可乘之机，乘王国不加防范的时候，进行突然袭击，最后把这座新建不久的王国宫城包围了起来，断绝了与外界的联系，把宫城内的人全部杀光，王国从此覆灭，宫城也随之被摧毁。

二、宫城的形势和建筑艺术

古格王国宫城的规划设计，在我国古城中是一个比较突出的特例。它的选址很特别，位于山头之上，居高临下，气势雄壮，看去非常坚固，难以摧毁。当时西藏地区各部族经常互相攻打，这样的选址便于防御。但是，这一选址忽略了一件最大的事，就是水源和物资供应的问题。平时用水要从山下象泉河中取，粮食物资要从山下运。当生巴人久久围困之后，宫城内水尽粮绝，坚固的宫城成了孤岛，带甲士兵饮渴疲病，无力应战，最后被全部消灭。

王国官城耸立在高山悬崖之巅，本来的海拔已有 3700 米，宫城又高出地面 300 多米，远远望去，城垣高台耸入云天，气势更加雄伟。宫城里面有歌舞的庭院、厨房和储藏室。有国王上朝议事的大厅，祭佛的经堂，还有冬宫和夏宫等许多房屋。在经堂外面现在还残存着木雕飞檐，檐头雕作狮子、马、龙、孔雀等装饰图案。根据推断，当时檐头上悬挂着铜铃，如中原地区建筑上的檐前铁马，随风摇动，叮当作响。经堂四壁和天花板上，绘着佛教故事，裸体人像以及花草图案和狮、马、龙、象、孔雀等。绘画技巧十分纯熟。夏宫在地面建筑顶上，已经倒塌；冬宫在地下30米，是由一排排的五间洞窟组成的。

在王国宫城的黄土山上，还发现十多个武器库，是洞窟的形式。里面还保存有火枪、竹箭、大刀、宝剑和藤条盾牌、马鞍以及火药、炊具、生产用具等。除了王国宫城外，还有五座大的寺庙（杰巴拉康、南

玛拉康、岁当昆巴、拉康嘎波、拉康玛波）。这些寺庙中都绘有壁画，还有塑像和铜像。壁画中有佛像、佛传故事，还有描绘人民生活和花草、动物等题材，是研究我国西藏地区古代历史、艺术的重要文物。

古格王国古城虽然在建成不久就被摧毁了，但它所保存的建筑、雕刻、塑像、壁画、武器和生活、生产工具等是研究一千年前我国少数民族历史和文化艺术的珍贵实物（图12-12-2）。

古格王国古城的选址由于忽略了水源、给养、接济等重要因素，致使倾城覆灭，这在城市规划史上是一个值得吸取教训的例子。

图12-12-2　古格王国宫城遗址中的壁画（建筑施工中的运木场面）

参考文献

[1] 见北京市规划管理局档案材料。

[2]《后汉书·张让传》。

[3]《史记·河渠书》。

[4] 陕西省文物管理委员会：《唐长安城地基初步探测》，《考古学报》1958 年第 3 期。中国科学院考古研究所资料室：《中国科学院考古研究所 1960 年田野工作的主要收获》，《考古》1961 年第 4 期，第 214 页。中国科学院考古研究所西安唐城发掘队：《唐代长安城考古记略》，《考古》1963 年第 11 期，第 595 页。中国科学院考古研究所西安工作队：《唐代长安城明德门遗址发掘简报》，《考古》1974 年第 1 期，第 33 页。

[5] 见中国科学院考古研究所西安唐城发掘队：《唐长安城西市遗址发掘》，《考古》1961 年第 5 期 248 页。

[6] 见陕西省博物馆、文管会钻探组：《唐长安城兴化坊遗址钻探简报》，《文物》1972 年第 1 期第 43 页。

[7] 见中国科学院考古研究所洛阳发掘队：《隋唐东都城址的勘查和发掘》，《考古》1961 年第 3 期第 127 页。

[8]《元河南志》卷四，《唐两京城坊考》卷五。

[9] 见河南省博物馆洛阳市博物馆：《洛阳隋唐含嘉仓的发掘》，《文物》1972 年第 3 期第 49 页。

[10] 见《唐两京城坊考》卷五。

[11] 参看《奈良县史迹名胜天然纪念物调查报告》第 25 册《藤原宫》，1969。

[12] 参看岸俊男《难波一大和古道略考》，该文收在《小叶田淳教授退官纪念国史论集》中，1970。

[13] 参看奈良国立文化财研究所《平城发掘调查报告》Ⅱ，1962。

[14] 参看京都府教育委员会《埋藏文化财调查概况·长冈官》，1965—1973。

[15] 参看京都府教育委员会《埋藏文化财调查概况·平安宫·京》，1964—1965。

[16]《东京梦华录》卷一。

[17]《宋史·食货志》。

[18] 王巩：《闻见近录》。

[19] 宋李清臣《重修都城记》。

[20] 见郦道元《水经注》卷四十、浙江水。

[21] 周密《癸辛杂识》。

[22]《吴越备史》。

[23] 见秦康祥《西泠印社志稿》附编，1960 年油印本。

[24] 朱彭《南宋古迹考》卷上。

[25] 西湖老人《繁胜录》。

[26] 朱彭：《南宋古迹考》卷上。

[27] 据英国伦敦邓脱公司 1954 年出版《马可波罗游记》301 页第五节译出。

[28] 李卫《西湖志》卷十一引″曹勋临安府重建月轮山寿宁院塔记。″

[29] 见《梦粱录》卷十一、卷十八。

[30] 朱长文：《吴郡图经续记》卷上《城邑》。

[31]《汉书》卷四十九《晁错传》。

[32] 朱长文：《吴郡图经续记》卷中《山》。

[33] 见《梦溪笔谈》卷十一。

[34] 朱长文：《吴郡图经续记》卷下。

[35] 见 1977 年 11 月南京博物馆《文博通讯》第 16 期。

[36] 见《宋会要辑稿》食货二；元陆友仁《吴中旧事》。

[37] 实测周长 18690 米。见阎文儒：《金中都》，《文物》1959 年第 9 期第 8 页。

[38] 见《元史·世祖本纪》、《元史·地理志》及刘秉忠本传。

[39]《金史·河渠志》″漕运″条。

[40] 详见侯仁之：《北京都市发展过程中的水源问题》，

《北京大学学报》，1955 年第 1 期。

[41]《续资治通鉴》卷 177，宋景定三年，蒙古中统三年，秋七月及八月条。

[42] 见赵翼：《廿二史札记》卷 27，"元筑燕京"条。

[43] 考古研究所元大都考古队：《元大都的勘查和发掘》，《考古》1972 年第 1 期第 19 页。

[44] 见《日下旧闻考》引《析津志》及《洪武北平图经志书》中《元大都城平面规划述略》二文。

[45][46]《辍耕录》卷 21，宫阙制度。

[47] 见《中国建筑简史》第一册，中国工业出版社，1962 年版。

[48] 见徐松《唐两京城坊考》卷 1 及附图。

[49] 见孟元老《东京梦华录》卷 2 "御街"条。

[50] 见范成大《揽辔录》。

[51] 见《辍耕录》。

[52] 见《辍耕录》卷 21 "宫阙制度"条。

[53] 见《辍耕录》。

[54]《元史·刘秉忠传》。

[55] 考古研究所元大都考古队：《元大都的勘查和发掘》，《考古》1972 年第 1 期第 19 页。

[56] 见《元史·世祖本纪》、《元史·河渠志》及郭守敬本传。各闸初建皆用木闸，武宗至大四年（1311 年）改用砖石，泰定四年（1327 年）改建完成。

[57] 见《元史·郭守敬传》。

[58] 考古研究所元大都考古队：《元大都的勘查和发掘》，《考古》1972 年第 1 期第 19 页。

[59]《日下旧闻考》卷 38 引。

[60] 见王璞子：《元大都城平面规划述略》，《故宫博物院院刊》1960 年第 2 期。

[61]《元史·顺帝本纪》至正十九年（1359 年）记事。

[62] 欧阳玄：《圭斋文集》卷 9，赵忠靖公马合马沙碑。

[63] 参看《明成祖实录》、《明史·地理志》及清光绪《顺六府志》卷一《城池》。

[64] 如成化八年（1472 年）蒋贵议筑外郭城，见《明史、本传》。嘉靖二十一年（1542 年）毛伯温又议筑外城。三十二年朱伯辰继续请建外城，见《顺天府志》卷 1 引《明典汇》。

[65] 详见《世宗实录》。

[66] 朱一新：《京师坊巷志稿》"旧坊附"条。

[67] 清光绪《顺天府志》卷三。

[68] 成化七年杨鼎乔毅奏疏，见《宪宗实录》。

[69] 侯仁之：《北京海淀附近的地形、水道与聚落》，《地理学报》第 16 卷，1—2 合期，1951 年。

[70] 见北京市规划局藏"北京明清时代旧沟图"。

[71] 见《崇文门迤东中心台城垣宇墙并明沟及东西马道门楼等工程做法钱粮表册》。

[72] 见《天桥往南至南坛门止石路一段拆修工程丈尺做法清册》。

[73] 宋秦九韶《数书九章》卷一。

[74]《蓬莱县续志》卷十二艺文志，宋应昌《重修蓬莱阁记》。

[75]《蓬莱县续志》卷四武备志。

[76]《登州府志》卷二。

[77]《重修蓬莱县志》卷十三。

第十三章 园林建筑技术

概　说

我国殷周时已有了囿，当时的囿是就一定的地域加以范围，让天然的草木滋生，鸟兽繁育，还筑台掘池，是供帝王贵族狩猎、游乐的场所。

秦始皇好营宫室，曾作上林苑于咸阳渭南，并在其中建阿房宫（图 13-0-1）。

汉武帝时大营宫苑，建元三年（公元前 138 年）把秦的上林苑加以扩建。《三辅黄图》云："开上林苑，东南至蓝田、宜春、鼎湖、御宿、昆吾、傍南山而西至长杨、五柞，北绕黄山历渭水而东，周袤三百里"。其规模之宏伟，前所未有。其中宫或观各有其功能用途：有饲养鱼鸟兽类以供玩尝的，如鱼鸟观、走马观、犬台宫、虎圈观、观象观等；有为演奏音乐唱曲的，如宣典宫；有为作乐和表演角触的，如平乐观；有为往来游乐时休息和住宿的，如御宿苑；有种植从南方来的荔枝、龙眼、槟榔、橄榄、柑桔等珍果异木的，如扶荔宫。苑内还穿凿许多池沼，其中最大的是昆明池。

这座上林苑也是供帝王游猎的场所，正如《汉旧仪》所说："苑中养百兽，天子秋冬猎取之"。此苑仍继承有囿的供围猎的传统，但苑的主要内容已不是围猎，而是成为多种多样生活方式的宫室建筑了。

西汉时贵族、地主、富商也好营园囿。《西京杂记》载：梁孝王（文帝子刘武）"作曜华之宫，筑兔园。园中有百灵山，山有肤寸石、落猿岩、栖龙岫。又有雁池，池间有鹤洲凫渚。其诸宫观相连，延亘数十里，奇果异树，瑰禽怪兽毕备"。又"茂陵富民袁广汉于北邙山下筑园，东西四里，南北五里，激流水注于中。构石为山，高十余丈，连延数里。养白鹦鹉、紫鸳鸯、牦牛、青兕，奇兽怪禽，委积其间。积沙为洲屿，激水为波潮，其中致江鸥、海鹤，孕雏产鷇，延漫林池。奇树异草，靡不具植。屋皆徘徊连属，重阁修廊。行之移晷，不能遍也"。可见，贵族富商的园与帝王的以宫室建筑为主并继承囿的传统之宫苑基本上并无差别。仅具体而微，规模较小罢了。

从造园技术上看，汉代造山虽以土山为主，但袁广汉园中已构石为山，且能高十余丈，足见掇山技术已有新的发展，又能积沙为洲，激水为潮，在理水技

图 13-0-1　秦阿房宫图（摹自明画）

术上也有创新；蓄养禽兽，主要不是供围猎，而是为了玩赏。

魏晋到南北朝三百六十多年的大混乱中，社会经济遭到大破坏，但各皇朝仍不顾人民的穷困，痛苦和生死，奢侈腐化，大营宫室苑囿和佛寺，建筑上力求豪华，穷极技巧，功役之费，动辄以亿万计。当时地主阶级的文人士大夫追求精神上解脱，或厌世而寻求享乐，过着荒荡颓废的生活，或遁世而讲求超脱，过着隐逸生活，陶醉于自然。后者反映到造园上，以山水为主题的自然山水园囿有了发展，如北魏张伦在宅园中造景阳山，有若自然图13-0-1《洛阳伽蓝记》记述了其规模："重岩复岭，嵚崟相属，深溪洞壑，逦迤连接。高林巨树，足使日月蔽焉。悬葛垂萝，能令风烟出入。崎岖石路，似壅而通，峥嵘涧道，盘纡复直。是以山情野兴之士游以忘归"。

史籍上，北朝著称的苑有后魏的华林园。《魏书·茹皓传》载，茹皓在园中"为山于天渊池西，采掘北邙及南山佳石，徙竹汝颍，罗莳其间，经构楼观，列于上下。树草栽木，颇有雅致"。还有后燕慕容熙的龙腾苑："广袤十余里，役徒二万人，起景云山于苑内，基广五百步，峰高十七丈"（《晋书·慕容熙载记》）。

南朝著称的苑，在建康有华林园、乐游苑等。齐武帝（萧赜）之子"开拓元圃，园与台城北堑等，其中楼观塔宇，多聚奇石，妙极山水"（《南齐书·文惠太子传》）。湘东王（萧绎）在江陵"于子城中造湘东苑，穿池构山，长数百丈。植莲蒲缘岸，杂以奇木。其上有通波阁跨水为之。临水斋，斋前有高山，山有石洞，潜行宛委二百余步。山上有阳云楼，楼极高峻远近皆见"（《渚宫故事》）。

上述诸园，概括起来看，不仅构石筑山，还要能表现出重岩复岭、深溪洞壑的山景，达到有若自然的境界，表明当时对自然山水的艺术认识有所提高，同时土木石作技术也达到相当高的水平。

隋炀帝杨广迁都洛阳时，每月役丁二百万人营造东京，穷奢极侈地大造宫殿、苑囿，苑中以西苑最为宏丽。《隋书》："西苑周二百里，其内为海周十余里，为蓬莱、方丈、瀛洲诸山，高百余尺。台观殿阁，罗络山上"。《大业杂记》与《海山记》有更详细的记载，计苑内造十六院，庭内植名花，海北有龙鳞渠，屈曲

周绕十六院复入海。十六院，每院开西、东、南三门，门并临龙鳞渠。渠面阔二十步，上跨飞桥。此外还有许多游观之处，从中可以大体得知西苑的布局是以山、湖与十六院为基础的。

西晋以来盛行选天然风景名胜，稍加整理布置成为自然园林。例如西晋石崇的金谷园，其只及山间池沼，众果竹柏之胜，不及其他。

南朝的宋、齐、梁、陈，皆以建康（今南京）为都城。在这山川灵秀的都城，除帝王贵族富室的苑囿不断营造外，宋文帝（刘义隆）又整修玄武湖（后湖）。元嘉二年（公元445年）复修东晋时已立的堤，南抵城东七里的白塘以壅蓄山水，湖面自然辽阔，成为一个风光优美的自然园林。

唐朝著称的自然园林较多，其中王维的"辋川别业"最为著名，这是一座在长安东南郊山区中的庄园式别墅，利用自然风景，设立风景点二十处，以天然山水景色为主，人工构筑较少。

唐宋的官僚和士大夫、文人，因对都市的繁华生活有所厌倦，莫不向往田园化的生活。身居城市而欲闹处寻幽，于是在宅旁屋后，辟地葺园，或在都城近郊置别业，仿佛城市山林。如唐长安南郊，以至樊杜数十里间，公卿园地布满川陆。而李荐《题洛阳名园记》中讲道："唐贞观开元之间，公卿贵戚开馆列第于东都（洛阳）者，号千有余邸"，可见当时之盛况。

宋东京汴梁，建有大量官僚私园（见《东京梦华录》记载）。而西京洛阳诸园见于《洛阳名园记》者，多半是就隋唐旧园葺改而建立的，间有新筑，各有其特点和擅胜。或以古木大松景物苍老见胜，例如松岛为自唐已传三世之园，园中有百年松树，又如苗帅园也有古树、巨竹、大松三处；诸园中或以水景见胜，又如董氏东园，"西有大池，中为堂，榜之日含碧，水四面喷泻池中而阴出之，故朝夕如飞瀑而池不溢"。有以溪湖水景取胜的，如环溪，在环水之中，布列榭楼厅堂，如湖园以大湖为全园的主景，洲上有堂，是全园的主要建筑，周湖建置堂亭；或园本身无特色，以借景而著的，如丛春园有"丛春亭出荼蘼架上，北可望洛水。盖洛水自西汹涌奔激而东，天津桥者垒石为之，直力蓄其怒而纳之于洪下，洪下皆大石，底与水争，喷薄成霜雪，声闻数十里"，借景于斯而名著。

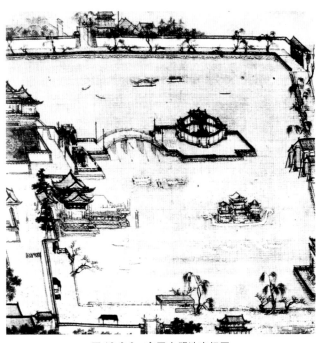

图 13-0-2 宋画金明池夺标图

北宋官苑在东京有琼林苑、金明池（图 13-0-2）、迎祥池、玉津园及东御园等苑囿，为帝王游乐之所。宋徽宗赵佶，先后修建的宏伟宫室如玉清和阳宫（1413年）、延福宫（1114年）、上清宝箓宫（1116年）、葆真宫（1119年）等都附有内苑。《宣和遗事》：玉清和阳宫葆和殿"前种松、竹，后列太湖之石，引沧浪之水，陂池连绵，若起若伏，支流派别，萦行清泚，有瀛洲、方壶、长江、远渚之兴"。延福宫中"楼阁相望，引金水天源河，筑土山其间，奇花怪石，岩壑幽胜，宛若生成"。

政和七年（1117年）始筑万岁山，役民夫百千万，掇山置石，引水凿池，其中亭阁楼观的建造，奇树异石的布置，费六年功夫才初步落成，此后十余年中，仍不断搜集四方奇花异石，充实其中。万岁山名艮岳，山成，又更名寿山，后人就连称为"寿山艮岳"。艮岳完全是为"放怀适情，游心玩思"而创作的山林胜景，是以体现山水为主题的宫苑。《宋史·地理志》："山周十余里，其最高一峰九十步，上有介亭，分东西二岭，直接南山"。这是山形立局概要。

列障如屏的寿山，有梁下入雁池。池水出为溪，行岗脊两石间，往西与方沼、凤池相通，即收而为溪，又放而为池。瀑布、池、溪、山涧连接构成艮岳的水系。这个人工瀑布的技术，据蜀僧祖秀《华阳宫纪事》中云："又得紫石，滑净如削，面径数仞，因而为山，贴山车立，山阴置木柜，绝顶开深池。车驾临幸，则驱水工登其顶，

开闸注水而为瀑布"。

从造景来说，艮岳是双岭分赴的山景区，艮岳东麓，植梅万计，又构堂轩，是以梅花取胜的景区。艮岳之西有药寮，即药用植物区，西庄是农田村舍区。历代帝王往往在游心玩思的别苑中，辟农田村舍，借以表示重农，达到笼络民心巩固统治的作用。白龙渊、濯龙峡是溪谷景区。雁池、方沼、凤池连成湖沼平原景区。在不同景区，随着不同地势和功能要求，布列建筑，有景可眺和可歇处必有亭；池中有洲，洲上建亭堂；或依山岩之势作楼，如绛霄楼；或结构山根如绿萼华堂；或半山起楼如倚翠楼。万松岭为夷平之势，下为平原，于是上下设关隘以增险势。综观艮岳的亭阁楼观建置，无一不从造景出发，随形而设，布列上下，是造景的产物。

叠石构洞技巧，宋时已有独到的特点。祖秀《华阳宫纪事》云："造碧虚洞天，石山环之。开三洞为品字门，以通前后苑"，这样既是山洞又是通道。《癸辛杂识》前集："万岁山大洞数十，其洞中皆筑以雄黄及卢甘石。雄黄则避蛇虺，卢甘石至天阴能致云雾，瀚郁如深山穷谷"。

独立特置峰石，《南史》已有记载，"（梁武）到溉居近淮水，斋前山池，有奇礓石，长丈六尺"。这是特置峰石的最早记载。"唐时，白乐天在杭州得天竺石一，在苏州得太湖石五，置里弟池上"（《旧唐书》）。特置湖石至宋为甚。艮岳中是多不胜数的，如祖秀《华阳宫纪事》所述："于西入径，广于驰道，左右大石皆林立，仅百余株，以神运昭功敷庆万寿峰而名之。独神运峰广百围，高六仞，赐爵盘固侯，居道之中，束石为亭以庇之。其他轩榭庭径，各有巨石、棋列星布，并与赐名"。记中列出赐名的湖石就有数十余块。为了搜罗这些花石，特命朱勔"取浙中珍异花木竹石以进，号曰花石纲。专置应奉局于平江，所费动以亿万计。斫山辇石，虽江湖不测之渊，力不可致者百计以出之。至名曰神运，舟楫相继，日夜不绝"（张淏《艮岳记》）。可见当时采石、运石扰民之甚。

南宋偏安江南，苑囿与私园兴作频繁。临安城（杭州）的御苑有玉津园、富景园、聚景园等，沿湖还有许多官僚、贵族的园林。周密的《吴兴园林记》则记述了南宋时吴兴的园林盛况。

辽在南京析津府即今天北京的北海地方，辟瑶屿行宫，金时修大宁宫于此。1163年开挑海子称金海，运来艮岳的奇石，堆叠琼华岛，栽植花木，营构瑶光殿，作为游幸之所。元世祖忽必烈建王城的大都时，因琼华岛适在禁中，改名万岁山，金海改名太液池。《辍耕录》云："中统三年（1262年）修缮之，其山皆以玲珑石叠垒，峰峦隐映，松桧隆郁，秀若天城。引金水河至其后，转机运斗汲水至山顶，出石龙口，注方池，伏流至仁智殿后，有石刻蟠龙，昂首喷水仰出，然后东西流，入于太液池"。万岁山上殿屋虽依山而筑，因在禁中，仍左右对称，中顶广寒殿，东顶荷叶殿，西顶温石浴室，半山三殿并列。

明朝曾加修治，扩至中、南海，总称西苑。当时池东、北、西三岸，建筑较稀疏，有的殿亭用草顶，朴素自然。迄清代，尤其乾隆年间，亭馆楼殿，恣意填充，兴作日繁。除重修或增筑山四面的亭阁楼台外，又在东岸丘阜连绵山坞曲坳间，穿地叠石，建亭筑榭，构成濠濮间，画舫斋等自成一局的园中之园；北岸修静心斋和天王殿、琉璃阁、观堂、阐福寺、万佛楼等殿堂梵宇，形成今日北海的规制（图13-0-3）。

图 13-0-3（1） 北京北海琼岛

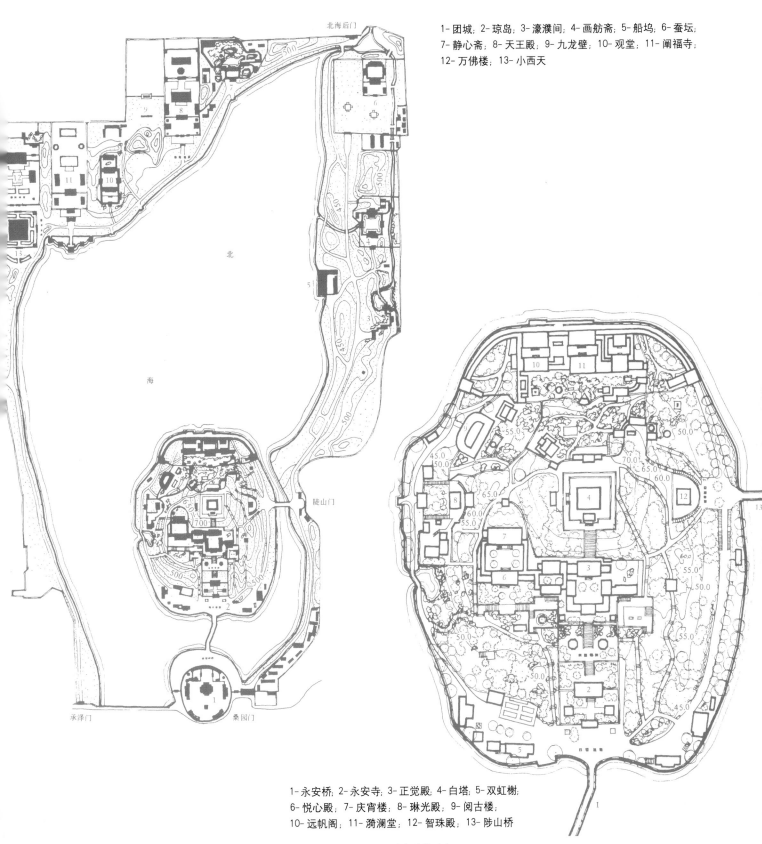

1- 团城；2- 琼岛；3- 濠濮间；4- 画舫斋；5- 船坞；6- 蚕坛；
7- 静心斋；8- 天王殿；9- 九龙壁；10- 观堂；11- 阐福寺；
12- 万佛楼；13- 小西天

1- 永安桥；2- 永安寺；3- 正觉殿；4- 白塔；5- 双虹榭；
6- 悦心殿；7- 庆宵楼；8- 琳光殿；9- 阅古楼；
10- 远帆阁；11- 漪澜堂；12- 智珠殿；13- 陟山桥

图 13-0-3（2）　北京北海琼岛

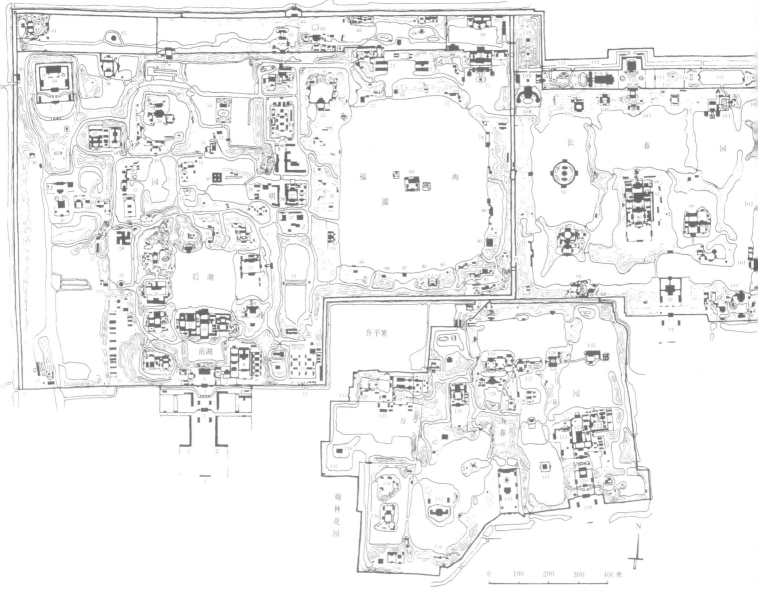

图 13-0-4 北京圆明园、长春园、万春园平面图

圆明园

1-照壁；2-转角朝房；3-圆明园大宫门；4-出入贤良门；5-翻书房茶膳房；6-正大光明殿；7-勤政亲贤殿；8-保合太和殿；9-吉祥所；
10-前垂天贶；11-洞天深处；12-福园门；13-如意馆；14-南船坞；15-缕月开云；16-九洲清晏殿；17-慎德堂；18-茹古涵今；19-长春仙馆；
20-十三所；21-西南门；22-藻园门；23-藻园；24-山高水长；25-文昌阁；26-坦坦荡荡；27-西船坞；28-万方安和；29-杏花春馆；
30-上下天光；31-慈云普护；32-碧桐书屋；33-天然图画；34-九孔桥；35-澄虚榭；36-延真院；37-曲院荷风；38-同乐院；39-坐石临流；
40-澹泊宁静；41-多稼轩；42-天神坛；43-武陵春色；44-法源楼；45-月地重居；46-刘猛将军庙；47-日天琳宇；48-瑞应宫；49-汇
万总春之庙；50-濂溪乐处；51-柳浪闻莺；52-水木明瑟；53-文渊阁；54-舍卫城；55-廓然大公；56-西峰秀色；57-菱荷香；58-汇芳
书院；59-安佑宫；60-西北门；61-紫碧山房；62-顺木天；63-鱼跃鸢飞；64-大北门；65-课农轩；66-若帆之阁；67-清旷楼；68-关帝庙；
69-天宇空明；70-珠官；71-方壶胜境；72-三潭印月；73-大船坞；74-安澜园；75-平湖秋月；76-君子轩；77-藏密楼；78-雷峰夕照；
79-明春门；80-接秀山房；81-观鱼跃；82-碾油门；83-秀清村；84-别有洞天；85-南屏晚钟；86-广育宫；87-夹镜鸣琴；88-一碧万顷；
89-湖山在望；90-蓬岛瑶台

长春园

91-长春园大宫门；92-澹怀堂；93-倩园；94-恩永斋；95-海岳开襟；96-含经堂；97-淳化斋；98-蕴真斋；99-玉玲珑馆；100-茹园；101-建园；
102-大东门；103-七孔闸；104-狮子林；105-泽兰园；106-保香寺；107-法慧寺；108-偕奇趣；109-储水楼；110-万花陈；111-方外观；
112-海宴堂；113-远瀛观；114-线法山正门；115-线法山；116-螺丝牌楼；117-方河；118-线法墙

万春园

119-万春园大宫门；120-凝晖殿；121-中和堂；122-集禧堂；123-天地一家春；124-蔚藻堂；125-凤麟洲；126-涵秋馆；127-展诗应律；
128-严庄法界；129-生冬室；130-春泽斋；131-四宜书屋；132-假表盘；133-延寿寺；134-清夏堂；135-含晖楼；136-流杯亭；137-运料门；
138-绿满轩；139-畅和堂；140-河神庙；141-点景房；142-沉心堂；143-正觉寺；144-鉴碧亭；145-西爽村门

清代大量兴建苑囿，尤以乾隆时为最盛。著名的有承德避暑山庄和北京西北郊的三山五园（万寿山清漪园，玉泉山静明园，香山静宜园、圆明园、畅春园），其中又以圆明园规模最大。

圆明园始建于雍正作皇太子时（1709年）。乾隆时不断有所新筑，增景区十余处以及安佑宫、安澜园、文渊阁等大型建筑。此后经嘉庆、道光还续有新建和修缮。长春园与圆明园并列而居其东，大抵从乾隆十四年（1749年）始建到三十五年（1770年）落成，其中有仿西洋建筑者。长春园之南有万春园，同治前称绮春园。乾隆时圆明、长春、万春号称三园，由圆明园总管大臣统辖，后人就将长春、万春园中景物亦统称在圆明园内（图13-0-4）。

圆明园的平面布局，令人想及隋代西苑。前湖、后湖地位可比隋代西苑的海，但缺三神山。水渠四引，屈曲周绕，辟出以后湖为中心的景区，以及其东、西、北的景区数十处。圆明园同东部的福海区，海中筑山，上有蓬岛瑶台。以福海为中心，溪涧四引，辟出近二十景区。总之，圆明园的创作，能巧妙地利用泉源丰富这一优越条件，泉山四引，以有收有放的溪涧湖池的方式辟出近百境域，足见匠心运用之妙。浚池引溪时，因高就深，傍山依水，相度地宜，构结亭榭，随势组合，随景而设，从而构成了宏伟壮丽的圆明园。

近百境域，各有其构景异宜。或背山面水，如"上下天光"、"镂月开云"、"平湖秋月"等；或左山右水，如"柳浪闻莺"、"涵虚朗鉴"、"接秀山房"；或前有山障后临涧水，如"湖山连望"、"一碧万顷"、"南屏晚钟"等；或山冈环抱，仿佛盆地，如"武陵春色"、"廓然大公"之南部等；或面湖临溪以水取胜，如九孔桥，"澹泊宁静"、"汇芳书院"、"方壶胜镜"等；或更以叠石构湖，委曲相通见胜，如"杏花春馆"、"紫碧山房"、"廓然大公"、"三潭印月"等。当然，同是左山右水，也还不同，各有其独特之处。景以境出，景物的丰富变化都要从不同的境界产生。

长春园中的谐奇趣是法国人设计监造第一个大水法（人工喷泉），完成于乾隆十二年（1747年），水源自西北角的储水楼进入。方外观东为面西的海晏堂，堂前有大喷泉，两侧列有十二生肖喷泉。再东为坐北朝南的远瀛观，筑高台上，台前为大水法，中为花式

水池，左右为圆形池，池心立宝塔状喷水结构物。这组西式宫殿建筑，全部用汉白玉石砌成，雕刻粗细，建筑风格为意大利巴洛克式。但屋顶往往用琉璃瓦，墙面嵌有彩色玻璃花砖，甚或屋顶有采用庑殿式的。这组西式建筑和水法，无非出于猎奇，带有中西混合的意味。这座华丽壮观的圆明园在咸丰十年（1860年）十月为英法等八国联军入侵所焚毁，现尚存西洋楼的石构件残迹。

颐和园所在地早在金、元时已是郊野胜区。1151年，金海陵王在此建造行宫。当时山名金山，后掘得古石瓮，改名瓮山。元朝郭守敬督开河道，引昌平一带泉水至瓮山下，汇为瓮山泊（又有大湖泊、西湖、西海等别称）。明武宗朱厚照在湖滨作别苑"好山园"。1750年乾隆就明时圆静寺基址改建为报恩延寿寺，瓮山改名为万寿山。为解决京城宫中用水，深浚湖身，导玉泉诸泉汇注成为洋洋巨浸的昆明湖，经长河积水潭至北海、中南海。同时经营全区，前后十多年，于1761年落成，名清漪园。1860年它和圆明三园同一命运，遭受焚毁几大半。光绪十年（1884年），慈禧（那拉氏）挪用建兵舰练海军的民脂民膏，兴工修复，并改名颐和园。这笔修建费，估计约达八千多万两银子。光绪二十六年（1900年）颐和园又一次遭到英法等八国联军野蛮摧毁。1903年慈禧从西安回北京，复拨款修复仅能完成前山部分，即今日的颐和园（图13-0-5）。

颐和园地形自有高低起伏，万寿山巍然矗立，昆明湖千顷汪洋，湖光山色，相互辉映，山区依势建筑亭阁楼台，长廊轩榭，构成园中之园数十处；湖区筑有长堤洲岛，分划水面，以增景深与变化。

颐和园修复后，前山为壮丽建筑群的集中区，有明显中轴线，即经排云门、佛香阁直达山顶的智慧海，层层上登。崇台左右，各依势筑有石山邃洞，东部洞顶，上建敷华亭，左通转轮藏；西部洞顶，上建撷秀亭，右通宝云阁。阁为重檐歇山顶，其栋、梁、柱、瓦、窗格均用铜铸，通称铜亭。轴线左右上下因势而筑，各组建筑，有轩有斋，有亭有厅。轩斋一类可以小住，如养云轩、福荫轩、石松巢、圆朗斋、写秋轩等，其组合莫不着眼借景、构景，富于变化。例如福荫轩区，东口叠石构洞门，穿洞经曲廊通至轩室内。轩为舒卷式，斜筑，前廊曲线形，有凹有凸，立点不同，视景也不同。"意迟云在"，为一四敞建筑，阔三间，歇山卷棚顶，人称厅或榭，实

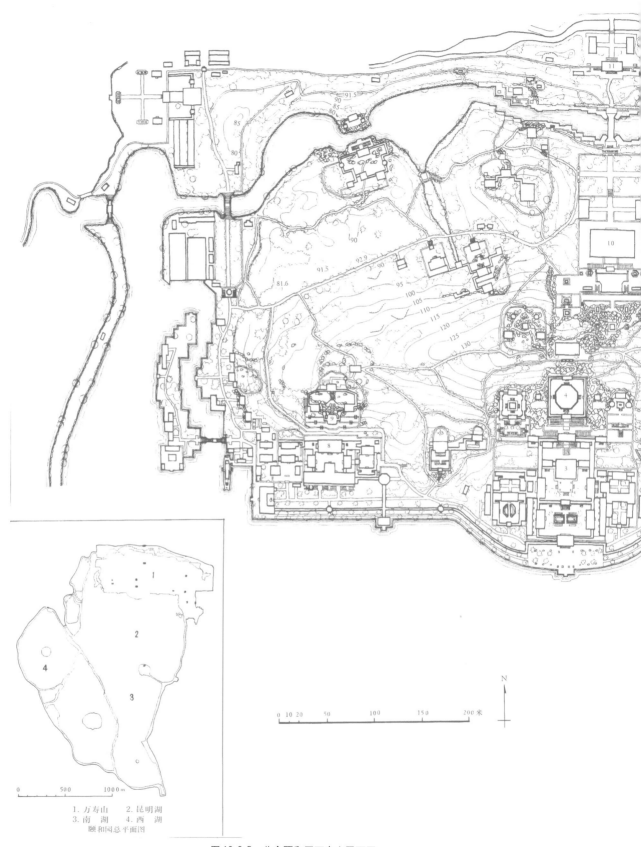

图 13-0-5　北京颐和园万寿山平面图
1- 东宫门；2- 仁寿殿；3- 排云殿；4- 佛香阁；5- 乐寿堂；6- 玉澜堂；7- 德和园；8- 听鹂馆；9- 画中游；10- 须弥灵境；11- 北宫门；
12- 景福阁；13- 谐趣园；14- 知春亭

1. 万寿山　2. 昆明湖
3. 南　湖　4. 西　湖
颐和园总平面图

图 13-0-6 北京颐和园长廊

为一亭。四周林木茂密，亭后叠石如山障，亭前山石散点，四角有小组山石称抱角。西部有湖山真意亭，西眺玉泉山塔景，正在西柱之间，天然成一框景。前山山麓临湖，建有长廊，全长 935 米（图 13-0-6）。

湖区渺弥辽阔，由西堤隔为昆明湖和西湖。昆明湖又因十七孔桥，连接涵虚堂所在之岛，无形分出南湖。西湖又因横堤中隔，分成上、下两西湖。

后山土层较厚，除高大的松、柏特别吸引人外，杂木林立，灌木丛生，野花争艳。后山建筑也有明显中轴线。进北官门，过长桥，从平台松堂上登须弥灵境，直升香岩宗印之阁。轴线左右上下，依势随形，布列园中之园多处，其建筑组合，各具巧妙（现仅存废址）。后山后河之景与前山昆明湖截然异趣，一则辽阔明亮，一则曲折幽静。缘河而行，忽狭忽宽，或收或放，两岸树木森森，轩馆堂斋，布列上下。但各组与苏州街仅存废址，惟仿无锡寄畅园而建的谐趣园这一组尚完好。谐趣园正是后河结束处。

明清的南京、北京以及江南地区的官僚地主私园有很大发展。北京自元建大都后，稍有私园修建。明清兴筑日盛，尤其西郊名园较多，如澄怀园、蔚秀园、承泽园、勺园、近春园、熙春园等。但遭帝国主义侵略军焚掠，几荡然无存。城中因乏泉源，少河水可引，而造园以得水为贵，故城北积水潭与城东南泡子河西岸都曾布列公卿的亭墅园林。城内一般园中仅筑山石小池，掇山仅拟山之余脉，叠石亦多为小品，或得有奇石，就独立特置以资欣赏。城内名园，不下二十，惜大半荒废或改建，仅可从史籍记载中了解一二。如明代米万锺之湛园以石著称。《燕都游览志》："有石丈亭、石簏、仙簏馆"等。《天府广记》："太仆好奇石，盖置其中最著者为非非石，数峰孤耸，俨然小九华也，又一黄石高四尺，通体玲珑，光润如玉，一青石高七尺，形如片云欲堕"。清代宅园中较著者如怡园，园中假山为张然所作，《茶余客话》云："以意创为假山，以营邱北苑，大痴黄鹤画法为之，峰壑湍濑，曲折平远，经营渗澹，巧夺天工"。

园地近水时，或临之，或引之，必以水景为主。

德胜桥水关附近"沿水面杀者、墅者、亭者，因水也，水亦因之"（《帝京景物略》）。例明代定国公园，园中布置，无一不因水。英国公新园是"因借"成名的范例，园中"构一亭一轩一台耳。但坐一方，方望周毕。其内一周，二面海子，一面湖池，一面古木古寺，新园亭也。园亭对者，桥也；过桥人种种，入我望中，与我分望，南海子而外望，云气五色，长周护者，万岁山也。左之而绿云者，园林也。东过而春夏烟绿，秋冬云黄者，稻田也。北过烟树，亿万家甍，烟缕上而白云横。西接西山，层层峦峦，晓青暮紫，近如可攀"（《帝京景物略》）。水景、山景、村景，种种美景，尽入园中，可谓巧于因借。

西郊名园以米万钟的勺园最著称。《天府广记》用卅二字描写道："园仅百亩，一望尽水，长堤大桥，幽亭曲榭，路穷则舟，舟尽则廊，高楼掩之，一望弥际"。园中弯堤、夹道、遍径无一不因水；亭榭廊台，或临水际，或伸水中，或仡立水中，或半出水面，便于因借；其水或一望无际，或堤坝分隔，或曲水似溪，各尽其致。此外，运用粉墙、跨梁以及树丛的巧妙组合，虽情趣各异，无不归之于水。

宋室南渡后，江南私园主要集中湖、杭、扬、苏四州。明清构筑并能幸存迄今，惟苏州为多，誉为名园的不下十余处。

苏州宅园有共同特征，以山池泉石为中心，莳以花草，环以建筑，构成山水园，较诸唐宋山水园更有所发展而较完整，又因园而有异宜。

清乾隆中期以后，筑池风尚有变，园中水面分大小，别主次。有以曲桥连湖心亭，划分水面，如留园（图13-0-7）、狮子林和怡园。留园的池近心形，池南为榭阁月台所临，池西掇带石台地，池北垒带石土山。狮子林虽以假山多石峰著，仍以池为中心。怡园由于地形狭长，采用塘河式水体，北半因阜垒土，叠石构洞。惠荫园主部，方塘半亩，塘南曲廊斜贯其上，再南则山石玲珑，折东为小林屋洞，以一塘一洞为主。环秀山庄，面积甚小，仅厅北一池，池上理山，以石山见胜。池岸处理，临水有建筑时，均以条石砌岸，或使池水伸入阁基之下，仿佛水自其下溢出，如艺圃池北临水之阁。网师园水池驳岸全用黄石垒砌，尤其运用上凸下凹的手法，使石影落池，益增生趣。

苏州诸园掇山，以带石土山为主，便于种植竹木。

上山蹬道，往往夹石成径，山侧临水，叠石成崖，如艺圃池南，依山叠石成崖，崖下有滨水石径，既狭且险，犹如栈道。用湖石构洞，明代惠荫园的小林屋洞堪称杰作，石洞位于方塘东南，先是湖石错立，洞口低于周遭，藏而不露。从自然式的叠石阶拾级而下，见洞口微露积水，经三折板桥进入洞内，沿壁有栈道。进主洞中深处，借洞外射进光线，观出洞顶倒垂的钟乳石，仿佛处身天然洞中。折进，前路狭窄，几经转折，拾级而上，又入另一洞府，洞较宽敞，西侧有光透进，顿生明朗之感。复进，洞道更狭，伛偻而行，不久出洞，但见出口就在入口西侧，可见洞内曲折上下盘旋的设计精妙。清代用湖石构洞，要以环秀山庄的池上理山为最胜。此山系戈裕良所创作，仅数弓之地而创作出层峦叠嶂，秀峰挺拔，峡谷幽深，洞府岩屋兼而有之的意境，可称绝妙。全山仿佛巨石天成，浑然一体。细察其湖石的选用，取其多洞而皱的一面，拼接之处皆用石纹石色相同的一边，自然脉络连贯，体势相称。进洞内仰望洞顶，一体湖石，不用条石封顶，因此成穹形如真洞。其法如造拱洞，钩搭叠掇，不用铁钩配搭，是叠石构洞技术上新的发展。像环秀山庄那样杰出的作品，终清之世未曾再度出现。

苏州宅园的特色是在庭院部分设置厅山或壁山，在手法上也有新发展。留园五峰仙馆前厅的厅山即一著例。虽然厅前筑山，列有五峰，略觉直逼于前，但堆叠得富有意趣。由于在庭院西北角凸出小空地上有叠石小品而成余脉之势。

苏州宅园中构筑的叠石组合，在手法和形体上也有其特点。如网师园小山丛桂轩南的院中，用小块湖石围成不规则花台，点石其中，配以花草，颇饶意趣。较突出的是"云岗"，这个叠石组台生动活泼。得有奇石时，独立特置，也属常见。例如留园冠云楼前，特置有冠云、岫云、瑞云三峰石。光绪年间构筑的怡园坡仙琴馆窗外，单点有湖石两处，拜石轩北庭中聚点有怪石多处。

苏州宅园的又一特点，园地面积虽小，却能因势随形展开一景复一景，引出曲折多变化。划分景的常用手法，是运用粉墙、漏墙和廊，有时也用叠石假山、树丛。明代拙政园在小沧浪和志清处之间"翳以修竹"，即用树丛分隔之。艺圃花园部分，南山北水，而在山之西，以斜行粉墙隔一别院。各园通用廊、桥、漏墙划分空间，组成景区。例如拙政园中，在远香堂西南，

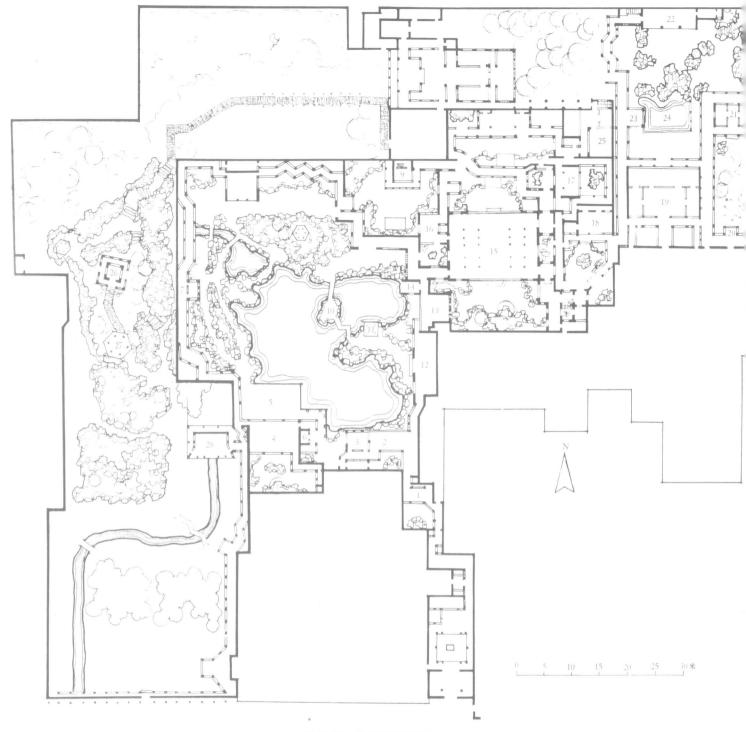

图 13-0-7　苏州留园平面图

1-门厅; 2-古木交柯; 3-绿荫; 4-涵碧山房; 5-凉台; 6-明瑟楼; 7-闻木樨香轩; 8-可亭; 9-远翠阁; 10-小蓬莱; 11-濠濮亭 (钓鱼台);
12-曲溪楼; 13-西楼; 14-清风池馆; 15-五峰仙馆 (楠木厅); 16-汲古得绠处; 17-还我读书处; 18-揖峰轩; 19-林泉耆硕之馆
(鸳鸯厅); 20-亦不二亭; 21-停云庵; 22-冠云楼 (仙苑停云); 23-冠云台; 24-浣台冶; 25-佳晴喜雨快雪之亭; 26-至乐亭;
27-舒啸亭; 28-活泼泼地

用小飞虹廊桥划分水面，环以游廊，形成中心为小水面区的廊院区。在划分主题和风趣截然不同的大区时，通常用墙、廊隔开（图 13-0-8）。例如留园的中部以池山为中心，表现湖泊水涯景色；其西部是带石土山，一片枫香林，表现出山林之趣，因此西部之间就以粉墙为界。拙政园的西部和中部以一面为漏墙的廊分隔，隐约可见。

宅园内厅堂亭廊等建筑，各有其不同的功能用途和取景特点，厅堂均设檐廊，以便停立眺望景物。拙政园的远香堂和沧浪亭的明道堂都是园中主体建筑，一则因水，一则因山而筑。楼的位置，或位于厅堂后，如拙政园的梦隐楼，或立于半山和假山上，如沧浪亭见山楼，筑于假山洞屋上；或近水际，如留园的明瑟楼，临水面池，构成池景一角；或位于园隅，如留园冠云楼，

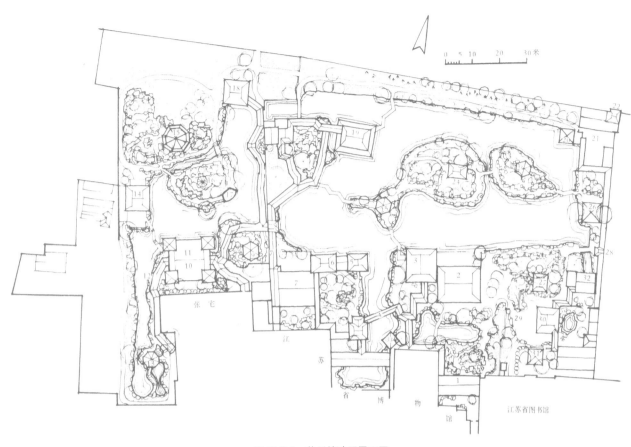

图 13-0-8　苏州拙政园平面图

1- 腰门；2- 远香堂；3- 南轩（倚玉轩）；4- 小飞虹；5- 香洲（旱船）；6- 观楼；7- 玉兰堂；8- 西半亭（别有洞天）；9- 宜两亭；
10- 十八曼陀萝花馆；11- 三十六鸳鸯馆；12- 云坞；13- 塔影亭；14- 留听阁；15- 浮翠阁；16- 笠亭；17- 与谁同坐轩（扇亭）；
18- 拜父揖沈之斋（楼上为倒影楼）；19- 见山楼；20- 绿漪亭；21- 菜花楼遗址；22- 料敌楼；23- 待霜亭；24- 雪香云蔚（壁亭）；
25- 荷风四面亭；26- 梧竹幽居；27- 绣绮亭；28- 末半亭；29- 枇杷园；30- 玲珑馆；31- 嘉实亭；32- 海棠春坞；33- 松风亭

登楼前望，园中全景在目，后望借景园外，虎丘一带风景如画，各有所宜。登楼方式大都在室外叠石成岩梯，或更筑扒山廊通二楼。由于楼高二层，体形高显，也常成为园中一景。阁与楼近似，但较为轻巧，大都重檐二层，四面开窗，其平面或长方形如留园远翠阁，或八角形如拙政园浮翠阁，也有仅一层仍称阁的，如拙政园留听阁；临水称水阁，如网师园濯水阁。亭是憩息赏景的建筑，又是园中一景，大小不一，式样众多。如拙政园中，亭式众多，有方形如绿漪亭，有圆形如笠亭，有长方形如雪香云蔚亭，有六角形如荷风四面亭，有八角形如塔影亭，有扇面形如与谁同坐轩。也有游廊中途突出成亭的，如网师园月到风来亭，留园闻木樨香轩；或在廊尽处设亭，如怡园锁绿轩、南雪亭；或在转角点设亭轩，如狮子林、沧浪亭的回廊上都有；还有依墙或依门洞造半亭的，如拙政园的倚虹亭、网师园五峰书屋东洞门亭以及留园诸例（图 13-0-9）。

廊的运用在苏州宅园中十分突出，它不仅是连接建筑之间的有顶通道，也是分划空间、组成景区的重要手段（图 13-0-10）。廊有"随势曲折，谓之游廊；愈折愈曲，谓之曲廊；不曲者修廊，相向者对廊；通往来者走廊；容徘徊者步廊；入竹为竹廊，近水为水廊"（李斗：《扬州画舫录》）。廊"或蟠山腰，或穷水际，通花渡壑，蜿蜒无穷"（《园冶》）。拙政园的柳荫路曲，在柳树间随形曲抱组成廊院；从倒影楼到别有洞天这一段水廊好似浮廊一般。网师园、留园中部的游廊，都是随地形上下升落。沧浪亭的复廊，既因水而曲，又避外隐内；怡园的复廊，分为两个主题表现不同的东部和西部，也是通连南北的纽带。留园东部五峰仙馆后的曲廊是畅朗中有曲折；中部近北墙的曲廊则是直中有曲，曲处虚出小角地，其中点以湖石或配以花草。清代中叶以后构筑的园中，廊的运用更为突出，往往环绕全园界墙筑以回廊。如狮子林有环园回廊；留园

图 13-0-9　苏州留园一角

图 13-0-10　苏州网师园

中部的回廊还连接到东部；沧浪亭既有环山回廊，又有南部建筑群四周的回廊。在这些名园里，虽值雨天，不用雨具亦可在廊中行走，观赏全园。

苏州宅园中植物种类不下百种。明代好用大片丛植构成局部意境，带石土山上可用多种树木群植，造成山林之趣。清乾隆中期以后，园中构筑日盛，转而趋向于以同种少数植株为一组的丛植，或两三种少数植株的群植。最突出的做法还是以粉墙为底，点以湖石，配以竹蕉、花木，便具画意。此外，用湖石围成植坛，点以竹木花草；或回廊上曲院中空出的角地，点缀花草竹木小石，也都饶有意趣。

第一节　园林理水

山水是我国古代园林的主要组成部分。掇山必同时理水，所谓"山脉之通按其水径，水道之达理其山形"[1]。三千年前周文王的灵囿，内有灵沼。《三秦记》提到"秦始皇作长池、引渭水，东西二百里，筑土为蓬莱山"。这可说是苑囿中引水开池的创举。汉武帝在上林苑中穿昆明池周匝四十里。此外有池十处。隋炀帝西苑中凿北海，周环四十里，开沟通五湖四海。海北有龙鳞渠屈曲周绕十六院复入海。元、明、清建都北京，北海和昆明湖是两大水面，北海的水源来自昆明湖，经长河至德胜桥水关进城，复经积水潭、什刹海而入北海。昆明湖，元时郭守敬督开河道，引昌平一带泉水汇为瓮山泊，乾隆时又深浚湖身，导玉泉诸泉汇注成为面积三千亩的昆明湖。

园林中的水体还有实用功能方面的意义。大面积的园林与风景区的水面，如杭州的西湖、南京的玄武湖、北京的昆明湖和北海等，往往又是城市水系的有机组成部分，可蓄洪排涝，调节城市用水，有的还可以养鱼殖荷，行舟开展水上活动，灌溉农田和改善小气候等。

我国古代园林里表现的水景，以湖沼平原区的自然风景为主，有掇山或属山地时，溪涧泉瀑各种理水形式，莫不因地制宜，随形而设。帝王宫苑的水面一般都很大，而私园的水面就较小，但所表现的意境都相类似。宋《洛阳名园记》中提及环溪在环水之中布

列亭榭楼堂，类似隋西苑；湖园的大湖，中有岛洲，是湖岛风景；文潞公东园"地薄东城，水渺弥甚广，汛舟游者，如在江湖间也"。明代苏州拙政园的中心是湖沼，文征明《王氏拙政园记》指出："有积水亘其中，稍加浚治，环以林木"，于是"混漾渺弥，望若湖泊。"

湖池的平面布局多处理有大小主次之别，水面也有聚分的不同。以聚为主，以分为辅。聚则水面辽阔，容易形成水景的中心，在其中和周围岸上筑山种植，建造亭榭，视线开展，倒影生辉，碧波激滟，风景如画，虽人工开凿，却也富有自然佳趣。分别似断似续，可构成曲折深邃的趣味，有对比变化。水面形状多采取不规则状，并往往在一角和地势高处为山岩绝壁，或引水湾、架水阁、跨桥梁，使池岸与园景富于变化。但亦有形同长池和河川，一面或两面为山，形成山抱水环之势，或环以建筑，点缀山面。水面狭长则有收放和曲折变化，以反映自然河川景观，如扬州瘦西湖、北京颐和园后湖的水面，泛舟其中有船行景异之妙。如在园林中有水源自上而下，则往往因地制宜，因境设景，布置瀑布、深潭、溪涧、喷泉、壁泉、涌泉等动态水景。如明万历年间建造的故宫御花园堆秀假山下的一对石狮盘龙吐水的喷泉，是我国保存最完整的古老喷泉之一。原来水源设在假山上置四个铜缸，人工直接挑水上去，清乾隆年间修建时改为用人工唧筒压上去。水管采用锡管，以防山石错动时压裂。在以建筑为主的庭院多做成正方形或长方规则式的水池，如北海的画舫斋和苏州的留园。

较大的水面，常用岛、堤和桥分隔水面，以增加层次和联系交通，使水面有丰富的变化。自汉起就有"一池三山"的布局传统。水的水池则以桥、廊、小岛等方式进行分隔，尤其廊桥效果更妙，能使水面明分而又不断。

园林理水首先要考虑水源问题，要"察水之来历"、"入奥疏源，就低凿水"（《园冶》），要巧于利用自然水源，若园址原有湖沼涯地，或有河溪流经其傍，或有泉眼涌出，应善加利用。我国江南私园善于利用江南水乡河流纵横，地下水位较高，在园内就低凿池，形成诸多水景。如苏州各园都凿有大小水池。清康熙选承德避暑山庄园址时，就注意了山庄内泉脉涌流，

有热河泉所造成"荷花仲秋见，惟因此热泉"的奇观。还有山峡流泉迸发，有的可以汇成瀑布。原来的湖沼还可筑堤闸加以扩大。北京的圆明园面积近五千亩，其中水面占一半，除引玉泉水外，水源主要来自园内三十几处流泉。但园内不易得流泉、悬瀑，如园内缺水，人工引水便成为需要。古代帝王宫苑，规模宏大，苑中必有河水，凿渠引水，延而为溪，聚而为湖。白居易《庐山草堂记》："堂西倚北崖石址，以剖竹架空引崖上泉脉分线悬自檐注砌，累累如贯珠"[2]，是利用山泉，剖竹架室引水形成的水帘。《明官史》记载："宫后苑鱼池之水，慈宁宫鱼池之水，各立有水库房，用驴拽水车，由地管以运输"，是利用畜力水车把护城河水提升，通过铜铸的管道引水到后苑去，作为观鱼池的水源。《日下旧闻故》谓："西山泉脉，随地涌流，其因事顺导，流注御园，以汇于昆明湖者，不惟疏脉玉泉已矣。其自西北来者，尚有二源……皆凿石为槽，以通水道。地势高则置槽于平地，覆以石瓦，地势下则于垣上置槽"，这是利用石槽暗沟以防沿途渗漏和控制水流的引水方法。清在圆明园的长春园北部造"西洋楼"时，吸取西洋水法，把水提升至储水楼，通过管道，做为大水法喷泉的水源。此外，还可利用屋檐水做为飞瀑的水源，或筑蓄水池设闸和挖水井为人工水源等。

园林的理水工程包括引水、水闸、驳岸、瀑潭、溪涧、喷泉、壁泉等。

一、水闸

园林中的水面，如与外界相通，则须设闸，以便调节水流。据程演生《圆明园考》，园水发源玉泉山，由西马庙入进水闸，支流衍至园内日天琳宇、柳浪闻莺诸处之响水口。水势遂分西北高而东南低。五空出水闸在明春门北。一空出水闸在蕊珠宫北，水出苑墙经长春园出七空闸东入清河。可看出圆明园设置的进出水闸、调节闸是很完善的。

古代园林设置的水闸以小型为主，或单独设立，或与园林中的桥、亭榭、假山相配合，以丰富园林的景观，也有设在隐蔽的地方，造成水源无尽之意。水闸多做成手提式迭梁闸，如颐和园谐趣园的出水闸，直接做在两岸花岗岩条石砌成的河道上。河道宽约3

米，条石驳岸高1.5米，闸槽就刻在条石驳岸上，宽为13厘米，深8厘米，未单设闸墙和闸礅，闸门用厚木板呈迭梁式上下排列。闸底的做法是在闸墙前后用花岗岩条石满铺河底，上游铺2米，下游铺3米，条石池基打一步灰土，上下游水位差约1米左右（图13-1-1）。这种闸结构简单，使用情况良好，完全经得住水流的冲刷力和渗流所成的压力。谐趣园的进水闸也筑造简单，巧妙地利用后湖南角的天然岩石做地

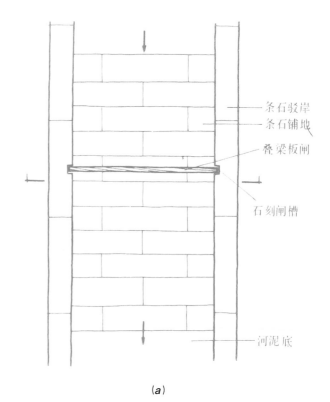

(a)

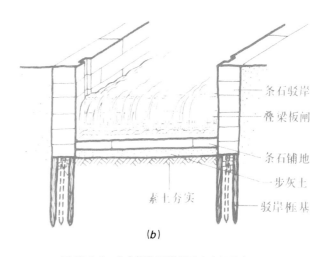

(b)

图 13-1-1　北京颐和园谐趣园出水闸示意图
(a) 出水闸平面示意；　(b) 出水闸做法示意

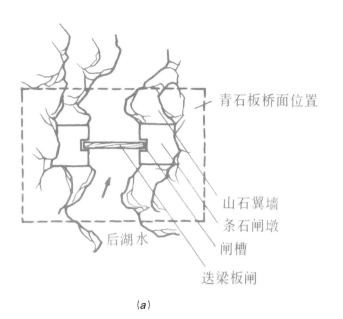

(a)

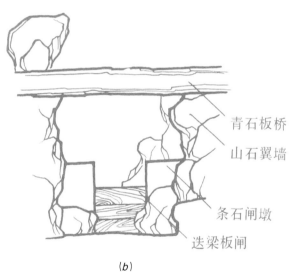

(b)

图 13-1-2 北京颐和园谐趣园进水闸示意图
(a) 进水闸平面示意；(b) 进水闸立面示意

基，把闸与青石板桥结合起来，闸门设在桥下，比较隐蔽。用长约 1.1 米、宽厚约 60 厘米的条石竖砌，嵌在由山石堆砌成的驳岸做的闸墩中，闸槽刻在条石上，宽深约 10 厘米。上下水位落差约 0.5～1 米，闸板为木质迭梁式，上下启闭。这个闸址的选择很成功，能充分利用原来的天然岩石地基，闸与石桥相结合，结构简单，而且省工料，外观也含蓄自然（图 13-1-2）。

承德避暑山庄乾隆年间修建的水心榭（图 13-1-3），是把水中亭榭、石桥与闸结合起来，成为园林一

景的例子，桥墩与闸墩合而为一，两端的石桥下为一孔闸，中间的长石桥为六孔闸（图 13-1-4）。

除了水闸外，还有用小滚水坝的形式以保持不同高差水池的水位。如北海静心斋内的沁泉廊，南北临池，北面水池的水经廊下滚水坝流向南部的水池，由滚水坝保持南北大小水面的水位差。廊下有两条石砌成的桥墩，宽 63 厘米，池底满铺条石，南北超过桥墩 60 厘米，滚水坝设在桥墩的南端，系由高 75 厘米、底宽为 80 厘米的等腰三角形条石直接砌在地底的条石上。滚水坝南面上端刻有二道蹉蹉，每蹉 4 厘米，前后缩进 2.5 厘米，水由滚水坝流向低处时，发出潺潺流水声每蹉激起浪花，变无声为有声，静中有动，使园景增添变化（图 13-1-5）。

二、驳岸

宋之金明池，有五殿正在池中心四岸石的记载。可见，我国古典园林驳岸之作由来已久。驳岸的做法，对于自然式的湖池一般都用石块迭成曲折自然的山石驳岸。水面广阔岸浅的地带多采取土岸或散点山石，汀蒲苇荷杂植其中，更显得自然质朴。沿岸有建筑物，整形水池或堤、岛沿岸要求抗拒水浪冲击的地方则多砌成整齐的条石驳岸。

（1）条石驳岸：材料一般用坚实未经风化的花岗岩条石。《西湖志》载，清雍正二年（1724 年）曾对西湖白堤加宽加高，修筑时钉桩贮土，铺砂甃石，四年冬造成，说明修条石驳岸时已用打桩以防沉陷的方法。明清以来的宫苑，如北京的北海、圆明园、颐和园等的水面有不少是采用条石驳岸的。

颐和园昆明湖东堤条石驳岸的做法：由于昆明湖水面大风浪高，条石驳岸从湖底到岸顶高约 1.7～2 米左右，比最高水位高出 1 米左右。因湖底有淤泥层和流砂层，故驳岸采用梅花桩加固地基（做法与假山石山桩基相同）。桩顶上置压桩石，再浆砌条石，每层错缝，条石之间加嵌铸铁造的银锭扣固定，以防冻胀松劲。在条石驳岸的背水面为浆砌大城砖，施工时码一层条石，背一层砖，砖面之间灌桃花浆，并在一段距离增加背石，亦用银锭扣与前面的条石固定，增强横向联结，在城砖墙背后打灰土墙。在圆明园方壶胜境遗迹见到的灰土墙厚度约 1.5 米。这样可以防止

图 13-1-3　承德避暑山庄水心榭景观

北方地区水面冰冻后向岸壁推压，同时也减少沿岸积水，达到坚固耐久。在江南园林因无冰冻破坏，条石驳岸的背水砖墙和灰土墙做的较薄或不做。桩基用木除柏木外也用杉木，桩木的排列还有七星桩。打桩的密度、粗细、长度，须视土质、水池深浅和承重大小而变化。此外，亦有用较小的整形块石或乱石砌成块石驳岸和虎皮面驳岸（图 13-1-6）。

　　（2）山石驳岸：采用自然山石如湖石、青石、黄石等砌成有起伏曲折变化的驳岸，能很好地与自然山水和假山等相配合，体现出自然纯朴的情趣，故在我国古典园林中得到广泛的应用。如江南园林的水面池岸大部分是山石驳岸，北京颐和园的知春亭、后湖、

谐趣园等局部也采用山石驳岸。山石驳岸的做法需要打桩基，背面城砖宽度为 50 厘米左右，亦可打灰土墙（图 13-1-7）。在桩基上用条石或大块石压顶。上面浆砌块石、条石与块石不外露至常水位以下一点开始迭砌假山石，驳岸用石要以大石为主，好的一面朝外，接近地面的山石布置成有大小、集散、高低错落和前后进退的自然变化，亦有在接近地面部分接以土岸，栽草植树，更接近自然。山石驳岸的用石统一效果较好，如在一个水面用两三种石料，应加以分类，做到局部用石一致，有过渡处理，不使生硬。山石驳岸更要与四周地形环境相配合，岸高的地方可以做成峭壁式的山石驳岸，低矮凹凸处做成伸向水面的石矶式山石驳

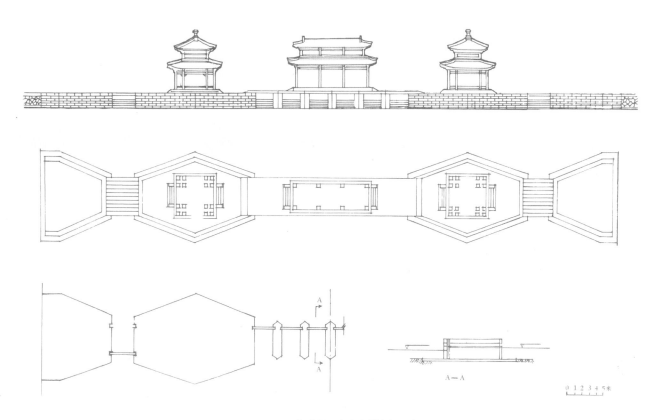

图 13-1-4 承德避暑山庄水心榭水闸示意图

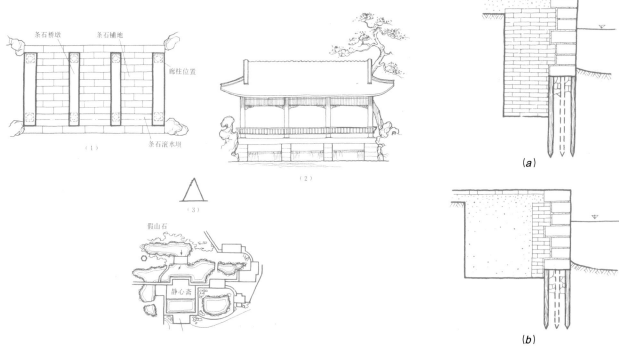

图 13-1-5 北京北海静心斋沁泉廊滚水坝示意图

(1) - 滚水坝平面示意; (2) - 滚水坝立面示意; (3) - 条石滚水坝横断面示意;
(4) - 沁泉廊在静心斋的位置

图 13-1-6 条石驳岸
(a) 北京颐和园条石驳岸横断面图;
(b) 北京圆明园条石驳岸横断面图

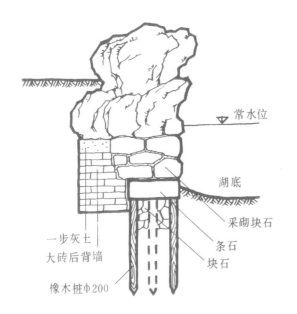

常水位

湖底

采砌块石

条石

块石

一步灰土
大砖后背墙

橡木桩φ200

图 13-1-7　北京颐和园山石驳岸横断面图

图 13-1-8　南京瞻园石驳岸

图 13-1-9　苏州耦园台阶式山石驳岸

图 13-1-10　扬州寄啸山庄花台式山石驳岸

图 13-1-11　苏州残粒吲水岫式山石驳岸

岸（图 13-1-8）。或做成台阶式山石驳岸（图 13-1-9）、花台式山石驳岸（图 13-1-10），或局部排出山石形成水岫或山石驳岸，状若布有小穴，使水在石下望之深邃，似有泉流（图 13-1-11）。

小池的山石驳岸不宜僵直和过高，否则犹如凭栏观井，失去应有的比例尺度。驳岸离水面高度以高出25 厘米到 1 米左右为好。如为地势所限，水位过低而池岸过高时，应设法使人的活动能有部分接近水面，将四周很高的池岸用湖面叠成崖壁的形状，建亭榭于池的一角，贴近水面，使人在亭榭内观景，犹如进入峻峭山岩下的水潭，别有一种风趣，这是古代园林处理池中水位较低的一种较好的传统手法。

（3）土岸：适用于岸线坡缓的湖池岸。《西湖志》记杭州西湖苏堤始末渭，堤是取西湖葑性土积成，初时未用石驳岸，而是"列插万柳护岸"，后来因"柳败而稀，堤亦圮"。说明土岸坡度不能太陡，否则经不起水浪的冲刷。而植柳可以起到护岸固坡的作用，土岸宜和山石植物互相配合，在容易受到风浪冲蚀的地方，布石

图 13-1-13　扬州小盘谷汀石

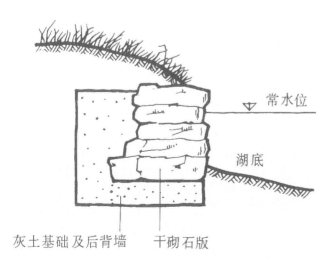

图 13-1-12　北京圆明园土驳岸横断面图

巩固，使其亦有自然点景的效果（图 13-1-12）。

（4）汀石：在池小水窄之处，以汀石代替桥梁，可使水景更形自然之趣，增添水面变化和方便水上游览观景。如扬州小盘谷的汀石，大小数块高低参差错落，身历其境犹如在深山溪谷之中（图 13-1-13）。汀石的地基处理视水深和土质情况而定，水浅一般是素土夯实后打两步灰土即可，上砌步石，宜选石块较大，外形不整而面上较平的山石，两个相邻步石的中心距离保持在 60 厘米左右。

水池的防漏，《园冶》在山石池提到"选版薄山石理之，少得窍不能盛水，须知等分平衡法可矣，凡理块石，俱将四边或三边压缀，若压两边恐石平中有

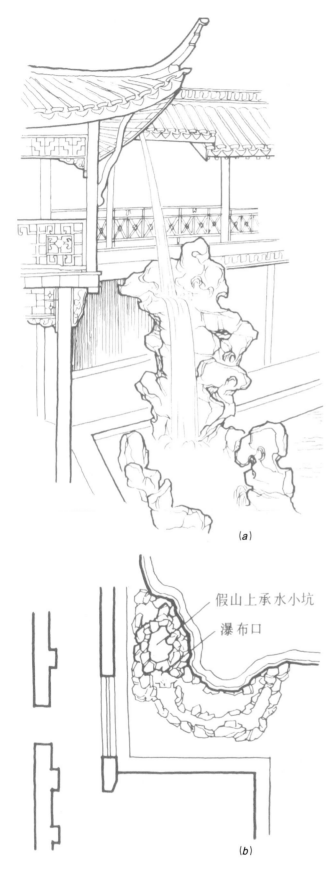

图 13-1-14　扬州寄啸山庄人工瀑布
(a) 假山瀑布透视；(b) 屋檐下假山瀑布位置示意

损，如压一边，即罅稍有丝缝水不能注，虽做灰坚固亦不能止"，关键是要将块石的四边或三边相互压掇。对方池的防漏，如清代北海琼华岛后山上的两个水池，在池底和池壁先打灰土，后砌条石，油灰勾缝，池子注水时可以防漏，但油灰不延年。

三、山石水景

泉、深潭、溪涧都需要结合山石才能符合自然界成景的规律。古代多利用地势高差引流，山上设水柜或利用檐水为瀑布的水源。唐白居易《庐山草堂记》说："堂东有瀑布，水悬三尺。"《热河志》也有记述："瀑源来自西峪，垂于涌翠岩之巅，玉喷珠跳，晴雷夏雪，汇注湖中"，是利用天然山泉石壁形成的瀑布。宋艮岳已有人工瀑布，在假山上设水柜、立石壁，需要时开闸注水为瀑布。宋《洛阳名园记》董氏东园有"大池中为堂，榜之曰含璧，四面喷泻池中而阴出之，故朝夕如飞瀑而池不溢"，表明在宫苑和私园都有人工瀑布的运用。到了明朝，对人工瀑布已有论述，如《长物志》谓："山居引泉，从高而下，为瀑布稍易。园林欲作此，须栽竹长短不一，尽承檐流，暗接藏石罅中，以斧劈石叠高，下凿小池承水，置石竹其下，雨中能令飞泉喷薄，潺湲有声，亦一奇也。尤宜竹间松下，青忽掩映，更自可观。亦有凿水于山顶，客至去闸，水从空直注者"。《园冶》也提到"瀑布如峭壁山理也，先观有坑高楼檐水，可间至墙顶作天沟行壁山顶留小坑，突出石口，泛漫而下，才如瀑布"。如上海豫园、苏州狮子林、扬州寄啸山庄等利用檐流布置有人工飞瀑（图 13-1-14）。无锡寄畅园之"八音闸"利用惠山多泉的自然条件，人工掇山造成溪涧的景象。从涧源跌落，引起共鸣欣赏泉声（杭州水乐洞亦用"无弦琴"题咏）。此涧从低处到水源高处为东北西南走向，水势高差约 1 米多。涧长约 20 米，谷宽 2～4 米左右，溪涧峪谷山石高约 2～3 米多（图 13-1-16）。八音涧入口有石铭横空，两山谷间涧流隐现（图 13-1-15a）。下阶入谷，折桥贴水，山涧夹道，流泉从石槽跌落，高约 60 厘米，水口下面山石收进形成水岫，引起共鸣，水声愈响（图 13-1-15b）。西行则二涧合一横穿路面，跨涧穿谷，山涧又单流于左侧，从放到收，窄处仅约 15 厘米，时而暗穿石罅，复又行于明沟（图

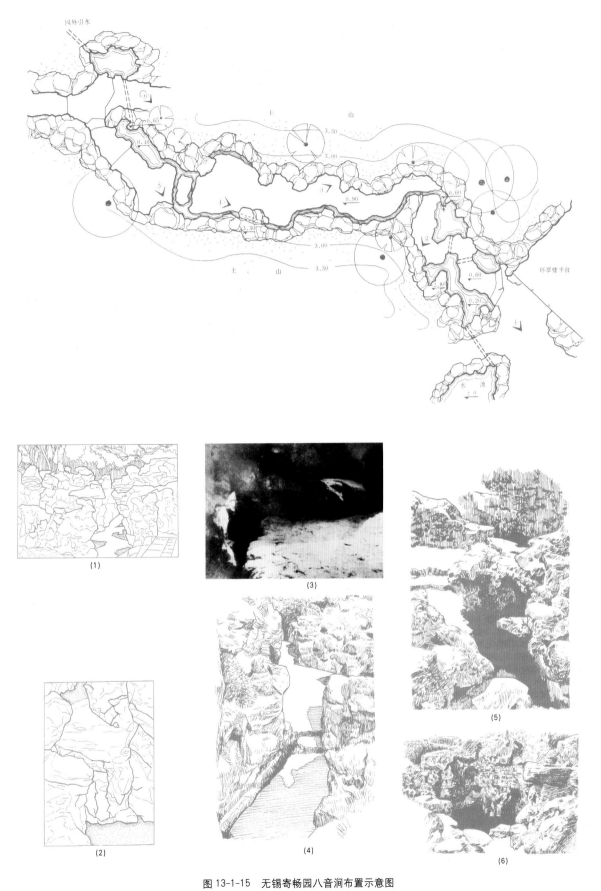

图 13-1-15 无锡寄畅园八音涧布置示意图
(1) 八音涧入口；(2) 八音涧跌水及水岫做法；(3) 山涧窄处；(4) 汀石分水；(5) 水池及跌水；(6) 泉源小池

13-1-15c）。中段以后又被汀石分为两股穿路而西（图13-1-15d），又放开为狭长水池。池面水岫含水不尽，从泉源到此又是一个跌水，高约65厘米（图13-1-15e）。循自然石级而得泉源小池，泉自石罅溢出，即由西墙外所涵引者（图13-1-15f）。由于泉流时宽时窄，流速乍缓乍急，跌水高差不一，消力池大小深浅各异，加之伏流明溪的变化，从而产生不同的水潺音响。这种化无声为有声的做法，是很自然和别致的。

北京颐和园中的谐趣园，仿寄畅园的造园经验并结合自身的自然条件，在园的西北角设清琴峡，引后湖水源，巧妙地利用天然山石与人工叠石相结合形成的胜似自然的山涧溪流的做法。不同之处是，利用后湖水与谐趣园水池的约1米左右的水位差和万寿山山麓原有的山石小峡谷，引后湖水至入口处结合石桥设闸，对溪谷底进行疏导凿通，使细流顺谷潺缓而下，时而击石激起浪花，时而跌落喷薄玉珠，发出铿锵如琴韵之声。在溪峡东北岸结合蹬道堆叠一部分山石，真中有假，设步道飞桥以便游览观赏。水出峡谷后为小浅池，穿过游廊和石桥而入大池。岸旁有巨石垂萝、柏木翠竹和芳草，宛如一幅山水画（图13-1-16）。

壁泉多做成从高处引水入池的出水口处理，如无锡惠山方池龙口吐水（图13-1-17）。

泉源的处理，应以顺应其自然，突出特点为佳。如为山腰山麓石罅流泉，可以山石围成水潭小池，然后顺其泉脉，分层引流，结合地形条件布置成涧溪、深潭和池沼。如为平地的泉流，在建筑庭院则有用条石砌成整齐的长池、方池或围以井栏，上筑亭盖，如无锡惠山天下第二泉。泉源水量大到可积为广池，如济南趵突泉。泉底一般不加处理，或只铺粗砂。亦有在泉下掘井，沟通地下水以防枯竭，如苏州虎丘山天下第三泉下即有井。

图13-1-16 北京颐和园谐趣园清琴峡

图13-1-17 无锡惠山天下第二泉龙头吐水

第二节　掇山技术

我国古代园林中的假山，以造景和提供游览为主要目的，同时兼有其他方面的功能之作用。至于零星山石的点缀，则称为置石。假山因使用的材料不同，分为土山、石山和土石相间的山，后者因土、石采用的比例不同而又有土山带石和石山带土两种。长期以来，我国的假山匠师和工人，在吸取了建筑泥瓦作、石作等工程技术和传统山水画技法的基础上，于实践中逐步积累经验，创造了这一门独特、优秀的假山技艺。

假山具有多方面的作用。首先，假山可以作为园林的主景和骨干。如南京瞻园、上海豫园、扬州个园和苏州的环秀山庄等，皆以山为主，水为辅，建筑居于次要的地位，甚至作为点缀，这类园子实际上是假山园。假山的另一个作用是作为划分和组织园林空间的一种手段，如圆明园，以土山分隔景区，颐和园以仁寿殿西面土石相间的假山作为划分空间和障景的手段，苏州拙政园以腰门内假山为障景，远香堂以土山作对景等。特置、散置等山石小品一类的置石还可用以点缀庭院、廊间、漏窗、阶旁、建筑角隅和水边、池中等，具有"因简易从，尤特致意"的特点。除了造景以外，造假山还可以平衡挖方；叠山石可作驳岸、护坡、石桥、汀石、花台，也可以作石屏风、石榻、石桌、石几、石凳、石栏等用。更值得关注的是，假山的造景作用和实用功能二者可以巧妙地结合在一起，它具有与园林的其他组成部分，诸如水体、建筑、道路、场地和树木花草等，一起组合成丰富多彩的园景的特点。采用和山石相合的形式，可以使人工建筑物自然化，使建筑的人工美通过山石衔接，逐渐过渡和融合到自然美的园林环境中，因此，假山成为最广泛、最具体和最灵活表现中国园林的一种传统手法。

一、土山

我国人工造山的渊源甚早，秦汉时，首先在帝王的宫苑中出现了有神话色彩的土山。《三秦记》载："秦始皇作长池，筑土为蓬莱山。"汉武帝建元四年（公元前137年），太液池中堆了蓬莱、方丈、瀛洲壶梁诸神山。可谓园林土山之始。此后，历代帝王都相为循

池中堆山之法。除了池中造山就近平衡一部分土方外，也在陆上造土山。《汉官典职》载："宫内苑聚土为山，十里九坂。"《后汉书》载，"梁冀园中聚土为山，以象二崤。"说明当时造土山，是仿真山造的。南北朝至唐，苑囿园林造山仍以土筑为主。宋徽宗营艮岳，虽开大量用石之风气，但规模较大的园林仍不免开池堆土成阜作为园内地形起伏的骨架。明计成著《园冶》村庄地一节谓："约十亩之基，须开池者三曲折有情，疏源正可。余七分之地，为垒土者四，高卑无论，栽竹相宜。"则又进一步提出山水和地面之间的参考比例数值。

古代的园林在布置土山的同时，也综合地安排了利用自然地面排水的问题，土山之所以忌成坟包状，不仅因为造型呆板，还由于地面水泛流而下，易造成严重的冲刷，影响土山的稳定。为此，土山要有山谷和山脊的变化，地面降水便可以有组织地循谷线而下，顺势排入园中水体。造山必须是"胸有丘壑"，而不可有丘无壑之理亦在此。北京颐和园万寿山后山利用天然的两条谷线开辟了东、西两条排水沟。西边一条名叫桃花沟，汇山水于沟中，循沟而下。沟底和边坡用山石作防护和点缀。出水口用山石做成上台下洞的形式，水自洞中排入后湖。东边的排水沟位于"寅辉"两侧。其上游纳山之东、西和东南三面山洪，形成自然的山涧，利用地形高差做成几层跌水。主要的一层跌水还用山石做成假洞，部分降水成水帘从洞顶泻下，再经几度转折，绕峭壁，穿石桥而归入后湖，这两处山地排水沟，都是在充分利用自然地形的基础上，适当加以改造，并把排水设施和自然水景融为一体，是处理成功之例（图13-2-1）。好的土山往往是前缓后陡，左急右缓。也有于缓中见陡或陡中有缓的局部变化，这和赍土为山的施工过程有关。一般是挑土上山的一面缓，而复赍卸土的一面陡。由于山腰常有安置建筑场地的需要，多作成平台。现存最大之土山为元初建元大都时所筑琼华岛和万寿山（今景山）。琼华岛高约30余米，坡度为1∶3。景山亦创于元初，明崇祯七年（1654年）实测高十四丈七尺，约合43米，坡度为1∶2。从现况看，这两座山基本是稳定的。惟景山地面陡处冲刷严重。

在叠石山成风的明、清两代，出现了反对用石过多和主张土山带石的做法。计成在《园冶》掇山篇中

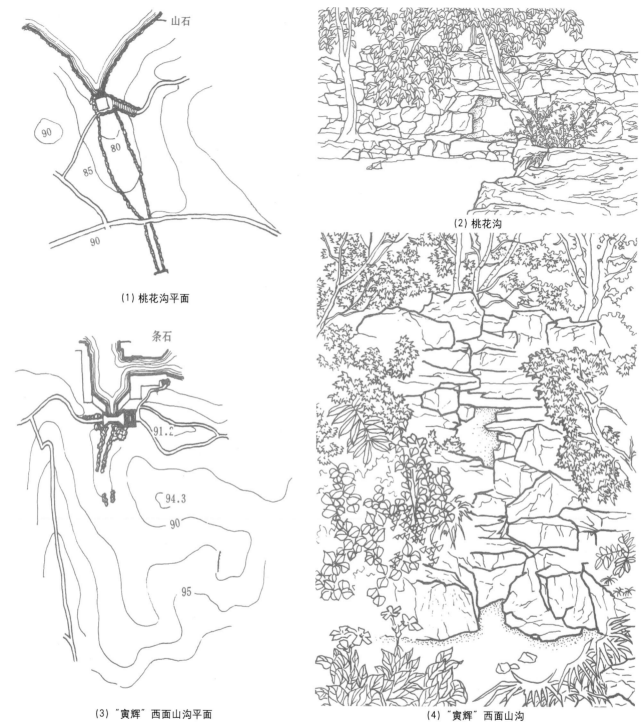

(1) 桃花沟平面

(2) 桃花沟

(3) "寅辉"西面山沟平面

(4) "寅辉"西面山沟

图 13-2-1　北京颐和园万寿山后山排水沟

说："土成岗，不在石形之巧拙"，"结岭挑之土堆，高低观之多致，欲知堆土之奥妙，还拟理石之精微。"清初张涟（南垣）更是反对矫揉造作的一些石山的做法说："今之为假山者，聚危石，架洞壑，带以飞梁，矗以高峰。据盆盎之智以笼岳渎。使人之者如鼠穴蚁蛭，气象蹙促，此皆不通于画之故也。"（《撰杖集》）

吴梅村著《张南垣传》载："……盈尺之址，五尺之沟，尤以致之，何异市人博士以欺儿童哉！惟夫平岗小坂、陵阜坡，版筑之功，可计日以就。然后借之以石，棋置其间，缭以短垣，翳以密筱，若似乎奇峰绝巘，累之乎墙外而人或见之也。其石脉之所奔注，伏而起，突而怒，为狮蹲，为兽攫，口鼻含牙，牙错距跃，互

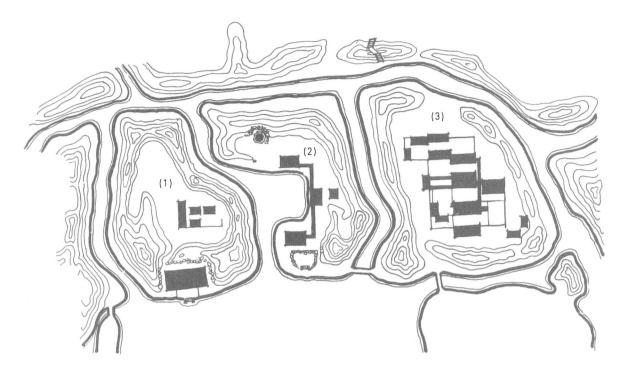

图 13-2-2　北京圆明园
(1) "上下天光"； (2) 慈云普护； (3) "碧桐书屋" 土山布置

决林莽，犯轩楹而不去。若似乎处大山之麓，截溪断谷，私此数石为吾有也。"清代李渔亦喜为土山带石之法，其《闲情偶寄》谓："用以土代石之法，既减人工，又省物力，且有天然委曲之妙。混假山于真山之中，使人不能辨者，其法莫于此。累高广之山，全用碎石，则如百衲僧衣，求一无缝处而不得。此其所以不耐观也。以土间之，则可泯然无迹。且便于种树，树根盘固，与石比坚。且树大叶繁，混然一色，不辨其谁石谁土。列于真山左右，有能辨为积累而成乎？"又说："土之不能胜石者，以石可壁立而土则易崩，必仗石为藩篱故也。外石内土，此从来不易之法。"他们的这些见解，可以从无锡寄畅园中土山带石的假山得到印证。此山为张涟之侄张钺所筑，取惠山东麓之一角建园。掘地取土，为山于池西而居惠山之东，混假山于真山之前。山脚约 2 米高的地带，以黄石为危，使土山在底面积不大的条件下争取到约 4 米的高度。土山之脉向与惠山之走势相顺应。自游廊隔池西望，惠山之九龙峰远障如屏，而假山若惠山之余脉延伸蜿蜒。层次丰富，颇具画论中之"三远"变化。加之土山上古樟蔽日，矶头拱伏，令人莫之山假。清雍正创建之圆明园，总面积约五千

亩，于平地上凿水堆山而水陆各约占半。土山又为陆之半，山高二至三丈，陡处砌山石为垣，山上复以树木，所有景区的划分，利用土山和聚散变化的水面来组合，山随水之通达而回转环抱。如图 13-2-2 所示为圆明园"上下天光"之实测地形图，由此可见一斑。北京颐和园循万寿山北麓开凿后湖，取湖土结岭于湖北岸之狭长地带，假山与真山隔湖而南北对峙，极尽收放、开合、曲折、深邃之变化。两岸交错处山口紧锁，若至尽处，泛舟转折又豁然开朗，加以延伸港汊，架设各式园桥和点缀岛屿，有若天成。图中为后湖山水景一瞥，左面是万寿山，右面是假山，又借西山为远景，可谓混假于真之佳作。

从被破坏的一些土山遗址看，古代园林中的土山一般不作地基处理。体量小的土山采用分层版筑的办法，而大的土山多利用自然沉实。清代扬州瘦西湖之小金山，由于当地土壤是沙土，又是在很有限的底面积上达到山势高的景观效果，因此屡堆屡坍，后来采用土壤和木板间层相积的做法，终于求得稳定（见《浮生六记》）。

二、石山

（一）选石

掇石山之初，首先要根据远景和功能的需要考虑选石。从明绘"阿房宫图"中已可见到用湖石作叠置，但尚未见文字记载。从我国最初叠石山的情况看，多为就地取材或就近取材。如汉代袁广汉于北邙山下构石为山（见《西京杂记》）。北魏茹皓采北邙山及南山佳石，为山于天渊池西等（见《魏书》卷九十三《茹皓传》）。特别是江南盛产体态多变的太湖石，经名人收集，诗人题咏加以宣扬后，用太湖石造山之风遂盛。由于太湖石的发现，可以满足当时园主移天缩地和欣赏山石象形的要求，因此均竞相采用太湖石。到了北宋末年，宋徽宗命朱勔办"花石纲"将江南所产奇花异石运至汴梁，兴造艮岳，成为历史上最大规模和最远距离的山石采运。《癸辛杂识》载："前世叠石为山，未见显著者，至宣和艮岳，始兴大役，连舻辇致，不遗余力。其大峰特秀者，不特侯封，或赐金带，且各图为谱。"自宋以后，私园用石亦兴，其中首推吴兴叶少蕴之石林。园居半山之阳，万石环之，其做法并非采取万石，而是因山而别取。自明代以后，采用山石的品类更广了，除太湖石外，还采用黄石、青石以及各种石笋等。

（1）湖石类：其太湖石出自西洞庭，即苏州洞庭东山、西山一带。《姑苏采风类记》载："太湖石出西洞庭，多为波涛激啮而为嵌空，浸濯而为光莹。或缜如圭瓒，廉列如剑戟，矗如峰峦，列如屏障。或滑如肪，或黝如漆，或如人、如兽、如禽鸟。好事者取之以充苑囿庭除之玩，以所谓太湖石也。"明文震亨著《长物志》云："石在水中者为贵，岁久为波涛所击，皆成空石，面面玲珑。在山上者为旱石，枯而不润，赝作弹窝，若历年久，斧痕已尽，亦为雅观。吴中所尚假山，皆用此石。"

湖石属于石灰岩，水中、山中皆有所产。由于水中含有二氧化碳，对石灰质产生溶蚀作用，冲去了山石表层可溶的部分而产生凹凸，渐深成"涡"，"涡"向纵长发展成沟，向纵深发展成环，环通为洞，遍布沟而成皱纹。涡洞可相套，但洞不一定在涡内。洞边多圆角。皱纹又有疏密、深浅的变化。这就形成了湖石外观柔曲圆润、玲珑剔透、皱纹疏密、涡洞相套的

特点。亦为国画中荷叶皴、披麻皴、解索皴所宗的一个来源。如图 13-2-3 所示，为明万历四十一年（1613年）刊于《素园石谱》之太湖石图。现存太湖石之著称者，则有苏州织造府之瑞云峰、石门福严禅寺之绉云峰（此石现在杭州植物园）、上海豫园香雪堂前玉玲珑和苏州留园的冠云峰等。

湖石因其所产地区不同又可分为南太湖石和北太湖石。江南各地所产通称南太湖石，其中一种青灰色，多皴纹的俗称"象皮青"灰中夹杂细白纹，如从艮岳运来北京北海琼华岛的一种，就是从江南作为"花石纲"运到汴梁，到了金代又移来北京的遗物（见明宣宗《广寒殿记》），北京大量用的一种湖石，类似太湖石，而产地在长江以北，故称北太湖石。如北京房山区，河北易县，河南张郭，山东泰山、崂山及沿太行山往东一带都有所产。房山所产的湖石俗称土太湖石或房山石，其形体较太湖石为浑，多密布的小孔穴而少有玲珑嵌空。石产土中，因被当地红土所渍，石色呈赤黄色，比重较湖石大。河南产的一种呈淡黄色。北京北海琼华岛北山、静心斋及颐和园夕佳楼等处都是房山石。

江南一带还采用一种"宣石"。此石产于宁国市，其色洁白，多于赤土积渍，须用刷洗，才见石质，或梅雨天瓦沟下水，克尽土色。"惟斯石应旧，愈旧愈白，俨如玉山也"（《园冶》）。清代扬州个园，利用宣石作冬山。宣石体浑而无环洞等变化，也没有挺直棱角线。

（2）黄石、青石类：这类山石属于细砂岩，因含有不同的矿物成分而具有不同的颜色。黄石在华东、华南等地区均产。常州黄山、苏州尧峰山、镇江圌山所产较为著名。黄石是方解型节理，由于水流和风化等造成的崩落都是沿节理分解，形成大小不一、凹凸进出的不规则多面体。其节理面平如刀削斧劈，面与面的交线又成为锋芒毕露的棱线，质地坚硬，形体平正大方，浑厚朴实。常熟虞山的黄石自然景观和上海豫园的黄石大假山均此。如图 13-2-4 所示，为苏州虎丘黄石景观。此为国画之"大斧劈"、"小斧劈"和"折带皴"所宗。

青石的产地也很多。北京所用的多为北京郊区红山口小山所产。青石除了颜色青灰不同于黄石以外，其体型多呈片状，故又有"青云片"之称。青石纹理纵横交错。不像黄石那样规整，节理面亦少有方解型，因此青石多以横纹取胜，但也有墩状和竖直取胜的形体。

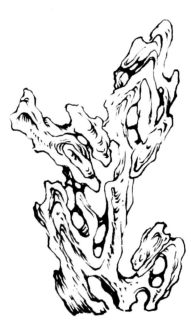

(1) 太湖石   (2) 敷庆万寿   (3) 神运昭

图 13-2-3 明刊《素园石谱》中之太湖石

图 13-2-4 苏州虎丘黄石景观

（3）石笋类：这是形体呈笋形或剑形山石的总称，并不限于钟乳石笋。北方也有称石笋为剑石的。石笋皆以竖用取胜，宜独立布置于粉墙前、竹林中，作对景。因石笋形体和其他山石差异很大，所以不宜混用。常见的石笋有以下几种：

百果笋：北方称为子母剑，即在一种青灰或青绿的砂石中夹有白色或其他颜色的卵石。如图 13-2-5 所示，为苏州网师园之百果笋。

乌炭笋：色灰黑如炭，亦有稍带点青灰的，北方有称"慧剑"。由圆明园移到颐和园之慧剑，高可数丈。

虎皮笋：青褐色，产云南。以尺论价，较为稀罕。质较脆。

（4）其他石类：岭南园林多用广东英德市所产之英石，具有色深、质坚脆、嶙峋突屹、皱纹深密、精巧别致的特点。多作特置、散点或小型石山。还有一种龙江石，属变质岩，具有斧劈面观。广东潮州一带则采用海边的"石蛋"置石，其形体厚朴、沉实、圆深、古拙，富于岭南园林的地方特色。

至于木化石、钟乳石、珊瑚石之类，仅作室内外之陈设。

以上归类并非绝对，不同地区也有同类岩层。而选石总的原则应该是"是石堪堆，便山可采"，这不仅是为了经济，同时也可以充分发挥各地的地方色彩。

（二）采石

　　山石有的产于水边、水底，有的半埋或全埋于土中。因此，开采的方法有所不同。宋代《云林石谱》关于开采深水中的太湖石有如下记载："采人携锤錾入深水中，颇艰辛，度其奇巧取凿，贯以巨索，浮大舟，设木架，绞而出之。"水中采石多为渔人兼工。又谓采灵璧石："石产土中，采取岁久，穴深数丈，其质为赤泥渍满，土人以铁刃编刮三两次，既露石色，即以黄蓓帚或竹帚兼磁末刷治清润……石底渍土有不能尽去者"。英石产溪水中，"采人就水中度奇巧处錾取"。《长物志》载："英石出英州倒生岩下，以锯取之，故底平"。《云林石谱》记载采石笋的情况谓："率皆卧生土中，采之，随其长短，就而出之"。

　　至于半埋土中之山石，须了解石根之深浅方能确定是否可以挖掘出来。有经验的工人以掌拍石，听其声音而推测石根深浅以定取舍。

（三）运石

　　石既采出，紧接着就是运输的问题。在我国古代运输条件很有限的情况下，能够远距离地搬运很多岿然大块完整的山石，且可以完整无损地到达目的地。特别是太湖石，质地坚却脆，很多产石的地方并没有道路，非常容易损坏。根据宋代《华阳宫纪事》的记载，所谓"神运昭功敷庆万寿峰"，"广百围，高六仞"，能够安然无损地从江南运到汴京，的确是劳动人民创造的奇迹。《癸辛杂识》载："艮岳之取石也，其大而穿透者，致运必有损折之虑。近闻汴京父老云：其法乃先以胶泥实填众窍，其外复以麻筋杂泥，固济之令圆混，日晒极坚实，始用大木为车，至于舟中。直俟抵京然后浸之水中，提去泥土，则省人力而无他虑"。《吴兴园林记》载南沈尚书园运石的情况："池南竖太湖石，三大石各高数丈，秀润奇峭，有名于时，其后贾师宪欲得之，募力夫数百人，以大木构大架，悬纽缒城而出，载以连肪，涉溪绝江，致以越第，凡损数夫"。以上记载生动地说明了封建统治者为求己欲，不惜牺牲无数劳动人民的生命和血汗。

　　我国古代运石的技术包括起吊和水平运输两个环节。

　　（1）山石起吊技术：主要是运用起吊木架、滑轮

图 13-2-5　苏州网师园石笋

和绞盘组成各种起吊的木构机械，结合人力进行起重的。由于石材体量不一，起吊的构架又分为以下数种。亦即《园冶》所谓"随势挖其麻柱，谅高挂以秤竿"所概括的做法。

　　①秤竿：假如有石重五百斤欲起之使高，先用立架一具（图 13-2-6），一人之力即可起之。如图 13-2-7 所示，为"大秤"起吊的做法，用于施工现场，其构架用杉篙扎成。这种大架可放数个秤竿同时起重。起重量较大，扎架费工而不易搬动。踩盘可以供人上去操作。更重的山石可以用两个"大秤"，各伸出几个秤竿共同起吊一块山石。从流传下来的经验看，以三脚架较为稳定，而且可以用不同高度的支柱来适应复杂变化的地形。

　　②滑车：最初是用檀木外包熟铁皮制成的一种滑车，称为"舟"。用一个滑车叫做"舟一"，并用两个滑轮叫做"舟二"，一般多至"舟三"。后来从木滑车改用铁制滑车。滑车也是木架支撑，以人力绞盘为动力。

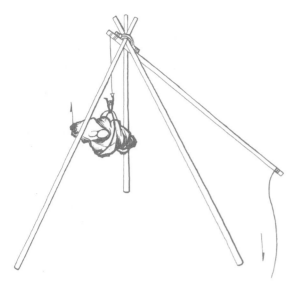

图 13-2-6　秤竿

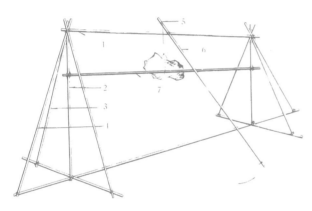

图 13-2-7　大秤示意
1- 承座；2- 木橛；3- 槌木；4- 迎门；5- 秤头
6- 秤杆；7- 踩盘

③龙门扒杆：是用两根杉木做成的轻便支架。先将两根木柱并铺地面上（图 13-2-8），用双元宝扣套上两根木柱之顶端，以绳之一端绕二木柱数圈，再往两根木柱头上各套一圈后放于一侧。另一绳则只在一根木柱头上套一圈。支架竖起以后，这两根绳都用木桩固定。在二柱交叉处挂上滑车即可起重。龙门扒杆较三脚架更为灵活，在两杆牵绳稳妥地放长一点后，支架可作一定程度的倾斜。并用前拉后推的办法。利用这点倾斜，可作 1～2 米的水平移动。

另一种稳定支架的方法是四面有牵绳固定在桩上。如果在很小的空间里要起吊体量很大的石峰，也可以用巨大的独杆起重。独杆置于垫板上，基础加固，四面以牵绳固定，配以滑车，绞盘便可使用。

为了加固三角支架，可以在木支架上加拉木。拉

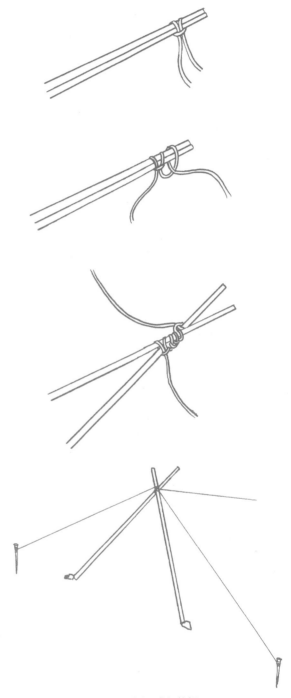

图 13-2-8　龙门扒杆

木又有分层式和退阶式两种（图 13-2-9）。

（2）引重技术：古称"引重"，即今之水平运输。石的水平运输大致可以分为大搬运、小搬运和"走石"三个阶段。大搬运是从采石地点运到施工堆料场。小搬运是从堆料的地点运到放置这块山石的大致位置上。"走石"则是在运输过程中或将山石放到大致确定的基本位置以后，为了在结构和外观上使山石放在最理想的位置，使山石作很短距离的平移或转动。

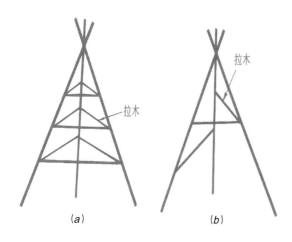

图 13-2-9　三角支架
(a) 分层式；　(b) 退阶式

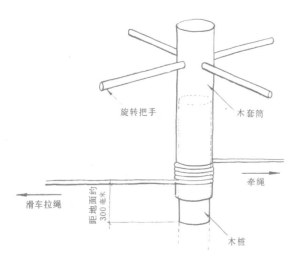

图 13-2-10　木绞盘示意

①"木地龙"："木地龙"又称"旱船"，亦即古代所谓"大木为车"的做法。我国古代山石的大搬运多利用水运。这就是"便宜出水，虽远千里何妨"所总结的道理。如清代之扬州亦借盐船空返之便，装运山石以压船。既抵码头，则必须按以陆运的工具。一般不大的山石可以辇载，巨大的山石则往往是用"木地龙"配合滑车绞盘等来完成的。如苏州留园的"冠云峰"就是利用"木地龙"从码头上岸过河桥而抵达留园的。

"木地龙"采用坚实的巨枋两根，大头向上翘，小头略向上翘，二枋平行而设，枋间距离略小于所运山石的底宽，枋下设滚木若干，滚木下垫以厚木板，木板厚度力求均匀而上表面平滑，拉绳系于枋首，前拉后撬，并可利用滑车、绞盘，节省人力。转变方向

时斜置滚木以逐渐折转。上坡时每拉动一次间歇时要马上在后面下坡方向垫以坚实而成斜面的小木枋以防止倒滑。下坡时将木枋一步步地垫在前面下坡的方向。绞盘也可以配合下坡时向上坡方向稳定而逐渐放绳，以免下坡冲力过大而失去控制。

②绞盘：辘轳和绞盘一类的工具最初都是木制的，后来在着力的部位包以熟铁皮。绞盘既可用于起吊，又可作水平拉力，如图 13-2-10 所示，绞盘中心有底柱打入地下以作稳定，木柱上套上一个木套筒。拉绳从山石系绳点通过滑车水平拉至木套筒下端，用人力转绞盘，拉绳在木套筒上由下至上绕五圈后由另一人牵引。每圈绳之间必须一一平接，绝对不能重叠挤压，以免绳子被压断而造成危险。

③人工抬运：我国古代大量山石的小搬运都是用人力抬运，历代假山工人在长期劳动实践中创造了一套安全操作的方法。

a：绳扣要求易结活扣、受力后牢实，拆下时易解。常用者有以下几种。

（a）元宝扣：江南一带称为"兔耳朵"。元宝扣是在运石中使用最为广泛和方便的一种绳扣（图 13-2-11），根据山石的长度先结一个双元宝扣于山石两端，然后用铁撬棍撬起石端使绳圈套入。令绳力均匀地抓住山石，绳力汇合点在石之重心位置。收紧后，左手执左绳，左绳向左曲成双股。右手以右绳由前至后，从上到下地在双股左绳上绕两圈。用左手拇指和食指引第二圈绳向左从第一圈绳下过去。再配合右手拉出原左绳之双股转折处即可结成。抬杠从两只"兔耳朵"中穿过。这个扣的优点是可以因行走的地形不同而随意调整抬绳的高度。因为在山石着地时，绳之两端和两只"兔耳朵"之间的长度可以相互调整。而一旦抬起以后扣就因石之自重而压实，绝对没有松扣或滑移的危险。

（b）"戴帽扣"——起吊竖长石峰的绳扣（图 13-2-12）：立竖峰多使之上大下小。用绳先结一个一段的活扣，以活扣一面有结、一面无结之底圈套住石之大头适当部分。套时最好找到石上之凸出部分而系绳于其下。这时将两边的绳向石之大头方向拉。以其中未成结的一端由下而上地穿压在石之大头顶上绳之下。再与另一绳结一死扣，然后再结元宝扣便可牢牢地抓住石之顶峰。

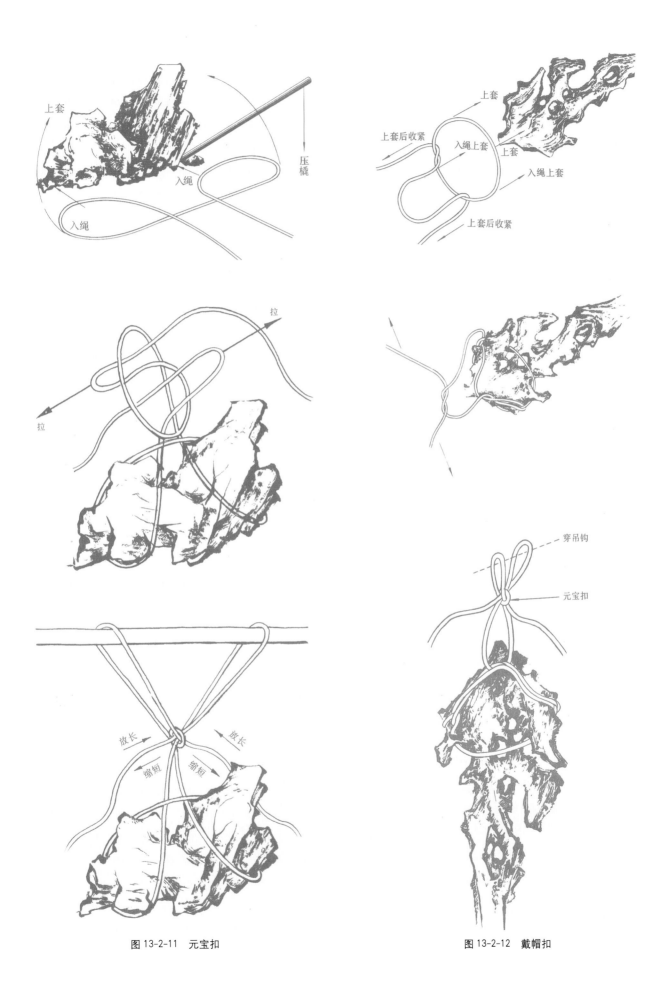

图 13-2-11　元宝扣

图 13-2-12　戴帽扣

（c）"鸭别翅"：这是用于扎架起头或当石吊空中需要水平拉移时。如图 13-2-13 所示，一般压一道即可。也可再加别一次更为牢实。

b：杠抬

《园冶》谓"绳索坚牢，杠抬稳重"。除了上述的绳扣，在旱季如绳子过干还须浸水防滑和拉断。杠抬则如图 13-2-14 所示。可分为直杆杠抬、加杆杠抬和架杆杠抬，以适应抬运不同体量和形状山石的要求。图上的黑点表示人的面向。抬杠时均用碎步，前后协调。

北京地区抬运 200 斤以上的山石，有用"对脸"的抬法。即抬工对面而立，一方前进，一方后退，这样可以双方都看到所抬的山石，以便用力协调和均衡。不致因一方看不见山石而容易产生砸伤。如果运距长而平坦，也可以采用对脸起杆，起杆后再"倒肩"，即退后的一方改为前进。倒肩必须严守顺序，由杆端开始向内，一一倒肩。江南一带抬工往往两人都面向前方，横杆而抬。南方有抬者两人脸皆向前，用横杆抬的方法。

过重的抬杠周围应有专人引路并将肩臂给予抬者支扶，并有专人按住山石以防撞击抬者。

上下坡道时，应有人在杆端推和拉，如石底着地，则马上"回杆"，收缩绳扣后再走。

（3）走石法："走石"在江南一带称为"揿山"，就是用铁制撬棍利用杠杆原理翻转和移动山石。撬棍从 30 多厘米到 1 米多长，长撬用于运石，走石用的撬棍 30 ~ 60 厘米即可。用撬基本方法如图 13-2-15 所示。在揿山的过程中，操撬之前必须检查立足之基石和走石之底面是否稳固，否则因操撬而陷落基石是很危险的。如石之体量大，可二至四人对脸而蹲，左手扶石，右手掌撬把并注视撬口。扶石为的是及时察觉石之稳定性和走向，注视撬口为了保证撬口咬稳石体，避免"脱口"伤人。走石动作宜缓不宜急，尽量避免振动和大幅度摆动，以免失去控制，造成事故。

（4）相石：相石是在已选用的石料内更具体地考虑哪一块山石用于哪一个位置。《园冶》所谓"取巧不但玲珑，只宜单点，求坚还从古拙，堪用层堆。须先选质，无纹俟后，依皱合缀，多纹恐损"，都是相石的内容。相石和立意也是分不开的，对于掇山的成败影响很大。山石运进施工现场以后，必须散置平放而不可层堆，就是为了相石的需要。

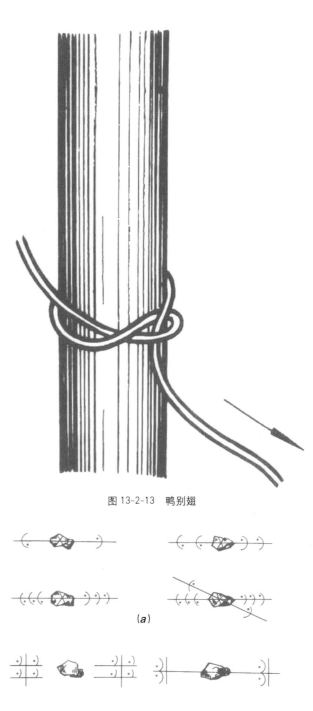

图 13-2-13　鸭别翅

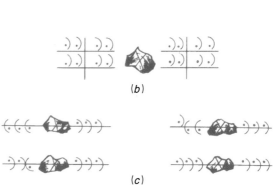

图 13-2-14　扛抬
（a）直杆式；（b）架杆式；（c）倒肩

明代《海岳志林》载米南宫相石法，"曰瘦、曰秀、曰皴、曰透"。清代李渔在《闲情偶寄》又作了具体的说明："言山石之美者，俱在透、漏、瘦三字。此通于彼，彼通于此。若有道路可行，所谓透也。石上有眼，四面玲珑，所谓漏也。壁立当空，孤峙无依，所谓瘦也。"其实，山石因种类不一而审美的观点也不同，李渔所讲的只是太湖石一类的个体美。就掇山而言，更应该着眼于套体，着眼于概括和提炼自然石景。就石灰岩岩溶景观而言，个体美并不很好的山石也可以拼成为组合单元如洞、岫、沟、环和裂隙等自然景观。苏州环秀山庄并没有什么奇峰怪石，却具有整体感很强的自然外观，因而获得一致的好评，这和相石得法、用石得体是分不开的。至于黄石和青石一类山石，按照真自然景观的特点，充分发挥其顽夯、浑厚、挺拔、雄劲和棱角分明等特点。如果用黄石去追求透、漏、瘦，则会弄巧成拙。

相石下了功夫，到掇山日寸便可胸有成竹，有条不紊地进行施工。《撰杖集》"张南垣传"中记述了清初张南垣相石有术的情况："涟为此技既久，土石草树成能识其性，每创手之日，乱石如林，或卧或立，涟踌躇四顾，主峰、客脊、大、小皆默识于心。及役夫受命，与客谈笑，漫应曰某树下某石可置某所，目不转视，手不再指，若金在冶，不假斧凿，人以此服其精"。《梅村家藏藁卷》谓张南垣"山未成，先思著，屋未就，又思其中之设施……甚至思杆结顶，悬而下缒，尺寸勿爽，观者以服其能也"，都是指事先筹划的功夫。

古代匠师对相石极为重视，因此流传了一句行话，叫做"叠山之始，必先读石"。也就是对山石进行多方面的观察，因材制宜地安排具体位置。可从以下几方面着眼。

1）质地：掇山应按各类山石所具有的成岩和演变的特征，将同一质地的山石结合在一起。即使有特殊需要，也要将异质的山石分放在不同的空间或视域内，否则就违反了自然规律。因同一类山石也会有差别，故尽可能将质地相近的放在一起，这不仅是为了取得合乎自然的外观，同时也是便于结构上的安排，如风化得很厉害的山石不宜作承重用等。

2）体态：体积大的多用于做峰或压洞顶等显著的位置，小的可用作拼料。形状大致分为条形、板形、

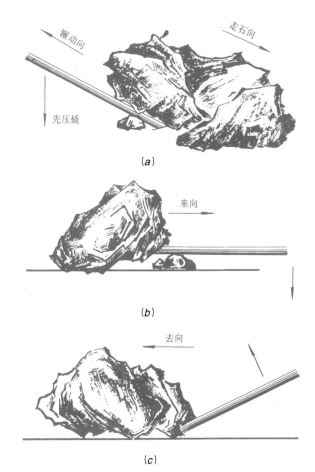

图 13-2-15　揿山
(a) 辗橇；(b) 踩橇（吻橇）；(c) 扣橇

拱形、墩形。条形或竖用或出挑架梁等。板形可用作石矶、山石几、案面，或砌台阶和铺砌地面。墩形可散点或叠作洞柱、汀石、石榻、石凳等。拱形石用于架洞顶梁。楔形石用作拱券结构的洞或桥涵。重量大的用于平衡出挑的后压石。姿态好的用作特置、峰峦、洞口、飞梁底部，差的用作水位线以下、洞内暗处和垫衬的材料。

3）皴纹：《园冶》谓："方堆顽夯而起，渐以皴纹而加"。明代龚贤《画诀》说："画石外为轮廓，内为石纹，石纹之后方用皴法，石纹者皴之现者也，皴法者石纹之浑者也。"假山在结构上和真山的区别，在于真山成岩以后是"化整为零"的演变过程，假山恰恰相反，是用山石"集零为整"的过程。山石本来是从具有皴纹的石山上采下来的，因此在掇山的时候就必须仿照自然山石皴纹的规律加以组合，否则便会像李渔所指出的人工堆石山的弊病一样："如百衲僧衣，求一无缝处而不得"。

中国山水画总结了多种皴法，其中可作掇黄石、青石一类假山借鉴的有大斧劈、折带皴。可作湖石类借鉴的有荷叶皴、披麻皴、解索皴。应当指出，假山要做出皴纹变化是很不容易的，如果更简化一点，至少要分出横纹、竖纹和斜纹。可以以一种纹为主，再辅以其他纹理的变化。

4) 阴阳向背：自然山石由于所处的位置不同，长期经过日光照射形成阴阳向背的变化。阳面色淡而枯涩，阴面色深而滋润，常有附生的苔藓之类，掇山时要尽可能反映出这种自然的特征。

5) 色调：同一种类山石在色调上有很大的差别，产于水中之湖的石色白而润，长期裸露在地表石灰岩表面的呈青灰色，也有整体青灰的"象皮青"，有的湖石被有色山土所渍而各具其色。因此，掇山时要善于利用这些色彩上的变化，把相近色放在一起，再逐步过渡到另一色度。扬州个园用青绿的石笋配合竹丛，寓意"雨后春笋"，点出春意；用白色太湖石配合庇荫乔木作"夏云"的收顶，点出夏意；用黄石和有秋色叶的树种点出秋景；用下暗顶白的宣石配合蜡梅，点出冬景，而组成四季假山，是运用山石质地和色彩造景的佳例（图13-2-16）。

(5) 置石和掇山

1) 布局：置石是以少量山石作点缀，以欣赏山石为主而不要求具备完整的山形，可观而不可游。掇山则是以大量的山石掇成具有山形变化的假山，山中有山路，可观可游。无论置石或掇山，都不是一种单纯的工程技术，而是融园林艺术于工程技术的专门技艺。历代的假山匠师有不少兼工绘画或由绘事而来，如明代之计成、清代之石涛和张南垣等皆是。阚铎在《园冶识语》中谓"盖画家以笔墨为丘壑，掇山以土石为皴擦，虚实虽殊，理致则一"。掇山必须是"立意为先"，而立意必须掌握取势和布局的要领。概要而言，可归纳如下几点：

① "有真有假，做假成真"是《园冶》论掇山至要之理。要达到"虽由人作，宛自天开"的境界，必须以写实为主，结合写意。从极为丰富的自然山景中概括和提炼其精髓加以局部夸张，力求李渔所谓"一卷代山，一勺代水"的效果。在结构上则要保证稳定、牢实。真山的岩石种类是相同种类分布在一起的，因此假山用石要统一，忌混用在一起。

山水结合，主次分明。宋代李成《山水诀》谓："先立宾主之位，次定远近之形，然后穿凿景物摆布高低"。山水是远景的骨架，二者相得益彰。山水之间主次分明，如苏州拙政园以水为主，而环秀山庄则以山为主。北京颐和园后湖因山口紧锁而水面收缩等。

先定轮廓，再理精微。李渔说："先有成局而后饰词华"，是谓造山的章法。要根据环境首先确定假山的内容和作用，并具体制定山之体景和轮廓。要求"远观势、近看质"，峰、峦、岭、谷、壑、穴、岫、洞、悬崖、台、飞梁、汀石、泉、瀑、溪、潭、涧、池，都要俨如自然。

"独立端严，次相辅弼"。就假山本身而言，无论整体或局部都有主次。布局时先定主峰的位置和体量，再辅以次峰和配峰。"主峰最宜高耸，客山须是奔趋"。"主山正者客山低，主山侧者客山远。众山拱伏，主山始尊，群峰互盘，主峰乃厚"。即使散置山石也要大小相间、顾盼呼应。龚贤《画识》谓"石必一丛数块。大石间小石。然后联络，面宜一向，即不一向亦宜大小顾盼。石小宜平，或在水中，或从土出，要有着落"，"石有面、有肩、有足、有腹，亦如人之俯仰坐卧，岂独树则然乎"。

三远变化，步移景异。宋郭熙《林泉高致集》说："山有三远，自山下而仰山巅，谓之高远；自山前而窥山后，谓之深远；自近山而望远山，谓之平远"。又说："山近看如此，远数里看又如此，远十数里又如此，每远每异，所谓山形步步移也。山正面如此，侧面又如此，背面又如此，每看每异，所谓山形面面看也。如此是一山而兼数百山之形状，可得不悉乎"。假山多近、中距离观赏，须运用"以至近求极高"的手法方可奏效。

② 因地制宜，景以境出。我国假山既有统一的民族风格，又有不同的地方特色。因此，要结合材料、功能、建筑和植物的特征，以及结构等方面考虑，做出所在地区的特色来。景以境出是根据不同的环境设景，根据空间的特征掇山。如厅堂多面观景，书斋闭锁宁静，楼台以山为梯，阁山便于登眺，峭壁山"借以粉笔为纸，以石为绘"等。既满足使用功能的要求，又可成景、得景。空间大小不一，安置山石要有合宜的尺度和比例，要有整体感。

③ 寓意于山，情景交融。就是说写诗情、立画意

(1) 春山　　　　　　　　　　　　　　　　　　　(2) 夏山

(3) 秋山　　　　　　　　　　　　　　　　　　　(4) 冬山

图 13-2-16　扬州个园四季假山

于山，以达到"片山多致，寸石生情"的效果。在历史上最初是赋形题咏，如唐代李德裕平泉庄之做法，逐渐用于假山峰石之象形，后来又发展到寓意于山。除象形之寓意外，还有寓四时景等做法。其中有些矫揉造作或是反映封建迷信的糟粕，应当剔除。其中取自自然的寓意可批判地吸取。

④对比衬托。利用周围景物和假山本身，作出大小、高低、进出、明暗、虚实、寂喧、深浅、曲直、缓陡等对比而统一的变化。

2）置石

①特置。江南一带称为立峰。这是山石的特写处理，常选用单块、体量大、姿态富于变化的山石。也

有将好多山石拼成一个峰，例如苏州小灵岩山馆诸峰。特置相当于树木的孤植，这种山石如果混用于一般则会埋没特点。宜用做障景、对景和局部构图的中心。亦可置于路之尽端或转折处，以及其他视线集中的庭间、池中或地穴、漏窗之中。如苏州留园以"冠云峰"（作为东部的构图中心，图 13-2-17），北京颐和园仁寿殿和仁寿门之间的特置以及乐寿堂前的"青芝岫"（图 13-2-18）等。

特置山石的体量须与环境相称。从前置框景看过去要障中有露，引人入胜。忌因石之体量过大而产生壅塞、压抑的感觉。扬州瘦西湖用小峰石和凌霄组合成对景，和周围空间取得了合宜的比例关系

图 13-2-17　苏州留园之山石——冠云峰

图 13-2-18 北京颐和园山石——青芝岫

图 13-2-19 扬州瘦西湖疏峰轩山石

（图 13-2-19）。特置往往在中轴线上，无轴线处理时，则设于游览路线的对景处，才能充分发挥效果。太湖石之靠山面难免有凿痕，少有四面玲珑者，所以特置要选择最好的面向，露巧藏拙，发挥多面欣赏的效果。最好的面向着主要视线，其次的面向着次要视线。特置的基座古称为"磐"，用于调整高度、协调环境和陪衬特置山石。在整形布局中多用各式须弥座，而自然式布局中可以天然山石为座。如缺乏整块山石，可以用拼峰的办法。如图 13-2-20 所示，特置为数十块湖石拼成，犹如整块一样。

古代园林的特置多用石榫头来稳定。稳定的要领在于掌握重心，如图 13-2-21 所示，石榫头必须循石之重心线开凿。石榫头的长度和石之重心高低有关，安置竖长高大的石笋作特置，其石榫头较长。北京故宫乾隆花园特置石笋之榫头几近基座底面，一般石峰仅几十厘米。由于峰石上大下小，石榫头要尽可能争取最大的直径，距石底周边几厘米就可以了。石榫头只是稳定石峰的加固设施，主要的稳定措施是峰石自身重力的平衡，因此，石榫头要做得比榫眼的长度稍短

图 13-2-20　南京莫愁湖之拼峰

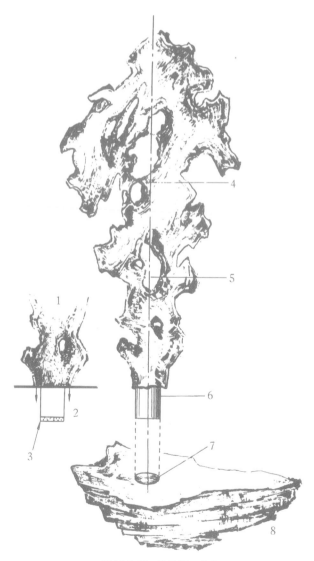

图 13-2-21　峰石插入基座
1-峰石底部; 2-基座; 3-空隙; 4-峰石; 5-重心线; 6-石榫; 7-石槽;
8-基座（磐）

一些。落榫以后，石榫头之顶到榫眼底部有些空隙，这样才能保证石榫头外围之周边和基座榫眼外围的石面接触，峰石之重力便由峰石底面周边均匀地递到基座上，再传到基础上。在这样自身稳定的条件下，再将胶结的材料充满这个小空隙，使之联系成为一个整体，就非常稳定了。

特置山石除了用石榫头稳定之外，对于底面积过小而质地坚脆的山石，也有以石之整个底端插入基座，如重心不稳可加重力石垫片以求平衡。在拆迁明清假山时还发现有以铁片作重力片，再以铁屑盐卤灌入使其结合紧密的做法。铁片、铁屑和盐卤作用后，体积膨胀，可提高密实度。颐和园乐寿堂前之"青芝岫"则是坐落在地面上，然后将基座分片而包嵌在石的周围，基座外观如同整块，但和山石接部分又可以"严丝合缝"，而且着生在地上的地锦也可以扎根地下而枝叶上盘，交桓地贴在石面上生长（图13-2-18）。总之，特置山石本身的重心稳定是关键的。

②散置。散置又称"散点"，对山石的要求略比特置低，以石之组合衬托环境取胜。常用于点缀庭院、廊间、桥头、路旁、山脚、山坡、水边或点缀建筑、装饰角隅等。散点要做出聚散、主次、断续、呼应的变化。北方有因石量不同而分为大散点和小散点。大散点亦即群置。苏州网师园之韬和馆，琴室结合花台在粉墙前作散点，具有蹲卧和俯仰的变化（图13-2-22）。苏州耦园内园门前散点黄石以强调入口（图13-2-23）。

在土质较好的地基上做散点，只需开浅槽夯实素土就可以了。土质差的可以碎砖瓦之类夯实为底，或作灰土基。大散点结构类似掇山。壁山的散点，要选用能和墙面吻合的石面作侧面向外的交接用，外观看上去和墙面浑然一体。

在古代园林中还有用山石做自然式家具的作法，室内外皆可陈设。如石榻、石屏、石桌、石几、石凳、石栏等，可以结合使用功能点缀景色。清李渔在《闲情偶寄》中说："若谓如拳之石亦须钱买，则此物亦能效用于人，岂徒为观瞻而设。使其平而可坐，则与椅榻同功；使其斜而可倚，则与栏杆并力；使其肩背稍平，可置香炉茗具，则又可代几案。花前月下，有此待人，又不妨于露处，则省他物运动之劳。"无锡惠山麓之听松石床（又名偃人石）上刻有唐代李阳冰

图 13-2-22 苏州网师园"韬和馆"之散点山石

图 13-2-23 苏州耦园之黄石散点

图 13-2-24 无锡惠山所存唐代"听松"石床

所书"听松"二字，选石得体，是现存较古的实物（图13-2-24）。

布置石几案一类的山石，要打破一般家俱规整的格局，充分利用自然石形巧为安置。位于室外的，在尺度方面要与环境相称。北京中山公园水榭南面一组青石几案，利用天然石形成平仄搭配，石桌之支墩伸

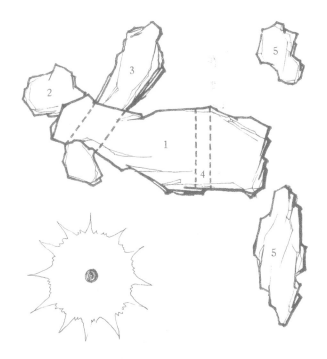

图 13-2-25 北京中山公园水榭南面青石桌凳平面
1- 山石桌面；2- 石桌支墩兼二石凳；3- 石桌支墩兼一石凳；4- 石桌支墩；5- 石凳

出而兼作石凳，另几个石凳又作单点，比较自然（图13-2-25）。

③掇山

分层结构：

立基：《园冶》论假山基谓"假山之基，约大半自水中立起，先量顶之高大，才定基之深浅"。又谓，"掇山之始，桩木为先"。说明假山的堆叠必先有全局在胸，才能确定假山基础如何而起，如果不是胸有成竹，到了假山起出地面以上，再想增很高或挑出很远就困难了。假山之重心线必须以基础为限。重心偏过一定范围，即"稍有欹侧，久则逾欹，其峰必颓"，因此"理当慎之"。由于各地土壤虚实不同，做法有所不同。

桩基用于临水假山基或土壤承载力差的地方，桩之顶面直径约十几个厘米，一般是按梅花形布置，故称"梅花桩"。桩之边距20厘米左右，桩长一般为1米多，视具体条件而定。如苏州拙政园水边山石驳岸之桩长1.5米，北京颐和园的桩约1～2米。有的桩尖打到硬层成为承重桩。硬层深的就打不到硬层而成为摩擦桩。上述拙政园的桩木就是打不到硬层的摩擦桩。桩木露出湖底十几厘米至几十厘米，桩间用块石嵌实，桩顶用花

岗条石压的叫做"大块满盖桩顶"的做法。条石上面才是山石。条石应在低水位线以下，这样不仅为了美观，也为了常年埋入水中的桩木不易腐烂。

扬州地区多为砂土，土壤不够密实。除了用木桩以外，还有灰桩和瓦砾桩的做法。桩径约 20 厘米，桩长 60 厘米至 1 米不等，桩距 50～70 厘米。于木桩顶穿铁杆，木桩打至一定深度再拔出来，然后用块灰填入加以捣实，凝固后便成灰桩。如用瓦砾填实则为瓦砾桩。扬州这种做法是合乎当地的特点的，因为其地下空隙多，通气条件好，在土壤含水分时木桩容易腐烂，同时扬州木材也少。苏州土壤较坚实，一般用块石或片石以小头打入地下就可以作为基础，称为"石钉"。

灰土基础：北方园林中的假山多采用灰土基础，如北京的地下水位不高，雨季集中，灰土有好的凝固条件，加之灰土凝固后水渗不进，可以减少冻胀的破坏。灰土基槽如宽度比假山的底面积宽出 50 厘米左右，基槽深度一般为 50～60 厘米，如假山高，还要加深。2 米以下的假山打两步灰土。一步灰土即布灰 30 厘米，踩实为 15 厘米的虚灰土，再夯实为 10 厘米厚。灰土一定要选用新出窑的块灰在现场泼水化灰，采用三七的灰土比。布灰后先盖竹席踩实，再用木夯干打。夯要顺序前进，头夯、二夯打下以后，三夯打于一二夯之间，这样一夯压一夯可提高密实度。干打完后用水浸透，等些时再用水拍板拍打，称为"水打"。水打先由干打成湿的，直至打不出水为止，等到凝固以后，就好像人造石料一样。北京帝王宫苑内往往采用断面很大的灰土层，而且白灰的比例大，足可以有效地防止冻土破坏假山基础。

拉底：就是在基础上面铺底层的山石，即《园冶》所谓"立根铺以麓石"的做法。因为用于拉底的石头只有部分露出地面以上，同时又受压最大，所以只要大块石头就可以，不必使用姿态好的山石。古代匠师称底石为叠山之本，因为假山在平面上和立面的变化都立足于这一层，底面要为往上面砌的假山创造良好的衔接条件。底石如果不打破方整的格局，则中层叠石亦难以变化。底石的材料要大而质地坚实、耐压，不允许用风化过度的山石拉底。

拉底的要点有：

朝向：主要视线方向的面定为主要朝向，再尽可能照顾次要朝向和更次要朝向，简单地处理视线不可及的一面。

活用：用石灵活，分清纹理，掌握石之大小和形态变化，然后因材施用，大小山石相间。

错安：即假山底脚之轮廓线忌同砌墙一样地平直，应该是犬齿相错，首尾相连，高低不一。在平面上形成具有不同距离、不同宽度、不同角度和深度的斜八字形或曲尺形，按照事先考虑的具体位置逐一的错安。

断续：即做出一脉既毕、余脉又起的自然景观。为做出"下断上连"、"旁断中连"等变化和山脚部分各式各样的虚实变化创造条件。

亲靠：从结构上讲，同一组的山石要互相亲靠，接口紧密，利用"茬口"互相咬住以加强整体性。外观上有断续错落的变化且必须建立在结构上整体性强，稳定性强的基础上。如茬口间有空隙，应用石块轻轻打进使之"亲靠"互相钳住（图 13-2-26）。

找平：即一般是大而平的面向上，并凭眼力找平，为砌中层石创造衔接的条件。但并不要求所有的底石都是大面向上，也可以间有小头向上，两相邻小头向上的山石之间形成上大下小的空隙，这样，中层石便可以小头朝下嵌入空隙中（图 13-2-27）。北方多采用满拉底石、一次砌成的办法，整体性强。南方则因无冻胀破裂，多采用拉周边底石层的做法。

中层：即底石以上，顶层以下的部分，也是体积量大、触目最多的部分，用材广泛，形式和结构变化多端。其要点有：

平稳：和底面一样，一般以大而平之面向上，与底石衔接之面可用石垫片找平（图 13-2-28），中层结构庞大，互相制约，往往因一石之差而导致大片坍塌。

连贯：上下左右的衔接要争取最大的结合面，要避免上下衔接后，在下面山石的上端闪露狭小的石面，称为"避茬"。认为"闪茬露尾"不美观，同时石间没有足够的结合面。但这也不是绝对的，有时为了在上面做做变化而预留石茬，等再往上叠时就盖住石茬了。

偏安：如在两块底石上再压上一块山石，则此石应避免和下面两块石形成"品"字形。必须偏安于一侧以突破平板的格局，同时又为向各个方向的延续创造了变化的条件。

避"闸"：板条状的山石一般要避免仄立，仄立就是像闸板一样，在仄立的山石上支撑其他山石很不

图 13-2-26　"亲靠"

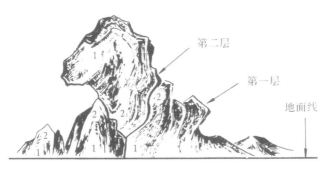

图 13-2-27　大小头接合

图 13-2-28　"找平"

图 13-2-29　单安

协调。但根据所仿自然景观的需要，也不是绝对不可以用，特别是作卧式的余脉处理等，但要用得巧妙。

平衡：即《园冶》所谓"等分平衡法"。"悬崖使其后坚"是此法的要领。若要有上悬下收的效果，则必须掌握重心。山石往往是一层层地向外挑出，挑出以后重心就前移了。因此，要有数倍之重力压在内侧以平衡由于出挑产生的力矩。

收顶：即最上面一层山石的处理，对于山体的轮廓线和结构都很重要。收顶一般由立峰、结峦和配峰组成。主峰要选用轮廓和体态都很突出的山石，如果没有大块的峰石，可以做成"拼峰"。立峰可立、可蹲、可斜，分别做成剑立式（上大下小，挺拔竖立）、斧立式（上大下小，形如斧锤）、流云式（横向挑伸，形如云片横逸）、斜劈式（势如倾斜岩层，斜伸而上）、悬垂式（仿钟乳石从上面倒悬下来）或其他形式。主峰位置不宜居于正中部位。峰石本身亦不完全正对主要朝向，稍居偏侧既免于主峰本身流于呆板，也容易和次峰、配峰取得呼应。次峰是仅次于主峰的完整峰顶，用以衬托主峰。次峰和配峰都要力求简练，布置时和主峰取得均衡、趋承等变化，并利用植物点缀成完整的画面。结峦是收圆形山头的做法，轮廓圆曲、秀丽。《园冶》谓"峦，山头高峻也。不可齐，亦不可笔架式，或高或低，随致乱掇，不排比为妙"。平顶式收顶多用于山上作台，台边做成自然的石栏或与建筑组合成完整的山顶。

收顶在结构上的作用主要是"合凑"和镇压，使重力均匀地分层传达下去，因此除了姿态的要求外，还要选用体量大的山石，往往顶上一石压住下层几块山石。

山石结体的基本形式：

假山虽有峰、峦、洞、壑等变化，但就山石之间的结合而言却可以概括为十种左右的基本形式。北方的工人流传"十字诀"，即安、连、接、斗、垮、拼、悬、剑、卡、垂。此外，还常用挑、飘等。江南一带流传"九字诀"，即叠、竖、拼、压、钩、挂、撑。两相比较，有的是共同的，有的即使名称不一样，但同属一个内容。例如接即叠、剑即竖、垂即挂。

安：是指安置山石，放一块山石叫安一块山石，强调这块山石放下去要安稳。其中又分单安（图13-2-29）、双安和三安（图13-2-30）的做法。双安就是在

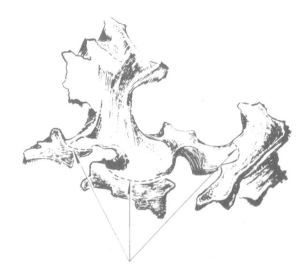

图 13-2-30　三安

图 13-2-31　南京瞻园之"巧安"

两块不相连的山石上面安一块山石，下断连，由此构成环洞，余类推。安石又强调巧安，即把数块本身并不玲珑的山石，经过组合而形成玲珑的变化。如图 13-2-31 所示，为南京瞻园置石之细部，用一块山石安于两块山石之上端，由于在下面出现通透的变化，丰富了轮廓线而又有虚实对比。

连：山石之间水平搭接称为"连"。要使其方向进出多变，高低错落，间距不等方可生巧（图 13-2-32）。

接：竖向叠接以构成一大块完整的山石形象（图 13-2-33）。接石主要根据山形部位的主次依序接合，也可以以横纹为主加以少量竖纹组合，相互对比衬托。

斗：置石成棋状，腾空而起，两端搭架于二石之间（图 13-2-34）。北京故宫乾隆花园第一进庭院东部偏北的山上可以明显地看出这种结体的关系，山路从架空的空当中间过去，甚为险峻。

挎：如石之某侧平板，可旁挎一石以全其美。挎石常用铁活加固（图 13-2-35）。

拼：由于空间大小的差别，当石材太小单独安置时，会感到零碎，此时可将数块甚至数十块山石拼掇成一整块山石的外观（图 13-2-36）。拼石最好是勾内缝，

图 13-2-32　连

图 13-2-33　接

图 13-2-34　斗

图 13-2-36　拼

图 13-2-35　挎

而外接面争取合缝，也可以做成自然裂缝的形式而内部联系成整体。这个"拼"字实际上包含了其他结体的字，亦可通称为拼。

　　悬：在下层山石共同组成的竖向洞口上，放进一块上头大下头小的山石，从竖向洞口悬于当空的做法。多用于湖石类山石仿石钟乳之悬空（图 13-2-37）。

　　剑：以竖纹取胜之石，竖直而立称为"剑"，多用于各种石笋或其他竖长的山石。承德之磬锤峰即自然之"剑"（图 13-2-38）。剑石若单块而立，其地下部分必须保证有稳定的、足够的长度，并用石块垫紧、夯实。从造型上要避免"排如炉烛花瓶，列似刀山剑树"，一般石笋都宜独立布局而不宜和其他种类的山石混用，否则很不自然。剑石本身也忌成"山"字形、"川"字形或"小"字形。如图 13-2-39 所示，为承德避暑山庄烟雨楼假山上"剑"之作法，挺拔雄劲，主次分明，构图完整。苏州网师园利用廊间不到 1 平方米的小天井，用小百果笋和紫竹成功地布置了一幅小品，丰富了空间的变化（图 13-2-40）。

图 13-2-37　悬

图 13-2-39　承德避暑山庄烟雨楼之"剑石"

图 13-2-38　承德磬锤峰

图 13-2-40　苏州网师回廊间石笋

　　卡：下层用两块或两组山石组成。二石各以斜面相对而不相连，形成一个上大下小的缺口，再用一块上大下小的山石从缺口中徐徐放下，待斜面之间完全接触以后，这块山石因卡住而稳定了。承德避暑山庄烟雨楼前假山以"卡"做成峭壁山顶，结构稳定，外观自然（图 13-2-41）。

　　垂：从一山石上面之企口处，用另一山石之企口从上面相接而垂挂其下端称"垂"（图 13-2-42）。如

图 13-2-43 所示，为清代扬州小盘谷假山峭壁上沿"垂"之外观，由于有山岫的衬托，轮廓分外明显。

挑：又称"出挑"，即上石借下石为支承而挑伸于外，再以数倍于上石重量之山石平衡之（图 13-2-44）。

假山中之环、岫、洞、飞梁，特别是悬岩，均是用这种结体的形式。如图 13-2-45 所示，为清代扬州寄啸山庄以条石作挑的做法，但因坍掉了外层湖石而结构毕露。如果要求出挑多，可以分层逐渐向外挑。故有单挑和重挑之分。如上石从下石之两端外侧挑出则称"担挑"。如果挑头伸出之上表面轮廓线过于平滞，则可以在上面接一块较小的山石来弥补。接于挑头外侧上端的山石称"飘"。扬州个园之黄石假山有把飘立石竖峰的做法。一段一层最多挑出石本身长度的 1/3 左右，从古代园林现存的作品看，整个悬崖挑出大多在 2 米以内。出挑的要点是忌单薄而求浑厚，要挑出一个面来，因此要避免成直线向一个方向挑，最好是和下面的山石成不同角度的多层出挑。如图 13-2-46 所示，为常熟虞山黄石自然出挑的情况。再就是要巧于安置作为"后坚"的山石，在外观上结合造景，如兼作洞顶"合凑"收顶的压顶石或立峰、结峦等，使观者只能明显地看见悬崖而觉察不到用以平衡的"后坚"用石。如挑头上允许上人，则应将人的重量计算在内，以求得"其状可骇"而又万无一失的效果。因此，出挑要控制视距，叠到人的视线高度以上再出挑，这样，观者只见其前悬而难见后侧，从而取得形势险奇的景况。

如图 13-2-47 所示，为清代扬州某园出挑悬崖之做法，观者但见其前面和两端侧面，看不见用于平衡重力的"后坚"用石。从外观上看，似乎山石可能坠落，实际上所选用山石从侧面看前大后小，但在平面上，这块山石后面很大，足以平衡挑出的重量，是很稳固的。如图 13-2-48 所示，为上海豫园快楼之悬崖，逐层出挑共约 2 米多，"后坚"藏于岩后，颇具自然悬崖险峻之势。

在施工过程中，每做挑石，必须用木柱顶在挑出山石之底部，这主要是表示这块山石尚未完工，不得上人。挑石必须靠本身的稳定而不能借柱力稳定。待加上后坚用石并联成整体后便可拆除（图 13-2-49）。苏州环秀山庄幽谷上部有飞梁横空，其结构为下挑上拼，即其底部由两边峭壁逐层出挑形成挑梁，上面再以山石拼压，犹如一整块构成，难辨真假。

撑：即用斜撑的力量来加固于山石，北方称为

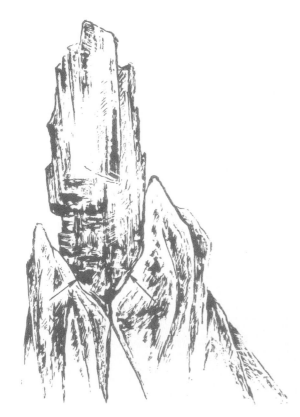

图 13-2-41 卡

图 13-2-42　垂

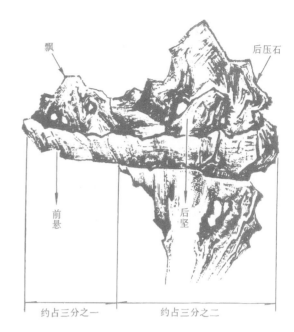

图 13-2-44　挑

图 13-2-43　扬州小盘谷〝垂〞之外观

图 13-2-45　扬州寄啸山庄用条石做假山骨架的做法

图 13-2-46　常熟虞山黄石挑岩景观

"撒"。撑石要掌握合宜的支撑点，加撑以后在外观上犹如自然的整体。"撑"不仅在结构上起支撑作用，外观上还可以形成余脉、卧石或洞、环等变化。如图13-2-50所示，说明了撑的做法。扬州清代的个园在湖石夏山山洞中，作撑支撑洞顶和余脉变化。作者按照石灰岩侵蚀岩洞的自然规律，统筹地解决了结构和景观的问题，并利用支撑山石组成的小洞口采光，合乎自然之理（图13-2-51）。

如图13-2-52所示，为扬州个园黄石假山洞用"托"的做法，增加了洞口的变化。

应当着重指出，以上这些方法都是历代的假山匠师从观察自然岩石景观中逐步概括、总结出来的。不难看到，它们都来源于自然山景，例如黄山的"蓬莱三岛"和苏州天平山"万笏朝天"的景观就是"剑"字所宗，云南石林之"千钧一发"就是"卡"的自然结体（图13-2-53），苏州大石山之"仙桥"就是"撑"的自然风貌等（图13-2-54）。因此，应力求自然，切忌做作，否则便会弄巧成拙。

图 13-2-47　扬州某园"挑"

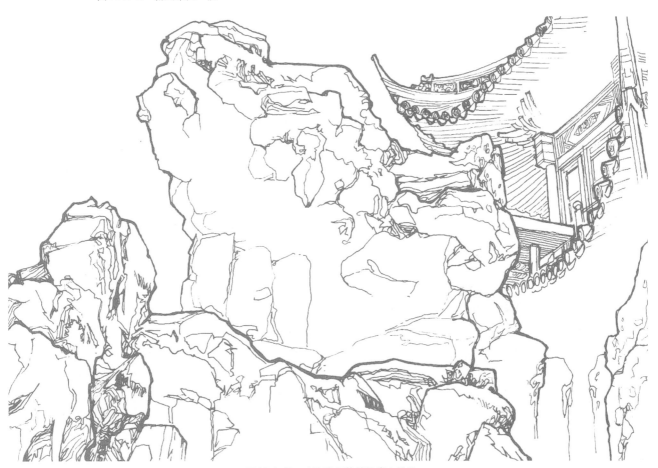

图 13-2-48　上海豫园快楼悬岩之挑法

图 13-2-49　"挑石"支柱

图 13-2-52　扬州个园秋山洞口"托"的做法

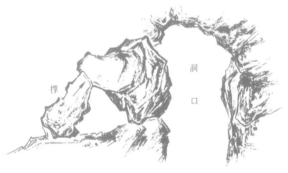

图 13-2-50　撑

图 13-2-53　云南石林之"千钧一发"

图 13-2-51　扬州个园夏山——撑

图 13-2-54　苏州大石山自然之"撑"

平稳设施和填隙设施：

为了放稳底面不平的山石，在找平上面以后，于下底不平处垫以一至数块控制平稳和传递重力的垫片，北方称为"矲"，南方称为重力石或垫片。矲要选用坚实的山石，在施工之前就打成不同大小的斧头形垫片，以备随时选用。这块石头虽小，却承担了平衡和承重的重任，在结构上很重要。打"矲"也是衡量技艺水平的标志之一，加垫片一定要找准位置。最好用一块就使其基本平衡稳定，打好以后要用手试一下是否稳定。如图13-2-55 所示，为立石加矲的情况。至于两石之间不着力的空隙，也要用块石填充。假山外壳每做好一层，还要用块石和灰浆填充于其中，称为"填肚"。也有仅用素土填充的做法，如北京北海静心斋的假山。

铁活加固设施：

一般是在山石本身重心稳定的前提下用以加固的设施，常用垫铁制成。使用铁活要求用而不露，即不大容易被发现。做法有如下几种。

银锭扣：为生铁铸成，有大、中、小三种规格，和一般石工用的相仿，用以加固石之间的水平联系，以增强整体性。先将两块石以水平向拼缝为中心线，按银锭扣大小划线凿槽打入，有"见缝打卡"的说法。

上面再叠山石就把它遮住了。如静心斋山石驳岸在桩顶石上用银锭扣加固。

铁扒钉：或称铁钩子，用熟铁制成，用于加固水平向和竖向的联系。南京明代瞻园北山之山洞中尚可发现用小型铁扒钉加固水平向联系的做法。北京圆明园西北角假山坍倒后，在山石上可看到 10 厘米长，6厘米宽，5厘米深的石槽，槽中皆有铁锈痕迹，也是用铁扒钉一类加固的做法。北京故宫乾隆花园见有 80 厘米长，10 多厘米宽，7 厘米厚的铁扒钉，两端弯头打入 9 厘米的做法（图 13-2-56）。也有向假山外侧下弯头而内侧平伸压于石下的做法。承德避暑山庄烟雨楼则用大铁扒钉作峭壁的竖向联系（图 13-2-57）。

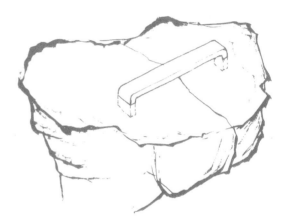

图 13-2-56　北京乾隆花园铁扒钉用法

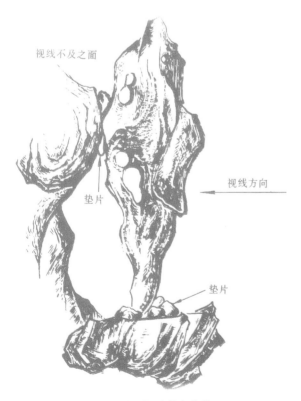

图 13-2-55　立峰加垫片

图 13-2-57　承德避暑山庄铁扒钉用法

铁扁担：多用于加固山洞，作为石梁下面之垫梁。铁扁担之两端成直角上翘，要求翘头要略高于其所支撑石梁的两端，以求稳固（图13-2-58）。北海静心斋中象征蛇山的出挑悬岩，选用了2米多长的一块房山土太湖石作挑，在这块石头的底部有长约1.5米以上，宽16厘米，厚6厘米的铁扁担作为加固，因为铁活只有一小段侧面外露，而且居于石底凹面之暗处，所以从外观上也看不出来（图13-2-59）。

马蹄形吊架和叉形吊架：见于扬州寄啸山庄，由于洞顶采用花岗石条石做石梁，很不自然。用这种吊架从条石上面挂下来，架上再放块山石遮挡条石的做法，如图13-2-60所示，其余吊架如图13-2-61所示。

胶结和勾缝：

汉代至宋代以前的假山胶结材料已难考证。从宋代议《营造法式》中才开始看到用灰浆泥假山的功料记载："垒石山，石灰四十五斤，麤（粗）墨三斤"。由此可以推测，宋代是以水调石灰浆作胶结的材料，而粗墨用于调色勾缝。当时风行太湖石，宜用灰白色的灰浆勾缝。据一些拆过明清两代假山的师傅讲，勾缝的做法尚有桐油石灰（或加纸筋）、石灰纸筋、明矾石灰、糯米汁拌石灰等多种。

勾缝用"柳叶抹"，有明缝和暗缝两种作法。即使明缝也要求不要太宽，如石缝过宽，便用与缝形相吻合的小块山石填补，变宽缝为窄缝，而后才用灰浆勾缝。因此，一般缝宽不宜超过2厘米。据说，用铁屑盐卤刷过的黄石缝还容易着生青苔，比较自然。

假山洞的结构：

《园冶》谓："理洞法，起脚如造屋，立几柱着实，掇玲珑如窗门透亮。及理上见前理岩法，合凑收顶，加条石替之，斯千古不朽也"，说明了洞的一般结构法。我国较早的假山洞，出现于南朝时代建邺（今南京）之湘东苑，但并无技术性的记载。从现存的古代园林的假山洞来看，大多采用《园冶》中所总结的这种梁柱式结构，即整个假山洞之洞壁是由柱和墙两部分组成，石梁架于两根对应的石柱间，同侧之石柱间再掇以山石封闭。因此，主要传达承重的是梁和柱，石墙部分用以作采光和通风的自然窗门。从平面上看，柱是点，同侧柱点的自然连线是壁，壁线之间是洞。在一般的地基上做假山洞，多是筑两步灰土，而且是"满打"。基础两边比柱和壁的线略宽出一些，承重量特大的柱子还可以在灰土

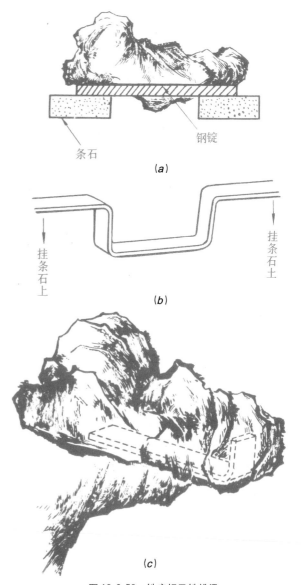

图13-2-58　铁扁担及铁挑梁
（a）铁扁担；（b）凹形吊架；（c）铁挑梁

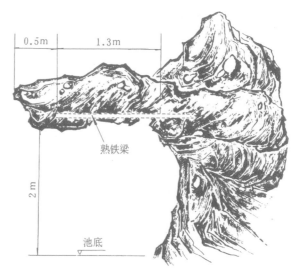

图13-2-59　北京北海静心斋暗衬铁梁做法

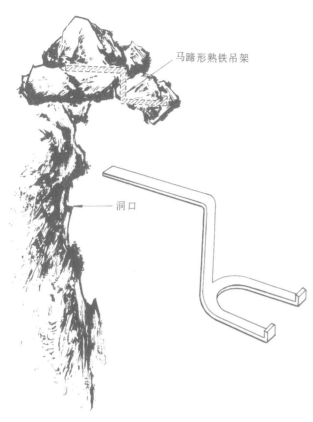

图 13-2-60　扬州寄啸山庄洞口吊架

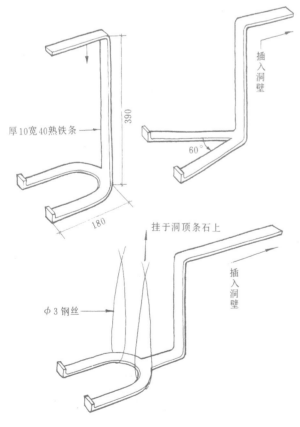

图 13-2-61　各式熟铁吊架（单位：毫米）

以下打桩，这种整体性很强的灰土基，可以防止因不均匀的沉陷造成局部坍倒甚至牵扯全局的危险。有不少假山洞都采用花岗石条石为石梁，这样虽然结实，但洞顶之外观很不自然，即使加以装饰也很不协调。

北京故宫乾隆花园和圆明园所遗留的假山洞皆以自然山石为梁，间或有"铁扁担"加固，既保证了结构的稳定，又有比较自然的洞顶外观。如图 13-2-62 所示，为南京瞻园之梁柱式假山洞结构。

假山洞的另一种结构形式是"挑梁式"，即石柱之叠起，渐起渐向内挑伸，叠至洞顶用大石压合，如苏州明代之隐园水洞，北京圆明园武陵春色之桃花洞均属于这一类的结构（图 13-2-63）。这是吸取桥梁之"叠涩"或称悬臂桥的做法。其挑梁之两外端和顶部合凑处都必须用大石镇压以平衡力量。圆明园桃花洞，巧妙地于假山洞上结土为山，既保证了结构上的需要，又形成穿山水洞的奇观（图 13-2-64）。

发展到清代，又出现了戈裕良创造的券拱式的假山洞结构，根据《履园丛话》记载，戈裕良为常州人，"尝论狮子林石洞，皆界以条石，不算名手。余诘之日：不用条石，易于倾颓，奈何？戈曰：只将大小石钩带联络，如造环桥法，可以千年不坏，要如真山洞壑一般，然后方称能事，余始服其言"。今存苏州环秀山庄之太湖石假山便出自戈氏之手，其中山洞无论大小均采用券拱式结构。由于其承重是逐渐沿券间挤压传递，因此不会出现梁柱式那种压断石梁的危险，用天然石料做券，须注意券石之间接触面传力均匀，因此，应有必要的砍削。如图 13-2-65 所示，为环秀山庄山洞，由于采用券拱式结构，顶壁一气呵成。

图 13-2-62　南京瞻园之梁柱式假山洞

图 13-2-63　北京圆明园〝武陵春色〞之桃花洞

假山洞的结构并不是截然划分的，也可以融会贯通。如北京故宫乾隆花园北太湖石假山洞在梁柱式的基础上吸取券拱式的优点，即立柱以后选用具有拱形的山石作拱形梁。也有其他假山洞局部采用挑梁的做法。一般地讲，黄石、青石类呈墩状或具有足够厚度的山石宜采用梁柱式结构。因为天然的黄石山洞就是沿其相互垂直的节理面崩落、坍陷而成的。如图 13-2-66 所示，为常熟虞山天然黄石山洞，与扬州个园之黄石假山洞两相对照，可看出结构之相似。太湖石一类的假山洞则宜于采用券拱式的结构。

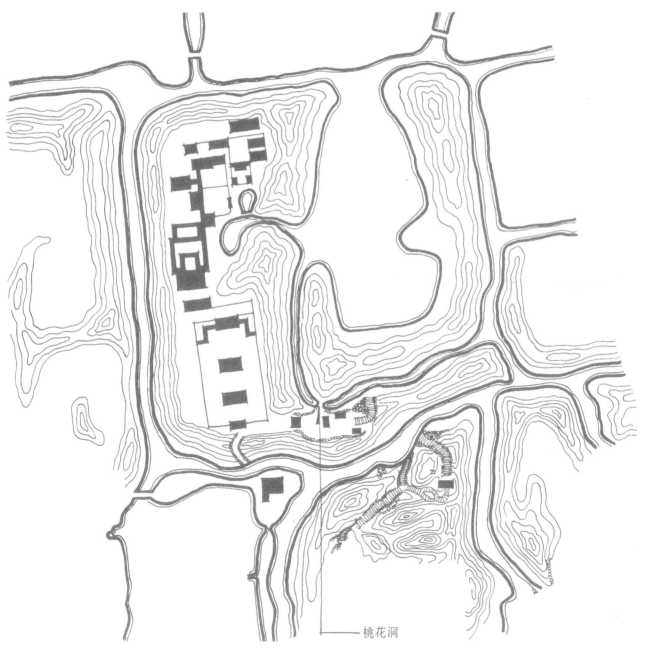

桃花洞

图 13-2-64　北京圆明园〝武陵春色〞桃花洞附近假山布置

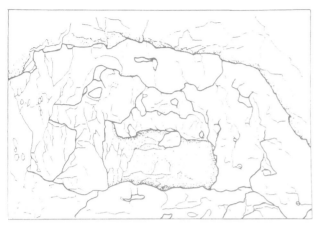

图 13-2-65　苏州环秀山庄券拱式假山洞之外观

图 13-2-67　扬州个园之黄石假山洞

图 13-2-66　常熟虞山天然黄石洞观

图 13-2-68　北京北海静心斋亭与假山洞组合

假山洞的结构还有单洞和复洞，水平洞和爬山洞，单层洞和多层洞，旱洞和水洞等不同做法。复洞为单洞的分支变化。爬山洞具有上下坡的变化，现存圆明园西北角之"紫碧山房"假山洞尚可看出爬山洞的做法，即洞柱随坡势升降，洞底和洞顶亦随之起伏。北京北海清代琼华岛北山之假山洞，不仅广大、深长，而且和园林建筑穿插组合，有复洞和爬山洞的变化，沿山腰曲折蜿蜒，顺山势而升降，时出时没，变化多端。正是李渔《闲情偶寄》所谓"以他屋联之，屋中亦置小石数块，与此洞若断若连，是使屋与洞混而为一"的作法。特别是"延南薰"扇面亭与假山洞的组合，入室自屋角循阶而下进入山洞的做法，把建筑和假山从造型到结构都融为一体，手法熟练而自然。多层洞见于扬州个园秋山之黄石假山洞（图 13-2-67），洞分上、中、下三层，中层最大，在结构上采用螺旋上升的办法分层。苏州明代惠荫园仿洞庭西山林屋洞所建之"小林屋"

的假山洞是古代旱洞和水洞组合的孤例。

假山洞利用洞口、洞间天井和采光孔洞采光。采光孔兼作通风。采光洞口皆坡向洞外，进光而不进水。洞口和采光孔是控制明暗变化的主要手段。如扬州个园之湖石山洞，充分利用湖石的自然洞穴采光，具有石灰岩岩洞的外貌。苏州环秀山庄之采光孔亦同此法，但大多安置在比较低的位置,下明上暗,既有亮光照路,又保持了洞中较暗的变化,有"地灯"的效果。其洞内地面之西南角有小洞通水池以采取水面之反光,此洞层环相套,由暗渐明,不仅发挥了采光、通风和排水的功能作用,又具有洞景的自然变化。承德避暑山庄文津阁之青石假山洞坐落在池边,在洞壁上做成弯月形采光洞,倒映池中,洞暗而月明,俨如水中映月,可谓匠心独运。

至于下洞上亭之结构,所见有两种。一种是洞和亭重合,亭柱和洞柱重合,重力沿柱下传至基础,由于山洞的柱隐于洞壁而不明显,如避暑山庄烟雨楼假山洞和翼亭之结构。另一种是洞与亭实际上并不重合,亭坐落于砖垛之上,洞居砖垛侧边,在砖垛外面用山石包镶之后,犹如洞在亭下。如北海静心斋枕峦亭和其下面假山洞之组合(图13-2-68),亭居洞上而居高临下,洞有亭覆盖而防止雨渗入。

山石水景之结构要领是防漏、防渗,北方多作两步以上的灰土层作为预防,亦兼有防止基础渗入水而产生冻胀的破坏。

第三节　园林建筑

一、园林建筑的特点

中国古代园林因园主经济地位和各地气候的不同,而有帝王苑囿与私家园林以及南北特色的差别,但都是利用环境,因高筑台,就低挖池,亭、台、廊、榭,布列上下,并种植树木花草,以表现自然,创造更典型的山水境域。园林建筑也要配合这一要求而具备以下特点:

园林建筑的布局不同于一般居住、寺庙、宫殿等建筑那样有轴线对称的形式,而是因地制宜,充分利用环境,以得景为妙,建筑位置要取最好的视线与观景点。因此,在建筑之初就要深入调查与周密的规划。这样虽无轴线,却能使园内建筑互为对景,园外佳景借入园内,而建筑本身能与地形结合,越山跨水无所不宜,有的则可与山石岩洞结合成自然与人工相融合的建筑。

园林建筑的空间处理不同于一般封闭方正的布置

形式,尽量避免对称,要求有曲折变化,因此除以廊、墙等建筑物分隔空间外还要穿插山石树木,使空间变化灵活而不呆板。花墙或墙上开设漏窗不仅本身造型精美,还可以使空间互相渗透。通过分划空间的大小对比,使人感到景物层出不穷,成为我国园林建筑技术的特色之一(图13-3-1)。

园林建筑除了实用功能以外又是园林的景物之一,因此要比一般建筑更加重视造型及轮廓。这一点,表现最明显的莫过于富有民族形式的屋顶。北方园林中建筑大多不用有正脊的屋顶,而用卷棚屋顶(如卷棚悬山、卷棚歇山等),以求轻巧和曲线轮廓。南方园林中建筑的屋顶翼角采用嫩戗起翘与水戗起翘,更突出了屋顶的曲线。在古代帝王苑囿中为了表现仙山楼阁的境界,集中了当时能工巧匠的各种技术,创造了丰富多彩的园林建筑,可惜很多没能保存到今天,但在宋画中,像黄鹤楼、滕王阁等尚能反映一些古代精湛的建筑形制,而现在的北京紫禁城角楼与颐和园的画中游(图13-3-2)、佛香阁均是以丰富的建筑造型而著称的。

园林建筑装饰不同于一般宫殿、庙宇,要求雄伟富丽与金碧辉煌的形象,它要求更精巧的装饰与环境

图13-3-1(2)　南方园林曲折分隔

图 13-3-1 (1) 园林建筑平面布局

1- 苏州半园；2- 苏州鹤园；3- 苏州怡园；4- 苏州畅园；5- 苏州王洗马巷万宅花园；6- 承德离宫万壑松风建筑群；7- 北京北海画舫斋；
8- 北京故宫中的乾隆花园；9- 北京颐和园谐趣园

图 13-3-2　北京颐和园画中游

图 13-3-3　扬州瘦西湖钓鱼台

王苑囿虽施彩画，但也与宫殿用的画法有别，是用色彩淡雅、图形自然的"苏式"彩画。清康熙承德避暑山庄湖区的建筑就不施彩画。

二、古代园林特有的几种建筑

（1）台：建筑物之居高临下，可以眺望者。以土为台，技术简单，是最早出现的游观建筑。《五经异义》记周时天子有三台：灵台以观天文；时台以观四时施化；囿台以观鸟兽鱼鳖。周灵王起昆明台以宴群臣。秦始皇筑鸿台，上起观宇。汉武帝起柏梁台，上有承露盘。台初为土，由于土台不能做得很陡，高度受到一定限制，所以汉时用木作井干台，《关中记》说："井干台高五十丈，积木为楼，言筑累方木、转相交架、如井干"。《长安志》说："井干楼、积木而高为楼、若井干之形也"。台上加建筑常沿用台称，如曹魏之铜雀台等都是在台上有建筑物的。后来砖石加工技术发展，台改用砖石材料为之，石灰夯土的大量使用为筑台基础创造有利条件，这样台可以筑得更高，而且耐久，甚至可以建在湖泊水面的岸边。台都有能上下的磴道和防护的栏

调和的色彩。园林建筑要做得空间通透才能尽收室外四时之景。因此多设空廊、洞门、漏窗、隔扇等做法，人由建筑内部向外观看景物，可利用建筑的这些部分形成框景（图 13-3-3）。古代匠师还把这些建筑的局部进行巧妙地加工，做成精美的雕刻或成图案式的装饰，如外檐的挂落、栏杆及内檐的罩。为了能表现出建筑材料的质感，砖用清水磨砖，不外加抹灰；木用清油，不施彩画，这样更能看到木质原有的纹理。帝

图 13-3-4　承德避暑山庄烟雨楼

杆，而磴道与栏杆的处理直接影响台的轮廓与造型，是园林建筑的重要考虑项目。台在结构技术上主要防止滑坡、崩塌和冻胀，过去以灰土分步夯实的办法解决。临水台基也有用木桩加固的办法。

（2）楼阁：汉代文物如武梁祠和孝堂山画像石以及汉墓出土明器等都有不少二三层的建筑。宋画黄鹤楼、滕王阁就能清楚地看出当时楼阁的形式。高台重楼不但便于登高眺望，而且造型突出，技术精湛，往往成为园林中的重点景物。现存楼阁实物多为明清所造，如承德避暑山庄湖区主要风景的建筑烟雨楼（图 13-3-4）和北京颐和园主景建筑佛香阁（图 13-0-5）。佛香阁建在万寿山中心高台上，重楼高阁，形成全园的构图中心。这类楼阁多采用重檐或多檐，十字脊或歇山顶，以求得丰富的轮廓造型。另一类即江南园林中的楼阁建筑，因园林面积小、楼阁多较为小巧而结合环境，如苏州拙政园的见山楼，楼虽分上下两层，但上层与山石相通，由山上可直达第二层，这样的例子在江南园林中是很多的。有些楼阁利用室外的山石为梯，不但节省了室内的楼梯面积，还能增添自然乐趣。清朝帝王

宫苑中仿江南名园规划而建造的园林中，也常有这种楼。如颐和园谐趣园的瞩新楼，北海静心斋的叠翠楼（图 13-3-5）。过去的楼阁都是木架承重，因而可以自由开窗，根据不同的使用要求，门窗可以装在檐柱上，还可以留出檐廊，将门窗安装在金柱间，门窗是活动安装的，因此可以配合不同季节装上或取下。

（3）亭：中国园林中应用最多的游赏建筑莫过于亭。秦制十里一亭，这是设在郊野行驿之所；汉洛阳二十四街，每街一亭。这些都不是建在园林中的。至唐时园林中建亭的渐多，在技术上有很多创举。《唐语林》卷王云："天宝中，御史大夫王 太平坊宅有自雨亭，檐上飞流四注，当夏处之凛若高秋"，这是古代建筑上引水取凉的例子。《解醒语》载："元燕帖木儿建水晶亭，四壁水晶镂空，贮水养五色鱼"，这是我国最早类似水族馆的建筑物。《天中记》载宋理宗时宦者董宋臣为制拆卸折叠之亭，可随意移置山水佳胜处，这无疑是可装可拆的活动式房屋。还有亭中引水凿石为渠道，专供流杯觞咏之用的流杯亭等。

图 13-3-5 北京颐和园谐趣园瞩新楼

园林中的亭有很多形式，平面有正方形、长方形、圆形、正六角形、正八角形、三角形、十字形、扇形、双套方等（图13-3-6）。立面大部分为攒尖顶，有单檐、重檐及三重檐（图13-3-7）。北京景山公园的万春亭，就是平面正方形的五开间大体量亭子，是城市轴线的制高点，登之可俯瞰全城，因此采用了轮廓突出的三重檐屋顶，这样还恐不足，又对称配置了四个亭子，以加重其组合体量。两边的周赏亭与富览亭是重檐八角形式，观妙亭与辑芳亭是重檐圆形的形式，依次而变化着。

清代北京帝王宫苑中的亭子，大都按清工部《工程做法》构筑，如四脊攒尖方亭，柱高按面阔的8/10。梁架结构有的用抹角梁，也有用长短扒梁，架起用戗集中支撑中间悬空的雷公柱，柱上套以宝顶，下端做成垂莲柱，六角亭柱高按面阔15/10，柱径为高1/11的比例。梁架用长短扒梁，由戗上交雷公柱与四角亭相同，八角亭除柱高按面阔16/10以外，其余大致与六角亭做法相同。园亭虽柱间比例与六角、八

角相仿，但屋顶做法更为复杂，枋梁桁条要随园制造，屋面瓦件也随攒尖形式而要求上小下大。南方私家园林中亭子做法并不统一，比例大小变化较多，没有则例的限制，不似北方千篇一律，如苏州拙政园建于扁平小山上的雪香云蔚亭，采用了长方形矮比例造型更能配合环境。园林中亭的占地不大，可以随处安放，有的建于园林桥、闸之上，如北京颐和园荇桥、练桥上都建有亭。杭州西湖三潭印月亭与曲桥结合，扬州瘦西湖五亭桥，在桥台上建有五亭，成为瘦西湖主要景物之一（图13-3-8）。

园林中的亭多为开敞建筑，不设门窗，在柱间可安以坐凳。如在水边、山崖还可做成栏杆或靠背栏杆。但也有在亭上做洞门或门窗的，如苏州拙政园的梧竹幽居亭，四面做月洞门，景物通过双层月洞望去更觉幽深。拙政园西部两宜亭装有可以装卸的门窗，冬夏两用（图13-3-9）。

（4）廊：堂下周屋谓之廊。起源于建筑四周出一步架，初期非独立之建筑物。汉、魏有用廊联

图 13-3-6　亭的平面数种

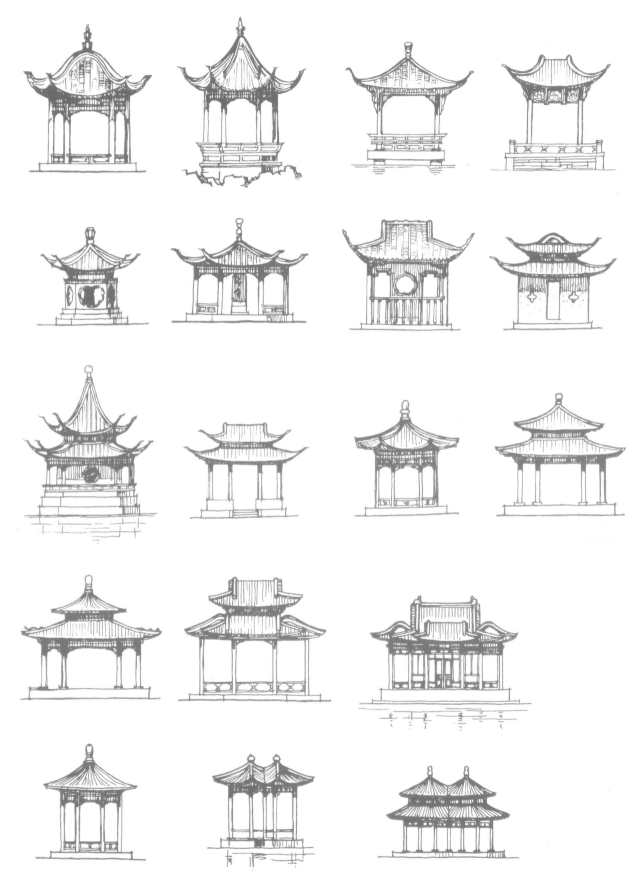

图 13-3-7 亭的立面式样

系庭院的记载。唐宪宗时，大明宫内太液池南岸曾建廊四百间。由宋画金明池夺标图看出，宋时廊也成为园林中独立的观赏建筑（图 13-0-2）。廊在园林中主要作联络建筑间交通之用，也可作为导游路线。中国园林中还利用廊划分景区，有透有障，可增加空间层次，能使空间有对比变化。其型式有以下几种。

直廊：如北京颐和园前山用一长廊贯通（图 13-0-6）。

曲廊：江南私家园林用的很多，如苏州拙政园的柳荫复曲廊。有些曲廊在园的边角转折处留出一些小院，栽花置石成为小景（图 13-3-10）。

复廊：两廊相并，中间隔以漏墙，这种廊既分隔园内空间，又能互相通透，使园景增加层次，如苏州怡园、沧浪亭都有这种复廊。

爬山廊：建于山坡，联系山上下建筑，本身起伏变化，丰富了园林景色，又使山路有建筑覆盖（图 13-3-11）。北海看画廊就是建筑在琼岛山坡的磴道上。

涉水廊：是临水所筑之廊，如苏州拙政园西部波形廊。有的跨水面而建。这种廊可以丰富水面层次（图 13-3-12）。

双层廊：又称阁道，是用在楼阁建筑之间双层通廊。如北海漪澜堂、道宁斋间的两层廊，把楼阁联成一体，增加建筑气势。

万字廊：是专以廊组合而成的观赏建筑，如中南海万字廊及过去圆明园万方安和都是用廊组合而成的。

廊的布置可直可曲，最为灵活。廊每间是进深小而面阔大。北方多按清《工程做法》，进深为柱高 5/6，面阔为柱高 6/10。柱断面多取海棠方柱，以柱高 1/10 取材，屋架用四檩卷棚，转角处用递角梁，屋面多为小筒瓦，顶内部不用天花。柱间枋下倒挂步步紧花格挂落，下安坐凳栏杆，既有方便休息的功能，又是廊中连续的装饰。南方私家园林中廊的每间比例较灵活，不甚统一，较北方为小巧，用材也细，廊的屋顶下可加轩，因此用料不要求非常方整。依墙而建的廊，瓦顶原是向一面坡的，用复水椽，内部就没有倾斜的感觉而显得整齐美观。

（5）榭与舫：古代的榭是台上建屋的意思。园林中榭多建在水边，故有水榭之称。舫同是水边建筑，不过是仿船的造型，故又称旱船。南方园林的舫是仿画舫而建成，船舱分三部分。前舱较高，中舱略低，后舱高起成两层楼，可登高眺望，如苏州拙政园中的香洲，建于水边，形似画舫，并与他岸以桥相接，有如跳板登船，即是这种舫的例子。入室反而下降一两步，故有入船舱的感觉，形象仿而不俗，与周围建筑很是协调（图 13-3-13）。

榭与舫都是建在水旁的建筑，其驳岸与基础的处理是非常重要的。江南地下水位高，故多用木桩或石桩基础。苏州一带有"迭领"式石基础的传统做法。竖的称"领"，横的为"迭"。放在领上，一般用一"领"一"迭"。柱子荷重部位有用一"领"三"迭"到七"迭"的。有的园林水榭不单建于临水，而且部分架凌水面，如苏州网师园的濯缨水阁，则要在"迭"上再加"领"使建筑以石柱架于水上，则建筑有凌空水面的效果。水面也不为建筑所隔断，有水源不尽的效果。北方园林临水基础以灰土为主，一般常用三步灰土，大的基础可作十几步。北方帝王苑囿临水建筑多用石砌驳岸，为了防止冬季冻胀，在石岸后面还砌后背砖，并打后背灰土。由圆明园遗迹实物可以看到，有的后背砖与灰土厚达 2 米左右。在大的建筑下面或地基不好处还要打桩。桩分大小，大者称"桩"，长一丈以上，径五寸以上，用铁碾砸下；小的称"地丁"，长一丈以下，可用铁锤锤砸下。

（6）桥：中国园林以山水取胜，园内交通不可无桥。我国各地形式多样的桥，都可成为园林用桥的参考。桥的形式以配合环境园境增色者为佳，常见的桥有以下几种。

曲桥：一反普通交通用桥的要求，故意在水面上曲折而过，以增加长度，便于浏览水景。南方园林中用的很多。因桥体不大，用石柱、石梁上架石板即可。所用栏杆也矮，只在桥边架以简单石梁，高如坐凳（图 13-3-14）。

拱桥：拱桥利于水面通船，造型优美。如北京颐和园的玉带桥等，除了行船的便利外，拱桥倒影映在水中，形成特殊景色（图 13-3-15）。

亭桥：园林中为了打破水面与堤岸横线构图的单调，需要加以点缀，常有桥上建亭者，如北京颐和园西堤桥上都建有亭子，扬州瘦西湖上的五亭桥等，都是这种园中造景的桥（图 13-3-16）。

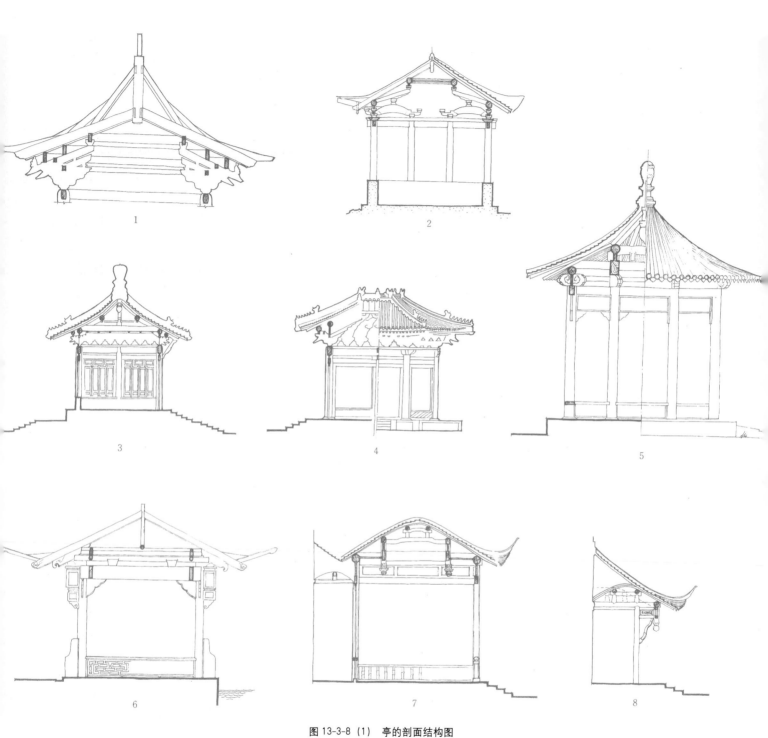

图 13-3-8（1） 亭的剖面结构图

1- 宋营造法式亭榭（转录梁思成《营造法式注释》）；2- 苏州艺圃乳鱼亭剖面；3- 社稷坛习礼亭六角攒尖顶结构；4- 太庙八盝顶井亭剖立面；
5- 北京北海见春亭剖立面；6- 杭州三潭印月三角亭剖面；7- 苏州铁瓶巷住宅戏亭剖面；8- 苏州拙政园东半亭剖面

（2）北京颐和园谐趣园知春亭

（5）苏州留园东园——角亭

（3）北京颐和园荟亭

（6）苏州网师园冷泉亭

（4）苏州网师园月到风来亭

（7）无锡寄畅园一角

图 13-3-9　苏州拙政园悟竹幽居亭

图 13-3-12　苏州拙政园小沧浪

图 13-3-10　苏州拙政园长廊

图 13-3-13　苏州拙政园香洲

图 13-3-11　无锡惠山爬山廊

图 13-3-14　南京瞻园曲桥

图 13-3-15（1）　北京颐和园后湖石拱桥

（2）　北京颐和园玉带桥

图 13-3-16（1）   扬州瘦西湖五亭桥

（2）   北京颐和园荇桥

图 13-3-17（1） 苏州拙政园"与谁同坐轩"

（2） 苏州西白塔子巷李氏园

石桥在清《工程做法》中已总结了很多经验和数据，那时设计桥不论平桥、拱桥，皆以河口宽度定桥的比例。如单孔桥按河口分为 1/3 中的一份定为金门（即中孔宽）。两边雁翅各一份，三孔桥河口分一百零三份，中孔金门以十九份定，次孔各十七份。分水金刚墙两边各宽十份。雁翅各直宽十五份。清式桥拱不只是简单的半圆拱，而是用锅底券（即尖形券），其券弧圆心各左右外移 1/20 跨度。这样的券形不只造型优美，且从力学上分析也比圆券更近于传压曲线。

三、园林建筑装修

园林建筑的特点在装修上表现得更为突出。许多园林往往以其建筑装修制造的活泼和精巧而取胜。由于古代木架结构系统没有荷重墙的限制，柱梁之间可以自由处理，更给创造这些建筑装修技术的充分发挥留有可能。

（1）洞门：古园林墙上常开有图案轮廓的门。早在明代《园冶》中就写有"门窗磨空"。精巧的瓦工磨成图案形的门，在边上雕以起线脚的砖边，每个洞门开处设有对景，使经过此处的人放眼望去满是一幅幅的园中图画小品。《园冶》中收集有不少这类洞门的基本造型。起线的砖边线脚的制造也很精细，同木工做画框用的线刨相似，用砖线刨刨成各种砖线脚（图 13-3-17）。

（2）花窗：园林中的窗不只为通风采光，兼有取

图 13-3-18 苏州留园花窗

景与装饰之用。有的花窗如洞门，有图案外形，是全空的。有的加以砖木的图案花格，造成内外空间渗透并有光影的变化，是我国独特的园林装饰（图 13-3-18）。更有将漏窗的中空部分做成景物，成为一幅幅艺术作品（图 13-3-19）。北方园林，为适合气候特点，墙上用什锦窗，两面加玻璃，中间安灯，可以昼采天光，夜照灯光，虽不如南方漏窗轻巧，但外形多样，别具一格，有方、圆、六角、八角、扇形、石榴等式样（图 13-3-20）。

（3）外檐的栏杆与挂落：园林建筑，常因临水或在半山，需要有防护的栏杆。古代的栏杆本为木制，竖木为栏，横木为杆。后来室外栏杆改用石材，但其式

图 13-3-19　苏州留园揖峰轩窗格

图 13-3-20　北京颐和园听鹂馆灯窗

图 13-3-21　乾隆花园汉白玉栏杆

样花纹尚取自木制传统。由宋《营造法式》勾栏图样，尚可反映木制式样的来源。到明清苑囿中所用石栏杆已经形成一套定型比例与加工技术，雕刻花纹也有多种式样。一类栏杆是望柱加拦板式，用得最多，望柱雕刻花纹有龙、凤、云纹等，拦板的雕刻有空心、有实心（图 13-3-21）。另一类栏杆是只用拦板，板上只刻简单的海棠线纹，板放在地栿上，形式朴素，北京园林中或郊区桥上均可经常见到。再有一种栏杆是用长石条做成矮栏，上面也很少雕刻，有些矮栏还可以

图 13-3-22　苏州留园见山楼外望

作坐凳休息之用。江南园林中用得较多。在建筑的廊檐下柱间可做木制栏杆，园林中为结合休息使用常做成坐凳栏杆。有些为了更可靠地保证安全和使用的舒适性而做成了带有靠背的鹅颈椅（图 13-3-22）。

园林建筑的柱间枋下多做有木制花格的挂落与下面坐槛栏杆相应，成为上下透漏的统一装饰。北方的挂落，又称楣子，与下面坐槛多用小的木条做成"步步紧"花格，南方花格变化更多，有套方、万川、冰纹等图案，类型繁多，富有民族与地方风格。

（4）内檐的隔扇与罩：我国古代建筑皆以间为单元，为了满足不同的使用要求，常用隔扇分隔室内空间。隔扇用料有楠木、黄杨等，均属高级木料。常取本色以露木纹，加工细致，雕刻精美。每扇上也可裱糊名家字画，装点室内。有的隔扇上部采用绣有图画的纱绢，起到既分隔又透光的效果（图 13-3-23）。

罩，也是设在室内梁枋下面分隔空间并起装饰作用的木装修。均选用上等木材雕成丰富多彩图案，有藤、冰片、松、竹、梅等纹样。有的罩两边不着地，称为"飞罩"；有的中空圆门，称"圆光罩"。因为气候材料工艺特点，岭南园林使用更多。而北方由于气候条件多用落地隔扇，或固定的隔间。北方或把罩做成博古架，又称多宝格，上面可以陈设文物与装饰品。

园林中的铺地，由于承受的荷载小、磨损小，在地基、承重层等方面的结构就很简单。但由于主要功能是为游览提供方便，故而在舒适和美观方面有很

图 13-3-23　内檐装修一例

高的要求；面层的处理和变化就成为较突出的问题了，于是，园林的铺地逐渐成为一项专门的技术。历代的能工巧匠用自己的智慧和劳动创造了这个专门的工艺，并使之成为丰富园林艺术的一个组成部分。唐代白居易《庐山草堂记》有下铺白石为出入之道的记载。元代《辍耕录》记载元大都琼华岛之广寒殿有"文石甃地"。清代《金鳌退食笔记》所载琼华岛一节谓"从承先殿北，度石梁至岛，皆以文砖、乳花石杂之"。故宫的御花园也有这种雕花方砖辅以各色卵石铺地的作法。《园冶》则有专章论述铺地，总结了乱石、鹅子地、冰裂地、诸砖地的选用原则和铺装技艺的要领，并提供了十几种图案。经过清代的流传和应用，我国江南的私家园林中出现了以砖瓦为界、色彩丰富、风格精巧的特点，扬州园林，尤为突出。

园林铺地要求园地因景制宜，既要和景区的使用功能相适应，又要和景区的意境相结合，以便使园路、场地在交通、游览等方面的使用功能和铺地之"成景"

作用恰当地结合起来。如苏州拙政园之"海棠春坞"采用海棠花的图案铺地，即是一例。另一个要求是就地取材，废物利用，所谓"废瓦片也有行时，当湖石削铺，波纹汹涌，破方砖可留大用，绕梅花磨斗、冰裂纷纭"，说明了低材可以高用的道理。当然，铺地也必须平整、耐磨、防滑且有利于排水。

承德避暑山庄中山区的"御道"由于有车马通行，采用花岗石的条石作路面。作法是将路基的素土夯实后再打 1～2 步灰土，灰土上铺 6～8 厘米厚的粗砂垫层，粗砂垫层已作出"反水"的坡度。再将加工成 1～2 米、宽约 50 厘米、厚 20～30 厘米的条石干砌而成。条石铺地抗压强度大，坚实耐磨，表面一般平整而雨后又不至太滑。

北京颐和园及故宫御花园采用方砖卵石嵌花路，即中部铺方砖，方砖两侧铺卵石的作法（图 13-3-24）。中部方砖的宽度因路面宽度为 2 米、3 米、4 米而相应为一块或三块方砖。卵石部分宽约 50 厘米。铺完中间方砖后，在两边路基的灰土上铺5～6厘米的掺和灰，找平后栽卵石。或将卵石带用砖瓦分段，摆成寿字、如意、铜钱、扇形、海棠等图式，再以分色的卵石填心，拍平，然后灌白灰浆填缝，撒干白灰收干，最后用水刷去沾在卵石表面的灰浆，露出卵石本色即成。御花园的做法更为精巧细致，称为雕花砖卵石嵌花路面。先将方砖几面磨平，将图案花纹绘于砖上，按图案线雕出约2厘米深，再将其细磨一番成为雕花砖（图13-3-25）。施工时先铺中部一般方砖和仄铺的城砖。然后再铺两侧的雕花砖，花纹正向路中心，花砖找平后在雕空部分用油灰敷一层，要求略低于花砖面，再将小卵石分色栽入油灰中，拍平并以干灰收干，再用毛刷加水洗出卵石本色，从使用情况看，方砖起初平整度好但耐磨性差，日渐磨成凹面。大卵石不够平整，但防滑性能好，这种路面亦有反水坡度。山道则旁设方砖浅沟排水，沟宽约50厘米，深约10厘米。

砖铺地多用于室内或殿、堂、庭院。北方砖铺地下设灰土层，也有糯米汁白灰的基层，这除了有一定的承重作用外，还可防雨水渗入引起的冻胀破坏，南方则无必要。砖有城砖、大方砖、小方砖、长方砖，南方尚有望板砖。方砖都是平铺，望板砖多仄铺，其余平仄皆可。用企口砖铺地，对缝紧密，挤压牢固。铺筑图案变化很多，《园冶》列举有其图例。

江南园林之“花街”铺地，在木夯夯实素土的基上面铺4～6厘米厚的过筛细土，以砖为骨，以石填心，按图案干砌，最后用木夯夯打，使之紧密和平整。也有少数铺地为防杂草滋生而用浆砌。用望板砖或瓦条仄铺的路面骨架可作六方式、攒六方式、八方间六方式、套六方式、长八方式、八方式、海棠式、四方间十字式、香草边式、球门式等（图13-3-26）。填心的材料有片石、卵石、碎石、碎瓦片、碎瓷片等。填心时将图案分成色块，按分色要求砌入细土中。或方向一致，或互为垂直，抑或呈向心放射和旋转变化等。更精致者，可嵌出鹤、鹿、鸟、鱼、树木、花草诸形。有用碎瓷嵌成鱼鳞、莲瓣等细纹图案，充分发挥了低材高用的优越性（图13-3-27）。

用青板石作冰裂地，亦多见于江南。由于这种石材很薄而且底多不平，往往用油灰抿缝或做浆砌。否则雨水自缝中渗入，造成翻浆而致路面破坏（图13-3-28）。

图13-3-24　北京颐和园万寿山方砖卵石铺地

图13-3-25　北京故宫御花园卵石嵌花格路的雕花砖

参考文献

[1] 清王翚《恽寿平评》

[2] 古今图书集成《考工典》卷八十三堂部艺文

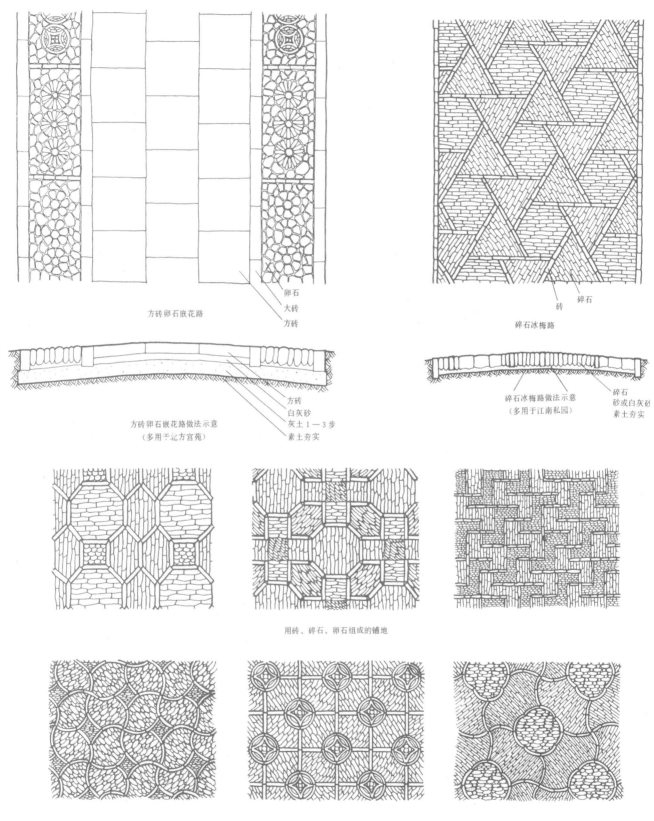

卵石
大砖
方砖

方砖卵石嵌花路

碎石
砖

碎石冰梅路

方砖
白灰砂
灰土1—3步
素土夯实

方砖卵石嵌花路做法示意
（多用于北方宫苑）

碎石冰梅路做法示意
（多用于江南私园）

碎石
砂或白灰砂
素土夯实

用砖、碎石、卵石组成的铺地

图 13-3-26　园林铺地示例

图 13-3-27 苏州拙政园海棠春坞铺地

图 13-3-28 苏州留园涵碧山房前冰裂纹铺地

第十四章

建筑设计与建筑施工

概　说

在建筑历史的最初阶段，无所谓设计和施工职责的区分；整个建造过程，由氏族的集体成员共同完成。如果说分工，不过是强壮的成年人与力弱的老年、幼童之间的体力上的分工——后者只担任一些辅助性的劳动。人们年复一年地重复使用着相似的工具、材料和技术方法。它们的每一点改进，都是在长期的实践过程中逐渐总结和完善的。

所谓的建筑经验是祖祖辈辈传袭下来的。经验是预见的根据。人们在动手之前，开始需要知道用什么材料，占多大位置，何处开门，何处留灶，需要依循怎样一种先后次序方可顺利完成，心里事先应有个估计。这些，其实就是设计，就是规划。所以，设计是人的主观能动性的表现。但是，设计和施工职责的分离，则是很晚以后的事。

在氏族社会的晚期，已经出现若干分工。制陶、农业、渔猎，都有一些专业分工。分工有利于社会发展生产，提高效率。这时，出现了在一定过程内少数有经验（年长）者的筹划与指挥和其他成员参加劳动的分工。

但是，随着人类社会进入阶级社会，这种分工便具有阶级对立的性质，便带有了阶级压迫和剥削的内容。

一般的生产技能，仍为劳动的、沦为被压迫的奴隶们所掌握。但某些高级的，概括与抽象的学问——天文和历法，卜巫和医药，测量和数学，则逐渐集中于脱离劳动而依附于剥削阶级的少数成员手里。古代的设计和规划、测量选址等，常常和占卜迷信混在一起，这是同那个社会的构成形式相联系并和社会的意识形态相适应的。

在这样的历史条件下，我们看到了古代奴隶社会的分工，工官制度的出现以及他们职务的性质和职掌范围，所具备的技术知识，以及随着社会发展而演化的种种现象。

在尧舜时代，有"宗工"的职称，当时的一个著名人物是"倕"。据说："古者，倕为规、矩、准、绳，使天下仿焉"（《尸子》）。似乎已分离出有这种职能的人：他掌握工程的几何知识和测量定平技术，是工程的组织指挥者。

殷周之制，掌管城郭、道路、沟洫、宫室的兴建，属之"司空"。他有权量宜远近地形，调度民力从事建造活动，所谓"兴事任力"。又有"地官小司徒"，下属"均人"、"遂人"，也有分配力役，从事营造的职能："若起野役，则令各（具正）帅其所治之民（奴隶）而至"。奴隶们带了工具、粮食、车乘、畜力前往服役。《诗·小雅·黍苗》所描写周宣王时期召公为申伯营城邑之事，正是这种力役的具体情景。

《周礼》"冬官"部分在秦代佚失，汉儒以《考工记》补入，作为"冬官"内容。现在论证认为，《考工记》实为齐国官书。其中，"攻木之工"（以木料为对象）有七：轮、舆、弓、庐、匠、车、梓。"匠人"为七项之一。这里"匠人"的身份不是奴隶，而是掌握规划设计，有权指挥奴隶劳作的人。他既有熟识技术的一面，地位又超过奴隶，是一种专业匠师。职掌测量、定平、定向、规划尺度、等级制度等。《考工记》的这一段，并没有把"匠人"，如攻金之工于冶铸、陶氏之于黏土搏埴那样，直接谈到对木材的加工处理，而只是反映了木工成为工程主持人而不复直接操作的事实。中国古代的工程中，测量定位等基本准则是由木工来掌握的。

进入封建社会，秦国设有"将作少府"的官职，掌营造事务。"司空"一职，则失去原意，转为监察纠弹职务，同于御史大夫。西汉承秦制，不过"少府"改为"大匠"，自此"将作"一名沿用迄于明代。规划建设汉长安的阳城延，就由军匠升为将作大匠。

东汉，魏晋，又有"民曹尚书"，"民曹"，"左民尚书"，"起部尚书"等职称，管理工程事物，"将作大匠"一职不常设，属于兼领，无事则罢。

隋代开始设工部，同时另有将作寺（后改为将作监）。工部掌管全国农垦、山林、水利的工程和管理；将作监则掌管京都皇宫和中央官署的修建。唐代仍然是工部与将作监并列（监地位稍低于部，但不相统属）。《唐六典》所记将作监的组成和职责大致是：

将作监：监二人，从三品（工部尚书为正三品），少监二人，从四品。下掌：土木工匠之政；总左校、右校、中校、甄官等署，百工等监；大明（长安）、兴庆（长安）、上阳（洛阳）宫。中书、门下、大军（后来之北军）仗舍、闲厩，谓之内作；郊庙、城门、省、寺、台、监、十六卫（后来称南衙诸军）、东宫、王府、诸廨，谓之外作……

左校署——掌梓匠之事（营造属此）。

右校署——掌版筑，涂泥丹垩圂厕之事。

中校署——掌供舟车，兵械，杂器，行幸陈设则供竿柱，闲厩系秝则供行槽，祷祀则供棘葛。

甄官署——掌砾石陶土之事。

百工、就谷、库谷、斜谷、太阴、伊阳监——掌采伐材木。

隋唐著名工程家宇文恺曾任隋将作大匠、工部尚书；何倜入唐后任将作小匠（少监）；阎毗曾任隋将作少监，其子阎立德为唐太宗时将作大匠、工部尚书。他们均出身贵族，对规划和管理方面作出了不小的贡献。

宋代的将作监隶属于工部。起先，京城缮修归三司修造案管理，将作监只是虚衔。宋神宗元丰改定官制，开始由将作监掌管"宫室、城郭、桥梁、舟车、营缮之事"。神宗时，开始编修《营造法式》，至哲宗元祐年间完成。由于不切实用，于绍圣四年（1097年）命当时的将作监丞李诫重修《营造法式》，元符三年（1100年）成书。这部著作是中国古代建筑最重要的典笈。李诫于宋徽宗崇宁年间曾任将作监。李诫出身官僚家庭（父李南公为神宗时户部尚书，《宋史》有传），由门荫得官，他曾任营造工程的规划管理，以其著述而有所贡献于历史。他的著作，不夹杂迷信色彩、阴阳风水之说，这在风水之说盛行的宋代是难能可贵的。

金代无将作监，营造事务由工部直接掌管。元代营造事务也由工部掌管，下设"局"、"提举司"、"人匠总管府"来具体负责进行工程施工，因事因地而设，名目至为烦杂。皇帝、皇后、皇族（大王一级）都可以有自己的一套人员机构，这和元代制度本身有关。但是，元代有一个前所少有的特点，就是常常从富有经验的直接从事过生产操作的优秀工匠中选拔人员充任工官。例如甲匠孙威以制甲胄为工匠都总管；亦思马因·阿老瓦丁以制炮为军匠万户，副万户等。后来明清时的这种情况也颇多。

明代设工部，所属管理营造事务的为营缮司（本名"将作司"），下有营缮所。木工蒯祥、蔡信，瓦工杨青，均曾任营缮所官员，升至工部左侍郎。

清代制度，稍有区别：一般京城坛庙、官署属之工部；宫室、苑囿的修造，属于内务府。著名的营造世家样房雷、算房刘、高，均属内务府系统。

以上，是历代建筑工程方面工官制度的大致情况。这一套官僚机关，是整个国家机器的一部分，以劳动人民的力役为统治阶级服务。他们有一套法式制度，有统治管理的经验，也掌握一定的技术和规划知识。他们和劳动群众处于对立地位。有些虽从工匠出身，阶级地位却已改变。工官们不少人虽然是官僚，却有些有所贡献的人。但是，他们如有所成就，不外多少能集中或反映劳动人民的创造发明，比较能以工匠们的实践经验为基础加以条理归纳，有利于技术的发展进步罢了。李诫就是这样的较有作为的官吏。

直接参加生产实践的，是广大的劳动人民，其中又分为专业的工匠（有专门技艺）和从事简单的体力劳动者。历史上，占最大劳动量的，应为土方、夯土工程和材料起重运输这几项。此外，还有相当大量劳动力投入材料制造（例如烧窑、制砖瓦等）方面。劳动力大抵主要来自服役的广大农民；其次是军工，再次是罪犯（刑徒）。秦代阿房宫、长城、始皇陵等大工程，主要劳动力是罪犯。汉代用"城旦"、"髡"、"钳"这些等级的刑徒于筑城、陵工、烧窑等繁重劳动。

唐宋以后，军工占比重颇大。《营造法式》列出军工与民工的功限比值。宋代的厢军，特别如"牢城"、"壮城"一类厢军，主要从事修补城垣劳动。明代军工与民工的比例，有所谓"军三民七"，也是常用军工的。

专业工匠是以技艺为生的手工业工人。建筑方面，主要是木工（又分若干种）、泥工（圬墁之业，包括筑墙、粉刷）、砖2、瓦2和石工等。这样的人为数不多。他们一部分隶属官府，有固定酬资，大部分为独立的手工业者；前者已成为雇佣劳动者。其中技艺较高者，是民间修建工作的主持者，称"都料匠"，宋代或称为"司务"；也可受雇于官府。石、砖等工种，均有"都料匠"，不限于木工一行。唐代柳宗元所写的《梓人传》有几点是值得注意的：

（1）所描写的"梓人"，就是一位"都料匠"。他不亲自劳动（也不会纯熟地使用工具），只是筹划指挥，检验校正。

（2）他主要掌握的是寻（长尺）、引（长绳，"十丈为引"，是量度工具）、规（画圆）、矩（曲尺）、绳墨。"持引执仗"（丈杆），用的都是掌握尺度、几何形体、重心、准线的工具。

（3）他能"画宫于堵"，会"定侧样"，用来计算结构尺度，决定一切构件用料尺寸。

（4）他"食于官府"则"受禄三倍"；"作于私家"则"收其值大半"，待遇远远高于其他工匠。游食四方，不受拘束。

这样的人，兼设计师与工程主持人于一身，是从工匠中分离出来，脱离体力劳动的人物。他们待遇优厚，是工匠中的上层分子。他们掌握技术要诀，后来自然成为木工行会中的头面人物。

北宋初杭州木工喻皓，也是这样的一位都料匠。古代遗留至今的一些修缮、修桥的碑记，或庙宇大殿的梁题，还可以看到不少这一类"都料匠"的题名。正如《梓人传》所说："既成，书于上栋曰：某年某月某日某建"。地位逾越众匠，大功独居。他们（都料匠）的贡献，比工官中的官僚们要多。

第一节　设计方法

一、原始资料与基本尺度

古代，一个工程如何开始筹划呢？苏轼《思治论》说："夫富人之营宫室地，必先料其资材之丰约以制宫室之大小，然后择工之良者而用一人焉。必告之曰：吾将为屋若干，度用材几何？役夫几人？几日而成？土、石、竹、苇吾于何取之？其工之良者必告之曰：某所有木，某所有石，用财役夫若干。主人率以听焉。及期而成。既成而不失当，则规矩之先定也。"[1]苏轼的这段话是借题发挥政见，不过，也却说明一切筹划须先委托于一位所选择的"良工"。这良工即为设计者兼工程负责人，也就是"都料匠"，"司务"，或《鲁般营造正式》所谓"工师"，"时师"。他要根据"主人之意爱"，作出方案，在图纸上"定当"，还须计算用料、用费、用工、时日。

从规划的角度看，还须择地择方位。小而一座住宅、一栋房舍，大而整组建筑（庙宇、宫殿、陵墓），或整个城市，都有择地的问题。不同的建筑项目，择地的着眼点不同。城市重视水源（包括地下水），如隋代放弃汉长安城另营新都，其原因即在水源；陵墓重

视形势，如秦始皇骊山陵、唐高宗乾陵、昌平明十三陵，选地最为气象恢廓；寺院取境幽邃，庄园背山朝阳，均不乏选地之好例。一般而言，均需注意地形、水源、交通、朝向、四邻的情况。《园冶》也有专述择地的章节，列于首篇。但是，古代择地往往受到阴阳五行的风水思想的约束，并出现以此为业的风水先生，阴阳生，同时又有这方面的专门著作：相宅、堪舆之学。自宋以后，其风尤盛。

然而处于城市，宅基往往局面已定，不在选择而在处理。一般注意到出水（下水）、消防、水井、道路、四邻等项。

建筑本身的设计，所考虑的便是建筑的布局、尺度、标高、形体等。中国很早就形成以人体为基本尺度以及由人体尺度延伸出的用具、家具、陈设、交通工具等尺度作为设计基本单位这样的原则。例如，《考工记》载："室中度以几，堂上度以筵，宫中度以寻，野度以步，涂度以轨"。"几"，长三尺，是室内主要家俱；"筵"，即席，方九尺，古代席地而坐，是室内必不可缺的铺坐之物；"寻"，为臂伸展长，八尺；"步"，六尺；"轨"，为车轮距，即辙宽，八尺。

《考工记》又说："国中九经九纬，经涂九轨"。诸家认为，每边为三门，每门三道，每道三轨即三车并行的宽度。这即是说，道路、城门，以车的尺度为基准。

《木经》一书，有很多极有价值的论述，例如沈括《梦溪笔谈》记载的一些片断，"凡屋有三分"，其上、中两分，以梁、柱的尺度为基准；下分即台阶的权衡，以荷辇前后竿的不同姿式为准。这些规则，无疑是从实际生活当中总结而来，表现出当时的设计方法是切合实际的，是合理的。

中国古代建筑，有长期发展的经验积累，一些常用尺度，往往用口诀表示，但实际上已包括若干实际生活中活动尺度的要求。例如"门宽二尺八，死活一齐搭"，说明二尺八寸门宽已考虑了搬运家具的尺寸，轿舆进出的尺寸，棺木进出的尺寸等。

在福建，街巷的宽度，桥面的宽度，以"轨"为单位，即是以车宽为桥梁道路的尺度标准。

明清房屋的家具陈设，具有定式，一套家具，应包括案、桌、椅、几各若干。则堂屋的尺度，便以容纳这些家具的最低尺度要求为基准。家具尺度与房间

尺度均由经验积累而形成一种常用尺度，完整配套。

建筑物各结构构件的尺度，也积累了一些比例关系。《营造法式》明确规定："以材为祖"。"材"就是结构尺度的基准：一切构件的断面，出跳长度乃至构件的局部尺寸，皆以"材"和它的补充尺度"分"和由"材"、"分"而来的"絜"来确定。不同等级的建筑其"材"、"分"的绝对尺寸有差别，但是，各级建筑本身，各构件之间的尺度比例是相同的。各构件的作用和荷载情况同它的结构尺寸互相比较，也是大致合理的。

这种比例制度的形成，一方面可以视作一种结构体系的成熟，提高设计施工效率；但是另一方面，有了成法，也容易产生保守僵化的倾向。到了清代，则演变成以"斗口"为基本尺度的制度。

清代的小式，则以柱径为结构尺度基准。在民间，有以柱径或缘径（均指小头即梢端）为准的，不一一具论。总之，这是立足于经验之上的一种比例方法，各地均有成套的地方做法。

二、预算

匠师或即工程主持人再一个重要责任，是提出材料、人工的预算。

材料预算，是用工预算的前提；然而预算之中，工、料并重。我们看到许多汉代工程（栈道、石门、桥梁）的费用记载，以货币来表现，即包含工料两者的价格，唐宋史料中也有许多宫殿、石窟、寺塔的修建费用记载。这些数字，无疑是以当时的货币来计算的，有详尽的统计核算数字。要是没有一套计工计料的方法，是不可能办到的。

以算料而言，就需有体积计算方法，材料的比重、湿度等概念和实测数据以及混合材料中各种材料的比率，等等。《九章算术》中列有"方堡壔"、"圆堡壔"、方锥、圆锥、阳马（直角方锥）、"刍童"等立体体积的计算方法。比重，例如《营造法式》卷十六"壕寨制度，总杂功"所记：

"诸石每方一尺，重一百四十三斤七两五钱（方一寸二两三钱）；

砖：八十七斤八两（方一寸一两四钱）；

瓦：九十斤六两二钱五分（方一寸一两四钱五分）；

诸木每方一尺重依下项：

黄松（寒松，赤甲松同）：二十五斤（方一寸四钱）；

白松二十斤（方一寸三钱二分）；

山杂木（谓海枣、榆、槐木之类）：三十斤（方一寸四钱八分）。"

可以看出，这些数据相当精密。

各种工程，除构件本身的用料之外，还有属消耗性的辅助材料如草缏，竹索，木橛，铁丁；工具如泥篮；调合料如桐油、胶、麻捣等等均各有用料规定。纵观《营造法式》全书，令人深刻地认识到：至迟宋代，对各工种的材料使用，有着科学而严密的统计作为定额基础；我们看到清代大量的各种匠作则例，更对用工用料有详尽记载。这都使我们对古代预算工作的精密程度获有深刻印象。

计算劳动日数量，依《营造法式》所记，则注意下述各点：

（1）计算各构件本身的造作功；

（2）计算各类工程的安装功及辅助功；

（3）功按难易程度分为上、中、下三等（这是区别熟练工人和非熟练工人的界限，不同难易施工对象本身所需功已列在各项之中）；

（4）功按季节分为长功、中功、短功。四月、五月、六月、七月，为长功；二月、三月、八月、九月，为中功；十月、十一月、十二月、正月，为短功。这是《唐六典》中已经规定了的区分。书中所载功限，以中功为准，长功加一分，短工减一分。

（5）《营造法式》卷二"总例"规定，各功限以军工为准，私雇工人减军工1/3。

（6）《营造法式》规定，在工程中利用已有旧料或现成构件的，应在总料帐内扣除这一部分用料。

（7）《营造法式》规定，与《营造法式》所载不同的特殊结构做法的功和料，应该以近似做法相比较而略予增减。

《营造法式》的计算用功量的定额，称为"功限"。我们可以由此对宋代工程预算中劳动日计算的精密周详，留下深刻的印象。"功限"的制定，无疑含有剥削的成分，但是也同时表现出某种统计和测定的细致程度。

工期的计算，是以劳动日（功）为基础的，加上对各工种各环节彼此衔接的工序考虑，季节气候的影响,材料运输和准备工作的所需时间等,便可"计日程功",列出进度计划。

应该指出,封建社会中,工期的计划,是建立在以对工匠进行压迫和剥削的基础之上,常常超出劳动日的时间限制("日出而作,日入而息",工作日之所以有长短,应以昼夜长短为准),大为增加劳动强度。例如,北宋著名的大工程玉清昭应宫一役,监修人刘承规竟至发给每工蜡烛,连夜操作赶工。许多工程,连续劳动,从始至终,不给休息日。所谓功限料例等,貌似科学的统计和计划,由于克剥压榨、弊端丛生,往往失去了实际的意义。这是在理解封建社会制度下劳动情况时所应该注意的地方。

三、设计的构成与表现方法

对于一个尚未存在的建筑对象,所予以的各方面的说明,提出所需的材料、人工的估计,所采取的方法步骤等,这一切均属于设计范畴。设计的手段包括:图纸,模型,预算(用料,劳动力),必要的技术说明和质量要求(说明书);而以设计图作为主要和首先的形式,它是其他项目的依据。其所以需要把对于建筑对象的设想表现出来,为了:①把意图告诉别人。自从出现了分工,出现了所有者与劳动者的分离和对立,出现主人和雇用者,这种思考想法的表达便无可避免了。②建筑不是抽象的东西,用图形把思考的内容固定下来,这是设计者对自己的设想进行推敲与检查的手段。建筑的性质、要求、组成,越来越复杂,如何作出主次分明,安排妥善,处理细致,技术高超而又经济有效的综合体,这一切便是事先反复作方案比较和推动设计技术由简单到复杂不断发展的内在原因。

经过长期的发展过程,到了清代,在官府内形成了"样房"和"算房"两类机构。可以说这是封建时期的设计机构的最后形式。他们的工作,即包含了上述的各种内容。其中每一种设计表达方法,都有自己的特点。

(一)设计图

用图表现设计意图,提供直感的形象。许多情况,许多形体,许多关系,用语言和文字是费力而又难以准确表达的,有时甚至无法表达,但图则可以一目了然。

对于尚未存在的事物用图表达,必须符合认识的客观过程——先是宏观的、整体的,对各局部的相互关系加以一种综合的表现形式,通常这是鸟瞰图、总平面图的任务;然后,是各个单体建筑物;再次,是建筑物的各个部分——又分为主要部分(结构骨架,即决定建筑的尺度与形体的部分)与其他部分;然后是各个局部的细节补充,以及内部结构情况等大样详图。我国古代历史,对此留下丰富的资料,有着丰富的经验。

(1)总平面图:中国最古的建筑总平面图,是1977年于河北平山县三汲公社战国时期中山国墓内所发现的一幅陵园总图——宫堂图(原称兆域图)。此图是在一方96厘米×48厘米的铜版上,用金、银镶错而成,有墙垣及王陵、后陵的平面,并记载有距离、尺度等数字的文字说明(图14-1-1)。这幅两千多年前的总平面图,是世界上罕见的宝贵资料。

古代一些城市总平面图,现在仍保存不少,有的是地方志书内的木刻图版,例如南宋景定年间(1260~1264年)所编的《建康志》中的建康城图等。此类图从唐代起即广泛编绘,不过,木刻毕竟失之粗略。有些石刻的城市图,则按折尺(比例尺)绘出底图再镌刻,面积较大,相当详尽。西安出土的太极宫及兴庆宫石刻残片可能是北宋吕大防长安城图的一部分;比较完整的城市图如平江及静江府城图。尤以平江府城图最为著名,其街道、河渠、桥梁的位置、距离,与近代的苏州城很接近,尺度(城区部分)亦相当准确,显然是以比较详尽的测量数据为根据,并有良好的制图技术。特别之处是:重要的建筑物(城楼、衙署、庙宇)往往用立面图形式绘于平面图上,成为混合的方式,这种方式相沿以迄明清。

建筑群的总平面图,迄今有以各种形式(木刻、绢绘、石刻等)表现的实物资料:例如,金代的登封中岳庙图(图14-1-2)、汾阳后土祠图、明代宫殿图以及清代样房雷家所遗留的大量"地盘图"。其折尺有一分折一丈(1/1000),二分折一丈(1/500)、五分折一丈(1/200)等比例。主要建筑物也常以立面图形式出现在平面图中,比较醒目,易于理解。

(2)建筑方案图:根据建筑图来进行建造的史实,历史文献上不乏记载,例如,《史记·秦始皇本纪》载:"秦每破诸侯写放其宫室,作之咸阳北坂上"。"写"

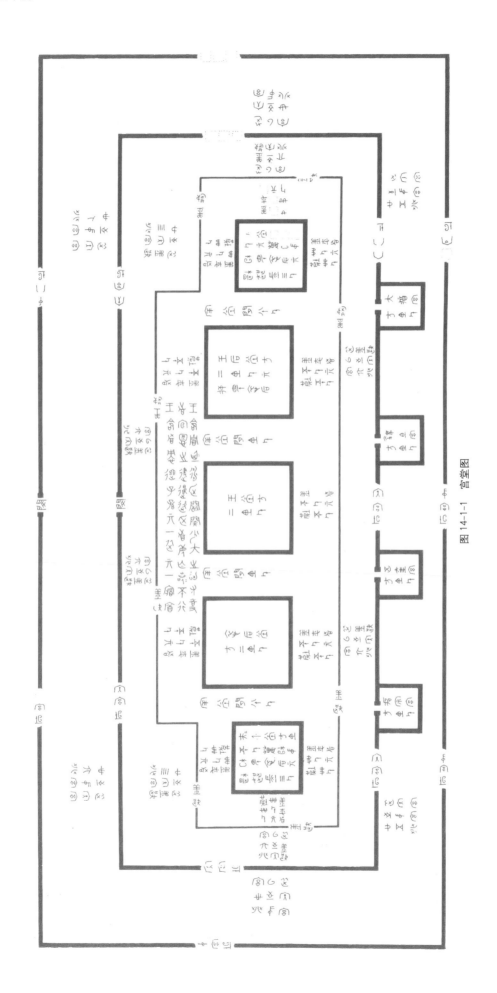

图14-1-1　宫堂图

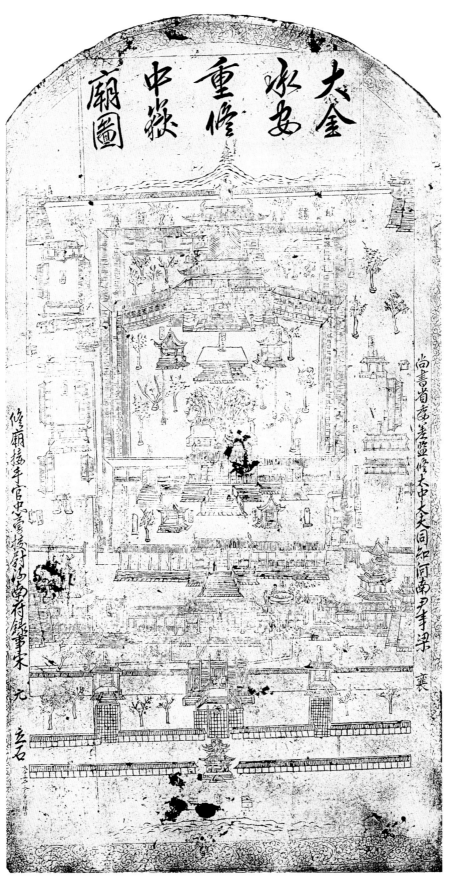

图 14-1-2　河南登封中岳庙拓片

就是用图描绘记录，"放"是按图仿建。这是最早关于建筑图的记载。

《汉书·郊祀志》，记汉武帝东封泰山至汶上，"济南人公玉带上黄帝之时明堂图"。所谓黄帝之时是不可信的；但是，根据公玉带建议的图（设计图）建成了汶上明堂，则是事实。这个图，据隋宇文恺《进明堂议表》所云："披汶水之灵图"，似乎隋代尚可见到。

《魏书·艺术传》蒋少游事："平城（北魏旧都，今大同）将营太庙太极殿，遣少游乘传诣洛，量准魏晋基址"。这是为了仿建某处宫殿，进行的实物测绘记录的记载。

《魏书·李兴业传》所述东魏迁都邺城"其造新图"。

《隋书·宇文恺传》记录了宇文恺为建造明堂，在朝臣聚讼莫衷一是的情况下，比较了历史上的各种明堂方案，提出自己方案的建议全文（《进明堂议表》）。其中提到：该方案图"以一分为一尺，推而演之"，即百分之一比例尺；又，宇文恺曾于平陈后亲自到建康（今南京）测量梁朝明堂遗址，作为考虑明堂方案的依据。这些情况表明，当时宇文恺提出的图绝非示意，而是按照比例绘制有准确尺度的建筑图。他还写了《明堂图议》二卷，是他方案之文字的说明部分；最后，还做了木样——模型。可以说，这是我国古代史书上第一次详尽地阐述设计一座建筑（明堂）所用的设计表达方法。这件事约在612年之前的一二年内。

我们看到，宇文恺用的比例尺是较小的，不足以表现具体建筑构造，但足可表现明堂的主要尺度：高度、开间、进深等，作为方案已经足够。但是，上述各项记载没有明确指明所采取的制图方法。

为了表现建筑物的特点，古代方案图通常采用建筑物的主要面——正立面的正投影图。立面正投影图出现很早，在战国的铜器上就已见到。为了正确表现主要尺度（高、宽），应当采用正投影。但是，作为方案图，为了达到空间的实体感觉，中国古代常常采用轴测投影的办法；不过，它是一种比较特殊的轴测图。

轴测投影与透视不同，是假定视点在无穷远处，因此，原来空间的各平行线组，仍然保持平行；不像透视图那样引向灭点（平行于投影面的各平行线组除外）。然而同时，原来空间互相垂直的三个坐标上的线段，在投影后不能保持直角，并且各坐标方向上等

长的线段按某种比例改变原有长度。因此，按理这种图不能用比例尺直接量得真长。

我国古代的轴测投影画法是这样几种特点综合的结果：①保持立面为正投影，可以直接量度两个轴间的尺寸和角度关系，未加变形；②增加一个深度方向的投影，原来在这一方向平行的线仍然平行。其量度与正立面比较，相应减小，以减少失真度；③所选角，正面两个轴向保持90°，另一轴向可以灵活选择，一般较平。这种例子很多。如宋画清明上河图中的一些建筑、黄鹤楼、滕王阁图，都是这种画法。

严格说来，这是一种折衷的办法，不合于任何投影原理，只是一种习惯画法。但它的好处是：①平行线作图，便利迅速；②可以直接量度尺寸（第三向乘以某一比例系数）；③失真度尚可在感觉上适当的范围以内。这种画法，是中国界画的基本方法。由于能够量度尺寸，某些建筑画也采用之；因此，中国古代的界画与建筑图（设计图）有相通之处。因此，界画作图，有时可以用作某些建筑的设计图。了解这一点，我们才可以理解下述史料的叙述。

郭若虚《图画见闻志》卷二："赵忠义事孟蜀为翰林待诏，蜀后主尝令画关将军起玉泉寺图，作地架一座，垂栱叠，向背无失，蜀主命匠氏较之，无一差失。"

宋代《圣朝名画评》卷三："刘文通，京师人，善画楼台屋木，真宗时入图画院为艺学。大中祥符初，上将营玉清昭应宫，敕文通先立小样图……下匠氏为准，然后成葺。"

以上所举，皆是界画与实际用的工程图的相通之处。这种画在一定的情况下可以起到设计方案图的作用，而且在一定程度上，可以作为施工的依据。

也有真正的透视画法，最早出现于敦煌壁画（图14-1-3）及见于唐初李贤、李重润等墓葬壁画中。所取的视线常垂直于建筑物正立面，且在建筑中轴线上，因而只有一个灭点。但是仔细分析，灭点往往也不在同一视平线上。这就表明：虽然当时已从直感上理解到部分透视原理，但尚未有系统的、完整的透视画法。

清代的中期，对于从欧洲传入的透视法（如郎世宁等人所介绍的），中国学者曾进行过深入的研究和论述。1727年刊行的《视学》，就是年希尧与郎世宁合作的透视学著作。但是，这本书在实际生活中并未起作用，在实际工作中仍然是传统的表现技法。

图 14-1-3　敦煌莫高窟 217 窟壁画所示唐代佛寺透视图

（二）模型

　　建筑是立体的实物，用平面图形表现，难免顾此失彼，不易就各种方位、高度、角度加以全面观察。于是对于复杂的形体，复杂的地形关系，复杂的组合，不得不采用模型以表达和检查设计意图。

　　最早记载采用模型设计的是宇文恺的明堂木样。他的明堂图为"以寸准丈"，即 1/100 比例尺，估计木样也为相同比例尺所造。在隋代，还有一次大规模采用木模型作为施工依据的措施：即仁寿元年（601AD）建十三州舍利塔一事。隋文帝崇佛，令全国十三个州同时建"仁寿舍利塔"，塔形由"有司造样，送往当州建造"，同为五层木塔（《悯忠寺重建舍利塔记》），仁寿二年、四年，续建八十一处，一依前式；共建一百一十一处，这是大规模用模型直接指导施工的著名例子。

　　复杂的单体建筑，莫过于木塔：它为多边形平面，构架逐级收分，柱有急遽侧脚，又是多层建筑，各类构件每层都在变化其尺度，用一般投影方法，不易表达实际构件的尺度关系。因此，重要的塔，施工前往往用模型进行研究。一个著名的事例，即宋开宝年间建开宝寺塔一役，许多文献均提到这一工程。当时，吴越国王钱弘假出资在京师（开封）开宝寺建木塔，并委派著名塔工喻皓主持工程。喻皓为此造了一座木样进行研究（见杨文公《谈苑》）。同时，著名的界画家郭忠恕也为设计此塔亲手造了一个木样（见《玉壶清话》）。郭忠恕根据自己的木样进行计算，证明喻皓的设计方案，有一尺三寸的误差，故而构件不能合笋，便向喻皓指出。喻皓回去详细校核之后，发现果然有误差，即予纠正，并向郭忠恕致谢。这个故事或对郭的技巧有溢美夸张之处；但有一点很明显，木样是可以用来直接量度计算构件尺寸用料的，可以作为施工的直接依据。今天我们遇到复杂的结构形体（例如双曲拱，壳体等），难以用平面投影表现时，同样用模型作为设计的表现方法。在我国古代，匠师们早已开拓创立了这一方法。

　　至于纸硬样，是模型的一种，学名"烫样"，以清代样房掌尺的雷氏家族为世袭专家。他们掌握的"图样"和"烫样"，也就是进行设计工作。近代的设计事务所常被称作"打样间"，即由此而来。雷氏家族的烫样，存于北京图书馆、故宫博物院、清华大学的还有不少。它们是用硬纸板做成，外加色彩，以区别材料质地。它们的外壳（屋顶，陵墓的穹隆）可以拿去，看见内部布置和构造，表现得十分清晰而准确，并且按比例尺制作，尺度也很精确。现存烫样，虽多为同治、光绪时物，但仍然继承明末清初以来的传统方法，是一批值得珍视的遗产（图14-1-4）。

图14-1-4（1）　清华大学藏清代烫样（陵墓）之一

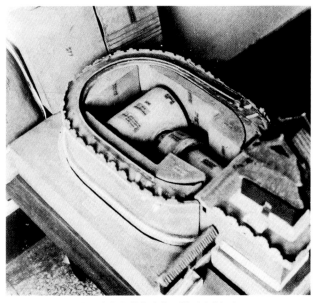

（2）　清华大学藏清代烫样（陵墓）之二

（三）工程图

设计图还没有表达出具体构造情况。因此，作为方案大致够了，但是，作为施工依据还是不够的。

施工图的主要要求是准确的尺寸和形体。因此，必须用正投影图表现。而且，有些地方，唯有用图才能准确决定具体的尺寸和加工形状，例如榫卯位置、

椽长、角梁、斗，乃至各种小木作等复杂节点。因此，《营造法式》中说："举折之制，先以尺为丈，以寸为尺，以分为寸，以厘为分，以毫为厘；侧画所建之屋于平正壁上。定其举之峻慢，折之圜和，然后可见屋内梁柱之高下、卯眼之远近（今俗谓"定侧样"，亦曰"点草架"）"。

这段文字很清楚：用侧视图表现梁架榫卯的尺寸位置，而这又先要决定整个屋顶的举折。用1/10的比例尺，画在平整的墙壁上。所用的是正投影法。实际施工尺寸，可由图上直接量出，放至十倍即得。

这种办法，也就是唐柳宗元《梓人传》提到过的："画宫于堵，盈尺而曲尽其制，计其毫厘而构大厦，无进退焉。"

"宫"即房屋，"堵"即墙壁。不过"盈尺而曲尽其制"，似乎为1/50乃至1/100的比例。这是文学说法，实际操作中，"盈尺"是不够用的，必须"盈丈"，乃至足尺大样。

平面图是决定重要尺寸的必需用图之一。柱的间距，决定了梁枋的长短，以及一系列由此而推及的构件尺寸。因此，柱网、阶沿、屋檐线、斗栱最外跳线、转角处梁、枋的加长等，均须由平面的尺度决定。《营造法式》"地盘"斳标记的，正是这些重要尺寸的位置。又，《鲁般营造正式》说：

"木匠按式用精纸一幅，画地盘阔狭深线，分下间架，或三架、五架、七架、九架、十一架，则在主人之意。或柱柱落地，或偷柱及梁门畀，使过步梁、眉梁、眉枋，或使斗磉者，皆在地盘上停当"。

我们若把书中所附的例图："七架之格"与"正七架地盘"图联系起来看，就知道方格网即柱网，标有弧线位置，当为主要构件位置（栋、门楣、眉梁）。小弧圈为偷柱（仲柱）后童柱位置。凡此标志，均为截料及加工应注意的要点所在（图14-1-5）。

以上，是由整个城市，到建筑组群，单体建筑所用的方案图和施工图的表现方法。中国长期保持了自己的独特表现方法，是切合实用而有效的。除此以外，尚有各种其他工作的图纸，特别用于小木作、彩画、瓦作、石作、钉铰金工等方面的大样图纸。它们在《营造法式》内已有若干实例。明初，建南京宫殿，"有司进图样，明太祖命去其华靡者"，指的可能就是装修、彩画方面的图样。清代，小木作装修雕刻的大样，属

楠木作；"样子雷"就是世传的楠木作设计专家。他们的装修大样，现在还保存有大量的清末同治、光绪年间的图纸。这类图，比例准确，线条清晰，重点突出，他们以墨线为主，辅以彩色。如遇彩画，则如沥粉描金，画面非常醒目美观，对于今天仍有不少可以借鉴之处（图14-1-4）。

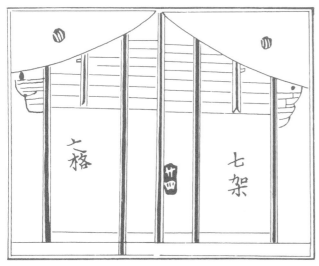

图14-1-5（1）　《鲁般营造正式》正七架图

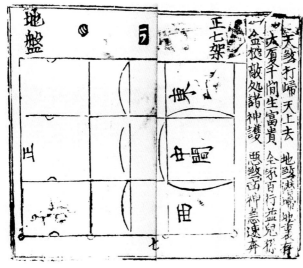

图14-1-5（2）　《鲁般营造正式》正七架地盘图

第二节　施工准备工作

根据已经确定的设计方案，加以实施，完成预期的工程目标，就是施工的全过程。施工之前，凡是材料的运输储存，人员的调集（及其生活供应），道路的开辟，现场的平整，制定工程计划和程序等，均属

施工准备工作。中国古代对这一问题很重视，有不少科学的经验。

以古代的筑城、河堤、运河等大工程为例，动员人力以万计，规模宏大，如无良好的计划，难以有计划地进行施工。

《左传》宣公十一年楚令尹苏艾猎城沂一事：

"使封人虑事，以授司徒，量功命日，分财用，平板干，称畚筑，程物土，议远近，略基址，具糇粮，度有司，事三旬而成，不愆于素。"

这里指明的准备工作包括了计算劳力工期，调配工具物资，准备粮食等项，事"三旬而成"，效率是相当高的。

又如，《左传》昭公三十二年晋士弥牟营成周：

"计丈数，揣高卑，度厚薄、仞沟洫、物土方、议远近、量事期、计徒庸、虑材用、书糇粮，以令役于诸侯，属役赋丈，书以授帅，而效诸列子。韩简子临之，以为成命。"

这一段也说明了施工前的各种准备工作：作出计划，分段负责，把工程分给几个诸侯（各率所属的国人）来完成。

古代数学著作留下来一些诸如此类的分段负责施工，计算所需劳动力的题例。如唐代王孝通《缉古算经》（卷上）给题：

"假令筑堤。两头上下广差六丈八尺二寸，东头上下广差六尺二寸；东头高少于西头高三丈一尺；上广多东头高四尺九寸；正袤多于东头高四百七十六尺九寸。

甲县六千七百二十四人；乙县一万六千六百七十七人；丙县一万九千四百四十八人；丁县一万二千七百八十一人。四县每人一日穿土九石九斗二升；每人一日筑常积一十一尺四寸十三分寸之六。穿方一尺，得土八斗。

古人负土二斗四升八合，平道街一百九十二步，一日六十二到。今隔山渡水取土，其平道只有一十一步；山斜高三十步，水宽一十二步，上山三当四，下山六当五，水行一当二，平道跐蹰十加一，载输一十四步。减计一人作功为均积。四县共造，一日役毕。

今从东头与甲，其次与乙、丙、丁。

问：给斜正袤与高及下广；并每人一日自穿建筑程功；及堤上下高广各几何？"

这一道题,需求答出平均每人每日工作量(按自挖、自运、自筑计功);以此计算各县按人数计应完成的土方量(每人平均完成土方量相等);堤的体积和尺寸(斜袤即斜长),沿斜坡量,正袤即斜面投影长度或水平长度,上广及下广、高;堤为梯形断面的截方锥体(图14-2-1)。

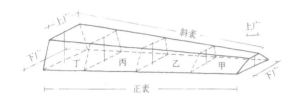

图 14-2-1　筑隄计算示意图

并给出一些数据:

(1)每人每日穿土:九石九斗二升(容量单位);

(2)每人每日筑土:一十一尺四寸十三分寸之六;

(3)每人每日穿方(挖取土方)一尺,得土八斗;负土二斗四升八合时,平道走一百九十二步,一日可负来土十二趟;

(4)上山三步,当平路四步,下山六步,当平路五步;水行一步,当平路二步;

(5)踟蹰:(休息,停留所用时间),按多走十分之一路程计算。

这是一道和实际紧密结合的数学题:四个县,各来若干人,各分工一段长、宽(上底下底)与高为若干的堤的土方。在计算时,还须考虑运土所经过的平地、山地、过河等不同情况,又预计了留给休息用的时间(按距离折算),等等。我们可以看出当时考虑的细致程度,计算的精确。汉代留下的刻石,不少就记有修桥、修栈道、修石门(隧洞)等所用的功,所费的钱的核算数字。从《左传》的记载,到清代的“算房”,历时两千多年,留下了大量工程经济学方面的宝贵资料。反映了我国古代工程经验的丰富多彩。

劳动力预算是准备工作的基础,一切粮食、工具、宿地、分工等,都由此决定。而作出估算,必先有劳动定额。劳动定额的测定是一个复杂的问题,根据人的体力、效率、简单劳动和复杂劳动等,可以有很大差别。我们不能用测定个别人的劳动生产效率的数值即作为直接的、普遍的定额数值,而应从大量统计中得到的平均值(或稍高于平均值)来作为定额数字。中国古代文献中,多次记载各种劳动定额数据,例如《营造法式》和《河防通议》中所记载的“功限”那样,须有大量的由实际工程中得来的统计数作为基础,才可以制定。

不过,有些简单重复的劳动,也有用直接测定的方法计算总用功量的。例如,宋代释文莹《玉壶清话》所记陈承昭(《宋史》有传)开惠民河事:

“以锸累尺,以尺累丈,定一夫自早过暮合运若干锸,计凿若干土,总其都数,合用若干夫……至讫役,止衍(多出)九夫”。

锸,起土工具;每锸深若干,土块厚若干,可以有一个常数值,这是计量单位,由此计算一“夫”(一个劳动日)可运走多少土方,再算总土方量,折合用多少“夫”。据说,实际用数只比计算多了九“夫”;开河之工以万计,这个计算误差之小,可称相当精确了。

从《营造法式》来看,所谓“功分三等”,“役辨四时”,“木议刚柔”,“土评远迩(近)”,比较深入地区别了复杂与简单劳动,加工的难易程度,季节的不同,辅助工的有否之类,这些都是比较合理的。

施工准备,除了估工之外,同样重要的是材料的准备。材料的准备,包括材料数量的计算、材料的选择、材料的运输和储存。

材料计算,应根据设计,除了主体结构材料之外,还应计入辅助材料(钉、胶、麻之类)。《营造法式》的“诸作料例”,即指此事。

选择和检验材料。例如木材一类的天然材料,性能和用法各不相同、重在凭借经验予以鉴别。

木材首先是尺度,所谓“山有木工则度之”(《左传》),即用目测鉴定其是否成材堪用。明代朝廷在四川等地设常驻的采木官,其任务之一,就是登记可以入选的木材的品种、尺寸、数量、分布位置,呈报备案;一旦有需,即可按记录采伐。入选的标准包括弯曲度:树干宜高大挺拔,盘折弯曲则不堪入料。宋朝丁谓有判语云:“不得将皮补曲,削凸见心”(《晁氏客语》),可谓言简意赅。

其次是木质本身。齐桓公时,命令工师翰修路寝。新屋既成,前去查看,发现东侧一柱用的是樗木(臭椿),责怪翰说:

“樗,散木也。肤理不密,沈液固,嗅之腥,爪

之不知所穷，为秩为枨且不可，况为负任器邪？"（《燕书》）

"负任器"就是栋梁之材，即承重构件；用樗木之类"散木"（质理疏松）来做是不行的。这就表示，除了外形尺度，还要注意质地。

木材的硬度（质地的标准之一），在《营造法式》"锯作"内分级如下：

"解割功、檀、枥木，每五十尺；

椆、槐木、杂硬材每五十五尺（杂硬材谓海枣、龙箐之类）；

白杉木每七十尺；

楠（同楠）、柏木、杂软材每七十五尺（杂软材谓香椿、椴木之类）；

榆、黄杉、水杉、黄心木每八十尺；

杉、桐木每一百尺；

右各一功……。"

明代宫廷官府以实物税的形式征集囤积竹木材料备用；其机构为竹木抽分局，属工部屯田司。明初设于南京龙江大胜巷；迁都北京后设于通州，芦沟白河、通济、广济等地，专门供应宫廷各部门用竹木。这种"抽分"，是把主要供民间使用的杉木、毛竹，由木材商人以纳税的形式上缴一部分，积存各局备用。砖、瓦亦有抽分。如认为必要时，甚至全数照估验买，充作官用。这是与朝廷采木并行的另一种木料来源。这种抽税制度，宋代已有，其机构称为"竹木务"。

关于砖瓦材料，古代例为统治阶级优先享有。秦汉之际，设有专管机构。大抵何处兴造，即由该处自行设窑烧造。汉代砖瓦，有"上林"、"左校"一类刻记。魏晋南北朝至隋唐，砖瓦烧造属于"甄官署"。宋代则属于"京西八作司"之"窑务"。元代设"窑场"（平则门。光熙门各一；平则门即今阜成门，光熙门为大都东北门）。

表 14-2-1

名称	尺寸（长、宽、高）			用途
大料模枋	80～60尺	3.5～3.2尺	2.5～2.0尺	十二架椽至八架椽栿
广厚枋	60～50尺	3.0～2.0尺	2.0～1.8尺	八架椽卡栿、檐栿、绰幕、大檐头
长枋	40～30尺	2.0～1.5尺	1.5～1.2尺	出跳六架椽至八架椽栿
松枋	28～23尺	2.0～1.4尺	1.2～0.9尺	四架椽至三架椽栿，大角梁，檐额，压槽枋，高一丈五尺以上版门，果栿版，佛道帐所用料
朴柱	30尺 径=3.5～2.5尺			五间、八架椽以上殿柱
松柱	28～23尺 径=2.0～1.5尺			七间八架椽以上殿副阶柱五间、三间、八架椽至六架椽殿身柱七间至三间八架椽至六架椽万堂柱

木材截锯为方木，依其直径、长度、主干或旁枝，分为如下各级（根据《营造法式》卷二十六"诸作料例"）。

以上各种木料，均为胚料，根据建筑等级及具体尺寸，再加工为构件。平日，这样的胚料均解割储存备用。在宋朝，京城掌管这种加工胚料和储存机构为"事材场"（《宋史·职官志》）。所谓"计度一应材物，前期朴斫（即加工为胚料）"，即指此。明代储存京城修建木材的地方为工部所属的神木厂（在崇文门外）和大木厂（在朝阳门外，均见《明水轩记》）。明代和清代又有贮材场于张湾（通州运河码头，去京三十余里）。

明代初期，营建南京（应天府），其筑呈城和京城用砖，由沿长江各省以劳役的形式缴进；砖身均有印戳，列举负责的州、县官吏和具体造砖烧窑匠工的姓名，以作为验收时记录之用。其中"均工夫造"，也属一种劳役形式，但是允许出资代雇。实际烧窑制砖，均属专业匠工，而其代价则转嫁给农民负担，作为封建剥削的一种手段。营建南京所用的琉璃件，则在聚宝山烧造。

营建北京，制砖主要于临清设局，北京亦设黑窑厂，琉璃厂以充用。临清主要烧造：城砖、副砖、券砖、斧刃砖、线砖、平身砖、望板砖、方砖。至于宫殿铺地细料方砖（俗称"金砖"）则专委苏州烧造，其地在苏州陆墓；由应天（南京）池州、太平、苏州、松江、常州、镇江各府负担费用，各府派人赴苏州觅选熟练的工匠烧造，运往北京贮存备用。

所用砖料，有验收标准，所谓"坚莹透熟，广狭中度"，不得"色红泥粗"（见贺盛瑞《冬官记事》）。明代陆墓金砖的质量，堪称古代砖的最高水平。验瓦，《营造法式》有所谓"撺窠"，即用竹片为半圆模，把筒瓦从中一一穿过试验，达到瓦件尺寸一致的要求。明代验收琉璃瓦的制度是：事先烧造样瓦两件，一送皇帝，一送监造官员；验收时，即以样瓦为准，如"质有厚薄，色或鲜暗，即不准收"（见《冬官纪事》）。明代验收制度严苛，虽严，但明代制砖、制琉璃的技术确也达到极高水平。

不仅主要材料如木材、砖、瓦、琉璃有一套严格的验收制度，其他材料也有相似的办法。例如彩画颜料，明初设有"颜料局"专掌其事，制成品收入"甲字库"或"节慎库"，也须经过验收。

关于场地、运输的安排，是工程准备中必须考虑的问题。虽无系统史料，但历史上不乏相关记载。丁谓于宋真宗大中祥符年间修复宫殿一役，即一范例，见于沈括《补笔谈》。又如，古代筑城，城垣与城壕并举。城垣取土，即成城壕，一举两得，实际也付合施工布局的经济性和合理性原则。同时，城壕成为河道，又可以作为运输之用。明南京城的筑城，用砖量很大，所用运输方法，依赖船运。所以南京城垣走向，大多数均临城壕形成的河道或湖泊，这对减少劳费有显著效果。

平整场地，有时需加夯筑，必要时须有桩工。我国古代用桩的历史甚久，特别桥基、码头等水下和临水建筑，尤为普遍。例如：

《益州记》：市桥、桥，今各有一铁椎，大十许围，长六七十尺。云：初桥，引机运此椎以击桥柱。本有三，今余二[2]。

这条记载所述的打桩重锤尺寸过大，恐有夸张，但是，所说的"运机"显然是利用了杠杆、滑车一类简单的机械以提升铁锤用以击桩，这大约是西晋时期3世纪的记载。

中国古代建筑工程中，最大规模用桩的，首推明初南京宫城建设一役。由于宫殿和城垣位于积水低洼地带（原为"燕雀湖"）的填土上，其下用了大量木桩。

1961年左右，在南京明故宫遗址沿原有宫城城垣位置的土层中，发现大批当年的杉木桩（径约30厘米，长约10米），每平方米之内平均有桩两三根，非常密集。桩头均截锯保持同一水平高，估计其上即便砌筑城垣。至今这批杉木拔出后，仍完好可用。从这批出土桩木的埋深看，当时击桩入土的工具设施已颇具力量。一般建筑地基的整平工具，已无较早资料；但是，清代中期麟庆所著《河工图集》中所载各种平土、碾实、击桩等工具，大致可以代表古代这一技术的面貌。

第三节　测量、定位与计算

定位，包括定平、定垂直、定向；测量，包括测定距离、面积、体积、高度；这是一切建筑工程过程中必不可缺的技术项目。

一、定平

从古到今，用以决定水平面准确度的物体就是静止状态的水。一切的液态物质都具有保持水平面的性质（水银、酒精等），但通常用作标准的是水。从古代的浮子到今天水平仪上密封的气泡，虽然精密程度和便利程度不一，但是原理则相同。因此，定平技术可以用定平工具的精密程度来标志。

《营造法式》曾于"看详"中"定平"一项内引了若干秦以前的文献如：

"《周官考工记》：'匠人建国，水地以垂'。郑司农注云，于四角立植而垂以水，望其高下；高下既定，乃为位而平地。

《庄子》：水静则平、中准；大匠取法焉。

《管子》：夫准，坏险以为平。

《尚书大传》：非水，无以准万里之平。"

以上，均说明定平用水，但并未详细描述水准工具。郑玄的注提到"植"，即标竿，但是未触及水准工具本身。不过，既有标竿，则必有用视线或长绳引伸水平面到达标竿的方法。

殷墟发掘中，发现建筑基址中有枝状的水沟，据推测为观察基址水平用。若然，这是直接用水的方式，当然是原始的方法；它终于被淘汰，而被间接的方法所取代。不过，宋代沈括在一次测量由开封到泗州的汴河沿岸高差时，仍用筑堰直接观测水平的方法[3]。

间接的方法，其原理是把水准仪本身备有的水平面，用平行线的原理引向目标处的标竿，由标竿刻度（即水平面与标竿的交点）间接（仍然用平行线原理）判定地面高低变化。

现存的中国古笈中，最早记录水准仪的是唐肃宗乾元二年（759年）李荃著《神机制敌太白阴经》。其卷四"战具"中"水攻具篇第三十七"中，说明"水平"的形制：

"水平，槽长二尺四寸，两头、中间凿为三池，池横阔一寸八分，纵阔一寸，深一寸三分。池间相去一尺五分，中间有通水渠阔三分，深一寸三分。池各置浮木，木阔狭微小于池，空三分。上建立齿高八分，阔一寸七分，厚一分。槽下为转关，脚高下与眼等。以水注之，三池浮木齐起，眇目视之，三齿齐平，以为天下准。或十步，或一里，乃至数十里，目力所及，随置照版、度竿。亦以白绳计其尺寸，则高下丈尺分寸可知也。"

要决定直线（视线）是否平行于水平面，有两点也就够了；用三个浮木（三个点），大约是为了减少误差。此外，重要之处在于水槽下设有"转关"，可以使水槽旋转；惟如此，才可以调整方向，同时刻画一批标点于若干标竿（"度竿"），使这一批标点构成一个水平面。用这种方法，"水平"和"度竿"位置可依需要而自由设置或移动，当然就便利多了。

浮木上端"立齿"，成为齿状的理由，是留有缝隙便于判各浮木上缘齐平。

照板、度竿的形制和用法是：

"照板形如方扇。长四尺，下二尺黑，上二尺白。阔三尺。柄长一尺，大可握。度竿长二丈，刻作二百寸，二千分，每寸内刻小分，其分随向远近高下立竿，以照板映之，眇目视之，三浮木齿及照板黑映齐平，则主板人以度竿上分寸为高下，递相往来，尺寸相乘，则'山冈沟涧'水便高下，可以分寸度也。"

这里说的是大面积范围内的地形测量。

北宋曾公亮《武经总要》卷十一"水攻"项所述"水平"、"照板"、"度竿"的文字与此全同。但清代《四库全书》本《武经总要》的附图是有错误的。第一，浮木的齿，其方向应三木平行而非纵列（即应与视线垂直）；第二，持板人所持的照板应是一块上白下黑的木板而不是空框，其板观测时应附于竿侧或竿后（对于视点而言），而不是远离（图14-3-1）。

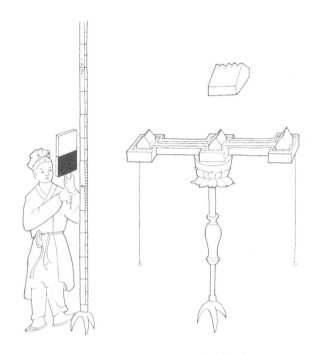

图14-3-1　"水平"、照版的正确用法

北京图书馆藏明版《武经总要》的照板图（图14-3-2），是错误的图。可以推测，这一方法，宋以后久已废止不用了，以致误解。

用于建筑基址的定平，范围比上述为小，但所采用的工具原理和形式仍然基本一样。宋《营造法式》看详"定平"项内说：

"定平之制，既正四方，据其位置于四角各立一表，当心安水平。其水平：长二尺四寸，广二寸五分，高二寸，下施立桩长四尺（安镶在内），上面横坐水平，两头各开池方一寸七分，深一寸三分（或中心更开池者，方深同）；身内开槽子，广深各五分，令水通过；于两头池子内各用水浮子一枚（用三池者水浮子或亦用三枚），方一寸五分，高一寸二分，刻上头令侧薄，其厚一分，浮于池内。望两头水浮子之首遥对立表处，于表身内画记，即知地之高下（若槽内如有不可用水处，即于桩子当心施墨线一道，上垂绳坠下，令绳对墨线心，则上槽自平与用水同。其槽底与墨线两边用曲尺校令方正。）"

图 14-3-2　明《武经总要》照板图

《营造法式》所述的方法，和《太白阴经》比较，晚了 343 年，但反而简单些。①《营造法式》已经以两个池子（两枚浮子）式为主要形式，"或中心更开池"的三池（三枚浮子）式，只是另备一格（卷二十九的水平图为三池）；②沟通各池的槽子较浅，增加各池（浮子）的独立性；③卷二十九所示的立桩是一个尖脚桩（可以旋转）还需有其他"安镶"（固定）装置，但没有表示出来；④没有提到照板和度竿。大约是因为距离范围有限；同时，确定基址水平，当一般尺寸变化幅度不大时，毋需过长的度竿；⑤这里提出了无法用水时利用曲尺（或直角的尺）和垂线（即重力方向垂直于水平面的原理）以确定水平面的方法。其实，垂线在设立水平时，也用于校正立桩是否垂直。⑥于基址四角立表（标竿）作记，这是为了基址水平面达到设计高度，即标高；这和下述用"真尺"校正局部础石、地面之是否保持水平目的不同，用真尺时可以不涉及标高。

《营造法式》中所列的"真尺"如下：

"凡定柱础取平须更用真尺较之，其真尺长一丈八尺，广四寸，厚二寸五分。当心上立表高四尺（广厚同上），于立表当心自上至下施墨线一道，垂绳坠下，令绳对墨线心，则其下地面自平（其真尺身上平处与立表上墨线两边，亦用曲尺较令方正）。"

这里明白指出，真尺的用场是校正局部地段是否水平，真尺的长度约为木构一间的宽度，表示它的校正范围不逾出一间范围。实际上，除了大规模的建筑群、大范围的基址需用"水平"外，一般施工中的检验校正，主要是利用垂绳原理的真尺，直至今日，仍可遇到。

宋《营造法式》所用的"水平"，不是单为建筑用的，水利工程所用的也是一样。元代沙克什的《河防通议》，是根据金代都水监本《河防通议》和北宋沈立所撰《河防通议》（汴本）两本所载水利工程技术资料汇编而成；其中"定平"一项的文字与《营造法式》全同。说明汴本所引的资料（早于《营造法式》成书），已为当时通用，而金代和元代相沿不变。

一直到元末明初，民间汇辑的《营造法式》一书，所用水平与上述完全一样，只是"浮木"称作"水鸭子"，同样有不用水而用垂绳校正水槽保持水平面的方法。《营造法式》的"定盘真（训作'直'）尺"，也同《营造法式》的"真尺"完全一样，其底尺长度为"一丈四五尺"，相当于一般民间住宅一个开间的尺度范围；它也是用来检验局部水平的。

民间还有一些其他定水平的工具，原理仍然是把静止的水平面用间接的方法（长绳）引向标竿，如刘致平著《中国建筑类型与结构》一书附图中所示一例，即云南地方民间所采取的传统简易方法。

二、定直和重心问题

建筑工程中，有许多场合需要确定结构构件的重心，以保证结构的力学稳定，特别是直立而底面积小的构件（墙、柱）尤其如此。

例如在制作木柱时，在柱身画出柱的中线，通过柱顶和柱脚的中心（当然，这是认为木材本身各部分的质量是均匀的，因而几何中心即为重心）。当立柱时，即以垂线来校验柱的中线是否与之吻合。

可以说，远古的人就从日常千万次的经验中知道：水面是水平的，垂物的绳是垂直的，"水平"和"垂直"这两个词，就是由此而来的。

人们理解用垂绳定垂直是远早于有文字记载的历史以前的事。在工程中它被用于检验或规定的结构体及其各构件的重心位置；以及利用其量度水平高差等。

（1）木构直立构件各种位置的柱，外檐柱（有侧脚）、身内柱（无侧脚）、瓜柱（蜀柱即梁上短柱）。通过柱上下端截面的中心作十字线，使与柱缝方向贴合；十字线在柱身表面所弹的直线，应于立柱之后垂直于地面。需要十字线的原因是垂直校正应由互相正交的两个方向去测定；单一个坐标方向的校正是不够的。

柱的实际重心是否即在柱的几何中点呢？显然不是。因为，即使木柱的几何体形在高度方向均匀无变化，但是木料本身的质量从根部到梢端是有变化的——根部比梢端为密实。因此，柱的用料应使根部在下，这样，实际的重心即比几何中心稍为下降。这一点，古代的人已经注意到了。《世说新语》中有一个故事：

"凌云台（三国曹魏时建）楼观精巧，先称平众木轻重，然后造构，乃无锱铢相负揭。台虽高峻，常随风摇动而终无倾倒之理。"

这里说的，一是整个构架用料的分布，轻料在上重料在下；二是构件本身应以密实一端向下，轻疏一端向上，用这样的办法来使整个结构和它的各部重心有所下降：大约南北朝时，出现了梭柱。梭柱的特点即是占1/2的上段柱径收杀比下段2/3为大，不但注意到了实际重心，而且对柱的几何中心也使之降低到柱中点以下。这种用料方法是科学的，合理的。

用垂绳校正柱的重心位置，是施工过程中应谨慎从事的一个步骤。

建筑的周围外檐柱要求重心内倾。因为外檐柱不再有构件自外侧加以支持，它若向外倾斜，容易造成拔准甚至倾倒。而木构架在风力作用下（或地震作用下）水平方向的摇摆瞬间变形是常有的情况。因此，事先使柱的重心内倾（而内侧是有构件支持的），道理就譬如预加应力一样。愈是受力摇摆情况严重时，柱的侧脚即应更多。例如，悬挂大钟的木架负荷重量大，经常处于振动状态，即应加大侧脚。后来，《鲁班经》描述钟楼为"风字脚"，形象地说明侧脚需要特别加大。

古代经验所总结的这一套注意结构和构件的重心

的力学见解和采取的相应措施，曾是许多古代木构能够抵抗多次风害、地震的一个重要原因。

侧脚的具体做法是：由柱身的几何中线，另根据侧脚比率弹一道斜线（"升线"由柱上端中心开始斜下）；根据这道斜线，用直尺在上下端作直角线，并依此线截锯柱端成为柱的上下底面。在安装时，使校正垂线与斜线（侧脚线）重合即是。不过，正面和山面的平柱只有一个向内倾斜的方向，而角柱则应该有两个内倾方向。

瓜柱（蜀柱、童柱）用枋、襻间、驼峰等构件扶持。不过，它须由两个方向校正；并且它的垂线应通过梁的中线；这就是说要保证同一缝上的各柱和梁的中线，重合在同一个垂直面内，否则会因出现偏载产生破坏。柱是同水平面垂直，而不是同梁背表面保持垂直，因为月梁或用天然原木做梁时，梁背本身不一定水平，不可以其为准。

（2）砖石瓦工：砌筑砖墙也用垂绳校正重心。古代包砌于夯土外的墙身也有称作侧脚的斜度（见秦九韶《数书九章》卷七"临台侧水"）。由于墙身延袤，不可能由断面判断墙身的垂直或倾斜，因此采用靠尺，用间接的方法测定砌体表面的倾斜度。

除了砌砖体外，凡用条石砌筑台基，石墙（隔减）、渠沿、河堤，乃至立华表、牌坊、造多层石塔，也一样用垂绳校正，以保证重心位置。

屋面铺瓦时，对于高而狭的正脊，在设置脊桩安砌正脊时，先须在两端脊桩校正垂直，然后以引绳为准逐段砌脊。正吻（鸱尾）尤为高大，更是特别需要注意校正重心。脊中部的塔形装饰，亭类结构的斗尖结顶，乃至塔刹心柱，这些位置，都必须经过垂绳校正。

（3）小木作：主要是保证门扇、窗扇与地平的垂直。首先，要保证门窗扇所附着的门框、窗框的垂直面，以及门砧、门枢等在一垂线上。这些构件的安装定位，均应吊线校正。

总之，利用垂绳定直的原理，来保证建筑的结构布局和构件本身的重心位置达到要求，这是古代整个施工中非常重要的步骤，会涉及许多工种和工序。这些经验多数不见于文字记载，但迄今仍然保存在传统的民间施工方法之中。

中国古代的许多高大建筑，例如木构式砖石结构的高塔，在施工过程中，重心的掌握，垂绳校正的运用，其成效是显然易见的。正是这一技术的准确，才保证了许多古塔高楼，经历千载风霜，屹立至今。我们今天去测量这些古建筑，仍然可看到当时定平、定直的高度水平。

正是精确的定向、定位技术，才能保证我国古代规划宏大的城市建筑群的几何构图的均衡整齐。

北京城自永定门到钟鼓楼延绵达 8 公里的中轴线，自正阳门起至太和门可以洞见的测量定位，世界上少有可与之相匹。而这样大规模的实现规整布局，如以隋大兴城为标志，在我国已有约一千四百年的历史了。

三、定向

定向，主要是定南北向，亦即地轴的方向。

由于地轴指向北极星（现代极星为小熊座 α 星）而微偏，所以，观测到北极星的位置，北半球（中国在这一范围）的任何地点都能用它来确定方位。这是以天体为准物的定位方法，是使用最早的方法。

一天之中，地球上任意点与太阳的最近时刻是正午；这时，在该点日照的投影最短。因此，我们量得正午日影最短时太阳的方位，也可得到正南向（指北半球，南半球则反之）。

地球磁场的两极，指接近地轴的两极（南极和北极），自从发现磁石的指极现象后，便发明了指南针；用指南针定方位的仪器，古代称作"罗径"或"罗盘"。

北极星、太阳、地球磁场，这三者是古代人们借以确定方位的主要依据。

中国古代的天文观察已经达到相当精密的程度，知道极星并非地轴正指而略偏。建筑用的定向和天文观测类似，可是精密程度则不及。建筑的方位用不着那么精密，因此，用极星位置作为正北即可。

日影的测量也早就注意到了：最早的历法，最早计算回归年时间的方法，就来自日影观测，特别冬至这一天（正午日影为全年中最长）的日影观测。比起天文来，建筑利用日影定向的方法，也是简单多了。

磁针定向用于建筑的罗盘刻度非常细密。但是，不是由于在建筑择向时功能的需要，而是由于阴阳风水的迷信要求。

在《营造法式》中所列举利用天体定位的方法如下：

（1）圜版："先于基址中央日内置圜版，径一尺三寸六分，当心立表，高四寸，径一分，画表景（同影）

之端，记日中最短之景。"

这种方法所立的表用木制，古称为"臬"（古代在天文测日影时用土墩或石柱，也谓之"表"）。所取日影正好"日中最短"时，这时太阳方位在正南。

（2）望筒："次施望筒于其上，望日景以正四方。望筒长一尺八寸，方三寸（用版合造）。两罨头开圜眼，径五分，筒身当中两壁用轴安于两立颊之内；其立颊自轴至地高三尺，广三寸，厚二寸。昼望以筒指南，令日景透北；夜望以筒指北于筒南望，令前后两窍内正见北辰极星。然后各垂绳坠下，记望筒两窍心于地以为南，则四方正。"

这是以北极星（宋代称极星为天枢星，即鹿豹座 322H）为准物的定向方法：使望筒的两窍心所成的直线指北，然后把这线段移向（投影于）水平面。当然，这未免会有误差（筒罨头距短，圜眼直径大），但对施工的实用性来说，精密度已经足够。这里所用望筒，白昼视日，夜间视北极星，是兼用太阳和极星两者，互相校正。实际上，这两者所定南北，有微小差度（南为正南，北则微偏），不过，可以忽略不计。

（3）水池景表："若地势偏衺（同"斜"），既以景表望筒取正四方，或有可疑处，则更以水池景表较之。其立表：高八尺，广八寸，厚四寸，上齐（后斜向下三寸），安于池版之上。其池版：长一丈三尺，中广一尺，于一尺之内，随表之广刻线两道；一尺之外开水道环四周，广深各八分，用水定平。令日景两边不出刻线，以池版所指及立表心为南，则四方正（安置：令立表在南，池版在北，其景夏至顺线长三尺，冬至长一丈二尺。其立表内向池版处用曲尺较令方正）"。

如果地势不平，则由望筒两端窍心至地面的投影容易加大误差。为精确计，先求得准确水平面，在此平面上校正日影方位，这就是"水池景表"的用意。如若日中表影出了刻线，表示池版指向不与子午线重合，则应加调整。这一方法，无非进一步精密而已，原理则与圜版立表一样。不过，《营造法式》所举"夏至日影三尺，冬至一丈二尺"是不正确的，宋代以阳城（今登封告城）日影为准，冬至为 1.2715 丈，夏至为 1.4779 尺，不可能出现《营造法式》所记数字（见秦九韶《数书九章》所引宋代阳城测两至影长数据）。

用太阳、北极星定向，当然可以与地轴指向一致；但是要受到气候影响（阴雨无法观测），架设和校正时间颇长，工具也不便于携带转移。磁针定向则不受这些限制，具有优越性。因此，当磁针的形式成为具有实用价值的工具——罗盘（罗径）时，就广泛地代替了用天体定向的方法。实用的罗盘便于携带，随时可用，特别是在野外山区尤为便利。大约南宋以后，逐渐被广泛采用。安徽徽州地区，从明代以来，以制作罗盘著名，至今休宁还保存有罗盘作坊的旧址，故宫保存有安徽休宁所制的罗盘实物。

由于磁偏角的存在，磁针指向和地轴不一致而有或多或少的偏角。这一现象，沈括《梦溪笔谈》已经指出。不过，在实用上，对于某一地区，知道磁偏角（为一常数）以后，计入这一差数即可，甚至径直以磁针指向为正南北，而略云偏角。

明代《鲁般经》中，凡定向均用"罗经"，没有用日影及极星的任何条文，这也说明了明中叶以后罗盘已处于主要地位。

四、测距、高度、面积和体积

有了上述水平面、垂直线、方位角三者，实际上已有了坐标；测定距离和高度，只是丈量取得数据的问题。然而，若有用直接方法不能丈量的情况，就需用间接的方法，即几何计算的方法。面积和体积，更是几何形状的计算问题。这些，在古代数学著作中常可见到，在前述工程预算问题中，已涉及一些。

在我国留存下来的古代数学著作中，单就与工程、地形有关的测量而言，最早记述测量的计算方法的成书约在汉代的《九章算术》；不过，它所采取的方法，在汉代以前即已有了。此书经三国时代大数学家刘徽注释，使我们生动地看到：古代人民的数学创造一直和生产实践密切地结合在一起。刘徽本人所著的《海岛算经》讲述利用标竿进行二次、三次、四次测量，求得数据进行计算的方法。这是关于测量计算的重要著作。后来，集大成的南宋大数学家秦九韶所著《数书九章》，发展了《九章算术》的一些基本命题，更加密切地和工程及地形的测量问题相结合。

这一类命题中，有所谓"邑方"的求法：

"今有邑方不知大小，各中开门。出北门三十步有木；出西门七百五十步见木。问：邑方几何？答曰：一里。"（《九章算术》卷九）

$\square 1 = \square 2$，而 $\square 1 = a\ b = \square 2$

由题义：$4 \times \square 2 = $ 邑面积 $= X^2$

∴ $\sqrt{\text{邑面积}} = $ 邑边长（邑方）

（300 步 =1 里）

解法是：邑方 $=x$，出北门 $=a$，出西门 $=b$

$x = \sqrt{(\text{出北门步数} \times \text{出西门步数}) \times 4}$

这里采用的方法被称为"勾股重差法"，根据出入相补原理推导而得。

到了秦九韶《数书九章》，这个命题有更大的发展。例如"表望方城"一题：

"问敌城不知广远，傍城南山原林间望之，林际有木二株，南北相去一百六十步，遥与城东方面参相直。于二木之东，相对立表，表间与木四方平。人目以绳准之。人自东后表向西行一十步，望城东北隅，入东前表一十五步；又望城东南隅，入东前表四十八步又半步，里法三百六十步（按此与《九章算术》不同），欲知其方广及相去几何"。

以上举的是测距和求长度之例。当然，用目测和表竿所取的数据本身会有一定的误差，但我国古代测算技术本身是准确的。它们所依循的方法简洁有效，对今天仍有可以借鉴之处。

又如《数书九章》卷八之"表望浮图"：

"问有浮图欹侧，欲换塔心木，不知其高。

塔六丈，有刹竿，亦不知其高。竿木去地九尺六寸始丁锔（铁扒丁），锔一十四枚，枚长五寸；每锔下股，相去二尺五寸。就竿为表：人退竿三丈，遥望浮图尖，适与竿端斜合，又望相轮之本，其景入锔第七枚上股。人目去地四尺八寸，心木放三尺为楣莭（今作'榫卯'）剪截，欲求：塔高，轮高，合用塔心木长，各几何？"

这一测高命题，解法原理仍是"勾股重差法"。但是如卷七"临台测水"这一命题，乃是高次方程，属于较繁难的运算。

综上所述，中国古代测量高度、距离，往往用表竿作辅助，取得某种与被测物关系的数据若干，运用勾股弦定理、重差法加以计算，达到相当高的水平，在当时世界上，居于领先地位。

汉魏以后我国古代数学的理论水平，远远超过建筑测算的实际使用之需。这一点，在讲述工程计算方法时是应该预估到的。

我国古代建筑技术的发展，依赖于比较精确的测量定位和高度数学计算水平之处至为明显。大至城市，小至构件榫卯、工料估算以及土方、运输、劳动日的估算分配，莫不需要测量和计算。中国古代对此积累了大量经验数字。

第四节　起重运输

运输建筑材料，古代一般方式有：

1. 人力担运背负；

2. 畜力背驮；

（以上两种为最古老的办法）

3. 车运——物重由车承载，用人力推挽或畜力牵拽；

4. 滚辊——滚动的木辊或金属辊；

5. 滑动——利用光滑平面或滑轨；

6. 浮运——船或筏。竹木料本身能浮，可作筏（木、竹排），筏本身亦可作载物工具。

用人力或畜力直接承载重物，所运的物件重量受体力的限制，超此，则必须用运载工具承重。

车的发明很早，在奴隶社会早期，至迟中期已经出现，殷甲骨文已有"车"字。车的遗迹最早见于殷墟。

车的承载量，视轮数和车轴、轮毂的结构强度而定。独轮车必须用人力来操纵重心，过重是不合适的，它的载重量有限。但独轮车至迟汉代已经出现，优点是路面可窄、灵活，利于运载体积较小的构件。但较重或体积大的构件，则必须用双轮或多轮车。依《营造法式》"搬运功"条所记，用于运输建筑材料的车种类如下：

螭车（即"辎车"）——载重量为500～1000斤以上；

软辂车——载重1000以下；

驴拽车——载重850斤（为一"运"）；

独轮小车——每车载重200斤。

"辎，谓车之有防蔽可以重载者"——（《管子》注），即古代载重车的通称。一般用牛挽，可达十数。

软辂——同"辘轳"，可能指轮缘宽厚的车。

以上辎车软辂车为四轮。驴拽为两轮。

若物件重量甚大（例如石料），则需用多轮车。例如，明贺仲轼《冬官记事》所述：

"三殿中道阶级，大石长三丈、阔一丈、厚五尺。派顺天等八府民夫二万，造旱舡拽运（每里掘一井，以浇旱舡、资渴饮，计二十八日到京，官银之费总计银十一万两有余）。鼎建两宫大石……公用主事郭知易议，造十六轮大车，用骡一千八百头拽运。计二十二日到京。计费银七千两而缩。"

上述十六轮车，是轮数的最高纪录。

另外，还有滑动的方法。

明代修建故宫，最重的构件为保和殿后石陛，现存净尺寸为 16.57×3.07×1.70，重量在200吨以上。又明昌平陵区嘉靖间置石人石马立卧象，石料体积也很庞大。这些重物的运输，传说利用冬季泼水成冰面，趁时加以拽运。减少重物和地面的接触来减少摩擦，以便拽运的一种办法是用橇木或"旱舡"。如前"石料开采"一节中所述的木橇即是。橇端上翘，可避免与地表不平处抵触而不能前进。

记载中还有利用秫秸滑动的特殊例子。

《金史》张仲彦传："浮梁巨舰毕功将发，旁郡民曳之就水，仲彦召役夫数十人，沿地势顺下倾泻于河，取新秫秸密布于地，复以大木限其旁，凌晨，督众乘霜滑曳之，殊不劳力而致渚水。"

这是利用冰粒（霜）和秫秸二者摩擦小的特点来拽重物（指用于浮桥的大舟）的例子。

然而，远距离的运输，最经济有效的方法还是利用水运。除了木竹料可以自浮以外，其他则用船载或筏载。用水运当然受到河道流经地域的限制，然而，由于水运极其经济省力，只要有河道便可利用，往往宁可迂道甚远也要利用水运。特别是古代，南北交通多集中于运河，大量的运输，是迂回千里经过运河由南方运至北方。此外，也有海运的方式。利用河道舟运大批重物（石料）的著名例子之一是北宋末年的"花石纲"一事。

在《营造法式》卷十六内，水运的功限也列入计项，考虑到顺流、逆流（沂流）和水速的不同，所定的功限而有差别：

"沂流拽船（用绰）每六十檐；顺流驾放每一百五十檐；右各一功"。

顺流载重量为沂流的两倍半时，功相等。由此可见二者用功的比率。又，"诸河内系筏驾放牵拽搬运竹木依下项：

慢水沂流（渭蔡河之类——原注）牵拽每七十三

尺（如水浅每九十八尺——原注）；

顺流驾放(谓汴河之类——原注)每二百五十尺(绫系在内，若细碎及三十件以上者二百尺——原注)。

出漉每一百六十尺（其重物一件长三十尺以上者八十尺——原注）"（"出漉"似指挽物出水上岸）。

以上指的是自浮材料（竹木）在河道内运送时溯流牵挽和顺流驾放的功限，可见其用功比值。

自浮材料的运送量，历史上是非常巨大的。例如长江流域及福建山区，盛产杉木，是南方广大民间建筑的主要用材。它在长江流域的主要产地是贵州东部，湖南、江西诸省，每年沿清水江、湘江、赣江入洞庭、鄱阳两湖，泛长江而下安徽、江苏、浙江，并转而北上的杉木运量很大。唐宋时期，主要木材来自秦岭山区及岷山地区同岚诸州，沿渭河出潼关以达黄河下游乃至华北地区。这些竹木材料均采取结筏编排的方式，往往前后衔接，长达数里。我国大批筏运木材的历史悠久，从规模、组织、技术上，均有丰富的经验。

一般而言，中国古代建筑，遵循"就地取材"的原则，惟独宫廷建筑，则搜聚天下异材；所以宫廷用材，常是远距离输送的。以北宋时在东京（开封）修建著名的玉清昭应宫为例，可见其材料来源的范围：

"秦（天水）、陇（陇县）、岐（陕西凤翔）、同（大荔）之松；

岚（岢岚）、石（离石，在山西）、汾阴之柏；

潭（长沙）、衡（衡阳）、道（道县）、永（零陵）、鼎（常德）、吉（吉安）之卡余，柄（同楠）、楮；

温（温州）、台（临海）、衢（衢县）、吉之祷；

永、澧（澧陵）、处（丽水）之槻、樟；

潭（长沙）、柳（柳州）、明（宁波）、越（绍兴）之杉；

郑（郑州）、淄（淄博）之青石；衡州（衡阳）之碧石；莱州（莱阳）之白石；绛州（新绛）之斑石；吴越之奇石；洛水之石卵；宜圣库之银朱；桂州（桂林）之丹砂；河南（洛阳）之赭土；衢州之朱土；梓、信（上饶）之石青、石绿；磁（河北磁县）、相（安阳）之黛；秦（天水）、阶（武都）之雌黄；广州之藤黄；孟泽之槐华；虔州之铅丹；信州之土黄；河南之胡粉；卫州（汲县）之白垩；郓州之蚌粉；兖（兖州）、泽（山西安泽）之墨；归（湖北秭归）、歙（安徽歙县）之漆；

莱芜（在山东）、兴国（在江西）之铁。"

上述内容可以反映出宋代宫廷营建的取材地理范围之广。明代营建，甚至城砖也由远距离运来，例如明南京筑城的砖，由湖南、湖北、安徽、江西、江苏五省供给；明北京筑城及陵工，多用临清（山东）砖；又如苏州陆墓所产"金砖"，也是每年定例烧造供应北京宫廷专用。这类砖料，也是用水道输送的。

再看起重技术的情况。

起重是指由地面向高处输送材料和构件。它是施工安装的一部分，是关键的一环。起重技术的水平，往往决定了建筑物的高度和结构方法。

直接用人力背负或担挑，沿梯或马道（斜坡道）至高处，这只是地表水平运输方式的延续。这种方法相当普遍，但需要有一条走道。

在单件重量不大时，可用抛掷的办法。如砖、瓦等，可以层层转递抛掷。徒手抛掷，高度有限；用弹力工具，即利用长柄的抛铲，则可增加输送高度。但它只限于单件重量和体积不大的情况。其次，用绳索提挽，提重也有限。

欲起重较大较重的构件，则必须有专用的设备、工具。

首先是杠杆，古代的"桔槔"或"秤"之类。原理很简单：重物近支点而力臂小，力点远支点而力臂大；这是古代至春秋时代就知道的事（《庄子》："不见桔槔乎，引之则俯，舍之则仰"）。它的起吊高度甚有限，而且需要临时架设支点。

其次为滑车（轮状）或辘轳（筒状）。单滑车可以改变用力方向，并且可以用多人和畜力参加。用滑轮组，可以大为减少劳力强度（总做功是相同的，但单位时间内的做功可以降低，即降低了劳动强度），辘轳加上绞盘长柄，它可以和滑车配套，形成有效的提升工具。

中国采用辘轳的历史很早（图14-4-1）。汉代明器陶井屋已有辘轳。陆翔《邺中记》记载石虎（季龙）用辘轳降风诏；三国时，魏文帝命韦仲将题凌云台榜，用辘轳升韦仲将坐筐于高处（见王僧虔《名书录》及《宋书》卷四百六十二"方伎"）。可以推断，这种工具约出现于公元前后之际。如此，在中国出现佛塔时，带有沉重的金属构件的巨大刹杆的起吊就位就不成为难于克服的技术关键。

巨大的石材、金属构件，在建筑的高处就位是十

图 14-4-1　汉代画像砖盐井用辘轳拓片

分关键的技术问题。石陛、础石、石象生可以用斜面曳引，而巨大的华表石柱，石碑身置于碑座，园林中的巨大石峰，钟楼的巨钟，沉重的塔刹杆，城门的闸板，宫殿所用的最高和最大的木柱、大梁等，均在千斤以上，需要有效的起重设备。实物遗存如下：

　　石碑——唐华阴华岳庙碑（开元碑）；

　　明南京孝陵神功圣德碑（永乐碑）；

　　唐正定清河郡王纪功碑；

　　嵩山嵩阳观碑（开元碑）；

　　铜钟——唐景龙钟（现存西安碑林）；

　　明南京钟楼铜钟；

　　明北京大钟寺铜钟，钟楼铜钟；

　　木柱——明昌平长陵 恩殿楠木金柱。

　　又如记载的北魏永宁寺刹柱，唐武则天时建东都明堂中柱，都是尺度、重量惊人的构件。

　　宋曾公亮《武经总要》前集卷十二所载起吊城门闸板的绞盘，起重能力为两千斤。

　　宋代泉州开元寺塔所用巨大石料，也是需要高超起重技术的。

　　以上，是利用杠杆滑轮原理的起重工具。

　　还有，是利用水的浮力起重，见于宋代福建沿海所建的大量石梁桥。泉州洛阳桥的石梁据记载，利用海水潮汐的涨落，用船承石梁，趁涨潮时就位于桥墩上。著名的漳州虎渡桥，其最大石梁的尺度为 24 米 ×1.8 米 ×2.2 米，总重在 200 吨左右，即 40 万斤。这件石梁的升高就位的困难和所需的技术，是可想而知的。根据研究，它仍然是利用水的浮力起重。可以看到中国古代劳动人民的伟大智慧和高度的技术水平。

第五节　脚手架

古代施工，主要是靠人的体力劳动。人体活动所能及的高度受到限制，超过一定高度（《营造法式》规定为七尺），不能不使用脚手架。脚手架可保证稳定和安全，这样，它就逐渐成为一种重要的专业工种。

中国古代木构建筑，木构架本身即可以部分地起脚手架的作用。例如，王嘉《拾遗记》卷四载："始皇起云明台，穷四方之珍木，搜天下之巧工……二人腾虚缘木，挥斤斧于空中。子时起工，午时已毕，秦人谓之子午台。"

这是晋人的记述。"腾虚缘木"，似指高空攀援的技巧，也可解释为支架式木构本身。

较低的简单木构房舍，通常不需另设脚手架。例如敦煌445窟（唐）壁画所表现的用梯送人到梁架屋面高处，那可在上面施工操作。

又如敦煌296窟北周壁画中采画工作图所见，在高处刷饰时用高凳垫脚。样和高凳，也属脚手架的一种形式，《古今秘苑·续录》卷四"聚材第二"所说"凡有大营造者，高凳及长梯宜多做，并宜多备排版，以备水作砌高头用"，正是此意。

天水麦积山石窟的开凿在峭壁高处，用脚手架也非常困难。当时工人是用开栈道的技术在悬岩凿眼插梁取得立足点，逐步地前进。可以认为，栈道在施工时当作一种脚手架，竣工后则成为永久性通道。

三国时，魏文帝起凌云殿，使韦诞"悬凳书榜"的故事（见《晋书·王献之传》），王僧虔《名书录》说用辘轳升韦诞至高处；可能就是用一种临时支架来安置辘轳。

以上举了几种在高处施工（施工或操工起重）的方法，但我们还无法确切地了解古代高处施工脚手架的具体技术情况。

脚手架是临时设施，事过境迁，早已了无遗存；不过石窟岩石和砖塔表面脚手眼的残存痕迹，可以推测其高度和规模及支栓横梁的间距和用料大小。

在宋《营造法式》中，没有关于脚手架的专节叙述。《营造法式》所记的主要是工和料；然而，脚手架的用工是当做辅助工计入各项工种施工项内，而脚手架所用的材料属于固定资产性质，可长期反复使用，

因此不列入"料例"。这就证明，直到宋代，脚手架作为专业工种的地位还不突出。这和明清时代"搭材作"成为重要工种的情况很不相同。

然而《营造法式》还是涉及脚手架的一些情况，摘引说明如下：

（1）鹰架（见卷十二"竹作制度"）

"造绲系鹰架竹芮索之制，每竹一条（竹径二寸五分至一寸）劈作一十一片，每片揭作二片，作五股辫之。每股用篾四条或三条（若纯青造，用青白篾各二条合青篾在外；如青白篾相间用青篾一条，白篾二条），造成广一寸五分，厚四分，每条长二百尺，临时量度所用长短截之。"

竹芮索用作稳定鹰架牵缆。所以，造时以二百尺为一件，表明这是常用尺度。其次，鹰架而牵缆固定，想见其为高而独立的结构物。

明代的脚手架也称为"鹰架"，见明贺仲轼所著《冬宫记事》：

"一、三殿采浙直（如指南直隶，即以南京为中心的江南地区，采伐木材则主要指徽州地区）鹰架平头等木……公（贺盛瑞）县题以银二万两发江南，而鹰平至……"这类杉木主要用于脚手架，或者与鹰架用木同规格，故以"鹰架"名之。

（2）"棚阁"（见卷二十五"诸作功限二"泥作条）

"每方一丈（殿宇楼阁之类有转角、合角、托匙处，于本作每功上加五分功；高二丈以上，每一丈每一功各加一分二厘功，加至四丈至。供作并不加，即高不满七尺不须棚阁者，每功减三分功。贴补同）"。

这里说的是墙面粉刷时不同品类的灰泥所用的功，所加的功主要是"供作功"，即辅助功，包括材料（灰泥）的递送和脚手架（称为"棚阁"）的功在内。

当"高不满七尺"时，由于"不须缚棚阁"，须按上列功限算出的每功减去三分功。可见，七尺至二丈这一高度范围只计本功（即上述列出的功限）。超过二丈以上，"每一丈每一功各加一分二厘功"，就包括"供作"和缚"棚阁"而增加的功二者在内。值得注意的是，增加计功的参数有两个：一是粉刷面积（"每一丈"），一是基本用功量（"每一功"）。当每增高一丈已经按基数加工之外，何以又按面积再加呢？这是因为面积即表示"棚阁"的长度增加：同一高度不变而面积增加显然是长度方向，势不得不增

添棚阁以解决之，也就不得不因面积之增多而增加计功。这种增加要求，在平地（"七尺以下"）是不存在的。

所谓"阁"，即是木搭高架；所谓"棚"，似即指高处的工作面。泥工墁圬，而辅助功则用泥桶、绳索运送和提升灰泥至脚手架上。粉刷照例由上而下，因此，还有一部分人随施工的进展而调整降低各工作面的高度。这里，架子工是作为辅助工而工作的。

据《营造法式》所载，除上述泥作外，使用场合还有：

（1）彩画作："华表柱并装染柱头鹤子日月版（须缚棚阁者减数五分之一）……一功"。

彩画、刷染是按长度计功的；华表柱并无长度规定，所谓"减数五分之一"，不知按何单位计数？可能华表柱刷染在地面加工，按"刷土朱通造一百二十五尺，绿笋通造一百尺"计功，然后竖柱，还需局部加染，此时若需用棚阁，即按"减数五分之一"计功。

（2）砖作："刷染砖甋基阶之类，每二百五十尺（须缚棚阁者减五分之一）一功"。

《营造法式》卷十九"大木作功限三"说"卓立搭架钉椽结裹又加二分（仓廒库屋功限及常行散屋功限准此。其卓立搭架等若楼阁五间三层以上者，自第二层平坐以上又加二分功）"。这里的"又加二分功"，指该项大木总功限为基数（十分）再加二分，卓立搭架显然指脚手架，用于出檐部分（檐椽及角梁，斗角椽）的施工，即清式的"齐檐架子"。一般建筑（仓廒库屋，常行散室）须"又加二分"；而"楼阁五间三层以上者"，则须加了之后"又加二分功"；显然是因为增加了脚手架的高度，相应也随之增加了用功量。又说明脚手架的计功是根据该工程的规模、用功量，用加成的办法估算出来的。

关于脚手架比较详尽的资料，当为清代以后。清代架子工种称为"搭材作"。搭材一词起于明代，有"搭材匠"。《明令典》所载嘉靖十年清查匠役，存留军民匠一万二千二百五十五名，其中，司设监和铖工局均留有"搭材匠"。

搭材作的范围很广，木工、起重、粉刷、石工、砖工、工棚（席屋）等临时施工设施均需用搭材工。"脚手架"一词原是许多架子中的一种"踩盘架子"的俗称，后来沿用为泛指各种架子的统称。

搭材作的结构要点：各种架子均为临时性质，均可拆卸迁移，所用材料均须重复使用。因此，它的各

节点不用榫卯，不作永久性固定，而是采取绑扎的办法来构成脚手架。从前绑扎节点，用竹篾（对竹脚手而言）或麻绳（用于木脚手），事后往往砍断不堪再架。后来，增加用棕绳绑扎，耐久性较好；而节点用一端系有短棍的绳作扣结，拆去时松去扣结，绳仍完好可用。绳结也有多种位置和相应的方法，以既能保证施工中节点坚牢，又便于施工后完整拆卸的原则。一般架子所用竹木料，不但不用榫卯，而且一般也不截锯去梢，这样可以增加木料的使用次数。以上特点和措施都是基于脚手架本身的临时性质和尽可能延长材料使用时间，在实践中逐步发展形成的；这也是脚手架技术发展所依循的原则。

根据清初颁行的《工程做法》中有关部分，明清之际北方搭材作的大概情况如下：

（1）用于大木。一般为坐檐架子，其高相当于檐柱，不超过檐宇；主要作为外围砌墙瓦工用踩盘架子。

第二种为齐檐架子、踩盘架与屋檐对齐，可以上下屋顶；主要为修造屋顶瓦工施工所用。

第三种是"天秤"，这是利用杠杆原理的起重工具，用来架设屋架和檩条。因此，天秤的支架度应超过脊檩位置（山尖）高度。

（2）用于粉刷裱糊油漆彩画。油漆彩画在屋顶铺瓦完毕之后，内外檐均须进行。外檐用坐檐架子，内檐由于须能达到天花板施工高处，而天花板是遍布室内的，因此，每一处都要求可以到达，每一处都须有架子，这样就做成"满堂红"架子。这种架子只负担人体重量，工具材料的份量比较轻微，因此可以做得轻便简单一些，细而长的毛竹则是适宜的材料。

墙面粉刷、裱糊的架子如同瓦工砌墙所用，但是，八尺以下不用架子。

（3）用于瓦顶的架子。主要是安装正吻用，称吻架。屋面铺瓦时，由于屋面举势陡峻，无法站立，还须由脊部挂下软梯，作为铺瓦工作时走动运料之用。

（4）用于运输的坡道，也称"马道"。搭材作称之为"搭戗桥"。主要是运送大量砖瓦灰泥材料以及较重构件，不能垂直搬运而需多人抬运时用之。一般坡道的斜率为1:2。坡道可以利用一般架子布置作用支架，但是由于坡道处质量集中，因此，立柱密度应较大，承重横梁应较粗。

（5）用于砌筑砖石拱券用的"券洞架子"。例如

石桥券、砖石墓的穹隆顶，均须有横架才能施工。由于这种架子须承受较大的重载，因此，架子所用的木材和密度均较一般提高。在干涸的河道上修桥，可以在河床上直接立柱（或加枕木）；在河流常年不断时，只有枯水季节利用跨在桥墩上的密排梁木作的券架支承。券面的弧度是拱券力学性能的关键，因此支立券模，必须有准确的测量决定几何形体。横架弧顶矢高，应比计算矢高略为提高，称"提升"，这是因为估计到横架受到砖石材料重压之后，必有一定变形，预为留量。拱券上石料重量有时甚大（如坟顶石），可达万余斤，须用五百人力秤起合榫（见《冬官纪事》），故模架必须坚固。只有当撞券面或坟顶石合榫后，拱券自重开始由自身承载并由拱脚传之于地基；这时，横架始卸去负担，可以拆走。因此，搭材作中，最为困难复杂的当属券洞架子，须有木工测量定位，进行放样，和搭材工配合进行工作。

在《营造法式》中，凉棚属于"竹作"（卷二十六"诸作料例"——"竹作"条）。古代，临时设置的房屋，如在郊外进行祭祀活动用的席殿、席屋，其建造要求也是简易便于拆卸，因此，也属于搭材工的任务。类似的如施工时临时食宿用的工棚，遮阳用的凉棚，本来也属于搭材作，到了清代，扎彩（喜庆扎彩牌楼之类）、凉棚另立分立，但是二者实本出一源，技术有互通之处。

南方称架子为"鹰架"、"脚手架"，或即称"架子"。南北搭材工并无原则不同，只不过名称说法不一样，例如北方称"立柱"，南方称"冲天"（苏州地区）；北方称"踩盘"，南方称"排杉"（脚手板），等等。南方的特色是大量使用竹脚手架。毛竹径约 10 厘米或稍大（尾径），长可达 15 米以上，坚韧挺直，且又轻盈（中空），实为理想的脚手架材料。唯一缺点是长久曝晒干缩会引起破裂。青竹、嫩竹尤易开裂，绝不可用。老竹用过三次（每次三个月左右），即须废弃。但是，竹料裂后，尚可加工用来作排杉、竹篾及竹器，并非废物。竹结构柔韧有弹性，易变形，特别过高时挠度大。因此，立柱的间距比杉木架为密，而且在立柱旁并列"顶撑"以承托水平横杆。顶撑高度减短，挠度亦即较小，直接传递横杆荷载到地面。此外，整个脚手架的斜撑和牵缆，都应该更为加强，以保证刚性和稳定性。在一般施工情况下，如砌墙、粉刷、修理工程，竹脚手架是完全胜任的；只有在特别重大的

构件起吊安装时，才不宜使用。竹脚手架盛行于南方。

从各种工程看来，筑塔所用的脚手架比较特殊。它所达到的高度最高，需起吊的构件甚重（刹杆及金属附件）。高则风力甚大，不易稳定。因此筑塔所用脚手架是要求较高、技术较复杂的一种。

姚承祖《营造法源》所载"筑塔搭架子"（第十六章"杂俎"）一段，所引资料大约为清代重修苏州双塔的记录。以每面为一单元，则分内外两排冲天（立柱），每排三柱。最大为围径（圆料量周长，距根部五尺处起围）二尺八寸和二尺四寸木料，以上按木用一尺八寸及一尺六寸料。脚手架围塔成井状，由塔门处伸出横楞与塔身相联系，这是修理用架子；如为所建，砌筑过程不同，所用脚手架可与塔身直接联系。现在留下的古塔上身常可见脚手架所遗孔眼，实际上，并不是使用单面脚手所致，而是这种依附塔身，增加脚手架刚度联系用楞木所致。由于塔身甚高，塔身用脚手架无法用戗柱，但仍须用牵缆。但是，如架子附有起重物用的桅杆柱，则桅柱以应能直接贯通传递重量于地面为原则，桅杆也应另设牵缆固定之。

搭材工的工作所使用的工具很简单，完全凭借经验来选择材料，决定间距（如凭借目测来使立柱垂直、横杆水平等），其间有许多灵活巧妙的方法。在许多古代伟大工程中，虽然没有留下搭材工的名字和事迹，但是他们的功绩是不可磨灭的。

对于华表、旗杆一类建筑物，所用的架子称"菱花架子"，由三面围成，底面为正三角形。这是独立脚手架中最为简单的一种。它的稳定使用牵缆。

第六节　施工检验与校正

一切劳动的产物，都表现为质量和数量两个方面。二者均应重视且以质量居先，不合乎质量要求的数量是没有意义的。因此，施工检验主要是质量的检验。

在古代体力劳动为主的条件下，在剥削阶级那里，总是以增加劳动强度来达到自己数量和质量的要求。所以，在分析古代社会的劳动质量数量检验问题时，应看到其中所包含的阶级对立和压迫的性质。

检验质量，有相应的手段方法，例如"摘"即检

验夯土的方法。各行工种，均形成了自己一套特殊的检验制度规范。撇开质量标准的社会因素一面，它也存在对客观事物的质与量关系的认识问题。科学的检验方法，是从长期的实践中得来的，又随生产技术的进步而发展。

数量方面，通常表现为劳动定额——一个劳动日（功）内所应完成的计量单位（件数、长度、厚度、面积、质量之类）。本节所述主要不是数量而是质量方面的情况。

一、夯土

计版摘坚的检验方法，在战国时已经普遍通行。土壤颗粒之间是有空隙的（特别是黄土流域的大孔形土），施加外力冲击，改变土壤结构，使土壤空隙率减低，就提高了它的强度，因而产生了夯土技术。人的体力有大致限度，夯力的大小常由夯具（杵、椎）的端面积来决定：夯头面积小，土层单位面积上所受的冲击力则大。

古代夯头的面积是很小的，根据商代郑州城夯土遗址所见，直径在5厘米左右。这是单人操作的工具。下至战国、秦汉，大约仿此。用椎击方法（"摘坚"）来检验，显然所用椎端的直径应该更小，甚或成尖锥形，不免需用金属制成。

夯土常用于基础。即使在高台城垣处，表层硬度并不能代表里层硬度。因此，它不在竣工以后检查，而必须在夯筑过程中随时检验。用椎击方法最有名的例子，是公元5世纪初十六国时期赫连勃勃（407～425年）的夏国筑统万城（在今内蒙古自治区乌审旗）一役（412年）。负责监督工程人是比干阿利，史书称其蒸土筑城。检验时，椎土一寸则杀筑者（硬度不够），不足一寸则杀椎者（不用力摘击）；用了非常残忍的手段。统万城夯土城垣迄今仍然坚固挺拔，雄伟壮观。

沈括《梦溪笔谈》称云："延州故丰林县城，赫连勃勃所筑，至今谓之赫连城。紧密如石，斸之皆火出"。夯土达到岩石的硬度，可以想见当时奴役劳动之严酷的程度。

后来采用了落锤法，即从一定高度落下重锤来测试夯土的硬度，是摘击法的演进。这时，由于重锤是自由落体，与人力无关，冲击量可以认为是恒量，这

就提供了一种"标准力"，测试也就比较合理，也是测试技术的进步表现。

另外一种夯土测试法，特别对于例如拌有碎砖瓦的三合土，不能用锥击方法检验（锥逢砖不能入）时，则采取观测每一夯层来夯前虚铺土与夯实后坚土的体积比例或厚度的差数来鉴定其质量。这也是一种经验方法，不甚严密，但不失为一种简易的方法。

《九章算术》卷五有这样的命题：

"今有穿地积一万尺（立方，下同），问，为坚，壤各几何？答曰：为坚七千五百尺，为壤一万二千五百尺。术曰：穿地（取原土的土方量）；为壤五（谓"息土"，即掘出变成松土的土方量）；为坚三（谓"筑土"，即夯实后的土方量）；为墟四（谓"穿坑"，原来取土成坑的体积）"。

上述原土（也即穿坑的体积）、息土、筑土三者的体积比例是4：5：3，这大约就是当时（汉代）的经验数字。

在一定的夯土面积范围内，体积比例可以简化为厚度的比例或差数表示。这种检验方法以后通行，直到清代《工程做法》。

《营造法式》的规定是：

"每布土厚五寸，筑实厚三寸；每布碎砖瓦及石扎等厚三寸，筑实厚一寸五分"。

其比例，土为60%，碎砖石渣为50%。这里要指明的是，此处土与碎砖石渣相间使用；碎砖石渣的落实尺度，应包含下层夯土进一步夯实产生的陷落尺度。否则，碎砖瓦渣受夯实度的比率大于土，是不大可能的。

清工部《工程做法》的规定是：

灰土（掺石灰四六比，二八比之类）为：七寸夯至五寸，约为70%；

素土（不掺石灰）为：一尺落实为七寸，仍为70%。

以上分析了关于夯土硬度检验方法的历史发展。还应注意，不同建筑部位所要求的夯土硬度应有所不同。例如，一般地面与柱砖墙基之下应不同；陵工、桥基、码头应与一般建筑不同之类；投入的材料和劳动量不同，因而质量要求亦有不同。

关于土工检验，还有一种由成色来判定材料质量的方法，这就是全凭经验来判断，例如：

"筑京城用石灰秫粥锢其外。上（指明太祖）时

出阅视。监掌者以丈尺分治。上任意指一处击视，皆纯白色，或稍杂泥壤，即筑筑者（工匠）于垣中。"（见《凤凰台记事》）

综合起来，以夯土一项而言，即有椎击（硬度）、落实度、成色等几种检验办法，又各有其要求的标准和采用的工具方法，这些方法及其经验数字，都是长期工程实践中总结得来的。

二、大木

大木每道工序也必须检验，如有误差，即刻校正。否则，下一步工序不能进行，竣工以后再加纠正已极为困难或竟不可能。这样，检验就和校正结合起来进行了。

大木的各构件，是依据设计尺度预先加工成型的，并留榫开卯，也考虑了构件的拼合组装。因此，这时的检验着重于各构件组装的精密准确，符合结构稳定的要求。

一般说来，大木施工有如下检验步骤：

(1) 柱础顶面位置的水平——用"真尺"校正。

(2) 根据预定开间进深尺寸，落墨于柱顶石之上。应注意，外檐有侧脚，应展出侧脚尺寸，根据计算获得柱网尺寸，事先刻画在长尺——"丈竿"或"丈尺"之上，用来作现场校正。负责这一步骤检验和校正工作的，称为"掌尺"。在宋代以前，执行这一职务的是"都料匠"。

(3) 立柱，同时架设枋(额枋、穿插枋之类)、梁("乳栿"、"抱头梁"之类)。柱脚下开有撬眼，用来拨正柱脚位置，使柱身中线（两个方向）与柱础上柱缝落墨吻合。这种撬眼，在明清以后被柱身的油活掩蔽，但在不加表层时，明显可见，如明长陵棱恩殿所见。撬棍是利用杠杆原理的移重工具，常见用于石工中移动大石条就位的微小调整，也用于特别硕重的巨大木料的就位调整。如有偏角，用绑在柱身的木棍来扭转。

(4) 架设梁、檩。梁的位置，是由柱头榫与梁底卯口吻合而定位的。架设时应根据垂线对中校正误差。

在同一步各檩的位置，应保证在同一水平直线上；它的位置由两端引绳校正。屋面在宋代以前有生起，是由檩端的生头木所决定。

在架设中，施工误差是难免的。梁柱不合榫的情况也可能产生，而需要临时加工，使之与校正线吻合，

或者当场加以拨正。著名的一例，是清初雷发达在重建太和殿举行上梁大典时，发现榫卯不合，由于技巧的熟练，使梁柱校正，榫卯得与吻合。

(5) 椽。椽的排列，一要均匀，二要相互平行而又垂直于檩(以脊檩、檐檩为准)，三要檐口整齐。包括：檐口到屋角起翘的过渡均匀自然。檐的高度划一 [前檐与后檐，如为四阿（庑殿）或夏两头（歇山）时，四周檐高一致]。

均匀，即椽档相等。一般，椽由中线（明间正中）向两边匀分。

平行并垂直于脊檩，应由脊檩用绳引至檐，并用曲尺与脊垂直来校正。

檐口两端应挂线，保证出檐整齐。

檐口高度，应用长杆（上有刻记）校正（杆身应垂直地面，或直接用垂绳上的长度记号校正）。

在多层檐时（例如木塔或砖身木檐塔）各檐角（角梁端）在高度方向亦用绳校正。例如方形塔的角梁，应在通过分角线的垂直面内。

这一部分的校正工作，虽然对结构大局的影响较小，但对于外观轮廓的整齐影响至大。檩的断面有变化（甚或用未加修整的原木或本身略有弯曲），难免檐口形成高低起伏，就必须用绳校正。使出檐椽头划一整齐。这时，可能需要局部加工（调整椽尾高低，加垫片或斫削椽尾）。

飞椽头上的里口木，连檐等，也要用绳引直，使檐口瓦头的位置整齐有序。

椽的定位校正，最重要的当属檐椽，但露明梁架以上各步椽的整齐均匀也应重视。

三、瓦

瓦的检验有两方面：一是行列整齐，二是合缝严密。

铺瓦由下而上，它的间距由里口木（莺额或牙子版）决定，剩下的问题是保证这个间距并垂直于正脊，这应由垂绳（至檐口）来定位。在整个铺瓦过程中，用绳校正，或用较短的木卡尺校正。

铺瓦最忌有敞缝（"喝风"），引起雨水溅入或倒灌（逆风时）渗漏导致底层木材朽坏。屋面举折（举架）形成了反凹面，有助于避免敞缝，但是施工质量也非常重要。要求垫灰饱满，抿严密。

瓦缝严密，也是防止生长瓦松和杂草的重要措施。瓦松根部深入瓦泥（"苫背"，"泥栈"），使叠瓦松动，并形成渗水通道，不可不除。唐段成式《酉阳杂俎》有条记载：

"大历中（767～779年）修含元殿。有一人投状请瓦，且言：瓦工唯我所能，祖父已尝瓦此殿矣。众工不服。因曰：若有能瓦毕不生瓦松众方服焉。又有李阿黑者亦能治屋，布瓦如齿，间不通蜒，亦无瓦松。"

铺瓦至于不生瓦松，确实不易。因为晚至明清，用琉璃瓦屋面，油灰勾缝，工细如故宫各殿，尚且不免生长瓦松，其难可知。

四、地面和阶沿

地面和阶沿，指的是地表层的铺面和夯土台基外缘的包镶，一般用的是砖石材料。在这里，材料的性能和力学稳定不存在严重问题，检验的要点在于它们的几何形体和位置。

室内的地面并非完全水平面。《营造法式》卷十五"砖作制度"内"铺地面"条云："铺砌殿堂等地面……每柱心内方一丈者令当心高二分，方三丈者高三分（如厅堂廊舍等亦可以两椽为计）。"这里指的是四柱之间为一单元，不是以整个室内面积计算。这一措施的用意是：预计磨损——柱间位置的地面受磨损较多；纠正视差，微凸的表面感觉才是平的。

室外柱脚至阶沿也是斜的。同见上条："柱外阶广五尺以下者，每一尺令自柱心起至阶龈垂二分（坡水2％）；广六尺以上者垂三分。"

柱外至阶沿的坡势是为排水用，雨后不致积存。在施工中定出水平之后，再定高起或垂下的尺寸，依此引绳，作为铺砌地面、阶沿的标准。这就需要用准绳进行检验校正。

室外大面积铺地，例如故宫的广廷，当然更需预留排水坡，控制大面积的坡面走向，要用水平定平，用桩来校记各控制点的高度，进行土方（挖方或填方）工程，作为铺面基底。土方工程进行前后，均需用水平和标竿（度杆）进行检验和校正。

关于道路表面、平面或弧面（称为"虹面"，也称"龟背"），《营造法式》卷十五"砖作制度""露道"条云："砌露道之制，长广量地取宜两边各侧砌双线道，

其内平铺砌，或侧砖虹面垒砌，两边各侧砌四砖为线。"

道路的走向、纵坡、断面弧度，都需要用水平校正，引绳施工。明清故宫从正阳门里至太和殿，中轴路面全用巨石铺砌（最早的实物是南京明故宫御道）。石料本身作成"虹面"，这是制作时已斫就，施工只需引绳并注意纵坡。

以上举了几个工种检验校正的例子。实际上，每一工序均有自己的规范制度，例如小木作、窑作、竹作等，均须经过检验。这些手续形成制度规范，古代即称为"格"和"式"，带有制度、样板、规范等含义。《营造法式》的"式"一词，即由此而来。

第七节　维修与利废

我国古代十分重视建筑的维修与利废。这是保证延长建筑寿命、节约材料的良好传统。

各个工种都有维修的要求。如瓦屋面的补漏、换损、除草；砖石工程的补缺、拔树、捉缝；土工，重点在防止雨水冲蚀。例如，宋代各城置有专管修补城垣的厢军，称作"牢城"或"壮城"。又如，元大都城为夯土筑城，城墙表面被以苇衣以蔽雨雪；这种苇衣织成帘箔状，挂附在埋于城垣的木橛上，每年抽换一部分损坏者，成为驻守大都兵卒例行的任务。

明代也规定维修城垣（砖面）的制度。如《明会典》载："凡京师城垣，洪武二十六年定：皇城，京城墙垣，遇有损坏，即使丈量明白，见数计料，所有砖灰，行下聚宝山黑窑等处关支；其合用人工，咨呈都府行移留守王卫差拨军士修理。若在外藩镇府州城隍，但有损坏，关于紧要去处者，随即度量彼处军民工料多少，入奏修理。"

木结构的维修加固工作尤为重要。因为木构是建筑的主体，但容易因为风力、地震、虫害、雨雪浸湿朽坏而变形、倾斜、拔榫或折裂等。

历史上有许多巧匠，以修理建筑著称。《唐国史补》记载："苏州重元寺阁一角忽垫，计其扶荐（举高）之功，当用钱数千贯。有游僧曰：不足劳人，请一夫斫木为楔可以正也。寺主从之。僧每食毕辄持楔数十，执柯登阁敲其间。未逾月，阁柱悉正。"

楔，利用劈的力学原理，是斜面的一种；入力微，而可以起重甚大。这是利用楔来逐步纠正沉陷的构件，最后达到纠正全体构架的意图。上例无名氏巧匠的杰出工作，大约属于拔笋走形一类情况的修整。

又如，《宋史》卷四六二"方伎传"所载僧怀丙之事："怀丙，真定人，巧忠出天性，非学能至。真定构木为浮图十三级，势龙孤绝。既久而中级大柱坏，欲西北倾，他匠莫能为。怀丙度短长，别作柱，命众工维而止。已而却众工，以一介自从，闭户良久易柱下，不闻斧凿声。"

这一段记述的是换柱。可能也是用楔举高托梁抽换大柱。怀丙的其他功绩之一，是修正了已损坏欹倒的著名的赵州大石桥。他不愧为历史上著名的巧匠，而他的贡献，不在创新却在修理。

关于大木结构的维修代换，《营造法式》列有专节谈到此事。卷十九的"拆修挑拔舍屋功限"和"荐拔抽换柱栿等功限"几条即是：

"拆修挑拔舍屋功限（飞檐同）；

拆修铺作舍屋每一椽；

槫檩衮转脱落全拆重修一功二分；

揭箔番修挑拔柱木修整檐宇八分功；

连瓦挑拔推荐柱木七分功；

重别结裹飞檐每一丈四分功。"

以上，第一条是拆修至槫檩止；第二条是揭瓦翻修至苇箔（或柴栈）止，包括整理校正柱木，平正屋檐；第三条是不揭瓦而校正柱木；第四条是修理校正飞檐（按长度计功）。此处所列为修理用的"功"。抽换木料，应另计料（如重新斫造，当加造作功）。惟计功单位为"每一椽"如何理解？除最后一条按修理长度计，其余应按面积计，即间宽与架数的乘积。一般架按椽计（谓四椽、六椽、八椽之类）；所以，估计应该是按一间一椽为单位所计的"功限"（即定额）。

关于"荐拔抽换柱栿等功限"，《营造法式》写到：

"荐拔抽换殿宇楼阁等柱栿之类每一条

殿宇楼阁

平柱

有副阶者……一十功；

无副阶者……六功；

副阶平柱……四功；

角柱比平柱每一功加五分功。

明栿

六架椽八功；

四架椽六功；

三架椽五功；

两下栿四功；

牵六分功；

椽每一十条一功；

枓口跳以下六架椽以上舍屋（略）；

单枓只替以下四架椽以上舍屋（略）。"

这一段所规定的是抽换构件的功限，按每件构件抽换时的难易程度来计功。椽按每十件计（指檐椽，上、中架的每功椽数比檐椽加二分之一）。所谓荐拔抽换，对于柱（平柱、角柱、副阶平柱、副阶角柱）、架栿（明栿、草栿）等，是当其上有屋面荷载情况下抽换，即"托梁换柱"，需要若干辅助劳动。但是，所定功限并不高（每柱不过十功），足见这类工作有一套成熟的方法，而且不是罕遇难得的工程。

从以上《唐国史补》所记苏州重元寺阁一例到《营造法式》的记载，可以看到唐宋时代大木维修更新代换的梗概情况。

明清以来，用拼合木料（"拼帮"）较为普遍，大木构件加有铁箍和地仗。这样，用拼接方法修补大木就很方便了。柱的损坏，往往多在檐柱受雨雪的柱脚处腐朽，可以截去朽料，换一段好料，称作"墩接"。有时，用石料代替进行墩接，这一种方法为南方民间所常见，而最为普遍修理抽换的，主要是屋顶的望板和椽、檐；尤其檐椽，所谓"出檐椽头先朽"，更是常需修理的部分。

我们至今能看到保存数百年乃至千年以上的古代木构建筑，一是应当归功于历代劳动人民不断地对其进行维修的结果。二是保存至今的古建筑，没有不经过修理和抽换构件的。甚至有些进行过若干次的落架大修。古代劳动人民所积累的宝贵的维修经验，今天仍然可作为我们进行古建维修工作的借鉴。

古代历来重视节约用料，《营造法式》卷十二"锯作制度"云：

"用材植"

用材植之制：凡材植须先将大方木可以入长大料者盘截解割，次将不可以充极长极广用者，量度合用名件亦先从名件就长或就广解割。

"抨墨"

抨绳墨之制：凡大材植须合大面至下，然后垂绳取正抨墨，其材植广而薄者先自侧面抨墨，务在就材充用，勿余将可以充长大用者截割为细小名件。

若所造之物，或斜、或訛、或尖者，并结角交解（谓如飞子或颠倒交斜解割，可以两就长用之类）。

"就余材"

就余材之制："凡用木植内如有余材可以别用或作版者，其外面多有墨裂，须审视名件之长广量度，就墨解割；或可以常墨用者，即留余材于心内，就其厚别用或作版，勿令失料（如墨裂深或不可就者，解作膘版）。"

第一段，是讲用料原则上为材尽其用；第二段，讲下墨线（截割时的依据，称为"下料"）的方法如何达到省料；第三段是讲木植（原木料、毛料）有裂缝时，轻微者带缝用（缝在心内，勿近边），或作板（板不是承重件，且常拼合使用，有缝无妨），裂缝深时，截锯作窄狭板料。

古代匠师，有许多合理使用木料的经验。上述宋代规定的制度，也反映了一部分有关的经验。

宋代的官设机构中，将作监下设有"退材场"，据《宋史》职官志所载，其任务为："退材场掌受京城内外退弃材物，抡其长短有差；其曲直中度者以给营造，余备薪爨。"

废弃材料集中于退林场，尽量拣选尚堪使用（曲直中度）部分，供营选用；确不可用的，供作炊事用柴薪。为这件事专设机构，足见其重视程度。

民间修造的省料经验，如《古今秘苑》所记，碎料可作木楔（斧头口）和木橛之用，为施工过程和木构榫卯间经常所需，应预为收集贮存备用等。

不但碎木料有用，碎砖瓦片亦有用途。凡衬填、铺地（如园林中用碎瓦铺地，花纹甚多，如《园冶》所记）及夯筑三合土地基，用量甚大。

总之，物尽其用，废料不废的这种节约习惯，是我国由来已久的良好传统。

参考文献

[1]《古今图书集成·考工典》考工总部，艺文．

[2]《太平御览》卷七十六．

[3] 见沈括《梦溪笔谈》卷二十五．

第十五章 建筑著作和匠师

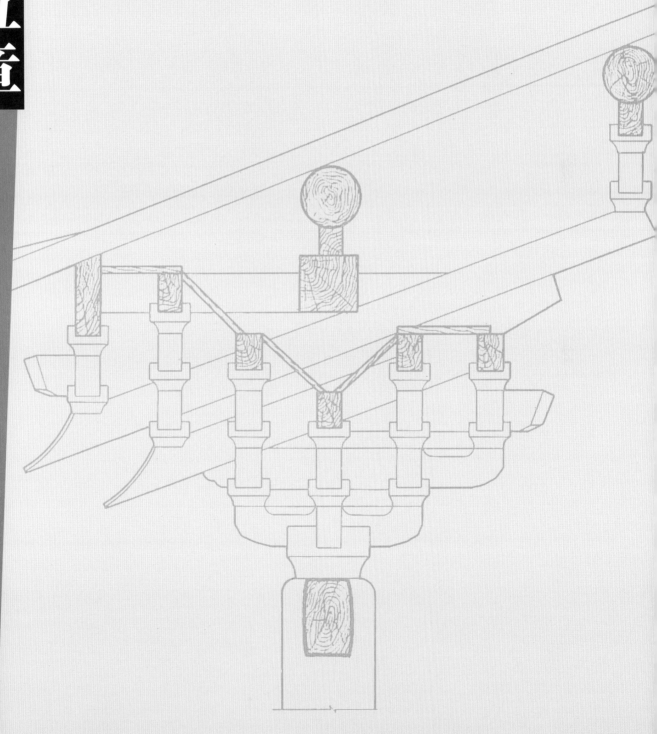

概　说

　　中国有近四千年有文字可考的历史，古代留下了浩瀚如海的文献资料。其中也留下一些建筑方面的著作，这是研究中国古代建筑技术的宝贵资料。这些著作按其性质大致可分为以下几类。

　　（1）官书：由当时政府所制定的关于建筑的制度、技术、劳动定额和材料定额等一类规章、法令、原则性质的书籍。列入这一项中最早的是汉代所发现的《考工记》，其中"匠人"篇有涉及城市、道路和建筑尺度的简短论述，它反映了中国最早的城市规划思想。

　　往后，我们从各代史书的《礼志》中看到一些关于祭祀建筑（太庙、明堂等）的规定。唐代起有"营缮令"，宋、明也颁布过。它们规定了官吏和庶民住宅形制的等级制度之类很多技术方面的内容。

　　宋代李诫编撰的《营造法式》则是关于当时宫廷、官府建筑的技术、材料、劳动日定额等方面，这是比较完整的法规性文献。今天这部著作，日益引起世界学者们的研究兴趣，其重要性是不言而喻的。

　　元代的《经世大典》，是一部类书，其中"工典"一项，下分二十二种工种，而与建筑有关的即占一半以上。这部著作被收录在明代的《永乐大典》内，分属在各韵目内。英勇的义和团反对帝国主义侵略的正义战争失败以后，1900年，帝国主义军队侵占北京，野蛮地烧毁了《永乐大典》，这是文化史上一次浩劫，造成无可弥补的损失。《经世大典》只有关于"毡罽"、"驿站"、"仓库"、"画塑"等少数片断得以残存。

　　元代和宋代一样，是中国技术著作发展比较重要的时期，且有承先启后的意义，仍待发掘研究。明代的制度，多数纳入《明会典》中。另有一些公文程式的规章，如《工部厂库须知》，但至今没有能和《营造法式》相比的技术性著作。

　　清代曾颁布工部《工程做法》以及由内务府系统（包括圆明园总管所辖）编定的若干《匠作则例》，内容主要对各式建筑中各工种的用料、用工加以规定。它们不是以技术为目的的著作，但是，也为研究清式建筑技术提供了丰富的资料。

　　此外，不是专门的建筑著作，但其中包含建筑内容的，今天还可见到的有《唐六典》、《唐律疏议》等，以及《会要》一类著作，它们一般性地记载了城市制度、宫室、陵墓等形制的情况。

　　（2）民间著作：所谓"民间"是相对于"官府"而言的。包括匠师、文士所写的关于建筑、园林和居室住宅等方面的著作。应特别提出的是北宋初著名木工喻皓的《木经》。这是一部真正的建筑技术上的专著。《木经》直到北宋末年尚存。欧阳修的《归田录》指出喻皓著《木经》三卷，沈括的《梦溪笔谈》摘引了《木经》的片断，李荐的《洛阳名园记》提到房舍以《木经》为法。足以证明《木经》在当时的权威地位。但是，估计《木经》从北宋初喻皓著书之后，继续有人加以补充、改定以适应新的发展，所以沈括只说"或云喻皓所撰"，并说"近岁土木之工，益为严善，旧《木经》多不用"，也表明了早期《木经》之不适应时代发展的一面，这是比较合乎实际的，因为宋代的建筑是一个从技术到风格急遽变化的时期。

　　据沈括所引《木经》，在分析台阶的峻、平、慢三个等级时，指出三者的分界，在于荷辇人（抬轿者）前竿和后竿荷重姿势的不同，即"前竿垂尽臂，后竿展尽臂为峻道；前竿平时，后竿平肩为慢道，前竿垂手，后竿平肩为平道"。峻、平、慢三者，取决于人体尺度、荷辇姿势，而这正是建筑设计以人的活动作为基本尺度的原则。这是科学的、合理的设计方法，可惜，我们所能知道的，也仅止此而已。《木经》虽已失传，但它所迸发的光辉，令人敬仰。欧阳修称喻皓为"国朝（宋朝）以来，木工一人而已"。其后明代的《鲁班经》，也是重要的民间建筑著作，给我们不少线索和启发，但是，糟粕甚多，需要剔除和分析，还有待深入研究。同时还应看到，可能还有一些记录民间技术的手抄本散在各地，需要继续加以搜集整理。

　　此外，还有由封建文人写的如《洛阳名园记》、《吴兴名园记》、《长物志》、《园冶》、《工段营造录》（属《扬州画舫录》之一卷）、《古今秘苑》一类记述园林、住宅和技术方法等的书籍。他们也提出了一些住宅园林在设计处理方面的一些看法或抄录有关的技术资料，有些不失为深入实际而得到的真知灼见，有些仅仅是一般描述，但我们也不忽视它们所提供的史料价值。

　　（3）间接资料：许多著作，本意不是为建筑而写，但或多或少提供了建筑形制、技术水平、重要建筑活动和人物事迹，以及与建筑有关的社会历史背景材料的著作，实在很广泛、很丰富。

其中，描述城市面貌的例如成书于晋代的《三辅黄图》，南北朝时期的《洛阳伽蓝记》、《水经注》中的若干部分，唐代的《两京记》（韦述著，西京记尚存残段，东京记可能部分收入《元河南志》）、《寺塔记》（收入段成式《酉阳杂俎》续集内）、《东京梦华录》、《梦粱录》、《都城纪胜》等，以及元明清时期的《宛署杂记》、《春明梦余录》、《帝京景物略》等一类书籍。

还有大量地方志中所保存的丰富史料，以及佛教、道教系统所编著的寺志、道观志等。这一部分史料，迄今还未能充分地加以发掘整理。

再就是大量笔记、游记等当中提供的史料。虽然属于一鳞半爪，但是确实可以大为丰富我们的认识。这一部分史料，大部分是宋代以后的著作，数量甚多。例如沈括的《梦溪笔谈》、陆游的《入蜀记》、范成大的《揽辔录》、庄季裕的《鸡肋篇》、邱处机的《长春真人西游记》、顾炎武的《天下郡国利病书》、《日知录》、《历代帝王宅京记》等，或见风土人情、城市面貌，或写山川险阻、军事冲要，或描述各地、各民族的生活习俗，均含有大量的建筑史料。

此外，还有不少军事、水利、数学、生产技术方面的著作，其中提供军事防御工程、土木技术、测量计算和砖瓦材料生产技术等史料。从《墨子》（战国）开始，到《太白阴经》（唐）、《武经总要》（宋）、《九章算术》、《数书九章》、《天工开物》、《河防通议》、《武备志》等，都含有相当有价值的内容。

我国古代的陵墓、寺庙、塔、桥梁、石窟、河道、堤坝、园林、城垣等，以及许多会馆、学校、祠堂之类，常有碑刻题记，保存了大量工程技术、经济、社会时代背景方面的资料，有的还刻绘了城市、河道、建筑群的平面图形（例如著名的"平江图"碑刻），提供直接的感性材料，许多古代工匠的名字，借以保存流传至今。而且还提供关于地震、风力、水文等自然灾害等方面的资料。

从中国古代建筑技术的文献资料看技术著作，或者涉及科学技术的记述，多是产生于生产力发展较快的历史阶段。例如战国至西汉，隋唐至北宋这两段，史料中不乏生动的工程技术、工程经济方面的记载。特别是北宋，技术著作如雨后春笋般涌现。不仅涉及建筑，还包括军事、兵器、筑城、河防、天文观测等

方面。北宋以后，由于印刷术的发明，对于古代科学文化的发展也有明显的影响。北宋是我国科学技术繁荣的时期，这一阶段产生了两部建筑方面的巨著：《木经》和《营造法式》（有人称之为"《李诚木经》"）。

在本章所评述的五部建筑方面的著作——《考工记》、《营造法式》、《鲁班经》、《工程做法》、《园冶》，各有自己的时代背景和用途目的。它们达到的深度并不一致，且往往只是从某个侧面反映当时丰富的建筑实践，它们有成就，也有局限，我们应取分析的态度，认识和吸取其中的科学精华。

如同其他领域的活动一样，在中国古代建筑的丰富实践中，也产生自己的杰出代表。他们的活动和成就，在一定程度上反映了一个时期建筑方面所达到的水平。

在古代的封建正统史学中，工匠被认为是贱技末流。即如颇具眼光的司马迁，能为"游侠"、"滑稽"写列传，却没有为科学技术、工程家们单辟一栏。《南史》、《宋史》开辟"方伎"、"艺术"，然而《宋史》方伎能列入僧怀丙，却不见喻皓。像李春这样的大匠，只在唐人张嘉贞的碑记中留了一个名字，生卒年月、事迹生平，再无一字道及。古代工匠，绝大多数是埋没姓名的无名英雄，少数野史，偶尔留下一些人物事迹。是否名实相符，还得多加怀疑。如鲁班、王尔，自古并称，然而王尔事迹，杳不可寻，鲁班（即公输般）却成为神话式的人物，大量的附会想象，篡改了他的真实面貌。

本章所取，称为"匠师"，而实际已越出这一范围，也包括一些接触工役，或有著述，或主持规划而有所建树的工官和文人。有一些工官，即是以技术娴熟的匠师充任。汉长安的规划主持人阳成延，出身军匠，充任将作大匠，是较早的一例，元、明、清三代工官，多由工匠充任，这种现象尤为普遍。

还有，如中国古代有一个世界上最伟大的城市——隋大兴城的规划者宇文恺，出身贵族，以官职监督宗庙、都城、漕渠、驿道等工程，是一位富有实践经验的人物。中国古代还有一伟大的都城——元大都的规划者刘秉忠，则以宰相地位主持大计，这和工官出身又有所不同。编著《营造法式》的李诚，他的成就和自己在工程技术上的努力与付出是分不开的。

所谓"匠师"，实际是"都料"一级的工匠，他们不只是由于施工操作技能的优异，而主要在于掌握了材料、计算、测量校正、作图放样等全局性、关键

性的知识技能。他们是工匠中的领导人物，有丰富的经验和较高的社会地位，得以在历史上留名的，主要出于这一阶层，如喻皓，就是木工的优秀代表人物。

怀丙和计成比较特殊，一是僧人，一是依附达官豪客、以园林技艺为业的文人，既非匠师，亦非工官，但是他们在自己的实践中都在某些方面作出了贡献。

第一节　《考工记·匠人》评述

《考工记》是我国古代流传下来最早的一部记述奴隶社会官府手工业生产各工种的制造工艺和质量规格的官书。成书年代大约在春秋末、战国初的时期，由齐国人编写的。书中记录了有关"攻木之工"、"攻金之工"、"攻皮之工"和"设色"（彩绘染色）之工、"刮摩"（雕刻琢磨）之工、"搏埴"（陶瓦）之工等六大类三十个不同工种的生产工艺，总结了我国古代在制造车辆（包括兵车、乘车、田车等）、兵器（弓、矢、刀、剑、戈、矛等）、制作农具、皮革、陶器、铸造量器、饮器、雕刻玉器和有关练丝、染色、彩绘以及建造城郭、宫室、沟洫等方面的经验。从选材到制造方法、产品构造与规格以及检验质量的方法、工程形制等，都分别作了或详或略的记述，指陈得失、穷究理数，都颇精细入微，是我国古代一部比较切实而具体讲述生产技术的书。其中"匠人建国"、"匠人营国"、"匠人为沟洫"等三节，记载了当时取正、定平的方法，国都规划的原则，建筑方面的等级制度的规定和不同情况下尺度观念的运用，还有关于夏世室、殷人重屋、周明堂的片段记载和当时农田水利系统的组成内容。所以，《考工记》的匠人篇是我国现存古籍中有关建筑方面较早的文献。

汉代初年，河间王刘德因《周礼》缺失《冬官》篇，遂以《考工记》补入，作为《冬官》而保存下来，故又称《周礼·冬官考工记》。本来二者并非在一书的。

关于《考工记》的成书年代，在汉朝时已有不同看法，后来也有不少争论。我们采纳唐朝贾公彦和清朝江永的考证，认为《考工记》很可能是东周齐国的官书。理由是：《考工记》中说："秦无庐……郑之刀"，

郑国是周厉王时才开始分封给他儿子的地方，秦国是从西周东迁后才在西周故地上开始分封的诸侯国，所以《考工记》的成书年代不会早于东周。

《考工记》中韦氏、裘氏等篇章，经过秦始皇灭焚典籍的过程而短缺了，说明《考工记》的成书年代是在秦朝以前。

书中说："橘逾淮而北为枳，鹦鹉不逾济，貉逾汶则死。"这句话里提到的"淮"、"济"、"汶"，都是齐国封地上的河流。书中有"终古戚连桦茇"之类的话，都是齐国人的语言。由此分析，《考工记》是齐国人的著作。

齐国颁布《考工记》是为了维护奴隶社会的工贾食官制度，因为当时工商业奴隶要求解放的力量相当大。郭沫若的《青铜时代》一书考证了铜器的变化，说明春秋有一段时间产品的质量下降了，《考工记》详细规定生产工艺和管理制度，是为了维护产品的质量和原制度。

《考工记》是一部具体记录和反映奴隶社会末期工艺技巧和质量要求的著作，对于我们了解我国古代的生产水平与技艺，有一定的历史参考价值。在《考工记》的第一段，即相当于总论部分，根据"天有时，地有气，材有美，工有巧"，对当时各地区的特产进行了综合分析，说明优良的产品与特定的气候、土壤、材料、工匠传统技术等因素有关。这是符合朴素的唯物论的。《考工记》对直接从事手工业生产的工作给予了较高的评价，指出"审曲面势，以饬五材，以辨民器，谓之百工"，"百工之事，皆圣人之作也。炼火以为刃，凝土以为器，作车以行陆，作舟以行水，此皆圣人之所作也。"

下面单就《考工记》中有关建筑工程的部分作一简略介绍。"匠人"，是木工而兼职版筑营造之法的匠师，他们掌管着都城、宫室及沟洫等建设任务。《考工记》中"匠人"的条目有三，即"匠人建国"、"匠人营国"、"匠人为沟洫"等三条。

"匠人建国"

这一条讲的是选择与确定城郭宫室的方位与找平地面的方法。

书中只用了"水地以县"四个字来说明找平。古时候人们很早就观察到"水静则平"的自然现象。《庄

子·天道篇》就写着："水静则平、中准，大匠取法焉"。汉朝人郑玄解释"水地以县"是："于四角立植而悬，以水望其高下，高下既定，乃为位而平地。"说是在四角竖立垂直于地面的木杆，利用水来观察木杆的高低，在每根木杆的同一高度上标出横向刻度，按照木杆上的标高来平地。但是郑玄所说的"水"，是指地面上的水沟，还是某种简单的水准仪？无详细说明。

找平地面后，才能立杆测量。因为在不平的地面上测景会有误差。《考工记·匠人》接着说，"置槷以县，眡（同视）以景"，"县"是指用悬绳的方法来校正木杆是否垂直于地面。"槷"是在所平之地的中央竖立一个八尺高的标杆（古时或称"县"），也就是我国古代天文测量中用的"表"。测量的表不可过短，过短则分寸太密，取景虚淡时难以审别，因此需要竖立八尺高的标杆，借以观察太阳光照射景表的投影。再以景表为中心画一圆弧，观察与记录下日出与日落时景表投影的角度，找出其内分角线，并参照正午时分景表的投影和夜间北极星的方位来校正它。就能定出南北方位（"为规，识日出之景与日入之景，昼参诸日中之景，夜考之极星以正朝夕"）。

"匠人营国"

这一条中记录的是当时国都规划的制度和关于夏后氏世室、殷人重屋、周人明堂等方面的片段传闻。

关于当时国都规划的制度，原书记载是："匠人营国，方九里，旁三门。国中九经九纬，经涂九轨。左祖右社，面朝后市，市朝一夫。"意思是，天子之城的规模是长宽各为九里的正方形大城，每边各开三座城门。城中有九条南北和九条东西向的干道与城门相通，每条干道的宽度可以容纳九辆马车并排行驶（以当时车轨宽八尺来计算），王宫在城的中央（图15-1-1）。宫的前面是朝，后面是市，左面是宗庙，右面是社稷。每个"朝"和每个"市"的大小是百步见方。

这段关于国都规划的文字虽然简短，但是，如果深入研究，与《周礼》、《尚书》等古代文献互相引证，则可以看出古代宫殿、宗庙、社稷、朝市等方面的布局和活动情况。如《尚书》有"诸侯出庙门"一句，反映了宗庙与各重宫门之间的相对位置。《逸周书》里提到"大庭"、"少庭"，可以了解"朝"也当"庭"讲，是指宫殿前面的空场地，转为"宫廷"之意。

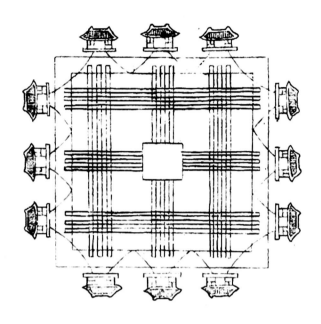

图15-1-1（1）　周王城图（清乾隆《钦定周官义疏》）

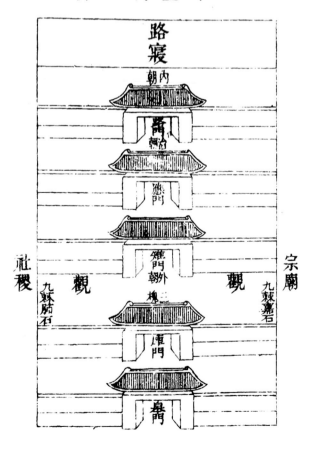

图15-1-1（2）　天子五门三朝图（清乾隆《钦定周官义疏》）

关于"市"，从《周礼》的《地官·司市》篇里，可看出古代的"市"有三种：

大市：它的营业时间从正午开始（"日中为市"），是消费者买东西的零售市场。

朝市：它的营业时间是清晨，以商贾之间的交易为主。

夕市：它的营业时间是傍晚，以市场对小商贩零星批发为主。《考工记》对质量的要求是通过实践总结得来的。

三个市的排列是：大市居中，朝市在东面，夕市在西面。每个市的外面有大围墙，内部有房子、棚子和广场。市场有一套管理机构和有关组织。"司市"（市场领导者）的驻地叫"思次"（是《周礼》中的专门名称）。在开市前要把同类商品陈列成行，构成一个肆。《周礼》中把"肆长"的办公柜台称为"公次"。开始营业时要升旗。控制市门的门卫叫"司暴"，货栈叫"廛"。"市"还作为行刑的地方——"暴尸于市"。

对周代宗庙和社稷的布局和制度，前人也做了许多考证。大体看来，《考工记》所述，是一种方整对称的布局。

"匠人营国"上述这段条文虽然说的是奴隶社会的国都规划制度，但对漫长的封建社会，却有深远的影响。

（1）除受地形条件限制者外，在平原地区建设的都城，乃至府、州、县城的外形大多比较方正。道路成东西向和南北向十字相交或丁字相交，主要街道直通城门。根据城的规模大小，每边城墙上以各开三个城门或一个城门者居多。

（2）宫城占据全城的中心位置。历史上有的都城将宫城建在城的中部（如北魏洛阳、金中都）；有的建在城的南部（如元大都）；有的建在城的北部（如曹魏邺城、隋唐长安），但是，一般不离开全城的中轴线。同时，主要宫殿和重重宫门依次分布在宫城的中轴线上，以此来象征王权，这种规划思想的起源很早。甲骨文上就提到"中商"——大邑商居土中。《周礼》大司徒提出选择王城要在"地中"。不论是奴隶社会还是封建社会，统治者都要通过居"中"来表现它唯我独尊、一统天下的思想。

（3）在城市的具体规模和具体布局，由于社会经济条件和地形条件的不同，后世都城各有特点。《考

工记》中提出"左祖右社"，并没有规定它们的具体位置。元大都的太庙建在东城，社稷坛建在西城；而明朝，北京则把太庙和社稷坛建在紫禁城的前部两侧。具体位置虽然不同，但都还算是符合"左祖右社"的制度。"市"的位置，依循"面朝后市"之说的，惟有元大都。

"九经九纬"一句，研究《考工记》的史学家们对此也有不同的理解。联系到每面的城门只有三座，因此较多的人认为九个道组合成三条大路。有人根据汉长安的实践，解释为中央是天子的专用御道，行人只能走两边的街道。但是《考工记》讲规划和建筑部分的文字十分简单，很不具体，只能当作一种大体设想。

《考工记》追述夏后氏世室、殷人重屋和周人明堂的，也系来自传闻。现在保留下来的这段文字有点类似残简，表现在句、段上显得不完整、不连贯。如"夏后氏世室，堂修二七，广四，修一"，原文太简略。又如"殷人重屋"，是指屋顶的重檐形式，还是指由几幢房屋组成一重重院落，还是一幢两层楼的房屋，均无从判定。再如周人明堂，早在汉武帝时，召集许多读书人讨论明堂制度，争论很久，也得不出结论。这些词句的真实程度和含义，还有待通过考古发现得以解决。

"匠人为沟洫"

这一条中反映了当时某些水利和建筑方面的技术。

（1）农田水利系统的组成。

书中写道："匠人为沟洫，耜广五寸，二耜为耦，一耦之伐，广尺深尺谓之畎。田首倍之，广二尺深二尺谓之遂。九夫为井，井间广四尺深四尺谓之沟。方十里为成，成间广八尺深八尺谓之洫。方百里为同，同间广二寻深二仞谓之浍，专达于川，名载其名"。意思是用开挖沟洫的工具——"耜"的宽度（五寸）作为计算的单位模数。二耜为一耦，耦是田间的排灌沟，这种沟的宽度和深度都是一尺。田头的灌溉渠名"遂"，宽二尺深二尺。围绕着井田制一里见方的农田耕种单位的水渠名"沟"，宽四尺深四尺。范围再大时，灌溉十里见方地区的水道名"洫"，宽八尺深八尺。灌溉百里见方地区的水道名"浍"，宽十六尺深十四尺。从"浍"再流向天然山溪、河流或大川。这些规定数字，虽然往往会被自然地形条件所改变，但由此可以看出当时农田水利系统的组成方式和对各种不同尺寸大小

的沟渠所能担负排灌的面积也有了初步的认识。

（2）总结了几条古代劳动人民在防治水害，兴修水利方面的经验。

书中写道："凡沟，逆地，谓之不行，水属不理孙，谓之不行……凡沟，必因水势；防，必因地势。善沟者水漱之，善防者水淫之。"意思是如果逆着地势挖沟，则沟土不固而善崩，水流不畅而容易决溢。顺着水势地势的沟洫，流水经常冲荡堤土，不会造成淤塞。选地适宜的堤坝，水流带来的泥土，会淤积沉留在堤坝附近，从而增厚堤坝，保护堤坝。

我国是江川河湖纵横流贯的地区。自古以来，在用水治水方面积累了正反两方面的经验。《考工记》中用这几句简练的语言就把用水治水的基本经验加以概括了。

（3）包含一些建筑方面的内容，如"葺屋三分，瓦屋四分"。意思是指茅草屋顶的举高是1/3，瓦顶房屋的举高是1/4。茅草屋顶排水不畅，坡度太平缓了易漏，而瓦顶的排水较快，它的坡度可以适当小一些。"囷窌仓城，逆墙六分"。囷，是贮藏谷物的圆囷。"逆墙"是指墙身逐步退却杀减它的宽度。意思是建造贮藏物的囷仓的墙与建造城墙的方法都是墙身自下而上逐渐变窄，收分为1/6。"堂涂十有二分"。这是指台阶的坡度，十分中峻起二分，也就是台阶的坡度是1：5。"窦其崇三尺"。"窦"是指宫中的排水管沟，它的形状宽窄根据实际需要而定，为了防止壅塞，深度是三尺。"墙厚三尺，崇三之"。这是指当时一般的夯土墙厚三尺，其高度为底宽厚度的三倍。

从以上几段有关建筑的条文可以看出，早在二千多年前的《考工记》就总结了一些经验数字。这些数字，也是工匠世代相传的技术口诀。

《考工记》的"匠人篇"中缺乏有关建筑工匠的施工经验和操作技能的具体记载。但是，我们从《考工记》的轮人、车舟人、车人等有关木工的条文中，可以看出对木工的质量要求是很高的，表现在以下几方面：

（1）木工必须善于利用材料——"审曲面势"，就是根据天然木材的曲直纹理、阴阳向背、形状特点去利用它。在加工时，从材料的性能和形状出发，考虑木材纹理的曲直向背，如何受力比较更为合适。如果受力状况与木料纹理不符，木材就会劈裂。《考工

记·輈人》讲制造车辕。车辕前面放在马背上，后面位于车轮中心，所以需要选用合适的弯料，利用它原来的曲纹，再用火烤到需要的弯度，而不减少强度。

（2）在做车轮、车盖、车辕的零件时，各有一定的比例和尺度概念，书中列举了许多经验数字。其中提到车辕的榫卯深度要与辐宽相等，如果"辐宽而凿浅"（车的辐条宽度大于辐条的榫卯深度），则榫卯不会坚固，容易摇晃；如果"凿深而辐小"，则榫卯虽然很坚固，但辐条的强度不足，车轮就不能经受住沉重的荷载。可以看出，《考工记》对质量的要求是从实践中总结出来的。

（3）提出许多检查质量的方法。车轮做好以后，凡能通过下列各项检查的，该工匠可算是国工：用规检查车轮圆不圆；把轮子转动起来，看它是否正；用绷紧的绳子检查辐条是否正对轮子中心，上下成一直线；把轮子平放在水里，看它四周是否均匀下沉；再用度量衡检查轮子的体积和重量，看左右轮是否完全一样。这些检查方法包括几何学和物理学的一些基本原理。

《考工记》中所反映的建筑等级制度

《汉书》说："降杀以两，礼也"，就是用以"2"为公差的9、7、5、3这样的数字来表达礼制的等级。"匠人营国"条目中规定天子之城、王子弟所封之城在城市规模、城墙高度和道路宽度上各依次递差一个等级。在城市规模上，天子之城方九里，公之城方七里，侯伯之城方五里，子男之城方三里。在城墙高度上，天子之城的城隅（即城的四角所建造的高耸城阙或角楼）高九丈，城身高七丈。诸侯的城隅高七丈，王子弟之城的城隅高五丈。在道路宽度上，天子之城的主干道宽九轨，环城路宽七轨，城郊大道宽五轨。诸侯城的道路系统比天子之城降低一个等级，即主干道宽七轨，环城路宽五轨，城郊大道宽三轨。王子弟所封之城的道路系统又再降低一个等级，即城内主干道宽五轨，环城路和城郊大道皆宽三轨。

这些规定反映出当时奴隶制社会等级制度的情况。公元前562年，鲁国新兴地主阶级的代表季孙、叔孙、孟孙联合起来对抗鲁国国君，他们打破奴隶主的礼制规定，自己修筑城堡，以巩固自己的权力。他们的这种越礼行动，遭到奴隶主阶级的反扑。这就是历史上的"堕三都"事件。这个历史事件可以旁证《考工记》关于奴隶社会不同城制的等级规定是反映当时的现实情况的。

《考工记》中所反映的尺度观念

在"匠人营国"条中，值得我们注意的是，当时的尺度观念是根据使用要求来确定的："室中度以几，堂上度以筵，宫中度以寻，野度以步，涂度以轨。"几案长三尺，当时人们在室中凭几而坐，居室的面积用几来衡量。"筵"是铺在室内的草席，长九尺；"堂"是行礼宴会的场所，按"筵"来计算大小。王宫的庭院中无几无筵，因此丈量宫廷的大小用"寻"（"寻"是人臂向两侧平伸时左右手指端间的距离，长约八尺）。在野外估算距离最简便的方法是步量（每步以六尺计）。当时王要的交通工具是车，因此道路的宽度用能并行几辆车子的"轨"来计算（轨是车的辙距，八尺）。除此以外，还提到"庙门，容大扃七个；闱门，容小扃叁个"，意思是宗庙的门宽是根据穿鼎耳棍子的长度来决定的（庙门，是宗庙南向的大门。大扃，是横贯牛鼎的木棍，长三尺。闱门，是庙中的小门。小扃，长二尺）。书中还说："路门，不容乘车之五个；应门，二彻叁个"。当时兵车要进入城门，乘车又要进入官门，因此在建造宫门时要考虑到乘车的高度（高约一丈四尺）和宽度（宽八尺）。以上这些应用于不同场合的尺度概念反映了当时的功能要求和设计方法，也显示了古代模数制的雏形。

综合以上情况，说明当时在掌握工具、选材、加工、制造、检查质量等各个环节都有许多经验，反映出当时的木工技术已达到一定水平。无疑，建筑技术也有着相应的经验。

通过对《考工记》有关建筑方面条文的分析，使我们了解到春秋末、战国初时期取正定平的方法、当时木工的经验和技能、尺度观念和等级制度；对城市布局、城墙高度、道路宽度的设想等问题。这些条文文字简练，内容丰富，反映出我国在早期就有了较为系统的城市规划理论和较精巧的建造技能。《考工记》是研究古代建筑经常引用的重要典籍之一。

第二节　《营造法式》评述

《营造法式》是北宋官方颁发的，关于建筑工程做法和工料定额的专书，也可以算是我国最早的一部建筑工程规范。全书包括有壕寨、石、大木、小木、彩画、砖、瓦、窑、泥、雕、镟、锯、竹等各作制度，以及施工的功料、定额和各种建筑图样。它是由将作监的官吏李诫奉上级之命编著的，带有为统治阶级服务的政治特征，但在编著过程中吸取了北宋工匠的经验。据书中介绍，全书共 34 卷，257 篇，3555 条；其中有 308 篇 3272 条系来自工匠相传并且是经久可以行用之法。因此，它仍然是一部闪烁着中国古代劳动工匠智慧和才能的巨著，直接或间接地记录了我国 11 世纪建筑设计和施工经验，工程管理的情况，以及工匠对科学技术掌握的程度，为我们研究中国古代建筑技术发展史，提供了宝贵的资料。

一、成书的背景

《营造法式》出现在北宋末年，这不是偶然的，是与当时生产力，生产关系的发展、变化有着密切的关系的。北宋官手工业的发展，促进建筑技术的发展，为《营造法式》的产生创造了条件。

北宋正处在从封建社会盛期向封建社会晚期的转化时代。在封建社会中，社会的经济结构是以皇族和地主阶级土地占有制为主体。为了皇族的消费和政治统治的需要，在漫长的封建社会中，官手工业也在缓慢地发展着，成为皇族和地主阶级土地占有制的附属物。

早在汉代就已有了专门掌管手工业的官府机构，如考工令，平准令，御府令，尚方令，将作少府等；将作少府设将作大将，掌修宗庙、路寝、宫室、陵园等土木工程。唐代中央设少府监，掌管百工技巧之政，将作监掌管土木工匠之政，下设左校（梓匠）、右校（土工）、中校（车舟等工）、甄官（石工陶工）等四署。

到了宋代，官手工业规模空前，这反映在以下两个方面：

手工业组织、机构更加庞大，分工更细，例如：少府监下有四案、八所、五院等机构，将作监有五案、七十二所，十个附属单位，军器监有五案、十三所，四个附属单位，此外还有都水监，内侍省的后苑造作所等机构。其中属于将作监下管辖土木工程的东西八作司领有以下八作即"泥作、赤白作、桐油作、石作、瓦作、竹作、砖作、井作"。又有广备指挥主城之事总二十一作即"大木作、锯匠作、小木作、皮作、大炉作、小炉作、麻作、石作、砖作、泥作、井作、赤白作、桶作、瓦作、竹作、猛火油作、钉铰作、火药作、金火作、青窑作、窑子作"（《宋会要辑稿》）。

手工业原料供应系统规模很大，为了满足官手工业的生产需要，官手工业的原料来源，除了采用贡赋、和买（近似强征）、征榷（即商税）等办法外，还有经办官员直接派人到全国各地采办的情况，据记载："大中祥符间大兴土木之役以为道宫、玉清、昭应之建，丁谓为修宫使。凡役工日至三、四万，所用有秦、陇岐、同之松岚石；汾阴之柏；谭、衡、道、永、鼎、吉之椑枏、槠、温、台、衢吉之 ；永、澧处之槻、樟、潭柳；明越之杉；郑淄之青石；衡州之碧石；莱州之白石；绛州之斑石；吴越之奇石；洛水之石卵；宜圣库之银朱；桂州之丹砂；河南之赭土；衢州之朱土；梓信之石青、石绿；磁相之黛；秦阶之雌黄；广州之滕黄；孟、泽之槐华；赣州之铅丹；信州之土黄；河南之胡粉；衡州之白垩；郓州之蚌粉；兖、泽之墨；归、歙之漆；莱芜、兴国之铁。其木石皆遗所在官、部兵民入山谷伐取。又于京师置局；化铜为铃、冶金薄锻铁以给用……"（《容斋三笔》卷十一）。由此可见，官手工业是靠征调全国的人力、物力来满足其需要的，土木工程尤其如此。

宋代官手工业在中国封建时代官手工业发展史上，占有显著的地位。宋以后官手工业便日趋衰落，私营手工业逐渐发展起来，到了明代私营手工业发展到了新的水平，产生了资本主义的萌芽。

为什么在封建社会走向后期的宋代，官手工业能够得到一定的发展呢？这与唐中叶以后官手工业中生产关系的变化，有着密切的联系。

唐以前官府对手工业者采用徭役制，从事手工业的工匠分为短蕃匠、明资匠、长上匠，此外还有一些终年没有人身自由的奴婢、刑徒充当手工业生产的劳动力，工匠们都是由官府按州县分派给任务被迫就役的，在工官的监督下劳动，生活极其悲惨。安史之乱以后，农民对地主阶级的反抗加剧，社会上人口流动频繁，官府掌握的户籍已被打乱，徭役制走向崩溃，逐渐被"和雇"所代替。"和雇"就是将官府的差役通过给酬、招募工匠去完成。在宋代的官手工业中"和雇"已占主要地位。和雇的工匠有的按时间的长短给酬，也有"官家给以物料，尽一家人力鼓铸，率十分中支若干分数充其工价"。这种办法近似于计件给酬，

生产者的地位比以前有了变化，这样便刺激了生产者对劳动的兴趣，引起劳动者对生产技术的改进和提高。例如，宋神宗熙宁年间，许州民贾工明献瓦法，以黑锡代替黄丹来烧琉璃瓦，就是一个突出的例子。统治阶级为了进一步刺激工匠生产的积极性，便采取"能倍工即偿之，优给其值"的政策，并规定可依技艺的巧拙，年历的深浅确定工匠的等第，给予高低不同的雇值，工匠并可依资升转。

生产关系中的这种变化，使北宋的官手工业的生产力得到一定的发展，官手工业规模庞大，为了提高生产效率，官手工业分工明确，产品日趋规格化、定型化，因为只有这样才能更适应对工匠分等第给雇值的和雇制度。

作为服务于统治阶级的土木工程，从秦汉以来，长期由官府经营的官手工业去完成。北宋官手工业的发展，反映到土木工程中，施工组织出现了比以前更为精细的分工，建筑物的工艺水平也大为提高，工匠已掌握了一套"世代相传，经久可以行用之法"。凡此种种，都标志着当时建筑的发展已经成熟，这样就酝酿着总结建筑工程发展经验的专著之产生。北宋人沈括在晚年所著的《梦溪笔谈》中，就曾写到："营舍之法，谓之《木经》，或云喻皓所撰，其书三卷。近岁土木之工，益为严善，旧《木经》多不用，未有人重为之，亦良工之一业也"。这反映了当时社会上对总结出新木经的需求。

从《营造法式》的序、札子、看详之中反映出李诫编著的目的是非常明确的。

首先，是"关防功料最为要切"，企图通过颁布一部带有朝廷法令性的专书，从而加强对工料的控制，以期杜绝在土木工程中的贪污、浪费现象。

第二，针对元祐法式旧文"只是一定之法，及有营造位置尽皆不同，临时不可考据，徒为定文，难以行用"的缺点，在重新编修中考虑到对于复杂的建筑构件，在位置做法各不相同的条件下，应该采取哪种形制和做法，在书中均作了明确的规定，以便于对一幢建筑物各部分建造的格式、质量，都能有所依循。

第三，李诫在序中曾提出"董役之官，才非兼技"的情况，就是指在一般工官中往往不懂技术，只会对工匠发号施令，监督工匠劳动，特别是不知道"以材而定分，乃或倍斗而取长"，造成"弊积因循"，没

有检查的标准。李诫认为，通过官颁《法式》可使那些不懂技术的官吏，按照条文办事，就可以剔除积弊。当然问题并不是那样简单，官吏懂了技术，仍然可以因循敷衍，以便从中渔利。这只不过是李诫的设想而已。

《营造法式》正是在这样的政治、经济条件下产生的，但它并非凭空写成，应该看成是继承了前人的创造。北宋当代的喻浩《木经》可以借鉴；从宋代其他史籍中也透露了一些皇家建筑依循"古制"、"程式"的材料。例如，《宋史》载真宗建造玉清昭应宫时，曾因"屋宇少有不中程式，虽金碧已具、必令毁而更造，有司莫敢较其费"。又《宋朝会要》："今大内即宣武军节度使治所，周世宗虽加营缮，犹未合古制，建隆三年，发开封，浚仪民，广皇城。四年五月，太祖命有司画洛阳宫殿，按图修之，自是皇居始壮丽"。这些材料说明早在《营造法式》编著之前，对于建筑工程的"程式"制度已较为重视。不过这种"程式"制度在记载中往往不太详细具体，而在工匠中则多有流传，或在建筑工程中体现出来。《营造法式》不但依据经史之书修立了一些条目，更重要的是把在工匠中"世代相传，经久可以行用之法"归纳起来，形成条文加以推广。客观上起了总结工匠实践经验的作用，这正是它的宝贵价值所在。

二、编著的特点

《营造法式》编著的目的是为统治阶级管理的需要，是作为朝廷法令性的典籍而颁发的。因此在序言中就声明，要使"条章俱在"，以便管理人力物力，加强对功料的关防。《营造法式》用了十三卷的篇幅来规定功限和料例，正是体现了封建统治者对广大劳动工匠的压迫和剥削。

《营造法式》在序中指出："功分三等第为精粗之差，役辨四时用度长短之晷，以至木议刚柔而理无不顺，土评远迩而力易以供"。这是对"功"的含意的概括，它包含着等第、时间、加工的难易程度等内容。

《营造法式》所规定的工匠生产产品的等级，与当时官手工业中对工匠划分等第的要求是完全一致的，在卷28诸作等第一节中，把对各种建筑构件的加工，按工艺技术的难易程度和劳动量分作上、中、下三等，例如大木作，制作复杂的斗栱算上等，制作简单的斗栱及

梁、柱算中等。制作不露明的结构构件，如平暗（即天花）以上的草栿之类的构件算下等。小木作中把制作板门、带球纹花饰的格子门算上等，一般门窗算中等，隔断板引檐算下等。石作中规定能镌刻各种高、低起伏的浮雕、花纹算上等，做素覆盆柱础、水槽子算中等，做栏杆下的螭子石算下等。对工匠根据其所能完成的施工技术的等第而确定其水平之高低，并以此作为付酬多少的依据。

对于每个功的工时长短，一年四季随着季节而变化，法式规定"称长功者谓四月、五月、六月、七月；中功谓二月、三月、八月、九月，短功谓十月、十一月、十二月、正月"。并指出功限中所规定的功是以"中功"作为标准的，若长功则加1/10功日，短功则减少1/10工日。

根据木材质地软硬程度的不同，物资运输距离的远近，河道驳运，分别顺流、逆流等不同，用功量都有不同的规定。具体考查功限的条文，便可察觉分工之精细，这固然反映了手工业生产的进步，但同时也说明计功数值是相当苛刻的。

例如，制造木柱子，按卷十九规定用工量如下。造作功："柱每一条长一丈五尺，径一尺一寸，一功（穿凿功在内）"。"柱碇每一杖五分功"。"凡安勘绞割屋内所用名件、柱额等加造作名件功四分"。

这样一根柱子的总功限为1.9功。另外如再按照卷二总释下总例："诸式内功限并以军功计定，若和雇人造作者，即减军功三分之一。"核算结果还不到一功（0.93功）。虽然订有长短功增减条文，却没有明确的功日时限，照古人说的"日出而作，日入而息"，一天十几个时辰的辛勤劳作，要想达到定额恐怕也有一定困难。从晚于宋代600年后的清《工程做法》大木作定功限额（按规定以构件表面积计算）看来，制作这样大小的柱子，柱围表面面积合52尺2，每尺2约0.0312功，如下式：

造作功0.0312功×52尺2=1.62功，
安装功按造作功增加一成计0.162功，
供作壮夫按造作安装功合计增加二成计0.214功。
　　三项合计　　2.13功

比《营造法式》增加两倍有余。1958年北京市编制的《古式建筑安装工程施工定额》中规定大木工程各种柱子制作功，平均每平方米0.56功，每营造尺2约0.057功，又大于清代所订功限，是通过从事古建多年的老匠师

亲历经验，结合现时工作情况、工时长短、技术熟练程度各方面的因素制订出来的，通过近年实施工程证明，比较接近于实际。从这两个例子看，《营造法式》的功限确实足够严苛。

对于建材的管理，《营造法式》订有料例三卷，是为编制工程预算时使用的材料消耗定额。有了额限标准，一方面可以防范经手的官吏从中营私舞弊，另方面也是对工匠的一种控制手段，从制度上加强工程的管理。从一些史料中可以看到北宋的官手工业工匠，曾经有过多次反抗官府的斗争，有的杀死作坊的作头；有的则压低产品的质量。造军器的工匠，造出的盔甲是软的，使其不能抵挡矢石，使用巧妙的办法，瞒过检查的官吏。面对这样的斗争，官府深知其厉害，《营造法式》料例正是针对建筑业工匠对官府反抗、斗争而采取的有利于加强"关防"的具体措施。

《营造法式》中的另一特点是，把工匠们处理建筑设计与施工的经验——"有定法而无定式"，作为编著全书贯穿于各作制度中的指导思想，李诫称为"变造用材制度"。由于李诫深知自己"非工"的局限，在编制《营造法式》时，不得不"稽参众智"，"与工匠详细讲究规矩，比较诸作利害"，这样就使得李诫所编的《营造法式》改变了元祐法式"只是料状，别无变造用材制度"，"只是一定之法，及有营造位置尽皆不同，临时不可考据，徒为空文，难以行用"的状况。变造用材制度，是工匠在长期施工中摸索出来的一套经验，这与当时设计、施工合一的条件是相适应的。从沈括的《梦溪笔谈》中介绍的杭州都料匠喻皓的情况可知，喻皓既是施工的总负责人，能带领工匠施工，解决施工中的难题，又能进行建筑设计，还著有《木经》三卷。在那样的历史条件下，工匠们把他们解决设计与施工中的种种矛盾的经验编成口诀，长期流传下去，使其逐渐形成了一种制度。李诫所说的"变造用材制度"是蕴涵在各"作"之中的，它揭示了工程作法、技术变化的规律。

用材制度规定建筑木构构件，均由统一的"材"来衡量《营造法式》大木作制度，理出了一套建筑木构构件的材、分尺寸，同样一个构件，如一个棋或一个斗，用在不同大小的建筑物上，它的材、分大小是同一个数值，而尺寸的改变，就靠变换用材等去实现。这样避免了就事论事的办法以规定每幢大小不同的房

屋的所有构件的尺寸，形成"只是料状"的情况。

与严格的用材制度相结合的是"变造"的规律，它反映在以下几个方面：

《营造法式》大木作制度中，对于繁多的建筑构件进行归纳、分类，找出最基本的形制，详细阐明规格、作法，然后再对变化造作的规律加以总结。例如"棋"，《营造法式》首先指出造棋之制有五，分别介绍了华棋、泥道棋、瓜子棋、令棋、慢棋这五种类型的棋的一般特点，并指出他们共同的断面大小，卷杀作法，棋眼深浅，以及棋上坐斗的位置等。然后阐述了变造的情况：棋在转角铺作中使用时出现两头不一样的处理，即所谓列棋之制，这时华棋另一头可能作成泥道棋或瓜子棋。慢棋另一头可能作成华头子或切几头。除此之外，转角铺作中的棋还会有其他的矛盾，转角铺作的棋有时与补间铺作的棋相撞时，则两个构件可以处理成一个长构件，在当中刻出原来两棋的形状，这种作法叫作鸳鸯交手（图15-2-1）。

《营造法式》的各作制度中，有不少地方反映了各个构件之间的呼应关系，和留给工匠"随宜加减"的原则。

例如，门窗尺寸和大小是变化多端的，《营造法式》

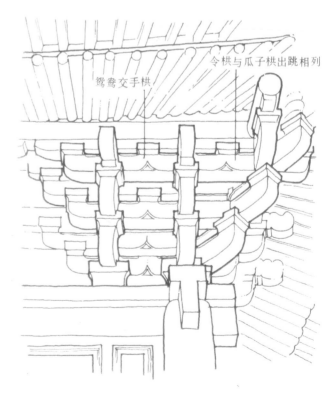

图 15-2-1　鸳鸯交手（易县开元寺药师殿）

首先规定了门窗总体尺寸的变化范围，如板门高七尺至二十四尺，而细部尺寸则"取门每尺之高积而为法"来求得其大小，这就保证了细部与总体之间在门大小不一的情况下，保持良好的比例关系。

又如，木钩阑根据与主体建筑相配合的原则，给出了钩阑高度的变化范围，细部亦取"钩阑每尺之高积而为法"去求得其尺寸，对钩阑的长度却不作具体规定，而是指出设计原则："凡钩阑分间布柱，令与补间铺作相应，如补间铺作太密或无补间者，量其远近，随宜加减"。其主要意思就是每段木栏杆的长度，要与主体建筑的柱子、斗栱的布置相呼应，在每栋建筑中，栏杆的长短、高矮可以随宜加减。

斗栱在宋代建筑中，除柱头处有一朵柱头铺作外，在两柱间的阑额上，还放一朵或两朵补间铺作，《营造法式》首先指出了斗栱布置的一般情况是"当心间须用补间铺作两朵，次间及梢间各用一朵，其铺作分布令远近皆匀"。附注还注明变造的三种情况：①"若逐间皆用双补间，则每间之广丈尺皆同"；②"如只心间用双补间者，假如心间用一丈五尺，则次间用一丈之类"；③"或间广不匀，即每补间铺作一朵，不得过一尺"（此处应是指两朵之间的净空）。这三种情况都涉及建筑柱网的布置，第一种是讲当心间与次梢间采取等开间柱网的情况，第二种是讲次、梢间等宽当心间放宽的情况，这时当心间与次梢间之比为 3:2，第三种情况则是最复杂的一种，开间尺寸逐间递减，这时开间尺寸直接影响到铺作的分布，所以控制两朵铺作之间的距离，净空限于1尺以内，就能保证铺作分布均匀，这为设计制订开间尺寸提供了参考数据。但也有例外，就是转角铺作的处理，《营造法式》规定"凡转角铺作须与补间铺作勿令相犯"，即两朵铺作不能太近，以致互相侵犯。但有时梢间很窄，这时则处理成"连栱交隐"（即作成鸳鸯交手），并需注意"补间铺作不可移远，恐间内不匀"。这样处理仍有矛盾时，《营造法式》指出另一种办法，即"于次角补间近角处从上减一跳"，就是减去最长的慢，从而解决了由于梢间狭窄所出现的转角铺作与补间铺作相犯的矛盾。

对于彩画的用色制度，也是可以"随其所写，或深或浅，千变万化，任其自然"。

总之，《营造法式》对于各作制度的制订都考虑到严格遵守尺寸数据，与灵活的处理相结合，有些地方可以"长短随宜"各得其所，由工匠自行处理在设计与施工中出现的一些矛盾，这样就使得在刻板的制度中，留有变通的余地，更加科学，更符合事物的客观规律。这种指导思想最有代表性的例子是《营造法式》全书对于建筑物的柱高、开间、进深等都不规定具体尺寸，仅仅提出一些原则。如"柱高不越间广"。而间有多广？仅在总铺作次序一节的小注中透露了一个具体尺寸，即上文"假如心间用一丈五尺，则次间用一丈之类"，这个尺寸只能认为是一个具体的例子，而一幢建筑的开间到底多大才合适？《营造法式》之所以不一一规定出来，这是因为开间尺寸的决定因素较多，需要考虑功能使用要求、建筑艺术处理以及材料的具体情况等，比如材料，由于使用天然木料，尺寸不可能完全整齐划一，这就要依照具体的木料条件，由都料匠来运筹规划使用多长的阑额，多高的柱子最能充分利用所给的木料，对此，从遗留的古建筑中，也可觉察到，那些房屋的开间、柱高，都不是整齐划一的。又如房屋的进深，是随着在进深方向有几架椽来定的，而建筑的等第不同、功能不同，则椽的架数也不一样。从法式的侧样图中可以看出一些规律，凡是殿堂，一般都采用十架椽，而厅堂则采用八架、六架、四架的几种情况都有。每架椽长规定为"每架椽平不过六尺（指水平投影长度），若殿阁或加五寸至一尺五寸"。落实到一幢房屋上的椽长需要因材而定，再根据等第和功能确定具体的进深用几架椽。

《营造法式》的变造用材制度是工匠长期实践经验的精华所在，因地制宜，因材施用，寓变化于规矩之中，它体现出古代工匠的创造才能与高超的技术造诣。

《营造法式》中有些条目是在经史群书的原有基础上进行修订的，这种条文虽在全书中所占的比重不大，但却反映了《营造法式》的继承性。建筑工程的作法、制度是在长期的实践中逐渐形成的，经史群书每每也有所记载，例如早在《周官·考工记》中就有屋盖"举折"方法，"茸屋参分，瓦屋四分"；"筑墙厚三尺，崇三之"的记载。又如定功在《唐六典》中已有对长功、中功、短功的规定。但那些记载往往不够系统的，条文本身也比较简单。《营造法式》在编著中既不忽视前人的传述，也不是机械搬用，而是加以修订使之更明确，更具有科学性。例如关于举折的制度，远远超出了茸屋三分，瓦屋四分的简单概念，而是对于"举"和"折"的不同含义分别作了说明，并定出较为科学的推算方法。"举"是指屋顶部分的总高度；即从撩檐枋背至脊 背这段距离，称之为举高（以 h 来表示），它的算法是：以前后撩檐枋心的距离为 a，则殿阁的举高：

$h_{殿}=1/3a$；

厅堂的举高橑

副阶部分举高　　$h_{副}=1/2a$

"折"是指屋面坡度在上平槫、中平槫、下平槫的位置上发生变化，使整个屋顶坡度不是一条直线，经过几"折"之后形成向上弯的曲面。折屋制度规定：第一折为 h/10，也就是把上平槫的位置从槫檐枋至脊 的连线上下降 h/10；第二折为 h/20，即把中平槫从上平槫至橑檐枋的连线上下降 h/20。依此类推，第三折为 h/40，第四折为 h/80。按照各点的坐标位置来分析，屋面曲线是一条近似抛物线的曲线。

以殿阁为例：

假定总举高为 100，

假定 1/2 总深为 150，

根据折屋之制计算出各点坐标如图所示（图 15-2-2）。

根据抛物线公式　$x=my^{n}$

假设　$m=1.5$

则可算出　$n_1=1.035$　　$n_2=1.24$

$n_3=1.327$

n 变化范围在 1 ～ 1.33 之间，接近于常数，故符合公式 $x=1.5y^{1.3}$。

由此证实确实为近似抛物线。屋顶做成这种凹曲面，对排水是非常有利的，可以使屋面上的雨水产生

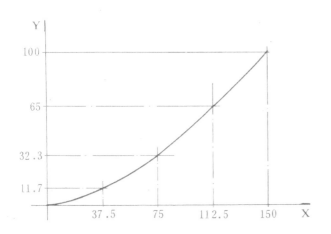

图 15-2-2　屋顶举折曲线分析

加速度，流到檐口时向外冲出去，排得更远些。从另一方面看，屋面做成凹曲面，是针对手工操作为了弥补操作误差而采用的一种顺势处理法。即使新盖好的建筑没有很大的误差，但经过若干年，也会由于外力作用而产生不可避免的位移，造成屋面变形，折屋的处理不但避免了这些矛盾，而且求得中国古代木构建筑屋顶所特有的艺术效果。筑墙之制也远比"厚三尺崇三"的规定要进步得多。在修立后的条目中，把墙的尺寸分类列出，分别加以规定，并依使用部位之差异各有增损，还补充了上部斜收的原则。反映了工匠对于墙体高度和厚度的关系是有较深的认识的，每种墙根据使用部位的不同，各有基本的高度和厚度，若需增减，则不必按高与厚的固定比例关系去处理，这样可保证增时能够节省夯土的土方量，减时又有足够的安全度。这些例子说明《营造法式》能对前人的经验加以分析和提高。当然之所以有此成绩，也是在工匠实践经验的基础上总结出来的。

《营造法式》编著的另一特点是全书图文并茂，可以相互对照，相互补充。全书共三十四卷。用了六卷的篇幅，绘制了 541 张图样，是制度的重要组成部分，全书只用了十三卷的篇幅说明制度，文字简明扼要。李诫对于图样的重要性作了说明："研精覃思、顾述者之非工，按牒披图，或将来之有补"。意思是说文字记述虽然经过深思熟虑，仍难免有不完备之处，有了相应的图样，相互对照，对工作更有利，所以以"逐作名件内，需于图画可见规矩者，皆别立图样以明制度"作为重要的原则。

《营造法式》图样可以说是 11 世纪中国建筑的设计兼施工图，是工匠们智慧的结晶。所载图样有以下几类：

（1）房屋平面图（图 15-2-3）：《营造法式》称为地盘图。大木作图样"殿阁地盘分槽等第"列图样四幅，一幅是殿阁身地盘图（无副阶的），九间身内分心斗底槽，其他三幅都是殿阁地盘图、殿身七间，副阶周边各两架椽，身内分为金箱斗底槽、单槽、双槽三种作法。间架柱位平面布置方式形如纵横交织的轴线网——柱网，房身内部依据间架分缝轴线（中线）区划成上图所示各种间架格式，即称为分槽，自凡门窗装修，截间隔断，以至梁枋间距分缝，斗栱位置以及挖地槽、安柱礩定位定线，都必须根据柱网中线来

核实尺寸，瓦石土功各作一切规矩所准，都离不开木作地盘图。清代瓦作相传即称为"中线行"说明地盘图在建筑工程设计中具有重要作用。《营造法式》图样画得虽然很简单，但它说明了设计与施工的很多意图和关键的尺度关系。

（2）房屋的横剖面图（图15-2-4）：《营造法式》称为"侧样图"，它在图样中占的比重最大，是最关键的图样之一，它与平面共同决定着房屋室内空间的处理，以及梁、栿等构件的尺寸，搭接方式，构件之间的交代关系，屋顶举折之峻慢。这种图在施工过程中多放成足尺大样，画在平整的墙壁上，称之为"点草架"。

（3）建筑局部图样：如"槫缝襻间图"是建筑上半部立面投影的一部分，它着重说明放在槫下的襻间的布置方式。一般单材襻间隔间用，两材襻间则每间均用但其位置隔间上下相闪。

（4）部件图样：复杂的如一樘门或窗，简单的如一个柱础，一块石立秩或卧秩都有图样表示。

（5）构件本身的构造图：如栌斗、华栱、暗栔、下昂等构件身上何处开口，何处装榫。榫卯的形制等均明确地绘出图样（图15-2-5）。

（6）彩画及雕刻的线条图：彩画图并注明各种色彩的部位（可惜由于版本的辗转传抄，这些注明的颜色部位很多已不准确了）。

（7）施工仪器图：主要是测量用的水平真尺，水池景表、望筒等。

《营造法式》这些图样有着极其宝贵的价值，是我们理解这本反映八百年前的建筑工程技术专著的钥匙。

文字中的重要名词、术语及作法不依赖图样，就无从理解，例如，"卷杀"、"偷心"、"计心"、"出跳相列"、"单材襻间"等，这些名词术语在现代工匠中早已失传，有些做法也是很少使用（图15-2-6）。

图样中的许多构造做法，在制度中并未记载，如每一种斗、栱、昂身上所开的卯口，是施工中必须准确掌握的，但文字中未作交代，而图样中却作了详细的交

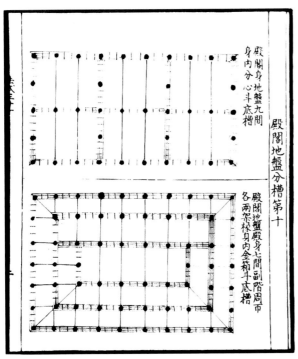

图15-2-3　殿阁地盘分槽图（宋《营造法式》）

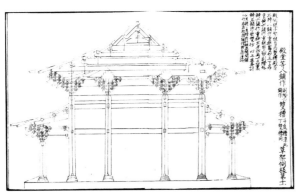

图15-2-4　侧样图

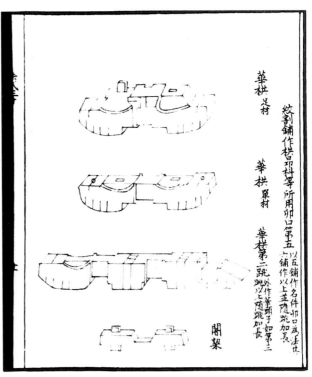

图15-2-5　昂卯口

普拍枋如何连接，专门绘制了卯口图，梁与柱用镊口鼓卯，梁柱对卯用藕批搭掌， 间缝用螳螂头口，普拍枋间缝用螳螂头和勾头搭掌等，这些都是古代木构节点做法的珍贵资料（图 15-2-8）。

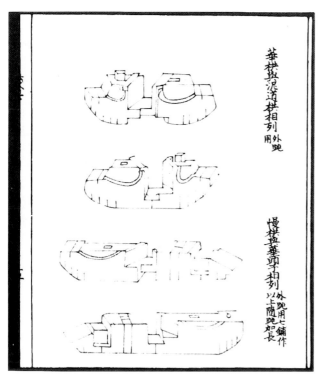

图 15-2-6　列图

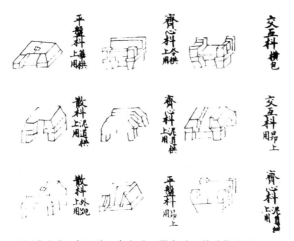

图 15-2-7　交互斗、齐心斗、平盘斗、散斗构造图

代；为了准确地说明问题，图样画法不拘一格，例如关于交互斗、齐心斗、平盘斗、散斗，由于有的用于昂上，有的用于各种类型的拱上，因之开的卯口各不相同，《营造法式》中画了九种情况（图 15-2-7），并根据每种情况的关键所在从不同的角度画，有的仰着，头朝上，有的底朝上，表达了绘图者的匠心。图样中往往还反映着工匠们加工的过程，如何下墨线，哪些是要砍杀掉的多余材料，这在拱、梁、柱等的卷杀图中均可见到。对于木料的拼装、卯合，也专门绘制详图，如柱子用两块或三块木料拼装起来，画了纵横剖面和立体图，并特意算示出暗鼓卯的位置。又如梁与柱，槫与槫、普拍枋与

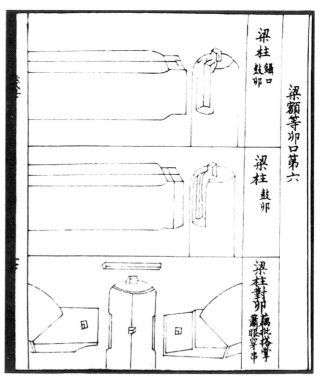

图 15-2-8（1）　结构构件卯口之一

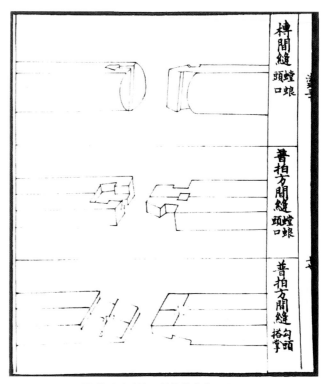

图 15-2-8（2）　结构构件卯口之二

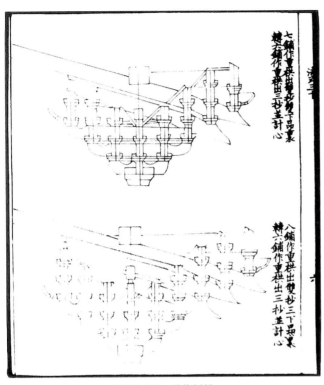

图 15-2-9　铺作侧样

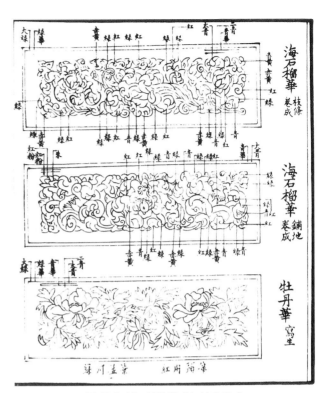

图 15-2-10　铺地卷成与枝条卷成

有些图样是把制度中讲述的各种构件的形制、用法加以综合绘制出来的，如一组斗栱的侧面投影，告诉人们各种零件之间的咬接关系，尤其是对上昂、下昂的交代，在文字中很难阐述得清楚准确，只能借助图样来说明（图 15-2-9）。

对于一些艺术形象的风格，更需要用图样来表现，而不能只凭文字描述。《营造法式》对于石作、小木作中的各种石雕、木雕的形制、纹样，均有图样。表现出精细、工整的风格，彩画制度的花纹图案，要求表现的各种艺术风格更加复杂，例如要求花纹风格饱满不见枝条的"铺地卷成海石榴花"，要求花纹轻秀多姿微露枝条的"枝条卷成海石榴花"，在卷 33 彩画图样中均分别作了描绘（图 15-2-10）。对其不同风格至今仍可分辨。

但由于这部分图样，难度较大，艺术性强，经过几百年的辗转传抄，流传至今的一些版本，与宋本的风格已有较大差异。从宋本残叶并对照后来的几个版本，尚可见到当时工匠绘图的水平，线条熟练流畅，并具有较高的构图技巧。

三、《营造法式》所反映的宋代建筑技术成就

（一）以材为祖的木结构模数制

在中国木构建筑的发展过程中，工匠们逐渐总结了一套用统一的模数来衡量构件尺寸的作法，但它不同于今天的模数概念，而是用结构构件的一个局部，作为一个标准衡量单位。这就是《营造法式》中所记载的"凡构屋之制、皆以材为祖，材有八等、度屋之大小，因而用之"的材、分制度。

"材"是木构建筑中的构件"栱"的断面，它本身的高宽比为 3∶2，再将高分成 15 份，宽分成 10 份，其中的一份称为分。对于材的高，《营造法式》称为"广"，"广"也是用作衡量构件的一个名词。有时还用"栔"为衡量单位，"栔"是重叠的两层栱或枋之间的断面，广 6 分厚 4 分。材加栔称为足材，例如"华栱为足材"，就是指其断面广为材上加栔共 21 分。又如"柱径为两材两栔"即 2×15 分 +2×6 分 =42 分。

《营造法式》把材分为八个等级，并规定了其不

同的使用范围和尺寸（见下表）。

表 15-2-1

等级	一等材	二等材	三等材	四等材	五等材	六等材	七等材	八等材
尺寸	9寸×6寸	8.25寸×5.5寸	7.5寸×5寸	7.2寸×4.8寸	6.6寸×4.4寸	6寸×4寸	5.25寸×3.5寸	4.5寸×3寸
使用范围	殿身九间至十一间则用之	殿身五间至七间则用之	殿身三间至殿五间或堂七间则用之	殿三间厅堂五间则用之	殿小三间厅堂大三间则用之	亭榭或小厅堂皆用之	小殿及亭榭等用之	殿内藻井或小亭榭施铺作多则用之

材的这八个等第之间的尺寸，既不是等差级数，又不是等比级数，从它们的使用范围，可以看到它们成组变化的一些规律，第一组包括一、二、三等材，多用于大殿；这组内每等材之差都是 0.75 寸（广）×0.5 寸（厚），第二组包括四、五、六等材，多用于小殿和厅堂，这组内每等材之差均为 0.6 寸（广）×0.4 寸（厚）；第三组包括七、八等材，多用于亭、榭及殿内藻井，每等材之差仍是 0.75 寸（广）×0.5 寸（厚）。三组之间在使用范围上有些交叉，例如有些大的厅堂也用到第一组的三等材，因此第一组的三等材与第二组的四等材在长期的运用中逐渐接近，所以三、四等材之间的差只有 0.3 寸（广）×0.2 寸（厚）。而第三组的亭榭、藻井与第二组的厅堂，从使用要求上看，无论对于材料强度的要求，还是对于比例尺度的要求，两者差别都是较大的，所以两组材之间的差也大一些，广差 0.75 寸，厚差 0.5 寸。材的八个等第分成三组，在大木作制度中，多处有所体现，卷五中规定的梁、柱、槫、椽尺寸，都是以"殿阁"、"厅堂"、"余屋"分类给出材、分的。例如柱径，殿阁用二材二至三材；厅堂用二材一；余屋用一材一。因此，可以认为"材"的尺寸分组变化是与建筑的等第密切相关的，由于建筑等第的不同，对于构件强度的要求也不同，在使用中，八个等第互相配合，既能使一组建筑群中每幢建筑有不同的比例尺度，又能使大小不同的建筑上所用的各种构件，具有合适的材料强度来满足其受力的需要。《营造法式》卷三中有这样的规定：殿阁的副阶（大殿的周围廊）和夹屋（大殿两侧的耳房）的用材均减

殿身一等；廊屋（院子中的廊子）的用材又减夹屋一等。这反映了副阶由于进深比大殿小，夹屋由于开间、进深都比大殿小，所以它们的构件强度可以低于大殿，故用材减殿身一等。廊屋与副阶、夹屋的关系也是如此，所以用材又降低一等，这样既保证了结构的安全，又能减少浪费，而且使得建筑群的主次分明，大小得体，艺术效果完美。

材、分制是我国古代木构建筑中特有的作法；早在汉代的石阙上，这套概念已有体现，唐代建筑中已可看到材、分制的熟练运用，但最早见于文字记载的当属《营造法式》。它的产生与中国古建筑的特殊的结构方式是分不开的，同时又与当时在官式建筑工程中采用手工业分工协作的生产方式密切相关。

我国官式木构建筑长期采用构架式结构体系，它是由梁、柱、槫、椽以及斗栱等若干个构件组合而成，其中特别是斗栱，到了唐、宋已经发展成由几十个乃至上百个构件拼装在一起。经过多年的演变，这些构件，已经逐步走向标准化，定型化。例如一朵斗栱，尽管有几十个构件，工匠们已经把斗归纳成栌斗、齐心斗、交互斗、散斗四种类型；把栱归纳成华栱、泥道栱、瓜子栱、慢栱、令栱五种类型。并把它们的交接节点进行统一，例如挑出的华栱与平行于建筑立面的栱十字相交时，平行于建筑立面的那几种栱，即泥道栱、慢栱、瓜子栱等棋身上的开口都是同样的宽度，以便使华栱能够拼入这个开口中，而华栱本身也做了加工，在栱身正中开了槽。类似的节点均采用此种方法处理。更重要的是工匠还把所有构件的平、立、剖

及开榫尺寸，都用材、分为单位来衡量。材、分制不仅用于斗栱，而且用于木结构的各种构件，形成一套完整的制度。

由于我国木构建筑的形式和大小，都受到材料和结构的限制，为了满足不同的功能要求和封建等级制度的需要，不得不靠体量的变化和组成建筑群等手法来满足，而建筑的细部构件在形式基本变化不大的情况下，其强度和比例尺度都要求能够有相应的变化。为了适应这种变化，工匠们创造了巧妙的办法，就是通过改变材的等第来完成。这时，材、分制度的优越性更加显示出来。例如一组最简单的建筑群，有主殿、配殿、廊屋、大门；主殿并带有副阶。假定主殿用一等材，根据用材制度则可知：副阶用二等材；配殿用二等材；大门用二等材；廊屋用三等材。它们采用的斗栱形制也随等第而定，参照《营造法式》侧样图中所绘情况，大殿用八铺作（双抄三下昂），副阶用六铺作（单抄双下昂）减殿身两铺作。则可知：配殿用七铺作，大门用六铺作，廊屋用五铺作（减副阶一铺）。这时每幢房屋上的斗栱大小各不相同。以第一跳栱为例：

大殿殿身
第一跳　华栱长 4.32 尺　宽 1.26 尺　厚 0.6 尺
大殿副阶　华栱长 3.96 尺　宽 1.55 尺　厚 0.55 尺
配殿第一跳　华栱长 3.96 尺　宽 1.55 尺　厚 0.55 尺
大门　华栱长 3.60 尺　广 1.05 尺　厚 0.5 尺
廊屋　华栱长 3.60 尺　广 1.05 尺　厚 0.5 尺

除了这些尺寸之外还有每只栱身开口位置，大小深浅，栱的卷杀瓣数、瓣长等尺寸，不胜其繁。如果使用材分制，只要掌握第一跳华栱长 72 分，广 21 分，厚 10 分，卷杀瓣长 10 分，共四瓣，以及开口、开榫的分数，便可按事先规定好的材、分标尺（丈杆）去放线（这个建筑群用材等第只有三种类型，材、分标尺也只需三个），就可得到这几种不同尺寸的华栱了。这样既便于记忆，又可避免误差，大大提高了工效。

这样作与当时的生产力水平是完全适应的，因为在当时施工时并不使用施工图纸，有关工程作法规格尺寸的要求，多由主持工程的都料匠（掌握尺寸的大木匠）总领而成。按着做法规定要求、分派活路，间架结构在现场放侧样、定尺寸——点草架，把足大样画在墙壁或平地，按尺寸打截料；定开间屋深，测平放线，都由掌握尺寸的匠人统一指挥，而且一般工匠本身掌握一套熟练的技术经验。当工匠们去完成一个复杂的建筑群组施工任务时，要了解了建筑群的规模和主要房屋的用材等第、功能、材料情况，便可按规定要求进行操作。在施工过程中，分工协作，工匠们按照本身的技术等第，分别从事加工难易程度不同的构件制作，例如作梁柱的工匠专门做梁柱，它要把一个建筑群中若干幢建筑的梁柱都做好，而作斗栱的工匠又要把若干幢建筑上的斗栱都做好，最后再把加工好的构

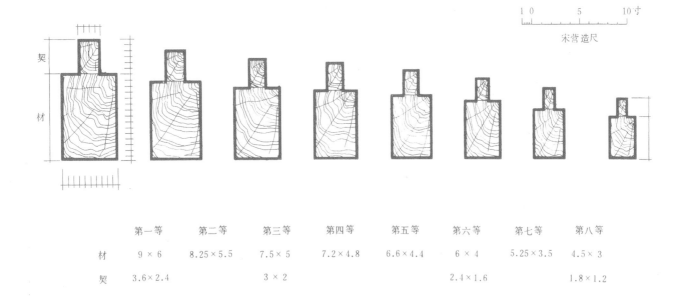

	第一等	第二等	第三等	第四等	第五等	第六等	第七等	第八等
材	9×6	8.25×5.5	7.5×5	7.2×4.8	6.6×4.4	6×4	5.25×3.5	4.5×3
栔	3.6×2.4		3×2			2.4×1.6		1.8×1.2

图 15-2-11　材栔断面图

件准确地拼装在一幢幢建筑上，如果没有一套统一的材、分制度，是很难完成这样复杂的工作的，材、契、分制就成为控制"屋宇之高深，名物之短长，曲直举折之势，规矩绳墨之宜"的根据（图15-2-11）。

（二）宋代建筑木构体系的科学价值

《营造法式》所记载的木构体系基本采用构架体系，书中大木作制度和大木作图样较为全面地反映了这种结构体系的面貌。虽然制度的条文是以每个构件的形制和作法为单位编制的，但透过这些具体作法，却可以看到这种结构体系的科学性，它表现在结构能具有足够的强度，同时又有好的弹性变形能力和延性。在距离现代力学蓬勃发展的18世纪将近700年前的《营造法式》，能够记载出木结构中许多符合力学原则的作法，是古代劳动工匠智慧的结晶。

构架体系的主要特征表现为，横向采用叠梁式梁架，屋深几椽该用几椽栿，以椽的水平投影来计算梁的长度，二椽长的叫平梁，三椽长叫椽栿，还有四椽栿、五椽栿……以至十椽栿，每条梁的两端均有斜置的叉手和托脚，横向梁架是承受屋盖重量的主要受力梁架。在房屋纵向有阑额、由额、上下平榑、顺脊串、襻间等一系列纵向构件。构件一般采用榫卯来连接，梁与柱的交结点用一组斗栱来完成。房屋的外檐柱均作"生起"和"侧脚"，"生起"就是以当心间的檐柱高度为准，两侧次、梢间的柱子逐间生高二寸，直至角柱，如三间房角柱升高二寸，五间则升高四寸，直到十三间角柱升高可达十二寸。当心间的檐柱称为平柱。侧脚就是把房屋四周的一圈檐柱（有副阶的包括房身周围的柱子在内）按侧脚直墨竖立（柱头心按墨线对准柱础心），柱脚则微向外侧略偏（图15-2-12），使柱子与地面成89.4°～89.5°的倾角。檐柱下部还有地栿，把柱子串连起来。内柱布置根据建筑功能使用情况来排立，一般大殿在进深方向可用内柱把空间分成两间或三间，如上文各种分槽的格式布局由于大殿多做有天花，所以内柱并不直通上部，而是与檐柱或有副阶的殿身柱子同高。厅堂则不然，在进深方向一个排架内，内柱可以布置一根、二根、三根、四根，柱子可以直通向上，上部不安天花的，梁架直接暴露出来，称为彻上明造。

对于这种结构体系的科学价值，现从以下几方面进行分析：

（1）科学的构件断面尺寸：《营造法式》对构件的某些具体尺寸规定得很细，这不仅是出于为生产制作

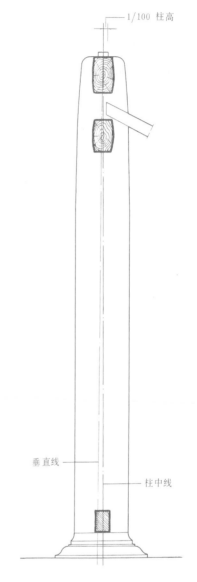

图15-2-12　柱侧脚示意

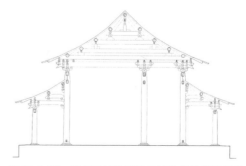

图15-2-13　殿堂五铺作副阶四铺作单槽草架侧样

的目的，更重要的是体现工匠们对结构件受力特征的认识。例如梁、栱等构件的断面，高宽比均采用 3：2，这反映了工匠们已经体会到梁、栱等构件在受弯时，高度大于宽度更有利，这样的断面尺寸与现代力学计算的结果大体接近。不过对于梁的全部受力情况的认识还是有局限的，以十架椽身内单槽用三柱、带副阶的大殿当心间梁架为例进行分析（图 15-2-13）：

①梁架中所有的梁均可被看作是简支梁；

②天花下的月梁受力很小，不必进行验算；

③天花以上的八椽栿实为两个短梁，故不会出现最大的应力。

④现仅就平梁、四椽栿、六椽栿为例进行验算，其结果如下：

梁的弯曲应力为允许应力的 1/3 ~ 1/4；剪应力超过允许应力的 1/2。从梁上荷载分布情况看，其中只有平梁是在垮中受集中荷载；四椽栿、六椽栿的荷载是靠近支座的，这样就使梁的中段均匀受弯，有利于发挥木材材质均匀的特点。

梁的支座处虽然由于开了一抱槫口，断面稍有削弱，会对抗剪造成不利，尤其采用梁首八斗口的处理，支座处的断面只有一材，所以计算出来的支座断向的剪应力只有允许剪应力的 1/2，甚至接近允许剪应力。但由于支座本身较宽，使之受最大剪力的截面向内移，躲开了梁首只有一材的断面，弥补了抗剪之不足。

总的看当时对于梁抗弯的认识比对抗剪的认识要深入些，但是无论对于抗弯还是抗剪都不可能进行计算，从《营造法式》条文中也反映了这点，例如《营造法式》对于有些不同跨度、不同荷载的梁，都规定了相同的断面（如八椽栿比六椽栿的长度增加了 1/3，荷载也增加很多，但断面尺寸均为宽四材，厚二点七材）。但由于安全系数较大，材料有一定的富裕，所以矛盾并不突出。

（2）合理的榫卯节点：木结构节点采用榫卯是保证结构安全的重要一环，《营造法式》所列的榫卯可以分成四种类型：

①斗栱的榫卯多为十字交叉、上下咬接的形式，只有暗架采用销眼穿串的办法（图 15-2-14）。

②与普拍枋等横向平接构件采用"螳螂口"和"勾头搭掌"等榫卯。

③柱子与梁（这里指的实际是阑额、由额）的节

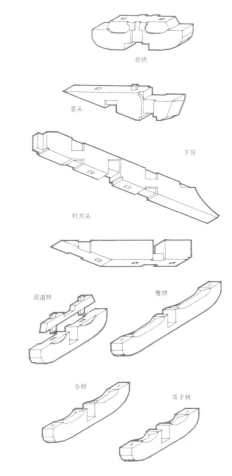

图 15-2-14　昂等构件卯口图

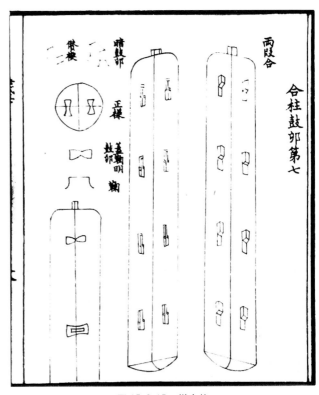

图 15-2-15　拼合柱

点榫卯采用"锩口鼓卯"域"梁柱对卯耦批搭掌"等类型的做法。

④柱子的拼合，采用暗鼓卯和银锭榫（图15-2-15）。

《营造法式》在总例中提出在下料时要"别计出卯"，对于构件上开凿的榫卯既有详细的形制，又有得当的部位，有些榫卯尺寸要求很严，是对构件受力认识的重要体现。例如栱上的开榫，对于出跳的华栱，具有一般悬臂梁的受力特征，上部受拉，底部受压，《营造法式》规定华栱开榫在底部，且开口深度仅限于五分，控制在栱断面高度的1/3（单材栱）或1/4（足材栱）以内。其他类似华栱的构件，如骑槽檐栱、昂等，也都采取底面开榫的处理。对于起联系作用的横栱，如瓜子栱、慢栱、令栱等受力不大的构件，按构造需要在上部开口，深十分，以便与华栱等构件咬合。对于骑在梁上或与梁相交的栱，多为构造需要而设置的构件，所以只规定"栱口大小各随所用。"

榑普拍枋的榫卯，由于主要要求保证两者的拉接牢固，不致因受到各个方向水平力的作用而引起错位、松动、脱节，因此采用螳螂头口这类使构件能够紧密的勾在一起的榫卯。

（3）斗栱的形制和作用：斗栱在整个构架体系中有着重要的结构作用。《营造法式》把一朵斗栱称做"铺作"。总铺作次序规定出一跳谓之四铺作，出两跳谓之五铺作，依次类推直至八铺作止。铺作的铺可以理解为铺垫或铺张之意，几铺作就是由几层木铺垫而成之意，例如四铺作斗栱就是由栌斗、出一跳的栱、耍头和衬枋

头铺垫起来的，又如一朵出双抄三下昂的八铺作斗栱是由栌斗、第一跳华栱、第二跳华栱、第一跳昂、第二跳昂、第三跳昂，再加上耍头、衬枋头共八层铺垫起来的。它们的规律是，除了出跳的跳数之外要加上下部的栌斗和上部的耍头、衬枋头。有时在下昂的斗栱里跳没有衬枋头，在计算铺作数时则以昂尾代之（图15-2-16）。此外还有把梁头直接搭在栌斗上，伸出一跳华栱的称为"斗口跳"，伸出一个耍头的称为"把头绞项造"。

一朵铺作又有计心造与偷心造之分，在每一个出跳的跳头部安装横栱的叫计心造，若逐跳不安横栱，只挑出华栱或昂的叫偷心造。计心造者每跳上安的横栱只有一重的叫单栱造。二层横栱的叫重栱造。一朵外檐的铺作，里跳跳数与外跳跳数可以不等，因为里跳往往不希望跳数太多，出跳太远，往往把里跳减一铺或两铺。常见的有八铺作里转六铺作。

深远的挑檐是中国古代建筑特有的做法，外檐铺作很巧妙地利用杠杆原理承托了大挑檐的重量。《营造法式》规定了挑出的檐椽和飞子的总长度，采用三寸椽径时为5.6尺，五寸椽径时为7.2尺，如果从柱中算起，加上一朵斗栱挑出的数值，在八铺作一等材的情况下，总的挑檐长达一丈五尺二寸。对于这样大的挑檐的重量，通过斗栱使之与梁栿、屋盖等部分的重量互相平衡。斗栱的处理有以下几种情况：

①下昂后尾"如当柱头，以草栿或丁栿压之"（图15-2-17）。

②"若昂身于屋内上出皆至下平 "。这种处理一般用于副阶补间铺作（图15-2-18）。

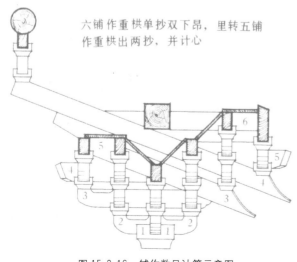

图15-2-16　铺作数目计算示意图

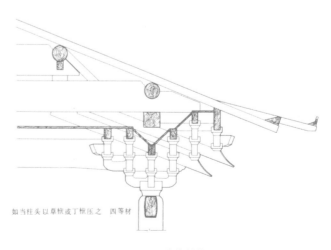

图15-2-17　外檐铺作之一

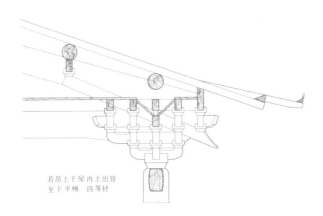

图 15-2-18　外檐铺作之二

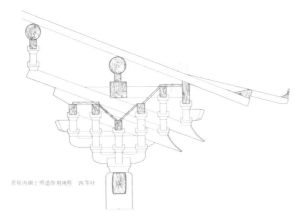

图 15-2-19　外檐铺作之三

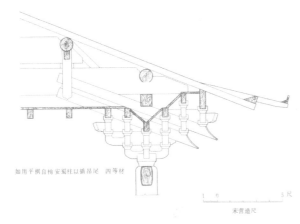

图 15-2-20　外檐铺作之四

③"若屋内彻上明造即用挑斡，或挑一斗，或挑两材一架"（图 15-2-19）。

④"如用平棋，自榑安蜀柱，以插昂尾"（图 15-2-20）。

外檐铺作还有更为重要的作用，它作为梁柱的节点对抗震是非常有利的，在有斗栱的房屋中，除柱头铺作做成"斗口跳"或"把头绞项造"以外，横梁不

是直接搭在柱子上，而是搭在一朵斗栱上，由于斗栱本身由许多纵横相搭的木料用榫卯的方式组合起来，当受到地震力作用时，这朵斗栱就相当于一个摇摆支座，可以通过榫卯的错动和木料的暂时变形来吸收地震能量。栌斗底与柱头之间的摩擦力也可吸收一些能量，同时栌斗与柱头的节点是一个斗拴榫卯（图 15-2-21），套叠不是太严紧，可使柱头在水平方向有一定的自由度，在地震荷载作用下，柱头可以有一定的活动余地。这样几个因素综合起作用，柱子在地震力作用下产生摇动时，对上部大梁的牵制却很小，从而使整个屋盖受到的影响也大大减弱。

（4）结构体系的整体性与稳定性：《营造法式》所记载的结构体系对于稳定性与整体性的考虑是周密而细致的，构架的横向梁架虽然由几根梁叠落在一起，但由于每根梁的支座都是插榫相接，支座下部又出榫插入下层梁背，再加上梁的两端用叉手、托脚从侧面

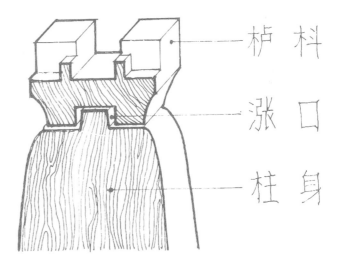

图 15-2-21　涨口示意

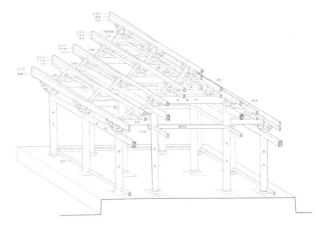

图 15-2-22　构架纵向轴测图

(1) 张择端：《清明上河图》　　　　　　　　(2) 刘松年：《秋窗读易图》

图 15-2-23　宋画中所反映的小木装修

撑住，形成许多稳定的三角形，这样整个横向梁架中的每一根梁都很难发生较大的位移，出现滑脱、塌落。有时柱子之间还加一道顺栿串，使柱子不易摇动，大型殿堂常带有副阶，副阶柱与乳栿、劄牵更对主体结构起了扶臂作用，加强了构架的横向稳定（图 15-2-22）。

（三）建筑木装修和制作技术的发展

《营造法式》所载的小木作制度，展现了北宋时代我国木构建筑装修制作技术的发展概况，制度中介绍了建筑装修中常用的各种门窗，一些附属的小建筑如井屋子、露篱（木围墙）以及一些部件如木隔断、木楼梯、板引檐、地棚等的构造、形制、作法。此外，还介绍了佛教建筑中使用的佛道帐（供放佛像的神龛）、经藏（存放经卷的书橱）等。尽管宋代小木作装修的实物流传至今的极少，但从这六卷制度丰富多彩的内容中，足以说明北宋建筑木装修发展的高度水平。

从隋、唐、宋、辽、金时代的绘画、墓室、砖塔中，可以看到一种现象，建筑装修的发展，在唐宋之间有个突变，唐以前是比较简单的，到了北宋则得到了空前的发展。在宋画中可以找到不少《营造法式》所记载的木装修例子（图 15-2-23），如木栏杆、板引檐、拒马义子、棵笼子、四斜毬纹的门、窗、隔扇，方格

眼的门、窗等，这些在宋以前的绘画中几乎没有。另外，再看砖塔和墓室，这些建筑虽用砖造，但都千方百计模仿木装修。例如定县开元寺料敌塔（1055 年建），不但门、窗用砖雕成毬纹格子，而且每层室内天花也都采用砖雕的平棊，每个方格当中的雕砖图案形制有"簇六毬纹"、"柿蒂方眼"、"龙凤"等。与此同时代的涿州市普寿寺塔（1097 年建）和正定临济寺青塔也都有砖雕枋木毬纹格子假门。这些现象在唐塔中是根本见不到的。在墓室中，唐墓也是只有做得比较简单的枋木装修，而宋、金时期的墓室中却大量出现了复杂的砖雕仿木门窗装修，如河北井陉柿庄的十座宋墓，各座墓室年代前后有差别，装修手法也不完全相同，但都可看到四斜毬纹格子门、四直毬纹格子门、电窗、板门等。它们的年代大体是北宋崇宁至宣和年间，个别的在大观年间至金初。山西侯马的金墓也有用砖雕各种复杂花饰的格子门等。以上这些现象的出现，不能不归结为北宋空前繁荣的木装修所给予的影响，它们是宋代木装修得到空前发展的旁证。

从《营造法式》小木作的记载来看，当时木装修的发展，主要反映在以下几个方面：北宋建筑装修中具有代表性的木门窗种类空前繁多，常用的大门有板门、乌头门、软门等，用于较高级房屋的有格子门、两明格子门、毬纹格子门等。窗有板棂窗、破子棂窗、睒电窗、水纹窗、阑槛钩窗等。而唐代所见多为板门

和直棂窗，简直不能与之相比，这样多种类型的门窗，比起过去的板门、直棂窗，在使用功能上大为改善了，例如格子门的透光率提高了，两明格子门（门的正反面都制作得同样精致）体现着对室内装修追求讲究精致的特点，各种毬纹格子门的出现体现着追求装饰、多样化的特点。窗子从不能开启的直棂窗发展出多种类型，并有能开启的阑槛钩窗之类，使室内的通风、采光大为改善。睒电窗和水纹窗，把窗棂做成曲线形状，模仿电和水纹，造型别致，这两种窗专门用于殿堂的后壁和山壁高处。

用于门或窗上的装饰线脚、花纹，追求丰满华丽的效果，例如格子门的格子，不但形制复杂有四斜球纹格子、四斜毬纹上出条桱重格眼、四直方格眼等多种，而且格眼本身木料加工的线脚竟举出七种之多，有四混绞双线、通混压边线心内绞双线、丽口绞瓣双混出线，丽口素绞瓣、一混四撺尖、平出线、方绞眼。格门门框的线脚也列举了六种，即四混中心出双线，破瓣双混平地出线，通混出双线，通混压边线，素通混，方直破瓣。尽管这些线脚的具体形制今天已不能全部考证出来，但却可以说明当时对木材的手工业加工技术已经达到相当高的水平。加工工具也比过去大大发展了。那些表面起伏、种类繁多的线脚，必须有相应形制的刨口才能满足。不仅刨子有多种类型，而且锯子要锯出复杂的毬纹，也会出现一些新的类型。从现存的一些年代较早的木装修看，毬纹有用两块条木加工后拼成的，也有用一条木料挖空做成的（图15-2-24），但无论用哪种方法加工，都要求有能灵活旋转改变方向的锯条，才能加工得出毬纹的形状。这些反映了北宋时代，对于门窗装修的制做加工技术已达到了较高的水平。

对于门窗等装修的设计也总结了一套经验，归纳出每种门的总体尺寸的控制范围和高宽比，例如板门高七尺至二丈四尺，广与高方，或广为高的五分之四。乌头门高八尺至二丈二尺，广与高方，或为高的五分之四。格子门高六尺至一丈二尺，广随开间间广，每间分四扇，在梁栿及檐额下用时分作六扇。同时制订出门的细部尺寸与总体尺寸之间的比例关系，在使用时，根据每扇门的具体高度，以门每尺之高积而为法便可制作出一樘门窗。透过这一系列的尺寸数字，处处显示着工匠处理问题的丰富经验和艺术、技术水平。例如对于门扇的处理，乌头门和格子门每扇上部都作成比较透空的，并加以艺术处理，这样处理从使用功能上看是很合理的。上部既可透光瞭望，又减少了门扇的重量。下部与人接触多，容易被撞击，因而做成实的。同时使用材料可以长短厚薄搭配；为了使以小块木板拼接的门心板更美观，特别作了"牙头"、"护缝"的装饰性处理，巧妙地掩盖了拼缝的痕迹。《营造法式》小木作在规定每个构件的具体尺寸时，都指出构造所需的材料余额，例如格子门的障水板，规定"令四面各入池槽"，就是要求在下料时要算上入池槽的部分。板门的身口板，用多块拼装起来，每块允许宽窄不等"广随材"，但接口处要做成企口，因而以每块板"广加五分为定法"，这"五分"就是企口部分。有的构件需要注意"强度"够不够，因之特别规定出具体尺寸，如板棂窗，窗棂横断面为2.0寸×0.7寸窗高6尺，对睒电窗，窗棂断面也定为2.0寸×0.7寸，但窗高仅3尺；为什么窗矮了棂断面却不变呢？这可能是考虑到窗棂变成曲线形式后，"S"形对承受纵向力不利的缘故。

《营造法式》小木作中还记载了一些很有实用价值的建筑构造作法和很有借鉴价值的建筑处理手法。例如为了遮阳，采用板引檐。仓库中为了使储存的东西不受潮而作了架空的地棚。对室内的空间分隔采用截间版帐、照壁屏风骨、截间格子等多种多样的木装修，上面并带有可开启的门扇，随着建筑等级的高低还作有球纹或方格牙头护缝等装饰。室内天花依建筑的等第高低有平棊、藻井之分，平暗就是把木板吊顶钉在纵横相交的木方子上，然后再加以色彩装饰，从下面

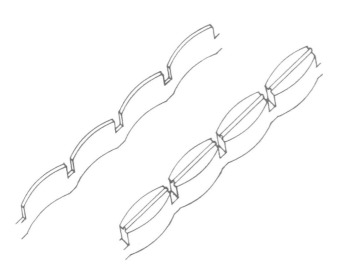

图 15-2-24　毬纹格子构造示意图

看上去，是一片密列的方格。平棊则格子做得比较大，可长可方，格子中还装饰着贴络花纹，《营造法式》中介绍的花有 13 品之多。藻井则是一种主题集中的天花处理手法，在房屋的当心间正中把天花做成向上凸之形，这就是所谓的"井"，井有八角形、方形，四周用斗栱彩画装饰，井中央做垂莲或雕花，内安明镜。对于天花的这些处理手法，不但在中国古代建筑中一直沿用，而且也为现代建筑所借鉴，对其装饰题材的

（1）　河北易县开元寺毗卢殿

（2）　河北易县开元寺观音殿
图 15-2-25　平暗及藻井

封建性糟粕加以剔除，建造的材料也多不用木料而是改用其他材料，保留了其富丽堂皇的装饰效果（图15-2-25）。

《营造法式》小木作还记载了一些次要的小建筑或附属性的构件，如井亭子、井屋子、露篱、胡梯（木楼梯）、拒马义子（衙署、府第大门外使用的路障）等，对于这些东西都有法式可循，说明当时官手工业对产品的定型化程度要求是较高的。它促进了建筑向标准化发展，但随着封建王朝的衰落，官手工业每况愈下，这种发展也就停滞了。

（四）宋代建筑彩画是中国建筑彩画发展史上的高峰

在建筑上运用色彩进行装饰，是有着悠久历史的一种传统手法。它可以上溯到西周，但是真正得到发展还是在封建社会盛期和晚期。唐代是建筑彩画得到初步发展的时代，宋代工匠继承了唐代的彩画成就，并有所创新，有所前进，使得彩画品类丰富多彩，颜色、题材变化多端，并提出了建筑装饰的指导思想。不过建筑彩画能保存下来的很少，早期的建筑彩画只有在墓室和石窟中依稀可见，色彩由于化学作用有的已不能忠实于原貌，暴露在室外露天的建筑彩画难以找到唐宋时代的遗迹了。《营造法式》却向我们揭示了宋代建筑彩画较为完整的材料，从颜色的调整方法、彩画的施工步骤、彩画的类型、格调以至设计思想，都非常明确地记载了下来，成为研究我国建筑彩画发展史极其宝贵的资料。

《营造法式》将当时的彩画归纳成六种类型：

（1）五彩遍装：这是最华丽的一种，用于等级最高的建筑物上；其特点是把建筑的木构件从头到脚通身都用彩绘的花纹图案来装饰，以达到五色缤纷、遍身开花的效果。这种彩画使用的颜色有青、绿、红、赤、黄，每个木构件绘制图案成花纹的构图手法基本相同，都是将外轮廓用颜色退晕勾边，内心画五彩花纹。颜色使用的规律是对比色相间品配，例如青地上的花纹，用赤、黄、红、绿相间，外棱用红叠晕勾边，叠晕从内向外由浅入深。又如红地上的花纹则用青、绿相间，花心染红，外棱用青或绿叠晕。图案有花卉、飞禽、走兽等，式样繁多；如花纹就列有海石榴花、宝相花、

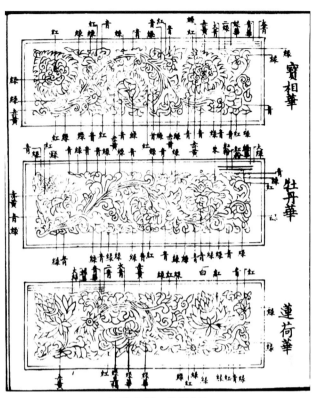

图 15-2-26　彩画花纹

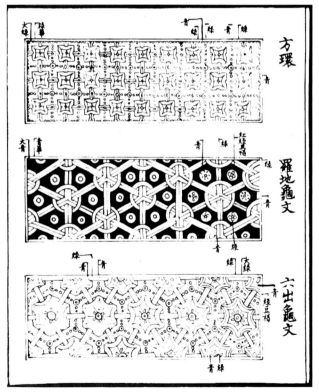

图 15-2-27　彩画琐纹

莲荷花、团斗宝照、圈头合子、豹脚合晕、玛瑙地、鱼麟旗脚等诸品（图15-2-26）；琐纹列有琐子、簟纹、罗地龟纹、四出、剑环、曲水等诸品（图15-2-27）。

它们分别用于不同构件的不同部位。花纹用于梁、额、柱上的还可间以行龙、飞禽、走兽，但这种题材多带有封建迷信色彩。

（2）碾玉装：仅次于五彩遍装，也是上品彩画，装饰题材和手法与五彩遍装基本相同，只是色调以青、绿为主，效果幽雅，例如构件的外轮廓用绿叠晕勾边，心内在淡绿地上画青绿花纹。有时局部也用些五彩或红色作为点缀，例如柱头用五彩锦，攒作红晕莲花，显得格外生动富丽。

（3）青绿叠晕棱间装：是以青、绿两色深浅退晕变化为主要装饰手法的一种彩画。例如斗栱，外棱用青叠晕，深色在外，浅色在内。而身内则用绿叠晕，浅色在外，深色在内。颜色的退晕色度次序是：墨—大青—二青—青华—绿华—三绿—二绿—大绿—草汁；或草汁—大绿—二绿—绿华—青华—三青—二青—大青—墨。此外在柱头、柱方、柱䫂、橼头等处可作五彩或青绿图案花纹。

在青绿叠晕当中加入红叠晕的作法称为三晕带红棱间装，这时颜色退晕色度变化由外向里的次序是：墨—大青—二青—青华—朱华粉—二朱—深朱—紫矿—草汁—大绿—二绿—三绿—绿华。

（4）解绿装饰屋舍：这种彩画的特点是把每个构件本身通刷土朱，外棱用青或绿叠晕勾边。青、绿相间穿插使用，如斗用绿则栱用青。柱身不刷土朱而刷绿色，上面有时做笋纹。柱头及脚（攒）仍刷土朱，在土朱地上画各种纹锦。如果在斗栱枋、桁椽内的朱地上绘花纹，称为解绿结花装。

（5）丹粉刷饰屋舍：这是最简单的一种彩画，仅仅在木构件表面刷土朱、土黄、黄丹等色，外棱用白粉勾边。一般栱、枋、额之类，在立面刷土朱或土黄，底面刷黄丹。柱子的柱身刷土朱或土黄，柱头及脚（攒）刷黄丹。有时稍加变化把阑额之类构件作成"七朱八白"的图案。所谓七朱八白就是把阑额的立面之广分成五份（广在一尺以下时）或六份（广在一尺五寸以下时）或七份（广在二尺以上时），各取当中的一份刷白，然后长向均匀地分成八等分。每份之间用朱阑断成七隔，两头近柱处不用朱阑断，隔长随白之广。

（6）杂间装：将上面几种类型搭配使用，如五彩碾玉、青绿三晕棱间装及碾玉间画松纹装等。

《营造法式》在彩画作中还阐述了彩画的设计思想是"令其华色鲜丽"，"取其轮奂鲜丽如组绣华锦之文"，这是建筑装饰指导思想的重大变化。在彩画的使用中体现了设色灵巧，富于变化的特点，规定"五色之中唯青、绿、红三色为主，余色隔间品合而已"，但"不用大青、大绿、深朱、雌黄、白土之类"，也就是不用大片的深色对比。青、绿、红在使用中主要采用层层退晕变化的手法，并强调一定要"随其所写，或浅或深，或轻或重，千变万化，任其自然"。这反映出当时彩画工匠技巧之纯熟、艺术构思之高超。

《营造法式》还对彩画的施工程序，作了详细的记载：

（1）"先遍衬地"，衬地的方法介绍了两个步骤，首先对斗栱、梁、柱及画壁的墙壁以胶水遍刷，然后待胶水干后，按所画彩画的品种刷上衬地颜色，如五彩地，先用白土遍刷，干后再刷铅粉。对于碾玉装或青绿棱间装，用青淀加茶土按1：2的成分混和刷之。还介绍了贴真金地时要用鳔胶水，胶水干后刷五遍白铅粉，再刷五遍土朱铅粉。在这衬地上再刷一层熟薄胶水，然后贴金箔，用布按实，干后以玉或玛瑙或生狗牙斫令光。

（2）"以草色和粉分衬所画之物"，"草色"即底色，这往往采用比较便宜的颜色，将所画之物涂上相应色调的颜色，例如青的衬色是用螺青合铅粉，红的衬色则用紫粉合黄丹，绿的衬色则用槐花汁合螺青铅粉。

（3）"其衬色上方布细色"。就是要把彩画的最后效果，在衬色之上都画出来，如何布色？《营造法式》提出"或叠晕，或分间剔填"，就是有的部位用由深到浅，层层退晕的手法来处理，有的部位则由设计者挑选合适的颜色填上去，颜色以相间组合的规律来使用，如红绿相间、青红相间等。

最后对彩画中的五彩装和叠晕碾玉装的周边交代作了提醒，即"量留粉晕"，就是四周留出适量的边框作粉晕，并指出对彩画制作过程中的墨道，要用粉笔压盖。

《营造法式》彩画作的最后，在介绍炼桐油的方法的同时，透露了用桐油涂在彩画表面是保护彩画的重要材料。

在调色和绘制方法方面，透露了许多工匠们施工中摸索的宝贵经验，例如，在颜色配制方面，指出"染赤黄，先布粉地，次以朱华合粉压晕，次用藤黄汁通罩，次以深朱压心"，介绍了"赤黄"的配制材料和层层罩染的步骤方法。"合草"绿汁，以螺青华汁用藤黄相和，量宜入好墨数点及胶水少许。这里的"好墨数点"，及"胶水少许"是很难得的经验。

对于颜料物理性能的掌握也载入制度，如"铅粉先研令极细，再以热汤浸少时候，稍温倾去，再用汤研化，令稀稠得所用之"；对于黄丹的特点指出"多涩燥"；建议用时可加一点生油。

对于颜料的化学特性，工匠们通过实地观察，了解到某些颜色失掉原貌的情况和规律，并总结出一些禁忌的条文，以便后人依循，如记载"雌黄忌铅粉黄丹地上用，恶石灰及油不得相近"的总结，就是符合化学变化原理的。这些颜料的分子式如下：

雌黄：As_2S_3 硫化砷；

黄丹：PbO 氧化铅；

铅粉：$PbCO_3 \cdot Pb(OH)_2$；

石灰：CaO 氧化钙。

画彩画时由于需要加水，就出现下列反应：

①雌黄遇到铅粉：

$$2As_2S_3+3[PbCO_3 \cdot Pb(OH)_2]+$$
$$6H_2O \rightarrow 6PbS+3H_2CO_3+3H_2CO_3$$

硫是非常活跃的元素，与铅作用变成 PbS（硫化铅），硫化铅为黑色，这里原来颜料为黄色遇到铅粉是白色，如果从直观来说，配出来总不会是黑色，但由于有了化学变化就成了黑色，因此工匠们特别把它作为禁忌的条文记载下来。

②雌黄遇到黄丹：

$$As_2S_3+3PbO+3H_2O \rightarrow 3PbS+2H_3ASO_3$$

也产生了黑色的硫化铅。

③石灰为 CaO，遇水变成了 $Ca(OH)_2$ 是强碱，As_2S_3 能溶于强碱溶液，所以雌黄不能与石灰相近。

④雌黄为什么不能与桐油相近？因为桐油是干性油，雌黄中的硫会使干性油进一步交连、固化，使油膜变硬、变脆，从而降低了桐油的性能。

（五）砖、瓦的生产与使用

《营造法式》在砖作、瓦作、泥作、窑作中，记载了砖、瓦的形制、生产技术和使用情况。

砖、瓦的生产均需经过和泥、制坯、晾干、焙烧等几道工序。瓦坯成型是借助于一个木质圆筒形的"札圈"，先安放在一块平板固定的轴上（札圈外蒙有布套），把和好的泥贴在布套表面，拨动札圈，一转动轮子就可以把泥坯打实压光成一圆筒，取下札圈脱坯后曝微干，切成四片即成甋瓦坯。如做筒瓦则札圈两片随筒瓦规格脱坯切成，即成筒瓦坯。待坯干燥后如果烧青瓦，则用瓦石磨擦，去掉布纹用湿布揩拭，然后用卵石（产生洛河的称洛河石）棍研，次掺滑石末使瓦坯表面质地均匀。如果烧琉璃瓦，只需在干坯表面浇刷琉璃等物质然后入窑焙烧即可。砖坯制作是用木模匣成型，模匣先放衬灰然后放泥入内，用棍捣实便可脱模。待坯干后便入窑焙烧。制砖、瓦的原料均采用不夹杂沙的细胶土，在制坯前一天和泥，以保证水、土融合均匀。烧窑时第一天放坯装窑，第二天点火烧变，第三天上水窨，第七天开窑后冷出窑。琉璃窑不用上水窨，可以在第五天出窑。

烧窑一般使用荽草，烧青甋瓦的窑还要求再胾加烧蒿草、松柏柴、羊屎、麻籸等燃料，使表面浓油盖窑，不令透烟，具有一定的防水性能。

瓦在使用前还要经过修整四角和外棱的工序，称为"解桥"。筒瓦为了上下两瓦搭接严密，也要经过进一步的修整，修整后需要在半圆形的模子上试过称为"搯窠"。这些工序随着后来生产技术的进步逐渐省略，但个别的还是要经过修理名为"审瓦"。

殿阁使用筒瓦及板瓦上下合铺办法，厅堂及一般房屋只用板瓦一仰一合互相搭接即可，讲究的则用琉璃瓦。筒瓦最下面一块位于屋檐带瓦当的称为"华头筒瓦"。筒瓦最下面一块带卷边的称为"重唇板瓦"。为了防止屋面上的瓦下滑，华头筒瓦上钉一支长钉称为"葱台钉"，一直钉入小连檐勿令透。如果屋顶坡度较陡，在屋脊下第四和第八块筒瓦背上也钉入钉子称为"盖腰钉"，一直钉入望板下预先埋没的木条上。此外还有"线道瓦"和"当沟瓦"，用于垒砌屋脊线道和当沟。

砖用于砌筑阶基、墙、地等处，一般房屋的阶基，四周用条砖砌一圈砖墙，中间填土，根据阶基之高来确定砖墙的厚度，阶高四尺以下，用两砖相并；阶高五尺至一丈时用三砖相并，阶高一丈至二丈时用四砖相并，四丈以上要做成六砖相并。使用在最外层的砖是经过打磨的细砖，砖的尺寸变薄了，这就造成十层细砖与背后的八层相并的粗砌砖大致可以取得平正一致（上面留有铺地砖分位）。整个阶基四面都有收分，平砌时要作 1.5/4 的收分，露龈砌时逐层收一分，楼、台、亭、榭的阶基每层收二分。阶基上表面用方砖铺墁地面，阶头用压阑砖或用压阑石砌筑，方砖砌前需先磨平、斫四边，使四侧下棱有一分的收分。

地面在檐柱中以内自当心向四面坡，坡度在 1.7‰ ～ 4‰ 之间，檐柱中以外向阶头坡，坡度在 2‰ ～ 3‰ 之间。阶基下部根据檐头滴水远近铺砌散水，散水最外边侧砖砌线道三周。

地面以上砌砖墙时，先砌一段较厚的墙，称为"墙下隔碱"，其功能可能是为防止地下水中的碱份由于毛细现象上升而引起砖墙的酥裂。墙下隔碱的尺寸根据有无副阶，是殿阁还是厅堂、廊屋各不相同，墙下隔碱也稍有收分，与阶基的收分相同。房屋的砖墙（或土坯墙）有较大的收分，墙厚为高度的一半，上部要求各收入总厚度的 20%。粗砌时，两面各收入总厚度的 26%。

在房屋的当心间，阶前设踏道，其宽随当心间之广。坡度为 1∶2.5，用砖砌成踏步，每步高四寸，宽一尺，这种坡度走起来比较适宜。踏步两侧有宽一尺二寸（一砖宽）的两颊，随踏步斜砌。两颊的侧向象眼用砖砌出几层线脚，每层各退入二寸。有时房前不作一步步的踏道，而作成斜坡道（礓磋），这时称为慢道，坡度放缓，为 1∶3.87，宽度随间之广。这种做法常用在门道。

室外的露道也用砖砌，露道两边各侧砌双线道，当中平铺，有时当中用侧砖虹面（即路面起拱）垒砌，两边各侧砌四砖的线道。

比较讲究的建筑，下部阶基用砖砌须弥座。其形制与石须弥座相似，也有束腰、壶门、仰莲、合莲等，全部用砖砌，因而出现了许多形制复杂的砖样式。

《营造法式》还记载了走趄砖、趄条砖、牛头砖等，都是带斜面的砖，使用在城墙外壁。宋代一般城墙仍为夯土墙，只在局部如城门露台等处包砖。砖做成斜面是为了保证城墙的收分，每层砖厚二寸，斜收 0.5 寸，斜率为 25‰。城门道往露台的慢道也用砖砌成礓磋，宽度比露台稍窄，坡度为 1∶4.1。在土城墙上为了解决雨水冲刷引起墙壁坍塌的问题，修筑了砖砌的城壁水道雨水沟。用砖还可砌筑"卷辇河渠口"，"马槽"、"水井"等。

这时砖的使用范围很广，但规格正渐趋统一，这样有利于提高产量。条砖的规格只有两种，方砖的 1/2 大小，条砖本身长宽比也做成 2∶1，连城壁所用带斜

面的砖也如此，说明当时砌砖很注意顺丁咬合，这种砌法最坚固耐久。

灰浆采用黄泥、石灰等材料，泥中有时加䅟茎，或麦麸（碎麦壳），石灰中加麻持以提高拉结力。

为了使墙面平整光滑，抹泥和灰，一般工序是先用粗泥找平，再用中泥抹一遍，然后用细泥抹一遍作为衬底，上面再抹石灰。待石灰中水分挥发到一定程度，收压五遍，令泥面光泽。

石灰泥可以做成不同颜色，"红灰"即在石灰中加赤土、土朱，"黄灰"即在石灰中加黄土，"青灰"即在石灰中加泥煤或煤黑、粗墨、胶等，白灰即石灰

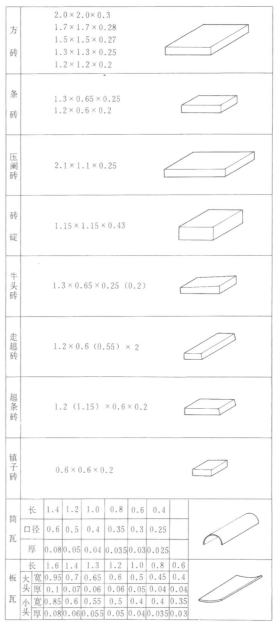

图 15-2-28　砖瓦规格及品种图（单位：宋营造尺）

加麻持。

砖瓦规格及品种如图 15-2-28 所示。

（六）宋代的石作技术

以木构体系为主的宋代建筑，石构用得不多，从《营造法式》制造可以察觉，当时仅仅是利用石料所特有的优点，在房屋上有选择地使用一些石构件和少量的石砌构建筑物。

石构件有的是出于利用石料耐压不变形的特点而制作的，如建筑的阶基、柱础、城门石地栿等。一般建筑物尽管做有用夯土及碎石筑成的地基，但柱子下面的地基由于局部受压很大，会造成沉陷。因此一般柱子下做石柱础，柱础下部为方形，尺寸相当于柱径的两倍，扩大了与地基的接触面，这时单位面积上的承载力量大大减小，只及原来的 1/5，方形上半部雕成覆盆形，正中凿洞以便与柱子下部伸出的榫吻合。柱础石的总厚度，一般为边长的 80%，方三尺以上的厚度为边长的 50%，方四尺以上的厚度不超过三尺。这样就可以使面积小的柱础保持必要的厚度和强度，面积大的柱础要避免过分笨重和浪费石料。城门地栿，位于城门洞内两侧，其下安土衬石，其上凿眼，立排叉柱，以承上部梁架。石地栿也是为了承受上部荷载而设置的。建筑的阶基，在外檐柱的四周，都用石砌造，基高五尺，为了防止雨水滴到阶基上，阶宽必须退进出檐以内，阶砌散水。阶基最下层砌土衬石，上为叠涩座、束腰，最上为压栏石，束腰部分比明清的须弥座更宽，并有竖立的壁柱称为隔身板柱，柱间平面作壶门。阶基头四角有角石，下立角柱。房屋当心间设踏道，以满足上大阶基的功能要求。踏道宽度随间之广，每个踏步高五寸、广一尺，与今天所用踏步尺寸基本相同，踏步两边有宽一尺八寸的两条石带称为"副子"，两侧三角形部分作成层层内凹的砌石处理称为"象眼"。

另一类石构件如钩栏、城门下部两侧嵌门槛用的立秩以及幡竿夹等是利用石材本身的重量，具有稳固的效果（图 15-2-29）。

石料在当时算是较为耐水浸泡、冲刷的材料，所以被用来砌桥、砌涵洞、做水槽子等，《营造法式》记载了用小块石料发券砌筑的过水墙洞的构造、形制，称为"券䂖水窗"。水窗做成半圆形筒券，两壁券墙直立向下，墙基要求开掘至硬地，并用地钉（木橛），打筑入地，地钉上铺衬石块。先横砌并二石涩一重，于涩上随岸顺砌并二厢壁板，使板与岸平，在水窗骑河时，为了保证并二厢壁板的坚固，其间加熟铁鼓卯，并灌锡以固定之。鼓卯为银锭形，长六寸厚六分，大头宽二寸长一寸，腰长四寸，重一斤，每枚灌白锡三斤或黑锡（铅）四斤。如砌并三厢坐板，每三层铺铁叶一层，铁叶每段宽 3.5 寸，厚 0.3 寸，长 7 尺（四条并用）或 5 尺（三条并用）以保证水平拉接。厢壁板外侧砌块石，以承发券之斧刃石。水窗过水的地面也要进行处理，这一段地面比河床稍高，平铺地面石一重，石缝并用熟铁鼓卯。在出入口，侧砌综道石（牙子）三重，牙子以外的河底钉撅石桩三路。券䂖水窗的作法，为研究古代桥涵提供了宝贵的材料。

石料的加工有六道工序：①打剥：用錾揭剥高处。②粗搏：用錾粗凿一遍。③细漉：用錾细凿一遍，使

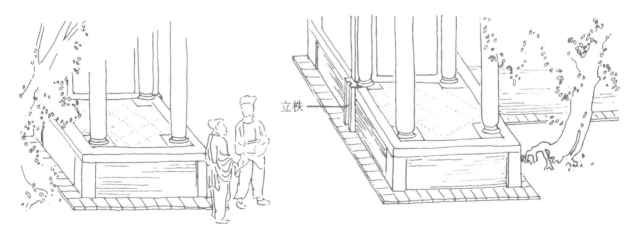

图 15-2-29　立秩（摹自宋画《中兴祯应图》）

表面平整。④褊棱：用褊錾把四边棱角凿出来。⑤斫砟：用斧刀把表面进一步砍平。⑥磨砻：用沙石水磨去其斫纹。

在等级较高的建筑物中，将石构件表面作上述各种雕饰。《营造法式》记载的雕刻形制有四种：①剔地起突（即高浮雕）（图15-2-30）；②压地隐起（即浅浮雕）（图15-2-31）；③减地平钑（雕刻上表面为一平面，地子也为一平面）（图15-2-32）；④素平（即线刻）（图15-2-33）。其所造花纹计有海石榴花、宝相花、牡丹花、蕙草、云纹、水浪、宝山、宝阶、铺

图15-2-30　剔地起突（正定隆兴寺大佛阁香案须弥座）

图15-2-32　减地平钑河南登封中岳庙宋碑拓片

（1）南京栖霞山舍利塔基座

（2）河北曲阳北岳庙德宁殿柱础

图15-2-31　压地隐起

图15-2-33　素平——山西长子县法兴寺大殿石门框线刻花纹

地莲花、宝装莲花十一品，其最后三种仅限于柱础上使用。在进行雕刻时，根据形制采取不同的加工工序，但一般只用五道工序不用磨砻。如果做剔地起突只斫砟一遍，压地隐起花则砍砟两遍。减地平钑则要砍砟三遍。完成砍砟工序后涂上调墨的黑色蜡，然后在上面描花纹，进行进一步加工。

（七）对木料因材施用的原则

当时的建筑物除少量用砖石砌筑外，绝大多数用木结构。木装修，对于木材的合理利用是一个重要的问题，从《营造法式》没有明确规定建筑的开间、进深、柱高的尺寸问题就反映了制定《营造法式》的人对节约材料、因材施用是有所考虑的。不仅如此，还列有专门章节对材料的使用加以论述。如锯作制度用材植、抨墨、就余材各节，就规定了用材的一些原则；在解锯木材时绝不能大材小用。"凡材植须先将大方木可以入长大料者，盘截解割，次将不可以充极长、极广用者，量度合用。名件亦先从名件就长或就广解割。"在下墨线时，更要注意构件的特殊形状，"务在就材充用，勿令将可以充长大用者截割为细小名件。"遇到"或斜、或訛、或尖者，并结角交解"。例如，飞子就采取了结角交解的办法，"颠倒交斜解割，可以两就长用"之类（图15-2-34）。在就余材中，提出"木植内如有余材，可以别用，勿令失料"。并指出遇到板材有裂纹时，要尽量审视构件的长短、宽窄、就纹解割。有细小裂纹还可以带纹使用的，则留余材于心内，就其厚别用或做板。此外，在遇到梁断面不足时，也可以缴贴令大再加一层木料称为"缴背"（图15-2-35）。柱子直径不够大时，可以做成拼合柱，用

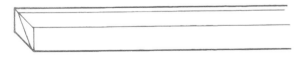

大连檐（交斜解造）

飞子（两条通造，结角解开）

图 15-2-34　连檐、飞子下料图

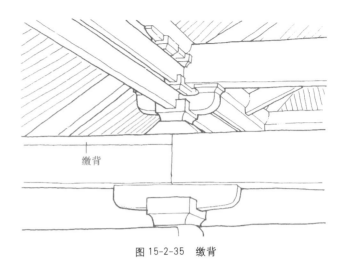

图 15-2-35　缴背

两块或三块、四块木料拼合成一个圆柱（图5-2-15）。小木作中也有一些考虑木材合理使用的处理办法，例如板门的身口板，除长度必须符合板门规定高度外，其宽度没有规定出尺寸，只提到"广随材"的原则，这样就可使木料得到充分利用，不必锯掉边角，变成整齐的长方条，可是上下宽窄不一，只要把口诀拼起来即"合缝计数令足一扇之广"即可。正定开元寺钟楼的板门就是这样处理的。在木装修中，经常采用牙头护缝的装饰手法，其实，这也是对于出现拼板板缝，需要加以掩饰以求得美观的一种处理。

四、《营造法式》一书的历史局限性

按照《营造法式》修盖的房屋是为封建统治阶级服务的建筑，因此必然要反映封建统治阶级的思想意识，《营造法式》虽然并没有专门论述当时的建筑艺术思想，但在它所记述的工程技术的字里行间，明显地反映出封建统治阶级的一些建筑艺术观点。

首先表现在等级观念方面。封建统治阶级一贯把建筑作为衡量使用者身份高低的重要标志，从建筑的间数多少，进深大小，装修的精致程度，直到一砖一瓦，处处都要分等第，《营造法式》也不例外，它把十三间建筑作为最高等级，其次是十一间、九间、七间、五间……随着间数的多少决定用料等第的高低。斗栱以出跳数的多寡来衡量，最高的是出双抄三下昂的八铺作，计心造；最简单的是斗口跳或把头绞项造，用在等级最低的房屋

上。屋顶形成以四阿殿阁为高，其次才是厦两头造；屋顶举起的总高随着房屋等级的不同也有很大差异。屋面用瓦、垒脊，也有等第，大殿用筒瓦、板瓦互相配合，而厅堂则仅仅使用板瓦。瓦下补衬的材料也要分等级，以柴栈为上，板栈次之，再次是竹笆、苇箔。垒屋脊、殿阁正脊 31 层，堂屋正脊 21 层，厅堂正脊 19 层……常行散屋正脊 7 层，营房则仅 3 层。屋顶上的装饰构件如鸱尾、兽头大小之分也是表现等级的一种标志。此外台基的高度、作法，地面铺砖的规格，也都是用来作为标志房屋等级高低的一个侧面。

其次，建筑过分追求装饰。宋代建筑装饰的复杂程度是空前的，不但在木构部分要绘彩画，而且还使用大量的雕刻，尤其是木雕和石雕，有些装饰手法过于繁琐，例如佛道帐和经藏的木柱子雕成缠龙柱，天花藻井也常常使用雕刻的龙凤。石构件上也使用复杂的花纹或动物作为雕饰题材。

第三，不惜工本的建造特殊建筑。尽管《营造法式》的编者指出编修的目的是为了控制功料，但用于显示封建统治阶级尊严的建筑却不在控制之列；而且追求豪华的装饰不惜工本，从功限中可以看到，雕镌一个带剔地起突海石榴花的柱础，需要 80 工，那么如果建造一座像法式地盘图中所画的有 66 根柱子的大殿，仅柱础一项就要花上 5200 个工。那些用于宣传封建迷信的宗教建筑，不但在结构上要消耗巨大的劳动力和资金，而且还要在室内装修上大肆挥霍，建造什么"天宫楼阁"用以麻痹人民，为了表现神秘色彩采用了把建筑缩小比例，搬入室内的做法，这样一座天宫楼阁要花费 5000 个工，这是多么惊人的浪费啊！

此外，编者本身的阶级局限性，也给法式带来了一些矛盾，尽管李诫重视工匠经验，也亲自管理过一些工程，但毕竟由于他是统治阶级的一员，只能"勒人匠逐一讲说"，这样就使得工匠的经验在"勒"字的统治下，不可能完全被总结进去。因此，书中也存在着前后制度相矛盾的情况，有些重要的工程作法也会被遗漏掉。当然，李诫对于《营造法式》疏理纂辑之功仍是应该予以肯定的。

《营造法式》一书，是对 11 世纪末北宋时代"益为严善"的土木工程技术的总结，它反映了当时的技术成就。由于这部书能够把工匠口头流传的零散经验加以汇集、整理、归纳，它的颁布、实施对于当时建筑技术的发展是起着推动作用的。不过在《营造法式》颁行后仅仅二十三年，北宋王朝便灭亡了，从此《营造法式》一书也随之失散。二十年后在南宋绍兴十五年（1145 年）又予重刊，尽管南宋的地理条件和工程情况与北宋有较大的差别，依旧选择《营造法式》进行重刊，说明《营造法式》在那个时代，确实是一部权威性的典籍。直到今天，它仍然有着不可磨灭的历史价值，是我国古代建筑技术发展史上的重要文献。

第三节 《鲁班经》评述

我国古代民间建筑技术的传授，是历代匠师在实际操作过程中采取口授和钞本的形式，薪火相传。由匠师自己编著的书非常少，宋初木工喻皓写的《木经》，早已失传，只有少量片断保存在沈括的《梦溪笔谈》里。唯独明代的《鲁班经》是流传至今的一部民间木工行业的专用书，具有重要的史料价值。

这部书的前身，是宁波天一阁所藏的明中叶（约当成化、弘治间，1465～1505 年）的《鲁班营造正式》，著录于明万历时（1573～1620 年）焦竑的《国史经籍志》里，简称《营造正式》。但是，天一阁本是残缺不全的。虽说如此，仍然可以看出，它和以后称为《鲁班经匠家镜》的万历本有很大不同。因此，有必要把它们分开来谈。

天一阁本的特点是：内容限于建筑（一般房舍、楼阁、特种建筑：钟楼、宝塔、畜厩），而不包括家具、农具等；编排顺序比较合乎逻辑（先论述定水平垂直的工具，一般房舍的地盘样及剖面梁架，然后是特种类型建筑和建筑细部如驼峰、垂鱼等），没有大量的可择选的内容，没有《鲁班秘书》这一类魇胜禳解的迷信内容，因此比较切合实用。

另外，天一阁本插图较多，与文字部分互为补充，易于理解；而且保存了许多宋元时期手法。例如：定平工具"水绳"图，与宋《武经总要》和《营造法式》所载的水准完全一致，"浮子"称作"水鸭子"，则采用了当时工匠通用的口语；"小门式"的附图，表明用于墓前的小门、柱出屋面之上垂斜贯木板，是宋乌头门日月板遗制，见于宋元绘画，而明以后，即已绝迹；又如垂鱼、掩角、驼峰、毡笠等图，犹存宋式面貌。这些地方，都表现了《鲁般营造正式》的早期性质。特别是在它的"请设三界地主鲁班仙师文"里，保存了"路、县、乡、里、社"这样地方各级行政机构名称。元代制度在"省"级之下设"路"一级行政机构，例如集庆路（南京）、庆元路（宁波）等，这是明清所没有的（以后的明清版本则改为："省、府、县、都、图"或"省、府、县、乡、里"），使我们有理由推测，《鲁般营造正式》的一些内容，可以追溯到元代。倘若如此，则本书的形成，大约为元末明初。

从万历本(国家文物管理局藏本)起，此书更名为《鲁班经匠家镜》。内容和编排有较大改动。但是万历本缺去前面二十一页篇幅。稍晚根据万历本翻刻的明末(崇祯)本（北京图书馆及南京图书馆藏）则首尾完整，可以看到本书的全貌；嗣后的翻刻本，均从万历本或崇祯本衍出，一直到 20 世纪初，仍以木版或石印本，流传于长江中下游东南沿海诸省。源远流长，达五六百年之久。

经过万历本的重新编集，原来尚保存宋代风格的做法、图样大多被割弃不用（如驼峰、垂鱼、水鸭子、水绳等）或经改绘，失去原意（如"小门式"所绘，已非斜板贯柱；"秋迁架"原意为减去栋柱的做法，竟改为真实游戏用的秋千，又如原图木构侧样，步柱有插拱即宋式所谓"丁头拱"出跳，此则一律改为无插拱的形式）。万历本插图，一律改为立体画法，描绘精致，刻工细腻，但是，当时的编纂者似已对较早期的做法风格不甚了了。也说明从《鲁般营造正式》到《鲁班经》，经历了较长的时间，民间建筑风格做法有相当大的转折变化。

从万历本起，此书增加了不少木工制作的日常生活用具、家具等项，崇祯版本则又增添手推车、水车、算盘等内容。此外，又增补了"秘诀仙机"（包括"鲁班秘书"、"灵驱解法洞明真言秘书"）等一类风水迷信的篇幅。这种变化在一定程度上也能表现出当时民间木工匠师业务范围的发展变化和封建迷信意识形态的影响作用日益重要的情况。

虽然万历本编者缺失，崇祯本卷首则存有编辑者的姓名："北京提督工部御匠司司正 午荣汇编
　　局匠所把总章严 全集
　　南京御匠司司承周言 校正"

午荣等三人的事迹，没有其他史料可资查考，"御匠司"和"局匠所"两机构，也不见于史书。以明代之

人记明代之官职，理不应有误；其所以如此，推究其因，或"御匠司"是工部营缮司（原名"将作司"）的俗称，或出于不谙官制的民间匠师的委托，均已无法确切判断。不过"汇编"、"全集"，这样的用词，却是恰当的。因为，本书的若干内容，确实是由当时流布于民间匠师之中的一些书籍、抄本、口诀加以搜集、摘抄编集而成。

《鲁班经》的主要流布范围，大致为安徽、江苏、浙江、福建、广东一带。现存的《鲁班营造正式》和各种《鲁班经》的版本，多为这一地区所刊印（天一阁本为建阳麻沙版，万历本刻于杭州）。此区的明清民间木构建筑，以及木装修、家具保存了许多与《鲁班经》记载吻合或相近的实物，甚至保存若干宋元时期的手法特点；这一现象的地域与《鲁班经》流布范围恰相一致，不是偶然的。例如天一阁本的"楼阁正式"图，楼檐柱立于栏杆靠背斜撑之上，此制可见于徽州的明代住宅（例如歙县郑村苏雪痕宅、歙县柘林乡方新宅）①；浙江东阳、新昌一带，也有类似做法。又如天一阁本"七架之格"图和"三架屋连一架"图所示外檐斗栱，均用插 （宋式所谓丁头栱），普遍见于皖南、浙江、福建、广东的民间建筑中，而北方则较为罕见。驼峰、垂鱼、掩角（檽桷）之类，民间建筑唯福建保存为多。这些地方都表明了《鲁班经》所反映的地域特征。

此书冠以"鲁班"之名，书中称鲁班为"仙师"、"祖"，则反映封建社会的行帮组织用迷信来维系的情况。鲁班，根据此篇者的"鲁班仙师源流"一文，指的就是历史上确有其人的公输般。鲁班自古即被当做能工巧匠的代表人物，但是早期并未加以神化。例如汉代《析里甫阁桥颂》里说："析里大桥，于今乃造。校至考坚，结构工巧。虽昔鲁班，亦模拟像……"。造析里桥匠人，比鲁班还要高明，可见鲁班还不曾获得尊崇为神的地位。由于手工业的发展而出现行会，各种行业遂有自己的祖师；木工这一行业的源起情况，史料不甚了然。《鲁般营造正式》保存"请设三界地主鲁班仙师文"（万历本以后改为"请设三界地主鲁班仙师祝上梁文"），使我们推测木匠行业供祀鲁班，大约始于宋元时期。明清以后，供祀鲁班的庙、祠、馆，同时即为木工行业公会所在，各地均有，甚为普遍。

---

① 详见《徽州明代住宅》一书。

例如，北京清《乾隆京城全图》有"鲁班庵"，其地在广渠门内羊市口斜街，清末则在东晓市北鲁班馆胡同，苏州木工瓦工水作行业合并之公会，称"梓义公所"，在该城沫泗巷，木作供祀鲁班仙师，水作供祀张班仙师。上海有鲁班殿数处（陈行、豫园等地）；又有鲁班阁，为在沪广东造船工人的公会所在。参加行会有向行会缴纳会金的义务，行会则举办某些慈善救济事业（义冢、失业补助之类）。近代苏州有"鲁班会"，则讲求技术，交流经验，有一些研究性质。《鲁班经》崇祯版卷首"鲁班仙师源流"的结尾说："皇明永乐间，鼎创北京龙圣殿，役使万匠，莫不震悚，赖师降灵指示，方获落成。建庙祀之，扁曰鲁班门，封待诏辅国太师北城侯，春秋二祭，礼用太牢。今之工人，凡有祈祷，靡不随叩随应，诚悬象著明而万古仰照者。"

这段话当然属迷信之说，但反映了行会祭祀鲁班、祈祷灵佑的活动；也表明了此书与行会制度的关系。在某种程度上，此书是带有行会的规矩准绳性质的职业用书。

在以木构为建筑结构主体的我国，木工是建筑过程的主要工种，熟练木工（工师、都料）成为工程主持人。因为，建筑的尺度（开间、进深、举高）由木构定，施工进度视木构主体工程的工序来安排，测量标高定平定位，由木工掌握，因而木工就获得了主导地位。《鲁班经》就是给这样一个作为工程主持人身份的木工所用的手册性的汇编，在其中列举了当时认为工程过程最必要知道和注意的事项：祭祀鲁班的祈祷词，各工序的吉日良辰，门的尺度（认为十分重要），一些建筑构件、家具的尺度和要点，阴阳风水（相宅），厌镇禳解的符咒与镇物等。

在这里，具体的技术规定和阐述下降为次要内容；这是因为使用本书的人，按理在技术方面应该已经很精通熟练，毋需多讲；此外，技术的传授和启示，是由口授和抄本来解决的，不是这本书的任务。因此，我们可以看到，书里很少涉及具体技术细节，所列举的一些建筑常用尺寸，大约是为了估算建筑体量和据此而来的木料和其他材料（砖、瓦、灰、泥等）的用量；同样，家具的一般常用尺度除了适用的目的，也有算料的用处。因此，本书的本来性质（编书的目的），不是为了总结和传授技术经验；我们只是把它作为史料，从中看出当时的技术发展水平以及名件、术语、

形制等。它必须和现存的古代实物相印证，才能比较全面的认识当时的民间建筑技术。

我们从本书中（文字与图同等重要）所了解的技术情况大致是：

一、当时民间房舍施工步骤

（1）伐木备料。

（2）画起屋样："用精纸一幅，画地盘阔狭深浅（面阔尺寸谓之阔狭，进深尺寸谓之深浅），分间架（间为三间五间之类，为开间；深为三、五、七、九、十一架之类，即檩数，福建有达十五檩的例子）；或柱柱落地（每檩之柱皆落地，这是穿斗式构架的基本形式）；或偷柱（柱不落地，谓之偷柱）。此时用过步梁即乳栿承两檩；用眉梁即月梁承三檩以上；或使用斗磉（础石），皆在地盘上停当（酙酌合宜）。"这是讲的在平面图上应标注的项目（图样比例尺用例如二分折一尺，五分折一尺等）。

（3）起工架马："马"，是截锯木料的工作架，一组两马，每个由相互垂直的三根圆木合成。第一步加工是后步柱（最北一列），然后再加工栋柱（即脊柱）及前步柱。如有仲柱（即"襟柱"、后转为"金柱"）亦顺次插入，立柱的顺序也是由后向前。

（4）画柱绳墨、齐柱脚：柱梁是否周正无欹斜，全在榫卯位置准确，柱中线与地盘位置正确，截锯柱脚恰如其分（收分侧脚由此决定）。总之，全在绳墨的准确来保证截料的正确。这是指的柱下端。

（5）齐木材、开柱眼：柱上端的截料和开卯口。

（6）动土平基：在基址中心立一方表。用"水绳"、方表定平，平整房基地坪。

（7）定磉、扇架："定磉"即安放柱础，也就是决定建筑的标高和柱缝（柱纲中心线）位置。磉石有否及位置根据平面图的开间进深及是否偷柱决定。安放后，并需按分间尺寸将柱缝落墨于磉石上。"扇架"，是用木槌将柱、梁、枋合榫、拼装。

（8）竖柱、上梁、扇架即是进行拼合木构架。此处"竖柱"专指栋柱；"上梁"，指脊檩。这一工序，认为带有关键性质，必择吉日，且须举行隆重仪式。

（9）折屋："折"为举折，即立童柱，加檩（除脊檩其余各步）加椽，构成屋面。

（10）盖屋：加瓦。

（11）泥屋：粉刷内外墙面、墀头、天沟等。

（12）开渠：平水沟（排浅雨水或污水出基址范围以外），即做阴沟。

（13）砌地：用砖、石铺砌室内外地面。

（14）结砌天井阶基：天井即由四周阶沿形成阶基用砖（高不超过 15 皮，约一尺五寸）或石条（高以一尺五寸或二尺一寸为宜）砌，踏级与此同时进行。

以上 9 至 13 项，《鲁班经》只列举吉日克择而不涉及技术，是因为这些工序不属于木工而属于水作（泥瓦工）或石作，故不论及。

迄今在南方农村集镇地区采用民间传统建筑房舍方法时，施工顺序依然基本如此。

二、反映当时工具、定位技术的水平

（1）定平：定平用“方表”，或称“水绳”，表上为一横方，开三个水池（连通），中立“水鸭子”，即《营造法式》所谓“浮子”。这种工具的形式和定平方法同《营造法式》所述完全一致。在平整地基和定磉的全过程，这个表不能“分毫走失”，随时用以校正各点标高位置。此外，有“地盘真尺”（真训为直，即直尺），其直立尺杆有垂绳、中线，用以校正局部范围的水平（不是标高）和柱中线与地面的垂直关系。

（2）定向：用罗经即指南针。用罗经定位主要出于“风水”方向的要求，以八卦或干支命向。建筑定向用磁针不知始于何时，但始见于本书，当是宋元以后事。为日照目致定南北向，则利用极星或日晷，本书未涉及。

（3）木工工具：在万历年本插图中有详细表现。有：木马（见前）；木锯（剖木板或方木，两人操作）、锯、手锯（见“案棹式图”、锯弧形部分用）；斧、凿、钻、刨、圆铲刀（见“棕焦亭图”及“海门楼图”，为使圆料表面光洁圆滑用）；墨斗、曲尺等。其中一些工具还由于加工要求不同而有差别，如刨，有短（牛头刨）、长之分，又有线脚刨（花刨）。钻，案棹式图中所绘钻的惯性锤在弓之下；而垂鱼遮风图中，惯性锤在钻柄的上端。这一种型式的惯性锤可以较重较大而不致影响钻心位置因震动而偏移，而且弓绵上下运动距离

大，因而钻头旋转周数加多，进速较快，又不影响视线，操作较便，是比较进步的型式。图中操作姿势完全写实。这些工具，至今木工仍然使用。

三、记录了常用建筑类型和常用尺度

（1）依明代制度，“庶人”（非官吏和世袭贵族）房舍不得超过三间。此书以三间为常。“造屋间数吉凶例”虽然提到九间，非常式。进深则自三架起至九架，皆举出常用尺寸：

表 15-3-1

	三架	五架	七架	九架	注
步柱	10.1	10.8	12.6	13.6	（以尺为单位）
仲柱	——	12.8	——	——	
栋柱	12.1	15.1	20.6	22.0	
段（步架）	5.6	4.6	4.8	4.3	
（举高）近	1/5	1/4～1/5	1/3.6	1/3 弱	（按：段数进深尺寸与栋件高于步柱的尺寸的比值）

从上表可以看出：

①间架愈深，步距（段）愈密；

②檩数（架）愈多，步柱愈高；

③檩数（架）愈多，举高愈大，屋脊高耸。

（2）一般房舍各缝均有栋柱，这也是穿斗架的特点。但在当心间处，常是主要活动范围，偷去栋柱比较宽绰自由，因而出现“秋迁架”。《鲁班营造正式》“秋迁架”之图上说明：“秋迁架，今人偷栋柱为之。吉人如此造其中创闲要坐起处，则依此格尽好。”一般偷去当心间栋柱。但安徽歙县明代住在五间情况时，也有次间偷去栋柱的例证。又有楼房上下偷柱位置不一的情况：或偷上不偷下，或偷下不偷上（如歙县草市乡孙叔顺宅），这时楼栋柱立于楼楞之上，下空[①]。三间屋明间偷去栋柱，两山栋柱则不偷，后来成为常例，江、浙、皖、闽、明清民间住宅普遍可见。此外，

[①] 详见《徽州明代住宅》一书。

《鲁班营造正式》"玉架屋拖后架"——原作"三架屋后车三架","五架屋拖后架","九架屋前后合僚"三例。这三例所示，是在正规屋架之一侧或两侧延出一柱，加深一步或两步，前后加"合僚"，即构成前后廊。这一类构架仍然可以从现在安徽、浙江、福建一带明清住宅中见到。其"五架拖后两架"条说："五架屋添两架，此正按古格。"的确，我们常能由宋元时期绘画中看到这种不对称(以栋柱为中)的房舍形象，是流传已久适合生活需要的结构方式。

《鲁班经》又列举了几种建筑型式：棕焦亭、门楼、楼阁、凉亭、水阁、桥、钟楼、祠堂、寺观等，有简要文字说明，并附有图。

《鲁班经》又列举了几种特殊类型的建筑：王府宫殿、周天台、郡殿角式。这些叙述与此类明清建筑遗物(明清故宫、王府、观象台)并无任何吻合之处，牵强附会，似乎纯为臆想。这反而证明此书的编纂者是民间匠师，他们并未接触过这些特殊建筑，是不可能出于具有"御匠司司正"身份的午荣一流人物之手。

四、与农业生产有较密切联系

《鲁班经》反映了当时木工业务范围，除了一般房舍、祠庙、桥亭以外，还有为农业生产需用的项目，如仓、厕、畜栏、某些木制农具(水车、手水车)、推车(农村运输用)及风箱(主要用于锻造铁农具时锻炉鼓风)。

在这一段中，夹杂不少迷信内容，但并非完全无稽。例如入粮仓需赤脚不许穿草鞋，是为防止带入昆虫或虫卵及其他污物，入仓后不许吃食，是为了防止残留食物发霉繁殖霉菌，影响储存的粮食；根据"牛性怕寒"，牛舍建于住房之东，门东向朝阳，可以使牛温暖等。

所有马厩、豕栏、羊栈、鸡舍，均说明形制做法有一些经验尺寸。

五、比较详细记录了当时民间日常生活用具和家具的型式、构造和尺度

大致分为以下几类：

(1) 床类：大床、凉床、藤床，均较常见，至今仍为南方农村主要家具。大床周围设屏板(或为隔扇式)，前有踏板、栏杆、围屏内悬帐，有的且设搁板抽屉作贮物用，俨然如一小室；雕饰华丽，最为重视(图15-3-1)。凉床、藤床(以藤织床面不用板)则四周空敞不封闭，也有帐架及踏板(图15-3-2)。禅床较特殊，为寺院僧侣生活用，如今所谓"通铺"，前沿设坐板、挂衣枋；也可当作一种史料。

(2) 案几类：案棹、八仙桌(长方形、非今日的正方形)、琴桌、方桌、圆桌、一字桌、折桌、香几等。均有常用尺寸。案桌为堂屋正中所设，为供奉香火处，是必备之物。南方一般均为条案，此书所载有抽屉抽箱的形式则为今日北方常见，颇出意外。

(3) 椅凳类：禅椅、板凳、琴凳、踏脚仔凳。禅椅即《遵主八戕》(明高濂撰)中所谓"仙椅"，可仰枕。在插图中，有一种踏脚凳，上有纺锤形滚木，就是《遵主八戕》中所谓"滚凳"。这是一种有按摩健身作用的器具。此书仅用图示，正文未涉及(图15-3-3)。

(4) 屏风类：屏风、围屏。后者由六片或八片组

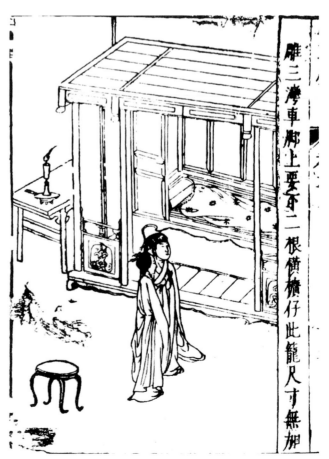

图 15-3-1　大床

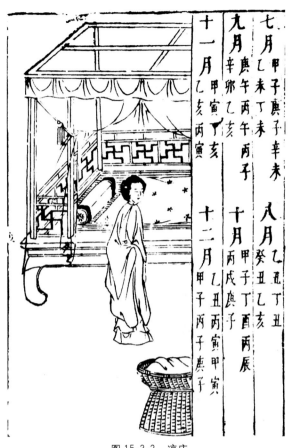

图 15-3-2　凉床

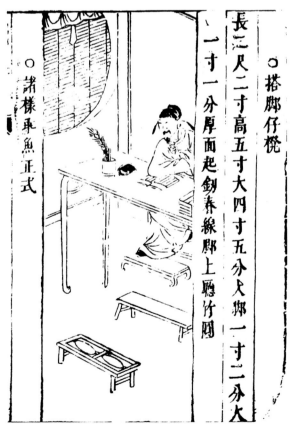

图 15-3-3　搭脚仔凳（其最下式为"滚凳"）

动，可以折叠展平，如今日活动屏风。

（5）箱类：扛箱（运送用）、衣折、衣箱、药箱、衣笼。

（6）橱柜类：柜（脚有转轮可以推动）、药橱、衣橱、食格。

（7）架类：衣架（素、雕花两式）、镜架（镜箱）、面架（面盆架）（图 15-3-4）、花架（花盆架）、铜鼓架、鼓架、烛台、灯挂、大斗（有遮风罩灯架）、伞架。除镜架如箱、面架、花架多柱以外，其余皆独柱或两柱。屏风类此。最简单形式为"奖腿"及"琴腿"构成三角支架。奖腿又为"日月掩象鼻"式，此式五代、宋画已有见。后来不仅木作使用，石作（牌坊夹柱）亦仿此，虽雕镂繁简不同，但基本形体相似，成为最普遍的装饰题材之一。

（8）其他：棋盘（围棋、象棋）、招牌、牌匾（对联用）、茶盘、算盘、洗浴坐板（箍桶作虽属木工，但另立专业，不列入此）、看炉、方炉、香炉（均指炉架）。

在家具部分杂入驼峰、垂鱼等建筑附属物，说明

图 15-3-4　镜架及面架

《鲁班经》虽以《鲁般营造正式》为底本，但概念混淆，对各名件作用不甚了解。

在以上记载里，有各种部件名称和常用尺寸。对有的家具，还规定材料，如药箱用杉木，忌用杂木，恐影响药质；又如往往指明所用的线脚和雕饰题材。许多资料文字不备而来自插图，二者相辅而成。插图以万历本最佳，是研究明代家具的重要资料。

《鲁班经》又是研究当时社会阶级斗争状况的资料，主要表现于"秘诀仙机"这一部分。其中，"鲁班秘书"是工匠的武器，而"禳解类"、"解魇"、"真言秘书"之类，则为雇主（封建阶级）服务。

利用迷信符咒之类作为手段，来要求改善生活条件，提高劳动报酬，以反对封建阶级雇主们的剥削压迫，是由来已久的事。宋元笔记中，屡有所见。例如《杨文公谈苑》："造屋主人不恤匠者，则匠者以法魇主人。木上锐下壮，乃削大就小倒植之，如是者凶；以皂角木作门关，如是者凶。"

《西墅杂记》："梓人魇镇，盖出于巫蛊其诅咒，其甚者遂至乱人家室，贼人天恩，如汉戾园（武帝太子）事多矣。今述所知：余同里莫氏，故家也。其家每夜分闻室中角力声不已，缘知为怪，屡禳之勿验。他日转售于人而拆、毁之，梁间有木刻二人，裸体披发相角力也。闻凡梓人家传，未有不造魇镇者，苟不施于人必至自孽，稍失其意，则忍心为之。此则营造者所当知也。"

当然，迷信手法不可能真有作用，也不是斗争正途，但是这种意识形态的存在，是当时那个历史阶段中的一种现象。

《鲁班经》是有意编入"鲁班秘书"一类内容的。除了认为克择时日、门户尺寸、方位朝向均可以产生吉凶后果之外，又用大量篇幅刻印"鲁班秘书"以作魇镇用，足见这是当时木工所需，是木工与雇主之间斗争尖锐的表现。"鲁班秘书"共二十七条，其中对雇主有利的（吉利）仅占九条，三分之二是对于雇主可以产生凶死、败家、充军、流浪之类魇镇后果的。这当然是为了给雇主施加压力。

但是，紧接着则是为雇主禳解的咒语和符箓。如"鲁班先师秘符"的咒语：

"恶匠无知，蛊毒魇魅，自作自当，主人无伤，暗诵七遍，木匠遭殃，吾奉太上老君敕令，他作吾无妨，百物化为吉祥，急急律令"。

并规定在上梁时焚符，用狗血洒递饮匠头和众工，于是："凡有魔魅，自受其殃，诸事皆祥"。实行魔镇和进行禳解，都集中在上梁之时。

就魔镇禳解风水阴阳一类迷信思想而言，它受宋代的影响也很明显。例如"禳解类"中"九天应元雷声普化天尊"一符，见于洪迈《夷坚志》丙志卷六"十字经"一段故事。又如书中的"鲁般尺"分财、病、离、义、官、劫、害、吉八字，书中提到的玄女尺法、曲尺法，均已见于南宋时类书"事林广记"。而"禳解类"内容中的"泰山石敢当"、"姜太公在此，天无忌，地无忌，阴阳无忌，百无禁忌"，"山海镇悬镜以辟邪"之类，南北方明清时期住宅均能见到，地域很广，普遍存在。这一方面，本书堪称研究这些意识形态现象的重要史料。

《鲁班经》是一部以《鲁般营造正式》为底本改编成于15世纪的木工职业用书。它既包含了业务的技术方面，又包含了当时社会阶级斗争和社会意识形态在建筑领域的反映。因此，它具有重大的史料价值。

有别于为宫廷官署服务的"法式"、"则例"，本书是唯一保存下来的以广大民间房舍、木制家具、生活用具、农业手工业工具为内容的著作，保存了当时的许多做法、常用尺寸、术语和工具形象，是研究木工技术发展的珍贵资料。再者，本书在若干民间抄本、口诀的资料基础上编集而成，又是研究民间建筑传统（特别南方）的重要史料。

第四节　《园冶》评述

明代末年造园家计成编著的《园冶》一书，是一部论述园林建筑的专著，在造园史上有着重要的地位。我国古代园林以自然风景园著称于世。我国古代园林的规划设计与传统的山水画有着密切联系，在园林的营造过程中，往往有画家参与设计。如宋代的俞征、元代的倪云林、明代的张南阳、清代的张琏等。他们本身就善于绘画，或者是从画家脱胎出来的造园家。在中国园林史上，有关造园的著作也是屡见不鲜的。如宋代的《洛阳名园记》、《吴兴园林记》、清代的《游金陵诸园记》、《扬州画舫录》等。但其内容多属于园林的一般记述和描绘。把造园作为专门学科来加以论述，仅见于明末文震亨的《长物志》和计成的《园冶》。就内容来说，又以《园冶》为最完整。

一、《园冶》成书的历史背景

《园冶》虽然是历史上一本重要的造园专著，但关于《园冶》以及作者计成的资料，却是非常缺乏的。仅见的除原书正文外，书首有明末官僚阮大铖崇祯甲戌年（1634年）写的"冶叙"，计成崇祯辛未年（1631年）的"自序"和郑元勋崇祯乙亥年（1635年）的"题词"，以及书尾有崇祯甲戌年（1634年）写的类似"跋"的几句话。在全书之末有两个印记，一为"安庆阮衙藏版，如有翻刻千里必治"，一为"扈冶堂图书记"。在"冶叙"之末有"皖城刘炤刻"。此外，阮大铖《咏怀堂诗》中有"早春怀计无否张损之"一首；《咏怀堂诗外集》中有"计无否理石兼阅其诗"一首；和"宴汪中翰士衡园亭"诗四首。明末清初李渔在《闲情偶记》中也提到了《园冶》。

从仅有的资料看，我们对计成其人，以及《园冶》成书的情况还不很清楚，但可以看出《园冶》的成书与刻本和阮大铖有着密切的联系。

作者计成，字无否，号否道人，明末松陵（今江苏吴江）人。计成在自序中说，他从小善于绘画，青年时曾到过燕、楚等地游历。中年时定居润州（今江苏镇江），偶然堆了一座假山，从此远近闻名，才开始走上造园的生涯。他曾先后为毗陵（今江苏常州）吴又予，真州（今江苏仪征）汪士衡以及郑元勋、阮大铖等建造过园林。平时利用空余时间编写了《园牧》一书。姑熟（今安徽当涂）曹元甫见了说："斯千古未闻见者，何以云'牧'，斯乃君之开辟，改之曰'冶'可矣。"随即改书名为《园冶》。

明中叶以后，社会的阶级矛盾和民族矛盾发展到空前激化的程度。至天启年间（1621～1625年）一小撮代表顽固势力的宦官集团与大地主世袭官僚相勾结，形成了以魏忠贤为首的黑暗统治。为《园冶》写叙的阮大铖正是魏忠贤的"忠实爪牙"，他曾编造过"百官图"杀害异己。崇祯元年（1638年）在一片舆论压力下，魏忠贤被定逆案，畏罪自杀。阮大铖摆脱了惩处，避居南方。在这期间，阮大铖来到了汪士衡的园林，即计成所经营之园。他认为其园很适合他的情趣，而

且计成有专门造园的著作《园冶》，不仅有实践，而且有理论，于是也在一块空地上建造起园林来。在与计成、曹元甫等人对酒当歌的时候酝酿了这篇"冶叙"。

在阮大铖避居江南隐于乡里的十七年中，和计成、汪士衡、曹元甫等人的关系至为亲密。在阮大铖的诗集中经常出现他们的名字。阮大铖不仅为《园冶》写叙，为计成写诗，而且现存的《园冶》版本也出自阮氏。在明末宦官集团威风扫地，声名狼藉，阮大铖处境极其孤立的情况下，计成却以阮大铖的赞赏和支持为荣，两人不仅关系至为密切，而且思想感情也很一致，也许就是这个原因，《园冶》自成书后三百年时间里，和阮大铖的诗文一样，一直不为人们所重视，可见计成当时只是一位没落地主阶级的清客和帮闲。但他以造园为职业，在参与造园实践的基础上，总结了园林设计的经验和劳动人民的创造成果。编著了《园冶》这部造园专著，在学术上还是很有价值的。

二、书中的主要内容

《园冶》一书分为相地、立基、屋宇、装折、门

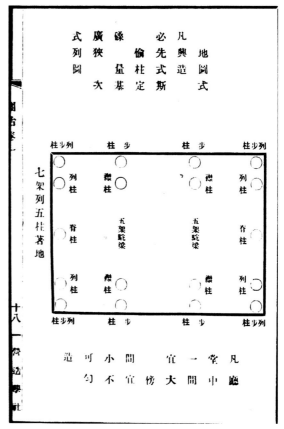

图15-4-1（1）　地盘图（明计无否《园冶》，下同）

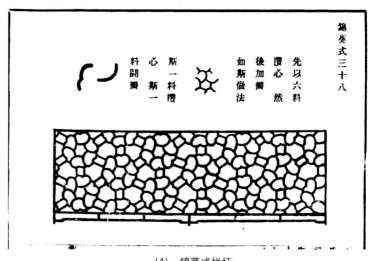

（4）　锦葵式栏杆

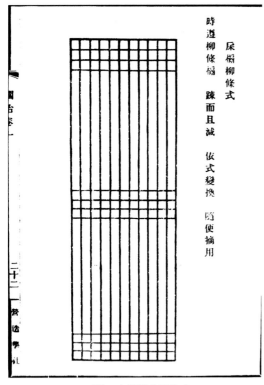

（2）　九架梁前后卷式

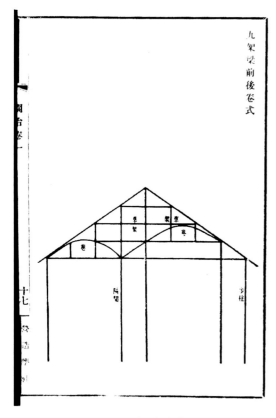

（3）　床隔柳条式

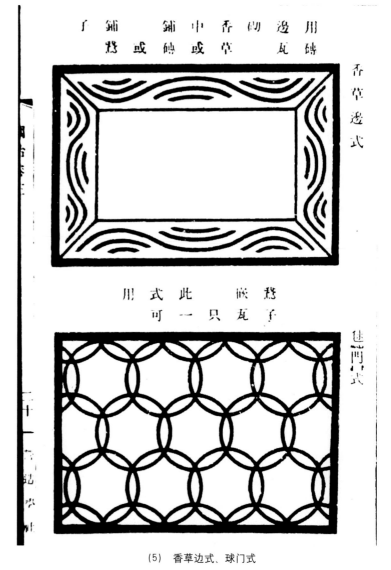

（5）　香草边式、球门式

窗、墙垣、铺地、掇山、选石、借景等十部分（图15-4-1）。相地前列有兴造论与园说。在文字上，全书采用以"骈四俪六"为其特征的骈体文，使用了连篇的典故，讲究对句和辞藻，不仅造园内容的阐述受到了限制，而且有些地方用词生僻。

"兴造论"阐述了写这书的目的在于惟恐造园的方法"侵失其源"，于是"聊绘式于后，为好事者公焉"。"兴造论"的第一句就说："世之兴造，专主鸠匠，独不闻三分匠七分主人之谚乎，非主人也，能主之人也。"并诬蔑建筑工人"惟雕镂是巧，排架是精，一梁一柱定不可移，俗以无窍之人呼之甚确也。"至于"第园筑之主，犹须什九，而用匠什一"。所谓"园林巧于园借，精在体宜，愈非匠作可为，亦非主人所能自主者。"计成所强调的"主"，是"非主人也，能主之人也"，就是说并不是"园主"，而是园林设计者、造园家。但他对劳动工匠的态度却是"俗以无窍之人呼之甚确也"，"愈非匠作可为"。郑元勋在题词中更说什么"主人有丘壑矣，而意不能喻之工，工人能守不能创，拘牵绳墨，以屈主人，不得不尽贬其丘壑以狥，岂不大可惜乎。"在计成、郑元勋看来，他们的所谓高深道理，工人是不会理解的，工人只会墨守陈规，限于规矩法则，只有计成才有着"灵奇使世闻"的天才，能使"大地焕然改观"，创造"千古未闻见"的园林艺术。所以从立论来说，反映了作者鄙视劳动人民的唯心史观。

"园说"是全书的总论。在造园工程中，技术与艺术相比，艺术应占首位。"园说"从艺术效果出发，就造园所达到的意境进行了描述。如"凡结林园，无分村郭，地偏为胜"，"围墙隐约于萝间，架屋蜿蜒于木末，山楼凭远，纵目皆然，竹坞寻幽，醉心即是，轩楹高爽，窗户虚邻，纳千顷之汪洋，收四时之烂漫"。特别是"虽由人作，宛自天开"，是对中国古代园林特征的一个概括。中国古代园林是自然风景园，同时利用借景等手法扩大园林空间，丰富园林景色。在风景区的园林，通过互相资借，其本身就是自然风景的一部分。因此，园林设计如能做到与周围环境相协调，与自然山水相一致，"虽由人作，宛自天开"，就称得上是成功的作品。但就具体内容来说，"园说"所描写的正是没落地主阶级生活方式与审美观的写照，体现了鲜明的阶级性。

"相地"即园林选址。园址选得好则容易做到"构园得体"。"相地"分别指出山林地、城市地、村庄地、郊野地、江湖地的环境特点和园林的各自风格。如"园林惟山林最胜，有高有凹，有曲有深，有峻而悬，有平而坦，自成天然之趣，不烦人事之工"，江湖地则有"悠悠烟水、澹澹云山、泛泛渔舟、闲闲鸥鸟。"

"立基"指的是园林建筑的设计原则。一般园林以"定厅堂为主，先乎取景，妙在朝南。"首先要考虑取景和朝向。其余的亭台可以"格式随宜"。立基分别列出厅堂基、楼阁基、门楼基、书房基、亭榭基、廊房基、假山基。反映了建筑物在园林中所占的重要位置。也反映了他们在园林设计中的各自特征。如园中书房要"择偏僻处，随便通园，令游人莫知有此，内构斋馆房室，借外景自然幽雅，深得山林之趣"。廊房则要"蹑山腰落水面、任高低曲折、自然断续蜿蜒"等。

"屋宇"、"装折"、"门窗"、"墙垣"、"铺地"是园林建筑设计的具体内容。它对园林的艺术效果起到很大的作用。在《园冶》中不仅都列了专题，而且都辅以图说，为研究江南园林和明末清初的南方建筑提供了文献资料。

"屋宇"讲的是单体建筑的营建，在建筑上属于大木作。除门楼、堂斋等单体建筑名词解释外，在建筑技术上列举了五架梁、七架梁、九架梁、草架、重椽、磨角和地图。从中可以看出中国古代木构建筑的灵活性。如五架梁前后各添一架就是七架梁列架式，如七架梁前后添一架就是九架梁。为了室内外表面整齐，并有利于排水，可以用草架重椽。地图即建筑平面示意图，是施工的依据，"凡兴造必先式斯"，表示建筑为几进，每进几间，用几柱。在图说中出现了"偷柱"这个名词。也就是用驼梁，上立童柱，使柱不着地。"然后式之列图如屋"，相当于剖面示意图。书中列举了架梁式八种，其结构方式与现存江南地区常见的穿斗式相吻合。

"装折"主要指可以安装与拆卸的木制门窗，属于小木作。在功能上起到分隔空间的作用。"假如全房数间，内中隔开可矣。"长隔是装折的一种，一般分为束腰、棂空、平版几部分，《园冶》论述了平版与棂空的比例，说"古之床隔棂版分位定于四六者，观之不亮，依时制，或棂之七八版之二三之间。"《园冶》

不仅强调了榄空部分的面积，使室内光线明亮，又照顾到使用上的方便，使平版之高"约桌几之平高，再高四五寸为最也。"榄空的花格既要有变化，又要照顾到整齐，要做到"曲折有条"、"如端方中须寻曲折，到曲折处还定端方，相间得宜，错综为妙"。在构图上要力求革新，不受老框框的约束，"古以菱花为巧，今以柳叶生奇"，栏杆"古之回文万字，一概屏去"。要合乎时宜，以减便为雅。

"门窗"指的是砖墙上留出的门窗框洞，它和"墙垣"、"铺地"均属于瓦作。门窗框用磨砖砌筑，不仅式样要行时，而且本身起到框景的作用。墙垣"宜石宜砖，宜漏宜磨，各有所制"。主要以"从雅遵时，令人欣赏"为原则。如乱石墙"宜杂假山之间"漏砖墙有"避外隐内"之意，用于需要眺望的地方。大门的照壁，大厅的面墙都可以用磨砖墙。白粉墙江南地区最为常用，书中记述了传统的用纸筋石灰，为使表面光滑细腻，可以用白蜡磨打。当时还出现了新的施工方法，即用黄沙石灰打底，用少量石灰盖面，用麻帚轻擦，同样可以得到明亮鉴人的效果，而且有利于清洁。铺地不仅充分利用破砖废瓦，而且"各式方圆，随宜铺砌"，可以收到很好的效果。

山石是中国园林中的重要内容。对于"少以绘名"最喜爱荆浩、关注山水画的计成，并没有停留在对山石的艺术描述上，却非常重视工程技术方面的内容。"掇山之始，桩木为先。较其短长，察乎虚实"。叠假山首先要考虑打桩，根据地基的虚实情况来决定桩的长短。同时在施工过程中强调了安全，"绳索坚牢，扛抬稳重"，石材的使用，要注意因材致用，"立根铺以龛石，大块满盖桩头"。在木桩上盖满大块的粗石，然后"渐以彼文而加"，使用有皴纹的好石头，使造型瘦漏玲珑。在山石池、峰、岩的叠砌时，部自觉地运用了力的平衡和杠杆原理，《园冶》中称为"平衡法"。在山石池中使四边受力均衡，以免因受力不均而漏水。峰的造型必须上大下小，为取得平衡，须用二三大石封顶。理悬岸"起脚宜小，渐理渐大"，同样用"平衡法"，使悬跳的部分受力均衡，后脚牢固。对于山石的艺术要求，"峭壁贵于直立，悬崖使其后坚，严密洞穴之莫穷，涧壑破矶之俨是"，"蹊径盘且长，峰峦秀而古"。总之掇山胸中要有真山的意境，通过概括、创造，使假山的形象有逼真的感觉。也就是"有真为假，做假

成真"。阁山"宜于山侧，坦平可上，便于登眺，何必梯之"。是建筑与山石结合的很好办法，现存苏州留园冠云楼、扬州个园、承德避暑山庄烟雨楼都使用了这种方法。峭壁山是依墙叠的山石，"借以粉壁为纸，以石为绘也。"这种手法在现存园林中也最常见到。

选石的内容摘自宋杜绾《云林石谱》，原书载有灵璧玉石、青州石、林虑石等一百十六种，计成选择他曾用过的十六种摘记下来。可贵的是计成认为"石无山价，费只人工"，"便宜出水，虽遥千里何妨，日计在人，就近一肩可矣"。他认为"古胜大湖，好事只知花石，时遵图尽，匪人焉识黄山"。说出了他敢于打破常规，提倡就地取材，节省人力，又能创造出各种不同的风格。

借景是中国园林的传统手法。计成认为是"林园之最要者也"。又说"如远借、邻借、仰借、俯借、应时而借。然物情所逗，目寄心期，似意在笔先，几描写之尽哉"。联系计成所说"构园无格，借景有因"的具体内容，士大夫阶级的闲情逸致的思想情调在此流露无遗。

三、成就与糟粕

纵观全书，从园林的整体到局部，从设计原则到具体手法，有条不紊地进行了全面论述，最后以借景结束。在客观上反映了我国古代造园的成就，总结了造园方面的经验，是研究古代建筑和园林的一分重要资料。尽管计成说什么"第园筑之主，犹须什九，而用匠什一"，但书中所反映的成就，正是劳动人民生产实践的记录，在历史上远在《园冶》成书之前就普遍存在着的，并一直延续到现在。但《园冶》起到了综合、归纳和总结提高的作用，必须予以肯定。

《园冶》就造园的成就来说，可归纳为"巧于因借，精在体宜"，"虽由人作，宛自天开"两句话。这两句话的精神贯穿于全书。"巧于因借、精在体宜"是《园冶》一书中最为精辟的论断，它说明建造园林的方法和手段。因借景是我国古代造园的优良传统，只有很好地解决了因地制宜和借景，园林的设计才能算做到得体、合宜。《园冶》说："因者，随基势高下，体形之端正，碍木删丫，泉流石注，互相借资、宜亭斯亭，宜榭斯榭，不妨偏径，置婉转，斯谓精而合宜

者也。"在我国古代园林中，如始建于北宋的苏州沧浪亭，就是以"崇阜广水"称著，这地方原是一片水乡，"积水弥数十亩"，北宋建园时，就是采取"高阜可培，低云宜挖"的方法，取得了"崇阜广水"的效果。又如，建于明代中叶的苏州拙政园，当时这里地势低洼，积水弥漫，建造时利用这个洼地进一步开挖、疏浚。"凡诸亭、槛、台、榭皆因水为面势"，建成以水景为主的园林，具有江南水乡特色。单体建筑如一般住宅的厅堂为三间、五间。《园冶》中说，在园林中"须量地广窄，四间亦可，四间半亦可，再不能展舒，三间半亦可。"并说"深奥曲折，通前达后，全在斯半间中生出幻境也"。这在园林中亦常见到，如苏州留园曲溪楼一带的建筑，灵活自如，几乎分辨不出是几间几架了。

绿化是园林中的重要组成部分。《园冶》虽然没有作专门的论述，但在不少地方涉及绿化内容。《园冶》认为新建的园林，"只可栽杨移竹"因为杨柳、竹生长快，可以很快形成绿化气氛。《园冶》对旧园林的改造也很重视，说"旧园妙于翻造，自然古木繁花"，可以充分利用原来的大树。因为开池叠山，和一些建筑活动是可以在短期内达到的，而大树则要几十年以至上百年才能形成。为了保护树木，在园林建筑时就要因地制宜地处理。如"多年树木，碍筑檐垣，让一步可以立根，斫数桠不妨封顶，斯谓雕栋飞楹构易，荫槐挺玉成难，相成合宜，构园得体。"又如叠山迭石，《园冶》认为"石无山价，费只人工"，最好是"是石堪堆，便山可采"，"到地有山，似当有石"，"就近一肩可矣"。因此"慕闻虚名，钻求旧石"就成为不当的了。

所谓借景，就是把园外的景色有机地组织到园林里来，或在同一个园林里，使各个景区的景色互相借资。在不大的园林里，使用借景的手法，扩大园林空间，丰富景色，无疑是重要的。《园冶》说"借者，园虽别内外，得景则无拘远近"，"极目所至，俗则屏之，嘉则收之"，斯所谓巧而得体者也"。并归纳说有"远借、邻借、仰借、俯借，应时而借"。借景是我国古代园林惯用的手法。见于文献记载的，如白居易《庐山草堂记》中说："山北峰曰香炉峰，寺曰遗爱寺，白乐天见而爱之，面峰腋寺作为草堂"。北宋司马光的独乐园也使用了借景的手法。《独乐园记》中说："洛阳距山不远，而林薄茂密，常若不得见，乃于园中筑

台，屋其上，以望万安镮辕，至于太室，命之日见山台。"又如宋叶梦得《群斋望蒋山》说："忽看北山岭，突入当坐隅，欢言顾之笑，便觉欲崎岖，似我槿篱间，层峦俨相扶……"，生动地写出了借景的内容。借景见于实例的，如始建于北宋中叶的苏州沧浪亭，当年在崇阜山上可以远眺苏州西南的灵岩、天平诸峰，建于明中叶的上海豫园，假山上建有望江亭，可以眺望黄浦江，无锡寄畅园借景于惠山，北京夕园借景于玉泉山，至于清中叶建造的北京颐和园，借景于西山则更是借景的绝好例子。但是把借景的内容从感性认识上升到理性认识，从实践的效果提高到理论的高度，还是计成完成的。借景一词用之于造园也仅见于《园冶》。

"虽由人作、宛自天开"，说明造园所要达到的意境和艺术效果。中国古代园林既然以自然山水为模拟对象，因此园林中的山石、水面建筑、绿化都要以自然的存在为基础，经过概括和提炼，以达到"宛自天开"的境界。所以在园林中叠山就"最忌居中，更宜散漫"，假如在厅堂前叠山，"耸起高高三峰，排列于前"，那就是败笔。亭子是园林中不可少的建筑，但"安亭有式、立基无凭"，亭子既有一定的规式，但建造在什么地方，如何建造，要依周围的环境来决定。我们在苏州拙政园中部远香堂眺望，就至少可以看到六只亭子，可是它们的远近、高低、大小、体形各不相同，与周围的景色组织在一起，就显得丰富而自然。但亭子又不仅是供观赏的，亭者停也，是游览过程中停息的地方，停在这里就要求周围有景色可看，不然"加之以亭，及登一无可望，置之何益，更亦可笑"。廊子是游览的路线，"宜曲宜长则胜"，要"随形而弯，依势而曲，或蟠山腰或穷水际，通花渡壑，蜿蜒无尽"。楼阁"立半山半水之间，有二层三层之说，下望上是楼，山半拟为平屋，更上一层，可穷千里目也。"至于装折也应以"曲折有条，端方非额"。其中心思想也就是要自然，要与模拟自然山水的自然风景园相协调。

造园设计是一种综合性的工程技术与园林建筑艺术，计成作为没落地主阶级的清客和帮闲，故其设计思想不可能脱离其阶级属性。书中所反映的腐朽生活方式和颓废的思想感情，正是工人所"不能喻"的主要内容，在意识形态上反映了农民、手工业者与地主阶级思想意识的对立。

明代造园的园主，有不少是退休失意的官僚，计成为晋陵吴又予建造的园林亦属于这一类。其指导思想就是在有限的空间里建造一个享乐基地。在这里，他们"暖阁偎红，雪煮炉铛涛沸"，在园林中吃喝玩乐。他们所欣赏的是那"片片飞花，丝丝眠柳"。把"晓风杨柳"比喻为"蛮女之纤腰"。他们所爱听的，是那佛寺的"梵音到耳"和"鹤声送来枕上"。更有那"夜雨芭蕉"，把它比喻为"鲛人之泣泪"，再加上"溶溶月色"，"瑟瑟风声"，"俯流玩月"，"坐石品泉"，这样他们就离尘世更远了。在这里他们悠游自在，物质上精神上部得到了满足，填补了空虚。

《园冶》在"借景"中说："因借无由，触情俱是"，"物情所逗，目寄心期"。就是说作者所说的借景内容，反映了他的内心的欲望，使所看到的外界景物，与他的内心的情趣相吻合。所以这些自然景物的取舍，正是没落地主阶级思想感情的流露。计成在借景中所描写的内容，除什么"片片飞花，丝丝眠柳"，"俯流玩月，坐石品泉"之外，就是什么"红衣新浴，碧玉轻敲"，"梧叶忽惊秋落，虫草鸣幽"，"恍来明月美人，却卧雪庐高士"，"风鸦几树夕阳，寒雁数声残月，书窗梦醒，孤影逸吟，锦幛偎红，六花呈端"等。这些所谓借景的内容，正如计成所说的"愈非匠作可为"，只有像他这样的清客、帮闲才能设计得出来。这正是计成自以为高明的地方，也正是我们所要批判的内容。

第五节 《工程做法》评述

一、编辑缘起与内容大意

《工程做法》原编七十四卷，清雍正十二年（1734年）工部刊行，《清会典》著录列入史部政书类。全编大体分为各种房屋建筑工程做法条例与应用料例工限（工料定额）两部分，自土木瓦石、搭材起重、油饰彩画、铜铁活安装、裱糊工程，各有专业条款规定与应用工料名例额限，大木作并附屋架侧样简图二十余幅示意。由清朝工部会同内务府主编，自雍正九年开始"详拟做法工料，访察物价"，历时三年编成。这部书在当时是作为宫廷（宫殿"内工"）和地方"外工"一切房屋营造工程定式"条例"而颁布的，目的在于统一房屋营造标准，加强工程管理制度，同时又是主管部门审查工程做法、验收核销工料经费的文书依据。后在乾隆元年更重新编定了《物料价值》一书，与《工程做法》相辅。《工程做法》应用范围主要是针对官工"营建坛庙、宫殿、仓库、城垣、寺庙、王府一切房屋油画裱糊等工程"而设，"修理工程仍照旧制尺寸式样办理"，不在此编新修订条例的范围。对于民间房舍修建，固然无关经费开支，实际上则起着建筑法规的监督限制作用，与《清会典·工部门》所载"房屋营建规则"各条密切关联，如同刑法"律"与"例"之别，《工程做法》属于"事例"一类。直到清朝灭亡以后，犹有称之为"工部律"的，说明这部官书当年所具有的作用与影响。

全书内容重点放在官工。卷前"题本"说得明白："臣部各项工程，一切营建制造多关经制，其规度既不可不详，而钱粮尤不可不慎……营造工程之等第、物料之精粗，悉按现定规则逐细较定，注载做法，俾得了然，庶无浮克。"所谓"经制"、"规度"、"等第"，就是封建礼法，等级制度；"钱粮"是指经费（清代征税以银钱粮米为主）。总之，是要求重视工程的等第规度，还必须掌握经费开支，防止贪占侵冒，保证工程质量，符合基本要求标准为终极目的。

封建社会，统治阶级强调尊卑贵贱，宫室建筑与车舆服色并重，都有等级制度。《工程做法》作为一代官工营造规范，内容虽以工程技术为主，实质精神总未离开等级关系原则。

首先，对房屋建筑划为大式、小式两种做法，明确标志着建筑的等差关系。全编包括二十七种不同类型的房屋建筑范例，订为大式做法的二十三例，小式做法仅四例。名谓分大小，数量有多少之分，并不单纯像通常所说的建筑规模大小而已。着意重点在于揭示这些建筑物，从结构造型到装饰彩色，既有形制上的限制，也有物料良窳、造作粗细等质量上的差别，限制条例本于《会典》，实质精神不离根本。开卷庑殿、歇山转角三例，属于宫殿、官修寺庙或王府建筑体制，川堂（穿堂、穿廊）为工宇殿组成部分，转角房即周庑（周廊）四隅转角，方、圆亭，楼房多建在宫苑游憩之所，城阙角楼设在城防，用以外围安全警卫。这类建筑物本身或有大小繁简之别，就建筑体制而言，均不是民间所能修建。小式建筑用于民房的，在外观造型上固然也有硬山、悬山或卷棚各种形式，具体而微，无论建筑规模、工料质量，都不能与官工大式相比拟，大小精粗，对比是很鲜明的。宫殿内部同样存在名例等差，但与对民间的限制则有着实质性的差别。

其次，关于建筑间数与间架限制问题，封建统治阶级历来视为关系等级名分的重大问题。建筑间数多寡、间架结构繁简，标志着使用者的身份地位，封建朝代各有禁限条例。明清尤为严格，明文载在《会典》。明清宫殿建筑以九间为尊，故宫太和殿（明代的皇极殿）、昌平明长陵祾恩殿（永乐朱棣墓大殿），大小间架结构同属九开间做法。属于最高体制，除宗庙前殿（今劳动人民文化宫）构制相同，其余宫殿极少采用。平民房舍多不过三间，即官僚宅第也不许超越三五间数，随名分地位各有定制。《工程做法》对此虽无明文规定，但大木作各卷涉及间架部署，名件规格尺寸，都标有明、次、梢间名称与间架深广丈尺。各种房屋做法的标题，首先标注应用檩数多少，作为大、小式做法的区别。庑殿、歇山房之例，九或七檩做法。间架数目虽然没有明确，按明、次、梢间位序称呼，至少是五开间做法才可以这样划分。一般长方形的房屋，房间多的，明间居中，梢间末尾，位序称谓是固定的。次间夹在明、梢间之间，可多可少，次间多的由明间左右中分，分别称为左、右一、二次间，常根据房屋间数需要情况加以增减。《工程做法》所以按五间为例未作硬性规定，是考虑到建筑间数随利用对象、建筑性质常有变化，给设计预留伸缩余地，实际对建筑规制限条毫未忽略。

另外，上文说的《钱粮》问题，归根结底要求严格控制工程经费，加强工料定额管理制度。这个问题涉及封建统治阶级的切身利益，防范经手官吏从中浮支冒领、勒索克扣，影响工程质量。《工程做法》在工料应用限额方面几乎占了全书过半的篇幅，有的条款比宋《营造法式》所规定尤为严密具体。清代官工使用物料绝大部分是由官方仓库支领的。对于官发材料的关防制度更为严密，如：建筑木材大宗用料，设计要求成材，规格尺寸分厘必较。原木加工，订有加荒规划，圆木割方预先已将表皮利用率考虑在内，制材大小，出材率由75%～70%各有具体规定。油画治用的金箔属于稀有金属材料，按彩饰线路、花纹长短宽窄尺寸估算验收，加耗量有限。又如宫殿所用铺地金砖（细泥精制砖），由苏州附近设立专厂烧造，正、副砖一式两份，其中一

份留为备用；临清（山东省）城砖都是通过运河由运粮船捎带北运，且订有退赔损失条款，加重人民负担。所谓"庶无浮克"，表面上是防范官吏、杜绝漏洞。实际上是利用限额估工，形成条例，对工匠实行高压政策则正是封建统治阶级惯用的一套公开手法。工程定额的制订，起初原是劳动人民本于长期实践经验的积累，根据手工操作，常人力所及为标准（平均先进定额），逐步实验，逐步改进，日久形成行业内部相互促励的劳动准则。封建统治阶级利用为督课劳动人民程功限料的工具，甚至采取延长工时、罚工赔料，横加盘剥压榨，加重了对劳动人民身心的危害。如清朝这种情况关键不在定额本身，从清代万历年遗留的工程档册，单方用工用料根据《工程做法》限额规定，毫无差错，事实上加大工程环节、项目、不熟习工程，一般轻易看不出破绽，到了清朝晚期社会上流传的官工修造"三成到工"，充分暴露出当时官场贪污腐化的现象，虽有定额之限，几乎等于形式。

从全书所设的建筑材料名目看，绝大部分属于官工所用，一般地方所产如石灰、砂土之类，官设灰窑常年烧造，采办大石材分在易县大石窝、西山、盘山一带设有专厂，大宗楠、杉、松材来源于江南湖广、川贵各省，年有征额。金箔、颜料、桐油、绫罗缎匹、铅锡大量用于装饰工程和烧造琉璃瓦料。琉璃窑场起先设在和平门外琉璃厂街，后迁移到京西城子村。这些建材统于官府筹办。其他如金砖、城砖之类，都不是民间建筑可用。见于《物料价值则例》的，都是专门供应官工营造所用的，有的本身就是一种专门工艺制作，如丝绸、琉璃都具有悠久的历史传统。

清代工匠制度，初年即废除明代的"班匠"轮役，改行雇役制。专业分工见于《工程做法》的包括大木作、装修作（门窗隔扇，小木作）、石作、瓦作、土作（土功）、搭材作（架子工、扎杉、棚匠）、铜铁作、油作（油漆作）、画作（彩画作）、裱糊作等十一个专业，按专业工种细分，又有雕銮匠（木雕花活）、菱花匠（门窗隔扇雕作菱花心）、锯匠（解锯大木）、锭铰匠（铜、铁活安装）、砍凿匠（雕砖，花匠）、镟花匠（裱糊作、墙面贴落、顶隔上顶花镟花岔角、中心团花）、夯硪（木夯、铁硪）夫（土功夯筑、下地丁、打桩）、窑匠（琉璃窑匠，配合瓦工查点琉璃脊瓦料）等工，连以上各作的工匠总约二十多个工种，专业分工与宋《营造法式》

所载门类大致相仿。《营造法式》油画不分，清代辟为专业，与彩画并重。油饰工程的大量施用，从故宫实例所见，发展起始在明代已然。至于建材制作加工以外，如木装修用的铜铁件。铞镊花纹以及装修附件的雕镂、镶嵌、金玉、珐琅、缂丝、织绣等美术工艺，多与建筑有着密切连带的关系，还不包括建筑专业范围。集中多种技术工艺纳于官工，其中绝大多数又都是为宫廷"内工"服务的，不是民间修建所可想望的。清代宫苑建筑集于北京城郊，工匠来自外省者多，在京瓦匠分为四城、海淀五大区；石工分曲阳、武强两地；木工、油工多来自冀县、衡水一带；画工最早来于山西、江南各省。元明时代，官工营造即有南匠、北匠两大流派，清代则以北匠为多。到了乾隆年间，宫殿园林修建频繁，集中多种技术工艺，并在圆明园添设"内工部"，由"样式雷"一家主办建筑设计，皇宫原有"造办处"承应日常零修工程。通过官工连年不断的大小工程，对于传统技术工艺的经验交流，推广传播，起了一定的促进作用。

《工程做法》在清宫刊工籍中最先出现，内容包罗多方面，当时必然有所取资才能速于成编。明清两代直接延续，前朝事例旧档犹多可考。承办官工设计的"样式雷"家自明万历年间即在内府供役。大木匠梁九师承冯巧，瓦作马天禄、李保等匠作高手，康熙年间两修太和殿都曾亲予其役。二次再建工程（康熙三十六年完成），梁九且以"掌握尺寸匠"身份始终主持施工现场。这些老匠师久历宫廷大工，其所亲验传授必然会在当时行业中应用流传。《工部做法》因袭利用或有所删订增补，原属轻而易举之事。从全编事例规定，参较明清宫观实物，其间脉络持续，往往可通。即后来《营造算例》所本各种抄册当中，仍然间杂明代工程遗例。最明显的，清代官工物料名制规格，产地供应多本于明代所行，直接引录于明《工部厂库须知》一书，可见此编渊源所本。其他，《内廷工程做法》（编于雍正九年专为"内工"而设，没有公开刊行），《物料价值》，工部、户部《则例》一类，又都根据《工程做法》派生或直接因循明代旧例成案加以变通而来。代表着一代官工经营管理制度，匠家规矩制作也往往由此而传播。我们今天所以对这部官修政书加以评价，正因为它是劳动人民在建筑工程技术方面长期实践经验的总结，代表一个历史时期建筑

技术成就，采精去芜，发扬其长，对于古建筑的维修保护，特别是明清故宫建筑的修缮工程，仍然具有一定参考价值。

这部书编辑体例以文字说明为主，极少附图。建筑各作做法，采取条例规程与范例相结合的办法逐款对照说明，基本是按建筑先后安装顺序，由下而上，挨次连贯排列的，既有条例，又有具体尺寸，可以相互对证。虽然缺乏详图，熟于其事者按照文字叙述尺寸，仍然不难制作成型。《工程做法》编辑主旨是作为官工建筑设计通用规范而制订的，对于工程具体操作方法，则多从略，诸如，大木划线方法，瓦作砌筑技术，彩画图案设色布彩，界划规矩，油饰工艺流程等都没有详细说明。实际上属于实地操作方面的各种规矩要求，一向多掌握在专业匠师，工序繁复，又非文字所能形容，而且师徒授受，流派不一，精巧固滞，难归一致，官书所以只列大规矩，不求细节，有其一定原因。

北京故宫是明清封建王朝的大本营，官工经营的重点，建筑规模大，建筑类型多而集中，结构制作，色彩装饰，前后时代各具特征。《工程做法》编在清代，而沿袭于前朝者颇多迹象可寻。近年通过维修工程所见，如大木榫卯衔接、屋顶垫层防潮防腐处理、地下基础砌筑情况、雨水排泄沟道分布等，明清做法互有异同。具体工程做法存有实例的，官书也有载漏。如柱木本身就有收分、安装有生（侧脚，俗称掰生）。瓦作调大脊，两头微有翘起，铺瓦随坡势垫昂。画活设色敷彩，上下檐画法轻重有别。油工地仗、涂油层次，调料分阴阳向背，传统手法至今沿用。这些细节都不见于《工程做法》。其余，护脊锡背，铜瓦、铜天沟、屋面板涂"油满"，高丽纸溜缝办法，也有的为官书所略。至于有些具体做法，在清朝前后期即有变化的，必须参照各编结合实物例证进行比较，弄清其间原委关系，辨别利害优缺。

二、建筑技术

我国古代房屋建筑，造型艺术丰富多彩，技术工艺具有高度发展水平，数千年来，嬗递演进，脉理秩然可通。清代营造工程在悠久的历史传统基础上，随着社会经济文化的发展，演绎会通，续有发挥，《工

程做法》正是在广泛汲取劳动人民长期实践经验的基础上进一步的总结。对于清代建筑工程技术、工艺美术的发展起着促进的作用。全编所示建筑范例，大抵不出历史传统几种基本形式范畴。限于宫殿、寺庙或王府使用的庑殿、歇山转角，建筑体制最高，属于大式做法，在宫殿所用，又称为"殿式"。庑殿，五脊四坡顶，古所谓"四阿"或"四注"顶，《营造法式》又称为"五脊殿"或"吴殿"。歇山转角，九脊，前后两大坡，两山垂直下接半坡与前后坡转角联为一体，包括当中正脊、两山垂脊与四角戗脊共九条脊，即《营造法式》"厦两头造"的"九脊殿"，又称"曹殿"、"汉殿"。歇山、庑殿都是汉唐宫苑常用的建筑形式。其余，硬山房源于古代"两下五架"做法，前后两坡，屋盖两梢檩木搭至山墙为止；其有挑出山墙以外檩头悬空的称为挑山或悬山，《营造法式》称为"两山出际"做法。另一种卷棚顶，圆背不起脊，也叫元宝顶或过垄脊，两山也可做成硬山、悬山或歇山转角做法。建筑上这种分类主要是以屋顶构造形式而定称的。全编各种建筑物，以单座通用做法为主，有关建筑群体组合位置部署之法，没有示例说明。这些建筑物从外观体型大体可归纳为三大类：上列各种属于长方形体，最显著的变化是屋顶形式的多样化；方、圆形体大至方殿、圆殿（原书未举例），小如方亭、圆亭，各成一体。方圆规矩是一种形式的根本，仅举两种基本做法，其他六角、八角、等边多角、诸种奇巧变体，一概从略。垂花门一例也只是一般做法。至于城阙角楼，形制虽较繁复，基本仍是房座规矩。

大小式建筑，两种做法，征象显而易见的约有以下数点，并见表15-5-1。

（1）庑殿、歇山转角两种属于大式最高体例，大木结构都带有斗科做法（个别例外），屋盖重檐造的居多数，原书三例均为单檐造，未举重檐例。斗科名类十一种，大木作各座示例仅举六种。小式建筑限于条例不许使用斗科。

（2）大式建筑，间架结构一般在殿身外围出廊造，或仅前后檐出廊子，或前檐出廊，后檐不出廊。周围廊即《法式》"副阶周匝"做法。廊子有明廊、内廊之分。小式建筑在体制上无周围廊做法。

（3）大式屋盖做法，自庑殿、歇山转角、挑山、悬山、硬山、卷棚各式，方、圆、多角亭，曲尺转角房、川堂（穿

廊、宁廊）歇山或披山形式，或于檐下又接披檐，多种形式都可采用。小式仅限于硬山、悬山和卷棚数种，绝不许可使用庑殿、歇山转角做法。

（4）屋盖使用檩木多少，关系到房屋的深浅程度，屋深有限制涉及间架（梁架）结构制度，与间数限制有连带关系。在维护封建统治阶级利益"上可兼下，下不得似上"的前提下，大式建筑由最少三檩可以多到十一檩做法（太和殿为十三檩，是一特例），小式房屋多不过六七檩，一般三、四、五檩的居多数。

（5）屋盖檐宇做法，大式有单檐造、重檐造，或重檐三滴水造，或于上下檐间添加平台（平座）以至种种复杂形式；檐头使檐椽、飞檐椽、双重椽子。小式限于单檐，更不许造作飞檐攒角。

至于门窗装修、外表装饰色彩各方面，如菱花门窗、镀金事件、朱红油漆、玉石栏杆、黄色琉璃，特别是龙凤走飞、珍禽异兽各种奇巧纹样的雕饰，都被列为宫殿专门制度，王府以下至于宅第、民舍，递有降格。总之，书列各种型类做法，除小式数例，绝大部分都是属于统治阶级所利用的。一应条例规定，物料名例也都是本着这种建筑的需求条件而制订的。

为了便于叙述，概括介绍古建房屋构造情况。单体房座，不论大式或小式做法，从外观造型大致可划分为上中下三段落，匠作通称为上中下三停，即台基、柱木装修与墙身、房盖三部分。台基（或称台阶）是房屋下面的底座，露在地表以上用砖石包砌起来的部分，通称台明；埋在地皮以下的那一部分称为埋深；最下是夯筑灰土垫层，也属于基础的一部分。台基以上（包括台明埋深以内的砖磉墩、拦土墙、垫层和填厢的灰土或素土）便是构成房屋空间立体的大木骨架——间架结构，由柱木梁枋檩椽等多种构件按一定方式架构而成；梁架以上檩椽架空又是屋盖部分的内部骨架。自横梁以上也叫上架，柱木与装修则称下架。上架头顶铺钉望板、苫灰泥背、铺瓦，通称瓦顶或头停铺瓦，用避风雨、防寒暑。房身外围柱木间安装门窗隔扇，术语称为装修（有内外檐之分），或砖砌墙垣（一般前檐明次间安装修，其余三面砌墙）。两山砖墙称为山墙，窗下为槛墙，后檐为后檐墙，都是限隔室内外的围护体。门窗纳光通风，门又是出入口。这三大部分构成房座整体，各部组成之间具有密切内在联系，而且具有一定的权衡比例关系。

表 15-5-1

建筑	结构做法				
分类	屋顶形制	出廊	斗科	斗科材分（营造尺）	附注
大木大式建筑	九檩单檐庑殿	周围廊	单翘重昂	二寸五分	
	九檩歇山转角	前后廊	单翘单昂	三寸	
	七檩歇山转角	周围廊	斗口重昂	二寸五分	
	九檩楼房（硬山造）	前后廊			
	七檩转角房				
	六檩转角房	前出廊			
	九檩大木（硬山或悬山造）				铺布瓦
	八檩卷棚（硬山或悬山造）	前出廊			铺布瓦
	七檩大木（硬山造）	前后廊			两山山柱式做法铺布瓦
	六檩大木（硬山或悬山造）	前出廊			同上
	五檩大木（硬山或悬山造）				同上
	四檩卷棚（硬山或歇山造）				铺布瓦
	五檩川堂（随前后房掀山或歇山造）				同上
	七檩三滴水歇山正楼	下檐：周围廊平台：周围廊	下檐：斗口单昂平台：五材品字科中覆檐：斗口单昂上覆檐：斗口重昂	四寸四寸四寸四寸五分	室内上顶海漫天花
	七檩重檐歇山转角楼前接檐一檩转角雨搭，雨搭前接檐三檩转角庑座		下檐：一斗三升上檐：单翘单昂	四寸四寸	

续表

建筑	结构做法				
分类	屋顶形制	出廊	斗科	斗科材分 （营造尺）	附注
大木大式建筑	七檩歇山箭楼前接檐二檩雨搭，雨搭前接檐四檩庑座		下檐：一斗三升 上檐：斗口单昂	四寸 四寸	
	五檩歇山转角闸楼				中柱式做法
	五檩硬山闸楼				
	十一檩挑山仓房				
	七檩硬山封护檐库房				
	三檩垂花门（悬山造）		（檩缝）一斗三升	一寸五分	中柱式做法
	方亭大木（四角攒尖方亭）		斗科		
	圆亭大木（六柱圆亭）		斗科		
大木小式建筑	七檩小式大木（硬山或悬山造）	前后廊			两山山柱式做法 铺布瓦
	六檩小式大木（硬山或悬山造）	前出廊			同上
	五檩小式大木（硬山或悬山造）				同上
	四檩卷棚小式大木				

三、大木作

（一）斗口材分制

古建房屋，间架结构以木材为主，工匠通称为大木架，专业分工属于大木作。大木构材，规格多种，大部是分件加工预制，然后组合安装的。组合方法基本上采用榫卯连接办法。组为一个整体，就要求规格严谨，尺寸准确，而且全部工程木材消耗量又占很大比重，简材定料，合理运用，非有周密计划统一标准不易成功。劳动人民在长期的实践中很早就重视这个问题。"夫大匠之为宫室也，景大小而知材木矣"（《吕氏春秋》）；"构大厦者，先择匠而后简材"（《傅子》）。材，即木梃；简，即简选、简拔；木劲直可入于用者为材，即原木经过加工具有一定规格的熟料、成材（原木为生材）。唐朝人所谓橦，方三尺五寸，意即制材的一种丈量标准（《说文解字注》），若清代制材规格之分七、八、九尺丈节（断面 0.7 尺 ×1.0 尺）。宋《营造法式》载："构屋之制，以材为祖，材分八等，度屋之大小因而用之"，"划订材为多种规格尺寸，称为材分"（读如份数之份），进一步发展为木构建筑统一用材标准。材有单材、足材，又有材与栔的细别。材一般指单材而言，材上加栔即为足材。材的断面规格为长方形，以材高分为十五分，以十分为其宽，断面规格与材相同，高六分，宽四分，材上加栔——足材通高二十一分。八等材每等分数尺寸不一，自最小每分 0.03 宋尺，至最大每分 0.6 尺，基本上每增减 0.05 尺即为一等（第四等材每分 0.048 尺，五等材每分 0.044 尺例外）。凡建筑各部权衡比例，构件大小尺寸，割截卷杀分数，各有规定，利用材栔高分作为度量标准单位（间或用具体尺寸表示）。设计时按照标定要求分数逐一换算，便可求出全部建筑具体应用尺寸，准一律百，纲举目张，划一建筑规格，基本趋于定型化，简化了设计实施程序，有利于建筑技术广行传播，是劳动人民创造的成果。

清工部《工程做法》斗口材分的制订，仍然是源于《营造法式》材分的规定进一步演化发展而来（明初官工实例如故宫神武门、西华门等斗科做法犹多保留宋代手法）。清制材分标准改称斗口，简称口分或

口数。斗口材分等第分十一等（图 15-5-1），头等材宽 0.6 营造尺，二等材宽 0.55 尺，至最小十一等材宽 0.1 尺，每降一等减少 0.05 尺，即以五分进率的等差级数制。材分等次比《营造法式》增多，级数划一，直接以尺寸表示，减少换算程序，也避免出现过多的奇零尾数，对建筑设计提供了更多的便利（表 15-5-2）。材第划分方法一如宋制，仅在说法上改称斗口，即按照斗科大斗迎面安放翘昂的豁口宽度为标准单位。《营造法式》利用材 高度为法，此则改按材宽为准，稍有不同。所谓斗口，实际也就是标准构件（标准枋，工匠俗称"料头"）的断面宽度。清制材的断面规格与《营造法式》完全相同，都是长方形，也有单材、足材之分。《营造法式》单材宽高比为 1∶1.5，此则改为 1∶1.4，稍有差别。由于单材的变化，足材高度也随之由原高二十一分而降低一分，宽高比为 1∶2，改成整数。初步试算，单材断面尺寸比较宋制约缩小4.7%，足材约缩小6.67%。宋清尺制固然微有出入（宋三司布帛尺折合 0.317 米，清营造尺折合 0.32 米），材分断面仍然有个微数差别，这种变动应当说是带有根本性的一种积极措施。第一，使材分基本分数化零为整，便于设计估算，也有利于施工现场掌握，避免反复折算出现尾数过多造成差错；第二，从经济角度考虑，材分断面减小，节约材木，其他一系列的人工物料也相应地减少消耗，降低工程成本。另外，材栔之间的微小变化，同样可以看出在材分使用上所持的慎重态度。《营造法式》所谓栔，其高分也是散斗或齐心斗（清制三才升与槽升或十八斗）㪢与平（升腰与升底）的合高，清制废除栔的名称直称栱眼，这部分高度并未变动，与单材合计即足材之高；就足材身宽，当栔部位两侧各刻进三分，下余四分即为栔宽，清制栱眼部位各刻进二分（0.2 斗口），比《营造法式》剜刻的少，形式上等于又将栔的宽度放大了。其实这种变动并不影响材栔规格，只是局部剜刻深浅之差，尽量减少斧凿以免材木伤损。其余如升底斜抹八字（不做卷杀）也都比照这个分数收进二分（0.2 斗口；大斗加倍），省工、保料出于同一考虑。

清宫式建筑材分应用，等第虽多，但从全编示例与实物所见，并不是每等都采用。常见的多在第四等材以下各种，如城阙角楼等高空建筑，最大用到四、五等材——斗口 0.45 ~ 0.4 尺；平地房屋最

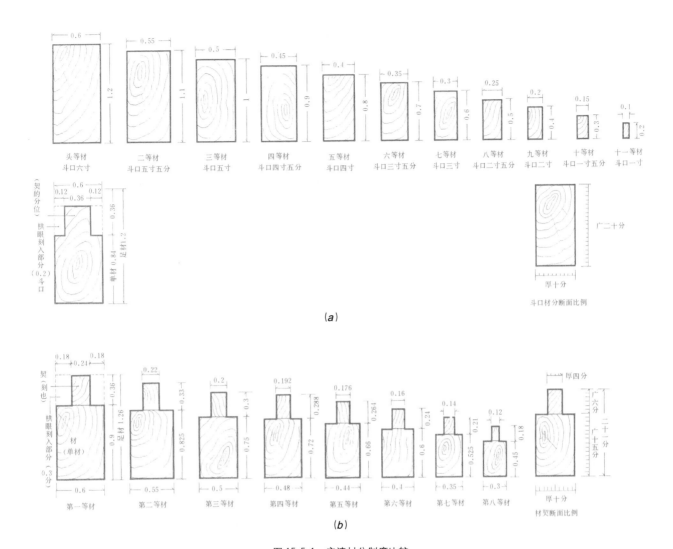

图 15-5-1 宋清材分制度比较

(a) 清工部《工程做法》"斗口"材分制度（标准方材断面宽度，斗口材分断面规格分为十一等材——以营造尺为单位）；
(b) 宋《营造法式》材分制度（材分八等——以三司布帛尺为单位）

大不过七、八等材——斗口 0.3～0.25 尺；一般使用斗口 0.25～0.2 尺的居多。垂花门，方、圆亭类矮小建筑采用斗口 0.15 尺的为最小材分，第十一等材，一寸斗口例，在房屋少见。《营造法式》小木作有二寸八分材，寸五、寸二、一寸、五六分材各种，《工部做法》未见引录。清制装修——小木作构材定分以檐柱直径为法，不直接用斗口计量。另外，晚清光绪十五年重修太和门工程设计图样说明正门斗口材分 0.32 尺（实测 9 厘米，折合 2.8 营造寸），两侧昭德、贞度门用 0.26 尺，除南庑斗口材分 0.25 尺外，门座用材都不符合材分等第规定，当是后来一种变通例子。太和门是太和殿的正门，太和殿斗口材分 0.3 尺，正门为 0.28 尺，两侧门 0.26 尺。

南庑为太和殿周围廊庑一部分，用 0.25 尺材，依次降杀，反映出建筑体制严明的等差关系。清制斗口材分与《营造法式》同样都是基于斗栱构材发展而来，但在应用上清制更较严格，专限于大木大式带斗科做法的建筑，大式不带斗科做法和小式大木则直接应用营造尺制为度量标准单位。

材分应用为了便于按类统系，简化繁复折算手续，针对具体情况也常有灵活变通，例如大式带斗科房屋，一般都使用翘昂斗科做法，对于这种房屋面阔进深——地盘（间架柱位平面布置）定分方法，即改按斗科安装攒数（斗科每攒规定通宽 11 斗口）作为定分标准单位，不用斗口表示，因为房屋外檐四围所用斗科本身即有柱头、转角与平身科三种类型，柱头转角各有定

宋、清建筑大木材分制对照表 表 15-5-2

材分等第		材分规格尺寸			清材分制（营造尺）	
		宋材分制（宋尺）				
		材（单材）断面宽高 比例：10:15分	契断面宽高 比例：4:6分	足材 材上加契 通高21分	单材断面宽高 比例：1:1.4斗口	足材断面宽高 比例：1:2斗口
大木作制度	第一等材	每分 0.06／2 0.6×0.9	(0.24×0.36)	(1.26)	斗口 0.6 尺 0.6×0.84	0.6×1.2
	第二等材	每分 0.055／2 0.55×0.825	(0.22×0.33)	(1.155)	斗口 0.55／2 0.55×0.77	0.55×1.1
	第三等材	每分 0.05／2 0.5×0.75	(0.2×0.3)	(1.05)	斗口 0.5 尺 0.5×0.7	0.5×1.0
	第四等材	每分 0.048 尺 0.48×0.27	(0.192×0.288)	(1.008)	斗口 0.45 尺 0.45×0.63	0.45×0.9
	第五等材	每分 0.044 尺 0.44×0.66	(0.176×0.264)	(0.924)	斗口 0.4 尺 0.4×0.56	0.4×0.8
	第六等材	每分 0.04 尺 0.4×0.6	(0.16×0.24)	(0.84)	斗口 0.35／2 0.35×0.49	0.35×0.7
	第七等材	每分 0.035 尺 0.35×0.525	(0.14×0.21)	(0.735)	斗口 0.3 尺 0.3×0.42	0.3×0.6
	第八等材	每分 0.03／2 0.3×0.45	(0.12×0.18)	(0.63)	斗口 0.25／2 0.25×0.35	0.25×0.5
	第九等材				斗口 0.2 尺 0.2×0.28	0.2×0.4
	第十等材				斗口 0.15 尺 0.15×0.21	0.15×0.3
	第十一等材				斗口 0.1 尺 0.1×0.14	0.1×0.2

位，每间平身科安装攒数多少，常随间架分缝宽窄（开间间距）各不相同，由最少一攒多至三、四、五、六攒不等，若统以斗口度量，过于繁琐也不容易马上弄清斗科分档远近，数量多少，换算起来出现尾数畸零，增加施工困难，方法略为变通，设计估算两有裨益。按翘昂斗科每攒实际通宽9.6斗口（一斗二升交麻叶与一斗三升斗科每攒实宽6.6斗口，规定宽度为8斗口。用在城阙角楼的翘昂斗科，口分较大，安装攒数比较疏朗，规定攒数为12斗口），相邻两攒之间通按规定分数11斗口分档，中间敷余1.4斗口空隙，可容纳一个三方升位置而有余。清制斗科安装数量过密（明初建筑实例尚不尽如此），这种规定主要根据当时建筑的具体条件而考虑的，作为定型设计，力求规格统一，简便易行。

对于房屋仔角梁、老角梁、由戗、椽、望板、连檐瓦口之类，则改用檐椽直径（椽径根据檩径定分）为准，这类构件细小繁杂，若以斗口折算，尾数常在分厘以下，统一改用椽径为标准，纳于屋盖用材一类，更有利于掌握。至于大木骨材柱、额梁栋用材、间架、步距、举折、出际分数等，定分依据统以斗口为法，间以尺寸数字结合并用。各种柱木由檐柱径6斗口作为定分起点，老檐柱（或称金柱）、内里金柱或中柱等，每进深一步递次增大0.2尺，如檐柱径6斗口，金柱径即6斗口+0.2尺，其余类推。应减小的方法相仿，如小额枋高4斗口，宽4斗口−0.2尺。加减二寸这个数字如同一个辅助附加系数，不论斗口材分具体尺寸大小，都用此固定数增减调整，主要用在大木构件断面规格定分。其余瓦石工程大式做法对于山出檐进、基础码磉、石活安砌，每有预留金边（尽头边缘宽度），除取准斗口分数丈量以外，也常用增减二寸方法来处理，整齐划一，也便于记忆，是瓦木石作通行的一种传统规矩，在小式做法则改用一寸五分之数，以区别于大式。

（二）地盘定分法（间架柱位平面布局）

古建房屋，外观造型一般取决于建筑地盘布局形式，随方就方，随圆就圆，故而奇巧者比较罕见。大木结构利用材木横平竖直架构成间，条理自然。地盘的布局又常根据屋架侧样（侧面图）结构方式

为准则，历来是由大木作统一考虑计划，称为面阔进深的定分，列为大木结构首要地位。其余瓦石土功关键尺寸所出，一依大木为本，现场施工仍然由大木匠掌握尺寸，总领其成，由于木构建筑特点，历史传统形成了这种分工关系。古建房屋造型多种，基本不离方圆规矩，演化日巧，形态百出，地盘布局由正方、长方、菱形，而曲尺、工字、字；正圆、扇面，至等边多角（六角、八角），或如梅花五瓣，或者三卷、五卷，前后搭接、曲折迂回、骈联一体，三合、四合组成院落。这种由单一趋于复杂形式的设计，或用于居室，或用于园林，构成了我国古代建筑独特的艺术风格。

《工程做法》重在官工通行体例，编中示例以方正谨严为主，极少奇巧造作。方圆亭、垂花门以外，绝大多数属于长方形体。这种形制广泛应用于官工、民居，历来被认为是一种常规格式。主要由于梁架组成形式所限，间架接续以横向延展最为简便，日久广行通用。但在封建社会，建筑间架多寡，被视为关乎礼法重大问题，订有种种禁条，形式相仿，间架有限，涂抹上一层政治色彩束缚了劳动人民无限的创造力。建筑地盘面阔进深设计方法，大小式做法，标准依据不一，有以安装斗科攒数多少为准而定分做法，标准依据不一，有以安装斗科攒数多少为准而定分的，有直接以通用尺度表示的，或以檐柱高度求开间面阔或以面阔而定柱高，总以大木间架布置方法为根本。《工程做法》所谓面阔进深定分，也就是对于间架柱位落在地盘平面纵横间距尺度的定分。面阔一般是指间面阔而言，即房屋迎面、左右檐柱、中心至中心之间的档距，房屋两侧面（山面）前后檐柱中心至中心的距离即房屋的深度，称为进深（或入深）。迎面数间一顺相连，或有左右廊子，合计则为通面阔。两山单独成间或分成数间带前后廊子的，合计即为通进深。间数配备最少是单间，多有三五间、七九间不等，间架面阔定分，首以当中一间即明间为准，其余照明间递次减小，廊子不包括正身间数以内，另外核计。如周围廊做法，两山分成三大间（称为"显三间"），或大木中柱式做法前后隔成两间的，一般都是按分档匀分。就山面而言，也称为面阔、两山明间、两山次间面阔，如不分间仍称为进深，以免与前后檐

相混。大木大式建筑面阔进深定分方法，大致分为两种情况：①带斗科做法，按照所用斗科攒数多少，以每攒规定的通宽口分11斗口为标准，乘以斗科攒数即得间面阔度分数；②不带斗科做法或大木小式做法，即以营造尺寸直接定规。原编庑殿、歇山房三例，其中带周围廊做法两例，设计规定安装翘昂斗科，应用材分2.5寸作为全部建筑统一用材标准单位。假定五开间做法（图15-5-2）明间面阔为主，安装斗科七攒，内包括平身科六攒，两边柱头科各按半攒计，得间面阔（7攒×11斗口×0.25尺=77斗口=19.25尺）阔度77斗口，具体尺寸19.25尺。左右次间、梢间照明间依次递减斗科通宽一分。四角廊子一般以斗科通宽两分为率。两山进深定分与迎面面阔相仿，如为显三间做法，三间匀分各按斗科四攒宽，前后廊同迎面左右廊法。歇山例两山不分间，按斗科九攒宽定分。明间与山明间斗科空档必须坐中，取其左右匀称，也就是设计时要考虑明间平身斗科不论安装多少必须用双数，不能用单数。歇山例，明间按斗科五攒定面阔，除去两边柱头科各半攒，共一攒宽，平身科为四攒，即据此原则而定，主要是从美观整齐出发（明间檐、飞椽，铺琉璃瓦，一律要求空档坐中，形成一种常规）。至于两山显三间做法平身斗科均为单数则为例外。现按五间例列成简表说明其定分方法（表15-5-3～表15-5-5）。

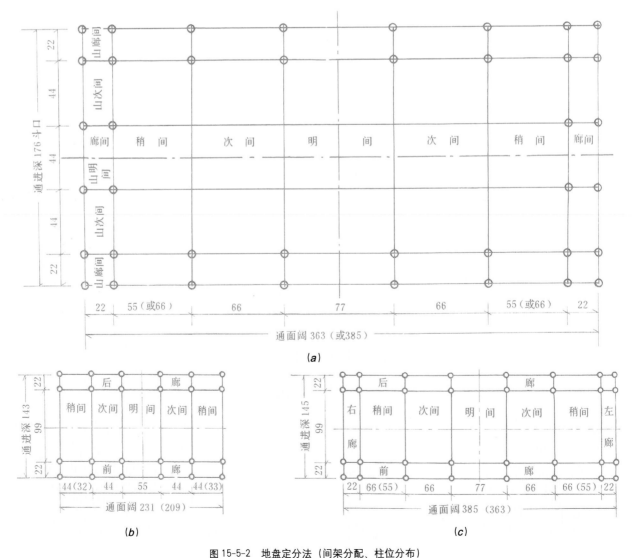

图15-5-2 地盘定分法（间架分配、柱位分布）

(a) 九檩庑殿周围廊单翘重昂斗科——斗口二寸五分大木做法；(b) 九檩歇山转角前后廊单翘单昂斗科——斗口三寸大木做法；(c) 七檩歇山转角周围廊重昂斗科——斗口二寸五分大木做法

庑殿、歇山转角周围廊做法（按五开间计）　　　　　　　　　　　　表 15-5-3

明间面阔	按斗科 7 攒定分 （每攒通宽 11 斗口）	计 77 斗口	按每斗口 0.25 尺换算成营 造尺计 19.25 尺（6.16 米）
两次间面阔	各按 6 攒定分	各计 66 斗口	各 16.5 尺（5.28 米）
两梢间面阔	各按 6 攒或 5 攒定分	各计 66 斗口或 55 斗口	各 16.5 尺（5.28 米） 或 13.75 尺（4.4 米）
左右廊子面阔	各按 2 攒定分	各计 22 斗口	各 5.5 尺（1.76 米）

歇山转角前后廊做法（按五开间计）　　　　　　　　　　　　表 15-5-4

通面阔	合计 35 或 33 攒	合计 385 或 363 斗口	合计 96.25 尺（30.8 米） 或 90.75 尺（29.04 米）
两山明间面阔	庑殿分三间：各按 4 攒定分 歇山不分间：按 9 攒定分	各计 44 斗口 计 99 斗口	各计 11.00 尺（3.52 米） 计 24.75 尺（7.92 米）
两山次间面阔	庑殿分三间： 各按 4 攒定分	各计 44 斗口	各计 11.00（3.52 米）
前后廊子面阔	各按 2 攒定分	各计 22 斗口	各计 5.5 尺（1.76 米）
通进深	庑殿分三间：合计 16 攒 歇山不分间：合计 13 攒	合计 176 斗口或 143 斗口	合计 44.00 尺（14.08 米） 或 35.75 尺（11.44 米）
明间面阔	按斗科 5 攒定分 （每攒通宽 1 斗口）	计 55 斗口	按每斗口 0.3 尺换算成营 造尺计 16.5 尺（5.28 米）
两次间面阔	各按 4 攒定分	各计 44 斗口	各计 13.2 尺（4.224 米）
两梢间面阔	各按 4 攒或 3 攒定分	各 44 口或 33 斗口	各计 13.2 尺（4.224 米） 或 9.9 尺（3.168 米）
通面阔	合计 21 或 19 攒	合计 231 斗口或 209 斗口	合计 69.3 尺（22.176 米） 或 62.7 尺（20.064 米）
两山明间面阔	不分间按 9 攒定分	计 99 斗口	计 29.7 尺（9.504 米）
前后廊子面阔	各按 2 攒定分	各计 22 斗口	各计 6.6 尺（2.112 米）
通进深	合计 13 攒	合计 143 斗口	合计 42.9 尺（13.728 米）

《营造算例》大木大式庑殿歇山房面阔、进深定分规定　　　　　　　表 15-5-5

	面阔定分		进深定分	
	有斗	无斗	有斗	无斗
明间	7 空档（77 斗口）	7/6 檐柱高核五寸止（如柱高 8 尺，面阔为 9.33 尺进为 9.5 尺）	通进深：① 5/8 通面阔，核正空档，空档坐中（如通面阔 319 斗口，5×319=199.3758 斗口）	通进深：5/8 通面阔核五寸止（如通面阔为 41.5 尺，5×41.5=25.93758 尺，进为 26 尺）
次间	6 空档（66 斗口）	明间面阔一明间面阔 /8（面阔为 8.3 尺，进为 8.5 尺）		
梢间	5 空档（55 斗口）	次间面阔一次间 /8（面阔为 7.4 尺，进为 7.5 尺）	② 如两山分间做法临时核檩数定（以五开间为例）	
地盘通广深度比例	（319 斗口：199 斗口）约 1.6：1	（41.5 尺：26 尺）约 1.6：1		

　　表 15-3 ～ 表 15-5 包括庑殿、歇山转角房周围廊做法和前后廊做法三种，设计定分方法相同，并不因使用斗科攒数多少、口分大小而发生变化，因为基本度量标准是一致的，尽管换算结果或有大小出入，总的关系仍然互通。建筑开间：一般不论大式、小式做法，地盘设计都是以迎面明间为准，开间面阔最大，左右、次梢各间依次递减，梢间或与次间等宽，外围廊子最小，突出明间居中为主的地位。这种设计手法是礼法尊卑主从思想的体现，形成古建房屋突出的特点。汉魏以来，一般居室所谓"一堂二内"的三开间屋，主次分明，影响传播由来已久。建筑开间标准依据，与木材利用具有密切关系。开间大小，屋宇深浅，关系建筑整体结构用材。由于木材本身长度有限，选材定料首以力足胜任为先决条件，开间大小以适用为度。从上表可见，使用斗口材分大、结构复杂的斗科安装攒数可以减少，反之攒数可以增多，带有一定灵活性。如采用二寸五分材的明间面阔以斗科七攒为度，换算成具体尺寸计 19.25 营造尺（6.16 米），用为额枋檩木备料，连加榫加荒尺寸最长不过两丈出头的原木即敷应用。用三寸材的明间面阔以安装斗科五攒为定分标准，折合 16.5 营造尺（5.28 米），原木备料

长不过 6 米。城门角楼例，采用四寸五分或四寸材，明间阔度最大达 24 营造尺（7.68 米）。房屋进深方向三例，房屋正身深度，最大的深度为 33 营造尺（10.56 米），用于梁枋大木之材最长 10 米出头。这种大料在一座建筑中用量较少，比较易于筹办。对于大批通材，因间距小于明间，规格随之都有减杀，有利于材木节约使用。劳动人民历来对此问题十分重视，根据适用精神布置设计，同时更注重材木的合理运用。《营造法式》当心间（明间）阔一丈五尺（按宋尺约合 4.8 米），次梢间阔一丈，小于心间不足 1/3，以使用斗科攒数单双为标准，使之匀称为度，当是"经久可以引用"的通常规矩。明代建筑安装斗科攒数逐渐加密，发展为以攒数为定分标准的办法，较宋制又为严格。地盘平面广深比例，大式带斗科做法，单间与通盘平面布局形式基本一致，都是长方形，单间竖向位置，深大于广，通盘由数间平排一列、通广大于深。从表列三例看，明间（以屋身为准，不包括廊子）深广比例只为：1：1.7，1：1.3，1：1.8。次梢各间面阔不同，进深一律随明间，一般次梢间面阔比明间递减斗科一攒分，有意识地形成当中大、两边递次减小的形式。地盘通广通深（柱中）比例，随建筑间数多寡，伸

缩性较大，表列三例大都在 1∶2 上下，最小 1∶1.7，最大 1∶2.7。故宫太和殿深广比 1∶2.1，一般大殿间数多，深度也随之加深，基本保持 1∶2 的比例关系。大式不带斗科做法，原编只列明间面阔标准尺度，次梢间临时酌定，没有明确规定，总之依次比

明间减小这个规律是与带斗科做法一致的。明间面阔示例，由最小九尺至一丈、一丈一尺、一丈二尺、一丈三尺、一丈四尺、一丈七尺不等。进深深浅涉及使用檩数多寡，按建筑体例，用多用少有一定限制（图 15-5-3）。示例由最小深一丈至一丈二尺、

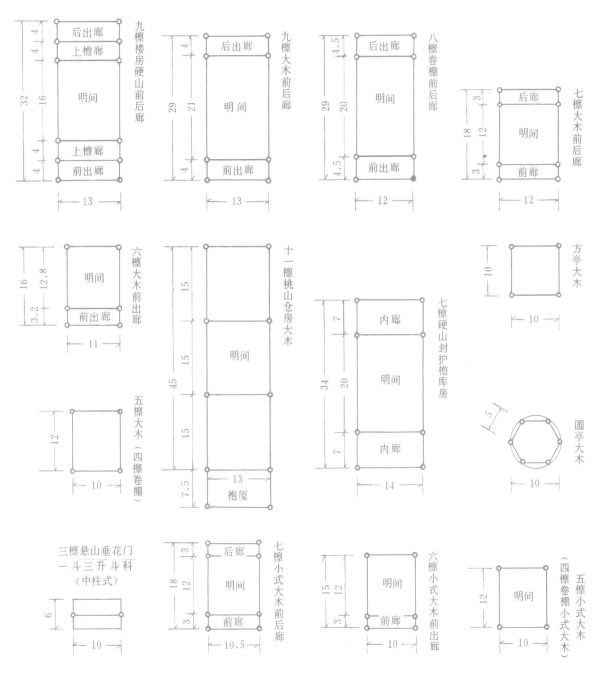

本图以明间为例（次、梢各间面阔酌定，进深随明间）

图 15-5-3　大小式各种房屋地盘定分图

一丈六尺、一丈七尺、一丈八尺、二丈一尺、二丈九尺、三丈二尺、三丈四尺，最大四丈五尺。进深尺寸大的一般都带有廊子，也有属于仓库一类。小式房屋做法，明间面阔最大尺寸一丈零五寸，进深一丈八尺，带前后廊子。一般以面阔一丈为度，进深一丈二尺至一丈五尺，前出廊后不出廊。以上不带斗科做法的大式建筑和小式房屋，地盘深广定尺标准，与大式带斗科例相比，由于体制要求不同，标准方法多从简约，表面上定分尺度似乎放宽了，实际明间标准既定，间架结构方式、檩数使用多少，限于条例，并无可以变通余地。另外，《营造算例》关于面阔进深定分方法（表 15-5），虽然大体仿于《工程做法》，但在具体应用方法上已有更大的灵活性。大式带斗科做法，基本援引《工程做法》，明间统按斗科七攒分（改以斗科"空档"度量，实与"攒数"同为 11 斗口），次梢间递减一攒分，没有列举五攒分例。通进深则按 5/8 通面阔定分，没有细分两山分间不分间说法。不带斗科做法的，改按檐柱高度为准（柱高规定为 60 斗口），已与《工程做法》原制有所改变（详见下文）。明间面阔定分，以 7/6 柱高为准，折合 70 斗口阔，次梢间各按明间递减 1/8（约 8.75 斗口）。将多种标定尺寸归纳一起，统以柱高为准，更较简捷。

（三）间架结构定分通例

一座房屋由单间成造或由多间组合，基本组成单位"间"的骨骼支架称为间架结构，或简称间架。是由柱梁枋檩椽子多种构材按照一定格局交结架构而成，其中立柱、横梁与檩木等件又是构成建筑主体形象的承重骨材。立柱与横梁组成梁架。房屋开间大小、入身浅深、檐宇高低与屋坡缓峻，各部权衡比例的定分——大木结构设计，按大、小式做法要求各有不同分数。立体架构首先规定檐宇柱高，柱高也是檐宇高，关乎房屋建筑的高广形制。其次按檩数分步、起举，梁架层叠基于屋深，檐宇出际又随柱高而定其远近。至于庑殿逐步推山、歇山转角收山与悬山挑出分数等局部的处理，不仅是结构处理方法，也关系到建筑艺术造型问题（图 15-5-4），分别简介如下：

（1）檐柱定高：檐柱高低与明间面阔具有相应的比例关系，一般檐柱高不逾间广，以突出明间居中为主的形式，最早见于宋《营造法式》"用柱之制"条，长期保持着这个传统做法，清制檐柱高度定分方法（图 15-5-5），带出廊造以小檐柱为则（即廊檐柱），不带廊子即以檐柱为法。大式带斗科出廊造，小檐柱通高按 70 斗口定分，以明间面阔 77 斗口做法为例，通高约为面阔 90% 强。次梢间面阔递减，柱高一律随明间柱子取平，已不用《营造法式》递间升起做法（故宫明建实例神武门楼由明间平柱至角柱犹逐渐升起，其余仅在四角柱略有升起，约比各间平柱高一寸左右）。檐柱通高分数 70 斗口内包括斗科通高与平板枋高度在内，除去上两项即为檐柱本身净高分数。由于所用翘昂斗科类型高度不一，檐柱净高随之而有变化。按五种翘昂斗科高 7.2 ~ 13.2 斗口至最低 54.8 斗口，具体高度也不相同（平均高度 58 斗口），与明间面阔相较，约当面阔 70% ~ 80% 左右。若用在歇山转角带单翘单昂斗科，明间阔 55 斗口例，柱净高 58.8 斗口，大于面阔无论按通高净高，都与"柱高不逾间广"之说有出入，当属例外情况。

大式不带斗科与小式做法，不涉及斗科问题，檐柱定高则直接以明间面阔为准，随建筑形制做法，尺寸规定各有不同。大体分四种情况：大式做法除个别例外，一般按明间阔 80% 定柱高；小式前后廊造同，如前廊后不廊，则改以 75% 面阔定高，不带廊子的，按 70% 定，原则上与大式带斗科做法相仿，保持在明间阔 70% ~ 80% 范围之间。另外，大式带斗科檐柱定高分数，见于《营造算例》规定的，统以 60 斗口为柱子净高标准，斗科、平板枋高度另外计算，与《工程做法》分别通高、净高分数不同，省略一步减除手续，规格一致，分数划一，更便于尺寸换算，当是继《工程做法》之后的改进办法。从故宫乾隆时期建筑实例所见，檐柱高度比前期的明显多有增高，与《工程做法》各种相比，平均净高增加二斗口，最高增到 5 斗口。檐柱加高，屋宇随之，形成前后时期建筑不同特征。其他如檐飞的缩短，斗科拽架档距减小，梁枋檩椽断面加大等，多与《工程做法》微有出入，从而足以辨别其间演变关系。所以采用 60 斗口者，当是根据《工程做法》檐柱通高 70 斗口之数减去五种斗科平均高度 10 斗口而得，也可能是利用平板枋高与檐柱平均净高两种高度的和数（表 15-5-6）。

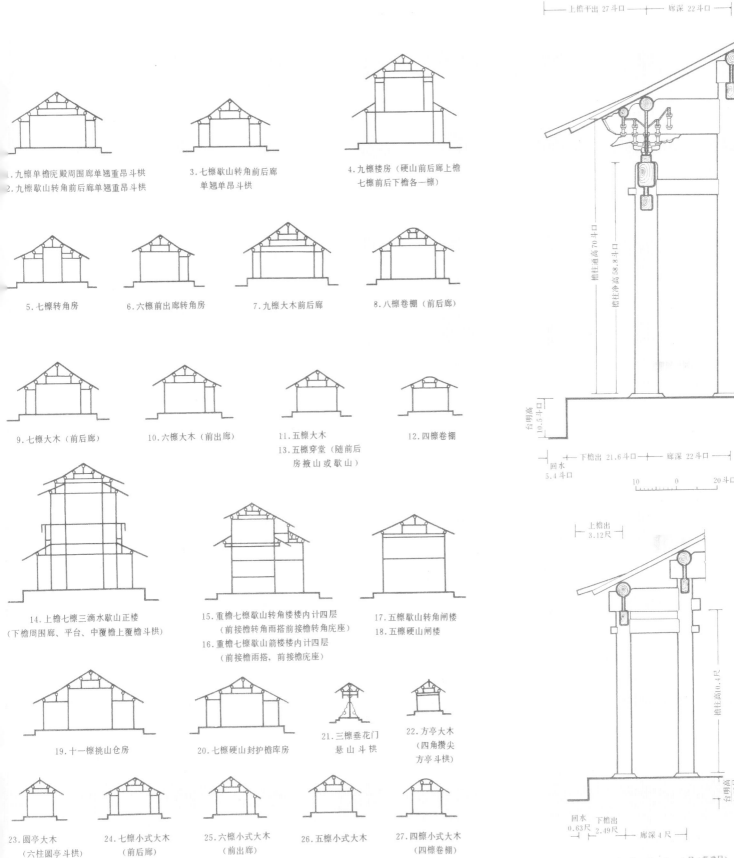

1.九檩单檐庑殿周围廊单翘重昂斗栱
2.九檩歇山转角前后廊单翘重昂斗栱

3.七檩歇山转角前后廊
单翘单昂斗栱

4.九檩楼房（硬山前后廊上檐
七檩前后下檐各一檩）

5.七檩转角房

6.六檩前出廊转角房

7.九檩大木前后廊

8.八檩卷棚（前后廊）

9.七檩大木（前后廊）

10.六檩大木（前出廊）

11.五檩大木
13.五檩穿堂（随前后
房掖山或歇山）

12.四檩卷棚

14.上檐七檩三滴水歇山正楼
（下檐周围廊、平台、中覆檐上覆檐斗栱）

15.重檐七檩歇山转角楼楼内计四层
（前接檐转角雨搭前接檐转角庑座）

16.重檐七檩歇山箭楼楼内计四层
（前接檐雨搭，前接檐庑座）

17.五檩歇山转角闸楼
18.五檩硬山闸楼

19.十一檩挑山仓房

20.七檩硬山封护檐库房

21.三檩垂花门
悬山斗栱

22.方亭大木
（四角攒尖
方亭斗栱）

23.圆亭大木
（六柱圆亭斗栱）

24.七檩小式大木
（前后廊）

25.六檩小式大木
（前出廊）

26.五檩小式大木

27.四檩小式大木
（四檩卷棚）

图 15-5-4 屋架（梁架）结构示意图

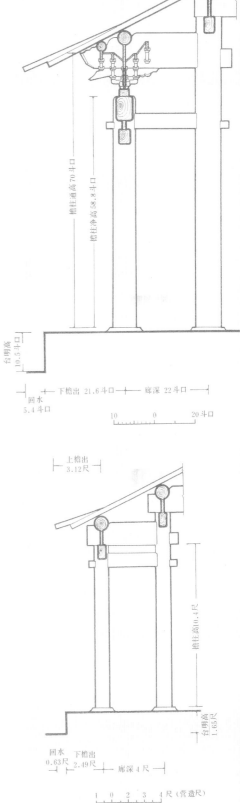

图 15-5-5 檐柱高与出檐长

《工程做法》与《营造算例》所载檐柱高度定分法对照表　　　　　　　　　表 15-5-6

《工程做法》示例					《营造算例》示例	
①檐柱通高（斗口）	②使用翘昂斗科		③平板枋高	④檐柱高	①檐柱定高	②檐柱连斗
（包括斗科通高及平板枋高度在内）	类型	通高（斗口）	（斗口）	(1-2-3)（斗口）	（斗口）	斗科平板枋通高（斗口）
70	斗口单昂	7.2	2	60.8	60	69.2
70	斗口重昂	9.2	2	58.8	60	71.2
70	单翘单昂	9.2	2	58.8	60	71.2
70	单翘重昂	11.2	2	56.8	60	73.2
70	重翘重昂	13.2	2	54.8	60	75.2
平均高度 70		10	2	58	60	72

（2）步架深与举架高：立柱以定房身高低，步架与举架则是根据房屋使用檩数分步排档，逐步起举形成屋盖举折坡势的定分标准依据，两者具有密切连带关系。坡顶房屋、"叠梁架屋"，梁架随间缝位置，梁上架檩、檩上钉椽，上面满铺望板（屋面板），构成屋盖内部通体骨架。梁架组成方法，按所承檩数多寡有三架、五架、七至九架梁之分，大梁在下最长，二梁、三梁隔以短柱，层层叠架，逐层逐架缩短，组为梁架整体，形如山字，各梁架两端即相邻各间横檩搭交节点。屋盖前后两坡（四坡顶檩木交圈）上下檩缝中至中的水平投影档距，即为步架，也称步架深，因为各架檩木不在同一水平面，自下而上形如踏步，故称步架。举架则是自前后檐宇挑檐桁中至屋脊脊桁中按檐、金、脊各步架分缝逐步向上起举的竖直高度，是根据步架水平档距逐步按一定百分数折算的，由步架而起，故称举架或举架高、举高。所谓五举、七举、九举，是根据步架深举起 5/10、7/10、9/10 的意思，举高几成即为几举，或以百分数表示（图 15-5-6）。

步架分配方法随使用檩数多寡，按房屋通深分步匀档，随所在位置各有定称。前后廊分位的称为廊步，前后金柱（或称老檐柱）间位于房身内部的（或称内檐）由屋脊中分，按梁架架道远近分档，自金檩缝至脊檩缝分别称为前、后金步，前、后脊步。架道多的，金步又有下金、中金、上金步之分。一般起脊房屋，室内各步由于脊檩坐中，步数都是双数，前后两坡对称，檩数成单数，步数加一檩即为全部所用檩数；反

之，檩数减一，即为前后坡合计步数。若卷棚房，圆背不起脊，当中顶步用双檩，则与上相反，檩为双数，步为单数。庑殿、歇山房两例，同为九檩做法，前者房身进深 132 斗口，用 0.25 尺材，七架梁做法，前后坡各匀分三步，每步水平档距 22 斗口，前后廊步随房身各步，各 22 斗口，共计通深八步、九檩、176 斗口；后者房身进深 99 斗口，用 0.3 尺材，按六步匀分，每步得 16.5 斗口，前后廊步仍按 22 斗口计，通深计 143 斗口。两例同属九檩做法，因房身进深不同，步架深度也不相同。另七檩歇山例，房身深 99 斗口，用 0.25 尺材，五架梁做法，步架按四步匀分，每步深 24.75 斗口，在三例当中步距最大。前后廊步深同上。

一般大式带斗科建筑出廊造，廊步统按斗科两攒通宽分数（22 斗口）定分，房身各步随进深与梁架组成形式深浅或有出入，总以保持前后两坡匀称一致为原则，从根本上还必须按所选用材分尺寸大小为主要依据，通盘考虑。这三个例子就包括了几方面的因素，有大规矩，也有变通。大式不带斗科做法和小式建筑各例，步架最大档距不过四五尺，小至三尺或二尺五寸，廊步最大有深达七尺的。步架档距大小与椽木使用有直接影响，椽木斜放檩档，计算椽长须根据步架水平档距，随各步举架加斜长（表 15-5-7），一般较水平档距加长两三成左右。廊步连出檐水平长度最大，使用檐椽常在一丈四五尺以上（4.5 米）。步架定分方法，见于《营造算例》所载，大式做法，先由廊步开始，廊步深按柱下皮高（即柱高）4/10 定分，其余金脊各

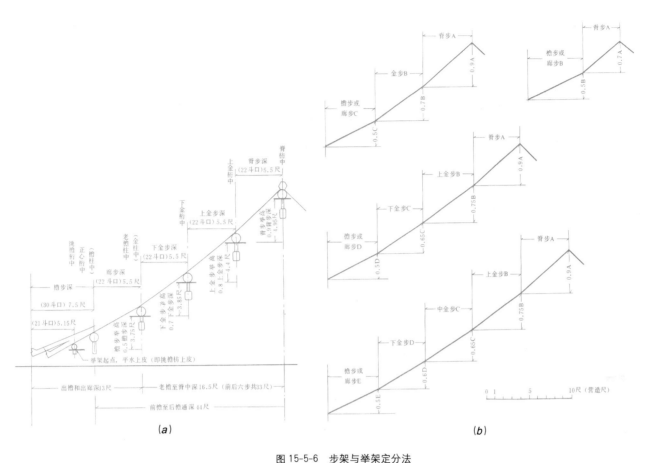

图 15-5-6　步架与举架定分法

（a）《工程做法》卷一，九檩单檐庑殿周围廊单翘重昂斗栱（七材）——斗口二寸五分大木做法；　（b）《营造算例》举架定分法

步则一律按廊步 8/10 定分。檐柱高 60 斗口，得廊步深 24 斗口，较大于《工程做法》规定的 22 斗口之数，金脊各步深 19.2 斗口，比《工程做法》改取一致，形成定格。小式做法又改按柱径五份定廊深，金步仍按 8/10 廊步（脊步未注明）。举例檐柱径 0.7 尺，计得廊步架深 3.5 尺，金步架深 2.8 尺，与《做法》各例大体相仿，方法虽然不同，但也有一定便利之处。

举架，《营造法式》称为举折。举折方法，先在墙面放屋架侧样，根据房屋通深取其成数（十分之几）以定屋脊当中举架通高，然后由脊中下至檐宇撩檐枋心（挑檐枋）引线取直，自上而下逐架下折，按一定比例数找出上下檩高低位置，各步缓急坡势，得以了然。《考工记·匠人》"茸屋三分（1 : 1.5 坡度）瓦屋四分（1 : 2 坡度）"即举架法之先导，《营造法式》演为举折，法益精密。清制改为按步架水平深度逐步向上起举，法简易行，又较《营造法式》迈进一步。坡项房屋举架分数随大小式做法要求不同，由表 15-

5-7 可以看出，一般在檐廊一步，不论大小式做法，绝大部分是按步架深度 5/10 定举架高度，称为五举（即 1 : 2 坡度）。脊步，七檩以上房屋，多按步深 9/10 定举，七檩以下，按 7/10 定分。中间金步各档，七檩以上的分别在 6/10 ~ 8/10 范围内；七檩以下，一般为 7/10。檐廊与脊步一般是固定的七或九举，金步在一定限度内可以灵活运用。另外，举架分数，不论单檐、重檐建筑，大都采用单数（奇数），独二层楼房例采用双数（偶数）定分。故宫文渊阁实例不仅步架、举架使用双数，建筑间数、间架地盘深广尺寸也一律用双数，传会五行术数以为"魇胜"。

（3）出檐长：出檐或称上檐平出、上平出檐，即由檐柱中以外至檐椽头外皮（大式至飞檐椽头外皮）之间的水平投影长度。《考工记·轮人》载："轮人为盖……上欲尊而宇欲卑，上尊而宇卑，则吐水疾而霤远。盖已崇则难为门也，盖已卑，是蔽目也，是故盖崇十尺。"虽为舆盖而言，而与屋盖檐宇理实相通。

《工程做法》举架分数 表 15-5-7

房屋檩数	举架分数（%）					附注
	檐、廊步	金步（下金步）	中金步	上金步	脊步	
九檩房	五举 50	七举 70		八举 80	九举 90	庑殿、歇山座带斗科做法（所谓殿式）
	50	六举 60		70	90	大木大式不带斗科做法
	50	六五举 65		七五举 75	90	《营造算例》例
九檩大式楼房	下檐廊 50					上檐七檩做法前后廊
	上檐廊 四举 40	60			80	
七檩房	50	70			90	六檩前出廊，七檩前后廊（大小式），七檩封护檐库房同，七檩歇山城楼、角楼、闸楼同，《营造算例》例同
五檩房	50				70	五檩硬山闸楼，五檩川堂，五檩方、圆亭，大木小式五檩、六檩前出廊同，《营造算例》例同
三檩房					50	垂花门例
十一檩房	40	50	60	70	80	挑山仓房例
	50	60	65	75	90	《营造算例》例
八檩房	50	60		70		卷棚房例
四檩房	50					卷棚房例
	四举 进深 5					大木小式卷棚房例
檐头飞檐椽（反宇）举势	三五举 35					《营造算例》例（《工程做法》失载）

《工程做法》根据屋深分步起举，已较《营造法式》举折方法更为简便。檐宇出檐长度，大小式做法基本上都是以檐柱高度为准，一般在30%～33%柱高范围（图15-5-5）。大式带斗科的房座，出檐基数规定为21斗口，当檐柱通高30%，另加斗科外拽架长，每出一拽架加长3斗口，按使用斗科类型由最少3斗口，多至12斗口，连基数21斗口合计，最少应为24斗口，最多到33斗口，与柱通高77斗口相比，约当柱高34%～47%之间，因为是合并斗科挑出部分一起计算的，比数看起来较大，实际挑檐桁以外净出檐21斗口，仍然保持在30%柱高的比数。这是单檐建筑例子，如重檐建筑带斗科的，自挑檐桁外，在基数21斗口基础上又增加20%，即25.2斗口，加长部分称为"出水"，使上檐雨水更接近下坡檐头速于流出，也可避免雨雪飞溅腰檐枋木、彩画，影响保固。

不带斗科的或小式做法，则一律标准檐柱高度定分，比例大小随房屋情况，采取30%～33%。大式建筑有以廊步深度为标准的，一般规定以不超过步深为度（廊深22斗口），即通常所说"檐不过步"，如超过步深，则采用"挑托梁"做法，挑出步架长度按一个正心桁直径加长，同样适用于小式做法。由于屋盖檐宇用椽（檐椽），带廊房屋由檐头通过廊步直搭老檐桁上（无廊的通过檐步直搭金桁上），本身长度即长于其他各架

椽木很多，架空廊步一段必须大于檐头挑出部分，方不致有下垂之虞。"实践出真知"，劳动人民总结为"檐不过步"，这个经验办法是合乎力学原则的。

（4）屋盖局部结构的处理：庑殿"推山"，歇山"收山"与挑、悬山挑出分数的定分方法，对于这几种屋盖两山局部结构的处理，是在屋架木构原有的基础上，局部稍加变化，使其在造型上更加美观，标志着劳动人民的艺术创造。"推山"、"收山"具体处理方法，《工程做法》略而未载，仅标有挑悬山"挑出"分数照出檐法一节，即两山出际与前后檐宇四围交圈，收到整齐划一的效果。《营造算例》对此规定，自山柱中以外至博缝板外皮挑出八椽径加1/2博缝板厚，具体分数与《工程做法》略有出入。按《工程做法》单檐庑殿房例，应用大木构件当中没有太平梁、雷公柱一类分件，或者作为一般通行规范不用"推山"做法，故无必要声明。见于《营造算例》所载"收山"、"推山"方法，与《营造法式》具体做法也有所不同。歇山"收山"，自两山正心桁中至博缝山花板外皮退进一桁径分位，山花板背后有穿梁、草架柱子，下脚放在脚踏木上以承两山荷重，两山略微收进，坡檐放长，外观看起来益加峭拔秀丽。庑殿"推山"举例七檩、九檩房两例（表15-5-8）规定两山"推山"方法，除檐步方角不推外，自金脊各步统按架深度1/10推出，逐步递减，如七檩

《营造算例》庑殿推山定分方法（①七檩房例，②九檩房例） 表 15-5-8

步架名称	步架深（原设计深度）（营造尺）	步架深（推山以后净深）	推山分数与尺寸（营造尺）	计算方法（原书算例）
①檐步	5	5	檐步方角不推山	5-5/10
（第一步）金步	5	4.5	十分之一步深	
（第二步）脊步	5	4.05	0.5 递推十分之一步深	5-5/10-1/10（5-5/10）
（第三步）合计	15	13.55	0.95 1.45	
②檐步	6	6	檐步方角不推山	5-5/10
（第一步）下金步	5	4.5	十分之一步深	
（第二步）上金步	4	3.15	0.5 递推十分之一步深	4-5/10-1/10（4-5/10）
（第三步）脊步	3	1.935	0.85 递推十分之一步深	3-5/10-1/10（4-5/10）-1/10[3-5/10-1/10（4-5/10）]
（第四步）合计	18	15.585	1.065 2.415	

房，每山分檐，金脊步、三步架各深五尺，檐步方角不推山，金步按步深 1/10 缩减五寸，落净深四尺五寸，脊步又按金步净深缩减 1/10，四寸五分，连前缩减五寸，合计共缩减九寸五分，计落净深四尺零五分，金脊两步共缩减九寸五分，即"推山"应向外推移的总尺寸。推山以后，三步合计通深 13.55 尺，比原定的通深尺寸 15 尺，缩短 1.45 尺。九檩房例仿此（表 15-5-9、表 15-5-10）。所谓"推山"，实际就是将两山自檐步以上金脊各步架的档距，自外而内，逐步予以缩小，前后坡檐步以上金脊各步处于梢间的檩木（金、脊檩、扶脊木等），自内而外逐步予以加长，四角檩木方可合缝搭交。庑殿顶不"推山"，四角垂脊水平投影成 45° 角，斜线是笔直的，经过推山处理，檐宇方角以上，四垂走势逶迤婉转，飘然翚飞，形象立为改观，足见劳动人民艺术审美能力。

（5）架梁：架梁或称屋架，是房屋大木间架隔间分缝用以支承屋盖的承重架构，最简单组成形式是由前后两颗檐柱横架一根大梁，如"衡门"横木为门之法，因有"门式梁架"之称，多用于平顶小房。由简而繁，叠梁架屋，大梁以上分层叠架矮柱短梁、二梁、三梁，逐架增高，逐步缩短，最上短梁当中树立单柱或双柱，自檐柱以上形如山字形状，也称"山字梁架"，通用于坡顶起脊房屋 [卷棚房圆背不起脊，顶梁或称平梁、月梁，并列双柱（图 15-5-4）]。每间房屋具有两梁四柱，

数间一顺相连，隔间梁架分缝称为"梁缝"，或分称其间某缝梁，以资区别。左右梁缝之间，逐架联以横檩，檩档斜架椽子，椽上铺钉望板，形成屋盖木基层，通体架构空间即所谓间架结构，间架又属于其中的基本骨干。单体长方形房屋梁架一律竖向横排，为了加大屋深，前后出廊造，檐廊一步即随各缝梁架增出半架，或单步梁或双步梁做法，称为廊步。由于屋盖形式不一，两梢间梁架也常采取相应的变通办法，如庑殿五脊四面坡顶，两梢间通常使扒梁或顺梁与次间梁架正交搭接；歇山房两头梢间使用顺梁，自两山博风退进一步与次间梁架平行横跨踩步金梁于前后檐顺梁之上，仍如各架梁缝逐步随坡取平。其他四、六、八角亭子或圆檐攒尖顶屋盖，用扒梁或抹角梁（方角斜抹），适宜变化。见于《工程做法》各种屋架，一般居住用房多属山字形梁架，起脊房由五檩五架梁到七檩七架梁为止。没有用九檩九架梁例。卷棚顶，由四檩四架梁、六檩六架梁，则八檩八架梁为止。如出廊造，则随正身各梁缝接出半架；中柱式梁架，前后两侧平插单步、双步梁，由于室内或门道进深分间，小式房屋两山山柱式梁架与此相仿。最大十一檩仓房做法，房身梁架匀分三大步，当中一步用五架梁，前后两步改用三穿梁做法（三穿梁自最下三穿梁上逐层架双步梁、单步梁），与当中五架梁接续，整体形为"门架"，当即仿于《鲁班经》所谓"秋千架"做法。故宫中和殿（方殿）

斗科各项尺寸做法（《工程做法》卷二十八）　　　　　　　　　　　表 15-5-9

材分	迎面安翘昂斗口宽度（营造尺）	说明
头等材	0.60	
二等材	0.55	
三等材	0.50	
四等材	0.45	凡算斗科上升斗栱翘等件长短高厚尺寸。俱以平身迎面安翘昂斗口宽尺寸为法。斗口有头等材、二等材以至十一等材之分。头等材迎面安翘昂斗口宽六寸，二等材斗口宽五寸五分，以至十一等材，各递减五分，即得斗口尺寸。按材分等第斗口宽度即标准枋材断面宽度，标准材分为足材单材两种，足材断面宽高比为1:2，单材为1:1.4，如头等材足材宽0.6尺，高即1.2尺，即断面0.6尺×1.2尺之枋子。单材宽0.6尺，高即0.84尺，即断面0.6尺×0.84尺之枋子。
五等材	0.40	
六等材	0.35	
七等材	0.30	
八等材	0.25	
九等材	0.20	
十等材	0.15	
十一等材	0.10	

斗科各项尺寸做法（《工程作法》卷二十八） 表 15-5-10

分件名称	部位定分	规格尺寸（斗口）	说明
桁椀	高度定分	正心枋中至挑檐桁中拽架 长 × 举架高	
头昂后带翘头	翘头加长分数	自十八斗底中线以外加 长 0.54 斗口	单翘单昂斗科，单昂后带菊花头，不加 十八斗底。
二昂后带菊花头	菊花头长度	3 斗口	
蚂蚱头后带六分头	六分头长度	自十八斗外皮加长 0.60 斗口	斗口单昂斗科蚂蚱头，后带麻叶头，加长 分数照撑头木后麻叶头之法。
撑头木后带麻叶头	麻叶头长度	1 拽架长加 0.54 斗口	斗口单昂斗科，撑头木后不带麻叶头。
昂嘴	昂嘴长度	自昂嘴中线以外加长 0.30 斗口	
斗科分档	档宽定分	两攒斗科斗底中线至中线之档距宽 11 斗口	按：本节为翘昂斗科档距定分例，一斗二 升交麻叶一斗三升斗科档距 8 斗口，城 门楼上下檐斗科档距 12 斗口，见另卷。

室内当中四柱方架也是这种形式。古建屋架采用叠梁架屋办法，有其合理成功的发展历史，最早见于文献的"两下五梁"，即两坡顶五架梁做法。古代劳动人民在数千年的创造逐步发展为今日所见各种构造形式，经过长期考验，确有其独到之处。《工程做法》沿袭前代做法，变革不大，用材规格比例，较之唐宋时期渐次肥大，各架梁断面一般采用 1:1.2，近于正方形，料头加大，多费木材（当时并不是通过科学计算方法），可能与所用松材质地有关，或由于柁梁多利用原木解锯，材高足用，两侧无须多裁而形成这种规格形式。从实例所见，乾隆以后梁材比《工程做法》所定又多有加大，可能就是出于上述原因的考虑。

（6）大木构件断面规格分数：柱木、梁枋、桁条、椽子之类，断面规格尺寸（料头）的定分，与房屋间架远近、深浅、高低形势具有一定比例关系，按类统系，分别轻重，各有规矩。大木大式带斗科出廊做法，构材定分以斗口材分为计量单位，方法依据大致分五种情况。

①立柱类。统以檐柱径尺寸为准，檐柱（小檐柱）直径以 6 斗口为率（三足材高度），约为柱高 10% 左右（长细比 1:10）。金柱径（老檐柱）比檐柱径加大 2 寸定分，室内如有钻金柱或里围金柱、中柱做法，则按照金柱径随所在步架檩缝逐步加大 2 寸。采用以檐柱为法，自外而内逐步增大的办法。屋盖、荷重由脊檩中分前后两坡，集于前后金柱之上，递传至前后檐柱，檐柱 10:1 的长细比足以胜任而有余。四坡屋顶同一道理。这些都是来源于劳动人民长期经验（古有权衡木材轻重之法），与近代结构力学原理基本相符。梁上各架所用柁墩，瓜柱断面多属长方形，一般随下面梁身厚度减去 2/10 规定身厚，随身厚减去 2 寸或 1.5 寸定宽，通用此法。

②上架各架梁木，由下而上，下面大梁断面大小以金柱径为准，先定梁宽，以宽定高，大梁以上二梁、三梁各按下面梁身断面逐架减小。如七架梁做法，七架大梁身宽按金柱径加大 2 寸定分，即随金柱两边

各肥出一寸，工匠称为加一"肩"，梁高按梁宽增加20%，断面宽高比例1：1.2，与宋式梁栿断面1：1.5～1的比率，趋于肥大。五架梁断面宽高照七架梁各缩减二寸，三架梁又比五架梁各缩减二寸，与七架梁规格比例相仿，只具体尺寸略有减小而已，整个梁架从梁头迎面看来类似层塔，益上益小。其他如庑殿两山所用，与正身梁架成正交的各架扒梁（《营造法式》所谓丁栿），或歇山式屋顶搭在梢间前后檐顺梁之上的踩步金梁与其上的短梁，梁身宽高，一般都是随正身各架梁断面规格，只天花梁宽随金柱径加二寸定高。檐廊挑尖梁（或"抱头梁"做法）则随檐柱径寸定分，身宽6斗口，头宽4斗口（2足材高），身高随廊步进深连斗科外出拽架长度按五举高分数，再加4斗口（蚂蚱头与撑头木合高口分）定分，一般高在8斗口上下，与大梁断面基本相仿。

③檐额枋与金脊枋类，断面定分方法与梁相反，先定枋高，后定枋宽。檐廊大额枋高6斗口（三足材高），宽按高减小二寸；小额枋高4斗口，宽减高二寸，由额垫板用一材分（1×2斗口），三件重叠安装，合高12斗口，两倍于檐柱径。檐柱随所用斗科类型，净高分数不等，檐额这部分高度约当1/4.5～1/5柱子净高，从房屋迎面看来更加重了明间的广阔局面（只用檐枋的与左右檐柱三面交圈宽窄一致）。若在三、五间的门座，立面处理，明次间只用单额枋，次、梢间用双额枋，两头加重，突出当中档口，便于出入交通，也增加了中间大门景深。其他金脊各步横枋与天花枋一律随小额枋大小，大梁随梁枋，同大额枋，挑头随梁枋，同小额枋。斗科上各种枋子断面随足材规格，以挑檐枋为准，宽高比例1:2（足材），也就是所谓标准枋材。

④桁条，断面定分以正心桁为准，直径4斗口（二材分），小于檐柱直径1/3，金桁（老檐桁）各步与脊桁、扶脊木径寸都随正心桁规格，只挑檐桁按正心桁减小二寸定分。斗科上面井口枋随挑檐桁定高，高低取齐。斗科下平板枋随大斗宽高一致（2×3斗口），扁身平铺于大额枋。

⑤屋盖四角角梁，由戗和其他散材，不直接使用斗口度量，改用椽木径寸为法。老角梁断面宽高2×3椽径，仔角梁、由戗相同，实际等于将四角椽子的尺寸加大。檐椽直径是按35%桁径定分的，仍然不离斗口材分标准。屋盖各种构材零散复杂，规格不一，分类微细，则

改以椽木为准，更便于计算。角梁规格最大，其余连檐木、瓦口（底瓦随形木托口）、椽碗（圆椽身内套口）、里口（方椽身内卡口）、望板之类，规格尺寸多在椽径分数以下，或三分、五分，或径寸上下，不再一一细列。总之，大致可以看出，对于大木各种构件，由柱木梁架檩椽支于承重结构，到横枋、上顶覆盖各种，按类随宜定分，犹如引线穿珠，头绪秩然不紊。

⑥大木加榫：俗称榫卯，《营造法式》称为"卯眼"，即古所谓枘凿。枘即榫卯，凿即窍眼。榫出头纳入窍眼，两者相合形成一体，本于大木结构节点连接之法。《工程做法》称为加榫。加榫之法，大小式做法大同小异，随构件位向、连接方式，大致可分为四大类：上下榫、出入榫、扣榫（或称银锭榫）、搭交榫（或称搭交出头、交角出头）。其他如栌头、桁碗、交掌、错缝等细目，分别归入上项。卯窍又分开眼、入槽。榫卯具体制作又有透榫、半榫、大出大入、大接小接、抱肩、吞肩、内枘多种做法。榫卯规矩定分见于《工程做法》与《营造算例》所载，只有加榫长度，没有方圆轮廓尺度，长度分数两者也微有出入。过去这种细部操作多掌在工匠，官书略举大概。在这点上不如《营造法式》详细。清制榫卯做法，从形式上大体如《营造法式》各例，具体制作、放线方法，《大木操作规程》所传或与实例有出入，前后年代也有微细差别，待将来补充。

⑦木材加荒原则：木作使用木料有圆木、墩木两种，圆木即原材，墩木即方材。圆木径寸不一，墩木定有四种规格，断面宽厚1尺×0.7尺，长分七尺、八尺、九尺、一丈节。或简称七尺节、丈节、丈墩。柱木桁条、帽梁之类使用圆木制作，梁栿、枋类、望板、博缝板之类一般使用墩木，或用圆木解锯。柱木制作如无合适圆木，则采取"分瓣别攒"方法，周围包镶，加大围径，分八瓣别攒或十二瓣别攒。栌梁高厚较大的，无合适圆木可取，另加木植"别楞长盖"，或用二木"别攒长盖"。大小额枋等枋子用圆木整料做，或照栌梁法别做，或按本身宽厚或圆径（如椽圆）作见方，按方材还原方法折成圆木核算，根据构件规格大小薄厚，分别为用。应用方料折合圆木，即《营造法式》"圜径内取方，一百中得七十有一"方法的还原（原木解割成方料出材率71%）。《工程做法》规定有折算公式，以构件方料高厚尺寸之和折半（或以见方尺寸），除以相应的出材率系数，即得所需圆木径寸。出材率随

构件规格大小要求各不相同，最小 70%、72%、75%，最大 80%，较《营造法式》所定又进一步精密。计算方法举例：

①大柁一根高 1.82 尺，厚 1.4 尺，按下式计算：

（1.82 尺 +1.4 尺）/2/0.75=2.14 尺，即所需圆木直径。

②望板每块厚 0.1 尺，宽 0.9 尺，九块并作一块，得见方 0.9 尺。

0.9 尺 ÷0.8 尺 =1.12 尺，即所需圆木直径。

③草架柱子一根，见方 0.6 尺，按下式计算：

0.6 尺 ÷0.7 尺 =0.85 尺，即所需圆木直径。

这种计算方法简便，出入极微。方料规格不同，出材率大材要求低，板材要求高，下余随宜加减，表皮仍然可以利用，有利于节约木材。另外，圆木、墩木在使用上另定有加荒（毛料加荒）办法，板材解锯，净料刮刨，在构件规定尺寸以外，都留有"锯路"、"刨口"余分。加荒规则，圆柱使用圆木一般在加榫以外加净荒长五寸、长一丈外，小头直径加荒 1% 身长。分瓣别攒，别楞长盖，别攒长盖，都另加宽荒一至一寸五分，厚荒一寸。随具体情况而定。

（四）斗科分类制作安装

清制斗科做法见于《工程做法》斗科各卷的大致可以归结为五大类：①翘昂斗科；②一斗二升交麻叶与一斗三升斗科；③三滴水品字科与内里棋盘板上安装品字科；④隔架科；⑤挑金、溜金斗科。这五种斗科通用于大式做法各建筑物。

翘昂斗科（图 15-5-7）。从所用翘昂件数多少区别，又分为斗口单昂，斗口重昂，单翘单昂，单翘重昂和重翘重昂五种形式。若从用材上区别，斗口单昂又称为三材（俗称三踩或三彩）斗科；斗口重昂与单翘单昂又称五材斗科；单翘重昂为七材斗科；重翘重昂为九材斗科。九材斗科是用材最多的一种。翘昂斗科主要用在房屋檐宇以下，按所在位置细分，安装在四围檐柱或重檐金柱以上的又称为柱头科，四角檐柱或金柱以上的称为角科，檐柱或金柱之间，额枋以上的统称平身科。材数多、结构形式复杂的多用于主要房屋，如所举庑殿、歇山三例多为五、七材斗科。次要座用三材斗科的居多。实例有用重翘三昂斗科（十一材斗科）的，原编没有列入。

一斗二升交麻叶或一斗三升斗科。在结构形制上属于两材斗科，大斗上面只安瓜栱与正心枋两材，瓜栱上安三槽升的称为一斗三升，减去当中槽升，改装麻叶云一件与瓜栱十字相交以承托正心枋与檐桁的，即称为一斗二升交麻叶斗科。两种都是斗科当中最简单的做法。从历史上讲，一斗三升又是起源比较早的一种形式。在明清建筑，多用于次要房座或亭类、垂花门。原编城垣转角楼、箭楼例也是一斗三升斗科。

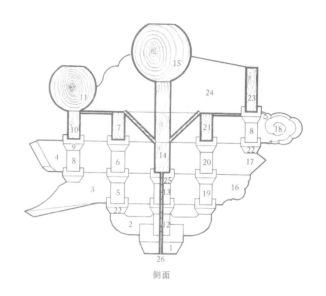

侧面

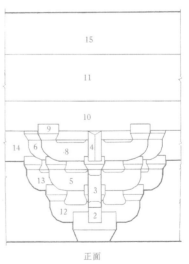

正面

0　1　2　3　4　5　6 斗口

图 15-5-7（1）　清式单翘单昂（五材）平身科斗栱正侧立面

1- 大斗；2- 单翘；3- 单昂；4- 蚂蚱头；5- 外拽瓜栱　6- 外拽万栱　7- 外拽枋；8- 厢栱；9- 三才升；10- 挑檐枋；11- 挑檐桁；12- 正心瓜栱；13- 正心万栱；14- 正心枋；15- 正心桁；16- 菊花头；17- 六分头；18- 麻叶云；19- 里拽瓜栱；20- 里拽万栱；21- 里拽枋；22- 十八斗；23- 井口枋；24- 桁；25- 槽升子；26- 垫板

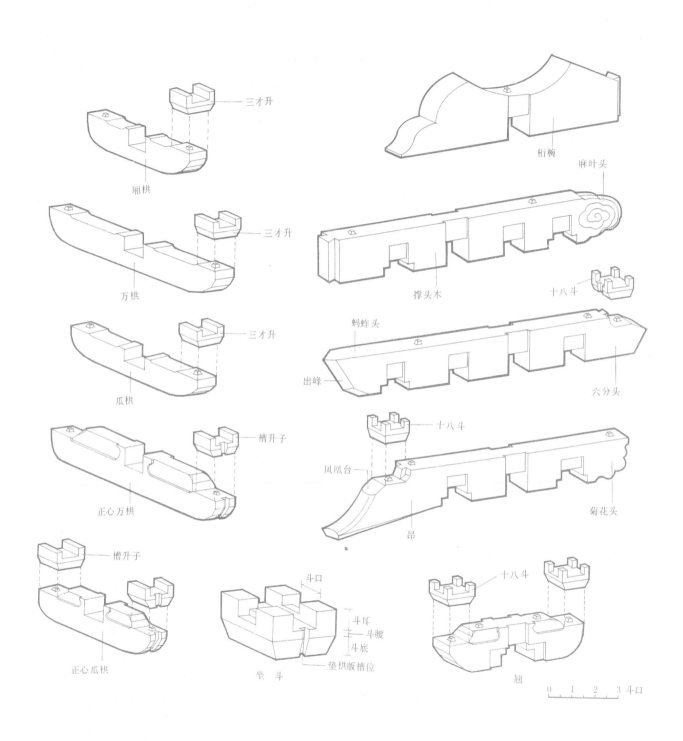

图 15-5-7（2）　清式单翘单昂（五材）平身科斗栱分件透视

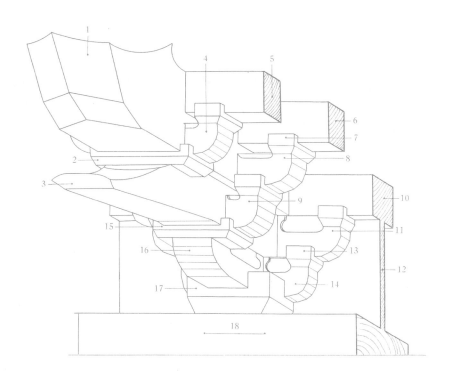

图 15-5-7（3）　清式单翘单昂（五材）柱头科斗栱侧面图

1- 挑尖梁头；2- 桶子十八斗；3- 昂；4- 外拽厢栱；5- 挑檐枋；6- 外拽枋；7- 三才升；8- 外拽万栱；9- 外拽瓜栱；10- 正心枋；11- 正心万栱；12- 垫栱板；13- 槽升子；14- 正心瓜栱；15- 桶子十八斗；16- 翘；17- 坐斗；18- 平板枋

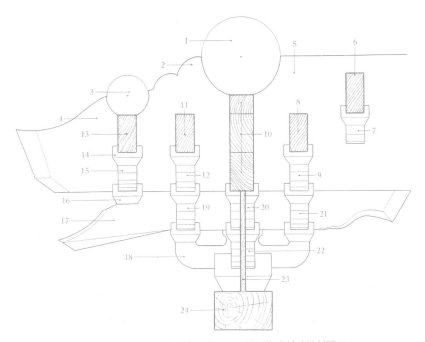

图 15-5-7（4）　清式单翘单昂（五材）柱头科斗栱剖视图

1- 正心桁；2- 桁椀；3- 挑檐桁；4- 挑尖梁头；5- 挑尖梁；6- 井口枋；7- 里拽厢栱；8- 里拽枋；9- 里拽万栱；10- 正心枋；11- 外拽枋；12- 外拽万栱；13- 挑檐枋；14- 三才升；15- 外拽厢栱；16- 桶子十八斗；17- 昂；18- 翘；19- 外拽瓜栱；20- 正心万栱；21- 里拽瓜栱；22- 正心瓜栱；23- 垫栱板；24- 平板枋

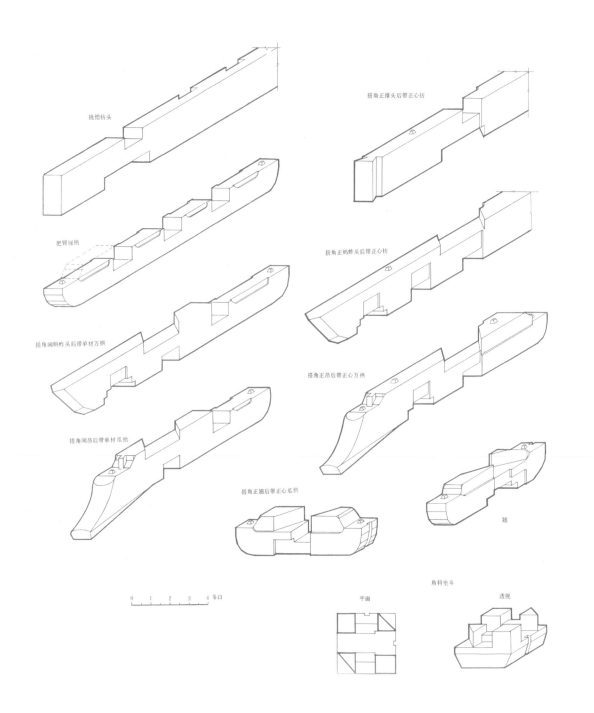

挑檐枋头

搭角正撑头后带正心枋

把臂厢栱

搭角正蚂蚱头后带正心枋

搭角闹蚂蚱头后带单材万栱

搭角正昂后带正心万栱

搭角闹昂后带单材瓜栱

搭角正翘后带正心瓜栱

翘

0 1 2 3 4 斗口

角科坐斗

平面　　　透视

图 15-5-7（5）　清式单翘单昂（五材）角科斗栱分件之一

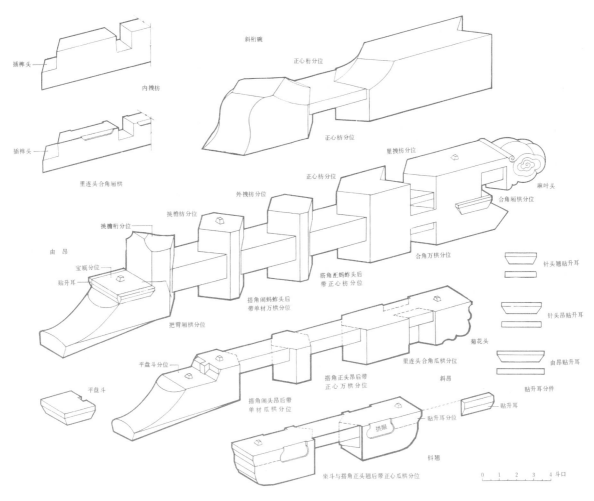

图15-5-7（6） 清式单翘单昂（五材）角科斗栱分件之二

三滴水品字科。里外出材只用翘不用昂，形如品字倒置。室内棋盘板上安装的，只装迎面半攒（按整攒做法只做一半，或即《营造法式》的扶壁栱）。示例为五材做法，实例所见有多至七材、九材的。品字科多用于楼房或城楼平座（平台）之下或里围金缝花枋、花穿枋以上，或者天花藻井四围（藻井斗口材分小，五分至一寸口分）。太和殿室内各种做法都有实例。

隔架科。用于殿座或门座室内梁架。大梁与跨空随梁枋空档之间，一般用一攒（或二攒）坐中安装。做法是，最下用荷叶墩，当中贴大斗耳，上安瓜栱一件，二槽升，上托雀替，通体形如工字，共高八材分。《营造算例》称为一斗二升荷叶雀替隔架科，梁枋空档高的，瓜栱上另加万栱，下层高低在雀替上取齐。另有十字荷叶隔架科一种，用于梁架瓜柱分位，习见于明代建筑，《工程做法》未载。

挑金、溜金斗科。与翘昂斗科相同，用在房屋檐宇四围柱木额枋之上，檐柱中线以外与各种翘昂斗科做法完全一致，柱中以里、明、次、梢间平身科翘昂里面仍如外面，但不用栱升，改安麻叶云、三幅云（柱头科翘、梁里面、角科叙翘、昂里面，并如平身科）；其蚂蚱头里面六分头，按搜架加斜举（檐廊步五举），下接菊花头（角科由昂里面六分头同）；撑头木里面按步架加举起秤杆，秤杆头镶入花台科（金缝花枋或称花台枋上）大斗内，秤杆头下带菊花头（角科斜撑头木里面秤杆头加斜举插入金角柱身）；桁碗里面按举架雕夔龙尾（角科斜桁碗同）。随举六分头，秤杆与夔龙尾三件通高，用覆莲梢贯穿加固。这种斗科在清制斗科做法中，属于最复杂的一种，当作一种最高等级应用于殿式建筑——庑殿、歇山式。所谓挑金、镏金的金是指金步檩缝而言。挑金、溜金斗科后尾自檐柱中（檐步檩缝）随举叙起上搭金步檩缝，斜挑檩垫之下即称为挑金，在檩垫之下、花台枋之上（也叫花台科）即为溜金。《营造算例》斗科覆莲梢附注谓，覆莲梢分别用于歇山挑金悬四柱做法或溜金斗科后尾。歇山挑金悬四柱做法，故宫明建左、右阙门翼门及景山东西门（中柱式门座）都有实例。这种斗科基本同属一种做法，随后尾安装方法位置而有两种称呼，用于檐宇四角后尾与角梁身斜交的也叫里挑金。《工程做法》没有明确划分，后来通称溜金斗科，挑金之名遂废。清制斗科做法大都直接沿承明代官工做法而来，挑金、溜金做法最为明显。明代北京宫殿早期建筑，如神武、东西华门楼与钟粹、诸宫正殿的挑金、溜金斗科具体做法，已然有所出入。神武门楼（西华门同）

重檐庑殿周围廊做法，下檐单翘单昂，上檐重翘重昂，都是清制所谓挑金、溜金做法，基本做法仍然沿承宋《营造法式》斗栱下昂出跳制度后期就少见了。

清制斗科做法，从材分标准、名件规格比例、前后拽架展拽分数以及分件组装方法各方面，大体不出《营造法式》规定范围，其间局部或雕饰手法上的变动（如升斗不做卷杀，改为斜抹八字），由于时代的推移，习尚不同，传授多方，在所难免。但在斗科具体应用方面，前后数百年间是有明显变化的。清制各间用平身斗科攒数较之宋制补间铺作只用一、二朵（攒）者大大加密，而且翘昂斗科平装平出，不用斜昂做法，且与金檩缝毫无联系，只起平衡檐檩的弯矩作用；挑金、溜金后尾起秤杆略能产生金檩压力所生反弯矩，前面仍如翘昂斗科平放平出，作用也不如宋制斜昂做法比较合理。

各种斗科具体制作规矩尺寸和安装方法（仅举斗口单昂做法例，其余类推），分见表15-5-11～表15-5-15。

斗科材分规格表

表15-5-11

| 等第 | 斗口口分 | 断面规格（营造寸） | | | | 逐等递增倍数 |
| | | 足材 | | 单材 | | |
		宽高尺寸	断面积（方寸）	宽高尺寸	断面积（方寸）	
一	一寸	1×2	2	1×1.4	1.4	2；1.4基数
二	一寸五分	1.5×3	4.5	1.5×2.1	3.15	2.25
三	二寸	2×4	8	2×2.8	5.6	4
四	二寸五分	2.5×5	12.5	2.5×3.5	8.75	6.25
五	三寸	3×6	18	3×4.2	12.6	9
六	三寸五分	3.5×7	24.5	3.5×4.9	17.15	12.25
七	四寸	4×8	32	4×5.6	22.4	16
八	四寸五分	4.5×9	40.5	4.5×6.3	28.35	20.25
九	五寸	5×10	50	5×7	35	25
十	五寸五分	5.5×11	60.5	5.5×7.7	42.35	30.25
十一	六寸	6×12	72	6×8.4	50.4	36

斗科名类规格表 表 15-5-12

形制尺寸 名类	结构形制（斗口）				斗科每攒定分（斗口）			附注
	材数	通宽	通深	通高	宽 攒中档距	深 拽架中至中	高	
1. 斗口单昂斗科	3	9.6	9.3	7.2	11	里外二拽架	7.2	
2. 斗口重昂斗科	5	9.6	15.3	9.2	11	里外 4 拽架 12	9.2	
3. 单翘单昂斗科	5	9.6	15.3	9.2	11	同上	9.2	
4. 单翘重昂斗科	7	9.6	21.3	11.2	11	里外 6 拽架 18	11.2	
5. 重翘重昂斗科	9	9.6	27.3	13.2	11	里外 8 拽架 24	13.2	
6. 一斗二升交麻叶斗科	2	6.6		5.2	8		5.2	本表以平身 斗科为例。
7. 一斗三升斗科	2	6.6		5.2	8		5.2	
8. 三滴水品字科斗科								
9. 内里棋盘板上安装品字科斗科								
10. 隔架科斗科								
11. 挑金溜金斗科								

翘昂斗科柱头斗科、角科逐层翘昂迎面宽度递加分数明细表 表 15-5-13

	柱头科分件口份宽度					角科分件口份度					
	单翘 （头翘）	重翘 （二翘）	单昂 （头昂）	重昂 （二昂）	挑头 梁头	斜单翘 （斜头翘）	斜重翘 （斜二翘）	斜单昂 （斜头昂）	斜重昂 （斜二昂）	由昂	老角梁
斗口 单昂			2		4			1.5		(1.5+1/2×b1) 2.15	2.8
斗口 重昂			2	(2+b/4) 3	4			1.5	(1.5+b1/3) 1.933	(1.5+2/3×b1) 2.366	2.8
单翘 单昂	2			3	4	1.5			(1.5+b1/3) 1.933	(1.5+2/3×b10) 2.366	2.8
单翘 重昂	2		(2+1/6b) 2.666	(2+2/6b) 3.333	4	1.5		(1.5+b1/4) 1.825	(1.5+2/4×b1) 2.15	(1.5+3/4×b1) 2.475	2.8
重翘 重昂	2	(2+1/8b) 2.5	(2+2/8b) 3	(2+3/8b) 3.5	4	(1.5+b1/5) 1.76	(1.5+2/5×b1) 2.02	(1.5+3/5×b1) 2.28	(1.5+4/5×b1) 2.54		2.8

附注 1. 挑尖梁头宽 4 斗口（1/2*b=2 斗口，1/4*b=1 斗口，1/6*b=0.666 斗口，1/8*b=0.5 斗口），b= 挑尖梁头宽。

2. 老角梁宽 2 椽径，2.8 斗口，内除斜翘昂宽 1.5 斗口，余宽 1.3 斗口，b1= 老角梁余宽（1/2*b1=0.65 斗口，1/3*b1=0.433 斗口，1/4*b1=0.325 斗口，1/5*b1=0.26 斗口）。

斗科安装法（一）斗口单昂（三材）斗科例　　　　　　表 15-5-14

安装层次	分件名称	平身科			柱头科			角科			附注
		安装件数	扣安部位	分件规格	安装件数	扣安部位	分件规格	安装件数	扣安部位	分件规格	
第一层	大斗	1			1			1			
第二层	头昂（单昂）后带翘	1			1						与第四层挑檐桁碗木连做
	搭角正头昂后带正心瓜棋							2			
	斜头昂后带翘							1			
	正心瓜棋	1	头昂中十字扣		1	头昂中十字扣					
	十八斗	1	头昂上前安					2	搭角正头昂上前各安一件		
	桶子十八斗				1	头昂上前安					
	三材升	1	头昂上后安								
	槽升	2	正心瓜棋上		2	正心瓜棋上两头安		2	正头昂正瓜棋上各安一件		
第三层	蚂蚱头	1	两头安								
	挑尖梁				1						
	搭角正蚂蚱头后带正心万棋							2			
	正心万棋	1	蚂蚱头中十字扣		1	挑尖梁中十字扣					
	厢棋	1	蚂蚱头前扣		2	挑尖梁前后各安1件					
	搭角把臂厢棋							2			
	十八斗	1	蚂蚱头后安								
	由昂后带麻叶头							1			
	槽升	2	正心万棋上两头安		2	正心万棋上两头安		2	正蚂后正万棋上各安一件		
	三材升	2	厢棋上两头安		4	厢棋上两头各安2件		4	把臂厢棋上两头各安2件		
	升耳							2	由昂上前贴		
第四层	撑头木	1									角科斜桁碗在第四层
	搭角正撑头木后带正心枋	2						2	合角厢棋上各安1件		
	正心枋	1	撑头木中十字扣								
	挑檐枋	1	撑头木上前扣								
	厢棋	1	撑头木后扣								
	里连头合角厢棋							2			
	三材升	3	厢棋上两头当中安					2			
第五层	桁碗	1									
	斜桁碗							1			
	正心枋	1	桁碗中十字扣								
	井口枋	1	桁碗后扣								

槅扇槛窗主要部件规格尺寸

表 15-5-15

名件	规格尺寸			附注
	高、宽、看面	宽、厚、进深	长	
下槛	0.8 檐柱径	0.5 本身高	（面阔－柱径）＋两头入榫长 2（0.25 柱径）	
上槛（挂空槛、中槛）	0.8 下槛高	同下槛厚	同下槛长	
抱框	0.7 下槛高	同下槛厚	（檐椽头下皮至地面高－上槛高－下槛高）＋两头入榫长 2（0.5 本身厚）	
槅扇（每扇）				
边框	看面：0.5 抱框宽	进深：1.2 看面	其一，同抱框净长 其二，槅扇高＋两头掩榫各 0.5 本身看面	本例为六抹槅扇分四扇安装，每扇宽 1/4（面阔－柱径－2 抱框宽），槅扇高同抱框净长
抹头	看面：同边梃看面	进深：同边梃进深	同槅扇宽	
转轴	宽：0.5 边梃看面	厚：0.5 边梃看面	槅扇高＋上下入槛各 0.5 下槛高	
绦环板	宽：2 边梃看面	厚：1/3 边梃进深		落地明做法不用此款
裙板	高：0.4（槅扇高－6 抹头看面－3 绦环板宽）	厚：同绦环板厚		
槅心	高：0.6（槅扇高－6 抹头看面－3 绦环板宽）	宽：槅扇宽－2 边梃看面		
槅心四面子边	看面：0.5 边梃看面	进深：0.7 边梃进深	随槅扇心净高宽尺寸	
棂子（横直棂子）	看面：0.7 子边看面	进深：0.7 子边进深	随槅心除子边看面尺寸落净高宽，按一棂二空分算，直棂两头加入榫各 0.5 本身看面	如落地明做法棂子长按边梃净长
槛窗（每扇）				
边梃			槛窗高＋两头掩榫各 0.5 本身看面，同槅扇做法	
转轴	同槅扇做法	同槅扇做法	同槅扇做法	
抹头	同槅扇做法	同槅扇做法	同槅扇做法	
绦环板	同槅扇做法	同槅扇做法		
槛窗心	高：同槅扇心做法	宽：抹头长－2 梃看面		
子边	同槅扇心做法	同槅扇心做法	同槅扇心做法	
棂子	同隔扇心做法	同槅扇心做法	同槅扇心做法	
风槛	同抱框	同抱框	（面阔－柱径）＋两头入榫各 0.2 柱径	
榻板	宽：槛墙厚＋2 金边	厚：0.7 风槛厚	随面阔	

四、装修——小木作
（门窗槅扇）

《工程做法》各项装修做法，包括房屋所有门窗槅扇、横披、支窗、帘架、单扇或双扇棋盘门、实榻大门、木顶隔、隔断、壁板、护墙板、木栏杆之类，制作安装统属装修木作，即《营造法式》所称小木作，以区别于大木作各工。装修有内檐（室内）、外檐之分，门窗槅扇外檐所用，安装在檐里（房座不出廊做法）或金里（明廊造、老檐缝）。实榻大门用于门道，安在脊缝或后金缝。棋盘门或在室内，或在外檐。隔断用于室内间架分缝，壁板、护墙板或装在墙壁表面，用以隔潮；木顶格通称顶棚，用于上顶防尘，因有承尘、仰尘之称。支窗用于外檐，可支可落；木栏杆，楼阁外缘装饰所用。这些各类做法大都沿承明代建筑而来。《营造算例》另有炕上装修一种，另外见于故宫后宫室内各种槅扇、落地鸡腿罩、栏杆罩、床罩等细木装修，向由内府样房设计，使用楠木、红木制作，工艺精致，也称为楠木作，属于"内工"做法，盛行于乾隆年间。还有外檐支摘窗做法，原编都没有记载。

大式建筑，槅扇槛窗做法，明间安装槅扇，一般随面阔大小，分四扇或六扇安装，原编示例为六抹槅扇分四扇做法，当中两扇外面另安帘架，自上部帘架心以下即所谓"吉门口"高度。槅扇以上安横披（横窗），随槅扇通宽分三扇安装，中槅间柱。槅扇四周槛框，即今称门窗口，横贴地面以上的称为下槛（俗称门槛、门限），槅扇上顶的为上槛，或称挂空槛、中槛，檐枋以下横披以上的为替桩，或称上槛，槅扇两边紧贴柱木的立框称为抱框（当横披两边又称短抱框，与下面抱框两木分做）。槅扇心有多种花样，或横直棂，或交斜，或各种菱花，示例为横直棂子做法。次、梢各间安装槛窗，一般随面阔分四扇，左右廊子分两扇。房间多的明次间都安槅扇，其余安槛窗。槛窗坐于槛墙木榻板以上，四围槛框、窗上横披、窗心棂均与明间槅扇做法相同，窗下槛改称风槛，名称稍异。门窗槅心棂子，所谓横直棂做法，即正方格形式，格眼大小按一棂二空分档。交斜即斜方格，格眼大小同正方格规矩。菱花格多用于宫殿（图15-5-8）。

槅扇槛窗具体制作各有分数（见表15-5-15），每

槽槅扇或槛窗都是随间安装的，与大木间架档距面阔、檐宇高低具有密切关系。槅扇四围槛框与槅扇边梃抹头、槅心、绦环、裙群板各种分件长距宽窄和断面规格的定分，分别以檐（金）柱直径或檐飞椽头下至地面高度或步架随梁为依据标准。例如，下槛定高以0.8檐（金）柱径为准，宽度按0.5本身高，上槛高按0.8下槛高，抱框宽0.7下槛高，宽厚与下槛一致。槅扇通高定分法，随檐里、金里安装地位略有不同。檐里、明间槅扇安装以飞檐椽为标准，槅扇上槛（挂空槛）上皮与飞檐椽头下皮取平，槛下安槅扇，上槛槛上安横披、替桩。如小式做法，无飞檐椽，即以檐椽为准，或自檐枋以下，按高一丈为度，即系安装槅扇上槛分位，檐枋下皮至槛上皮高一尺分位安装横披替桩。金里安装槅扇则以廊步挑尖随梁枋（小式穿插枋）为标准。上槛下皮与随梁枋下皮取平，槛下安槅扇下槛，槛上安横披替桩。次梢间槛窗安装边抹槛框规格尺寸与明间槅扇相同，槛窗上替桩横披、上槛等俱与明间槅扇取齐，槛窗扇上抹头与槅扇上抹头取齐，下抹头与槅扇裙板上抹头取平。槛窗下面即风槛、榻板与砖槛墙分位高。槅扇与槛窗定高总以通风采光、便于出入为主，在立面设计，尽管左右间广不匀，分扇宽窄不一，通体高度必须保持一致，局部层次分界要求横向取齐，分别处于同一水平线上，收到整齐美观的效果。

单扇棋盘门（或双扇做法）用于室内或外檐，上面安门头窗。门扇四围边抹，装门心板，门扇大边按吉门口定高。

实榻大门、槛框、边抹、穿带均与棋盘门做法相同，门心板则与大边同厚。与棋盘门不同之处，一为框心装薄板，一则门心板与边抹厚薄一致，如同一块整板，故称为实榻。实榻大门安装于门座，明间安一槽，或明次间分装三槽，随门座间数多少而定。安装位置或在脊檩缝，或在后檐金檩缝，门口高宽按吉门口定分。

隔断壁板，护墙板之类，原编没有具体规定，用在宫殿实例很多，安在间架分缝，一般四围槛框如门窗槅扇做法，中心装木板，表面满槽油饰。

另外，上述关于帘架定高，棋盘门、大门口框高宽分数都涉及"吉门口"问题。所谓"吉门口"，即原编"门诀"一卷所列各种门口高宽尺寸的规格程式，自最小2.01尺至最大11.6尺，共分124种大小不同的规格，都是根据"门尺"选定的。门尺也叫曲尺、八字尺或门光尺，一尺等

图 15-5-8（1） 外檐装修五抹菱花槅扇

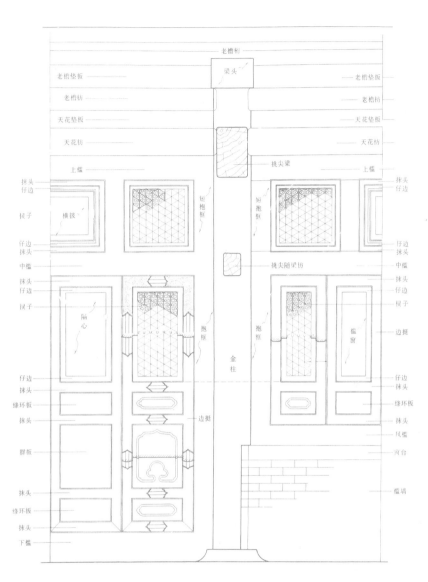

图 15-5-8（2） 大木装修图

于1.44营造尺，全长分作八寸，每寸折合0.18营造尺（曲尺分十寸，每寸折合0.144营造尺）。每寸分档标注吉凶八个字，四吉四凶，吉字用红色写，凶字用黑色写，每字档分别标注吉凶事例，或历象九宫：白黑碧绿黄白赤白紫字样，以八卦坎水、乾金、艮土和九宫三白为吉方。三白即匠家所谓"厌白"之法，名类多种，不外乎汉唐以来方士、术数家附会之说。古代建筑设计门口选用吉字各档以定高宽尺度，所以称为吉门口，取趋吉避凶之意。门诀选取吉字各种尺寸换算成营造尺，划分财门、义顺门等四格。上例安装槅扇帘架即大式做法房座体制，门口高宽为6.64尺×3.62尺（2.125米×1.16米），属于义顺门格。实榻大门口宽7.16尺×高8.6尺（2.29米×2.75米），属于财门格。门是内外出入的主要孔道，

以便利实用为主，根据生产、生活实际需求规定相应的宽高口分，其始原是劳动人民基于实践经验而来，初不含任何神秘意义。《考工记》以辙广定道途，以车轨或扃长定门道口阔，不离乎交通工具应用容量。房屋修建、选向定位，首先考虑避火散水、出入便利问题，居室门户自以安全为主。过去经验丰富的老匠师对于门户堂途的设计是很重视的，常言说："门宽二尺八，死活一齐搭"，就是说安门口必须依据婚丧嫁娶所用轿舆或棺木宽窄尺寸为准，和家具什物都是直接关系家居生活的重要内容。古今中外建筑形式固有不同，总不会脱开实用为主这个基本原则。我国古代建筑，自汉唐以来，由于附会阴阳五行说，故造神秘，致使匠家规矩制作蒙上一层迷信色彩，这种有害成分是必须摒弃批判的。

附：装修用铜零件

铜料包括门窗、槅扇所用铜零件，殿角角梁下所系铜风铃、琉璃吻铜锔子、铜瓦帽、檐下铜丝网之类，专为宫殿建筑所用，一般建筑多使用铁料制作。

槅扇槛窗铜零件，主要用于木装修榫卯节点，使之连接更加稳固；出入拉手、开关转轴。大门门钉连接背面横穿，包门叶，保护门扇，各具一定功能，加以雕镂花饰，又富有美观作用，名件多种，各有用途。

（1）看叶、拐角叶：用于槅扇（或槛窗扇），拐角叶用在四角边抹拐角，看叶用在开关扇立边当中，上带扭头圈子，即开关拉手。宫殿所用都镂有花纹，清代一般雕作云龙纹，用黄铜镀金，小殿座或用贴金做法。

（2）菱花钉：用于槅心菱花格子心，钉眼钱用，每眼钱钉一个，一般用贴金。

（3）铜门钉：用于实榻大门，如宫殿大门、寺庙、王府、正门、城门等。在封建等级制度下，大门使用多少、圆径大小、间距远近，各有严格规定，分为九路、七路、五路做法。宫殿使用九路，等第最高。

（4）兽面：即古之铺首，规定圆径按二门钉径定大小，大门每扇一副。

（5）门钹：带钮头圈子，大小按门边定，一般门用。

（6）大门包门叶：每扇四块，用在大门扇正背面上下四角。

（7）吻兽铜锔：用于宫殿屋顶琉璃大吻、合角吻、琉璃兽，连接分件拼缝，多用镀金。吻兽样号、拼块多少、用钉规格大小、数量各有规定。如十三拼大吻，每支用长0.45尺，宽0.1尺，铜锔十六个。

（8）铜瓦帽：盖于琉璃筒瓦钉上，按筒瓦样号大小，使用铜帽大小径寸不同。

这些铜料从名件规格，做法要求各方面，都是专为宫殿而制作，不是一般官工可以随意使用。名件有其防护作用，然而，刻镂金涂、图案表现，仍然重在夸耀专制权势，挥霍人民宝贵财富，远远超过制作应具的功能作用。

五、石作

古建石工制作以房屋基座石活为重点，石础上承柱木荷载屋盖重量；台基四围压面抱角，虽不直接承重，实有利于基座的维护保固，且可起有衬托美观的作用。台基高低围势因房屋间架形制大小而有繁简精糙。大致有两种做法，一般建筑多采用平台形式（图15-5-9），高大建筑如宫殿主座则常用须弥座形式（图15-5-10）。

须弥座做法，层台数叠，中间束腰，雕镂椀花结带，转角金刚柱子或玛瑙柱子，上下枭混或作莲瓣珠子或素混。上下枋素平或雕作番莲卷草，各层施以线道，最下底层雕成龟脚形式，衬以土衬石，形似承重地脚。

平台做法，多属砖石结合办法，台阶边缘棱角安石活，其余表面用细砖干摆包砌，背里糙砖，或者全部安装石活，称为"满装座"。《工程做法》通用规范，未举须弥座例，所载属于大小式硬山、歇山或悬山做法。

台明四周压面石，在前后檐位置的称为阶条石，左右两山的称为条石，宽窄不同，薄厚一样，四隅角石有整做的称为"混沌埋头"，两块别做迎面的称为"单埋头"，两山侧面的称为"厢埋头"，也统称为角石。满装座压面石以下迎面安装斗板石（陡板石），其下贴地平的衬石称为土衬石。房座前檐当中（或后檐）用以升降的石踏垛，或称石阶级、石阶，包括阶级石、两边垂带石、象眼石（象限）、当阶前的如意石、土衬石多种分件。

石础形制，大小或做法相仿，檐柱础正方形，上面落鼓径（圆形），见方大小为柱径的两倍，金柱础随金柱径加倍（里围金柱、中柱石础各随其柱径加倍）。大式建筑台基上面当明间正中安分心石，门槛、槛墙以下安槛垫石，用以隔潮。硬山房两山砖墙墀头腿子尽端安角柱石，有方角，有斜抹八字的称为琵琶角柱，随下肩上部安压砖板，也称腰线石。前后墀头安挑檐石，端头雕作枭混（悬山房除无挑檐石外，其余同硬山做法）。垂花门所有滚墩石鼓子，门口两边门枕石之类，规格名件多至二十余种。

其他桥洞券石、水沟石槽、水沟门、龙头沟嘴、夹杆石与须弥座石栏板、望柱等，名目繁多，超出房屋范围。

石作制作安装：分做糙、做细、占斧、褊光、对缝安装、灌浆、摆滚子（木滚子）叫号、拽运、抬石等项工序。定额使用工料、大件整料升高起重、归位（原拆原装）按斤称重量分别计工。石工用料分旱白玉石、青白石、青砂石、豆渣石、虎皮石，材质不同，做工也有出入。宫殿建筑以旱白玉、青白石为多，城脚、路面用豆渣石，园林墙垣或用虎皮石或各色片石镶砌

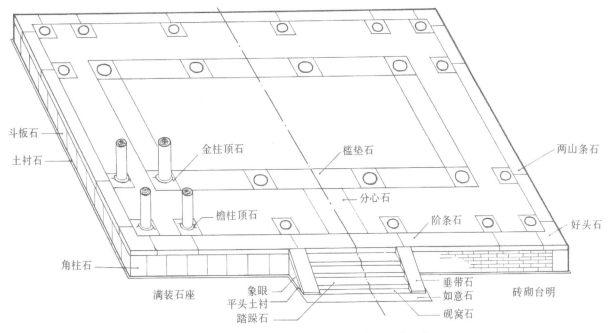

图 15-5-9　硬山和歇山石作做法——台基"石活"示意

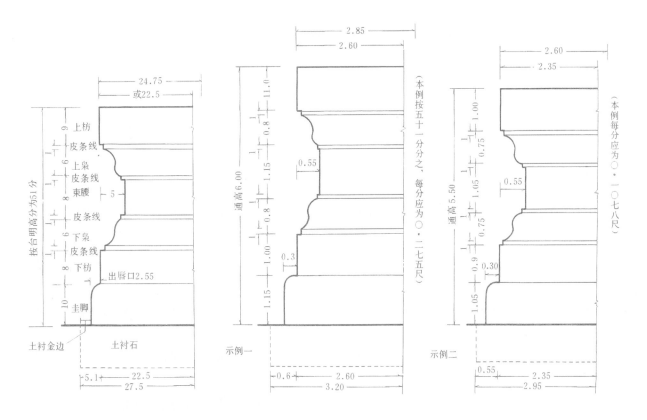

须弥座各层高低按台基明高五十一分归除得每分若干，内：

　　　　圭脚　10分　下枋8分　下枭6分　代皮条线1分（共7分）

　　　　束腰　8分　代皮条线上下2分（共10分）

　　　　上枭　6分　代皮条线1分（共7分）　上枋9分

以上除上枋外，其余宽俱按圭脚厚二分半九扣，上枋宽按圭脚宽十分之十一（或同圭脚宽）。土衬宽厚同圭脚。

比枋子出金边十分之一台明高。圭脚比枋子出唇子按土衬金边折半。束腰比枋子外边线缩进按

枭儿皮条线高的七分之五（每层宽度定分外出里进的分数，均以圭脚为准）

图 15-5-10　清式须弥座做法示意（见《营造算例》单位：营造尺）

贴面。台基压面石，大式建筑采用合间安装方法，即按每间檐柱中缝中到中分间安装，用整料制作，头缝对柱础中，四角转角整块石料凿成曲尺转角，称为好头石（角头石）。这种办法非长料不能办到，费料费工，但也有有利的一面，一来减少头缝，整齐一致，二来柱础压面，或有沉陷走闪，修复时不致互有牵涉影响。当然，不是一般民间建筑力所能及的。

六、瓦作

瓦作分大式、小式两种做法，原编举例歇山、硬山各项瓦作做法属于大式建筑做法，硬山、悬山例属于小式做法，所定规矩尺寸都是按五檩前山廊山柱式大木做法例而定的，间架平面布局只开列明间面阔与通进深尺寸，次梢间临时酌定，通进深连廊步匀分四步架，梁架采用五架落金做法，两山用山柱穿梁做法。檐柱定高按 0.8 明间面阔，出檐长（上檐平出长）0.3 檐柱高，下出（台明回水）0.8 出檐长，两山山出 1.5 檐柱径。举架高，檐步五举，脊步七举。大小式做法定分标准基本相同，属于瓦作各项工程基本上都是根据大木间架这些规定标准来进行设计的。大体分为：①砌砖基础；②砌砖墙；③屋顶苫背铺瓦；④墁砖地面；⑤墙垣抹饰，刷浆以及调制灰泥浆，砍磨细砖，雕砖和工前的抄平放线工作。

（1）砌砖基础：房屋底座、台基部分的砖工。台基做法，大小高矮随房屋体制而定，大式庑殿或歇山周围廊做法，随四围檐柱中心至台基边缘的距离即台明宽度，称为下檐出，或简称下出，定分标准按上檐平出长 80% 定宽（《营造算例》歇山周围廊做法按 75% 上出檐长），比上檐出退进 20%，称为回水，避免檐头雨水溅落台明上面，台明四围铺墁砖散水，用以疏散檐宇滴水。台基通体大小随房座通面阔加两山台明宽度即台基通长，通进深加前后檐台明宽度即其通深。悬山、硬山房座，前后出廊子；两山砌砖墙做法，前后檐台明定宽分数同上；两山台明宽则按 1.5 檐柱径定分（《营造算例》瓦作按 2 柱径定，石作、硬山房按 1.8 山柱径，挑山房按 0.9 下出定，互有出入），称为山出。如后檐不出廊，砌后檐墙的，下出同山出。小式建筑，下檐出、山出分数与大式建筑基本相仿。瓦木工通常说的："瓦匠用二，木匠用三"，就是指上檐平出和下出回水定分分数而言的，二是指 20% 的回水，三是指 30% 的上出分数的概括说法。所以瓦工包砌台明时，问明木工上出檐尺寸和檐柱径寸，前后檐按上出檐减去二成，两山按檐柱中向外加出一个半柱径，即台基四围边缘分位，通称为山出檐进，记住口诀，基本不致有很大出入。

台基通身高度分上下两部分，露明地皮以上的称为台明高，埋在地下那一部分为埋深，合称台通，即台基通高，也是房座通体基础应有的高度。房身内部石础下砌砖礩、拦土墙等都以此为标准定其高低。台基定高方法，分两步计算，台明高一般以檐柱高度为准，折取成数，本例大式做法，台明定高一尺（小式未注明），折合 12.5% 柱高。见于原编石作大式做法的，高一尺二寸，合 15% 柱高；小式做法高八寸。《营造算例》瓦作大、小式，台明高度按 15% 檐柱高（60 斗口）定分（9 斗口），房式大的则按两倍檐柱径（6 斗口）九扣（10.8 斗口）。石作台明定高又按 20% 柱高（合 12 斗口）；歇山带斗科石须弥座做法，则按须弥座台面至耍头（蚂蚱头）下皮高（即台面至挑尖梁下皮高）25% 定分；方亭带斗科，又按台面至枋下皮高 11.5% 定高，说法不一。埋深深度，本例大式做法规定，按房屋使用檩数多少分别定为六寸、八寸、一尺等三种尺寸；小式做法分四寸、六寸两种，即埋深由最浅四寸至最深一尺不等。《营造算例》石作大式又有按台明高折半之说。总之，可以说明台基定高方法都是依据檐柱高度而来，随建筑不同体制而有高低之差，而且小式建筑都比大式的有所降低，反映着等差关系的严格性。

台基通体做法，自台明檐柱中线以里，所有檐金柱木石础以下都砌有砖礩墩，下底与台明埋深砖下皮取平，大小随石础四围加宽二寸（小式一寸五分）称为金边；随砖礩纵横空档掐砌砖墙，称为拦土墙，或简称拦土，与四围台明包砌砖联结一起形成一个砖砌体。砖礩是房屋间架柱木的基础，台明包砌砖则是通体台座的外围界墙，表面干摆细砖，背里糙砖，称为包砌台明。砖礩、拦土都用糙砖码砌，统属于瓦作基础工程。其余空处则用素土或灰土逐步填实，土作称为填厢。台座所有砖砌体下面都有灰土垫层，用小夯灰土分步夯筑，每步实厚五寸，夯筑最少一步，多至一、二十步不等，或者整个台座垫层满筑灰土，称为"满堂红"做法，多用在宫殿大座，属于土功专业。台明边缘四角安装阶条石，角柱和柱础，踏跺各项石活，或者石须弥座做法，统属于基础工程范围，分工归石作（图15-5-11）。

（2）砌砖墙：房座内外墙垣工程随屋盖形制和所在位置各有定称，具体做法也各有区别，大致可分为山墙、前、后檐墙、封护檐墙、廊墙、槛墙、室内隔断墙、扇面墙等（图15-5-12）。一般在外观上自下而上分为裙肩（或称下肩）、墙身与上顶墙肩三段。下肩通用干摆细砖做法；墙身干摆细砖或捎白（瓶白）或灰四缝一色清水墙，或通身糙砖砌，或用土坯或碎砖砌，表面用灰抹饰、刷浆，通称混水墙；墙肩内里砌砖，表面抹饰。砌墙砖料，官工做法使用城砖、滚

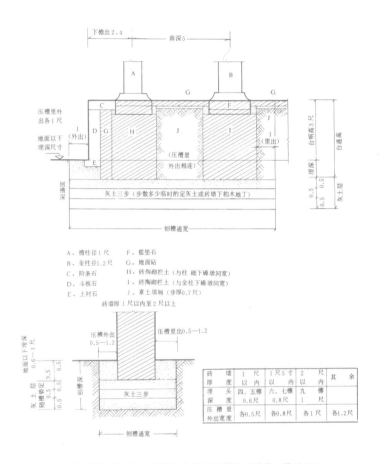

A. 檐柱径1尺　　　　F. 槛垫石
B. 金柱径1.2尺　　　G. 地面砧
C. 阶条石　　　　　H. 砖掏砌拦土（与柱础下纂墩同宽）
D. 斗板石　　　　　I. 砖掏砌拦土（与金柱下纂墩同宽）
E. 土衬石　　　　　J. 素土填厢（步数多少临时的定灰土或砖墩下柏木地丁）
砖墙厚1尺以内至2尺以上

砖墙厚度	1尺以内	1尺5寸以内	2尺以内	其余
埋头深度	四、五檩 0.6尺	六、七檩 0.8尺	九檩 1尺	
压槽里外出宽度	各0.5尺	各0.8尺	各1尺	1.2尺

图15-5-11（1）　刨槽与台基砖石基础（单位：营造尺）

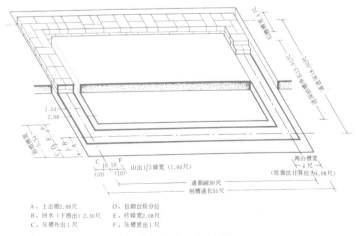

A. 上出檐2.88尺　　　D. 包砌台阶分位
B. 回水（下槽宽）2.30尺　　E. 砖磉宽2.08尺
C. 压槽外出1尺　　　　F. 压槽里出1尺

图15-5-11（2）　土作刨槽示意图

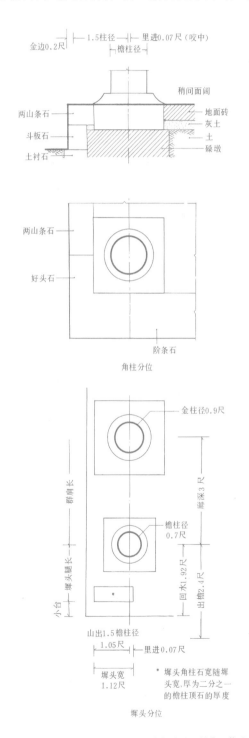

角柱分位

* 墀头角柱石宽随墀头宽，厚为二分之一的檐柱顶石的厚度

墀头分位

图15-5-11（3）瓦作砌墙山出里进定分法（单位：营造尺）

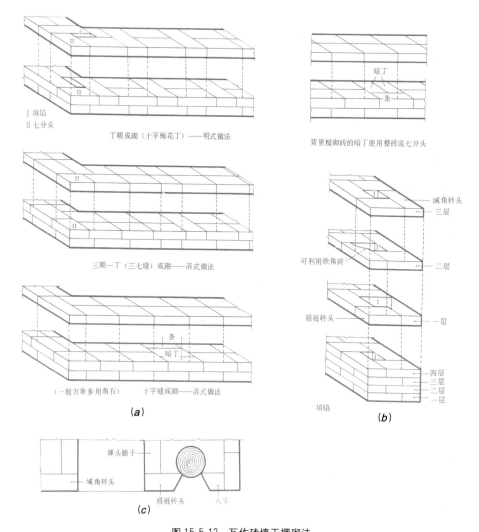

图 15-5-12 瓦作砖墙干摆砌法

(a) 砌砖墙; (b) 墀头腿子(砖半); (c) 北京故宫坤宁宫周庑廊门筒子下肩

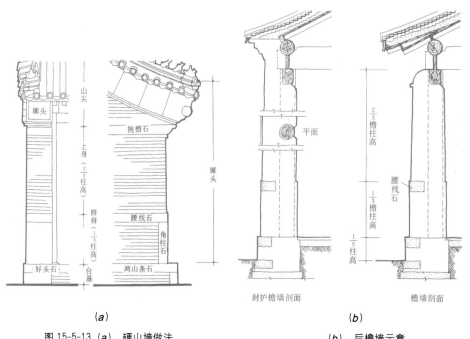

图 15-5-13 (a) 硬山墙做法   (b) 后檐墙示意

子砖或斧刃砖，砌筑灰浆用纯石灰浆或搀灰泥浆，随大小式做法要求而定。砌墙工程大体相同，以硬、悬山砌山墙为例，扼要说明其定分方法。

①两山山墙。随大小式建筑硬山与悬山房分别为墀头搏风与五花成造两种做法。

②硬山房，山墙上部山尖（三角形部分）随房顶前后坡形势呈三角形，前后檐头部位做墀头，随山镶砌砖搏风板。下面裙肩通长随房屋通进深定分，高按三分之一檐柱高，厚度按二柱径加里进二寸定厚（自柱中向外一个半柱径，向里半柱径加二寸，小式做法里进一寸五分）。墙上身长随裙肩，高与山尖分两步定分，上身高以前后檐柱高为准，除去裙肩高度，上至前后檐屋盖望板上皮，即上身分位高。山尖部分是三角形，山尖中高以山柱高为准，加至屋脊望板上皮，减去下面墙身和裙肩高，即山尖部分中高（斜长随房屋通深逐步加举核算），乘以房屋通深，折半，即两山山尖部分的面积。墙身里外面都有收分，按1%身高定收分，裙肩上下通直，不收分（图15-5-13）。

③悬山房山墙，上身采用五花成造或前后通平做法，挑山山墙或有随屋坡形势一直砌到各步檩下如硬山山尖做法。五花山墙上顶如五山，分别按前后步架定高，檐金步随檐金柱高，减去群肩和墙肩分位即上身高度。裙肩、墙身长高厚、墙身收分，均与硬山山墙定分方法相同。墙肩以上随各步架空档用砖点砌山花象眼（象限）。

④硬山墙墀头做法。两山墙自前后檐柱中以外的尽头部分称为墀头，通高分为群肩、墀头身和上部向外探出的墀头梢子三部分，实际就是山墙的两端尽头，通常也叫墀头腿子。下部裙肩、上身高均随山墙，通身厚度为一个半柱径加里进0.1柱径（通常加七寸至一寸）。即外侧随山墙一致，里侧由柱中往里增加1/10柱径，称为里进，工匠通称咬中。墀头腿子上梢至檐宇以下逐层向外探出部分即所谓墀头梢子，是瓦作花匠雕砖一项重要内容。包括所用盘头砖、枭混砖、戗檐砖和挑檐砖等，都由砍凿匠加工制作。民间宅舍常有增加各种花饰做法，由花匠雕做，官工正规做法多采用素平面，不加雕饰。梢子做法，分大、中、小三才三种规格，各有一定尺寸。

⑤两山前后坡随山尖举势安砌砖搏风板，通常按房屋进深及出檐长加举定分，小三才做法，线混（托

山混、半混）搏风砖用停泥滚子砖砍做，或尺二方砖开做，或用滚子砖陟砌（用卧砖的称为散装搏风，用于小式建筑）。中三才搏风用尺二料半或尺四方砖整做；大三才用尺七方砖砍做。搏风用砖与戗檐砖基本相同，安装时必须随屋顶坡势圆和一致，事先样活摆验规矩才能安装，工匠称为"熨搏风"，如同用熨斗熨帖的意思，说明慎重从事的态度。沿搏风上缘随垂脊外侧横向铺勾滴瓦一排，称为排山勾滴，或玲珑排山；或无垂脊，铺边陇瓦，下面只用披水砖一层，与《营造法式》两山"剪边"方法有所不同。以上这些做法，都是利用砖瓦本身形体，稍加雕作改装，增添了两山的美观形象。类似这种朴素的艺术加工表现在砖瓦工程方面的很多，如砌砖之分十字缝（顺砖到顶）、三七缝（三顺或五顺一丁，上下皮错缝1/4砖长，三七取其成数）、十字梅花丁（丁顺城砌）（图15-5-14）；海墁地面用城砖或陡板砖平铺或仄墁（柳叶地），瓦工形容为平地砌墙。台明四围散水，宽一砖长，形如一顺水，俗称为"一封书"，宽一砖半长组成"入字面"（或称褥子面），宽两砖长组成"八见方"（甚至有宽三、四砖长的，如室内方砖地用半砖掉头错缝办法），总以檐头滴水落到散水中腰为度。其他如十字甬道（或丁字）方砖坐中，四角割角组成"筛子底"、"海棠瓣"等小式做法，足见匠心。大式做法一般通用方砖、半砖掉头错缝铺墁方法，尽量避免打砖，少用奇巧形式。园林偶用片石裁成冰裂文贴面铺地，小号筒板瓦摆各种花样漏窗花墙，雕砖、瓦片嵌铺石子路面，宫殿庭院极少这种做法（图15-5-15）。

⑥有关屋顶苫背、铺瓦各项做法，都是随着各种大小式建筑的屋顶形势按实际情况丈量尺寸，核算备料（图15-5-16）。望板以上铺瓦灰泥垫层，称为苫背，使用纯白灰浆或三七、四六掺灰泥衬底，青麻刀灰抹面，赶光研亮，又叫青灰背。苫背以上铺瓦、调脊，宫殿铺黄琉璃瓦或绿琉璃瓦，按使用性质而定。琉璃瓦片脊料自明代以来规定为十种型号，称为"样"。一样、十样不常用，故宫太和殿最大，脊瓦料用二样的。正脊两头大吻规定按檐柱每高一丈、吻高四尺，正脊、垂脊、戗脊、围脊等，各有一定规格。檐角所用走兽、仙人之类，走兽由三、五、七、九件不等，九件的体制最高，太和殿走九以外又加"行什"一件，连仙人共十一件，是一种特例。走兽排列顺序，自龙、

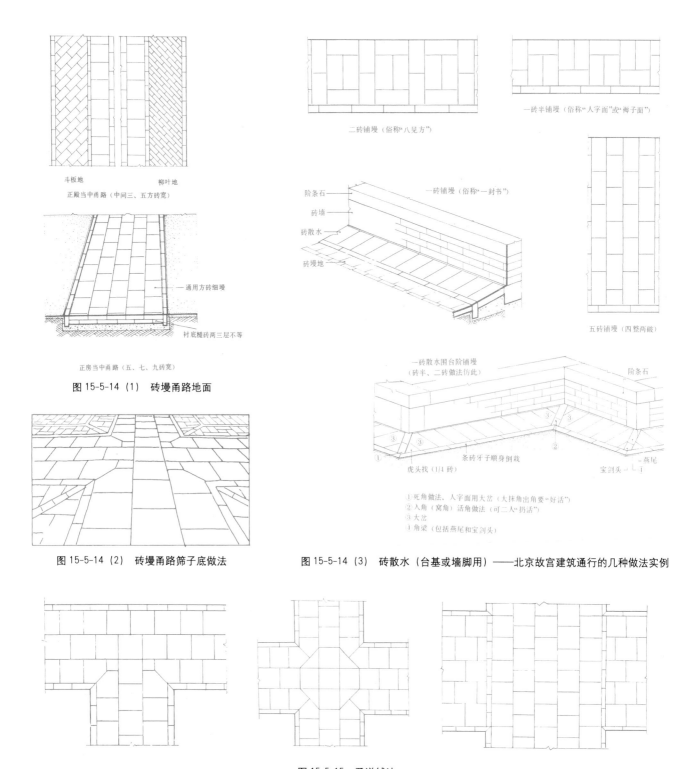

斗板地　　　　柳叶地

正殿当中甬路（中间三、五方砖宽）

二砖铺墁（俗称"八见方"）

一砖半铺墁（俗称"人字面"或"梅子面"）

阶条石
砖墙
砖散水
砖墁地

一砖铺墁（俗称"一封书"）

通用方砖细墁

衬底糙砖两三层不等

正房当中甬路（五、七、九砖宽）

图 15-5-14（1）　砖墁甬路地面

五砖铺墁（四整两破）

一砖散水围台阶铺墁
（砖半、二砖做法仿此）

阶条石

条砖牙子顺身倒栽

虎头找（1/4 砖）

宝剑头

燕尾

①死角做法，人字面用大岔（大抹角出角要"好活"）
②入角（窝角）活角做法（可二人"扔活"）
③大岔
①角梁（包括燕尾和宝剑头）

图 15-5-14（2）　砖墁甬路筛子底做法

图 15-5-14（3）　砖散水（台基或墙脚用）——北京故宫建筑通行的几种做法实例

图 15-5-15　甬道铺法

凤、狮子、海马、天马、押鱼、狻猊、獬豸、斗牛之类，大致与《营造法式》规定相仿，用数少的依次减省。《营造法式》用瓦条垒脊，明清改用成型脊筒子，自当沟瓦、押档条以上有黄道、群涩、赤脚通脊、扣脊瓦等分件组成一条大脊（垂、戗脊各有相应名件），两头安正吻（俗称大吻），垂戗脊尽端的称为兽，形

状与吻不同。次要房屋大脊、垂脊等安兽，不许用吻（图15-5-17）。瓦件、花墙琉璃砖、贴面琉璃砖等，都由官琉璃窑事先按要求规格数量烧造，施工时窑厂派工查点检修补配，与瓦作分工负责。铺瓦具体做法见下文。关于墙面抹饰、刷浆工程、灰泥浆调制方法，《工程做法》只开列物料、工限名例数量，没有具体做法，

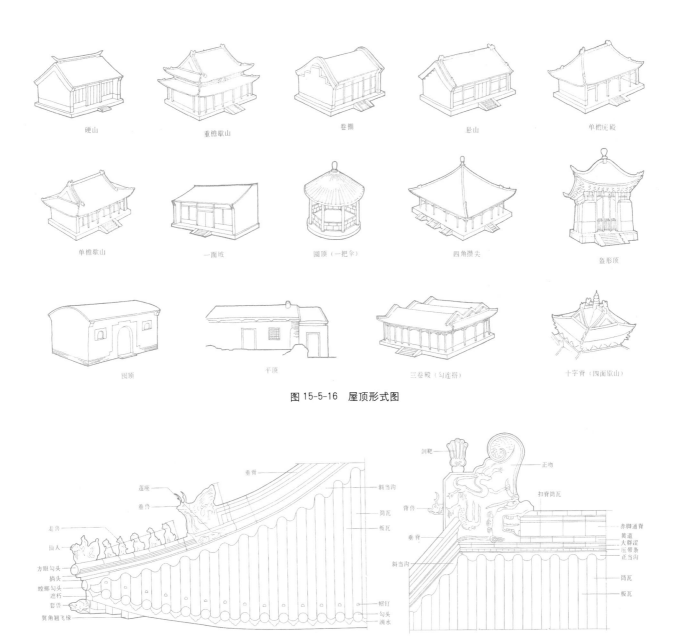

图 15-5-16 屋顶形式图

图 15-5-17（1） 庑殿琉璃瓦顶局部　　　　　　图 15-5-17（2） 庑殿琉璃瓦顶大样

这种工程主要从备料估工角度提出要求，按方验活，与设计规矩定分关系不大，故而从略。

古建瓦工技术具有悠久的发展历史，《工程做法》沿承前代经验成法编成条例用为建筑设计依据，对于施工具体细节删繁就简，多有未备。工匠世守其业，师傅亲验，类多切实可行，足以补充官书的不足。兹就砌砖墙与调制灰泥浆，屋顶铺瓦，铺墁砖地面扼要说明于下：

（1）砌砖墙：垒砌方法主要分干摆、缝子、捎白、糙砌及碎砖砌五种做法。除砌碎砖一项通行于民间修造，官书未列，其余统在官工做法登载。

①干摆：俗称干摆细磨，根据所用砖料又分大、小干摆、沙干摆三种名目。大干摆使用城砖，小干摆用停泥滚子砖，沙干摆用沙滚子砖。用砖不同，质量要求也不同，城砖、停泥砍磨五面（俗称五剥皮），沙滚砖磨两面砍三面，都是采取干摆灌浆方法垒砌，先干摆，后灌浆，因为砖经过加工以后，前后口大小微有差别（后口比表面四围小二三分，称为包掩——读如含）。砖摆好后，前口缝对缝，表面平整一致，后口留有空隙，须用石头片垫平，称为石山，然后灌浆，用石灰浆或桃花浆（白灰掺和黄土），官做法白灰浆搀少量糯米汁，每摆砌一层灌浆一次，浆要饱满严实。

灌好浆后，抹馅一层（墙身里面用糙砖或半头砖填砌，称为填馅），第一层摆砌好，往上逐层这样做法。干摆砖墙表面严丝合缝，不露灰口，身里四围包掩都是用油灰（白面和桐油）抹口。老做法也有用黄米抹口的，防备砖砌高了把两块砖之间的棱角压裂，影响质量。细砖干摆方法，通常采用一顺一丁（丁顺成砌，俗称梅花丁）和十字缝（通身顺砖砌法）两种砌法。十字缝一般用在墙身下肩或槛墙部位。十字缝砌法通趟顺砖，表面看起来不太牢固，其实背里仍有暗丁，用以加强与背后空隙用整砖填砌成填馅糙砖连接一起，里外皮拉在一起，外表墙面仍然通顺形式。具体做法有三顺使用一暗丁，有五顺使用一暗丁，看墙身薄厚而定。暗丁使用整砖或七分头。

②缝子：《工程做法》称为灰四缝。具体做法又分四缝、沙子缝、线道灰三种。

四缝：同样使用五剥皮的整砖或条砖砌，干摆表面不露灰缝，缝子四围露灰缝。立卧缝要求整齐一致，使用老浆灰砌，逐层灌白灰浆或桃花浆，抹馅改用大麻刀灰抹一层，杀趟、用磨石将砖面凸棱部分磨平，再接砌上一层。全部砌完后漫水活，用细砖蘸水将全部墙面揹磨光平，最后耕（耕缝子、勾抿砖缝）用竹板把横竖缝子耕出来。

沙缝子：用砖和沙干摆砖相同，砌法同缝子活。

线道灰：与上述两种稍有不同，用在墙面的升分大，圆体建筑如北海团城砌法，砖的前口用老浆灰砌看缝，后口背石山，其余同缝子做法。

③砌碎砖墙：也叫碎砖压泥，是北京瓦工一种特殊的技术。北京经过几个历史朝代的变迁，拆建翻修，碎砖瓦砾是多的，劳动人民利用起来修盖房舍，日久形成一种做法。传统做法是墙身两面砌碎砖，中间填馅，有的逐层灌桃花浆，有的每砌五层一灌。用掺灰泥砌(生石灰六成，黄土四成，细房渣二成)。北京这样做的老房很多。另外一种做法叫"四角硬"，以山墙为例，墙角和下肩用整砖砌，外表美观，质量也有保证，比全用碎砖要坚固，所以又叫"金镶玉"，官工做法也经常使用（省工省料）。碎砖墙看似简单，没有熟练技术也不容易做好。碎砖墙一般表面都用灰抹饰，做工规矩的可保持数十年不致倒塌。砌碎砖做法和砌整砖一样，使线方法相同，每块砖都是上跟绳（线）下跟棱，一层砖一层泥，泥也就是砌整砖的灰口，厚度

不得超过一寸，背里填馅也要一层一层的填，不能乱填。选砖时，一层使用半头砖，一层使条头，隔层相间垒砌，不论什么样的砖，一律卧着用（卧砖），不能立着用，更不允许斜着放。这样砌法才符合质量要求，即使墙面不用抹饰，看起来也是规矩整齐的。

（2）灰浆调制方法与用途：灰塘是古建瓦作施工作业重要的一环，瓦工砌筑，抹饰所用各种灰、泥浆统由灰塘负责供应。明清官工瓦作使用灰、浆以石灰为主，兼以青灰、红土、黄土配合成各种色灰、色浆。石灰、青灰产在北京西山一带，设有官窑专门烧造采挖。工地所用石灰一般都是经过加工的熟石灰，生石灰加工分泼灰、煮灰两种方法。

①泼灰：俗称泼浆灰，分泼烧灰、泼落灰两种。

泼烧灰，先将块石灰铺在地上一层，用桶泼水，将灰泼成粉面，泼一层堆一层，最后堆成大堆，称为捂着，经过三四天，所有未经泼到的小块灰都捂开了，成了粉面，用筛子将灰石渣子筛净，留备浆灰使用。浆灰时，用水浆或用青灰浆浆，先把筛过的石灰面铺一层，约半尺厚，泼上一层浆，用时切着用。泼浆灰用水量少，微小颗粒有一定吸水作用，主要用于砌墙、铺瓦、抹饰打底子、抹青灰背等工程，因为比较粗糙，不适于表面抹饰。

泼落灰，工序同上，泼灰时用水量较大，过筛用细目筛子。用于表面抹饰工程。

②煮浆灰：传说在北京使用年限不太远，拆除老房座也没发现过这种做法。从现在用于抹面或一些细致的活看来，比泼灰效果要好。外省地方有挖窑淋灰的办法，可以储存一二年后使用，白净细腻，大概仍属老传统的办法。煮浆灰分白灰、月白灰、老浆灰、葡萄灰数种。现场煮灰必有灰锅、灰池子，灰锅用砖砌成，方或圆形，大小看煮灰多少而定，灰锅前面就地挖灰池子，大小深浅看灰量定。煮灰时先在锅内放水，然后放石灰块，开锅后用铁锹搅匀，将上半锅灰浆放到灰池，下半锅所留灰渣子用铁笊篱清出，再放块灰煮第二锅，直到放满池子为止，即为白灰浆膏。月白灰浆，水内加青灰，颜色深浅酌定，煮灰方法同上。老浆灰以青灰为主，白灰为辅，七成青灰、三成白灰为宜，放白灰时一定即时搅匀，以免老浆灰内出现白点。葡萄灰，即红色煮浆灰，不用红土子，用霞土（次红土子），煮法同上。

煮浆灰用样同于砌活抹活，灰内掺麻刀即为麻刀灰，或者直接用素灰。

麻刀灰：有大麻刀灰、小麻刀灰之分，是按所掺麻刀长短多少而说的，前者掺麻刀多而长，用于外檐防雨或内外檐墙抹饰打底子。这种灰能抹的厚，不出裂缝；后一种用短麻刀，量少，用于抹饰面层，只能薄抹。

老浆灰：用于砌墙、铺瓦，浆内含青灰量大，干后油光乌亮，黏结性强，质地坚硬，拆旧活时砖与砖的灰口砍都砍不动。

素灰：可以掺兑各种色料，不用麻刀所以称为素灰，用于砌筑或黏砖活。

油灰：分软硬两种，软油灰用于墁砖地面，严砖缝用，用桐油、生石灰面、白面、黑烟子和成。硬油灰用于黏结，可以起到防水作用。以前没有水泥，砖活黏结、严缝都用油灰，调料成分比软油灰增加麻刀一项，和灰时不放水，只用桐油和，用木棍子使劲砸瓷实，所以称硬灰。也可用以黏石活。

白灰浆：用生石灰块加水调和，去渣子，要浓浆。这种浆有黏性，干后则发脆。

桃花浆：用白灰黄土掺和而成，临时成搅为宜。一般用三七或四六成分，呈粉红色，因称桃花浆，多用于小式做法，墁尺七以下方砖地也通用。这种浆比纯白灰浆有韧性，掺灰少质量就差了。

另外，官工和小式做法，砌砖墙都有使用掺灰泥做法，用石灰黄土按三七或四六成掺和，为了节省材料，官工主要用在一般房座。

（3）屋顶铺瓦：分琉璃布瓦顶，施工大体分以下几道工序：找中、钉瓦口、号陇、抹尖、排头、挂线、攒角、调脊、铺瓦。

找中、钉瓦口：先找好中线，由瓦工自己钉瓦口，是瓦作第一道关键工序。找中就是按屋顶结构形式找出各部分的中线，以中线为准，分档号陇，便于施工有所依据，避免发生偏差。大式庑殿、歇山房顶铺瓦时分十二道中线，屋顶正中，垂脊中或戗脊根部中，前后坡与两山各分三道，合计十二道。铺瓦分陇以底瓦（板瓦）坐中，不能用盖瓦（筒瓦）坐中。也就是说，盖瓦行陇必须保持双数，由中线两边匀分，底瓦档口必然落在中线上，否则底盖瓦陇档就不匀称了。找中以后按中线钉瓦口，瓦口是安放底瓦开头滴水、近似

半月形的木档口，是由木工按照铺瓦行陇要求制作的（瓦口大小按正当沟尺寸定）。钉好瓦口，使线号陇。

号陇：三个人一档，两人将线拉紧放到瓦口上（顺瓦口通长），一人用颜色（带色油漆最好）按盖瓦行陇点数在线上，然后抬到大脊（正脊）部位按线上记号点在灰背上；角的部位应另用一节瓦口按档号陇。

抹尖：号陇以前先将大脊上压线，按线用麻刀青灰抹平，称为抹尖（抹肩）。

排头：按号陇当中先平放板瓦一块（称为枕头瓦），再按档放板瓦三块，名梯子瓦（三块板瓦最上一块是半块瓦，名檔尖板瓦）。前后坡梯子瓦当大脊中缝用麻刀灰抱头，把前后坡的板瓦连接一起，使之更加牢固。放梯子瓦时横着放，一定要着平或两头略有升起，不然成活以后由于视差关系，大脊两头看起来仿佛下垂似的，稍微提起点可以避免这种现象。明代建筑多采取两山瓜柱加高办法（约比平柱高一寸），从大木架即稍有升起。另外在抱头处放瓦卡子（用琉璃坯子烧成，形如小马鞍子），将两坡板瓦连接一起。瓦卡子用麻刀灰稳固，盖瓦陇最上一块则用特制的油瓶嘴瓦（筒瓦上口斜着削平，退进一点刻出一道小沟，为了卡正当沟用的）。排头这道工序是铺琉璃瓦在大脊部位，晚清以来很少采用了。明建紫禁城角楼就存有实例。

挂线：铺瓦之前为了操作有所准则，需要先行挂线，在大脊上横挂一道，在盖瓦上的称为齐头线；檐头挂两道线，勾头线和滴水线，统称檐线。屋坡中间挂线一道至三道，称为楞线，楞线上垂直挂铁丝一根，俗称"吊死鬼"，是铺瓦时屋顶取平的标准，可以随时挪动，每铺一条陇用一次，向上脊部一头钉在脊背上，向下一头拴半块底瓦从檐头垂在檐下。

攒角：未铺瓦之前先攒角，带角的屋顶必须先由四角开始铺起，将底盖瓦铺齐以后再进行调脊。

调脊：分压肩、撞肩两种做法。琉璃瓦顶用压肩做法，把瓦铺好以后再调脊，所以叫压肩。黑活（铺布瓦）是先调脊后铺瓦，所以叫撞肩。压肩头道工序是齐头，把大脊前后坡横压线一道，这道线前后坡的宽窄要按筒子下皮宽窄定，线压好后，把所铺的底盖瓦都要安到线以上为止。按这条线把前后坡当沟砌好，叫捏当沟，用麻刀灰和小瓦片捏砌，前后当沟中间一定要用麻刀灰和碎瓦片填实，不能马虎，因为全部大脊的重量都放在它上面，因此捏当沟这一步很重要。当沟以上按

要求逐层安砌各种脊饰件活,大脊筒内填装麻刀灰和碎瓦片,或装木炭。大殿座填炭为了体轻,具有防腐吸水作用保护木脊桩子。

铺瓦

①铺琉璃瓦:开始先放滴子,由滴子往上到三块板瓦通用大麻刀灰铺。放好滴子背线(瓦刀线)往上铺,用白素灰(好块灰和成,不出渣子,放两三月后使用最好)一直铺到脊部和排头瓦接上茬。脊部(即老桩子瓦)铺底瓦时,六样以上瓦要坐白灰浆,屋坡长的在中腰(即相距五六块)要铺抓泥瓦(系板瓦后端带边,铺在泥里以免溜坡),坡再长,要在板瓦口端钉铁钉,钉到望板上。铺底瓦时必须用铺瓦背瓦翅子,板瓦边上使底瓦泥背平。底瓦的密度,以盖瓦(筒瓦)为准,分一筒二(即一筒瓦长,用两块板瓦)、一筒三、二筒五、二筒七(《工程做法》规定以一筒三为准,压七露三或压六露四)。关于铺板瓦,有"稀铺檐头密铺脊"之说。屋顶漏雨大多数都是在脊部和中腰节等处,由于屋顶举折关系,脊步举架最陡,年长日久,这部分的铺瓦难免出现脱节现象,底瓦铺密点,加强和盖瓦的连接,少出毛病。

②黑活做法(铺布瓦,也有叫灰瓦的,对琉璃瓦而言)

调脊:不论大小房,凡起脊的,都是先调脊后铺瓦,与铺琉璃瓦工序正相反。其施工顺序是"排头排底不排盖"。底瓦按号陇记线排砌胎子砖,即当沟位置,胎子砖上边砌瓦条子两道,用板瓦打成条,用素灰压线,砌平后抹花灰(生白灰用青灰浆和成花灰),再砌第二道瓦条。瓦条子以上有两种做法。一种是三砖五瓦做法,圆混砖一层,通天板上又一层圆混砖,圆混与通天板接连处上下用板瓦条做出小直线条,连下面先砌好的两道瓦条合计在内,即三砖五瓦做法,外表形式和预制的脊筒子一样。另一种是圆混与通天板之间不用板瓦线条,叫做平板脊;还有用预制脊筒子,上面扣脊瓦,同筒瓦、圆背,或做成方脊带眉子(扣脊瓦底有一道沟,叫眉子)。以上都是黑活大脊的做法,大脊也有带砖雕花活的,当脊中放二龙戏珠,龙凤呈祥之类,两边放八宝或四季花(花活跨在通天板处)。

铺瓦:布瓦分一、二、三、十号四种规格,具体做法分裹陇、半捉半裹、夹陇捉节。裹陇:铺底瓦时挂瓦脸,与琉璃活不同。挂瓦脸用筛子灰(素灰)在

板瓦底面下口抹灰条,抹灰前刷水,一块接一块按瓦刀线砌在一起。铺盖瓦裹陇,只限于小号瓦,大号瓦不用此法。半捉半裹:先夹陇两道,一道泼浆,二道煮浆大麻刀灰,赶光压实后再捉节,筒瓦有不平不直之处,用煮浆麻刀灰随瓦圆势抹光,也就是局部裹陇。夹陇捉节:同琉璃瓦做法,夹陇捉节完了,刷月白浆两道,全部完活以后,瓦顶普遍刷月白浆一道,颜色要一致(和浆时要一次和好),最后在檐头从句头往上一块筒瓦,刷黑烟子一至两道,名为搅脖(绞脖)。脊根边缘加重色彩,与大片形成深浅色对比,与《营造法式》垒脊刷白道同一道理。

削割瓦做法:削割瓦也叫坯子瓦,不挂釉的琉璃瓦坯,原料是用做布瓦的黏土和做琉璃瓦的耐火土合成而烧制的,瓦件脊料规格样数与琉璃瓦相同,铺瓦方法也一样。这种瓦料多用于官工使用琉璃剪边做法的房座,当中大片用削割瓦,边棱镶铺琉璃瓦,削割瓦保持瓦的本色,不许刷浆提色。故宫内部库房、连房、京城门楼也用这种瓦,规格、质地都比一般布瓦高。

合瓦做法:俗称阴阳瓦,底盖都用布板瓦,做法同布筒板瓦,但底盖瓦都挂瓦脸灰,夹陇、打点瓦脸、压活、刷浆用深月白浆。

仰瓦灰梗做法:全部用布板瓦仰着铺,先将底瓦铺好两根,在蚰蜒档处用大麻刀灰做成灰梗,梗要平直,压光压实,事后刷月白浆两道。注意,蚰蜒档子一定要用大麻刀灰抹实后再做灰梗,底瓦打点瓦脸。仰瓦灰梗特点是头顶轻、省瓦,防雨并不比阴阳合瓦差,做好了可保持几十年。这种做法通行于民房。

干插瓦做法:干插瓦只用布板瓦铺底的房顶,是民间通行的一种做法,从用料说并不比阴阳瓦省瓦。做法是一条靠一条,没有蚰蜒档子,如同编辫子,每块瓦和下一条的瓦都要错开铺,仿佛砌墙的十字缝做法,多数不挂瓦脸灰,选瓦时必大小厚薄一致。这种做法可上百年不漏雨,经济实用,京郊一带实例很多。

(4)铺墁砖地面:有室内、庭院之分。官工大式建筑,室内多使用方砖铺墁,殿座用尺七或二尺方砖,最大用二尺二寸方砖。用苏州烧造的金砖,一般房屋多用尺四方砌。小式建筑用尺二或尺四方砖,尺寸大小有一定限制。宫内庭院,一般甬路用方砖,其余房座周围、院墙脚下散水,当院地面用城砖或陡板砖平铺;广大殿庭,用石板甬路,大片砖地都用城砖或陡板砖

砍磨细砖仄铺，也有平铺的，因为面积大，术语称为海墁，通常又把仄铺的方法叫墁柳叶地，利用砖的小面墁地，形如柳叶之狭长，也叫条砖地。

工前的准备工作：找规矩，是墁地工程最重要的一道工序。古建筑室外地面——庭院，最应注意排水问题，盖房相地先考虑排水问题（主要是雨水排泄），一般采取两种处理方法：明走水或做暗沟。暗沟年久容易发生故障，不如明水好处理，所以采用明走水的多。北京故宫两种办法兼用，庭院明走水或活盖雨水沟，地下遍布主干沟道形成全局规模的地下排水沟道网。雨污合流纳入金水河流向大城以东通惠河。这种设施属于官工大项，连上文讲的墁地工程也都是官工做法。墁地涉及排水，因此还应注意下述一些问题：抄平、找正、分档、找溜、号趟、棱线等工序。

抄平：把庭院以内，例如三合或四合院应墁地的位置，按主体建筑物前檐台明散水牙子出平（以散水边缘砖牙子为准，作为全院水准基点），将院内四角抄平，然后再番下水溜。走水去向，一般全院雨水都汇于主座对面左（或右）角流出，看地形情况定。番活是按四角同一水平往下番高低，找出水溜走向。

找正：用十字线放在中上（院内中心点），用爬尺找方，即找正。

分档：首先观察这块地中间放置什么东西，如狮子、香炉、石座、小亭子一类陈设，一般不能移动的要按所占地址划格分档，不能在档里出现半趟砖，如遇到这种情况要匀开，用厚点的砖均匀开，叫做分档。这是一种墁大片地的权变办法。

找溜：即流水（水流去向）的位置。墁地要用线，称为卧线，在卧线上压一道线叫溜线，从水准基点到出水处，墁地以后留有很自然的流水沟，必须做到既能便于流水，又看不出过于明显的水沟。

号趟：按砖的规格尺寸，分别在墁砖地的两端号上记号，墁砖时按记号开线，一趟一趟地挨着铺墁，称为号趟。

棱线：海墁地面，面积大不好用线，要压棱线。线长了中间有垂肚，必须横着用一道线临时把线架起来，这道线名为棱线。

墁地使用的橄锤，是专为墁砖杀趟用的一种特制工具，分锤头和把手两部分。锤头用坚实的城砖凿成、形如圆桶，安木把手。锤重约四、五斤，利用锤重用木把推搪砖面，使之平稳落实，工匠总结为四字口诀："摔、打、推、拉"。

七、土功夯筑技术

土作做法包括夯筑灰土、下地丁、刨槽三个方面的作业，以夯筑为重点。夯筑之法来源于古代的版筑，最早见于文献的"其绳则直，缩版以载，筑之登登，削屡冯冯，百堵皆兴"（《诗经·文王之什》），形容西周先世迁居岐山筑屋施工情况。使用工具如绳、版、筑及筑土之状，绘声绘影，历历如在目前。所说的筑，即筑杵，或名锸、舂，即今建筑工程所用木夯的古制；版即筑墙版，广二尺，五版为堵，三堵为雉，雉高一丈，长三丈。今仍称墙为堵，城上短垣还保留雉的名称（或称雉堞、垛口）。古人筑墙、筑城、场围、河道堤防、军营壁垒等功，都用版筑方法施工。近年考古发现的郑州商代城墙，黄陂商代房屋遗址，杵筑土层还很明显，建筑年代早于《诗经》所载，说明我国土功技术悠久的发展历史。利用自然就地取材，工简费省，应用面广泛，经验积累、技术要求，历来就受到重视了。《考工记·匠人》所说的"凡任索约大汲其版，谓之无任"，就是讲的版筑实施规程和质量要求问题，大是用绳（索）引版太急，木版发生挠曲，土鼓则不坚实。不由实践，决不会得此结论。

土筑技术的发展，和历代大规模的城工、河工是分不开的，劳动人民因此蒙受了莫大灾难："筑城处，千人万人齐抱杵，重重土坚试行椎，军夫执鞭催作迟"（唐张籍《筑城词》），"万夫喧喧不停杵，土声丁丁惊后土"（宋刘克庄《筑城词》）。唐宋以来，土功筑城实例如唐长安、辽金燕京、元大都，遗址犹在。宋代筑城，《营造法式》载有规格尺寸，城身每长七尺五寸立栽永定柱、夜丈木（斜戗），每隔五尺高，横用红木，膊椽（短椽），并用草葽、木橛缚钉加固（并见宋秦九韶《数学九章》淮伯城功算例）。

北京护国寺元代建筑土坯殿，墙内用木骨横斜交织，或与抽红方法相仿。故宫紫金城也曾发现筑土层内有斜向平放的圆木残迹空洞。民间筑屋虽然无力为此，版筑掺杂草辫、谷草屑等，期于加固，目的是一致的。

《营造法式》关于修造房屋筑墙、筑基之法，基础深浅，根据平地与临河口岸各有不同，使用材料与几处城垣遗址所见也略有不同，不是仅用土筑，而是采用土与碎砖瓦、石扎等，隔层相间铺筑。材料配合比例是：①筑基：土与碎砖石隔层相间，用料方数相等；②开基址：土与碎砖瓦配比是3∶1；③临河岸口、马头：先布柴梢，钉木桩，梢上用胶土筑实。筑土虚实厚度比是5∶3，筑实后落60%，与今夯筑通行方法基本一致。碎砖瓦与石扎虚实比是3∶1.5，落实后50%。筑土工具用杵，杵有墩，又有夯的名称。打筑方法，土窝内打筑次数，与清代夯筑也有所不同。近年故宫维修工程，曾发现几处元明时期遗留地下的旧房基础，一种筑土做法与《营造法式》记载相仿，土与碎砖瓦隔层铺筑，层厚10～20厘米不等，杵窝直径10厘米左右，筑土成分土大灰少，间杂胶土碎瓣，土色黄黑，软中有硬，带有油性，个别杂有白色米粒，掘、钻都很吃力，见风变硬，表面泛有一层白霜。经抗压试验，强度如现行标准砖。传说过去做法灰土内掺有桐油、江米汁（《工程做法》使用材料项内有江米，无桐油），化学分析没有发现这种成分。另一种，石灰成分占很大比重，几乎接近石灰本色，也间杂胶土颗粒。当初筑打方法如何，配料比例等，缺乏文献记载。明清时代衔接，就《工程做法》一类官书所载与实例对照仍不难摸索其间因承变化。

清代官式夯筑，《工程做法》分为小夯、大夯两种做法，夯土有灰土、素土（黄土）之分，用于房屋基础、筑城、石桥基岸与陵墓土功，做法精糙繁简互有出入，大休规矩基本一致（图15-5-18）。大夯、小夯是根据木夯头圆径大小、用夯把数、质量要求高低而定称的。小夯夯头直径0.3营造尺（9.6厘米），大夯加倍，径0.6尺（19.2厘米）（图15-5-19）。小夯主要用于夯筑灰土，大夯夯筑灰土或素土。小夯灰土做法分：①二十四把小夯灰土；②二十把小夯灰土；③十六把小夯灰土三种。按每槽（施工班组）用夯把数区别。每种做法用夯把数多少也是每把夯每次行夯筑打的遍数。夯筑把数多的用工多，石灰用量大，工序复杂，质量要求高。如《工程做法》所载第一种做法，每槽二十四把夯，夯夫多至四十人，实施程序包括：①大碡拍底；②灰土拌匀下槽；③头夯充开海窝（行夯夯窝），二夯筑银锭（前后两夯窝中间筑打一夯），余夯跟随充沟；④取平落水压渣子；⑤起平夯；⑥高夯乱打；⑦取平旋夯；⑧满筑拐眼、落水；⑨起高夯；⑩旋夯；⑪高碡；⑫顶步，

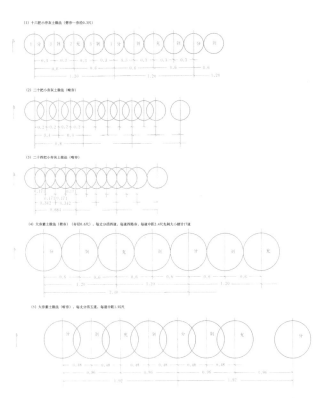

图15-5-18　土作做法夯筑灰土小大夯分槽分夯顺序示意（单位：营造尺）

平串碡。大致十二道工序，从头到尾，前后行夯三次，行碡二次，落水二次，即通常所说"三夯两碡"质量要求最高的夯筑灰土做法。第二种做法，每槽二十把夯，工序如前，但每海窝打夯二十下，少打四夯，质量要求较第一种降低。第三种做法，每槽十六把夯，仅行夯、行窝两道工序。每夯窝打十六下，仅打旱夯，不漫水活，在小夯三种做法中属于最简单的一种。大夯做法，使用径六寸的大夯，夯筑灰土、素土，每槽都是五把夯。灰土做法，工序比十六把小夯增多一道夯、二道碡。每夯分三遍打，第一遍打八夯头，二遍六夯，三遍四夯，比十六把小夯做法要求又高一等。素土做法与灰土工序相同，每夯也是三遍筑打，只是每遍打夯四下，稍微不同。以上几种做法，小夯灰土主要用于宫殿、陵工，大夯灰土、素土用在城工或房舍基础，填筑房厢或地面。夯筑填垫小式房屋地面，海墁，多用大夯素土，做法又较简单（见表14）。夯筑名类不同，做法要求不一，材料成分也有高低。夯筑灰土，规定每步（每夯筑一层）铺虚土厚0.7尺（22.4厘米），夯实厚落0.5尺（16厘米），约为铺虚的70%。素土每步铺虚1尺（32厘米），筑实厚0.7尺（22.4厘米），落70%。这种规

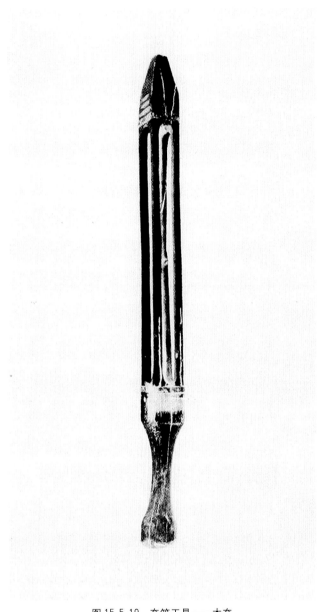

图 15-5-19　夯筑工具——木夯

格，大小夯做法通用。灰土的成分主要是由石灰和黄土掺和而成的（或称为三合土），漫水活掺用少量江米汁。定额灰土数字，大致按体积比试算。小夯灰土：①石灰与土各约占半数（对成）；②灰与土约为四六比；③约为二八比。大夯灰土约一九比；大夯素土实际也并不纯用黄土，掺有少量石灰，大约占5%左右。通常所说三七灰土也通用于大小夯碴做法。劳动人民丰富的实践经验充实了夯土技术的内容，历史证明，千数百年的古代建筑，极少是由于地基沉陷而造成破坏的，故宫四五百年的大殿座经过几次地震考验，基本未见动摇，与地下基础坚实有莫大关系。这项技术看起来

似乎很单纯，具体实施很多方法措施，是深有考究的。

八、搭材技术

搭材作，今称架子工，是古建工程一个重要的专业，作业内容与土木瓦石、油画裱糊各作密切关联。如竖立大木，打戗拨直，挂天秤（起重）；木作坐檐架子，亦即瓦作踩盘架子，瓦作又有修理头停（屋顶）的架子，木瓦作搭戗桥（坡道）；安装天花顶隔，垒砌墙垣，油画裱糊各作所用脚手架子；调脊安吻搭持竿（扶手涩滑用）、吻架；瓦石作发券用的券洞架子，起重用的贯架（绞贯），竖立旗杆用的菱角架子，土功打桩、下地丁用的碣盘架子以及搭盖棚座头停席墙等约十余项。

搭材作业，施工期间随各作先后工序，常是走在工程之先，末后收尾，形似协助，实则独具一套专门技术。在历史上，如《营造法式》所说，大木作"卓立搭架"（竖立大木），竹作"搭盖凉棚"，彩画作"缚棚阁，装染华表柱头日月版"和"鹰架"各项，虽然没有明确标出搭材工种，实际却出于这个专业的内容，行业的演变原有其渊源过程。清代的棚匠、扎彩另立分支，比以前分工更加细密，其实源本一途。搭材操作技术历来掌在匠家，《工程做法》罗列名目，略于细节。搭材起重，物料使用不过绳竿架木数种，工具亦只铁钎、鱼刀、弯针（钩针）而已，其间支搭规矩要求谨严，多关乎力学原理，在当时条件下虽乏计算之术，实由实地经验积累而来，法简易施，足见功力之深。搭材绑扎之法，各有专称："立杆"支撑骨干；"顺杆"横向联结；"十字盖"用于排架支撑；"压栏"、"扫地"、上下横杆用以稳定架子，防止动摇；"斜戗"支顶，同一道理。"接杆"封顶，"排木"承托，"蓄板子"、"倒排木"，随用而施。绑扎架木通用麻绳。绳扣扎缚方法，有"平扣"、上下"挂角扣"、十字盖上下"顺风扣"、上下"扒锯子扣"、上下"吊扣"、上下"顶头挂角扣"等十余种。具体操作又分背扣、拴、搭、拉、掏、甩、缠、分、扭、回、番、打、外拉、里回、松、扣压、围脖等许多术语（图15-5-20）。搭材属于高空作业，搭拆改作，顺序先后各有要求，量活计料方法也不同。

竖立大木架子，如硬山、悬山两坡顶房，以山柱

夯筑工序　　　　　　　　　　表 15-5-16

夯筑灰土名称	1 大碢拍底	2 灰土拌匀下槽	3 头夯充开海窝	～ 二夯筑银锭	3 余夯皆随充沟	4 取平、压渣、落水	5 起平夯	6 高夯乱打	7 取平旋夯	8 满筑捌眼、落水	9 起高夯	10 旋夯	11 雁翅打别筑	12 高碢	13 顶步平串碢
夯筑二十四把小夯灰土（每槽二十四把夯）	一遍	同上	海窝宽三寸每窝筑打二十四夯头	每银锭筑打二十四夯头	每槽宽一丈充剁大小埂五十七道，二十四夯头		一遍	一遍	一遍		三遍	三遍		二遍	一遍
夯筑二十把小夯灰土（每槽二十把夯）	一遍	同上	每海窝筑打二十夯头	每银锭筑打二十夯头	每槽充剁大小梗四十九道，二十夯头	同上	一遍	一遍	一遍		三遍	三遍		二遍	一遍
夯筑十六把小夯灰土（每槽十六把夯）	一遍	同上	每海窝筑把十六夯头	每银锭筑打十六夯头	每槽充剁大小梗三十三道，十六夯头	同上									
夯筑大夯灰土（每槽五把夯）分三遍筑打		同上	①海窝宽六寸，每窝筑八夯头 ②每窝筑六夯头	①每银锭筑打八夯头 ②每银锭筑打六夯头	①每槽充剁大小梗二十一道，八夯头 ②大小梗二十一道，筑六夯头 ③筑打六夯头								③筑打四夯头	③三遍	③一遍
夯筑素土（每槽五把夯）分三遍筑打		同上	①海窝宽六寸每窝筑四夯头②同上	①每银锭筑打四夯头②同上	①每槽充剁大小梗十七道、四夯头②同上								③一遍四夯头	③一遍	③一遍
夯筑填垫小式房屋，地面海墁素土		同上											①四夯头②同上一遍③同上一遍	③一遍	③一遍

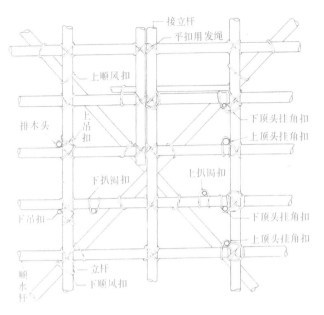

图 15-5-20　扎绑绳扣示意

（左栏标注，图中文字）
接立杆
平扣用发绳
上顺风扣
排木头
上吊扣
下顶头挂角扣
上顶头挂角扣
下扒锅扣
上扒锅扣
下吊扣
下顶头挂角扣
上顶头挂角扣
立杆
顺水杆
下顺风扣

高度为准，另外加高八尺，即架子通身高度（檩子径一尺以下，外加高二尺，径大过尺的，应挂天秤，用以起重）。架子通长，如五间前后出廊造，即以檐金柱木、纵横行列为准，进深方向按四排计算，面阔方向按六排计算，凑为架子通长。通高乘以通长，即房座应搭竖立大木架子的方数，按每方一丈核算工料（如无金柱即以前后檐凑长），每间每缝纵横相连形成一个整体的架木网。这是用单排架木或搭的，称为单排架子，每方丈按四根架木计料核工。

大木坐檐架子，同时又是瓦作用的踩盘架子，如歇山房屋，以前后檐及两山四围长度凑长，高度按檐柱高定高，折见方丈，加倍核算工料。如瓦作修理瓦顶，不用踩盘架子，改用齐檐架子时，用料相同。坐檐跨在檐宇以下，与柱头取平，齐檐与檐宇取平，踩盘架子上铺板，用以施工走动，放置随用物料，即材盘。这种架子里外两排立杆，横连排木，上面铺板，踩盘改为齐檐必须往上翻板子，铺在檐头便于上下瓦顶，也叫倒板子。竖立大木架子是单排做法，此则是双排，称为双排架子，用于外檐四围。

搭戗桥，即外檐架木升降坡道，木瓦作用项大，按架木通高定其宽窄，架高两丈五尺以下，以宽四尺为率，两丈五尺以上宽六尺，长按坡长加倍定之。一般两跑坡道，坡度1:2。每长一丈用架木十至二十根。安装天花顶隔扎脚手架子，随房屋面阔进深凑长，按

天花梁高度定高，即所谓"满堂红"架子，每方丈架木六根。随瓦作砌墙，油画裱糊脚手架，按墙面长高加倍计算，或油画裱糊处折见核计工料，裱糊高八尺者不用架子。

其余，搭持杆、吻架，都是按屋顶前后坡长随面阔折见方丈计算，或大吻宽高折方。券洞架子按券口宽与券顶高折方。贯架，即绞贯盘所用架木，每盘架木二十根。碾盘架子每折见方十丈内，按三成计料。菱角架子，三面成搭，以高三丈为准，每面宽六尺；三丈以外。每丈每面另加宽五寸，三丈以内，收宽五寸，按三面搭长，乘以应高丈尺折方。

九、油饰彩画

木构建筑油饰彩画工程由来已久。在木构表面施涂敷彩，可以防止风雨侵蚀，保护木骨，兼有装饰美观的作用。这种传统工艺是在实用的基础上进一步的艺术加工，内容题材丰富，具有鲜明的民族风格，历来被封建统治阶级利用为粉饰宫室、显示威严富贵的一种工具而垄断起来，上下当差，各有限制条例，所以，精工巧作往往集于宫观寺庙一类建筑，平民百姓身受压迫剥削，衣食不保，更无暇顾及安身居处之饰了。

（一）彩画

古代画绘属于设色之功。《考工记·画绘》云："画绘之事杂五色"，五色即青、黄、赤、白、黑。或称五彩，即间杂五彩以为天子车舆服色的装饰，说明这种工艺是专为统治阶级上层服务的。《左传·庄公二十三年》"丹桓宫楹"，《论语·公冶长》"山节藻棁"，就是对于诸侯僭用天子宫室装饰制度的批判。汉代长安宫殿"绣栭云楣，镂槛文㮰，㮰以藻绣，文以朱缘"（张衡《西京赋》）；孙吴建邺宫室"青琐丹楹，图以云气，画以仙灵"（晋左思《吴都赋》）。可以想见，两汉以来建筑雕饰繁缛豪华情状与其风尚所行。绘画雕刻原本互通，见于秦汉砖瓦、石阙、铜漆器物的花饰文样，如青龙、朱雀、蕨纹以及吉祥文字等，在建筑彩绘中，同样被长期引用流传。近年考古发现的沂南汉墓墓门，藻井彩画、莲瓣菱纹杂以朱绿黑色为饰，长沙马王堆汉墓木棺漆饰云气图案。这些装饰，构图设色，必然是仿自当时的建

筑彩饰方法而来。佛教艺术习用的莲荷花、宝珠、卍字、曲水等纹样,画师引用到建筑彩绘上,丰富了彩饰的内容。晚至明清画作,依然作为重要题材保留下来。成都五代蜀王建墓券面彩画,以朱为地,彩绘番莲;南京南唐李升墓,内部仿木结构柱上斗栱彩画,杂间朱黄青绿赭色,运用渍墨晕染方法,色彩鲜艳,较王建墓所见更为绚丽。其彩画衬地方法,先薄饰石灰泥衬,上刷白粉,然后敷彩,当即古谓"绘事后素"遗意。这与明清官工通常使用油灰(或加麻)地仗做法不同。但在北省地方,建筑犹多保留这种传统方法。敦煌北宋初年所建之窟廊外檐五彩装銮,是今日见于地面建筑最早的实例。彩画制作方法,《营造法式》载有明细规定,所称六大类彩画制度,五彩、碾玉称为上功,青绿棱间、解绿、赤白及结花装统为中功,丹粉刷饰列为下功。按照工限做法作为区别标准,等第高的施于殿堂楼阁,次下等用于一般装饰,各有其名例。元代玉辂(乘车的一种)装饰,青质金装,青绿藻井雕木云龙,内盘碾玉福寿蟠龙,上画以金。这种彩饰在宫殿必有同制(封建舆服制度包括宫室在内)。明代洪武初年规定亲王府第:王城正门、前后殿、四门城楼,饰以青绿点金,廊房饰以青黑,四门正门涂以红漆,高下等第,显然有别。独缺大内宫殿,按照封建等级制度,肯定要高于王府一等。明朝人所著《碎金》一书载有明代彩画做法名目,分琢色、晕色、彩色、间色四种,大致犹存宋画作遗意,可以了解前后演化关系。

清代彩画制度,见《工程做法》彩画作各卷的,各色细目总约七十余种,而《内廷工程做法》有关画作名目又间有增润变通。《内廷工程做法》专为修建宫殿工程而设,在物料使用和工程要求方面又比《工程做法》规定标准多有提高(物料质地高标准,用工量增多),"园工"、"陵工"并属"内工"范围,彩画制作,一以"内工"为准。

清代建筑彩画,就其敷彩部位划分,有梁枋大木彩画、天花彩画、椽子彩画、斗科彩画和杂项名件彩画之别。彩画名类区别,原则上是根据画绘方法或者说做法,结合画绘主题而定的。大体可归纳为四大类:琢墨彩画、五墨彩画、碾玉彩画、苏式彩画。这几种彩画在清代官工建筑中都是通用的基本做法,常是根据建筑体制等第,分别施以相应的绘画题材。琢墨彩画属于上品做法,五墨次之,碾玉又与琢墨功等相等,苏画自成系统,有精工,也有一般做法。琢墨彩画包括两种做法,

线路轮廓沥粉贴金的称为金琢墨,仅以墨线勾勒不贴金的为烟琢墨。五墨彩画初制分为合细五墨,大、小点金五墨,雅五墨四种。另有土地黄、土黄三色、螺青三色三种,也属于五墨做法一类。雅五墨也另有苏做一种。碾玉彩画初制仅三退晕石碾玉做法一种,后来又衍出金琢墨石碾玉做法。以上三类就画面轮廓布局,可以说应属于同一体系。以梁枋所绘为例,都是采用几何画法组成的图案画,绘画主题通常采用象征性的龙凤纹、锦纹或间以各种花卉;着色以青绿或朱红为主,线路花纹沥粉贴金或局部点金,或仅以墨线界划,规格严整是其特征。仅梁枋大木所施,细目约三十多种名色,画作对这种做法统称为"官活",以区别于苏画。苏画构图设色较比灵活自然,取材广泛,侧重于象生写景,每用吉祥故事附会画绘内容作为彩画标题,诸如"寿山福海"、"锦上添花"、"年年如意"等,名目多至十数种,限于历史条件使之而然,初非工匠创意为之。

各类彩画在应用上有一定范围与布置方法。琢墨彩画主题以龙凤为主,另一种则以绘画番草(吉祥草)、三宝珠或间以龙凤为题(图15-5-21)。龙凤图案即古所谓"四灵"当中青龙与朱雀形象的演化,封建社会用以象征帝后,明清彩画列为宫殿门阙专擅制度。龙身遍体饰金(凤纹同)或间以五色渲染称为五色龙,全部画面统用金云龙纹装饰的金琢墨做法,体制最尊(番草宝珠略次),画在主殿、正门;用烟琢墨、合细五墨、大点金做法的,功第次之,多用于次要殿宇。至于小点金、雅五墨做法,采用龙锦、花卉锦纹枋心,或青绿地空枋心的,等第依次而下,都是根据建筑体制等第高下分别为用的。彩画画饰金量多寡,在清代彩画作也是衡量彩画高下等第的重要标志,金琢墨金云龙枋心彩画用金量最多,约占画面面积每十平方尺的40%以上(画活折方以每宽一尺、长十尺为法)。另有一种名为浑金彩画,在彩画地仗上沥粉以后通身贴金,故宫太和殿内檐明间蟠龙金柱就是这种做法,属于一种特例。次要宫殿画面用金量随彩画等第逐渐减少,周庑廊屋甚至不用金饰,利用主次衬托原则突出主体建筑金碧辉煌的面貌,是彩画师通过客观实践积久经验的高度发挥。至于其间带有浓厚封建色彩的画题,则应予以批判。设色布彩,笔墨运用,随画活等第高下,有精有粗,以青绿朱红为地,杂间五色花饰的琢墨、合细五墨做法为上工;以青绿为主的两退晕五墨点金做法次之;但三退晕石碾玉五墨描

图 15-5-21（1）　金琢墨金龙枋心沥粉青绿地仗彩画画面布置示意

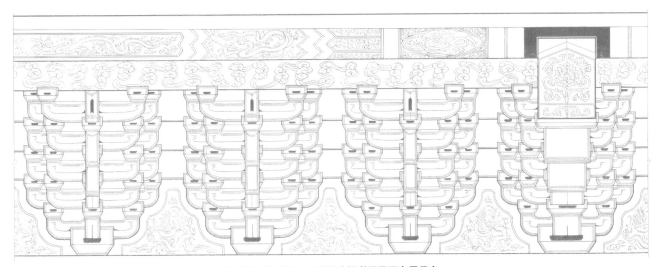

图 15-5-21（2）　金琢墨斗栱彩画画面布置示意

渍花饰的又属上功做法。琢墨、五墨都有硬色实涂之法，又是根据精糙程度与画绘题材繁简而定其功限等第的，下功上功也常有局部的穿插变通，不能固滞一格。总之，这四大类别，间或都不免有细节出入，从故宫实例每有所见，甚至掺合几种画法揉在一起，应当说是发展中的变体。

（二）油饰做法

官工油饰做法，源于古代"丹雘"、"黝垩"之法。丹即朱砂，赤红色颜料；黝，微青黑色，又称青雘。丹雘、青雘都是上等涂饰，并属于设色之工。历代对设色各有限制，丹青金碧，赤白黄涂，限于宫殿、衙署、寺宇，一般唯用黑色。《营造法式》油饰寓于彩画作，设有明确油饰工种，列为两个专业，各有专工规程。油作各色做法多达四五十种，仅朱红色部分即有八种细目。油饰地仗分使麻、使布和不使麻布等十五种。表面饰色分各色油饰与刷染各种胶色不下二十四种。宫殿设色以朱红为主，主要用在下架柱木、门窗装修之类，杂色间合品配，多施于园林游豫之地。王府限制饰绿，官民一般建筑限用黑色涂饰，较之前代尤其严格。油饰原料见于《营造法式》的即以桐油为主，汉唐宫殿漆饰是否仅限于使漆或兼用桐油还不十分清楚。元陶宗仪《辍耕录》有关漆工各条，明黄成《髹饰录》所载漆工粗漆、鳗水等调剂方法，操作要求，多属当时漆工糙作，用于器物，不及建筑装饰。明清宫殿大座偶尔使用金漆做法，用在内檐做法，一般则仍以使用桐油为大宗。

清代官工油饰，大体包括地仗（油饰垫层）、油皮（涂油表面）、金饰（贴金）三道主要工序。由木骨以上到表面油饰，逐层敷涂饰色装点金饰。直接敷涂在木构件表面的油灰垫层称为地仗（仗，即凭依之意，涂在木地上），犹《营造法式》彩画衬地。地仗以上涂油面层通称油皮。木构件，装修边缘棱角，花纹雕镂贴饰金线或遍金地，或玲珑贴金（起突雕镂处），统称为贴金。贴金原属画工，清制改归油作。通过官书结合匠师传述，简介如下。

（1）地仗：是油饰工程的基础工序，如砖基的灰土垫层，有保护木骨、衬地找平的作用，分单被灰与使麻灰（或加苎布）两种做法。单被灰由最简单的一道灰至两三道灰，常用于彩画衬地。使麻或加使布的，由最少一麻三灰做法（画活也有使用这种做法的），多至三麻二布七灰做法，包括十二种。北省地方建筑多直接涂油于木构表面，缝隙节疤薄施灰膏填塞找平为止。油灰厚涂地仗做法，明清北京宫殿广行施用，日久形成官工通行做法载入规范。宫苑工程浩大，历年频繁，材木消耗量大，良窳不齐，大小规格未必尽合要求。使用油灰厚涂弥缝缺陷，取圆找平，主要从质量保固考虑，兼可收到装銮美观效果。这种做法限于官工，不是民间力所能及，特别麻布一类做法，一般房舍很少使用。前代地方建筑所以没有这种方法，经济条件所限也是一方面的原因。

（2）油皮：宫殿建筑一般规定使用三道油，由里及表分糙油、垫光油、光油（色油）挨次涂刷三遍。朱红油饰七种名色，专限于宫殿大座，质量要求很高。次等所用红土油饰和烟子油饰，在活遍上不用垫光油，仅糙油、光油两遍成活。刷胶色做法，刷色以后，罩一道油，有多种颜色，大青、烟子、花梨、楠木诸色，用于庭园建筑或门窗装修家具之类。地仗单被灰，或紧刷靠木色，荡蜡出色，细木多至三十余种，色调多彩，属于油作一种细致工艺。大漆做法，工序繁复，较比油活要求高，宫殿匾联大都漆工制作，经过窨干，所以外檐大木少用金漆做法，也属油工作业范围。

（3）贴金：金饰做法多种名目，油画工程以贴金、遍金最为通用。贴金使用金箔成品，遍金地同，或用金箔泥成金粉，称为泥金，贴金也叫飞金。利用这种稀有金属装点油画，纯为增饰美观，初无其他作用，一般房座也常用黄色涂料点画，借以间色醒目。彩画饰金，宋元画作以着色为重，用金不多，明宫彩画犹多如此，清

代康乾年间油画装饰大量使用红、黄飞金，不仅官活三类彩画，园林苏画装点金饰者益多。金箔锤炼分赤金、库金两种成色，初制规定箔片见方三寸三分，后减为三寸见方一张，每十张为一贴，百张为一把，千张为一具（或称一块）。库金色红，含金成分高（97%～98%）；赤金色黄，含金成分低（75%上下）。一般油画使用赤飞金，重点工程使用库、赤两色金。用在彩画线路纹样多相间而施，轻重分明，突出重点，油活饰金方法相仿。

油活分遍层次，材料调配方法，各有条例。工前的准备工序，大致分为錾砍见木、撕缝、下竹钉、汁浆四道。新木骨，须将表面用斧子砍出茬口（如鱼鳞），便于粘结油灰（旧木见新茬），顺木纹缝隙用铲刀撕挠见新茬，不留灰迹，缝口大的上下口签竹钉，防止因受浆灰潮湿水气，容易收缩造成活面断裂影响美观。最后普遍汁浆一道，下一步使油灰时易于黏结。做地仗，又分捉缝灰、糙灰（或称通灰、扫膛灰）、使麻压麻灰（或间用苎布）、中灰、细灰、钻生（生桐油）几遍工序。使麻使布，工序遍次最复杂，要求严格，精粗程度关系整体活路质量。使麻先开头浆（遍涂油灰），粘麻，粘铺平整，用麻压子砸麻，使之坚匀。然后中灰、细灰，再钻生油一遍，地仗成活。油皮涂刷，先在地仗上拈细腻子，然后依次上糙油、垫光油、光油。最后贴金，扣油齐全（图15-5-22）。经过多道工序，并须掌握遍次间歇时间，干湿适宜，以免成活出现毛病难以收拾。许多具体有益的经验，有待于进一步的总结发挥。

图 15-5-22 油工工具——斧子、挠子、铲刀、铁板

十、裱糊

原编卷末裱糊作法，是通行于北方民间室内装修粉饰的一种传统做法。北方天寒，一般房舍屋盖苫铺席箔（或秫秸）泥背，或铺瓦或不铺瓦，室内檩椽外露，为了防尘御寒，采用纸糊顶隔办法，或由顶及壁满糊以纸，既经济又洁净。一般使用白色纸，俗称为"四白落地"。明北京宫殿、大殿、后宫都安装天花板，主要殿座明间当中安藻井、方格天花（或称龙井天花）。室内隔间用木隔断，临墙一面装护墙板，涂油漆。两厢配房或用纸糊。清朝入关以后，后宫居住殿屋大都改用裱糊做法，在原有天花板下面另外吊装一层白堂箅子（方格眼木扇），表面糊纸，墙面即就原有护墙板裱糊。一般用素白银花纸，四白落地，顶格当心粘贴黑光纸镟花（中心花），四角镟花岔角，称为贴络。大殿座明间后金缝木照壁（又称屏风），用明黄绫心、石青镶边。后宫内檐装修夹堂隔心裱糊各色纱绫之类，或一色素地，或有织绣花纹，或书画幅。菱花隔心夹堂心、支摘窗糊高丽纸，用以取明。后宫另有纸糊天花一种，画法同方井天花格式，糊在白堂箅子上，称为海墁天花或软天花。裱糊作用料包括锦缎、纱绫、绢布、纸张，名色多种，独缺做法。这些材料多属"内工"使用，内府营造司裱糊匠专为宫廷而设。裱糊作传有经验作法，大致可以了解当时传行的一些具体情况，引录如下。

裱糊分大、小式两种做法。

（1）大式（官式）做法：顶棚木骨格，通用木方格箅子，称为顶屉即白堂箅子（墙面也有用的）。在木箅上糊纸，共分四道工序。第一道工序，盘布（盘读作搬）。所谓布，即大眼麻布（也叫三麻布），纸用高丽纸（也叫油杉纸）。盘布就是先将两层纸夹一层布用糨糊裱在一起，压实，成为一体备用（纸层加麻筋）。裱糊时，按顶屉分格糊纸，四格、六格或八格一糊，将纸糊到屉上，四边翻卷格眼以内为止。这样糊完，在木格十字处钉小铁钉，钉眼用小块油杉纸糊上，以免钉锈透过裱糊面影响美观。每四格糊完，再糊其余的空格，称为填空。翻纸边加钉同前。这一道总称为"梅花盘布"。第二道工序，鱼鳞。用高丽纸裁成条，四条抹糨糊，一条一条地糊，糊时要破缝，纸压在纸中，和瓦作砌墙十字缝一样，纸干以后可起到平的作用。第三道工序，鱼

鳞以上通糊高丽纸一遍，叫"片一道"。有时还要"棚沟"，就是在顶屉有不平之处，鱼鳞在沟处不平，再接糊鱼鳞，取平为止。片完以后，即可糊最后一道纸，称为盖面。清初，宫殿通裱糊本纸（即宣纸），后来用大白纸、银花纸（大白纸上利用蛤粉，模印各种花纹）。

（2）小式做法：民间做法称为小式做法，顶棚架子一般使用秫秸秆裹上纸条，成形吊挂上顶，两头签钉墙上，中间吊挂用麻捆扎。裱糊时先用呈文纸打底子，称为"抹底"，表面糊大白纸或银花纸成活。顶棚形式有平顶、"三锭"即一平两趄做法，或卷棚形式。

工具使用，一般包括抹刷、排刷（糊刷），刷糨糊用；掖刷，糊时掖纸用。其他连刀、铲子、剪子等。

清工部《工程做法》刊行距今已有二百三十余年，原编作为官式建筑设计标准规范，详于建筑规格条例与料例工限，可以使设计有所准绳，估算有所依据，施工备料，人工调度，各有所本。不但缺乏图样示例，略于造作技术，而且术语满篇，非久历其事熟悉工程者不易骤然通晓，又未尝不是此编所缺。过去曾有认为全编所重在于经济报销，不足称为工程做法。其实著述有体，目标不同，限于历史条件，原无足诟病。若进而深入一步，事实有不尽然者。当时官工设计，"外工"掌在工部营缮司，"内工"属于内府营造司承办。后来，圆明园又设有"内工部"专门办理"园工"设计事务。营造司分设样房、算房，设计图纸、制作烫样（草板纸模型）与应用工料估算，根据《工程做法》规定标准，针对具体工程编制做法说明和经费预算，完工结算具有一套严密的管理制度。尽管内里或有不尽不实，通过这些文献资料结合实例所见，仍然不难探求其中原委。《工程做法》说明以文字为主，烫样示其形象轮廓，并标签主要尺寸做法，与文字说明相辅为用，而且掌握尺寸总于一人（大木匠掌握全部总尺寸，古称"都料匠"）。总丈杆号明总尺寸，分丈杆标注局部尺寸，木土瓦石各作均以二丈杆为准，分别安排作业。分工明确，头绪清楚，施工现场完整的组织系统，统由工匠掌握，监工官吏不过坐领其成而已。工料估算，有关工程经济之核定，掌在官府，法严事密，人力调度、物材供应各有保证，更有利于现场施工，掌握好规矩尺寸，把住质量关，按期交工，别无他务。数百年匠家心传经验也往往通过官工无限制地修建得以发挥精进，丰富了我国古建技术优良传统，总结成果，

出在官家记载已属难得。《工程做法》规格事例，多关封建体制，不尽适合今天的要求，然而，其中有关建筑设计基本原则与工程技术具体处理方法，从建筑科学发展角度看，仍有参考利用之处。比如，中轴对称、圆心对称设计原则，朝向位置，日照风向，防潮避水，并不全是风水迷信庸俗之谈；建筑造型艺术平面布局具有一定权衡比例关系，基于数千年来生产、生活实践逐步发展而来；根据木构特点，采用预制构件，组合安装，统一建筑规格标准趋于定型，与现代建筑发展趋势，原则方法基本无殊，有利于设计施工统筹规划；至于建筑规格标准的统一、地方材料的充分利用等等，都是劳动人民长期实践经验的积累。当然，原编彩画装饰工程，多由封建统治阶级夸耀等威富贵意图出发，反映封建糟粕题材充满栋梁，超出应有的维护保固作用，又当别论。至于行之已久、卓有成效的某些做法、物料，本着吸取精华、剔除其糟粕的精神，仍多可以改进利用，更好地发挥其应有的作用。

第六节　建筑匠师

一、鲁班

鲁班，本名输般。输是他的姓，当时人尊称他为"公输子"。因为他原是春秋末鲁国人，并且"般"与"班"同音，故在民间常称他为鲁班，在有些古籍里也称他为"公输盘"（如《墨子·公输》）、"公输般"（如《战国策》）或"鲁般"（如王充《论衡·儒增篇》）。

鲁班生于一个世代工匠的家族——公输族，是我国古代有史书记载的最早的能工巧匠和创造发明家之一。关于他出生的年代，根据明《鲁班经》记载，说是鲁定公三年，即公元前507年。古籍上有"鲁之巧人"、"至巧"和"巧士"之称，在民间历代奉他为土木工匠的祖师。

鲁班所处的时期是春秋末期，那时列国纷争，奴隶制日趋崩溃，封建制逐渐兴起。鲁班早年就有发明创造，但在鲁国并未被重视，而在我国中南地区的楚国却注重招聘天下有才干的人参加建设，于是已有盛名的鲁班，不怕路途遥遥，跋山涉水，"自鲁南游"（《墨子·鲁问》）。这时，他的聪明才智得到了充分的发挥。

然而在长期的封建统治下，许多事实被颠倒了，如东汉大官僚赵歧说鲁班是"鲁昭公之子"，其实鲁昭公早在公元前510年就死了，此时鲁班尚未诞生。有的人把鲁班神化了，说什么"鲁班刻了一块石乌龟，夏天能下海，冬天能上山"等，这些都是无稽之谈。因此，关于鲁班的发明创造，确实存在严重真伪不分的现象。现只能从仅存的史料和民间传说中对其进行分析研究。

（1）云梯：是古代攻城用的器械。《墨子·公输》记载："公输盘为楚造云梯之械，成。"《战国策·公输般为楚设机章》写到墨子往见公输般时说："闻公为云梯"。二者皆证明鲁班造云梯的事迹。

云梯的结构、构造现无详细资料，据《史记索隐》说："梯者，构木瞰高也。云者，言其升高入云，故曰云梯"。这说明了云梯是供攻城时登高和瞰望敌城用的，是木结构的器械。唐人杜佑撰的《通典·兵十三·攻城战具附》将其构造叙述得更为详细："以大木为床，下置六轮，上立双牙，牙有检，梯节长丈二尺，有四桄，桄相去有三尺，势微曲，递互相检，飞于云间，以窥城中"。又说："有上城梯，首冠双辘轳，枕城而上，谓之飞云梯"。据此，可以推测，云梯已有装配的"梯节"和多轮平板车的雏形，上部构造估计与现在消防所用的攀登云梯相仿。

（2）钩强：钩强也叫"钩拒"、"钩巨"。是古代水战用的器械。据《墨子·鲁问》记载：从前楚越水战，因"楚人顺流而进，迎流而退，见利而进，见不利则其退难。越人迎流而进，顺流而退，见利进，见不利则其退速"，致使楚败于越。楚为改变这种战局，在鲁班初到楚国后，就首先让他制造了这种兵器，对败退的敌船能钩住，对进攻的敌船能抗拒，这就是"公输子自鲁南游楚焉，始为舟战之器，作为钩强之备，退者钩之，进者强之"的意思。所以"钩强"在水战中有防御和进攻两用的特点。其构造又较简单，《墨子·备穴》中说："亦穴而应之。为铁钩巨长四尺者"。另据《通典·兵五·守拒法附》中说："钩竿如枪，两旁有曲刃，可以钩物"。这里说的是陆战用的"铁钩巨"和"钩竿"，可见鲁班创造的"钩强"可能是在"铁钩巨"基础上改进的。这种兵器类似江南一带水运竹排、木排的工具。

（3）木鹊：一种以竹木为材的飞翔器械。据《墨子·鲁问》记载："公输子削竹木以为鹊，成而飞之，三日不下。"这种以竹木做成的鹊，估计类似现代的"竹蜻蜓"或"飞机模型"，至于"飞之，三日不下"则为夸张之词。

（4）木工工具：春秋战国时期，建筑木工的生产技术已达到相当高的水平，鲁班和当时的工匠建造房屋、桥梁，都离不开木工工具。所以《孟子·离娄》说："公输子之巧，不以规矩不能成方圆。"足见当时已有"规"与"矩"。现在沿用的曲尺，可能是鲁班在"矩"的基础上改进而来的，现代木工称它为"鲁班尺"。所以《续文献通考·乐考·度量衡》说：鲁班尺"即今木匠所用曲尺，盖自鲁班传至于唐……由唐至今用之"。又据《鲁班经》卷一写到曲尺时说："须当凑时鲁班尺"。有了"曲尺"就在木工技术上解决了许多问题，如控制房屋和器具构件连接成直角；粗略检查一个面是成平面或有挠曲；还可利用曲尺量长短和划线。总之，曲尺构造简单，功用多。正因为如此，它直到现在仍然被应用。

另外，相传鲁班还创造了弹线用的墨斗。明黄一正编《事物绀珠》说鲁班发明了刨，但据考古资料，春秋末期还未有刨。

（5）造季家墓：《礼记·檀弓下》记载："季康子之母死，公输若方小。敛，般请以机封，将从之。"季康子，即季孙，曾是鲁国大夫，他非常讲究排场，祭家庙用的是天子祭宗庙的仪式。据此推测，季家墓也必定不是一般的墓，是属于较复杂的墓葬工程。"敛"与"机封"是怎么回事呢？据郑玄注说："敛，下棺于椁，般若族多技巧者，见若掌敛事而年尚幼请代之而欲尝其技巧。"孔颖达疏说："其若之族人公输般，性有技巧，请为以转动机关窆而下棺，时人服般之巧。"可能这种"敛棺"的方法就是采用类木把杆加木葫芦（滑轮）的吊装机具。因此"时人服般之巧"，"将从之"。

（6）铺首：《营造法式》卷二"门"引《风俗通义》记载鲁班发明铺首的一个故事说："门户铺首，昔公输班之水，见蠡曰：'见汝形'，蠡适出头，般以足画图之，蠡引闭其户，终不可得开，遂施之于门户云：'人闭藏如是固周密矣'。"

此外，还传说鲁班在雕刻方面也有很深的造诣，如《刘子新论·知人篇》形容他刻的凤凰栩栩如生："翠冠云耸，朱距电摇，锦身霞散，绮翮焱发"。《述异记》说他还制作过石刻地图。东汉王充在《论衡·儒增篇》中还描写了他制造木车马和木人的故事等。

历代关于鲁班的传说记载很多，难以辨明真假。总之，鲁班靠他的艰苦劳动、努力钻研的精神，在建筑、土木、器械等方面有过很多的创造发明，对我国古代科学技术的发展作出了杰出的贡献（图15-6-1）。

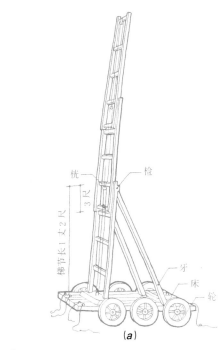

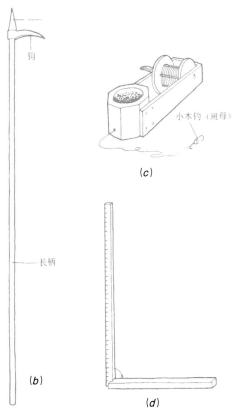

图 15-6-1 （a）云梯示意；（b）钩矩示意；
（c）墨斗；（d）曲尺（鲁班尺）

二、阳城延

公元前 2 世纪初，在我国西北地区出现了一座全国性的大都会——西汉长安城。它坐落在关中平原的渭河南岸，地形险要、物产丰富，东据崤函之阻，不仅在军事上易于防守，在经济上也具备优越的地理条件。这座都城是利用秦国咸阳城市建设的物质基础上而建设起来的，都城的选址是与当时的政治形势密切联系着的。汉初经营长安宫殿以至修筑长安城池相国萧何首创其功，而先后主其事者则实为军匠出身的阳城延。据《史记》记载："（吕）太后欲侯诸吕，先封高祖之功臣，少府延为梧侯。[集解]徐广曰：姓阳城也。延以军匠起，作宫筑城也。"[1]"梧 [索隐]县名，属彭城，以军匠从起郏入汉，后为少府，作长乐、未央宫、筑长安城，先就功侯五百户。元年（公元前 187 年）四月乙酉，齐侯阳城延元年。"[2]阳城延的生平事迹传述不多，仅由以上记载可知，阳城延原来是刘邦（汉高祖）军队中的一名"军匠"，后来作了"将作少府"（主管营建宫室的官）。他参加监修汉长安的营建有明显的历史特点，一方面体现了古代传说的城郭制度，参考前人筑城营建经验；另一方面他结合现实需要，拟定营建规划方案。在当时历史条件下，他有计划地修建宏大的都城中能够结合地形从实际出发比较全面地考虑合理解决城市营建中的问题，是值得人们称赞的。

汉长安城并不是一次修建成的，是逐步发展形成的。西汉初年首先利用秦代的一处离宫修建成长乐宫，据近年考古发掘长乐宫遗址周长 1.06 万多米，这座宏大的"长乐宫"即成为后来长安城始建时的基础，以后逐步增建宫殿，形成西汉的都城——长安。汉高祖七年（公元前 200 年），在长乐宫以西，又起建了一座以"未央宫"为主体的"长安宫城"，即在长乐宫以西修建起未央宫。其周长约近 0.86 万米（东西 2300 米，南北 200 米）。未央宫前殿台基东西长 200 多米，南北宽 100 多米，北端最高处达 10 多米。利用天然地形使未央宫形成主体建筑放在全城最高的位置上，作为封建统治政治中心。正如文献所载："因龙首山以制前殿"，又据《史记·高祖本纪》："高祖八年（公元前 199 年），丞相（萧何）营作未央宫，立东阙、北阙、前殿、武库、太仓。高祖至，见宫阙

壮甚，怒谓萧何曰：'天下匈匈，苦战数岁，成败未可知，是何治宫室过度也？'萧何曰：'天下方未定，故可因遂就宫室；且夫天子以四海为家，非壮丽无以重威，且无令后世有以加也。'高祖乃悦。"

长乐宫、未央宫和武库，其形状都接近方形。宫城为版筑土墙，宽度达 20 多米。其他，"市"、"闾里"在初期工程中，文献记载简略。长安城初期，只有宫城还没有全城外围的城垣，到汉惠帝元年至五年（公元前 194 年～前 190 年），征调大量的徭役农民和诸侯王的奴隶，才开始兴建并完成长安城垣工程，也都是版筑的土墙，基宽 16 米，城垣一部分是沿宫城和渭河支流的走向随地势曲折形式建造的。据实测，汉长安城大致呈方形平面，周长约合汉尺六十里强（约 2.51 万米），占地面积约 35.82 平方公里。城墙每面各有三个城门，同时在门道内两旁发现有大型卵石柱础，可见当时城门结构形式为木构门楼。每面城门都有宽 8 米左右的宽大门道，去掉两侧列柱结构所占的 2 米，净宽为 6 米，在霸城门门道内发掘有当时的车轨痕迹，宽度为 1.5 米，每个门道正好并行四辆马车。这样三个门道，可容车轨十二。以车轨的宽度确定城门道的净宽，这是科学的设计方法。证实文献所说"披三条之广路，立十二之道门"及"参途夷庭，方轨十二"[3]是真实的记载，亦可见城市布局之宏伟了。城内街道，纵横交织，主要干道三条并列与城门的三个门道相直，中央一条较宽大，是天子专用的驰道，正如《汉书·成帝本纪》所记述的那样，是任何人都不能逾越的。三道之间有排水沟和泄水的陶水管道，说明长安城已有全城性的排水系统。

纵观遗迹所见，在汉高帝五年至惠帝五年（公元前 220 年～前 190 年）城内除按规划营建的宫殿衙署外，还有商业区、市和居住区、里。传说那时有九市，160 里，即规划成 160 个方形的"闾里"。这种方格系统的坊里制度城市规划方法，在封建社会中影响极为深远。举世闻名的隋唐长安城就是采用坊里制度。甚至在国外的一些古代城市也受其影响。

通过以上记载和考古发掘所见，两千多年前，阳城延在长安城市营建上，以丰富的实践经验，创造性地、有计划地完成了这个历史使命，无论在城市的平面布局或具体的工程规划上比以前的城市建设又有所发展，既考虑了功能、实用，也考虑了充分利用地形，

因地制宜，在当时建筑技术水平条件下，建造这样大规模的宏伟工程，反映了我国劳动人民的智慧和创造。以军匠出身的阳城延能成为古代城市规划史上著名的人物列入史册，并不是偶然的。

三、李春

河北省赵县（古称赵州）城南五里的地方，有一座举世闻名的大石桥——安济桥（俗称赵州桥）。它建成于隋代大业年间（605年～618年）。这座桥梁横架洨河之上，跨度之大、施工结构之精、造型之美是非常罕见的，古往今来它受到人们的赞扬，称赞它"奇巧甲天下"。它经过了1370多年的历史，保留到今天，为世界上首创的一座最古老的石拱桥——"敞肩拱桥"，在我国桥梁建筑史上占有重要地位，已成为我国宝贵的建筑遗产（图15-6-2）。这座中外闻名的赵州桥是我国隋代一位普通的桥工石匠李春等人设计并修建的，它彰显了我国劳动人民的勤劳和智慧。但是关于李春的生平事迹，在我国官修的史书里，并没有记载。李春的名字，只是从历代整修大桥时的一些碑刻中看到，如唐开元十三年（725年）张嘉贞在《安济桥铭》中写到："赵州洨河石桥，隋匠李春之迹也。制造奇特，人不知其所以为。"明嘉靖四十三年（1564年）《重修大石桥记》中说道："赵州桥隋大业间石工李春修造。"明万历二十五年（1597年）《重修大石桥记》中也说："赵城南距五里，有洨河，河上有桥，名安济，一名大石，乃隋匠李春所造云。"清代光绪年间编纂的《赵州志》中又写道："安济桥在州南五里洨河上，一名大石桥，乃隋匠李春所造。"以上除了"隋匠李春"四字以外，对其本人身世便没有更多地记述了。

李春设计建造的赵州桥，反映了当时社会经济和物质条件，是社会生产和科学技术发展的必然结果。李春生活的时代，南北长期对峙，战乱纷争不息，阻碍了历史前进的步伐，两晋南北朝期间声势浩大的农民起义推动了社会发展，隋代统一后，结束了近300年的分裂状态，随着生产的恢复和发展，客观上要求扩大交通和运输，大业年间的修渠、造船、建筑桥梁就是反映了这一时代的要求。赵州地处要冲，自古为南北"官道"所经，交通频繁。洨水（今洨河）发源于太行山中段东麓的井陉山区。在古代洨水的流量每

年随着季节变化，时涨时消，落差很大；夏秋两季降水量最多，每遇暴雨和山洪并流而下，犹如脱缰之马，奔腾咆哮，十分凶猛。给洨水两岸居民和来往行人带来了极大的不便。当地广大人民早就渴望修建一座既牢固，又便于行船的桥梁，当时冶铁等科学技术有了很大进步，砖石建筑经验的不断积累，这都为建造一座"奇巧固护、甲于天下"的大型石拱桥提供了必要的条件。我国最早见于记载的石拱桥，是北魏地理学家郦道元《水经注》中所写到的洛阳附近的"旅人桥"，要比赵州桥早三百多年。可惜这座桥并没有保存下来，而李春建造的赵州桥，根据他丰富的实践经验，经过周密考察，继承和发展了前人的造桥经验和成果，发挥了高度的智慧和创造才能。他根据交通运输的实际需要和自然环境特点，就地取材，大胆创新，竟将拱券结构原理移用到桥梁建筑上来，成功地在波涛滚滚的洨水之上建造了一座舟楫航行其下，人马车舆通过其上的大型单孔圆弧形平拱石桥（亦称"敞肩拱石桥"）。这座大型拱桥由南到北跨越洨水，接通了南北大道，为水陆运输提供了方便的条件。它在砖石结构拱桥中，创造了独具风格、建筑奇巧的新颖拱桥结构，同时，桥的造型艺术也达到了非常精湛的程度，为我国桥梁建筑史揭开了新的篇章。

赵州桥建成后，各地仿效者甚多，赵州境内后来又建筑了永通桥（也叫做小石桥）和济美桥。此外，在山西晋城的有景德桥，亦名沁阳桥，山西崞县的普济桥，贵州兴义木卡桥等，但是都不及李春建造的赵州桥跨度巨大。赵州桥经历了1300多年风雨浸蚀、洪水冲击，多次强烈地震以及频繁的车马行人的考验，至今巍然横跨洨河之上。经过这样漫长岁月而保存下来的敞肩拱石桥，在世界上也是十分罕见的。

四、喻皓

我国历史上的北宋，结束了延续50多年的五代十国分裂割据局面，重建了统一的中央集权的封建王朝。国家的统一，有利于社会经济的发展，农业、手工业出现了新的繁荣，科学技术也有了很大的进步，我国古代木结构建筑技术和建筑艺术到这时也已经具有很高的水平。

当时，有个著名的木匠叫喻皓，他一生绝大部分

图 15-6-2　河北赵县安济桥全景

时间是在钱镠、钱弘俶统治下的"浙东"一带度过的，他的木工技术十分高明，工作经验也很丰富，号称"有巧思超绝流辈"[4]。他看到我国建筑技术已经相当成熟，但却没有一本记述建筑技术的专书，以致广大劳动工匠的智慧和创造长期被埋没，先进经验得不到重视和推广，于是他总结了前人和自己的实践经验，写成《木经》这本书，共三卷。这是出自我国劳动人民之手的最早的一部介绍建筑技术经验的专书，是当时很有价值的科学技术著作之一。宋初，曾刊行于世，到 11 世纪末，沈括说："近岁土木之工，益为严善，旧《木经》多不用，未有人重为之，亦良工之一业也。"[5]《木经》的原书没有被流传下来，但据沈括的记载，这是讲房屋建筑工程的书，它把房屋建筑分为"三分"，

也就是分成三段，"自梁以上为上分；地以上为中分；阶为下分"。每一"分"都有具体规格，如建厅堂法，梁与椽的"配极"规定是："凡梁长几何，则配极几何以为椽（圆椽）等，如梁长八尺，配极三尺五寸"，这是"上分"。"中分"的规格主要是楹（柱子）高与椽的比例关系，"楹若干尺则配堂基若干尺以为椽等，若楹一丈一尺，则阶基四尺五寸之类，以至承栱、椽、桷（方椽）皆有定法"（以上引文均引自《梦溪笔谈》）。屋外的阶梯又分为峻、平、慢三种，各有具体标准。这里所介绍的厅堂法之类的建筑分"三分"进行设计和施工，以及木结构的主要规格，绝不是喻皓的《木经》的全部内容，仅是一个方面的例子或全书的纲领，从这里可以看出《木经》的大概情形和科学水平。

喻皓的建筑实践和他的《木经》对宋代建筑技术的发展有很大影响，喻皓的建筑经验是相当丰富的。北宋初，杭州城南宝塔寺建造一座木塔，才盖到两三层时，人走上去就感到塔身摇晃，造塔的工匠没有办法，就去求教于喻皓。喻皓说这个问题好解决，只要逐层安装木板以后，用钉子钉紧就可以了。匠人回去按他的办法做了，塔身果然稳定了，因为木板上下紧结，使塔身六面相连，像个箱子一样，人走在板上，六面同时受力，自然就不摇晃了。从此，人们更加佩服喻皓建筑技术的精湛，他成了全国闻名的建筑师。

河南开封有一座开宝寺塔，是当地几座塔中最高的一个，也是喻皓建造的。这座塔八角形高十一层，非常精巧，传说喻皓先做模型，然后施工。他针对开封地势平坦无山，又多西北风的实际情况，设计塔身向西北方向稍微倾斜，以抵挡当地主要风向的压力，预计此塔建成后一百年内可以被风吹正，并预计这座塔可存七百年。另一说法是，他认为："一百年则北隅微垫，而塔正矣"[6]。他高明的技术博得了当地人们的喝彩，夸他"用心之精盖如此"。虽然这座塔在宋仁宗庆历四年（1044年）遭受了火灾，以后又经历了多次水灾，至今痕迹无存，但这一事例表现了喻皓的刻苦钻研和大胆创造的精神。

北宋以后，中国封建政权开始全面走下坡路了，统治阶级一贯鄙视劳动，把从事生产劳动和科学技术的人看作"贱工"。因此，虽然喻皓是我国历史上杰出的工匠，擅长高层木结构建筑和厅堂之类的建筑，可是关于他的生平事迹文献记载下来的太少了，仅知道他是建筑部门的"都料"，是负责全面设计、施工工作的。开宝寺塔建成后，"皓求度为僧，数月死"[6]。喻皓的专业成就和生平事迹同其他劳动人民的创造发明一样，没有人做详细的记述和总结，而长期被埋没了，不但《木经》失传，他的生卒确切年代不详，而且连名字也不准确，在为数很少的文字记载中，就有"喻浩"、"预皓"、"预浩"等不同写法。

五、怀丙

怀丙是北宋仁宗时僧人，《宋史·方伎传》有他的传记。他自幼爱好工程技术，并且肯勤奋学习、刻苦钻研，因而精通工艺。他生长在真定（今河北正定）。

民间流传着许多关于他的故事，这些故事都是建筑工程施工方面的。

第一件是怀丙打捞铁牛的故事。这件事在《宋史》上记载得很清楚。当时河中府有一座大浮桥，在浮桥的两岸没有桥墩也没有大桩子，而是只用了八只大铁牛当作桩子把浮桥拉住。一只铁牛就有几万斤重。一天忽然下了大雨，河水猛涨，把浮桥冲坏，铁牛也沉到河底去了，由于铁牛分量重，沉到河底之后还陷入泥沙里面。这样重的铁牛又到河底，谁也没有办法把它们打捞起来。最后还是由怀丙想出了办法，很快地把这批每只重达几万斤的铁牛捞了起来。他的办法是用两只木船，先在船上装满了沙土，在两只船之间绑上大木梁。大木梁上系上大绳索，用绳索的一头下到水中捆着铁牛的头角。然后逐渐把船中的沙土挖出，同时用钩子钩松铁牛旁边的淤土。船去掉原来装上的沙土就浮起来了，铁牛也就被抬了起来。

像这种利用水的浮力提升水上水下重物的施工方法，在我国古代建筑工程中屡见不鲜，尤其是架设水上建筑物和桥梁，是一种重要的方法。至今福建沿海各地保存的宋代大石梁有的重达十万斤，就是利用潮水涨落，借用水的浮力而架设的。

第二件是怀丙巧换塔心柱的故事。怀丙曾经在真定建造了一座十三层的木塔，非常高耸挺拔。但经过几十年以后塔的中心柱的中段忽然坏了，整个塔有向西北倾倒的危险。工匠们都想不出办法来保护这一塔的安全，因为塔的中心柱中段正是吃力的地方，很难修补或是更换。弄得不好不仅塔要塌下来而且修理的人也很危险。人们最后还是把怀丙请来。他分析了塔的倾斜原因和中心柱中段损坏的情况之后，测量了中心柱中段的长短，另外做了一根与损坏了的中心柱同样大小的木柱，用绳子把它系了上去，让人都躲开，以免塔万一发生危险时伤了人，然后他自己钻进塔内，不久即把损坏了的柱子更换了下来。他这种更换柱子的方法即是所谓的"偷梁换柱"的办法。这个办法就是今天常用的"墩接"柱子的办法，现在修整古建筑还在采用。其法先把建筑物的上部重量用柱子从周围支顶起来，柱子就压紧结合在一起了。接上去的新柱子还要用榫卯与原来的旧柱相扣接。

《宋史》上还有怀丙用巧妙的方法拨正赵州桥的记载。但没有说明拨正的什么部位，使用的什么方法。

据常理推断可能是拨正赵州桥的局部拱券或是桥上栏杆等局部构件。

六、李诚

北宋官方颁布的《营造法式》是一部优秀的建筑工程技术史籍，至今仍闪烁着灿烂的光辉。这部巨著便是由李诚编著的。

李诚的生平事迹不见于正史记载，仅有一篇墓志铭，由傅冲益作，收入程俱的《北山小集》中，现仅能从这篇墓志铭中得知李诚的简历。

李诚字明仲，河南郑州管城县人，出身于官僚家庭。在元丰八年（1085年），李诚20岁时，趁宋哲宗登位之机，由当时任职河北转运副使的父亲，替他补了一个小官——郊社斋郎，不久调任曹州清阴县尉；到元祐七年（1092年）入将作监任主簿。绍圣三年（1096年）升为将作监丞，在此期间他所主持修建的五王邸建成，到崇宁元年（1102年），便被提升为将作少监。在担任将作少监期间又主持建成了辟雍，被升为将作监。此后龙德宫、棣华宅、朱雀门、景龙门、九成殿、开封府廨、太庙、钦慈太后佛寺等建筑，在他的领导下陆续建造起来。他的官职也从丞务郎升至中散大夫，大观四年（1110年）二月卒。

李诚的一生中有十几年都在将作监任职，领导修建的建筑工程是相当多的，因此使得他能有较多的机会接触实践。在他进入将作监工作六年以后，他已经对建筑行业的技术比较精，这样便于绍圣四年（1097年），奉旨重编《营造法式》。从《营造法式》编写的特点确实可以看到李诚的才能，他既能考究经史群书，总结前人经验，继往开来有所创新，把前人的传述与当代技术成就融而合一，又能重视吸收广大劳动工匠的智慧。他公开申明编著法式时由"人匠逐一讲说"各作制度，把工匠世代相传、经久可以行用之法写入了制度的条文，对于具有官职身份的李诚，在封建等级森严的制度下，能作到这点也是难能可贵的。正因为如此，才使《营造法式》摆脱了元祐年间所编法式的"只是料状，别无变造、用材制度"、徒为一纸空文的面貌，而成为渗透着劳动工匠智慧和才能的巨著。他将"有定式而无定法"的变造、用材制度，贯穿各作制度之中，使制度文学简练、条理井然，不但具有

相当的科学性，而且有较大的适应性，使得在"营造位置尽皆不同"之时，均可行用。

李诚之所以能够把工匠手中分散的，不系统的经验，加以整理、纂辑，当然与他的工作实践是分不开的，但同时也与他的学识基础有密切的关系。他有着饱览经史群书的优越条件，他的家藏书籍达数万卷，而他自己又亲自手抄过数千卷，他还擅长于书法，能写篆、籀、草、隶；并兼长绘画，曾绘有五马图。此外，他还著有《山海经》十卷，《续同姓名录》二卷，《琵琶录》三卷，《马经》三卷，《古篆说文》十卷，《六博经》三卷等。这些可能是他对地理、历史人物、文字学等的研究成果，遗憾的是这些书籍均已失传，使我们难以评介李诚的渊博学识。

七、杨琼

河北曲阳县黄山，自古盛产白石，多用以制作碑志、栏檐、础石以及佛像诸物，是一处开采石料的基地。所以环山诸村石工辈出，历史上曾出现过不少能工巧匠，例如曲阳县的杨琼就是元代一位杰出的石匠[7]。

杨琼世居保定路曲阳县西阳平村，其父杨德和兄杨进祖辈相传，皆以石工为业。由于家境贫寒，杨琼从青年时期就当了石匠，和叔父杨荣同艺学徒，生长在这样的石匠家庭里，薪火相传，在艺业方面对于他自然有很多影响。但他并不满足现状，而是一个很有进取心的青年，肯于刻苦钻研，经过不断努力，终于成为一名技艺熟练的石工。能根据石料的颜色和纹理特点精心设计，天巧层出，人莫能及。例如，他曾为曲阳北岳庙雕刻了一只尖鼎炉，形态优美秀丽，工巧绝伦，由于技艺高超，博得了人们的赞赏，故有巧匠之称。

元中统初年，蒙古贵族阶级为了奠定政治中心，巩固元帝国的封建政权和贪求生活上的奢华享受，乃大兴土木，营建两都（上都、大都）宫殿和城郭[8]。从全国各地征调大量建筑工人和手工艺工人，投入了空前规模的建筑活动。因之，杨琼以名匠身份被征召来都供役，和其他有专门技艺的手工业工人一样被编入"匠户"。朝廷上便委派他负责管领燕南诸路石匠，承担石作工程的设计施工任务。

在大规模的宫殿、园林与桥梁的建筑工程中，杨琼发挥了卓越的设计本领和组织能力。例如修建西苑

兴圣宫时，他就是主要设计师之一，在石作方面创造了十分优异的成绩。杨琼后任大都等处山场石局总管[9]。

至元九年（1272年）兴建朝阁大殿，朝廷责成杨琼领工兴造，从大都附近拨匠户五千供役。忽必烈又命其总管夫匠，主持营造内府宫殿、寺观、桥闸石材三役。至元十二年（1275年）又担任采玉石提举的官职[10]。

至元十三年（1276年），皇城棂皇门内架造周桥，采纳了杨琼的设计方案，并责成他主持这一工程。不久，桥工告成。新建的三座白石桥横跨在河道上，栏檐遍雕龙凤祥云，明莹如玉。桥下还雕作白石龙四条，擎戴水中，十分壮丽[11]。

至元十七年（1280年），元世祖忽必烈作行宫于察罕脑儿（今陕西横山县北），派杨琼主持宫殿、凉亭、石洞门和石浴堂等项工程，显示了卓越的设计水平和组织才干[12]。

由于元初在兴建两都宫殿及察罕脑儿行宫中，杨琼以名匠身份供役部门，曾为统治阶级效过大力，成绩显著。因此，至元二十四年（1287年），升为武略将军判大都留守司兼少府监。

至元二十五年（1288年）杨琼病死，他的子孙侄辈们世袭其职，历任采石局大使。

杨琼生平所营造，如两都宫殿及察罕脑儿行宫等宏伟华丽的建筑物，虽已荡然无存，但从《故宫遗录》及《昭俭录》、《掇耕录》诸书中留下了珍贵的历史资料。

按杨琼本系贫苦石匠出身，卒以艺业精湛，在两都营建中，博得了统治阶级的赏识，以石工得官，进入了统治阶级的行列。但从建筑技术史的成就来讲，杨琼一生曾作出了许多贡献，并培养了几名在技术上很有水平的徒弟，如杨谅、王浩等人，在大都留守司任采石司大使或提领职务[13]，都主持过不少重要建筑工程，使杨氏的技术传统得以传宗接代，为石作技术的发展发挥了历史作用，因此，杨琼是值得传记的一名哲匠。

八、蒯祥

在中国建筑史上，明代前期能工巧匠蒯祥的名字，总是和明北京城紧连在一起的。

明北京城是明朝在元大都的基础上，继承历代都城建设的经验，改建和扩建而成的。整个城市可分为外城、内城、皇城和宫城，部署规划性很强。

明代在修建北京城的宏大工程中，先后出现了不少杰出的工匠，蒯祥就是其中著名的一位。

蒯祥（1397～1481年），南直隶苏州府吴县胥山（今江苏省苏州市吴中区胥口）人。苏州水道纵横，湖面罗布，是著名的水乡城市。沿河延伸的街道，临水而筑的房舍，挺秀优美的拱券桥，淡雅精巧的园林，构成了柔和而富于变化的水乡画卷。这在他的心里留下了难忘的印象。

蒯祥出身于一个木匠家庭。他的父亲蒯福，因为技术熟练，经验丰富，被选拔为统率各匠的"木工首"；永乐中，"能主大营膳"，是当时的能工巧匠之一。在当时匠艺必有师承、不妄授受的历史条件下，这样的家庭环境，给他提供了学艺条件，使他从小就受到建筑学的熏陶。那时候，工匠世袭，不得脱籍。所以蒯祥成人后，像他父亲一样，当了木匠（到工），成为一名手工业者。

大约在青年时代，蒯祥来到当时明王朝的都城南京，由于他勤奋学习，刻苦钻研，不断实践，积累经验，终于"精于其艺"，成为当时知名的工匠。不久，蒯福以老告退，蒯祥遂代承父职，为"木工首"。

蒯祥的青少年时代，正是明成祖统治时期（1403～1424年）。那时候，明朝的社会经济得到恢复和发展，国力大大增强了。明成祖决定迁都北京，并于1417年（永乐十五年）下令在北京掀起大规模的营造高潮。

由于蒯祥技术高超，他被选拔为重大工程的设计师，与阮安、蔡信、杨青等分工负责，周密配合，营建北京城及宫殿。永乐十五年后建北京宫殿庙社，在营造上更受信任和重用，直至1481年（成化十七年）三月"卒于位"。由蒯祥参与设计、营造的工程，部分至今犹存。它们凝聚着蒯祥等工匠夫役的心血和汗水。

如上所述，蒯祥的建筑活动从明成祖永乐年间到明宪宗成化年间，"能主大营膳"，是半个多世纪的著名建筑工程师。而其主要事迹则在明英宗正统年间（1436～1449年），史载"自正统以来，凡百营造，祥无不予"[14]，"正统中重作三殿及文武诸司，效劳尤多"[15]等可证。那时候，他的匠艺达到了炉火纯青的程度。"凡殿阁楼榭，以至回廊曲宇，随手图之[16]。""能以两手画双龙，合之如一"[17]。他不仅巧思善画，而且能目量意营，准确无误；指挥操作，悉中规制。"每宫中有所修缮……祥略用尺准度，若不经意，既造成，以置原所，不差毫厘。指使群工，有违其教者，辄不称职。"[18]这些记载，生动地表现了他的才干和技艺。因此有"蒯鲁班"的称号。

明宪宗成化以后，江南木工巧工皆出于香山，这与蒯祥的影响是分不开的。

建筑在阶级社会里是反映阶级性的，高级豪华的建筑，作为物质财富，往往被统治阶级所占有，或用以满足其奢侈腐朽生活的需要，或用作统治和剥削劳动人民的工具。蒯祥毕生从事宫殿、庙社、官署、府第和陵寝的营造，他是为封建统治阶级、特别是为封建帝王服务的。但是，这些建筑不同程度地体现了我国古代建筑的精华，蒯祥对祖国建筑有不可磨灭的贡献。

明王朝为巩固其反动统治，要弄以匠治匠的欺骗手段，在工匠中物色对统治者俯首贴耳而又技术熟练者，充当匠官，监督工匠，为统治者效劳。蒯祥就是其中典型的一个，他由于"为人恭谨详实"，而又"精于其艺"，被吸收进工部。此后，随着时间的推移，自工部营缮所丞，而太仆寺少卿，而工部侍郎、左侍郎[19]。

九、徐杲

徐杲是明代中期重建"三大殿"的一位匠师。他是明代中叶嘉靖、隆庆年间（1522～1572年）人。在他所处的时代，政治腐败有增无已，土地兼并日趋激烈，赋税徭役日益加重，致使广大劳动人民陷入苦难的深渊。徐杲出身于贫苦的家庭，从小没有入学读书的条件。为了谋生，他学手艺，做木工。作为手工业者，被搜括束缚于匠籍，没有人身自由，没有社会地位，被奴役，受歧视，受压迫和剥削。就是在这样艰苦的环境里，他认真学习匠艺，努力钻研技术，成为当时有名的工匠。

明世宗嘉靖时期，大兴土木，营建宫殿。为此在全国征工，徐杲以其匠艺著称，也在被征之列。他应征服役来到北京，参加明宫的建设。作为"匠役"，被当时人誉为"近代之公输"，"其巧侔前代而不动声色"[20]。他由于技术精湛、经验丰富，逐渐被拔擢为重大土木工程的设计师和建造指挥者。

当时的重大土木工程，莫过于北京宫殿的建设。1557年（嘉靖三十六年）十月，奉天、华盖、谨身等三殿遭火灾，延烧文、武楼、奉天、左顺、右顺及午门外左、右廊尽毁[21]。明世宗决定尽快重建。奉天、华盖、谨身合称"外朝""三大殿"，是明代封建统治者掌管和行使反动权力的中心，是他们从事反动政治活动的主要场所，是封建皇权的象征，在整个宫殿中最为重要，要重建就要保持原来庄严的格局、宏伟的气魄，在尺度、形式、质量、色彩等方面，都要达到最高水平。这在当时的生产水平和技术条件下，不能不说是一项最大的工程。要设计并指挥完成这一工程，当然是一个极其艰巨的任务，没有高超的水平和卓越的能力，是根本无法完成的。事实也正是这样。徐杲的前任们皆因养尊处优和庸碌无能而被撤免。就是在这样"冬卿（工部长官）尤难称职"，众人望而生畏的情况下，作为一个地位卑贱的普通木匠，徐杲和雷礼①一起担起了宫廷建筑设计和指挥的重担。

按照明世宗的意图，为了便于朝谒，首先于1557年（嘉靖三十六年）10月重建奉天门。徐杲"躬自操作"，亲自参加施工，翌年7月即落成。1559年（嘉靖三十八年）10月，"三大殿"兴工。"三大殿"初建于1420年（明永乐十八年），次年即毁于火灾，洪熙、宣德两朝，不曾修缮。直至1440年（正统五年）才开始重建，次年建成。从那时到嘉靖三十八年，已经将近一百二十年之久。当时还没有详细、准确的建筑设计图样，随着岁月的流逝，工匠们大都不明白原有的规模和制度了，只有徐杲还能够凭着他的记忆，估计出来。按照他的设计，1562年（嘉靖四十一年）9月建成后，竟然和原来的一模一样。"三殿规制，自正统间再建后，诸将作皆莫省其旧，而匠官徐杲能以意料量，比落成，竟不失尺寸。"[22]这个记载，充分显示了他对明宫式建筑的娴熟和杰出的设计水平。

在重建"三大殿"的施工期间，他总结经验，集中广大工匠的智慧，和雷礼同心协力，"易砖石为须弥座，积木为柱"[23]。所谓"积木为柱"，是指用加

---

① 雷礼，明江西南昌府丰城市（今江西省宜春地区丰城市）人，官至工部尚书，在任十三年之久。因为勤敏，得到明世宗的信任和重视，曾经参与督修北京明宫"三大殿"和卢沟河堤。

铁活拼合料代替整根的大木料作柱子。这不仅解决了当时由于山林空竭、采伐凋残而造成的大木奇缺以及运输不便等困难，而且提高了建筑质量，还节约了大量建筑经费，"省不可计……然三殿之工，估者至数十百万，而费止什一"。

在"三大殿"动工的第三年，即1561年（嘉靖四十年）11月，西苑内永寿宫遭火灾。同年十二月"以三殿大工之余材，趣治永寿宫"[24]。"徐杲以一人拮据经营，操斤指示，闻其相度时，第四顾筹算，俄顷即出而别材，长短大小，不爽锱铢"[25]。当时，明世宗就住在永寿宫附近的玉熙宫里，可是却听不到斧凿的声音。徐杲的才思是多么敏捷，匠艺是多么精巧啊！永寿宫于1562年（嘉靖四十一年）3月建成。从动工到落成，为时还不足四个月。这种速度，在明宫建筑史上实属罕见，并且还节省了约280万两白银的经费[26]。这与徐杲苦心经营，亲身实践，指挥有方，是分不开的。

徐杲不仅是个优秀的建筑匠师，而且还是个出色的水利工程师。他与雷礼相度规划修卢沟河堤就是一个例证。

卢沟河（今永定河）其上游为浑河，浑河上游为桑干河，这三河本是一水，源出朔州马邑县（今山西省朔县），流经太行山，入北京西南宛平县（今北京市丰台区和大兴区、房山区的一部分）界，"东南流分为两派，东经通州高丽庄入白河，南经固安，至武清小直沽入海"[27]，常常溃岸成灾。嘉靖晚期，由于历年沙洲突起，下流填淤，河水改道，溃堤而决，奔腾咆哮，"触山阜，漂田庐，去西南百余里，行者病涉，耕者释耒，居者无宁宇"[28]。给沿河广大劳动人民带来了巨大的灾难。徐杲和雷礼受任治河。他们亲自查看卢沟河的水势流量，测量地形，制定治河规划，按照徐杲等设计的蓝图，"先浚大河，令岔河水归故道，从丽庄园入直沽下海"[29]；然后修筑河堤。共筑堤一千二百丈，高一丈多，厚两丈有余。堤皆"崇基密捷，累石重"[30]，鳞次栉比，远伸如鸟翅，高耸似城墙，"较昔所修筑，坚固仟佰倍矣"[31]。这一水利工程，从1562年（嘉靖四十一年）9月动工，到翌年4月竣工，为时只有八个月。此后卢沟河在一个相当长的时期内不再溃堤成灾，"而世宗朝，卢沟无患也"[32]。在水利上取到了一定的成效。

徐杲生活在明朝中叶，当时封建社会已经进入后期。就是在这样的历史条件下，徐杲从一个普通的木匠，成长为多才多艺、兼通建筑和水利的著名工程师，在他前进的道路上，不知冲破了多少险阻。

明朝统治者为了扩大自己的社会基础，欺骗劳动人民，巩固自己的反动统治，袭用元朝统治者擢用熟练工匠为工程和手工业方面管理官吏的手段，在工匠中间挑选，诸如木工蒯祥、蒯义、蒯钢、蔡信、郭文英、杨青、石工陆祥等，充当工部各级官吏，徐杲就是其中突出的一个。徐杲的阶级地位从此发生了根本的变化。但是，他设计修治卢沟河，筑堤塞决，客观上对恢复农业生产，安定人民生活有利；他集中祖国建筑艺术的精华，设计重建了巍峨壮丽的"三大殿"等宫殿工程，对发展祖国的建筑技术和艺术有一定的贡献。

徐杲等创造的"积木为柱"，对后世有深远的影响。清代的建筑匠师继承并发展了这一崭新的建筑技术。整个的大木料极少使用，而大量使用加铁活的拼合料。如故宫太和殿和天坛祈年殿的柱子。而且使用铁活有发展，如故宫太和殿斗栱后尾及天花帽儿梁等处的交接，不似明代多凭榫卯的交接方法。这些都标志着木材加工技术的进一步发展。

十、郭文英

明代嘉靖年间（1522～1566年），统治阶级为了进一步巩固封建政权和生活上的奢侈享受，不惜耗散大量的财力、物力，驱使广大劳动人民为他们修建城垣、宫殿、陵墓和坛庙，继永乐朝之后，建筑活动出现了又一次高潮。因之，在工匠中涌现出不少优秀建筑家，木工郭文英就是其中一个。

据明万历《韩城县志》①、清雍正《陕西通志》②和明王世贞《弇山堂别集》③等书记载，郭文英陕西韩

① 万历《韩城县志》卷五："郭文英韩人也，少为人牧羊，以户匠乏人，至京抵役。朝夕肄规矩，黾黾绳绳，久之以功力闻，为作头。自是见知世庙，每一工竣，则序劳晋秩，累至工部右侍郎，赐二品服色"。又说"世庙钦崇醮典，营宫孔棘，匠师济济，擘画殿图，克当帝衷者，则推郭文英焉"。
② 雍正《陕西通志》卷六十四："明郭文英陕西韩城人，聪慧善诙谐，常会诸缙绅，谈及起科经书辄笑，自谓不佞起家木经，众为绝倒"。
③ 明王世贞《弇山堂别集》卷十："工部右侍郎蔡信、郭文英，俱以木工而登大位"。

城人，少年时期家贫，给地主放羊为生，嘉靖初年，适逢皇家大兴土木，下令全国征用建筑工匠。韩城市因户匠缺人，为了应付徭役，郭文英就以匠人身份来到北京，在工部抵役，当一名木工。由于他不仅聪明智慧，而且还是一个有志钻研技术的青年人。在师傅的传授指导下，技术水平不断提高，终于熟练地掌握了一套木工技术，并积累了建筑设计、施工的实践经验，不久，便当上了"作头"。

郭氏当上了作头以后，曾参与了帝王庙、太庙、显陵、清馥殿、启祥宫、皇史宬、天坛皇穹宇、沙河行宫城及京师外城等工程的设计、施工。在这些建筑活动中，发挥了卓越的技术才能。特别应该指出的是皇史宬和皇穹宇两项工程，郭氏的贡献尤大。

皇史宬（在今北京市南池子）建于明嘉靖十五年（1536 年），是专为皇家贮藏宝训实录而造的一座高大建筑。全部是用砖石构造的无梁殿，杰阁崔巍，不假寸木，坚实而壮丽，无论在砌体结构上或建筑造型上都达到了当时的高度水平[33]。

皇穹宇在天坛建筑群中，规模仅次于祈年殿，建于嘉靖十九年（1540 年），是一部结构精巧的木构建筑，殿身为圆形，单檐攒尖顶，屋面盖蓝色琉璃瓦，檐下用溜金斗栱，柱梁结构巧用匠心，而且施工质量极其精良，反映了当时建筑技术的杰出成就。

郭氏因参加上述各项建筑工程中，成绩显著，曾多次受到奖赏。从作头升营缮新丞，历任新副、新正、营缮司主事、员外郎和郎中等职，后来又晋升为太仆寺卿，最后升任工部右侍郎，曾是显赫一时的匠作官[34]。

郭氏参与修建的建筑工程，有的今日尚巍然存在，其中可供欣赏者，有帝王庙，太庙和北京四郊的坛社。而皇穹宇和皇史宬两座建筑尤为郭氏的精心杰作。

十一、梁九

梁九是明代末年至清代初年服务于工部，参加宫廷内许多营造事务，最后参加清故宫最重要的建筑——太和殿重建工程的一位匠师。关于梁九的生平及其建筑实践活动的传略，在古籍中记载甚少，就我们所知仅见清王士禛《梁九传》，兹引述如下：

"康熙三十四年（1695 年）重建太和殿，有老工师梁九者，董匠作……自前代至本朝初年，大内兴造

梁皆董其事，一日手制木殿一区，献于尚书所。以寸准尺，以尺准丈，不逾数尺许，而四阿重屋（原文为'重室'，疑有误），规模悉具"。

"明之季，京师有工师冯巧者董造宫殿，自万历至崇祯末……九往执役门下……尽传其奥"。

"一技之必有师承……柳子厚（唐代柳宗元）作《梓人传》谓：画宫于堵，盈尺而曲尽其制，计其毫厘而构大厦无进退焉。"

根据原文第一段所述，可知如太和殿之类的巨构不同于凡例，必须先制造出精确的模型以辅助图样的不足，然后按图样和模型来施工。此项模型的制造也属于匠师从事营建的业务范围，也可以成为他们的特长。

大概在明代的早期（由洪武至永乐年间，时间在公元 14～公元 15 世纪初），在南京和北京有两度时间持续很长规模巨大的修建活动，属于工部的工匠曾参加过此次修建，此时宫廷建筑也巩固地形成完备的制度。以后北京方面修建频繁，明工部拥有庞大的技术队伍，主要从事于宫廷的营建。宫内修建设有专门指导的机构和专责的工师，梁九和他的前辈同属于这样的职守。

这里所说的手制木殿，大概属于宋代文献中所谓"小样"——原分为小样图和模型两类，这里指的是按一定比例缩尺制造的模型。所谓"以寸准尺，以尺准丈"，不过是说明"缩尺"的意思，并不说明它准确的比例尺度。古代文献中较早提到"缩尺"的是唐代柳宗元的《梓人传》，宋《营造法式》加以引用，在"举折之制"中详细叙述了"缩尺"之用于建筑图样中，可作为《梁九传》的补充。

《营造法式》论"举折之制"与"缩尺"的关系："先以尺为丈，以寸为尺……侧画所建之屋于平正壁上，定其'举'之峻慢、'折'之圆和，然后可见屋内梁柱之高下、卯眼之远近"。

经过以上扼要的阐述，"缩尺"的作用就更明显了。

《梁九传》所说的"四阿重屋"，应作"重檐庑殿式"宫殿来解释，这与太和殿之类隆重的宫殿形制是相符合的。

《梁九传》另一段说到梁九与冯巧师徒之间的师承关系。中间还有一段曲折的经过，反映了在封建行会制度的条件下，技艺流传受到阻碍，使梁九最初学

艺数行得不到冯巧的传授。在当时传授技术是籍操作示范和口语的流传。"薪火相传"表达了在极端困难情况下，热心于传授技术的匠师对工艺继续流传的重视。《梁九传》的作者由此指出"一技之必有师承"的结论。

《梁九传》末后转引《梓人传》一段，作者把梁九的工作和唐代的"都料匠等量齐观"。我们特加引《梓人传》中"画工于堵"的一段上文"善度材，视栋宇之制，量栋宇之伍，视木工之能举"。这样就能对所评价的工师的专长有全面的了解。

全段的大意是：要成就一幢建筑，首先要选择材木，按建筑物的用途和全部尺度，还要依据上部结构的受力情况和所用木材的强度来裁定材木的断面尺寸。此外，还要依照缩尺把建筑图样（主要是剖面图）画在空白的墙面上，画得很详细、很准确，这样建造起来的大厦就不会和图样有出入的地方。

从《梁九传》可以引出若干建筑问题：

（1）工师的专门业务，在古代文献中，"工师"名称始于战国时期，"大匠"始于汉代。在中国古代建筑发展的早期，匠师的创造才能得到更好的发挥，表现出"大匠造制"的作用。

宋《营造法式》把"大匠造制"与"规矩之设"相提并论。这是因为中国古代建筑在其进一步发展中，是以建筑的"定型化"和建筑业务的专业化为特征。各工种做法均有则例可循，匠师"造制"的作用逐步削弱。

清代宫廷兴造工作分别由"样房"和"算房"来担任。梁九做的也就是"样房"的工作，较全面地掌握营建业务，利用包括"模型"（烫样）在内的技术条件以处理较复杂的建筑问题。提出建筑设计方案，最后完成修建任务。

（2）"匠"和"材"的关系，古代文献概括提出营建大厦的要求"先择匠而后简材（选材）"。这是因为中国建筑自古就优先发展木结构，因此"为巨室必使工师求大木"乃是从建筑取材的要求出发。以后这个体系又有发展，随着建筑的定型化，便制定出用材标准。宋《营造法式》提出"凡屋宇之高深（即建筑物的平立面尺度），各物之短长（即建筑细部和构件的尺寸）曲直举折之势，规矩绳墨之宜，皆以所用'材'之'分'以为制度焉"。

明清之际，虽然改定了以斗栱上"斗口"为衡量标准，但定型化做法则又向前推进一步。"类例相从，条章俱在"，准此一个小模型所代表的"规模悉具"的木殿就不难用准确的尺度来完全表达其形制。

《梁九传》中所述的冯巧和梁九，都是长期参加宫廷建筑修建实践的老匠人，熟悉掌握既定的做法而能熟练地加以运用。他们的才智一点也不能离开实践。他们的技巧乃是从长期的劳动实践中得到的，而表现于不断的创造活动中。他们的技艺是有所"师承"也有所发展，代表了中国古代建筑的优秀成就。他们对于中国古代建筑技术的发展作出了贡献。

（3）建筑群体的设计。明清时期，宫殿建筑设计在群体观念上是有所发展，例见北京明清"故宫"建筑。梁九手制的木殿"一区"也表达了群体观念。

中国古代建筑多数都形成了大组群，清代"样房"留下一批模型和图样，都表达了设计已超出单体设计的范围，多数也是"成区"修建起来的。以上材料可以互相验证。

十二、样式雷

"样式雷"早期是宫廷的官工匠，到后期成为皇家专管工程设计绘图模型，是不在编的"书办"，或称为"先生"。由明代末年到清代初年世代相传的建筑专业世家。"样式雷"的始祖雷发达（1619～1693年），原籍江西省南康人，明代末年由江西迁居金陵。在清代康熙年初与其家兄雷发宣以工匠身份应征来到北京服役，参加宫廷建设。因为他们的木工技术卓越，很快地就提升担任宫廷建筑设计工作。

自从雷发达弟兄担任宫廷建筑设计以来，由他们二人及其子孙连续主持设计和施工，前后历经二百四十多年之久。凡是宫廷建筑设计图都是出自雷家之手，所以后人称呼雷家为"样式雷"（表15-6-1）。

"样式雷"世家生卒年表 表 15-6-1

姓名	字	世家关系	生卒年代	公元
雷发达	明江		万历四十七年至康熙三十二年	1619～1693 年
雷金玉	良生	发达之子	顺治十六年至雍正七年	1659～1729 年
雷声澂	藻亭	金玉幼子	雍正七年至乾隆五十七年	1729～1792 年
雷家伟	席珍	声澂长子	乾隆二十三年至道光二十五年	1758～1845 年
雷家玺	国贤	声澂次子	乾隆二十九年至道光五年	1764～1825 年
雷家瑞	徵祥	声澂三子	乾隆三十五年至道光十年	1770～1830 年
雷景修	先文	家玺三子	嘉庆八年至同治五年	1803～1866 年
雷思起	永荣	景修三子	道光六年至光绪二年	1826～1876 年
雷廷昌	辅臣	思起长子	道光二十五年至光绪三十五年	1845～1909 年

清代宫廷建筑在初期是由雷发达为首的一些工匠，利用明代建筑进行全面修缮而成的。一切制度仍按明代原样。分为外朝和内朝两个大部分。自从重修以来，屡经复修，今天现存的太和殿是康熙三十六年重修的实物。

当康熙八年重修太和殿时，任务紧急，需要高大的楠木，以南方运输，时间耗费太久，赶不上工程需要，在匆忙中拆取明陵旧楠木料充用，当榫卯做好，等待典礼上梁。在封建帝王统治的年代里，宫廷中建造重要殿宇，在安装大梁、安吻合拢时，皇帝必须亲临行礼。太和殿是皇宫的正殿，康熙皇帝亲自参加典礼。当大梁升到高空时，榫卯悬而不合，致使典礼无法进行，这是在皇帝面前出了一个大事故，管理工程的官员们，慌恐至极，乱了手脚，在这万分焦急的时候，都没有办法解决，就赶忙请雷发达攀上梁架高处，使用斧头连续打击，榫卯很快就全部合拢了。康熙于是当面"敕授"雷发达为工部营造所的长班。后来便流传："上有鲁班，下有长班"的故事。雷发达在北京工作三十

多年，一直担任皇宫的设计工作。在长年累月的工作里，他把所积累的一些技术知识写成小册子，流传给后人。1693 年，雷发达已经七十三岁，年老体弱病死在北京。

雷发达的长子雷金玉，继承其父业，继续担任工部营造所的长班，还掌管圆明园的楠木作，主持"样式房"的设计，在圆明园建设中发挥了精工巧匠的作用。自从康熙、雍正、乾隆起始，历代帝王多往来居住于郊区的苑囿中，以圆明园为主。圆明园开辟于康熙四十八年（1709 年），到乾隆、嘉庆时期仍然大兴土木，在园内还设有"总理工程处"、"销算房"、"督催所"、"堂挡房"等机构。"样式雷"四世雷家伟继承先人继续建设圆明园，重点以东路设计和施工为主，通过这次建设园子更为完备了。前后经历达百余年间，曾被世界誉为"万园之园"，证明圆明园设计的高度成就。到了 1860 年英法侵略军和 1900 年"八国联军"全部掠夺和焚烧一光，见证了帝国主义者侵略的罪行。

同治在朝期间内，复有重建圆明园的决议，"样

式雷"六世雷思起经手掌案，又重新设计，对圆明园做了许多烫样（纸模型）。目前存留在故宫博物院的烫样，还有许多盘，这就是那个时候留下来的作品。

雷家伟、雷家玺、雷家瑞弟兄三人担任颐和园万寿山、静明园玉泉山、静宜园香山的三山三园的设计工作，这是"样式雷"又一次新的创造。

雷氏弟兄三人设计三山三园之外，还去热河设计承德避暑山庄全部园林工程。热河避暑山庄里的行宫周围四十多里，其特点，在园内包进了许多山岭，只有五分之一的平地。有名的"如意洲"水面围绕宫殿，松柏夹植其间，洲北万树园又是一种格局。园中处处为风景。

"样式雷"的第七世雷廷昌主持设计工作的时候，正当光绪年间设计三海的要求，雷廷昌重新经手设计三海。其实三海是在元代太液池的基础上建立的，明代开凿南海，于是成为北海、中海、南海这三个海子。雷廷昌整理三海工程，扩大设计增建许多亭台楼阁。

"样式雷"一家从清代初年设计地上建筑宫廷建筑二百年间，到清代后期还承担陵寝工程地下宫殿。清代入关以后九个皇帝分别葬于遵化市昌瑞山称东陵；易县永宁山称西陵。东陵有顺治、康熙、乾隆、咸丰、同治。西陵有雍正、嘉庆、道光、光绪。自雷家玺设计昌陵（嘉庆陵寝）之后，雷思起接着设计定陵（咸丰陵寝），到七世雷廷昌设计惠陵（同治陵寝）前后经历七十多年，在建设陵寝中积累不少经验。凡是陵寝中在地宫中之墙与门均进行发券，而券顶用砖块砌筑必须合拢，地宫中最大的一个券即是金券（地宫主室），但是金券合拢的，结果胜利成功了。雷廷昌接着设计慈安太后陵、慈禧太后陵工程都十分可观。其中的慈禧太后陵全部梁柱都用楠木素地贴金彩画，隆恩殿和配殿的内部墙壁均用磨砖对缝砌作，技术质量很高。东陵与西陵建筑制度大体相同，只在具体布置方面有所变化。

"样式雷"一家在宫廷建筑设计中的成就，还表现在绘图、烫样方面，尤为突出。建筑房屋绘制图样，早从隋唐就开始了，不过那个时候的图样还没有留传下来，仅在唐宋石刻上有建筑总图，间接可以得知。

"样式雷"的设计程序是根据总地盘图（实际测量的带有尺寸的图）进行设计，首先绘出章图（当时叫粗图），然后反复进行修改，再绘出详图（当时叫精图）。详图的种类，计有七八种，例如平面图、局部平面图、总平面图、透视图、平面与透视结合图、局部放大图、装修花纹大样图等。"样式雷"设计图样的尺寸规格，大体分为三种：按建筑实物的比例有百分之一（当时叫一分样）、二百分之一（叫二分样）、三百分之一（叫三分样）。最大的图样尺寸有九尺左右；最小的图样尺寸有二～三寸。建筑装修大样图，最大的图纸和实物相等。从遗留下来的部分图样，完全可以看出"样式雷"的一些表现方法，具有创造性。它和今天建筑设计图的表示方法，有一些相似的地方。特别是其中平面图绘出个体建筑的透视图，这种互相结合的表现方法，是一种创造性的方法。

在图样的基础上，还制做"烫样"，这又是一项独特的创造。制做建筑模型，在唐宋两个朝代已经开始了，当时叫"木样"，那个时期修明堂建辟雍等大建筑时，匠师们往往先做模型，根据模型经各方面的审核确定以后再进行动土兴建。不过那时的模型制做式样比较简单。"样式雷"的"烫样"采用草板纸制做，墙身分片安装。屋顶用沥粉烫出瓦垄，可以灵活摘取，观看房屋内部，这个方法是制做模形中的好方法。

自从雷发达之后，"样式雷"一家七世一直主持宫廷建筑，担任各种工程，负责"样式房"的各种设计，曾被称做"样式雷"、"样子雷"、"样房雷"等。他们的设计水平突出，超过一般的木工匠师。他们的工作是为封建统治阶级服务的，但他们的技术成就是属于劳动人民的。清代宫廷建筑全部保留到今天，使我们看到先人的创造经验，是一份十分可贵的遗产。

参考文献

[1]《史记》卷九《吕太后木纪》。

[2]《史记》卷十九《惠景间侯者年表》。

[3]《文选》班固《两都赋》，张衡《两京赋》、《三辅决录》。

[4] 李濂：《汴京遗迹志》卷十。

[5] 沈括：《梦溪笔谈》卷十八。

[6] 欧阳修：《归田录》。

[7] 见清光绪《重修曲阳县志》卷十九。

[8] 见《元史·列传·刘秉忠》。

[9] 见清光绪《重修曲阳县志》卷十九，工艺传。

[10] 见朱契：《元大都宫殿图考》第六章。

[11] 见肖洵：《故宫遗录》。

[12] 同上。

[13] 见清光绪《重修曲阳县志》卷十三，金石录。

[14] 焦竑：《国朝献征录》卷五十一。

[15] 黄瑜：《双槐岁钞》卷八。

[16] 皇甫录：《皇明纪略》第 34 页。

[17]《吴县志·人物志·艺术》。

[18] 同上。

[19]《资治通鉴》三编。

[20] 谢肇浙：《五杂俎》卷五，第 145 页，中华书局，1959 年版。

[21] 见《日下旧闻考》卷 34 引《明世宗实录》。

[22]《日下旧闻考》卷 34 引《明世庙识余录》。

[23] 焦竑：《国朝献征录》卷 50。

[24]《明会要》卷 72《方域》二《宫殿杂录》引《明世宗实录》。

[25] 沈德符：《野获编》卷 2《列朝·工匠见知》。

[26] 见焦竑：《国朝献征录》卷 50《工部》一《少傅工部尚书雷礼传》。

[27] 蒋一葵：《长安客话》卷 4《郊坰杂记·卢沟河·卢沟桥》。

[28] 袁炜：《敕修卢沟河堤记》。

[29]、[32] 刘侗、于奕正：《帝京景物略》卷 3《城南内外·卢沟桥》。

[30]、[31] 袁炜：《敕修卢沟河堤记》。

[33] 见《世宗实录》。

[34] 同上。

中国古代建筑技术大事年表

表例

1. 本表年次，起自原始社会至封建社会结束（即公元 1840 年）止。

2. 本表以公元为次序，附朝代纪年。周召共和（公元前 841 年）前的年数，各书互不一致，今以范文澜《中国通史简编》为准。

3. 本表材料编次：

（1）文献或建筑本身有明确年代记载，依所记年代排次。

（2）无明确年代者，按其可能之上下限范围，列于朝代、世纪之开始。

（3）年月不明而有他事可参考，以他事所记年月排次。

（4）考订实物证明与原记年次有出入，以考订者排次。

4. 凡与建筑技术无重要关系本表一般不列。

5. 本表所引资料来源不另附注，可查阅本书各有关章节。

6. 本表受资料所限，建筑技术发展连续性不够完整，附之编末，谨供便利查阅索引之用。

公元	朝代纪年	大事及成就
距今约 50 万年前	旧石器时代早期	人类找寻近水天然洞穴群居。据北京周口店龙骨山遗址实例，洞内空间高 10 米，长宽 14 米 ×80 米。洞内利用火种作照明及烧烤食物。 上古人类少禽兽多，在密林地带也有采用树居的，史称"构木为巢"。
约 7000 年前 ~ 5000 年前	新石器时代河姆渡文化、良渚文化	浙江余姚河姆渡新石器时代遗址发现木框架结构房屋。其单幢建筑纵向有达六七间以上，跨距达 5 ~ 6 米者。底层架空用木楼板，说明当时已有"干阑"式房屋。木构件按不同用途加工成桩、柱、梁、板，并已经采用榫卯。有凸字形方榫、圆榫、长方形或圆形卯眼和企口木板。加工采用石楔和骨凿等。 河姆渡遗址上层（约 5800 年前），有井干式木框架做的井壁。这是已知最早的井。 良渚文化遗址（约 5000 年前）中，在浙江吴兴钱山漾，由于多水潮湿，还曾发现过高出地面的桩上建筑。
	新石器时代仰韶文化	陕西西安半坡村发现面积较大的氏族社会村落遗址。村落位于浐河东岸台地，近河是居住区，北面是墓葬区，东有窑址。从居住区由西北向东有长而宽的深沟，这是城墙没出现之前用来作防御兼作排洪用的。 半坡房屋遗址作圆形或方形，圆形直径 5 ~ 6 米，内部有柱，四周密排一圈小木柱构成木骨泥墙。上部可能是圆锥形草顶。方形 4 米 ×4 米，完全用柱承重，柱子东西 3 列，每列 4 根，共 12 柱，近似一座三开间的房屋。郑州大河村仰韶遗址也曾发现过四开间的房屋，说明这时用柱承重，以间为单位的联排房屋已经萌芽。 郑州大河村仰韶遗址房屋内地面用石灰拌粗沙抹面，说明这时已能在姜石或蚌壳中取得少量石灰，用于建筑。 洛阳王湾发现同时期遗址 200 平方米方形房屋，已在墙下挖基槽，槽内基础是用填硬烧土块或卵石的做法。这是最早的人工基础。 河南陕县庙底沟仰韶早期方形浅穴，面积 6 米 ×7 米，深 34 ~ 86 厘米。门南向，有狭窄斜坡通至室内，近门有灶坑。居住面光滑坚实，用草泥土垫成并抹平烤坚。中央有四个对称的柱洞，垫有天然砾石作柱础。周围墙上也有排列整齐的柱洞，说明当时已用屋顶支架及木骨泥墙。仰韶时期半坡遗址晚期，有屋顶窗口，用泥圈做凸缘；房屋并有泥塑图案装饰。
约 4800 年前 ~ 4300 年前	新石器时代龙山文化	河南陕县庙底沟龙山竖穴，深 1.24 米，穴壁直立，径 2.8 米。东面有阶梯形门道。居住面及台阶上均涂有白灰面，墙面也涂有一部分。穴口周围残存柱洞十一，柱径细小，等距离排列。穴底中心有较粗柱洞，屋顶应是圆锥形式。

公元	朝代纪年	大事及成就
约4800年前~ 4300年前	新石器时代 龙山文化	河南龙山袋穴很多，穴底多铺红烧土块，上为白灰面层，土台也是白灰面。可知当时白灰用量很大，并已能烧制白灰作建筑材料。至红烧土是由一般泥土加工烧制。也有烧土内掺茅草或植物枝干做筋骨，它的可塑性比一般红烧土要好。另外，还有黑色硬土，它的耐火度比红烧土还高。烧制陶器的窑壁里面用这种硬土，既耐火，又坚固，是当时较高级的建筑材料。 河北邯郸涧沟龙山遗址有两座陶窑，紧靠附近的水井，说明水井实物在新石器时代已经出现。 河南汤阴白营遗址，房屋周围墙脚有草拌泥敷成散水；室内地面采用夯筑做法。这是目前所见最早夯土。 河南永城王油坊的龙山文化遗址，屋内壁用土坯砌筑，错缝，用黄泥浆粘结。这是所知最早的土坯。
约5000年~ 4000年前	细石器文化	内蒙古赤峰东八家，南面临河，北是陡岭，140米×160米范围四周发现不规则天然石块墙。残存最高有1.5米，断面阶梯形，上宽1.2米，墙内有住宅遗址及石台，可能是我国北方渔猎生产时期氏族聚居之处。 黑龙江依兰县倭肯哈达洞在半山腰，长12米，高2米，宽1.5米。两壁一侧为天然石岩，一侧外半段用大石块铺成，洞底也铺大石条，长2米，厚1米左右。洞顶用长2.5~3米，宽1.5米以上，厚50~60厘米大石板铺成，上盖1米厚碎石黄土，这是半天然半人工的洞穴，较旧石器时代之纯用天然洞穴进了一步。 辽东半岛遗留有石棚（巨石建筑）。 黑龙江东宁县原始社会住房遗址，有火墙遗迹。烟道由房屋西南隅经西壁、北壁至东北角通向室外。
距今约 三四千年	商早期二里头文化	河南偃师二里头遗址房基，在柱子洞的底部分别填有碎陶片、紫褐土和料姜面各一层，并经过夯打。这样可使基础坚固干燥防止木柱受腐，在基础做法上又提高一步。房屋基址已采用夯筑技术，唯房基面涂白灰的技术，在这一文化遗址中不常用。 二里头遗址又发现石甬路一条，东西向一段长10.5米，宽35~60厘米，东端呈90度折角南行，长2.5米，南端已被毁掉。甬路西部由石板铺成，东部用鹅卵石砌成，路面平整，两侧保存有较硬的路土。 二里头遗址有水井两口，皆属晚期，直壁长方形，东西向，长1.95米，宽1.8米，井壁光滑，在南北两壁上挖有对称的脚窝，掘到4米潜水面停止。 二里头遗址出现石制工具有砍伐用的斧、掘土用的铲、凿木用的锛等。
公元前 5000年后	少昊	都曲阜始置司空，唐虞以后因之。周代时名冬官大司空，掌水土之事，后人通称工部尚书为大司空。当时对水土工程已置专官管理。
	尧	都平阳（山西临汾）。时鲧为工官。《世本》："鲧作城郭"。此筑城见于文献始。
	舜	部蒲坂（山西永济）。时鲧之子禹为司空，继其父治水，在治水过程中，浚川、辟伊阙，凿龙门（山西河津，陕西韩城间）、砥柱（河南陕县东北黄河中，即今三门山），破山通河，工程极艰巨，洪水始平。 文献中有禹治水渡越江河时"鼋鼍以为梁"的记载，此为有文字传说最早的原始石梁。 舜时共工垂，刨制规、矩、准绳。按：準绳，所以验平直之器，準也作准，是今之水平。绳即挂线。圆规、角尺、准绳，部是最基本的施工工具。 舜时植漆树，取汁作涂料。
前2033年后	夏禹	原始社会解体，奴隶社会开始。禹初都阳城（河南登封告成镇附近）始夯土筑城。城址甲面呈纵长方形，南北2000米，东西700米，城墙残高8米，北门外附设土围堡一个。城垣内除房舍外还有在地下的陶水管道和用人卵石铺底的蓄水池。 据文献，禹教民凿井，百砌井壁（百甃）。
前1561年	夏桀二十九年	"凿山穿陵以通于河"，出《竹书纪年》。是我国最早的水利工程记录。 "桀为瓦室"，出《史记》，是我国最早的用瓦盖屋记录。

公元	朝代纪年	大事及成就
前 1562 年后	商汤	隞都（河南郑州）。版筑城墙，南北 2000 米，东西 1700 米，残高 4～9 米，墙身厚达 19～21 米，用端径 3 厘米的夯竹捣成，夯层很薄，只 7 厘米而平，相当坚硬，说明当时夯土技术已很成熟。城内东北部夯土台基东西 300 米，南北 150 米。夯土面上钱存部分房基、柱础、柱洞，应是商代奴隶主的居住区，与城外奴隶所住低矮而简陋潮湿的半地下室，形成鲜明对比。 隞都夯土城墙上有商代房基，其中一个在迎门的后墙处筑有长 65 厘米。宽 73 厘米，高 10 厘米的夯土台。台面除经过火烧，还涂白灰面。有的房基足三层夯土地面，地面除经过火烧也涂白灰面。房基平面大多方形，有的在其四壁墙上还挖有不规则的壁龛，以供贮物。 由于夯土城的出现，逐渐用之房屋夯土墙，只墙身减薄而已。据亳都商代遗址，墙厚有用夯土墙做外墙和承重内隔墙的。墙用夹板筑成每版长 1.33 米，高 43 厘米。这种以板范土，以杵捣土，增加土质密度的筑墙方法，不仅材料易得，且比过去的木骨泥墙更稳固，一直沿用至后代。 湖北黄陂盘龙城商代遗址，版筑城墙南北 290 米，东西 260 米。城墙主体用层层夯土水平筑起，旁边则是层层的斜行夯土以用来顶住夯筑城墙主体时作模板之需。城外有壕，宽达 10 米，是已发现城、壕并用之最早实例。城内东北部夯土台基东西 39.8 米，南北 12.3 米，上建宫室，从柱穴分配，设想是一座外有回廊，中为四室的四坡、重檐、茅顶殿堂。
	商（殷）盘庚	迁都改国号殷，直至商末在河南安阳小屯建造宫室，总范围达 280 米 ×250 米。殷墟本身未发现城墙遗址，但在距宗庙中心两侧 700～800 米及其南侧，有宽 10 米，深 5 米的壕沟，以壕代城作为当时防御之用。殷墟有夯土上房基遗址数十座，一般长 20 米，小的长 5～6 米，最长达 60 米。有长方形、条状和凹字形等平面。基址方向采取正南北向而与磁针的北向微偏，当时采用简单测量工具根据太阳或北极星而定。基址的水平是用水来决定的，故有一处夯土基址下曾发现长 60 米的枝状水沟曲折延伸到几处相邻基址下，用毕后又用上夯填坚实。个别建筑在卵石做的柱础上再加青铜垫板（锧），足为了防止木柱受潮而设。同时木构件上已有雕刻和色彩。 殷墟发现商代马车。 河北藁城台西村商代遗址有版筑和土坯（墼）筑成的墙。屋面用方椽（6 厘米方，长 160 厘米），草拌泥面层。
公元前 11 世纪～前 771 年	西周	陕西扶风、岐山周原遗址，为周之先王古公亶父东迁都邑所在，延至西周末期始废。周原遗址有我国最早的瓦、铺地砖、陶水管。一处三进有院的四合院式房屋，估计为当时宗庙址（在岐山）。一处宫室址有整齐的桂网，夯土基、柱下卵石磉墩，建筑周边有卵仃散水。周原遗址有大量夯上墙，墙面抹灰面层平整光洁。早期房址屋顶局部用瓦，屋面柴栈表面抹灰仍存。已有铺地方砖。 周原出土铜器，有最早板门形象，可启闭，有门栓。周原并有作坊手工业奴隶住房遗址。 湖北蕲春西周初木构建筑遗址中，其单幢建筑挂网间距 2～3 米，柱上架楼板。楼板下部开槽穿筒，连为整体。外墙为木骨板墙，木骨与柱用扣榫结合，较之过去木骨泥墙已进步。 西周铜器矢令敦的仿木结构座上已具有"斗"的形象，说明这时在梁柱结合处已使用"斗"做垫块，柱间的连系构件"额枋"也已出现。 西周井，据陕西西安开瑞庄、张家坡发现实物，平面圆角长方形，约 2 米 ×1 米，井壁上下垂直较长。
		两壁中间有脚窝，左右可并容上下两个吊桶。
前 1066 年	周武王	徙都镐（陕西咸阳西南），《诗》："考卜维皇，宅是镐京，维绳正之，武王成之。"
前 1063 年	成王	营洛邑即周王城（河南洛阳市），周公前往相地，视日暮影以定南北方向。 洛邑筑成称"王城"。据遗址所示，城位于涧河东岸，面积约 2890 米 ×3320 米，其范围与《考工记》匠人营国方九里相近。城外有深 5 米的壕，城墙除分层平夯外还有划成小块夯筑之法，并在墙内放置防崩塌的水平木骨（红木）和排水用的陶制水管。同时又在王城东复营成周处殷民，故规制较小。计东西六里，南北九里，俗称"九六城"（故址在汉魏洛阳遗址处）。
约公元前 858 年	齐献公	齐国都城由薄丘（蒲姑）迁临淄，迄齐亡（公元前 221 年）。临淄为中国古代最大城市。人口近四十万。分大、小两城。大城南北约 4.5 公里，东西 3.5 公里，有十一座城门，门外跨城壕桥址仍存。 城门两壁下用块石砌筑。城内有高人夯土台。道路用石子铺面。

公元	朝代纪年	大事及成就
前 697 ~ 前 691 年	燕恒侯	迁都临易（河北易县城南）称下都，遗址还存十之三四，东西十三里，南北十余里。城内外发现陶制板瓦、筒瓦、瓦当。筒瓦花纹有绳纹和几何纹，瓦当花纹有云山、蚊螭、双兽、双马等复杂图案，尤以其中一块瓦当直径 24.5 厘米，筒长 66.7 厘米者制作最精（今存北京历史物馆），说明当时瓦作技术已很高。
前 689 年	楚文王元年	始都郢（湖北荆州纪南城），土城遗址今还存在，有的地段高达一二丈，城东西九里，南北七里，总面积达六十多平方公里。城内发现数以百计的夯土台丛及板瓦、筒瓦、陶井等。
前 635 年	成公二年	宋文公卒，始厚，用蜃灰。蜃灰是用蚌壳锻烧成的石灰。
前 613 ~ 前 591 年	楚	楚国修建位于安徽寿县南面的芍陂（安丰塘）。塘堤四周设三十六道门，七十二道涵，筑成了一座周围一百二十多里的蓄水库，从而灌溉万顷农田。这是我国最早的大型蓄水灌溉工程。
前 598 年	楚庄王十六年	艾措城沂（楚邑）使封人虑事，以授司徒，量功命日，分财用，平板干，称畚筑，程土物，议远迩，略基趾，具糇粮，度有司，事三旬而成，不愆于素（《左传》宣公十一年）。此言艾猎筑沂城，当时已严格实行定额管理，按计划施工，三旬即成。
前 585 年	晋景公十五年	晋人谋去故绛，诸大夫皆曰必居郇瑕氏之地。韩献子对曰："不可，郇瑕氏土薄水浅，其恶易觏。易觏则民愁，民愁则垫隘。于是乎有沉溺重腿之疾。不如新田，土厚水深，居之不疾，有汾、浍以流其恶。"夏四月丁丑，晋迁于新田（《左传》成公六年）。故绛，晋旧都，今山西翼城。郇瑕氏，今临猗。新田今侯马。据此当时建都选址很注意环境卫生。新田遗址，今已发现面积约 1740 米 ×1400 米，城内有 52 米 ×52 米高出地面 6.5 米的巨大夯土台，台顶及四周存大量瓦砾。这种以阶梯形夯土台为基，上建台榭是当时流行的建筑样式。
前 564 年	鲁襄公九年	《左传》中关于消防制度的记载："宋灾，乐喜为司城，使伯氏司里。火所未至，彻小屋，涂大屋，陈畚挶，具绠缶，备水器，量轻重，蓄水潦，积土涂，巡丈城，缮守备，表火道。"
前 542 年	鲁襄公三十一年	缮完葺墙，以待宾客（《左传》襄公三十一年）。葺，谓之草复墙。
前 541 年	周景王四年	后子享晋侯，造舟于河（《左传》昭公元年）。为浮桥最早记载。
前 514 ~ 前 496 年	吴王阖闾	王置"船宫"于栅溪城，说明当时已有造船工场。
前 510 年	周敬王十年	晋率诸侯为周筑城。明年晋人执宋仲几于京师，仲几之罪何？不蓑城（《公羊传》定公元年）。为周筑城，因雨期不用草覆城而获罪。说明当时建筑管理制度很严密。
前 507 年	周敬王十三年	鲁班生（姓输，名班，鲁国人，民间称鲁班）。
前 6 世纪末	春秋中期	河南信阳长台关楚墓面积达 8.44 米 ×7.58 米，木椁结构，内分七个墓室。周围和上部用白黏土密封，其中还贮大量木制用具，有彩色鲜艳的漆面图案纹样。表明当时木工的精美程度。
前 496 年前	晋定公	董安于建晋阳城（山西太原）。
前 5 世纪末	春秋末期	湖北铜绿山矿井，深入地表 40 余米。竖井断面 80 厘米 ×80 厘米，用井干式木框架支护。斜井用木框架作支架，框外加纵向木棍支护，构成巷道。所用工具有铜斧、铜锛、木锤等。 　　春秋战国时期，已采用与现代修建桥墩所用的沉井技术相似的方法用预制的陶井圈修筑陶井，这是施工技术上的重要创造。 　　北京发现 36 座东周时期的井，用多节陶井圈衬井壁。其中最大的陶井圈直径 92 厘米，每节高度 34 ~ 64 厘米不等。

公元	朝代纪年	大事及成就
前 475～前 221 年	战国时代	建筑技术之提高表现在文献上的首先是《考工记》，书中对于自周以来的营建专门知识作了总结，如城市规划等级制、昼夜测景法、取正、定平和几、筵、寻、步等度量标准。 河南新郑战国冶炼通气井，井壁为小砖，平砌丁砖错缝。为已知最早砖砌壁体。用油料调泥作胶结材料。 战国时期各国修筑长城，计有以下。 齐长城：起济水经泰山至琅玡（诸城），防吴楚。 楚长城：即"方城"，防御齐、韩、魏。 燕长城：起独石口（造阳）至辽东，防东胡、匈奴。 燕南长城：起高阙（内蒙古临河）至蔚县，防匈奴、林胡、娄烦。 魏东长城：起内垣（河南原武）至溱水，防秦。 魏长城：起河套，沿河南接华山，防秦及匈奴。 以上长城，基本用夯土筑成。
前 467 年	贞定王二年	鲁班卒。
前 386 年	赵敬侯元年	敬侯自中牟迁都邯郸（今河北邯郸西南 4 公里处有赵王城），城以土墙围绕，周约 4200 尺，城内土台很多。北壁与南壁的东端各有 2400 尺的土壁向东伸展，曲折形成东郭。在它的附近也有土台，并曾发现础石行列、筒瓦堆积，是木柱、瓦顶房屋遗址。
前 383 年	秦献公二年	秦献公建栎阳（陕西临潼北五十里），城遗址平面矩形，东西 1801 米，南北 2232 米，面积 4.03 平方公里。有东西干道两条，南北干道一条，主干道两侧有排水明沟。城内曾掘得大量陶井，陶下水管和模压花纹砖。说明城市是经过规划设计，也考虑到供排水问题的。高祖都长安，未有宫室时曾居此。
前 361 年	燕文公元年	燕文公还都易，建造了大量宫室台榭。据下部古城遗址所示，其中最大的武阳台平面 140 米×110 米，占地面积达 1.54 万平方米，高出地面 11 米。台身夯土筑成，台内埋设巨大陶制下水管道，出水口塑成虎形，管径达 44 厘米。
前 350 年	秦孝公十二年	孝公以咸阳（陕西长安西北渭水阳有故城）筑冀阙徙都之，自孝公至子婴十世皆居咸阳。在古城遗址中曾发现使用土坯砌的窑顶，说明拱壳结构已经萌芽。又房址中还发现用土坯和花纹砖砌的墙壁，墙上草泥打底罩一层很薄的白灰面层，上有壁画。可证战国后期它用土坯砌墙、白灰粉刷。
前 409～前 296 年	战国中山王国	河北平山县三汲公社战国中山国都灵寿城及中山王墓。经发掘，王誉墓出土铜版错金银嵌成的"兆域图"。版为 94 厘米×48 厘米×1 厘米。图上有王陵的布局平面，说明文字等，是用比例尺作图的（约 1：500）。这是我国最早的建筑图。
前 266～前 255 年	秦昭襄四十一至五年	秦修建通入四川的栈道，长达千里。
前 257 年	五十年	秦初作河桥，造桥时船相编为水，加板其上。桥位于蒲州，是黄河上建造的第一座浮桥。
前 256 年	五十一至五十六年	王任命李冰为蜀郡守，修四川都江堰，主体工程迄今乃屹立在岷江上，支流和渠道有 250 多条，总长 2300 多里，灌溉了内江和外江流域的十三个县，面积达 300 多万亩。在岸边立石人，作为水位标志，并创造了用竹笼盛卵石做滚水坝的方法，一直沿用至今。
前 255 年	五十二年	东周亡。秦每破诸侯，写仿其宫室，作之咸阳北阪（长安西北），这样对秦统一后，建造宫室图样的参考是有利的。
前 250 年	孝文王元年	秦开发四川修栈道，在险峻地段采用积柴烧山石的办法，使岩石开裂崩塌，后世采石开山即沿用此"火烧法"。 四川地区出现竹索桥，开凿盐井。
前 246 年	始皇帝元年	秦任用韩水工郑国凿渠（郑国渠）引注水灌溉，全长 125 公里，灌溉农田 276 亩，秦以富强。
前 227 年	二十年	秦王宫室以铜作柱，赵晋阳宫亦铜柱。同时期的楚王宫也用铁作柱，均金属铸柱例。

公元	朝代纪年	大事及成就
前 221 年	始皇帝二十六年	秦统一后，在咸阳北陂建造大量宫殿。遗址中发现有花纹的青铜构件和类似合页、插销等铸件。夯土台上有陶制集水口通陶制下水道，把水排到台下衬有陶井圈的渗井中。宫殿内部墙面白灰粉刷，上绘画。室内有取暖用灶，墙内有烟道。
前 220 年	二十七年	修筑以咸阳为中心，向东南两个方向延伸的道。道宽三十丈，道旁植树绿化。修筑从九原郡到成都一千八百余里长的直道。在湖北、江西、广东、广西修筑攀越五岭的新道。在云南、贵州等地边远地区修筑五尺道。统一车轨，使全国道路工程得到统一标准。 造咸阳渭河横桥，桥宽六丈，南北二百八十步，六十八间八百五十柱，二百一十二根梁。按秦制，一步为六尺，一尺约合 27.65 厘米，则桥宽为 16.6 米，桥长为 464.5 米，跨径平均约 6.8 米，每排桥柱约十二根。如属简支梁桥，每跨搁大梁约三根，如按每二跨一联，每跨大梁约六根。此桥历史上屡毁屡建，至唐时仍被列为全国三大木构梁式桥之一。 筑鸿台，史称高四十丈，上起观宇。汉惠帝四年（公元前 191 年）灾，是木构高层建筑。
前 214 年	三十三年	命史禄凿灵渠运粮。渠位于广西兴安，是为了克服五岭障碍而开凿的。长有 20 公里，宽 5 米，连接长江水系和珠江水系。灵渠有分湘水入漓水的"铧嘴"，有溢洪的大小"天平"，还使渠道行经迂回路线以减低坡降，平缓水势，便于行船，说明测量定线已有很高水平，它既是运河又能灌溉。 略取南越地，置桂林南海象郡，统一岭南后，大力注意造船事业，据广州秦造船工场遗址证明，除造船场外还有木料加工场，所用工具有铁锛、铁凿、铁钉、铁条，划线用的铅块和木垂球、磨刀石等。在造船设备上，这处船场已经采用船台和滑道下水结合的结构原理，这和现代船厂船台、滑道下水的基本原理一致。据船台长度和宽度计算，其中较大的一个船台可以建造 6～8 米，长 30 米，载重 50～60 吨的木船。较之春秋吴、越国的"船宫"建筑技术大为提高。 修筑长城防御匈奴，当时将原燕、赵、魏各国长城修连，增建亭障关隘，西起甘肃临洮，东到辽东碣石，城长万里，大部土筑，史称"紫塞"遗迹仍在。
前 212 年	三十五年	筛土筑阿房宫前殿，宫在西安西三十里，遗址仅存土台。计东西 100 米，南北 200 米，残高 10 米以上。据史载，当日东西五百步，南北五十丈，上可坐万人，下可建五丈旗。又利用磁石之吸铁性建造北阙门以资防卫，名"磁石门"。
前 210 年	三十七年	始皇死葬骊山。陵即位初已开始营建，在临潼区东十里。陵基方 350 米，自基到顶高 47 米，陵有城垣两重，内垣边长共计 3 公里，外垣 6 公里。陵面向东，其前 1.5 公里处，有规模巨大的兵马俑坑，约计 0.8 万件陶俑。坑内地面隔墙用质量精好的条砖铺砌，且有曲尺形砖，用于转角。
前 206 年～公元 8 年	西汉时期	洛阳烧沟汉墓，发现用条砖砌筒拱券顶，烧沟 632 号墓用砖穹隆顶，此外，有空斗墙砌法砖壁。 据《史记》有"阴室"的设置，阴室是专为制漆用的房间，因为漆醇在阴湿环境下容易聚合成膜，干后又不容易裂纹，阴室的设置为此提供条件。
前 202～前 190 年	汉高帝五年至惠帝五年	刘邦初都雒阳，后定都长安。城在西安西北隅，计周六十余里，十二门，占地九百七十余顷。据发掘，宣平、霸城门内大街三道并列，中道宽 20 米，两侧宽 13 米，有排水明沟和砖砌地下涵道。城用版筑，由秦军匠出身的阳城延负责修建。
前 199 年	汉高帝八年	建未央宫、立东阙、北阙、前殿、武库、太仓等。其中温室、清凉殿、凌室（藏冰所），已有取暖、冷藏设备，遗址在今西安马家寨村。因未央诸殿多截土山为殿基，不但节省人工且土质甚坚，现残存东西 2300 米，南北 2000 米。
前 182 年	吕后六年	阳城延卒。
前 179～前 157 年	文帝时期	通漕运，始开褒斜道五百余里。
前 179～前 87 年	文帝至武帝间	西汉文帝至武帝时，在内蒙古、甘肃、宁夏、新疆等地建造了大批屯垦城市，遗址业已陆续发现。一般城分内外两层，呈回字形，较大的外城可达 900 米×800 米，内城 230 米×230 米。也有些是单层或不规则形的。城内有官署、兵营、民房遗址。据史籍载，这种城和住宅是预先建成的，遗址中所反映出的方正规整而又互相近似的平面，证明它是按一定规划建造起来的。

公元	朝代纪年	大事及成就
前 168 年	文帝前元十二年以前	长沙马王堆三号墓出土帛书中有城邑图，城邑图中，注明城周 292 步。有南雄门、东北隅楼等名称，楼有高达三层，长八丈以上者。城内有丞舍、传舍。说明当时南方小城市建设的一些情况。
前 140 至前 87 年	武帝时期	在新疆、甘肃、内蒙古等地修建的关塞亭障，今已发现者，其中汉代鸡鹿塞遗址平面 68.5 米×68.5 米，用石块砌成。城四角伸出墩台，是后代"马面"的雏形。在城外还建有矩形瓮城。又在塞附近筑有大量隆台，平面约 7 米×7 米，设在高峻险要可以望远之处。马面、瓮城是汉代城防建设上的新发展。
前 129 年	武帝元光六年	开渭渠，自长安附近引渭水至潼关注入黄河由水工徐伯测量定线。动员数万人三年完成。灌溉面积约 70 万亩。
前 122 年后	元狩元年以后	在陕南续开褒斜道，连接褒水、斜水二河谷，全长 250 公里。其中一些险段在悬崖上凿孔，插入悬臂木梁，上铺木板为栈道。
前 120 年	元狩三年	为练习水战，在长安西南作昆明池，周十余公里。东通漕渠和明渠，故实际上成了长安城的蓄水库。据史籍载，池中有灵波殿七间，皆以桂为柱，风来自香。又在池内造石鲸及牵牛织女石像。 发卒万余人开龙首渠。自冯翊引洛水灌溉重泉（今蒲城县东南四十里），当经过商颜山（今铁镰山）时，因岸易崩，乃凿竖井，深四十余丈，井下挖暗沟相通行水。这种地下引水隧道，称"井渠"，遂启后世新疆、吐鲁番、哈密一带"坎儿井"之制。
前 117 年	六年	霍去病死葬兴平。墓腹墓足皆垒块石象祁连山，以旌其功。 在霍去病墓附近发现一种楔形有榫卯的砖砌成下水道筒壳。
前 115 年	元鼎二年	筑柏梁台，台高二十丈，以香柏为梁，风吹香闻十里。
前 113 年前后	四年前后	河北满城一号墓，是长 51.7 米，容积 2700 立方米的大型石凿洞库工程。内分墓道、前室、后室、左右室、回廊各部，地面有排水明沟。洞内并发现铁锤、铁凿等工具。
前 109 年	元封二年	作甘泉宫通天台，传说高三十丈，望见长安城。台上有仙人掌擎玉杯以承露水像。 作明堂于山东汶上（今汶上县），建筑式样是依照公玉带进的明堂图造的：殿无柱，四面无壁，以茅盖顶，四面通水，环绕宫垣为复道，上有楼。
前 104 年	太初元年	柏梁台灾，以厌胜故高大建筑建章宫出现。宫有神明台、井干楼，楼高五十丈，若井干形积木为之，其形或四角或八角。建章宫与未央宫之间，以飞阁辇道上下相通。
前 4 年	哀帝建平之年	王莽执政，起明堂、辟雍、灵台、其址在今西安西郊，业经发掘。
公元 20 年	王莽地皇元年	撤建章宫，取其材瓦另起九庙。殿皆重屋，用铜制斗栱，饰之金银雕纹。
25～100 年	东汉前期	砖砌拱壳技术继续发展。在洛阳发现有用条砖所砌矩形扁壳。稍晚又有连续两跨的矩形扁壳，两壳相接处无墙，由拱券支承。
25～220 年	东汉时代	屋架形式，据河南荥阳出土陶屋和成都出土画像砖住宅图所示是柱上架梁，梁上立小柱叠小梁的"梁柱式"。长沙和广州出土陶屋主要是柱顶承檩穿枋连接柱间的"穿斗式"。后世这两种主要屋架形式至迟在东汉时期出现。 重庆江北汉墓发现用侧面搭缝的榫卯拱壳砖砌的筒壳。这种砖除两丁头做半圆形榫卯外，两大面做成曲折面，用它砌成的筒壳相邻两道拱间构成压口缝，这除有助于加强并列筒壳的整体性外，对施工也便利。 河北定县北庄东汉墓发现铁制工具有直径 7 厘米的圆锤，刃宽 9.2 厘米的板斧，刃宽 13 厘米的锸头（挖土用），刃宽 4 厘米和 8 厘米的锛，刃宽 2.7 厘米的凿和刃宽 4.8 厘米的扁铲。西安也发现过铁锯。说明本时期中铁制工具的广泛使用。 内蒙古和林格尔东汉壁画墓出现叠涩砖穹隆顶。汉明器陶井及画像砖盐井图中出现辘轳。 汉代数学著作《九章算术》（晋刘徽注）内有土方计算等建筑工程计算内容。 《西京杂记》载丁缓作七轮扇，"一人运之，满堂寒战"。这是早期通风机械记载。 东汉出现用伏的券。 东汉克孜尔石窟 17 号窟前有土坯砌筑券顶结构，跨度约 3 米。 东汉四川彭山、乐山一带盛行崖墓，深者达里许。如乐山麻浩、柿子湾等地，均有前室，刻石作柱、瓦、椽、斗栱等建筑形象。

续表

公元	朝代纪年	大事及成就
36 年以后 不久	建武十二年后	建李业石阙于四川梓橦。用独石制成。现残存阙身高 2.5 米，宽约 1 米。
50 年	二十六年	建朱鲔石祠于山东金乡。祠的石板上刻出梁架形象，系下为横梁，上有斜撑相抵构成三角形梁架，上承脊檩。可证至迟在东汉初，已有简单三角形桁架。朱鲔墓曾遭盗掘，其墓室内有人物、祭器、牙器等刻画为当时石室墓壁最早施有雕刻之例。
54 年	三十年	作明堂。堂上圆下方，十二堂九室。瓦顶、瓦下藉茅，以存古制。
56 年	中元元年	作灵台于洛阳。是汉魏洛阳城的南郊。面积 220 米 × 200 米，约 4.4 万平方米。东西有夯筑墙垣，内部中心即方形高台，台基长宽约 50 米见方，平台上尚存建筑遗迹，这是我国最早的天文观测台，西晋时尚利用，后魏始废弃。
61 年	明帝永平四年	始开褒斜道石门。它是一个长 13.4 米，宽 5.5 米，高 6.2 米的隧道，位于陕西褒城县北十里斜谷口七盘山，栈道即由此绝壁间的门洞通过。
63 年	六年	褒斜道全路开辟，全长二百五十八里，桥阁（即木构栈道，下用木柱支撑于危崖深壑之上，上面可能覆有屋面，故称桥阁）六百三十二间，大桥五。又修建了邮亭驿，官寺六十四所。计用七十六万六千八百余工。
68 年	十一年	佛教传入我国后，始在洛阳建造白马寺，寺壁作千乘万骑绕塔三匝图，此为传入我国最早的佛塔样式。寺中方形塔也犹依西域旧制建之。
86 年	章帝元和三年	建皇圣卿石阙于山东平邑县北二里，阙总高仅 2.5 米，阙身平面略呈方形，用整块石料琢成。惟四面雕出凹缘将阙身分为五栏，还保留着石块叠砌的意味。
118 ~ 123 年	安帝元初五年至延光二年	建太室石阙于河南登封城东八里中岳庙前。左右双阙相去约 7 米，阙身高 3.18 米。又建少室石阙在邢家铺西二里，阙身高约 3.175 米。二阙都雕有纹饰，是现存最早附有子阙的实例。
121 年	建光元年	建冯焕阙，在四川渠县北新兴乡赵家村，现存东阙，高 4.38 米，整石琢成。
122 ~ 125 年	延光年间	建沈府君阙，在四川渠县月光乡燕家村，双阙，相距 21.6 米，高 4.84 米，子阙已失。与冯焕相似，均石刻斗栱屋顶形象。
123 年	延光二年	建启母阙，在河南登封城北。阙高 3.17 米，与太室少室阙相似。
129 年前	顺帝永建四年以前	建郭巨石祠于山东历城孝里铺孝堂山墓地。祠为独立两面坡顶、三面墙壁的建筑，前部敞开，正中以一比例雄大连上下大斗八角石柱将面阔分成二间。祠东西长 4.2 米，南北阔 2.3 米，高 2.24 米。是我国现存地面最早的石构房屋建筑。
132 年	阳嘉元年	河南襄城茨沟汉墓用条砖砌方形墓室墙壁，上为砖砌圆形壳顶。墓室四角用特制丁头砖砌弧面三角形帆拱，作为方墙圆顶间的过渡部分。其帆拱的使用是砖拱壳技术上的重要发展。
135 年	四年	马宪监作洛阳建春门石桥、石柱。
147 年	桓帝建和元年	石工孟季、孟卯造武氏阙于山东嘉祥东南三十里武宅山武姓墓地。墓地最前是石狮，次墓阙，再后石祠（祠已毁，散存石块即著名的武梁祠画像石）。阙带子阙总高 3.72 米，下面基座作覆斗形，上为重檐四注顶。据铭刻石阙值钱十五万，狮子值钱四万，为当时工价提供了资料。
168 ~ 189 年	灵帝时期	作翻车渴乌（渴乌为曲筒，以气引水而上），供道路洒水用，可知当时很注意环境卫生。
170 年左右	灵帝建宁三年左右	李翕为武都太守时，陕西略阳析里，两岸夹峙，百仞屹立，江水从中流出，水溢则上下不通民皆病涉。翕乃凿石架木建郙阁，阁首尾连接栈道，是阴平道上一处艰险的工程。

续表

公元	朝代纪年	大事及成就
172 年	熹平元年	建李刚石祠、石阙于黄水南墓地。祠堂三间，椽架高丈余，镂石作椽、瓦屋、施平天，造方井植荷，梁柱四壁隐起画像雕刻。平天即平棋（天花板），它具有鲁灵光殿赋中"圜渊方井，反植荷渠"的花饰，是汉石祠装修极少见之例。
182 年	光和五年	河北望都二号墓，砖砌，石灰胶结，拱券用石灰浆灌缝，墓内壁、券顶用石灰粉刷。砖券用砖预先磨削试拼，并加编次。
190～193 年	初平年间	建平阳府君阙，在四川绵阳西北。两阙相距 26.19 米，顶已残，雕刻手法似高颐阙。
193～195 年	初平四年至兴平二年	笮融大起浮图祠于广陵，顶垂铜盘九重，下为重楼阁道，可容三千余人。是南方地区初见规模极大的寺院建筑。其垂铜盘九重，是已有刹柱实物之证。
209 年	建安十四年	建高颐石阙于四川雅安城东十五里，东西两阙相距 13.6 米，西阙是四川诸阙雕刻最精、保存最好的一座。阙身上面雕枋子、斗栱棱角犹新；阙座四周雕蜀柱斗子，阙顶正脊雕"鹰口衔组绶"，都是少见之例。
210～213 年	十五至十八年	曹操作铜雀、金凤、冰井台于邺部（在河北临漳县西二十里）城北隅。冰井台有冰室、凉殿都以阁道相通，是一种因城为基点缀风景的角楼变体。
212 年	十七年	孙权迁都建业（江苏南京），筑石头城。城的位置南自清凉门西迄草场门，大部分筑在红土山上，以山造城，故名。
213 年后	东汉末期	曹操大规模建设邺城，已发现的遗址面积为 6.52 平方公里，平面矩形，城内分区明确，有排水明沟和引水隧道，构成了城市供水、排水网。
220 年	魏文帝黄初元年	曹丕愈崇宫殿，雕饰观阁。取白石英、紫石英五色大石于太行谷城山，于芳林园内叠造景阳山。
221 年	二年	洛阳造高十三丈余的凌云台时，先称量众木，平衡轻重，这样台虽高峻，随风摇动从不倾倒。
226 年	七年	造洛阳华林园九华台，台基全用洛阳故碑累砌。又在九华台上造钓台，这是台上筑台的先例。
227～239 年	明帝时期	洛阳金镛城东北隅造层楼，取名"百尺楼"，其高可知。
3 世纪上半叶	三国曹魏	安徽亳县有曹氏族葬地。亳县城内主要街道两侧下有砖砌坑道，可容人通过。拱券顶，侧壁砌法似南朝墓常见者。壁上留气孔。
265 年后	晋武帝泰元年以后	帝尝问张华汉宫室制度及建章宫千门万户式样，华应对如流，并画地成图。 裴秀以一分为十里，一寸为百里的比例，把原来用十八匹缣做成的"天下大图"缩绘成"地形方丈图"，图上仍备载名山都邑和原图一致，这样，对建筑制图也有影响。
266 年	泰二年	洛阳建太庙，曾铸铜柱十二，涂以黄金，镂以百物，缀以明珠，建筑极侈。
274 年	十年	在河南孟津造浮桥，此为黄河下游南北交通最重要的桥梁。
282 年	太康三年	建洛阳东七里涧旅人桥，此桥悉用大石，下圆以通水是石桥之用圆拱最早之例。据桥上题铭：太康三年十一月初就功，用工七万五千人，至四月末止。
285 年	六年	洛阳建太康寺。寺中有砖塔，高三层。由王浚捐造。这是《洛阳伽蓝记》中最早的砖塔记载。
310 年左右	代公拓拔猗卢时期	朔方太平城代公拓拔猗卢的太极殿，其琉璃台及屋脊鸱尾，悉用琉璃制成。
约 320 年左右	西晋	《抱朴子》载："铜青涂木，入水不腐"。铜青为醋酸铜。这是最早用化学药物防腐的记载。
322 年	东晋永昌元年	帝葬建平陵，在建康（江苏南京）鸡笼山阳，不起坟。嗣后东晋诸帝葬时都不起坟，此为陵制的一大变化。

续表

公元	朝代纪年	大事及成就
335 年	后赵石虎建武元年	后赵迁都邺（河北临漳），其北城东西七里，南北五里，原是齐桓公时期（公元前 685～前 643 年）所筑的土城，石虎乃用砖包砌，这是砖砌城墙的最早记载。 修建原魏文侯时期（公元前 400 年）西门豹所造十二渠，在二十里中作十二磴，磴相去三百步，令互相灌注，一源又分十二流，皆悬以水门。如此水流二千余里。世称"天井堰"。堰在紫阳桥下。
336 年	建武二年	后赵迁都邺，作太武殿玳瑁楼东西宫。太武殿的殿基就有二丈八尺高，内有地下室。以置卫士。殿东西七十五步，南北六十五步，平面略呈方形。史称此殿漆瓦、金铛、银楹、金柱、珠帘、玉璧。玳瑁楼也纯用金银装饰，穷极技巧。
353～366 年	穆帝永和九年至太和元年	开始在甘肃敦煌莫高窟创建石窟。太和元年沙门乐傅在莫高窟造窟一所，稍后又有法良等禅师续造石窟。榆林窟稍晚亦开始开凿。
398 年	北魏道武帝皇始三年	迁都平城（今山西大同）。
411 年	东晋安帝义熙七年	陇西鲜卑族人在枹罕（甘肃临夏）四十丈宽的河上筑桥，因桥特高，三年乃成。谓之"飞桥"。
413 年	夏赫连勃勃凤翔元年	赫连勃勃自称大夏天王，都统万（陕西横山）时命叱干阿利领作大匠，营建统万城。据记载："蒸土筑城，以锥刺之，锥入一寸即杀作者，不入即杀行锥者"。按其地土质色白。在筑城时还采用蒸土之法（说文："蒸，析麻中干而细者"）。 知当时筑城在土中还掺杂了麻丝，因此，非常坚固。现在城壁遗址高度，从 1.6 米至 10 米不等，宽度从 4～19 米不等，版筑厚度从 7～19 厘米不等，四面还有许多墩台。 延州故丰林县城亦赫连勃勃时期所筑。其城不太厚而马面（凸出城墙的墩台）极长且密，利于防守。
416 年	北魏明元帝神瑞三年	筑鼓楼于平城（山西大同东），楼甚高耸加观榭于其上，表里均涂饰石粉，色白，俗称"白楼"。
420～589 年	十六国时期	青海吐谷浑人在河上建长一百五十步的桥，两岸垒石为基，层层挑出大木，为伸臂梁，至中央空出三丈，架梁铺板连通，施以栏杆。当地人称之"河厉"。
	南北朝时期	吉林辑安发现面积近 800 平方米的建筑遗址，室内设有炕和灶，地下有烟道与外廊烟囱相连。这是已发现的最早火炕实物。又据《水经注》载：观鸡水东有观鸡寺（在今河北唐山市丰润区北四十里），寺内大堂甚高广，可容千人。地面铺石抹泥，下为烟道，在室外烧火时一堂尽温，极似清代的地炕。
420～589 年	南北朝时期	山西大同和江苏南京都发现过南北朝时期的琉璃瓦。据史籍记载，西汉已有琉璃，但发现实物最早则属南北朝的。 六朝陵墓石刻材料都取之外地，故在建陵的同时还开凿许多河道，专供运输水路之用。如丹阳的肖塘河，从丹阳运河的陵口入口一直到达南京，两岸附近都是齐、梁二代陵墓所在地。 重要的遗址如宋武帝初宁陵（422 年）、梁萧绩墓（524 年）、梁萧宏墓（526 年）、梁萧景墓（523 年）、梁萧秀墓（518 年）等，多在南京近郊。 洛阳景林寺中禅房内置印度祇垣精舍模型一具，形制虽小而巧构难比。说明北魏时期小木作已很可观。 北魏人陈遵曾经验地作出以声速测量距离之法。 南朝人谢庄曾制成一种可以拼拆的木地图叫"木方"，板上画山川地理，当使用时自由拼拆，十分方便。 以糯米汁掺入石灰浆作胶结材料最早实例：河南邓州市北朝画像砖墓。 南京西善桥南朝墓地面用石灰、砂、黏土混合筑成。是最早之三合土实例。 屋顶瓦饰出现鸱尾，见于云冈、敦煌、麦积山等北魏石窟之壁画、雕刻。记载则为西汉武帝重建柏梁台时开始。

续表

公元	朝代纪年	大事及成就
446 年	北魏太武帝太平真君七年	春三月，北魏灭佛法，寺塔被毁甚多。
452 年	文成帝兴安元年	北魏重兴佛法，大造寺塔。
460 ~ 524 年	北魏文成帝和平元年至正光五年	大同云冈石窟开始雕凿约自和平初，迄正光年间全部停工，其间主要工程则完成于太和十八年（公元 494 年）迁洛之前。史称："凿石开山，因岩结构"，土石方工程相当艰巨。
467 年	献文帝皇兴元年	于平城（大同）造永宁寺塔，高三百余尺，七级，为后来洛阳永宁寺塔的范本。
471 年	宋明帝泰七年	建康（今江苏南京）湘宫寺欲起十层佛塔，但限于建筑技术未果，分立二塔，各高五层。
481 年	北魏孝文帝太和五年	洛阳城东十五里有千金 （即堰），是陈协所造。在堰的东首立一石人，西胁下刻文："若沟渠久疏，深引水者当于河南城北石碛西，更开渠北出，使首狐丘故沟东下，因故易就碛坚……"这是预告后人如何修复的一例。
495 年前	太和十九年以前	云冈石窟西部第二十一窟塔柱形制最大，是平面正方形五层重叠的楼阁，每面五间，其面阔及高度均呈递减式。柱上用一斗三升，补间用"人字 "，这是雕刻实物中仅见的最早斗栱形制。洞口有太和十九年铭刻，塔当凿于是年之前。
497 年	齐明帝建武四年	寺院建筑转轮藏创始人傅弘生。
500 ~ 523 年	北魏宣武帝景明元年至孝明帝正光四年	景明初于洛阳伊阙山始开龙门石窟。初建之时，窟顶去地三百一十尺，至正始二年中始出，斩山二十三丈。此后至正光四年，开成石窟三所用功八十万二千三百六十六。
500 ~ 640 年	高昌王国	建高昌城，在新疆吐鲁番。遗址城垣、街道仍存。采取与中原城市相似的坊里形式。
502 年	景明三年	凿麦积山石窟，历隋、唐至宋止，存 194 窟。
507 ~ 509 年	正始四年至永平二年	贾三德负责修复旧褒斜道三百余里，所构阁广四丈，道广六丈。多属险要工程。
510 年	永平三年	凿炳灵寺石窟。
511 年	梁武帝天监十年	梁初作宫城门三重及开二道，是建康有宫城三重之始。
516 年	北魏孝明帝熙平元年	据《洛阳伽蓝记》永宁寺塔北佛殿，形如太极殿。寺院墙均施短椽，以瓦覆之如宫墙。四面各开一门，南门楼三重通三道，去地二十丈，形似端门。东西两门亦如此。所异者唯楼二重。北门一道不施屋用乌头门云云。则北朝时期的宫寺一如宫阙制度。 洛阳建永宁寺木塔，据《水经注》：九层浮图，基方十四丈，自金露盘下至地四十九丈。核于塔遗址所见，台基三层，总高 8 米，下层 100 米见方，中层 50 米见方，上层残存 30 米见方，上层与基方十四丈的记载相近。负责修建者郭安兴。 同年南朝的大工程是梁以二十万众筑淮堰。其长九里，下阔一百四十丈，上广四十五丈，高二十丈，深十九丈五尺。堰在安徽寿阳。
522 年	正光三年	宋云、惠生自西域还。惠生在西域时曾以铜摹写雀离浮图仪一躯及释迦四塔变，回国后佛塔建筑技术受西藏影响。
523 年	四年	河南登封建嵩岳寺砖塔，平面十二角形，高 41 米，属筒形结构，只有一圈砖砌外壁，内部直通到顶，各层安木楼板。底层直径10.7米，壁厚2.4米，外观密檐十五层，全部用泥浆砌成。是国内现存最早的砖塔。
533 ~ 544 年	东魏	贾思勰著《齐民要术》，记木材防蛀方法，用桐油渗入木根开孔，"则坚久不蛀"。

公元	朝代纪年	大事及成就
534 年	孝武帝永熙三年（梁武帝中大通六年）	永宁寺木塔火焚，据记载火经三月不灭，有火入地寻柱（柱即塔心柱）。菩提国遣使贡舍利及画塔图。
535 年	东魏孝静帝天平二年	东魏迁都邺，高隆之领营构大将，以十万人拆洛阳宫殿运木入邺，建造新宫。阊阖门初成，隆之乘马远望告匠人：西南独高一寸。量之果然，施工之精如此。
535 ~ 556 年	西魏文帝大统元年至恭帝时期	甘肃天水麦积山石窟第 135 窟建于西魏时期，因利用洞窟窟形（平面马蹄形，前高后低）和门窗高差解决通风排烟问题。
537 年	梁武帝大同三年	丹阳一乘寺，寺门有凹凸纹饰乃张僧繇应用阴影晕染法绘成，色彩是朱及青绿，眼远望晕常如凹凸，近视即平。此法传自印度，用之于建筑彩画还是第一次。
539 年	东魏孝静帝元象二年	邺城飞鸾殿，十六间、五架、梁栋楹柱悉皆包以竹，作千叶金莲花三等束之，其上舒叶长一尺八寸。以斑竹为椽，织五色簟竹席铺地。这是以竹为饰之例。 邺城鹦鹉楼用绿瓷瓦，鸳鸯楼用黄瓷瓦。皆以瓦色取作楼名。 邺城太极殿，每间缀五色朱丝网于檐下，防鸟雀飞入。
547 年	武定五年	杨衒之撰《洛阳伽蓝记》；五卷，是书述及北魏洛阳坊市、寺院甚详。
550 年以后	北齐	北齐建邺南城，瓦用胡桃油油之。现邺城故址尚见素面黑瓦甚多，隋、唐盛行，宋《营造法式》称为"青棍瓦"。凿南北响堂山石窟。
558 年	陈武帝永定二年	七月，起太极殿，陈末焚毁。隋初宇文恺曾见烧余残柱，陷地一丈。柱下樟木为跗，长丈余，阔四尺许，两两相并，凡安数重。
567 ~ 570 年	北齐天统三年至武平元年间	北魏孝昌间杜葛之乱，连年战争尸骨盈野，至北齐时县人收拾残骸丛葬一家，并立石柱为纪念。柱顶雕小石屋三间，是建筑史上有价值的参考资料。
574 年	北周武帝建德三年	夏五月，北周灭法。
581 年	北周	北周毁邺。
581 ~ 600 年	隋开皇年间	当时琉璃作还不普遍，何稠以绿瓷代之与琉璃无异。
582 ~ 583 年	开皇二年至三年	六月宇文恺营建隋都大兴城，城在汉长安故城东南近龙首原处。先建主要宫殿、官署、街道、城墙，有些材料还是从汉城拆迁而来，翌年三月即完成。
583 年	陈后主至德元年	诏昌南镇（江西景德镇）造陶础。
584 年	二年（隋文帝开皇四年）	陈起临春、结绮、望春三阁于建康宫城光昭殿前。阁高数丈并数十间，传窗牖、户壁、栏槛都用沉檀香木为之，风至香闻。三阁间，建复道以通往来。
584 ~ 610 年	开皇四年至炀帝大业六年	在公元前486年吴邗沟基础上延长发展修成北起通县、南到杭州的大运河，全长1794公里。
601 ~ 604 年	仁寿元年至四年	宇文恺以一分作一尺的比例，造明堂木样（木模型）。其样式：下为方堂，堂有五室，上为圆观，观有四门。 隋仁寿初，分道送舍利并图样到各州造舍利木塔。塔为方形，五层，有塔心柱，柱下础石刻铭文，或方或圆不定。在四年中一共造塔一百一十一座，自隋以后舍利塔始用石制。
605 ~ 606 年	炀帝大业元至二年	三月在汉魏洛阳故城西十八里另造新城。遗址南墙长 7290 米，东墙长 7312 米，面积 45 平方公里。城内采用棋盘形街道网和里坊布置，但因洛河东西穿城而过，宫城就偏于西北角。

续表

公元	朝代纪年	大事及成就
605 年	大业元年	隋造宫室，楹栋宏壮，由于大木非近地昕有，往往多从豫章（江西南昌）人力运来。运木法二千人牵引一柱，下面置铁毂（摩擦时有火出，不能用木轮），但铁毂易坏经常换新，每日不过行二三十里，一柱几用数十万功，劳力极大。 项升造迷楼。经岁始成。 洛河上初造天津桥，据文献载：以铁锁维舟，钩连南北，夹路对起四楼。当系一种铁索浮桥。 三月，发民工百余万开通济渠即汴梁，自洛阳引谷水入黄河，再汜水引黄河水至盱眙入淮河。 发河北丁男凿太行山，达于并州（山西太原）以通驰道。 建都洛阳时始建含嘉仓。仓遗址四周有城，面积达 42 万平方米，城内用窖储粮，窖东西成行，安排计数。最大窖直径 18 米，深 12 米，最小者直径 8 米，深 6 米。土窖穴四壁用火烧烤，再铺木板，板内铺木席，以利防潮。窖顶用木板搭成伞状构架，其上铺席，再加草束，上面抹泥。此仓一直沿用至唐代。
605～617 年	大业年间	李春造赵县安济桥（大石桥）。桥全长 54 米，宽 9.6 米，拱跨 37.37 米，矢高 7.23 米。在大拱两端上方各建两小拱，既减轻桥身负重又便于泄洪，这种"敞肩拱"式石桥的结构科学价值很高，较之欧洲同类桥梁早出 1200 多年。
606 年	二年	十月，置洛口仓于巩县东南原上，仓城周围二十余里，穿三千窑。 十二月，置回洛仓于洛阳北七里，仓城周围十里，穿三百窑，窑皆容八千石。所有构造基本与含嘉仓相同。
607 年	三年	造观风行殿，下施轮轴，可以推行。又作行城，周二千步，以板为干，周衣以布，楼橹悉备。
608 年	四年	修汾阳宫时，先令人绘制图样，在讨论明堂时，曾制木模型，说明至迟到隋代已有先作图样或模型供审查的制度。
611 年	七年	建山东历城神通寺四门塔。单层方形石塔在现存此类型中为最早者。塔内有东魏武定二年（公元 44 年）雕像四尊。
618 年	唐高祖武德元年	唐代利用隋大兴城作京师改名长安，经多次扩建后遗址所示：城东西 9721 米，南北 8651 米，面积 84 平方公里。方格网形街道有明显中轴线，其主干道最宽者东西道 220 米，南北道 155 米，一般在 40～70 米。皇城居城北正中，面积 2820 米×1843 米。有一百一十个坊和二个市，坊的四周有墙，在两面或四面各开一门，每一城门各有三个门洞，通三道，道有排水明沟。有四条主要河渠道入城内以解决供水和水运问题。
626 年前后	九年前后	王孝通著《缉古算经》中有筑台、筑龙尾堤和挖河的算例，解决了在大型土方工程中已知工程总量和上下高广的相对关系求工程高广具体数字的三次方程求解法。这是当时工程上已采用数学上的新成就。
唐初		桐油石灰是良好憎水性胶泥。最早实物见于江苏如皋唐初木船船身。 吐鲁番柏考克里克石窟 14，15 窟有土坯穹隆。
641～657 年		拉萨建大昭寺、小昭寺。
649～936 年	南诏	开凿石钟山石窟（云南剑川）。 建大理崇圣寺塔（千寻塔）。
652 年	高宗永徽三年	建慈恩寺塔（陕西西安）。
653 年	四年	南昌建滕王阁。
654 年	五年	三月，以阎立德领丁夫四万筑长安罗郭。十一月，筑外郭，和雇京兆百姓四万一千人，版筑三十日而罢，九门各施观。
662～663 年	龙朔二至三年	四月，在长安城外东北建蓬莱宫即大明宫，翌年四月成。正殿面积 2000 平方米。麟德殿面积 4630 平方米。各主要宫殿柱距 5 米，最大梁跨达 10 米，由于柱距梁跨的增大，说明木构技术的发展。

续表

公元	朝代纪年	大事及成就
669 年	总章二年	建长安兴教寺玄奘塔（西安）。
672～679 年	三年至调露元年	造洛阳龙门大卢舍那像龛及奉先寺成，造价二万贯。
674～675 年	上元元年至二年	韦机领将作少府，营东都。检校园苑及造上阳、宿羽、高山等宫。又在洛河北高坡上居高临下造一高馆，列岸修岸连亘一里。
684	武则天光宅元年	营乾陵。
688 年	武周垂拱四年	乾元殿毁后改作明堂。堂高 86 米，三层，下层方形每边 88 米，占地 7744 米；中层十二边形；上层二十四边形圆顶。明堂周旋铁渠以为辟雍之象，号"万象神宫"。
689 年	永昌元年	洛阳中桥自移建后，岁为洛河水冲注，李昭德首创分水金刚墙，即令石工累方石为脚，做成迎水面，有尖角的墩子以分散水势。
691 年	天授二年	明堂后又造天堂，以安佛像。这样高达百余尺的木构建筑不久被大风吹倒，复又重建未果。
692 年	长寿元年	初隋建洛阳东都无外城，仅有短墙而已。李昭德始筑外城。
694～695 年	延载年间	八月，征民间铜铁，造"天枢"于端门外，翌年四月成。天枢高 37 米，直径 3.5 米，平面圆形，上刻颂文。
700 年	久视元年	十二月，造三阳宫于河南嵩山，台观壮丽，仅三月即成，是采用快速施工法。由将作监少匠柳俭主其事。
704 年	长安四年	重建慈恩寺塔（大雁塔）十级，后改七级，高 60 米。
705 年	中宗神龙元年	各州建大唐中兴寺、中兴观（后为开元寺、开元观）。
707 年	中宗景龙元年	建荐福寺塔（小雁塔），平面方形，十五层，高 43 米，是用泥浆砌筑的空腔型砖塔。下有较大的夯土塔基，在夯土层中埋有纵横间木以加强基础的整体性，故屡经地震，塔身纵裂，分而复合者多次，迄未倒塌。
711～808 年	睿宗景云二年	建房山云居寺小石塔一，其后太极元年（712 年）、开元十年（722 年）、十五年（727 年）、二十八年（740 年）、元和三年（808 年）各建一座，均方形密檐塔。
713 年	开元元年	重建盐官捍海塘长二百二十四里。 建嵩山法王寺塔。建长沙铁佛寺铁塔。
714 年	二年	八月，颁修常平仓法至诸州。
715 年	三年	凿四川广元千佛崖。
721 年	九年	增修蒲州西门外黄河浮桥，铸铁牛八以系竹缆索，人称奇绝。
724 年	十二年	改建蒲州浮桥，将竹索木柱改为铁索铁柱，并加大浮船的间距以增加浮桥抵抗洪水冰凌的能力。经大修后一直沿用至宋。
727 年	十五年	一行创建琉璃戒坛于河南登封会善寺。
737 年	二十五年	玄宗遣将作大匠康暂素欲毁乾元殿即武则天所建之明堂，原为木瓦。夹纻漆之。暂素以为劳人，及去其上层易以真瓦。
741～742 年	开元二十九年至天宝元年	十一月，李齐物开凿三门峡的"新门"，在岩石中用烧石泼冷水办法凿渠长 280 米，宽 6～8 米，河身高 5～10 米。翌年一月渠成。
742～755 年	天宝年间	王镃在住宅内造"自雨亭"，当盛暑季节乃引水通至屋面，只闻屋上泉鸣，飞流四注，极为凉爽。李林甫在宅内创建平面弯曲如扇面的厅堂，名"偃月堂"。
746 年	天宝五年	净藏禅师卒于河南登封会善寺，所建墓塔是国内现存最古八角形砖塔，塔身除正面用圆形门拱外，所有雕饰全部仿照木结构。

续表

公元	朝代纪年	大事及成就
755 年	十四年	鉴真和尚东渡日本，随后在日本建唐招提寺。
759 年	肃宗乾元二年	李筌著《神机制敌太白阴经》，记录我国早期水平仪及测量工具。
762 年	代宗宝应元年	西藏山南建桑鸢寺
763～779 年	代宗时期	鱼朝恩在室内筑一室，四壁夹安玻璃板，中贮江水及萍藻、诸色鱼虾水产名"藻洞"。
780～783 年	德宗建中年间	广州建怀圣寺。 杨炎在中书省后阁用油纸糊窗（《云仙杂记》载）。
782 年	建中三年	建山西五台县南禅寺大殿，是全国现存时代最早一座木构建筑。
820 年	穆宗前	建苏州宝带桥，南北长百丈，下为圆洞凡五十三，中间桥洞特高以通船只往来。石圆拱桥比较普遍，但最长的当推此桥。
839 年	文宗开成四年	建长安兴教寺窥基塔
845 年	武宗会昌五年	秋七月，灭法，毁天下寺四千六百，招提兰若四万。
857 年	宣宗大中十一年	建山西五台山佛光寺东大殿。殿平面矩形，7 间×4 间，634 平方米，高 17.7 米。殿内用内外两圈高度相同的柱子，层叠多层木枋，构成内外两道环，其间用斗栱和梁枋穿插拉结连成整体，以上再架承重的梁、檩、椽构成屋顶。
890～893 年	昭宗大顺元年至景福二年	吴越国筑杭州夹城，环包家山及秦望山而回凡五十余里，皆穿林架险而版筑，工程很艰巨。隔二年，又由士兵、役徒二十万众新筑杭州罗城，自秦望山由夹城东至江干及钱塘湖、霍山、范浦凡七十里。
	唐末五代	朱遵度《漆经》成书，这是我国最早一本漆工专著。
907～960 年	五代	建河北正定文庙大成殿，开元寺钟楼。 建山西平顺大云寺大殿。 喻皓生，建苏州云岩寺塔（959 年）。
910 年	梁太祖开平四年	吴越建捍海石塘，自六和塔至艮山门长三十三万八千五百九十三丈，下石笼，树巨木，仅二月时间即筑成。施工时，并立铁幢以作测量标尺。
922 年	梁龙德年间	吴越筑阖闾城，用砖砌。砖以澄浆制坯。
925 年	前蜀	建王建墓（四川成都）。用石拱为肋，共十四道，上覆石板为券。墓椁座石雕精美。
937～1097 年	大理国	建崇圣寺双塔（云南大理），砖砌高 40 多米，八角。
941 年	晋天福六年	建崇妙保圣坚牢塔（福建福州），为我国多层石塔最早遗物。又名"乌塔"。
907～960 年	五代	建南京栖霞山舍利塔。
956 年	后周世宗显德三年	柴荣建东京开封城。
959 年	六年	建苏州虎丘山云岩寺砖塔。塔平面八角形，由外壁、回廊与塔心三部分组合而成。七级，高 44.6 米，底径 13.5 米。这种外层砖壁内有砖塔心柱，用砖砌楼层的新结构方法，在唐以前还未见过。塔内还发现竹钉及瓦工用的木泥刀，他处也少见。

续表

公元	朝代纪年	大事及成就
960 年以后	宋代	建福州华林寺大殿。 麟州（陕西神木县北）无井，唯沙泉在城外，欲拓城包之，而土善陷。当地人乃仿古代筑地基的拔轴法，去其沙，实以木炭，以土涂塞孔隙。地基坚固，即可版筑其上，自是城得不陷。 据记载，三合土在宋代已常用。江南墓往往为村人所发现取砖以卖，有识之家不用砖葬，惟以石灰和筛土筑实，其坚如石。 乔维岳在淮南所建便于航运的复式船闸，欧洲到 14 世纪时，才有复闸。 陈希亮创建宿州飞桥，无柱，以通往来。
960 ~ 962 年	宋太祖建隆年间	以八作司出纳积弊，于都城置事材场，专管营建所需木材之保存、供应与加工。置退材场，专管废退木料之挑选与重行分配供作其他使用。这样木材得到大量节约。
960 ~ 992 年	宋初	赵普建第宅，涂壁以麻捣土，当时谓之"麻捣"。
961 年	建隆二年	向拱重修洛阳天津桥，置高数丈的石墩，在迎水面处锐其前以疏水势。石块纵缝间用铁鼓联系，其制甚固。
962 年	三年	正月，扩建东京城，命有司画洛阳宫殿图，按图修之。皇城周回五里。 东京城东水门外七里有虹桥，其桥无柱皆以巨木虚架，饰以丹雘，宛如飞虹。上、下土桥亦如此。又有仙桥，南北约数百步，桥面三虹，朱漆栏楯，下排雁柱，中央隆起，谓之"骆驼虹"，若飞虹状。 东京有完善下水道，沟渠极深广。据记载，往往亡命之徒，多匿藏其中。边城城上置战棚，木结构，大体类敌楼，可以离合，设之顷刻即成，以便防守。
963 年	南汉大宝六年	建光孝寺西铁塔（广东广州）。
	北汉天会七年	建镇国寺万佛殿（山西平遥），大梁题记有"赤白都料"，"结瓦都料"等词。
964 年	乾德二年	四月，钱弘俶建杭州城南宝塔寺，治平中（1065 年左右）改名梵天寺。始建时木塔发生颤动，采纳木工喻皓的建议，用钉把楼板钉在梁架上后，塔即稳定。
967 年	南汉大宝十年	建光孝寺东铁塔（广东广州）。
970 年	宋开宝三年	建敦煌莫高窟，427 窟窟檐。
971 年	四年	始建河北正定龙兴寺佛香阁，内立大铜观音像，高 22 米。嗣后又建转轮藏等建筑。
975 年	八年	杭州雷峰塔建成。
976 年	九年	建敦煌莫高窟 444 窟窟檐。
976 ~ 997 年	太宗年间	旧例凡新船造好后停泊河中，每一船要调三万居民看守，这样每年需役户数千。张平为了减轻徭役负担，挖地引水，建成内坞专供造船，从而出现了世界上最早的干船坞建筑。
977 年	太宗太平兴国二年	建开封繁塔。
980 年	五年	建敦煌莫高窟 431 窟窟檐，老君堂慈氏之塔。
982 ~ 987 年	七年至雍熙四年	建苏州双塔。
984 年	辽圣宗统和二年	建蓟县独乐寺观音阁。阁平面 5 间×4 间，面积近 290 平方米，外观二层，高 18.9 米。由"殿阁"型构架重叠三层（中间一层是暗层），在内部构成了三层通高的空井。这种构架是靠内外两圈柱、槽和梁枋斗栱构成一圈强度较大的外环来保持建筑的稳定，虽经多次地震没有倒塌。又建山门。

续表

公元	朝代纪年	大事及成就
988 年	宋太宗端拱元年	五月，作秘阁（藏书库）。内诸司舍屋惟秘阁最宏壮，阁下穹隆高敞，故有"木天"之称。
989 年	二年	喻皓造开封开宝寺塔，木构，八角十三层，高三百六十尺。当造塔之前先作塔式，勘察地势，预见到北面基础有可能因潮湿而引起不均匀沉陷，立刻采取填高塔基的措施。 传《木经》三卷即喻皓所著，已佚。 是年，喻皓卒。
11 世纪	北宋辽	创建泉州清净寺（伊斯兰教）。 建山西大同善化寺大殿及朵殿。 建山西大同下华严寺海会殿。 建河北涞源阁院寺文殊殿。 建河北新城开善寺大殿。
1001 ~ 1055 年	四年至仁宗至和二年间	建河北定县开元寺料敌塔，砖砌，平面八角形，高 84 米，底径 24 米。塔分外壁、塔心二部。底层外壁厚 4.8 米，塔心径 11.2 米，四面开龛，在各层龛之间交错辟梯道。各层顶部用叠涩挑砖相接，其上平砌砖为上层地面。此是现存最高的古代砖塔。
1008 ~ 1014 年	大中祥符元年至七年	建玉清昭应宫，有司料工须十五年成，修工使丁谓采用快速施工，以夜继昼，每绘一壁给二烛，七年乃成，凡二千六百二十楹。副使对屋有不中程式的，虽已完成必毁而重建，对工程质量极注意。
1013 年	六年	建浙江宁波保国寺大殿
1015 年	八年	皇宫失火，丁谓负责修复宫室，患取土地远，乃令先挖大路土用。再引汴水入路坑作为船运材料的水道。待工程完毕，又将废弃烂瓦、灰土填入路坑使它恢复原来街道，将取土、运料、回填废土三事一举而毕，省费亿万计。
1020 年	辽圣宗开泰九年	建义县奉国寺大殿。殿平面 9 间 ×5 间，面积 1210 平方米。构造特点是内柱随着屋顶坡度而增高，低柱上的梁尾插入高柱柱身，构成一道道横向连系较紧密的梁架，靠插入柱身的梁尾榫卯保持建筑的横向稳定。又在每道梁架之间用额、枋、檩等构件连接，保持了建筑纵向的稳定，这是"厅堂型"构架方法之例。
1023 ~ 1031 年	宋仁宗天圣年间	建飞梁于太原晋祠正殿前，横跨鱼沼上。先在池中立方约 30 厘米的石柱若干，柱上端微卷杀如殿宇之柱。柱上用普拍枋相交，其上置斗，斗上施十字栱相交以承梁或额。
1032 ~ 1033 年	明道年间	山东益都牢城废卒某，用巨石做河两旁堤岸，取大木数十相贯从两岸架起一种不用柱的"飞桥"试制成功。以后就推广到汴河沿岸各地采用，一般使用期限在五十年以上。其形象如《清明上河图》中虹桥所示。
1034 ~ 1037 年	景祐元年至四年	张夏纯用石砌捍海塘，自杭州六和塔至庆春门。是纯用石料筑塘之始。
1038 年	宝元元年	大同上华严寺佛殿、下华严寺薄伽教藏殿成。殿内天宫楼阁经藏是小木作的精品。
1044 年	庆历四年	开封开宝寺塔被毁后乃于上方院依原式造铁色琉璃砖塔。塔平面八角形，底径 10.24 米，高 57.34 米，十三级，是现存砖塔中细长比最大的一座。塔身先用白灰砌青砖，外再饰铁色琉璃面砖，俗称铁塔（即祐国寺塔）。 曾公亮《武经总要》载测量工具及城垣守备建筑工程甚详。
1048 年	八年	黄河在商胡（河南濮阳县东）决口，宽 557 步，多次合龙失败。最后采用河工高超的建议，分三节下埽巧合龙门，才堵住了决口。 沈立《河防通议》编成，是一本最早的治河技术专书，其中筑城筑堤为夯土工程最早规章文献。
1047 ~ 1050 年	庆历七年至皇祐二年	王安石在浙江鄞县修海塘采用坡陀法，以杀潮势。

续表

公元	朝代纪年	大事及成就
1050 年左右	辽中期	建房山云居寺北塔，为辽塔典型之一。
1052 年	皇祐四年	建河北正定龙兴寺摩尼殿。上檐昂上皮有年月题记。平面四出抱厦，形制特殊。
1053 ~ 1059 年	五年至嘉祐四年	建泉州万安桥，桥长 834 米，有桥墩四十六座。桥身为长条石梁，全部用花岗石砌成。此桥的特点一是用"筏形基础"，二是繁殖蛎房来胶固石块，三是把几十吨重的石梁放在木排上，随着海潮涨落安装在桥墩上，为近代的浮运施工法开了先例。
1056 年	辽道宗清宁二年	建山西应县佛宫寺木塔。塔高 67.31 米，是世界现存最高的木构建筑。塔身八角九层（外观五层），采用联结内外槽构成的筒型框架结构，并利用平座暗层做成四道具有一定刚度的井干式圈梁。这与早期多层木构的中心柱结构方式相比。不但保证了中空间的利用，而且大大提高整体的抗弯剪的性能，九百多年来虽然经过多次强烈地震，安然无恙。
1060 ~ 1065 年	宋仁宗嘉祐五年至英宗治平二年间	李诫生。
1072 年	神宗熙宁五年	九月，沈括勘察汴河水道，采用分层筑堰法，测量地势高低。
1075 ~ 1078 年	八年至元丰元年	熙宁八年九月修建汴梁城墙，元丰一年十月完工，在施工中"创机轮以发土"，这是在土建工程中使用挖土机的最早记录。
1075 年	熙宁八年	沈括编定《修城法式条件》。内容除城、壕做法外，还包括敌楼马面、团敌的式样、间距、规格等。
1079 年	元丰二年	西藏建萨迦北寺。
1091 年	六年	将作监第一次修成《营造法式》，下令颁行。
1094 ~ 1097 年	绍圣年间	惠州（广东惠阳）城内水咸苦，乃用大竹管引蒲涧山泉水到城内供居民汲用，长达二十里。当时对竹管的连接方法、防裂处理及检查通塞等均作有妥善措施。竹材大规模用之城市引水工程。
1097 年	绍圣四年	西藏日喀则建拉孜寺。
1097 ~ 1100 年	四年至元符三年	李诫编定《营造法式》。全书共分三十六卷，各种工程的做法、材料规格、运输、材料消耗定额、人工等均有详细规定并附图样。徽宗崇宁二年（1103 年）刊行。 五代时已用护堤护岸桩，《营造法式》中有基础打桩的规定。柱础坑也由素夯土进而加夯砖石渣，基础做法有明显进步。同时还规定砌砖瓦时用石灰的做法，说明当时石灰已普遍使用。
1105 年	徽宗崇宁四年	李诫、姚舜仁进明堂图。
1110 年	大观四年	李诫卒。
1117 ~ 1122 年	七年至宣和四年	作万岁山（艮岳）。其中假山洞数十，洞中皆筑以雄黄及炉矸石，至天阴时能产生雾，一如深山穷谷样，是叠山建筑中变人工为自然的新技术。
1124 年	金天会二年	建山西应县净土寺大殿。
1125 年	宣和七年	河南登封少林寺初祖庵成。
1127 ~ 1129 年	南宋时代	在晋江上建金鸡桥时，传说用"睡木沉基"，这是相对于"桩基础"说的。它的做法系用木筏沉到江底作桥基，使石墩下传的重量分布到大约两倍于墩身平面面积的河底来共同承受。同时，对河底大片泥沙也起到压实、固定作用。这比筏形基础工程量减少很多，是一大进步。
1131 年	南宋绍兴元年	重建苏州报恩寺塔（北寺塔）。

公元	朝代纪年	大事及成就
1137 年	金太宗天会十五年	建山西五台山佛光寺文殊殿。殿内用两个纵向组合梁各承受两组梁架,省去了四根内柱。它由上下两根梁中间夹以竖杆斜撑组成,斜撑和梁的交接采用齿形结合。这是平行弦桁架的雏形。
1138 年	南宋绍兴八年	南宋定都临安(浙江杭州)。
1138～1151 年	八至二十一年	建福建晋江安平桥,全长 2070 米(原长 811 丈折算为 2500 米,现已减短),362 孔。其长超过五里,又名五里桥。
1140 年	金熙宗天眷三年	僧通悟等重建大同上华严寺正殿。殿面阔九间,进深十椽,形制古朴。
1143 年	金皇统三年	建山西朔县崇福寺弥陀殿。
1145 年	绍兴十五年	王唤重刻《营造法式》于平江(江苏苏州)。
1151 年	金海陵王天德三年	完颜亮始营燕都(北京),遣画工写汴京宫室制度,张浩按图修之。筑城用涿州(河北涿州市)土,据记载:人置一筐,左右手排立定,涿至燕传递,空筐出,实筐入,人止土一奋,不日成之。
1153 年	绍兴二十三年	建杭州净慈寺五百罗汉堂,堂宇平面为了采光关系作田字形,称之"田字殿"。绍兴二十八年(1158 年)完工。 建杭州六和塔,八角七层,高约 60 米,隆兴元年完工。清末修理时,外包十三层檐的外壳。
1156～1160 年	金正隆年间	修汴京宫室时,木材多取之关中。张中彦勾崖架壑,起长桥十数里,以车运木,若行平地。
1162 年	三十二年	扩建杭州秦桧宅为德寿宫。宫内苑囿叠石象飞来峰,凿大池以竹管引西湖水。
1161～1181 年	金大定年间	建河北正定广惠寺花塔。
1163 年	金大定三年	建山西平遥文庙大成殿。
1168 年	八年	建山西太原晋祠圣母庙献殿。
1169 年	孝宗	建广东潮州广济桥。桥长 518 米,分东段、西段、浮桥三部分。东西段是石桥,中间则以船联成浮桥,长达 97 米。在大船通过时,把浮桥断开。这是固定桥与浮桥结合最早之例,也是世界上第一座开关活动式大石桥。
1170 年	六年	修安徽和县城。曾用糯米浆调白灰砌城墙的新方法,使墙身大为坚固。
1175 年	金大定十五年	建河南洛阳白马寺齐云塔
1179 年	宋淳熙六年	建苏州玄妙观三清殿。外檐石柱,上昂为国内孤例。
1188 年	十五年	正月,南宋帝陵在会稽(浙江绍兴)始建,因系暂葬性质,取名"攒宫"。墓室附在献殿后之"龟头屋",启后世明清陵墓方城、明楼制度。
1190～1195 年	金章宗明昌年间	建河北赵县永通桥(小石桥)。它和同县的安济桥(大石桥)形式相似而较小,但在发券方法上有所改进。
1192 年	明昌三年	建北京卢沟桥,是桥长 212 米,十一孔,最大跨 13.5 米,桥宽 9.3 米的联拱式石桥。经明代修过,至今可容四百吨平板车通过。
1195 年	六年	建山东曲阜孔庙碑亭 11 号及 8 号。
1228～1237 年	绍定元年至嘉熙元年	建泉州开元寺西塔,石造,五层,高 48.24 米,为最大石塔。
1229 年	绍定二年	平江图碑刻定,是研究南宋城市建筑的重要资料。碑现存苏州博物馆。

公元	朝代纪年	大事及成就
1237～1240年	嘉熙年间	建福建漳州江东桥。此桥最大一孔，用三根五尺高、七尺宽的大石梁并列为桥面，跨径达七丈余，重约200吨，石墩筑成下小上大似船体形式。其目的在扩大石梁跨径，减少桥墩数量和增加泄水面积。
1241～1252年	淳祐年间	建广州光孝寺大殿，用梭柱。
1238～1247年	嘉熙二年至淳祐七年	建泉州开元寺东石桥，八角，五层，高44.06米。
1247年	淳祐七年	秦九韶著《数术九章》，涉及建筑测算处甚多。
13世纪	元代	建山西洪洞广胜下寺山门，上寺弥勒殿。
1247～1262年	元定宗二年至世祖中统三年	建山西芮城永乐宫三清殿，纯阳殿、重阳殿、龙虎殿，为重要道教建筑。
1256年	南宋宝祐中	建泉州盘光桥，石梁，一百六十间，四百余丈，广一丈六尺。长于洛阳桥。
1264～1294年	元至元年间	重建河南登封告成镇（古阳镇）观星台。由台身、石圭、表槽三部组成，台连屋通高12.62米，下边宽16米，上边宽约下边之半，形系覆斗，是一座配合天文科学所造的高台建筑。
1267～1274年	至元四年至十一年	忽必烈在金中都城东北建大都城。十一年建成，负责技术的是阿拉伯人黑迭儿丁。大都城内不建坊墙，街道都是开敞布置，是宋以后城市的新发展。大都及上都城门均用砖券。
1268年	五年	西藏建萨迦南寺。
1270年	七年	建河北曲阳北岳庙德宁殿。为现存元代木构最大一处。
1275年	南宋德祐元年	建扬州仙鹤寺（伊斯兰教礼拜寺），清代重建。
1279年	元至元十六年	建大都观象台。
1279年	十六年	建圣寿万安寺（明代改妙应寺）砖塔。塔高50.7米，外表抹灰刷白，俗称"白塔"。由尼泊尔人阿尼哥设计完成。
1281年	十八年	建杭州真教寺（凤凰寺，伊斯兰教建筑）。正殿不用木架，全用砖砌，顶部作穹隆式。较之佛教之砌无量殿为早。
1283～1292年	二十至二十九年	开凿济州河等运河，与隋代运河相接，形成近代大运河的雏形。大运河全长1782公里，是目前世界上最长的一条运河。
1288年	二十五年	杨琼卒。
1294年	三十一年	建山西芮城永乐宫无极门。
1295年	成宗元贞元年	建山西太原昊天观石窟，为最早道教石窟。
1302年	大德六年	建山东曲阜孔庙碑亭（9号）。
1306年	成宗大德十年	僧德宝就河北定兴县城内旧大悲阁故址重建慈云阁。阁平面近方形，因内部纵横双方都未超过8米，故仅有檐柱而无金柱，檐柱内外两层相隔甚近，都包在墙身内。除正定隆兴寺慈氏阁外，国内尚未发现同样之例。 建河北安平圣姑庙正殿，为工字殿。
1307年	十一年	建湖北均县武当山铜殿。殿仿木结构铸，通体榫卯，可拆合用。高2.4米，宽2.7米，深2.5米，平面一间，略呈方形，结构简单、朴实，正面角柱间施四抹毬纹槅扇，顶作悬山式。为我国最早的铜殿。

续表

公元	朝代纪年	大事及成就
1309 年	至大二年	建山西洪洞广胜下寺大殿。
1313 年	仁宗皇庆二年	王祯著《农书》，载涂灰防木材虫蛀法。
1315 年	延祐二年	建山西浑源永安寺传法正宗殿。
1317 年	四年	建浙江武义延福寺大殿。
1318 年	五年	建浙江金华天宁寺正殿。
1319 年	六年	建山西洪洞广胜下寺龙王庙明应殿。
1320 年	七年	建上海真如寺正殿。
1321 年	英宗至治元年	沙克什（瞻思）《河防通议》编成。此书总结治河防洪经验，记载筑堤、防汛等许多工程技术。
1322 年	二年	改建福州闽江万寿桥，桥长 800 米，宽 4.5 米。大石梁宽 1 米，高 1.2 米，长 9～10 米，每根石梁重约 40 吨。石梁上横架石板做成桥面，是石梁、石板并用的大石桥。
1326 年	泰定三年	建山西太谷光化寺大殿。
1327 年	四年	建河南济源大明寺中佛殿。
1338 年	顺帝至元四年	建江苏苏州杨湾轩辕庙正殿。明弘治、嘉靖重修。 建苏州云岩寺二山门。
1339 年	至元五年	建山东曲阜孔庙碑亭 10 号。
1341 年	至正元年	重建泉州清净寺（伊斯兰教礼拜寺）。寺内当地花岗岩条石砌成，系阿拉伯风格。
1341～1367 年	至正年间	创建苏州狮子林，园内假山传为画家倪云林设计。
1345 年	至正五年	建北京居庸关云台，台下券洞内雕刻四天王，生动秀丽，是元代石雕精品。
1350 年	十年	建广州怀圣寺光塔。
1357 年	十七年	建河北正定阳和楼。
1363 年	二十三年	僧道在建苏州天池山寂鉴庵正殿石屋。殿依山岩，歇山九脊顶，面阔三间，宽 6.9 米，进深二间长 5.17 米。殿壁题名记碑末刻：建殿造像作头吴文漳。
1366 年	顺帝二十六年	八月，朱元璋称吴王，作新宫于南京钟山西南。十二月，建庙社宫室，所司进宫殿图，命去雕琢奇丽者。 八月，改筑应天府城，城周九十六里，辟城门十三。当时城墙都用砖包砌，砌砖时并用石灰和以糯米粥浆（据《天工开物》载更掺以杨桃藤汁）。城基在山地利用山岩，平地用巨大石条砌筑，墙顶则以桐油与土的拌和物结顶。城宽 10～18 米，高 12～15 米，顶部宽 7～12 米，其艰巨与牢固超过以往任何一个城市。至于外郭，周一百八十里，均利用天然土坡未起城垣。
1367 年	二十七年	南京新宫成。周以皇城，皆朴素不为雕饰。
1368 年	明太祖洪武元年	闰七月，定都金陵。以应天为南京，开封为北京，始建六部。
1368～1371 年	元年至四年	修复自玄武湖引水入城的武庙闸。工程包括城外进水口、穿城涵洞和城内出水口三部分。其穿城涵洞名灵福洞，石拱涵宽 1 米，高 1 米，长 3.75 米，置 92 厘米圆铸铁管涵长 37 米，92 厘米圆铜管涵长达 103 米。这种以生铜为管而砌以巨石拱的筑沟之制，自明才有。
1369 年	洪武二月	九月，以临濠（安徽凤阳）为中都，建造城郭、宫殿如京师制。

公元	朝代纪年	大事及成就
1369～1373年	二年至六年	改筑原东水门为水关，东水门城墙始建于南唐梁乾化四年（914年）。水关砖石结构共三层，每层十一拱，下层通水即涵洞，上两层靠城外一端不通是屯兵所在。下层较中层为小，上层更小之。
1370年	三年	十二月填燕雀湖始建大内奉天殿，次年成。
1378～1560年	十一年后	建青海湟中塔尔寺，为宗喀巴（黄教创始人）诞生地。
1381年前	十四年以前	自元末开始，砖结构建筑大量增加。明营建孝陵时迁灵谷寺到钟山东麓，曾建大殿全用砖筑称无梁殿。殿平面长方形，东西53.8米，南北37.8米。砖拱随殿进深作前、中、后三跨，中部较高。殿为重檐歇山顶，出檐不大，在外形上虽受到木结构的影响，但尚保持着一定砖石结构的风格。
1381～1383年	十四年至十六年	营孝陵于钟山，历三年孝陵殿成。按历代山陵之制，除唐陵因山为坟，汉与北宋皆采用方形之坟（方上）。自明太祖孝陵改方为圆，复并唐宋上、下两宫为棱恩门、棱恩殿，陵的平面配置遂为之一变。
1332年	洪武十五年	建南京钟、鼓楼于金川门内，鼓楼在钟楼之东。钟、鼓楼的出现始于隋、唐时期，但当时只置于殿庭前。至城市街道建钟、鼓楼之制，自明以后才普遍。 李新营孝陵有功封崇山侯。
1336年	十九年	造通济、聚宝、三山、洪武等城门，明代城门洞已由过去的木构架改为砖砌简壳。十三门中，三山、通济而外，以聚宝（今中华门）最宏大。其门槛高二尺，长一、二丈，色黝如铁，传为子午石外国贡物。城极高，凡二层，内各有七洞为藏兵所。有瓮城三重，亦条石砌筑上加砖墙。
1397年	三十年	蒯祥生
1401年	建文三年	建西藏拉萨噶丹寺等。
1403年	永乐元年	改建北京内城。称北京为"行在"。
1406年	四年	营建北京宫殿
1409年	七年	营建昌平长陵，建棱恩殿。为现存古代最大木构建筑之一（另一为故宫太和殿）。
1412～1418年	十年至十六年	命张信、沐昕率军夫二十余万建武当山庙观，其中有建在悬崖陡壁上的石殿——南岩宫，全用石仿木结构形制建造。
1412～1431年	十年至宣德六年	明工部重建南京报恩寺塔。规制悉依大内图说，八面九级。外壁以白瓷砖合甃，自一级至九级所用砖数相等而体积则按级缩小，佛像亦如此。在造砖准备有三套塔材，每成其一而埋藏其二，编号存贮。塔损一砖以字号报工部发同一砖号补之。此塔为中国历史上最高砖塔，达100米余。
1416年	永乐十四年	建武当山铜殿（金顶）。殿基花岗石砌，殿身铜铸，仿木结构建筑，重檐庑殿顶。高5.5米，深4.2米，宽5.8米。殿外围栅栏一周，用铜衣包镶。 建西藏拉萨哲蚌寺。
1419年	十七年	建西藏拉萨色拉寺
1421年	十九年	迁都北京（顺天府），改京师为南京（应天府）。建北京太庙。
1422年	二十年	建北京社稷坛（太社、太稷合一）。

公元	朝代纪年	大事及成就
1421～1553年	十九年至世宗嘉靖三十二年	北京内城建成，面积35.6平方公里。街道基本上还是沿袭元大都的主干道，城内有较完善的砖筑下水道系统。嘉靖三十二年（1553年）建北京外城。但因工费太大先筑南面，即是今南面外城。面积24.8平方公里。按北京最初本系土城。正统十年（1445年）始内面加砖，至于外面加砖约在永乐初修城时。
1439年	英宗正统四年	建西藏白居寺
1444年	九年	建北京智化寺。寺中各殿梁、枋、藻井上的彩画、雕刻最为精美，万佛像阁藻井已被美帝国主义盗走。 建昌都寺（西藏昌都）。
1447年	十二年	建西藏日喀则扎什伦布寺。
15世纪中期～17世纪初		继续修筑长城。明代长城全长5660余公里，河北、山西境内城身多砖石包砌，陕西以西则用夯土筑成。除城身外还建有敌楼、烟墩、堡寨。
1465～1505年	成化至弘治年间	刻《鲁班营造正式》，现存唯一孤本藏浙江宁波天一阁。
1473年	宪宗成化九年	建北京真觉寺金刚宝座塔，仿中印度式。全部石砌，下部是个方形高台，高五丈，台上立五个小塔，台和塔的表面全部饰以佛教浮雕，极精致。
1474年	十年	闰四月，筑边城。东起清水营，西抵花池。长一千七百七十里。凡筑城堡十一，边墩十五，小墩七十八，崖砦八百十九。
1481年	十七年	蒯祥卒。
16世纪		明潘季驯用"筑堤束水，以水攻沙"之法治理黄河，对后来治黄工作有很大影响。他的《河防一览》是水利工程史上重要著作。
1504年	弘治十七年	建山东曲阜孔庙奎文阁。
1515～1527年	武宗正德十年至世宗嘉靖六年	山西赵城广胜上寺飞虹琉璃砖塔成。明代琉璃制作在数量、质量上均有较大的发展。这是现存最大琉璃砖塔。
1522～1566年	嘉靖年间	创建苏州拙政园。徐杲生。
1526～1606年	嘉靖五年至万历三十四年	陆续建造西安清真寺。
1530年	嘉靖九年	五月，建北京天坛圜丘。全部青石建成，最高层离地面5米，直径22.8米。
1534年	十三年	张问之《造砖图说》一卷成书。 七月，建北京神御阁（皇史宬），系石建档案殿，有五个宽大的石门直通殿内，殿内建有1米多高的石台，放置153个大金匮。整个建筑便于泄水、通风，可防止档案受潮湿。
1539年	十八年	八月，建北京天坛皇穹宇，其中回音壁是圆形围墙，高6米，直径65米，整个围墙砌得整齐光洁。
1540年	十九年	重建大祀殿，后为祈谷坛，即今祈年殿之前身。
1541年	二十年	重建太庙，复同堂异室之制。
1544年	二十三年	筑北京外城。
1578年	万历六年	建四川理塘寺（藏族喇嘛寺院）。

公元	朝代纪年	大事及成就
1582 年	十年	《园冶》作者计成生。
1587 年	十五年	周梦旸《水部备考》十卷成书。分职官、河渠、桥道、舟车、织造、器用、权量、征输、供亿、丛书十考。 《天工开物》作者宋应星生。
1603 年	三十一年	建苏州开元寺无梁殿。
1616 年	四十四年	贺盛瑞于万历二十四年（1596 年）经办乾清、坤宁两宫工程，两年间以七十万两之费竣事，省员省费，倍蓰于昔。曾将修宫经过撰《两宫鼎建记》，又名《冬官纪事》。殁后由其子仲轼录刊行世。
1619 年	四十七年	雷发达生。
1623 ~ 1627 年	天启三年至七年	朱家民在贵州建盘江铁索桥。
1625 年前	明末	梁九生。
1625 年	天启五年	嘉兴漆工杨明为黄成《髹饰录》作注刊行。分二集，上集述原料、工具、方法等，下集述漆器分类、装饰手法等，是现存完整具有总结性的漆工专著。 满族建后金王朝（清朝前身），在沈阳建宫室。
1627 年	七年	北京重建中和殿、保和殿成。 瑞士人邓玉函《奇器图说》由王征译收入《守山阁丛》书子部，刊行于世。
1634 年	思宗崇祯七年	计成《园冶》三卷成书。初名《园牧》，曹元甫见之改今名。日本刊印名《夺天工》。
1637 年	十年	宋应星《天工开物》初版行世。全书十八卷，内述及建筑技术、材料者有井盐、瓦、砖、锯、刨、凿、石灰、蛎灰等节。
1643 年	后金	营昭陵（沈阳北陵）葬皇太极。
1644 年	清顺治元年	明亡，清兵入关，建立清朝，都北京，称京师。以盛京（沈阳）为陪都。
1645 年	清世祖顺治二年	五世达赖善慧海取得政权后，在西藏拉萨修建布达拉宫。宫外观十三层，内部九层，高达200 余米，表明藏族人民砌石墙的卓越技能。历时五十年完成。
1654 年	十一年	修西苑北海，建白塔于琼岛山巅。
1664 年	康熙三年	方以智《物理小识》，记青矾蒸煮防白蚁法。
1665 年	四年	梁化凤建西安普济桥，记载称其"石盘作底，石轴作柱，水不激而沙不停留，至今巩固"。以石柱代桥墩，是一个创举，以后当地灞、沪、沣三桥做法，即师其制，称"石轴柱桥"。
1672 年	十一年	李渔撰《一家言》，中有居室部，于房屋设计布置别具心裁。
1673 年	十二年	重建苏州玄妙观弥罗宝阁。
1680 年	十九年	工部建琉璃窑于北京。
1693 年	三十二年	雷发达卒。
1694 ~ 1734 年	三十三年至雍正十二年	建北京雍和宫，是清代关内建筑规模最大一座喇嘛庙。万福阁内有高达 20 余米的木雕佛像，是全国现存最大木雕之一。

公元	朝代纪年	大事及成就
1695 年	康熙三十四年	重建太和殿，事先老工师梁九手制大殿木模型以进。不逾数尺，规模悉具。
1701 年	四十年	建四川泸定大渡河泸定桥。东西长三十一丈，宽九尺，铁索九条，上铺木板以利人行，另用铁索两条作扶栏。
1703 ～ 1708 年	四十二至四十七年	始建避暑山庄于热河（河北承德市），占地八百余亩。
1704 年	四十三年	重建武昌黄鹤楼。清式形制由二层改为三层，平面十字折角形，全部木构。高十八丈，楼中用四十八根木柱支撑，四周各层可供登临。
1708 ～ 1900 年	四十七年起	建甘肃夏河拉卜楞寺，历时近二百年。
1709 年	四十八年	始建北京圆明园。当时有郎世宁、王致诚等传教士参与其事，园中造成欧式宫殿，此后我国建筑也受其影响。
1730 年	雍正八年	重建孔庙大成殿。
1734 年	十二年	工部颁行《工程做法》。
1748 年	高宗乾隆十三年	北京碧云寺金刚宝座塔成。
1755 ～ 1780 年	二十年至四十五年	自乾隆二十年起，先后在河北承德模仿内蒙古、新疆、西藏各建筑样式建普宁寺、安远庙等巨大建筑群（外八庙）。
1774 年	乾隆三十九年	于紫禁城文华殿后建文渊阁，贮藏《四库全书》。1775 年，于热河行宫建文津阁贮藏《四库全书》。
1778 年	四十六年	建宁夏银川海宝塔。
1796 ～ 1820 年	嘉庆年间	李斗著《扬州画舫录》，记扬州园林甚祥；其十七卷"工段营造录"述内府做法颇祥。 刘蓉峰于明代徐氏东园基础上重建苏州寒碧山庄，是后来留园主要部分的先身。 四川灌县建安澜桥，以竹索为之。
1798 年	嘉庆三年	建新疆喀什艾提卡尔大寺。
1803 年	八年	重建江西临川东门外文昌桥。此系石拱桥，施工时采用干修法以代替过去水修法，质量从而很大提高。
1826 年	道光六年	建新疆喀什阿巴伙加玛扎。
1833 ～ 1834 年	十三年至十四年	建西安东北二十里灞水上灞桥，于石轴柱上架木梁，铺板，其上再筑灰土覆以石板，以便车马往来。所用材料则混用木石二种。灞桥长一百三十四丈，分六十七间（龙门），砥柱四百有八。桥面两侧翼以石栏。栏以内约宽 7.5 米。施工时采用筑堤排水的干修法。
	清末	建四川雅安雅江桥，系结构最简单的竹板桥，唯桥墩是用厚竹篾编成竹笼，中间满盛大块卵石，使成一个既重又大的整体，以防止水力冲击。

附表一　本书各章执笔人名单

前言　　《中国古代建筑技术史》编审组

绪论　　《中国古代建筑技术史》编审组

第一章　原始社会时期的建筑技术　　　　　杨鸿勋（中国社会科学院考古研究所）

第二章　奴隶社会时期的建筑技术　　　　　任继奉（国家文物事业管理局）

　　　　　　　　　　　　　　　　　　　　黄景略（国家文物事业管理局）

　　　　　　　　　　　　　　　　　　　　王　宜（国家文物事业管理局）

第三章　封建社会时期建筑技术的

　　　　发展概论　　　　　　　　　　　　赵立瀛（西安冶金建筑学院）

第四章　土工建筑技术　　　　　　　　　　张驭寰（中国科学院自然科学史研究所）

第五章　木结构建筑技术

　　　　概说　　　　　　　　　　　　　　陈明达（建筑科学研究院）

　　　　第一节　战国至西汉的木结构　　　陈明达（建筑科学研究院）

　　　　第二节　东汉至南北朝的木结构　　陈明达（建筑科学研究院）

　　　　第三节　隋唐五代的木结构　　　　郭湖生（南京工学院）

　　　　第四节　辽代木结构　　　　　　　余鸣谦（文物博物科技保护研究所）

　　　　　　　　　　　　　　　　　　　　杜仙洲（文物博物科技保护研究所）

　　　　第五节　宋代木结构　　　　　　　祁英涛（文物博物科技保护研究所）

　　　　第六节　金代木结构　　　　　　　余鸣谦（文物博物科技保护研究所）

　　　　第七节　元代木结构　　　　　　　杜仙洲（文物博物科技保护研究所）

　　　　第八节　明清木结构　　　　　　　罗哲文（国家文物事业管理局）

　　　　　　　　　　　　　　　　　　　　于倬云（故宫博物院）

　　　　第九节　木装修技术　　　　　　　李竹君（文物博物科技保护研究所）

　　　　第十节　木结构建筑的基础　　　　祁英涛（文物博物科技保护研究所）

　　　　第十一节　附竹结构建筑技术　　　孙宗文（江苏省建筑科学研究所）

第六章　砖结构建筑技术

　　　　概说　　　　　　　　　　　　　　邵俊仪（重庆建筑工程学院）

　　　　第一节　墙体砌筑技术　　　　　　叶启燊（重庆建筑工程学院）

　　　　第二节　砖顶结构技术　　　　　　邵俊仪（重庆建筑工程学院）

　　　　第三节　砖铺地和砖贴面　　　　　周文谦（重庆建筑工程学院）

　　　　第四节　铺瓦工程　　　　　　　　尹培桐（重庆建筑工程学院）

　　　　第五节　高层砖结构——砖塔　　　郭湖生（南京工学院）

　　　　　　　　　　　　　　　　　　　　张驭寰（中国科学院自然科学史研究所）

第七章　石结构建筑技术

　　　　概说　　　　　　　　　　　　　　喻维国（上海同济大学）

　　　　第一节　石窟工程　　　　　　　　喻维国（上海同济大学）

　　　　第二节　石结构建筑　　　　　　　陈从周（上海同济大学）

　　　　第三节　石桥　　　　　　　　　　金大钧（上海同济大学）

	第四节　石海塘	宋正海（自然科学史研究所）
	第五节　木构建筑的石构件	王璞子（故宫博物院）
第八章	建筑材料的加工和制作	
	概说	侯幼彬（哈尔滨建筑工程学院）
	第一节　木材的采伐和加工	邓其生（华南工学院）
	第二节　石材的开采和加工	孙宗文（江苏省建筑科学研究所）
	第三节　砖的制作技术	陶友松（哈尔滨建筑工程学院）
	第四节　瓦的制作技术	侯幼彬（哈尔滨建筑工程学院）
	第五节　琉璃砖瓦的制作技术	单士元（故宫博物院）
	第六节　石灰及胶泥	白佐民（重庆建筑工程学院）
第九章	建筑装饰技术	
	概说	胡东初（甘肃省基建局）
	第一节　历代建筑色彩和彩画	胡东初（甘肃省基建局）
	第二节　明清建筑彩画技术	李巨贤（北京市房修一公司）
		马瑞田（北京市园林局）
		刘金海（北京市房修二公司）
		高成良（北京市房修二公司）
	第三节　建筑油漆	马瑞田（北京市园林局）
		李巨贤（北京市房修一公司）
		刘金海（北京市房修二公司）
		高成良（北京市房修二公司）
	第四节　建筑雕刻技术	律鸿年（北京市文物管理处）
	第五节　建筑镏金技术	蒋博光（故宫博物院）
第十章	建筑防护技术	
	概说	邓其生（华南工学院）
	第一节　古代建筑的通风和采光	邓其生（华南工学院）
	第二节　古代建筑的防腐和防蚁	陆元鼎（华南工学院）
	第三节　古代建筑的防火	龙非了（华南工学院）
	第四节　古代建筑的采暖和防寒	曹　汛（辽宁省博物馆）
	第五节　古代建筑的抗震	曹　汛（辽宁省博物馆）
	第六节　古代建筑的防潮与防碱	邓其生（华南工学院）
第十一章	少数民族建筑技术	
	概说	郭湖生（南京工学院）
	第一节　藏族建筑	江道元（四川省工业建筑设计院）
	附：四川羌族建筑	王绍周（上海第八建筑公司）
	第二节　蒙古族建筑	张驭寰（中国科学院自然科学史研究所）
	第三节　新疆少数民族建筑	肖　默（敦煌文物研究所）
		滕绍文（新疆维吾尔自治区建筑设计院）
	第四节　回族建筑	赵立瀛（西安冶金建筑学院）
	第五节　朝鲜族建筑	张驭寰（中国科学院自然科学史研究所）

第三节　《鲁班经》评述	郭湖生（南京工学院）
第四节　《园冶》评述	喻维国（上海同济大学）
第五节　《工程做法》评述	王璞子（故宫博物院）
第六节　建筑匠师	
一、鲁班	陈久昆（上海同济大学）
二、阳城延	王绍周（上海第八建筑公司）
三、李春	王绍周（上海第八建筑公司）
四、喻皓	卢　绳（天津大学）
	杨道明（天津大学）
五、怀丙	罗哲文（国家文物事业管理局）
六、李诫	郭黛姮（清华大学）
七、杨琼	杜仙洲（文物博物科技保护研究所）
八、蒯祥	陈绍棣（社会科学院历史研究所）
九、徐杲	陈绍棣（社会科学院历史研究所）
十、郭文英	杜仙洲（文物博物科技保护研究所）
十一、梁九	林　宣（西安冶金建筑学院）
十二、雷发达	张驭寰（中国科学院自然科学史研究所）
中国古代建筑技术大事年表	孙宗文（江苏省建筑科学研究所）

附表二　参加本书协作单位名单

国家文物事业管理局	南京市勘测设计院
文物博物科学技术研究所	南京博物院
国家建委建筑科学院	南京市文物保管委员会
故宫博物院	天津大学
中国社会科学院考古研究所	西安冶金建筑学院
中国社会科学院历史研究所	哈尔滨建筑工程学院
清华大学	苏州博物馆
北京大学	苏州园林处
北京市房修一公司	重庆建筑工程学院
北京市房修二公司	华南工学院
北京市园林局	云南林学院
北京市文物管理处	云南省博物馆
上海建工局	甘肃省建委
同济大学	敦煌文物研究所
江苏省建筑科学研究所	甘肃省建设标准设计办公室
南京工学院	河北博物馆
辽宁省博物馆	新疆维吾尔自治区勘察建筑设计院
山东省博物馆	北京市建筑机械厂
山东烟台地区文物组	七机部七院
山东藤县文化馆	北京市建筑设计院
四川省工业建筑设计院	
邯郸市文物保管所	

附表三　本书所用图片提供单位名单

中国建筑工业出版社	云南省建筑设计院	上海博物馆
北京市文物管理处	西藏自治区文物管理委员会	交通部公路局工程组
泉州市文物管理委员会	北京民族画报社图片资料组	泉州市文化局
西南建筑设计院	重庆市博物馆	新华社摄影部资料室
新华社风光组	新华通讯社	锦州市博物馆
新华社西藏分社	广州市文物管理处	新华社新疆分社
石家庄地区交通局	敦煌文物研究所	石家庄地区公路管理处
四川省文物管理委员会	吉林省建筑设计院	河南省博物馆
建筑科学研究院	开封市文化馆	南京博物院
开封市博物馆	福建省博物馆	中国社会科学院考古研究所
陕西兴平县文化馆	考古研究所洛阳工作站	北京历史博物馆
内蒙古自治区建筑设计院	江苏苏州文教局	中国佛教协会
山东省博物馆	天水麦积山文物管理所	四川省博物馆
南京市博物馆	文物博物科技保护研究所	苏州博物馆
故宫博物院	广东省建筑科学研究所	宁夏回族自治区博物馆
东阳县委宣传部	中国图片社	延吉市建筑设计室
诸暨县文化馆	济南市外事处	九江市博物馆
雅安县文化馆	武汉市文化局	绵阳县文化馆
兖州县文化馆	河北省文物管理处	原平县文化馆
绩溪县文化馆	沁阳县科委	广东省昆虫研究所
武陟县文化馆	巴林左旗文化馆	洛阳市博物馆
天津市艺术博物馆	宜宾市文化馆	海城县文化馆
太谷文化馆	北京大学历史系	济南市委外事处
南京工学院一系资料室	长清县文化馆	清华大学土建系资料室
福州市文化局	山东藤县文化馆	赵县县委宣传部
邯郸文物管理所	义县文化馆	临洮县文化馆
天津大学土建系	茂陵文管所	人民画报资料组
临潼文化馆	北京人民美术出版社摄影组	河南省博物馆
文物出版社	吉林大学历史系	

编 后 记

《中国古代建筑技术史》是中国科学院自然科学史研究所组织编写的《中国科学技术史丛书》之一。1976年4月，由自然科学史研究所主持，在北京召开了《中国古代建筑技术史》协作会议，决定争取在较短的时间内编写出版《中国古代建筑技术史》。会上通过了本书的编写方案。会后，各协作单位分别进行调查研究和分析编写。随着工作的进展，协作单位不断扩大，参加写作人员陆续增加；最后，参加协作单位共计44个，参加编写及绘图人员共计100人。

根据《中国古代建筑技术史》协作会议的决定以及编写工作的进展情况，于1977年8月在自然科学史研究所主持下，正式成立"《中国古代建筑技术史》编审组"，负责全书的审稿和定稿工作。在两年的时间里，编审组复印了全部原稿，分别发往全国各有关单位征求意见；对文稿逐章进行了讨论和修改；组织人力绘制了全书的插图；最后对全书进行了总的整理编排、修改和定稿。

在本书编写过程中，许多同志参加了讨论并提出了宝贵意见，他们是陈从周、于倬云、程敬琪、王德臣、邵俊仪、马得志、莫宗江、孙敏贞、周嘉华以及自然科学史研究所学术委员会严敦杰等全体同志。

全书由张驭寰、郭湖生、赵立瀛、王绍周、孙宗文负责总的整理、修改、校核、最后定稿工作。

担任全书插图绘制工作的人员有：

戚德耀（苏州市博物馆）

叶菊华（南京市勘测设计院）

崔志琳（七机部第七设计院）

赵铁山（北京市建筑机械厂）

詹永伟（苏州市园林局）

李巨贤（北京市房修一公司）

马瑞田（北京市园林局）

高成良（北京市房修二公司）

万钟英（重庆建筑工程学院）

邓延复（甘肃省建设标准设计办公室）

北京市建筑设计院的部分同志承担了一些绘制插图工作；还有赵喜伦、金启英、徐伯安、刘玉琦、高增绍等同志协助绘制部分插图。

先后协助编审组工作的人员有：王春玲、曹伯涛、罗钰、徐镇、林北钟、董薇。北京市房修一公司为编委会提供了办公等方便条件。夏荣、张秉伦等同志对本书的开端工作给予很多帮助。

本书编写工作还得到原哲学社会科学部领导林修德同志、刘仰峤同志、王仲芳同志和中国科学院自然科学史研究所领导同志，仓孝和、鲁琪、段伯宇、陆怀发、张晋儒、黄炜、赵继柱等同志的支持和指导。黄炜同志、赵继柱同志在本书编写过程中协助做了大量的工作。

本书各章执笔人名单见附表一；参加本书协作单位名单见附表二；本书所用图片提供单位名单见附表三。此外还有许多单位的同志为本书提供了图片资料，在此一并表示感谢！

《中国古代建筑技术史》编审组

一九七九年七月